Windows Server 2016

實戰寶典

序

儘管開放原始碼的系統與應用服務，在這幾年快速竄起，但 Windows Client 與 Windows Server 在企業 IT 環境之中的王者地位，仍然沒有因此而受到動搖。這是為什麼呢？其實原因很簡單，因為全球絕大多數的應用軟體，皆是以相容它的運行為首要。

還有其他原因嗎？就筆者個人多年深入企業 IT 現場的經驗來說，發現 Microsoft 比任何競爭對手，包括了其他商用軟體的國際大廠，都更懂得企業 IT 運作的真正需求，而不只是不斷發展新的軟體技術。畢竟縱然有高超的新穎技術，若是無法深入解決用戶的痛，也是枉然啊！

Windows Server 2016 有別於其他以開源為基礎的伺服器作業系統，它完全著重在以解決複雜的 IT 運作與管理問題為目標，而不是只有光鮮亮麗的外表。因此，如果今天我們花了大筆 IT 預算，購買了 Windows Server 2016 的合法授權，結果只是為了讓它提供一些開源作業系統都能夠辦到的服務，像是 DNS、DHCP、File Server、FTP ... 等等，那麼對於它而言可真是大材小用了，而且更無法因此而提升 IT 環境運作的品質。

為此，筆者特別花了許多時間撰寫了此書，希望可以讓從事 IT 管理工作的朋友們，能夠學習到 Windows Server 2016 的技術精隨，並且善用它們來提升與改善 IT 維運的效率。這一些精華議題，包括了新一代 Hyper-V 虛擬化技術的部署與管理、S2D 軟體定義儲存的整合運用、SR 儲存複寫備援架構設計、最精簡 Nano Server 的建置與管理、Cluster 的升級與管理以及如何運用 MultiPoint Services，來輕鬆管理電腦教室的使用等等。

此外，目前無論你是否打算隨著雲端潮流，將公司營運中的一些 IT 應用服務，部署在公有雲端之上來運行（例如：Azure），其基礎的伺服器作業系統，採用 Windows Server 2016 肯定是最明智的抉擇，它除了可以大幅縮短你部署的時間之外，更可以在跨雲端網路的運作之下，整合於企業內的現行 Windows Server，包括了 Active Directory 與其他第三方的應用系統。

最後祝福每一位 IT 先進，有一個美好的使用經驗！

顧武雄 Jovi Ku
台灣微軟特約資深講師

目錄

第 1 章　Windows Server 2016 舊系統升級實戰

1.1　簡介 1-1
1.2　已被移除或即將棄用的舊功能 1-2
1.3　系統就地升級 1-3
1.4　升級移轉網域控制站 1-9
1.5　升級移轉 DHCP 伺服器 1-22
1.6　升級移轉檔案伺服器 1-26

第 2 章　人員帳戶安全管理指引

2.1　前言 2-1
2.2　帳戶基礎安全管理 2-6
2.3　Windows 10 支援的身分辨識技術 2-11
2.4　鎖定帳戶管理 2-19
2.5　管理 Administrator 帳戶安全 2-23
2.6　精細密碼原則的管理 2-25
2.7　救回誤刪的 Active Directory 帳戶 2-27

第 3 章　伺服器磁碟優化與安全管理

3.1　簡介 3-1
3.2　磁碟陣列-守護資料的第一道防線 3-2
3.3　虛擬硬碟-可攜性硬碟的最佳方案 3-9
3.4　提升存取效能的絕妙好計 3-11
3.5　效能與成本兼具的混合式儲存空間 3-21

第 4 章　Nano Server 建置與管理

4.1　簡介 4-1
4.2　部署 Nano Server 的注意事項 4-3
4.3　開始安裝 Nano Server 4-3
4.4　以 PowerShell 管理 Nano Server 4-13
4.5　善用 Azure 管理 Nano Server 4-21

第 5 章　Nano Server 進階管理技法

5.1　簡介 5-1
5.2　讓 Nano Server 擔任 Hyper-V 虛擬化平台 5-2
5.3　讓 Nano Server 擔任 Container 平台 5-8
5.4　將 Nano Server 部署在實體主機 5-12
5.5　使用 Nano Server 建立網站服務 5-26

第 6 章　Hyper-V Server 2016 輕鬆上手

6.1　簡介 6-1
6.2　Hyper-V Server 2016 安裝指引 6-2
6.3　Hyper-V Server 2016 基礎設定 6-5
6.4　建立新虛擬機器 6-9
6.5　快速建立大量虛擬機器 6-12
6.6　虛擬機器基礎管理技巧 6-14
6.7　實體與異質虛擬機器轉換 6-19

第 7 章　Hyper-V 熱備援架構部署

7.1　簡介 7-1
7.2　部署前的準備工作 7-2
7.3　安裝設定 Hyper-V 與 Failover Clustering 7-4
7.4　建立 Shared Nothing Live Migration 7-11
7.5　安裝設定 SMB 網路共用位置 7-21
7.6　設定叢集仲裁（Cluster Quorum）位置 7-26
7.7　建立虛擬機器 Quick Migration 能力 7-33
7.8　變更現行虛擬硬碟儲存路徑 7-39

第 8 章　虛擬機器複寫備援實戰

8.1　簡介 8-1
8.2　準備工作-設定 HYPER-V 主機 8-2
8.3　準備工作-設定防火牆 8-5
8.4　啟用虛擬機器複寫 8-8
8.5　執行容錯移轉 8-15
8.6　建立虛擬機器延伸複寫 8-17
8.7　線上新增新虛擬硬碟複寫 8-19

第 9 章　Hyper-V Server 2016 進階管理秘訣

9.1　簡介 9-1
9.2　擴充與延展能力支援 9-2
9.3　如何查看虛擬機器資源使用情形 9-4
9.4　如何控管虛擬硬碟服務品質 9-7
9.5　如何善用虛擬硬碟父子關係功能 9-12
9.6　如何使用虛擬機器資源集區功能 9-16
9.7　如何管理叢集虛擬機器啟動順序 9-19
9.8　如何結合虛擬機器 NIC 小組功能 9-24

第 10 章　SDS 軟體定義儲存實戰

10.1　簡介 10-1
10.2　Storage Spaces Direct 基礎建置 10-3
10.3　Storage Spaces Direct 進階建置 10-19

第 11 章　SDS 整合 Hyper-V 部署

11.1　簡介 11-1
11.2　Hyper-V 部署前的架構抉擇 11-2
11.3　建立 S2D 超融合式虛擬化架構 11-4
11.4　建立 S2D 分散式虛擬化整合架構 11-9
11.5　零停機升級現行叢集架構 11-22

第 12 章 Cluster 的升級與更新實戰

12.1 簡介 12-1
12.2 叢集伺服器網路配置 12-3
12.3 建置叢集共用儲存區 12-5
12.4 新舊叢集伺服器的混合運行 12-15
12.5 完成叢集升級作業 12-26
12.6 叢集主機自動化更新管理 12-30

第 13 章 雙 Cluster 複寫備援實戰

13.1 簡介 13-1
13.2 伺服器的準備 13-2
13.3 實作伺服器儲存複寫 13-4
13.4 叢集複寫網路與網域的準備 13-7
13.5 叢集架構的準備 13-10
13.6 設定叢集角色 13-14
13.7 建立叢集複寫 13-20
13.8 監視叢集複寫運作 13-22
13.9 其他異動設定 13-26

第 14 章 延展式叢集複寫備援實戰

14.1 簡介 14-1
14.2 前置準備作業 14-2
14.3 容錯移轉叢集的建立 14-3
14.4 檔案伺服器角色的建立 14-10
14.5 建立檔案叢集伺服器共用 14-14
14.6 設定延展式叢集站台感知 14-20
14.7 建立延展式叢集複寫 14-22
14.8 管理延展式叢集複寫 14-27

第 15 章 IIS 網站運行的監視與調校

15.1 簡介 15-1
15.2 IIS 伺服器角色的安裝 15-3

15.3 以效能監視器找出效能瓶頸 15-4
15.4 從 IIS 站台運行記錄發現可疑行為 15-7
15.5 提升 IIS 網站應用程式運行效能 15-9
15.6 提升影像處理與 CSS 設計效能 15-10
15.7 讓 IIS 管理更有效率的命令工具 15-12
15.8 善用第三方免費監測工具 15-13

第 16 章 電腦教室部署管理

16.1 簡介 16-1
16.2 什麼是 MultiPoint Services？ 16-2
16.3 安裝 MultiPoint Services 16-3
16.4 安裝 RDS 授權 16-10
16.5 新增 MultiPoint 服務使用者 16-11
16.6 Windows Thin Client 安裝與連線 16-14
16.7 整合遠端桌面虛擬主機的使用 16-19
16.8 影響 MultiPoint 服務運作效能的因素 16-21

第 17 章 實戰 Linux 整合 Active Directory

17.1 前言 17-1
17.2 CentOS 整合 Active Directory 17-5
17.3 OpenSUSE 整合 Active Directory 17-12
17.4 Ubuntu 整合 Active Directory 17-20

第 18 章 Windows 10 的大量部署

18.1 簡介 18-1
18.2 安裝與設定 Windows 部署服務 18-2
18.3 加入 Windows 10 映像檔 18-8
18.4 裸機遠端安裝測試 18-11
18.5 結合 MDT 與 ADK 工具的使用 18-16
18.6 部署共用發佈點設定 18-19
18.7 作業系統初始化設定 18-23

第 1 章

Windows Server 2016 舊系統升級實戰

每當 Microsoft 發行了新版本的 Windows Server 作業系統時，IT 部門就得開始思考是否有升級的必要性。根據筆者實際的探訪得知，絕大多數的企業 IT 單位，都會採取較保守的隔岸觀火策略，也就是即便有新功能的需求，也得先看看別人使用的情況，再來計劃未來的升級行程。

觀望固然是保險的作法，但若是觀望太久，等到幾個新版本接二連三發行之後，你才意識到有升級的必要性時，恐將讓你的企業付出可觀的 IT 成本。

1.1 簡介

如果你是一位 IT 部門的系統工程師，相信令你最害怕的工作之一就是各類「系統」的升級，尤其是會動到基礎架構的系統升級，更是會讓人覺得膽戰心驚，像是常見的作業系統就地升級、Active Directory 升級、虛擬化平台的升級以及叢集主機的升級等等。

一旦在升級或移轉的過程中處理不慎或不周全，所影響的層面肯定相當廣泛，重者造成與它有相互整合的應用服務執行失敗，輕者使得系統運行不穩定或某些功能無法正常執行。以 Microsoft 自家的產品來說，最常見的案例就是在 Active Directory 升級後，造成 Exchange Server 相關服務無法正常啟動。

為了避免上述的窘境發生在自己身上，多數負責的 IT 人員，都會選擇盡可能避開升級的計劃，只要不影響到現行應用程式或服務的正常運行，能夠不動刀就不要動，等到未來真有某個關鍵的應用程式或服務，非得相依在新版的系統中來運行時，再來進行評估也不遲啊！想想看像這樣的 IT 維運觀念是否正確呢？依照筆者多年的實務經驗，可以很肯定的告訴大家：「千萬別這麼做」。

為什麼呢？理由很簡單，因為升級的風險會隨著相距的版本越差越遠時，而相對的提高，並且也會讓升級專案的時程拉長許多。舉個實際案例來說，有一位企業 IT 部門，終於受不了 Exchange Server 2003 的使用了，打算將它進行全面升級。

可想而知這項工程十分艱鉅，其中光是它無法透過升級移轉方式直達最新的 Exchange Server 2016，而必須先移轉至 Exchange Server 2007 或 Exchange Server 2010，也就是兩階段的升級程序，這還不包括 Windows Server 作業系統、Active Directory 以及廣泛用戶端 Outlook 的升級問題。

除此之外，在實際的升級移轉過程之中，你肯定會遭遇許多無法預期的錯誤，逼得 IT 單位得再花上大把的銀兩請求 Microsoft 原廠支援，這下子可能會讓負責此專案的 IT 人員連覺都睡不好了。

早知如此何必當初呢？現階段 Windows Server 2016 已經上市一陣子了（2016 年 9 月發行），許多重大的更新與錯誤修正也都已經到位，現在就著手進行升級肯定是最佳時機。今日就讓我們一起先在測試的環境之中，學習動手將舊版 Windows Server、Active Directory 以及常用的 DHCP 與 File Server 完成升級吧！

1.2　已被移除或即將棄用的舊功能

隨著 Windows Server 新版本的不斷演進，過程中總是會有一些舊的功能被新功能所取代，或是直接被棄用而沒有後續的發展。Windows Server 2016 也是一樣的，身為專業 IT 人員的我們，最好能夠在進行任何舊版 Windows Server 升級或移轉之前，先閱讀過以下這一些重要資訊，以便能夠在發生需求功能的衝突時，預先規劃好因應的策略。先來看看已經完全移除的功能。

- 在 MMC 介面中已移除[Share and Storage Management]的 snap-in，也就是說你已無法在遠端 Windows Server 2016 的 MMC 中，新增這項嵌入式管理單元來進行連線管理，而必須改用遠端桌面方式，在連線至伺服器之後再開啟本地端的[Share and Storage Management]介面。當然你也可以改用舊版用戶端（Windows 8.1 至 Windows 7）的 RSAT 工具。
- Journal.dll 已從 Windows Server 2016 中移除且沒有任何取代它的檔案。

- Security Configuration Wizard 工具已經移除，因此如果想要設定作業系統的相關安全組態，可以改用 Group Policy 或 Microsoft Security Compliance Manager。
- 使用在客戶經驗改善計畫中的 SQM 元件已經移除

接下來是從 Windows Server 2016 以後的版本開始，即將被棄用的功能清單：

- 如果你有在使用 Scregedit.exe 組態設定工具，在你所撰寫的 Script 之中，請改使用 Reg.exe 或 Windows PowerShell 的相關命令與方法。另外，如果有使用到 Sconfig.exe，也請同樣改使用 Windows PowerShell 命令與方法。
- 針對 PrintProvider、NetClient 以及 ISDN 安裝所使用到的 NetCfg 自訂 API 功能已被棄用。
- 過去曾被用於遠端管理的 WinRM.vbs 的 Script 已被棄用。請改用 Windows PowerShell 中的 WinRM provider 相關命令用法。
- SMB 2+ over NetBT 已被棄用。請改用建立 SMB over TCP 或 RDMA 來取而代之。

如果你的 Windows Server 2016 是從 Windows Server 2012 R2 或 Windows Server 2012 所升級移轉過來，建議你最好也能夠閱讀以下這兩個版本時期，已移除或棄用的功能清單，請分別參閱以下兩個官方網站：

- Windows Server 2012 R2：
  https://technet.microsoft.com/library/dn303411.aspx
- Windows Server 2012：
  https://technet.microsoft.com/library/hh831568.aspx

1.3 系統就地升級

Microsoft 旗下的許多產品都可以進行所謂的「就地升級」（in-place upgrade），像是 Windows Server、SQL Server 以及 System Center 的相關解決方案等等，不過也有一些是無法進行就地升級的，像 Exchange Server、SharePoint Server，它們必須透過移轉的方式來進行升級作業。

儘管像 Windows Server 一樣能夠進行就地升級的系統相當多，但是仍必須特別注意就地升級的一些限制，其中來源版本的限制與可升級的細部功能支援，就必須特別留意。

以 Windows Server 2016 所支援的就地升級來源來說，就是 Windows Server 2012 與 Windows Server 2012 R2，至於有關於細部角色功能以及移轉的支援限制，可以參考表 1 說明。

表 1　伺服器角色升級支援

伺服器角色	從 Windows Server 2012 R2 升級	從 Windows Server 2012 升級	移轉支援	無須停止運行完成移轉作業
Active Directory 憑證服務	可	可	可	否
Active Directory 網域服務	可	可	可	可
ADFS（Active Directory Federation Services）	否	否	可	否（新節點需要先新增至陣列）
Active Directory 輕量型目錄服務	可	可	可	可
AD RMS（Active Directory Rights Management Services）	可	可	可	否
DHCP 伺服器	可	可	可	可
DNS 伺服器	可	可	可	否
容錯移轉叢集（Failover Cluster）	可（採用漸進式（Rolling Upgrade）升級方式）	否，可以改採用在伺服器從舊版叢集移除並完成升級之後，再來加入新的 Windows Server 2016 叢集	可	否，針對 Windows Server 2012 不支援 是，已支援 Windows Server 2012 R2，包括了整合叢集使用 Hyper-V VM 以及 Scale-out File Server 角色。
檔案和存放服務	可	可	否	否
Hyper-V	可（在叢集的架構中可採用服務不停擺的漸進式升級方式）	否	可	否，針對 Windows Server 2012 不支援 是，已支援 Windows Server 2012 R2，包括了整合叢集使用 Hyper-V VM 以及 Scale-

伺服器角色	從 Windows Server 2012 R2 升級	從 Windows Server 2012 升級	移轉支援	無須停止運行完成移轉作業
				out File Server 角色。
列印和傳真服務	否	否	可	否
遠端桌面服務（Remote Desktop Services）	可，支援包含了所有子角色的升級，但在混合模式的陣列架構中是不支援的。	可，同左	可	否
網站伺服器（IIS）	可	可	可	否
Windows Server Essentials 體驗	可	否	可	否
WSUS（Windows Server Update Services）	可	可	可	否
工作資料夾（Work Folders）	可	可	可	可，若是安裝在 Windows Server 2012 R2 的叢集架構下，可以採用漸進式的升級移轉方式。

接下來實際動手進行 Windows Server 2012/R2 的就地升級。首先你可以嘗試使用 Windows Server 2016 的安裝媒體（DVD 或 USB），在來源主機上進行啟動安裝。當來到[你要哪一種安裝類型？]的頁面時，請點選[升級：安裝 Windows 並保留檔案、設定與應用程式]。

接著將會看到如圖 1 所示的[相容性報告]頁面，其內容簡單來說就是告訴我們無法採用這種方式進行就地升級，而是必須在舊作業系統的桌面中執行 Windows Server 2016 安裝程式，不過此訊息提示似乎有一些錯誤的地方，因為根本沒有[自訂(進階)]的選項可以選擇，關於這部分待後續說明。

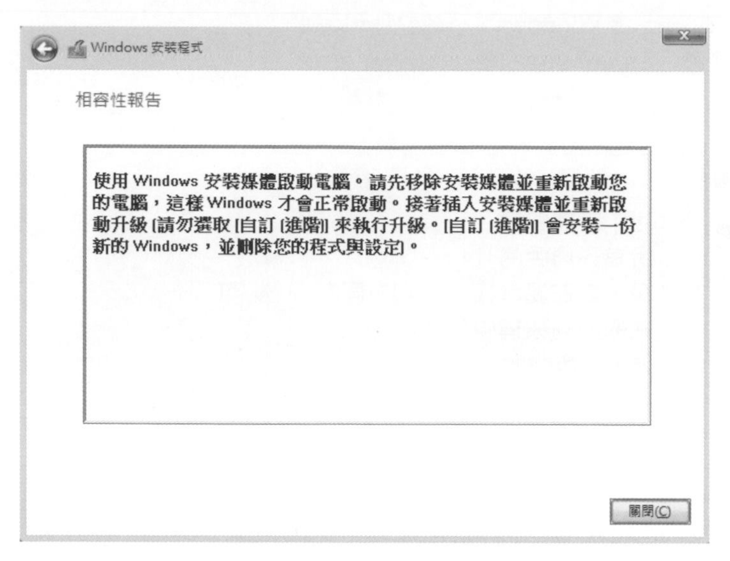

圖 1　開機就地升級報告

如圖 2 所示便是在 Windows Server 2012/R2 桌面上，執行 Windows Server 2016 安裝程式後所開啟的[取得重要更新]頁面，如果此主機能夠連線 Internet 的話，在此建議你選取[下載並安裝更新]，如此可以有效確保初步完成升級後的系統，可以處於在最高安全的基本狀態。點選[下一步]繼續。

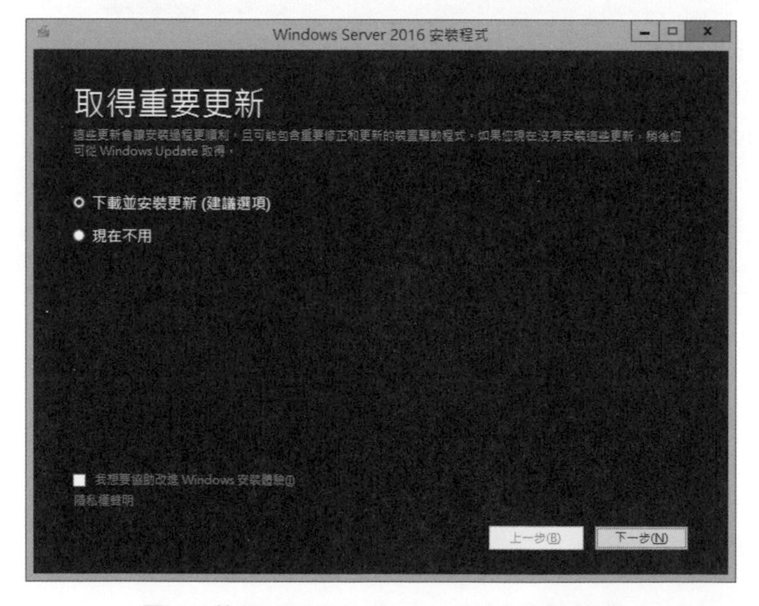

圖 2　執行 Windows Server 2016 安裝程式

在[產品金鑰]的頁面中請輸入 25 碼的合法授權金鑰。值得注意的是你無法像全新安裝一樣，可以選擇略過產品金鑰的輸入，也就是使用評估階段的模式。點選[下一步]會開啟如圖 3 所示的[選取映像]頁面，而這裡所能夠選取的安裝映像清單和你前面所輸入的產品金鑰有關。點選[下一步]。

請注意！關於 Windows Server 就地升級作業，目前並不支援將舊版的 Server Core 模式升級至桌面體驗模式（反之亦然）。

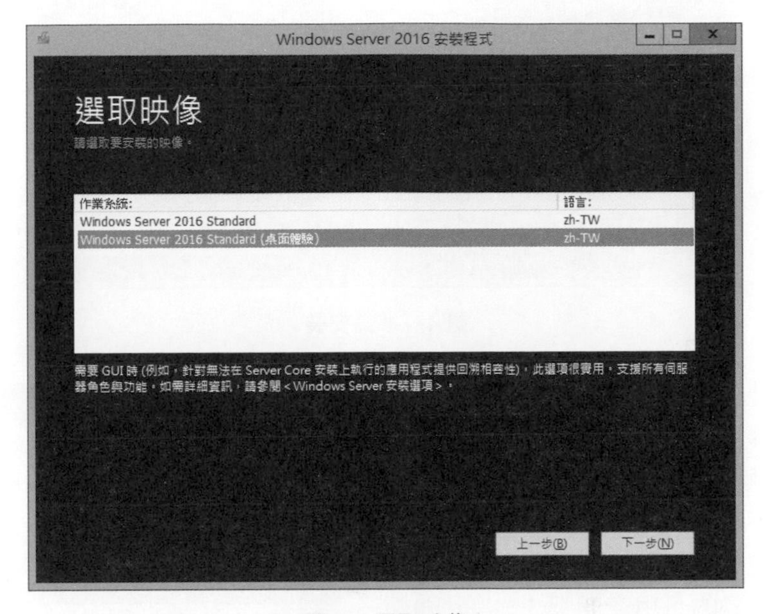

圖 3 選取映像

在[選擇要保留的項目]頁面中，請選取[保留個人檔案與 App]。如果選擇[不保留任何項目]，便等同是全新的 Windows Server 2016 安裝了，也就是前面步驟中系統所提示的[自訂[進階]]選項。點選[下一步]之後，系統會列出可能不相容升級的應用程式清單。只要點選[確認]便會來到如圖 4 所示的[準備安裝]頁面，點選[安裝]後便會開始進入升級作業，過程中請勿發生中斷。

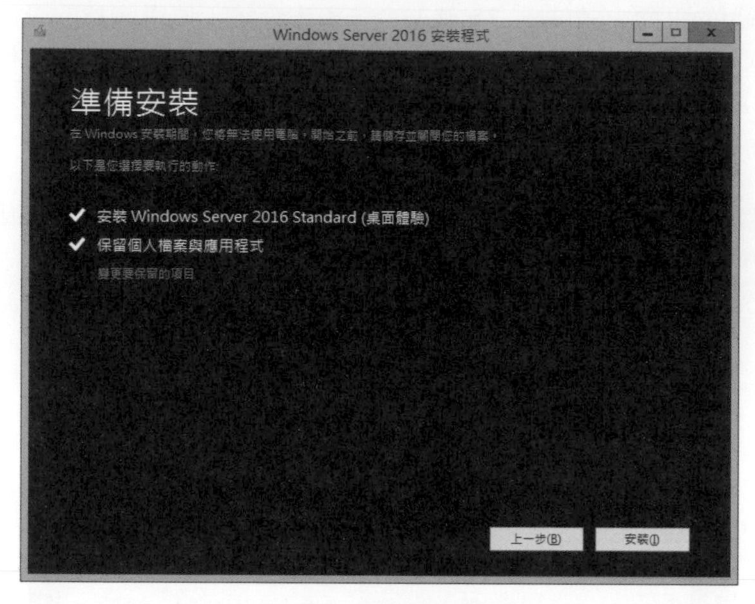

圖 4　準備安裝

完成就地升級安裝之後，你可以開啟系統磁碟內容中的[磁碟清理]頁面，便會發現如圖 5 所示多了一個[之前的 Windows 安裝]。你可以將它勾選之後點選[確定]，讓系統磁碟騰出更多的可用空間吧！

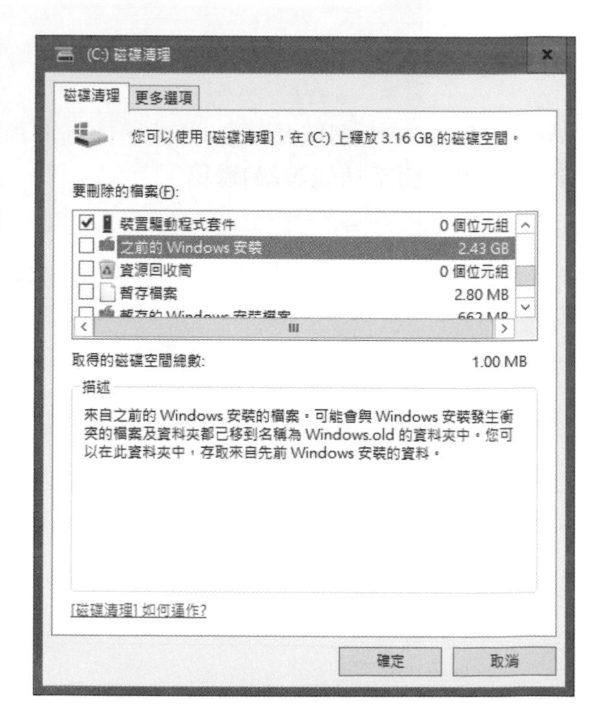

圖 5　磁碟清理

請注意！關於 Windows Server 就地升級作業，目前並不支援將之前的評估版本（Evaluation）升級至正式版本的 Windows Server 2016。同樣的，也不支援將 Windows Server 2016 的技術預覽版（TP，Technical Preview）進行升級。

1.4 升級移轉網域控制站

企業 IT 環境若想要讓大量的 Windows 10 電腦，在內部網路中獲得最佳的集中管理，建置以 Windows Server 2016 為基礎的 Active Directory 網域，便是最好的選擇。

在介面上全新的 Windows Server 2016 採用了如同 Windows 10 的設計，因此在許多管理工具上的操作設計也有了一些改變，其中位在桌面左下角的[開始]功能表，肯定是許多使用者已熟悉的操作習慣，它改良了前一版 Windows Server 2012/R2 與 Windows 8/8.1 的操作不便之處，而且優化了傳統 Windows 7 開始功能的操作習慣設計。

接下來將示範如何將一台超過 14 年的 Windows Server 2003 R2 網域主機，進行升級移轉。首先，在此網域控制站的作業系統中，開啟位在[系統管理工具]中的[Active Directory 網域及信任]介面。如圖 6 所示在最上層的節點上，按下滑鼠右鍵點選[提高樹系功能等級]繼續。

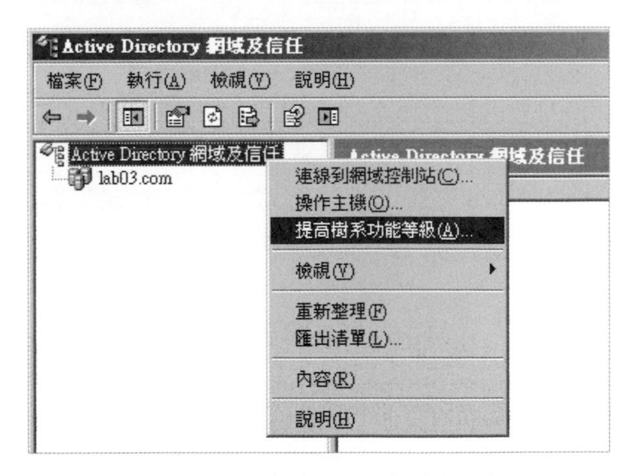

圖 6 Active Directory 網域及信任

緊接著便可以在如圖 7 所示的樹系功能等級下拉選單中，選取[Windows Server 2003]並點選[升級]即可。至於網域功能等級的升級，則只要點選至網域的節點上完成並同樣操作即可。

值得一提的是，採用 Windows Server 2003 的樹系與網域功能等級，已經可以滿足大部分的 Microsoft 應用系統整合之需要，包括了 Hyper-V Server 2016、Exchange Server 2016、SQL Server 2016 等等，這或許是一個讓企業 IT 有理由遲遲不願意升級的因素之一吧。不過在一些新管理功能的使用上，就得視實際所運用的功能而定了，像是一些新的群組原則（Group Policy）功能設定等等。

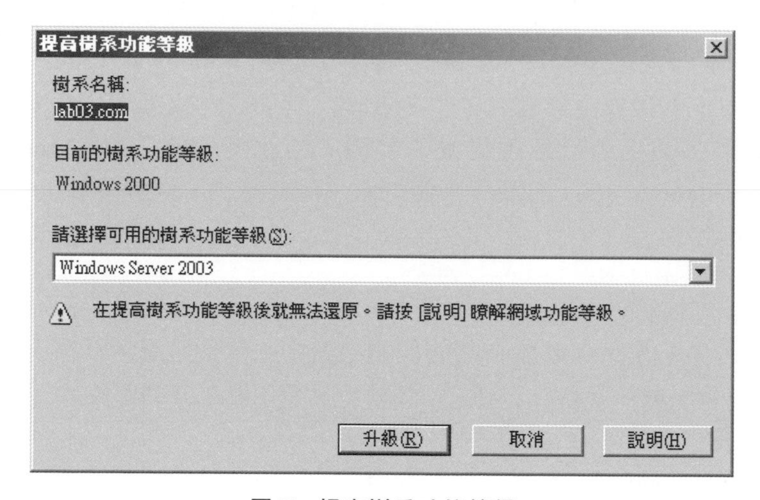

圖 7　提高樹系功能等級

接下來必須準備新的 Windows Server 2016 網域控制站。首先請在完成了新 Windows Server 2016 主機的安裝並加入網域之後，在初次登入時，系統預設會開啟的[伺服器管理員]介面，而在它首頁的[儀表板]中或是如圖 8 所示的[管理]選單之中，我們便可以點選[新增角色及功能]的連結，來開始建立全新的 Windows Server 2016 網域服務。

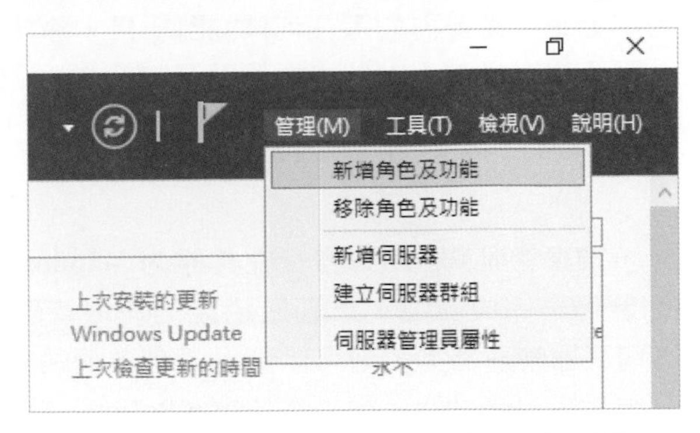

圖 8　Windows Server 2016 伺服器管理員

在[安裝類型]頁面中，請選取[角色型或功能型安裝]。點選[下一步]。在[伺服器選取項目]頁面中，你可以透過選取指定的 Windows Server 2016 伺服器或離線的虛擬硬碟檔案，來做為伺服器角色與功能安裝的目標。

關於這方面的彈性管理方式，也是打從 Windows Server 2012 版本開始，在[伺服器管理員]工具設計上的一大改進。點選[下一步]，如圖 9 所示在[選取伺服器角色]的頁面中，請將[Active Directory 網域服務]與[DNS 伺服器]的項目勾選，勾選時將會出現 [新增角色及功能精靈]視窗，請點選[新增功能]並且緊接著點選[下一步]繼續。

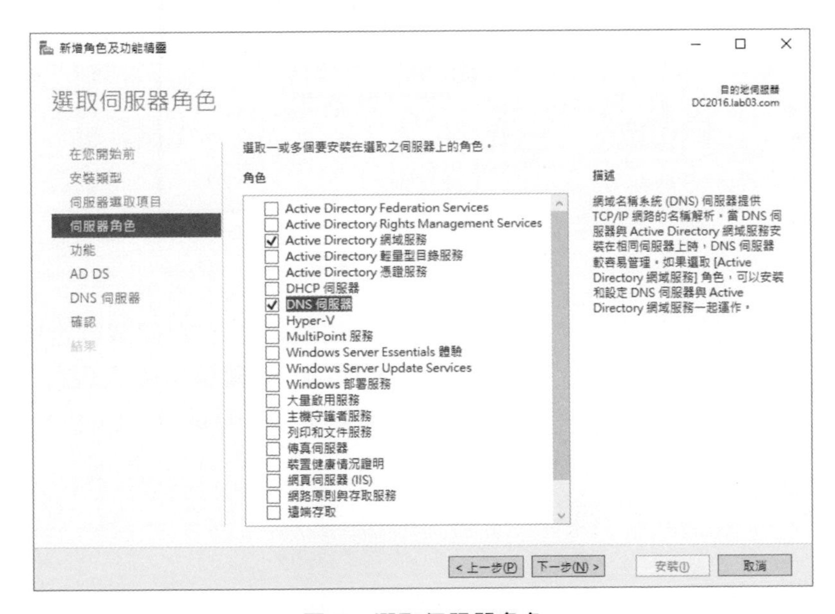

圖 9　選取伺服器角色

在[功能]頁面中，基本上是不需要再勾選任何[功能]項目，除非你有其他管理功能的需求，可以在此頁面中一併加入安裝之中。點選[下一步]。在[確認安裝選項]的頁面中，可以檢視到即將安裝的網域服務以及所有與 Active Directory 相關的管理工具。

其中在管理工具部分，後續管理員也可以自行在其他的 Windows Server 2016 主機上，透過[功能]的新增再完成安裝，以利於遠端的連線管理需求。至於給予 Windows 10 的遠端伺服器管理工具，則可以到以下官方網站來下載安裝。點選[安裝]。

Windows 10 遠端伺服器管理工具：

https://www.microsoft.com/zh-TW/download/details.aspx?id=45520

完成上述的伺服器角色安裝之後，你可以直接在[結果]頁面中，點選[將此伺服器升級為網域控制站]的連結，或是後續再從如圖 10 所示的[伺服器管理員] 部署設定提示中來點選此連結。

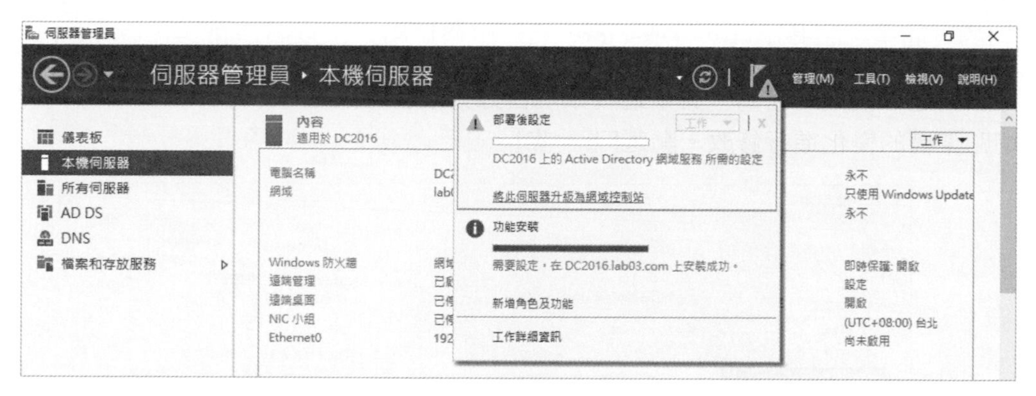

圖 10　部署設定提示

如圖 11 所示，便是建立新網域控制站的設定精靈。首先在[部署設定]頁面中，請先選取[將網域控制站新增至現有網域]，在[網域]欄位中輸入現行的網域名稱，你可以決定是否要變更執行此操作的網域使用者，點選[下一步]。

圖 11　部署設定

在如圖 12 所示的[網域控制站選項]頁面中，請先確認已勾選了網域名稱系統（DNS）伺服器、通用類別目錄（GC）兩個選項，選取所屬的站台名稱並設定目錄服務還原模式的密碼。其中通用類別目錄與站台的設定，未來仍可以隨時依據網路架構的變化進行修改。點選[下一步]。

圖 12　網域控制站選項

在[DNS 選項]頁面中不需要進行設定。點選[下一步]來到如圖 13 所示的[其他選項]頁面，在此如有特別需求可以指定複寫的來源網域控制站，否則保持[任何網域控制站]設定值即可。點選[下一步]。

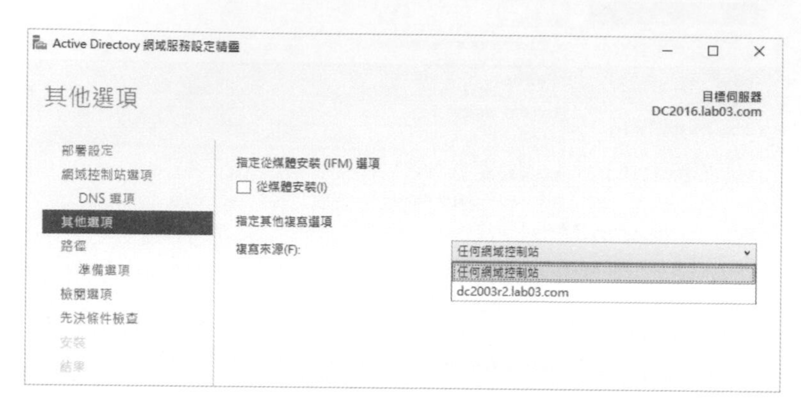

圖 13　其他選項

在[路徑]的頁面中，可以決定是否要自訂 AD DS 的資料庫與記錄檔的儲存路徑，一般來說皆採用預設值即可，或是你可以因為效能因素，將它指定在較快的硬碟儲存位置。連續點選[下一步]來到如圖 14 所示的[先決條件檢查]頁面中，在只要沒有出現錯誤，則相關的警示訊息是可以忽視的，點選[安裝]。成功完成網域控制站的安裝之後，系統將會自動重新啟動。

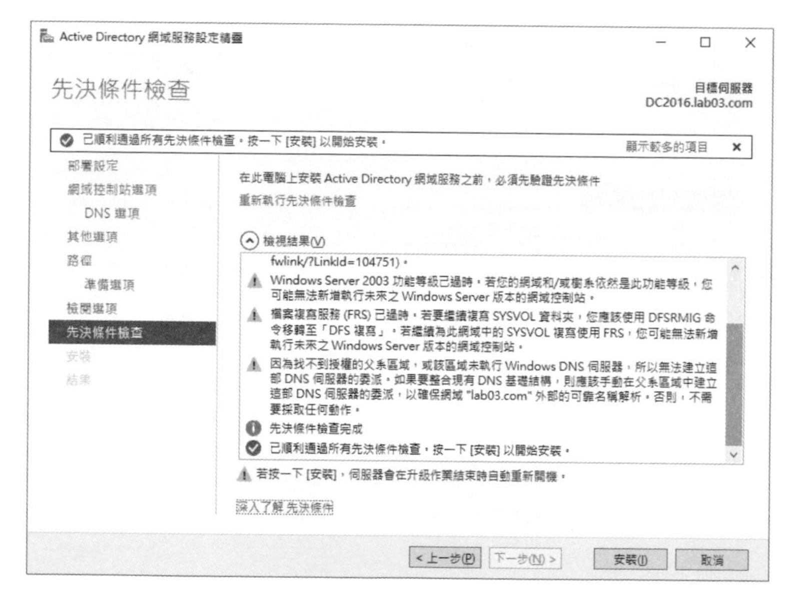

圖 14　先決條件檢查

接下來我們要把擔任網域控制站的大任，移交給新版的 Windows Server 2016 主機，舊版的 Windows Server 2003 R2 將完全卸任。

在開始動手操作之前，首先我們必須明白網域控制站台的角色分成五大類型，並且可以根據實際的規劃需求，將這五種不同用途的角色繫結在企業目路服務中的任一網域控制站主機上，因此也被稱為彈性單一主機操作（FSMO，Flexible Single Master Operation）角色，以獲得最佳的運作效能。有關於這五大角色的名稱與用途分別說明如下：

- **架構主機（Schema Master）**

  架構主機會負責處理對於 Active Directory 架構設計上的所有更新與修改。在某些時候將會需要動用到與此角色的連線要求，例如你將建置一部 Exchange Server 在公司的網路中，那麼這個時候的 Exchange Server 安裝程序中，便會自動嘗試與架構主機聯繫並且要求更新 Schema。

  一旦架構更新完成之後，就會從架構主機複寫至目錄中的其他 DC 主機，而其他 DC 主機上所存放的 Schema 僅能唯讀檢視，若想要新增、修改、刪除以及更新目錄服務中的 Schema，則使用者必須是 Schema Admins 的群組成員才可以。請注意！在整個樹系中只會有一個架構主機角色。

- **網域命名主機（Domain Naming Master）**

  網域命名主機主要負責有關於樹系中網域的新增或刪除時的控管，當然也同時儲存了整個目錄樹狀結構的資訊。請注意！在整個樹系中只會有一個網域命名主機角色。

- **RID 主機（Relative ID Master）**

  當我們在網域中要建立物件時（例如使用者帳戶、群組），便需要藉由這個角色來負責配置所謂的唯一安全識別碼（SID，Security ID），而這個 SID 便是由兩組資訊所組合而成，分別是網域 SID 以及建立在網城中的每個安全性主體 SID 的唯一相對 ID（RID）所組成。

  因此，如果這個角色發生了無法聯繫的問題，就可能造成在建立任何網域物件時的失敗訊息出現。

  這個角色也負責在 DC 物件移動時，將物件從其來源網域移除，並將物件置於另一個網域中。請注意！在樹系的每個網域中只能有一個網域控制站做為 RID 主機角色。

- **PDC 模擬器（PDC emulator）**

  PDC 模擬器會對執行舊版 Windows 的工作站、成員伺服器和網域控制站通告自己是主要網域控制站，而對於使用者密碼的變更與帳戶的鎖定，也都是由此角色來負責。至於在我們經常會去使用的群組原則設定部份，預設的狀態下群組原則編輯器，也會連線到 PDC 模擬器主機，來統一發佈群組原則物件的設定。

- **基礎結構主機 （Infrastructure Master）**

  在擁有多個網域的樹系架構中，如果彼此網域中的群組成員之中，有來自非本身網域的物件，則這部份的資訊維護便是由基礎架構主機來負責，因此如果我們只有單一網域，那麼此角色平常便無用武之地了。

請從[伺服器管理員]介面的[工具]下拉選單中，點選開啟[Active Directory 使用者和電腦]，在最上層的節點上按下滑鼠右鍵點選[變更網域控制站]，接著在變更[目錄伺服器]的頁面中，選取準備要移轉的目的地網域控制站，也就是我們新安裝好的 Windows Server 2016 網域控制站。

緊接著請點選目前網域名稱的節點（例如：lab03.com），並且如圖 15 所示按下滑鼠右鍵點選[操作主機]。在這個頁面中便可以看到目前三種角色所屬的網域控制站，如圖 16 所示分別是 RID、PDC 以及基礎結構，你只要分別在這三個頁面中點選[變更]按鈕，即可順利完成這三種操作主機角色的移轉。

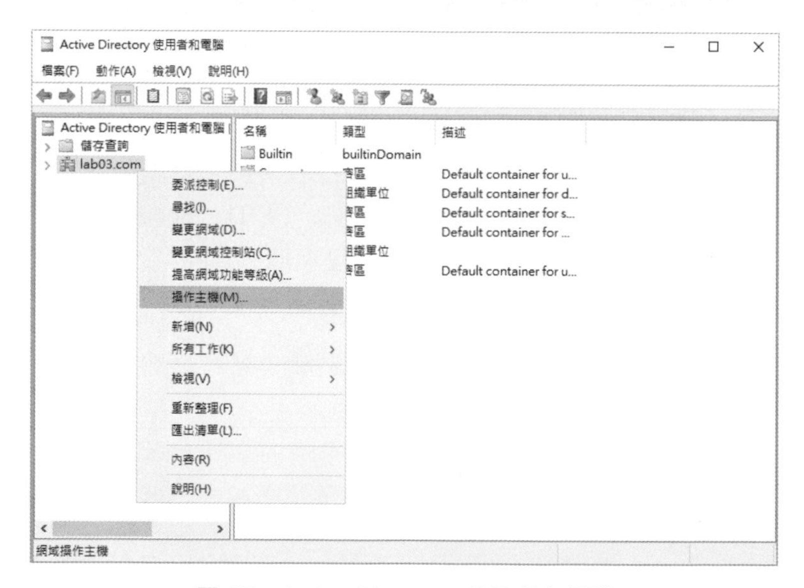

圖 15 Active Directory 使用者和電腦

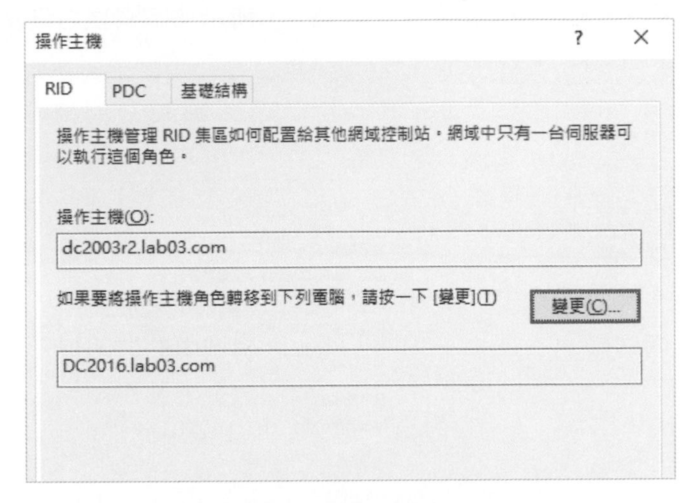

圖 16　操作主機設定

成功變更了上述三大角色之後，建議你可以先開啟命令提示字元，如圖 17 所示下達 Netdom Query FSMO 命令，便可以發現其中的 PDC、RID 集區管理員以及基礎結構主機，皆已經改由新版的 Windows Server 2016 網域控制站伺服器接手了。

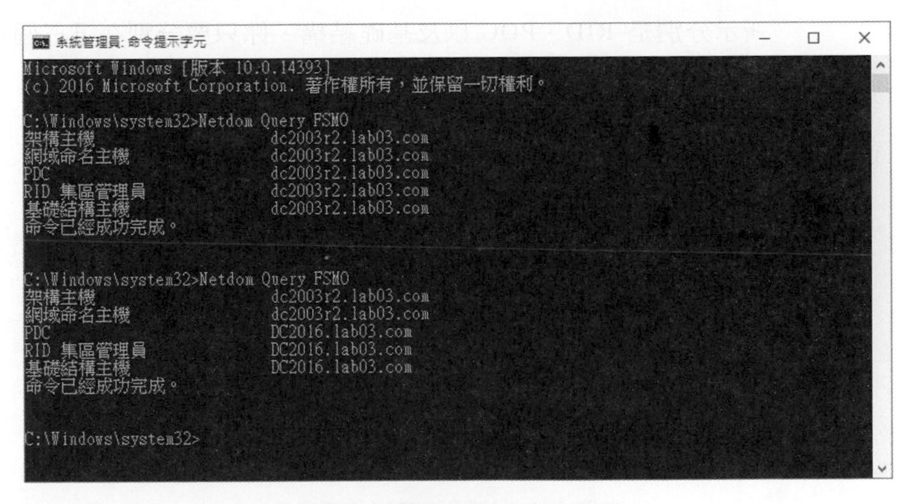

圖 17　查詢 AD 五大角色狀態

接著來看看網域命名主機角色的移轉方法。請先從[系統管理工具]下拉選單中點選開啟[Active Directory 網域及信任]介面，在最上層的項目節點上按下滑鼠右鍵點選[變更 Active Directory 網域控制站]，來切換至準備要移轉的目的地網域控制站。最後請在網域名稱的項目節點上，如圖 18 所示按下滑鼠右鍵點選[操作主機]繼續。

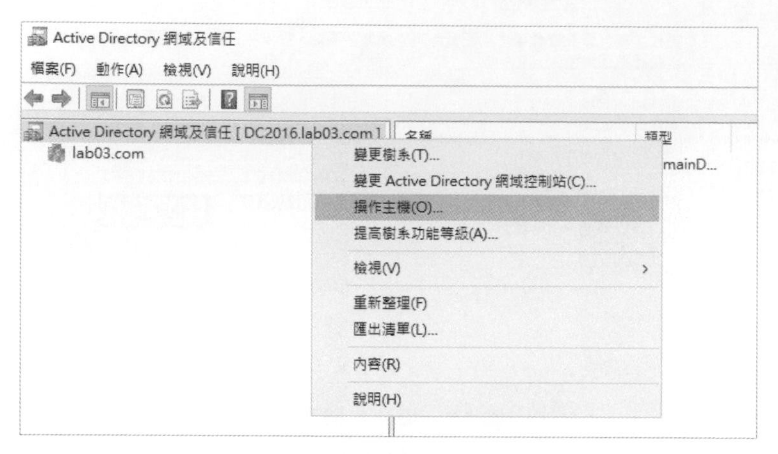

圖 18　Active Directory 網域及信任

在如圖 19 所示的[操作主機]頁面中，請同樣點選[變更]即可完成移轉。你一樣只要開啟命令提示字元並執行 Netdom Query FSMO 命令，即可發現其中的[網域命名主機]也已經完成了移轉作業。

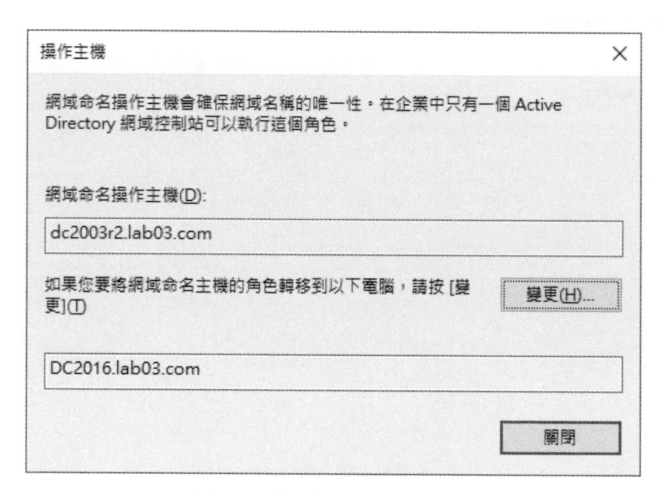

圖 19　網域命名主機移轉

接下來是最後一個架構主機的移轉，其移轉過程和前四大角色有些許差異。首先請以系統管理員身分開啟命令提示字元，如圖 20 所示執行 regsvr32 schmmgmt.dll 命令，來完成架構主機管理元件的登錄。

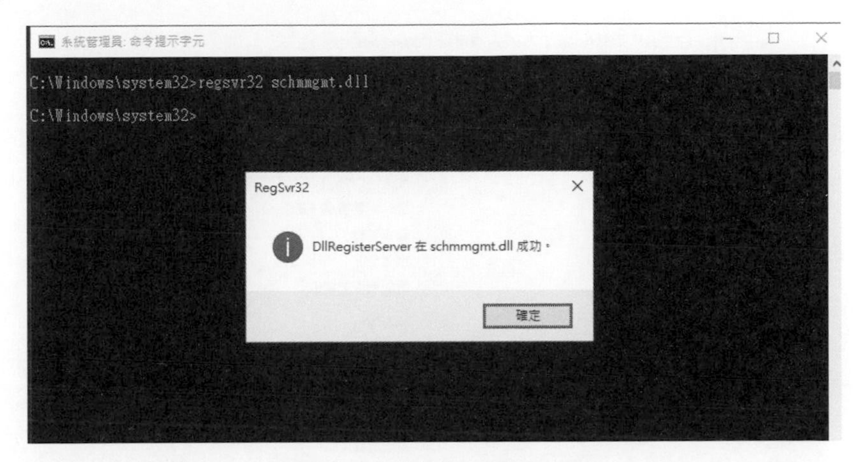

圖 20 登錄架構主機管理元件

接著請執行 MMC 命令來開啟其管理主控台介面，點選位在[檔案]下拉選單中的[新增嵌入式管理單元]。如圖 21 所示請在選取[Active Directory 架構]之後點選[新增]。點選[確定]繼續。

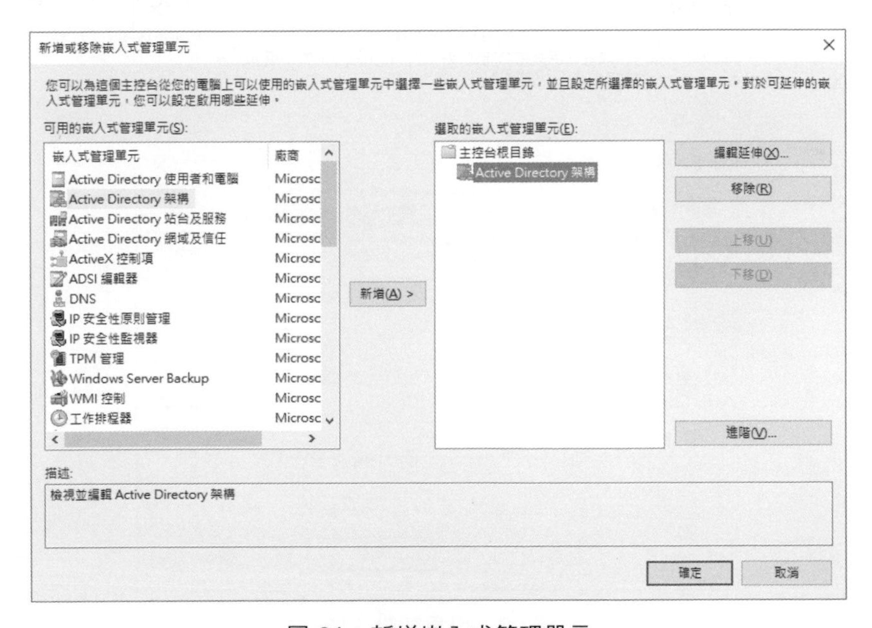

圖 21 新增嵌入式管理單元

接著請如圖 22 所示在[Active Directory 架構]的節點上，按下滑鼠右鍵點選[變更 Active Directory 網域控制站]，以便將預設連線至舊版 Windows Server 2003 R2 的網域控制站，變更為新版的 Windows Server 2016 網域控制站。

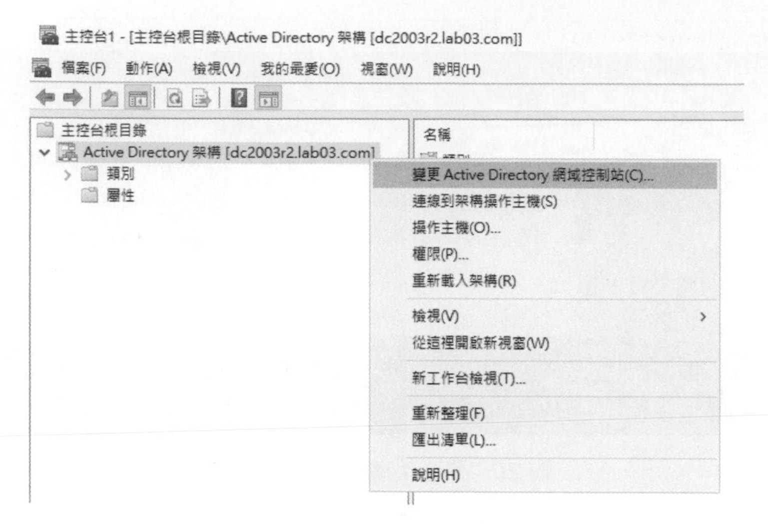

圖 22 MMC 管理介面

最後請同樣在[Active Directory 架構]的節點上，按下滑鼠右鍵點選[操作主機]。在如圖 23 所示的[變更架構主機]頁面中，點選[變更]即可。成功變更之後便可以再一次於命令提示字元中，執行 Netdom Query FSMO 命令，來查看是否已經完成 Active Directory 五大角色的移轉。

變更架構主機

架構主機管理對架構所做的修改。在企業中只有一台伺服器執行這個角色。

目前的架構主機 (連線中)(U):

dc2003r2.lab03.com

按 [變更] 可以將架構主機的角色轉移到以下的目標架構 FSMO 持有者(T)

變更(C)

DC2016.lab03.com

關閉 說明

圖 23 變更架構主機

關於 Active Directory 五大角色的移轉，你也可以選擇透過 ntdsutil 命令工具來完成。請在開啟命令提示字元下輸入 ntdsutil 命令進入到專屬的提示字元下，輸入 roles 並且按下[Enter]繼續。

接著請輸入 Connect to server 目的地網域控制站名稱 ，來進行連線的切換。完成切換之後便可以輸入 quit 來回到 fsmo maintenance 的命令提示字元下，最後你便可以輸入 Transfer 命令來決定要移轉的角色，這五種角色的字串分別是 Infrastructure master、naming master、PDC、RID、schema master。皆完成移轉之後便可以輸入 quit 來逐步離開 ntdsutil 的命令提示字元。

一旦確認 Active Directory 五大角色的移轉已經完成之後，就可以將舊版的 Windows Server 2003 R2 網域控制站主機進行降級為一般成員伺服器，甚至於若後續評估已沒有其他用途可行，則可以進一步將它退出網域。請在此 Windows Server 2003 R2 的[執行]視窗中，如圖 24 所示輸入 dcpromo 命令並點選[確定]繼續。

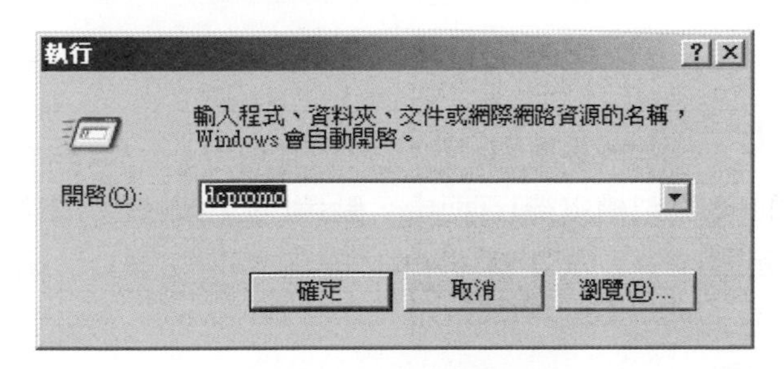

圖 24　降級舊網域主機

來到如圖 25 所示的[移除 Active Directory]頁面中，請勿勾選[這台伺服器是網域中最後一個網域控制站]的選項。點選[下一步]在完成密碼的驗證之後，便可以開始進行伺服器降級作業。

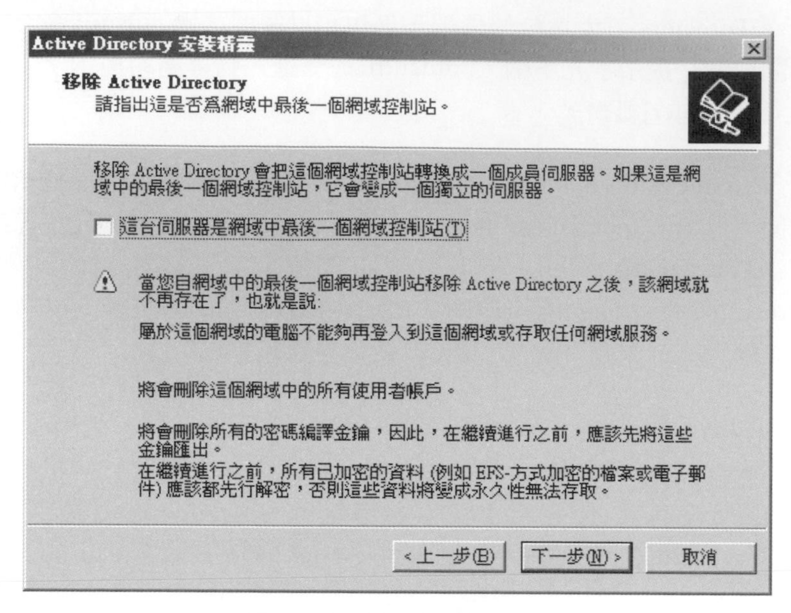

圖 25　網域控制站降級設定

1.5　升級移轉 DHCP 伺服器

DHCP Server 是目前 IT 網路中必要的基礎建設，對於許多中小企業來說，通常為了節省成本，會選擇將 DHCP Server 角色安裝在與網域控制站在同一部主機之中，在這種情境之下你就需要在舊網域控制站五大角色，初步完成移轉作業時，就一併完成移轉作業。

可是如果你的來源主機是 Windows Server 2003 R2，是無法依循接下來的操作說明來進行移轉，因為它最低的版本限制是 Window Server 2008，不過仍有替代的解決之道。先來看看標準的移轉方法。首先請如圖 26 所示在目的地的 Windows Server 2016 主機上，加裝[Windows Server 移轉工具]功能。

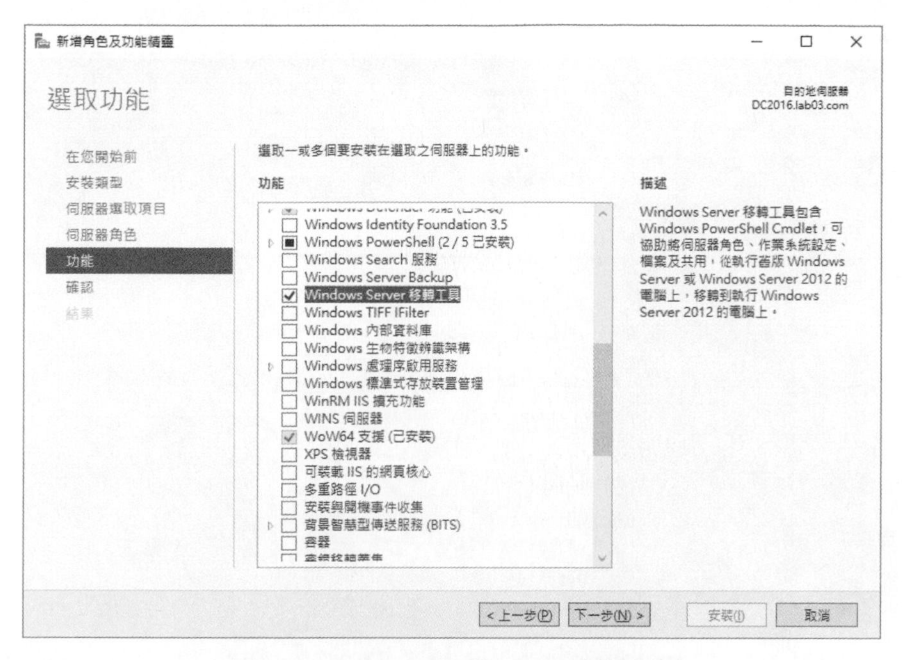

圖 26 Windows Server 2016 功能安裝

接下來請開啟命令提示字元，切換至 C:\Windows\System32\ServerMigrationTools 路徑下，如圖 27 所示先執行下列指令來查看其命令參數用法：

```
Smigdeploy.exe /?
```

其中在 os 的參數設定部分，分別有 WS12R2、WS12、WS08R2 以及 WS08，但是並沒有 WS03（也就是 Windows Server 2003）。

這表示若來源是 Windows Server 2003/R2 的伺服器，透過移轉升級的方式，最多只能夠升級到 Windows Server 2012 R2。因此面對還在使用 Windows Server 2003 來做為 DHCP 或 File Server 的企業 IT 來說，除非使用兩階段的移轉方式，否則以及 DHCP 服務來說，就只能夠使用手動匯出/匯入的方式，來保存舊有的設定值。

```
選取 系統管理員: 命令提示字元
參數:

  /package
        建立可以複製到執行 Windows Server 2012 R2、Windows Server 2012、
        Windows Server 2008 R2 或 Windows Server 2008 之電腦的 Windows Server
        移轉工具部署資料夾。
        此參數必須搭配 /architecture、/OS 與 /path 參數使用。(簡短形式: /k)

  /architecture <arch>
        指定將做為複製部署資料夾時之目的地作業系統的架構 (x86 或 amd64)。
        (簡短形式: /a)

  /os <os>
        指定將做為複製部署資料夾時之目的地作業系統的版本 (WS12R2、WS12、
        WS08R2、WS08)。(簡短形式: /o)

  /path <path>
        指定要建立 Windows Server 移轉工具部署資料夾的位置。(簡短形式: /p)

  /unregister
        向 Windows PowerShell 回復 Windows Server 移轉工具 Cmdlet 的登錄。
        (簡短形式: /u)

  /help
        顯示說明。(簡短形式: /?)

  /version
        顯示正在執行的 Windows Server 移轉工具版本以及 Microsoft 商標資訊。
        (簡短形式: /v)

範例:

   SmigDeploy.exe /package /architecture amd64 /os WS08R2 /path c:\temp

   SmigDeploy.exe

   SmigDeploy.exe /unregister

   SmigDeploy.exe /help
```

圖 27 Smigdeploy.exe 命令參數查詢

如圖 28 所示，筆者執行了 Smigdeploy.exe /package /architecture amd64 /os WS08R2 /path C:\Smigdeploy 命令參數，表示要產生一個來源為 Windows Server 2008 R2 的部署工具。將此工具整個複製到來源的 DHCP 主機之中，並且點選執行 SmigDeploy.exe 來開啟命令視窗。

圖 28 產生 Windows Server 2008 R2 的部署工具

如圖 29 所示在執行了以下命令參數之後，就可以匯出 DHCP Server 的設定檔至指定的資料夾之中，請將它複製到目的地的伺服器路徑下。

```
Export-SmigServerSetting -featureID DHCP -User All -Group -path C:\dhcp
-Verbose
```

接著來到 Windows Server 2016 新安裝但尚未設定的 DHCP Server 中，請執行 PowerShell 的 Stop-Service DHCPserver 命令，先暫時停止此服務的執行，若想要知道目前服務的執行狀態則可以執行 Get-Service DHCPServer 命令。最後就可以執行以下命令參數，完成 DHCP 設定檔的匯入。

```
Import-SmigServerSetting -featureID DHCP -path C:\dhcp -Verbose
```

```
系統管理員: C:\Windows\System32\WindowsPowerShell\v1.0\powershell.exe
PS C:\SMT_ws08R2_amd64> Export-SmigServerSetting -featureID DHCP -User All -Grou
p -path C:\dhcp -Verbose

Cmdlet Export-SmigServerSetting 在命令管線位置 1
請提供下列參數的值:
Password: ************

         ItemType ID                                  Success DetailsList
         -------- --                                  ------- -----------
  WindowsFeature DHCP                                    True {}
       OSSetting Local User                              True {}
       OSSetting Local Group                             True {}


PS C:\SMT_ws08R2_amd64> _
```

圖 29　匯出舊版 DHCP 組態設定

在執行匯入的過程中，若系統偵測到來源與目的地的作業系統語系不同，將會出現如圖 30 所示的錯誤訊息而無法繼續。

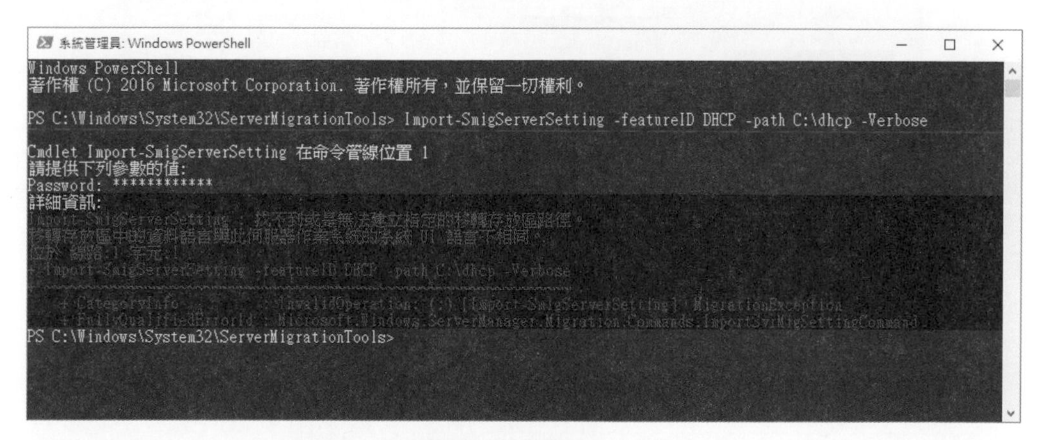

圖 30　可能犯的錯

確認完成了 DHCP Server 的移轉作業之後，你可以透過舊版 DHCP Server 自己的管理介面來停止授權與服務，或是執行命令格式 Netsh DHCP delete server <Server FQDN> <Server IPAddress>來完成刪除也是可以的。

至於面對前面所提到的舊版 Windows Server 2003 R2 的 DHCP Server，究竟要如何進行移轉呢？很簡單！只要在來源主機執行 netsh dhcp server export C:\dhcpdata.dat all 命令，來 DHCP 設定資料匯出，再到目標主機執行 netsh dhcp server import c:\dhcpdata.dat all 命令，完成資料匯入即可。

1.6 升級移轉檔案伺服器

除了 DHCP Server 之外，一般常見需要移轉的就是 File Server，而我們將面臨的問題同樣是相容性的部分，不過別擔心！同樣是有解套的方法。在此筆者先以標準的移轉做法來講解。在來源的檔案伺服器上請安裝.NET Framework 2.0 及 Windows PowerShell 1.0 以上版本。如是 Windows Server 2012/R2，則可以直接像如圖 31 所示一樣，勾選安裝[.NET Framework 3.5 功能]。

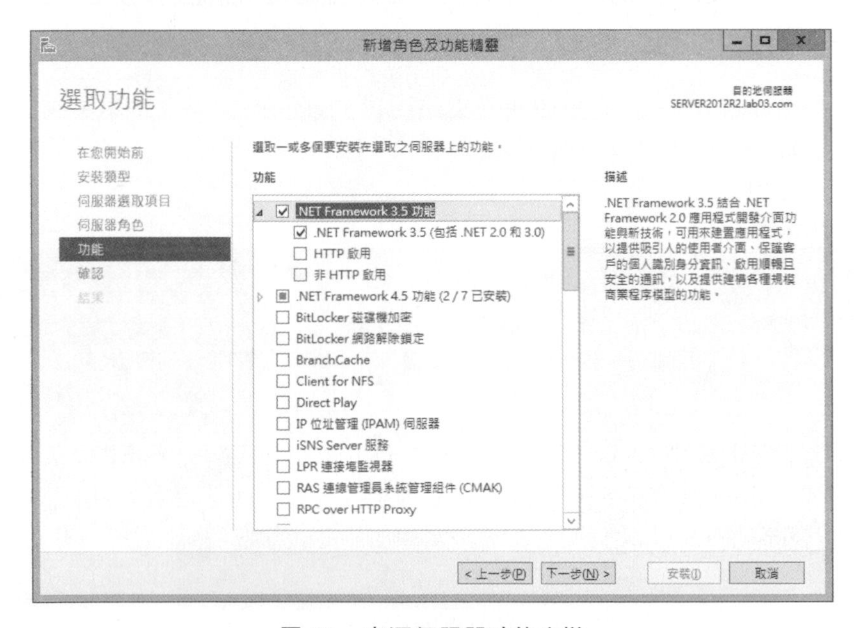

圖 31　來源伺服器功能安裝

接下來如果來源檔案伺服器是使用本機的使用者與群組，要設定安全性的權限，且需要移轉到目的地同樣是獨立的檔案伺服器之中，這時候就需要在如圖 32 所示的 PowerShell 介面中，執行以下命令完成匯出設定的動作。如果皆是屬於同一個 Active Directory 的成員伺服器則可以忽略。

```
Export-SmigServerSetting -User All -Group -path C:\FileServer -Verbose
```

緊接著再到目的地的 PowerShell 介面中，執行以下命令完成匯入設定的動作。

```
Import-SmigServerSetting -User All -Group -path C:\FileServer -Verbose
```

```
系統管理員: Windows PowerShell Modules
PS C:\SMT_ws08R2_amd64> Export-SmigServerSetting -User All -Group -path C:\FileServer -Verbose

Cmdlet Export-SmigServerSetting 在命令管線位置 1
請提供下列參數的值:
Password: ************

              ItemType  ID                              Success DetailsList
              --------  --                              ------- -----------
              OSSetting Local User                         True {}
              OSSetting Local Group                        True {}

PS C:\SMT_ws08R2_amd64> _
```

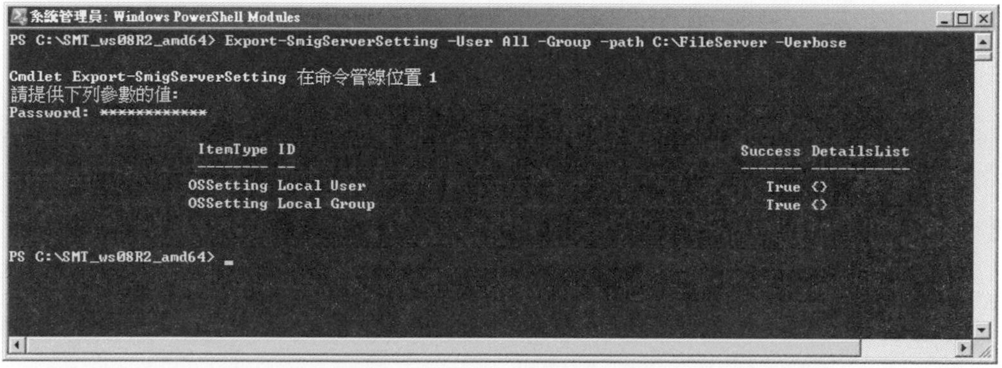

圖 32　匯出使用者群組設定

最後就可以在來源檔案伺服器，執行以下命令參數，將檔案傳送至指定的目的地檔案伺服器之中，而在目的地端只要執行 Receive-SmigServerData 命令即可開始接收。然而同樣可能發生的問題，就是兩端作業系統語系的問題，若是不同將會出現如圖 33 所示的錯誤訊息。

```
Send-SmigServerData -Computername DC2016 -SourcePath C:\ShareData -
DestinationPath C:\ShareData -Recurse -Include all -Force
```

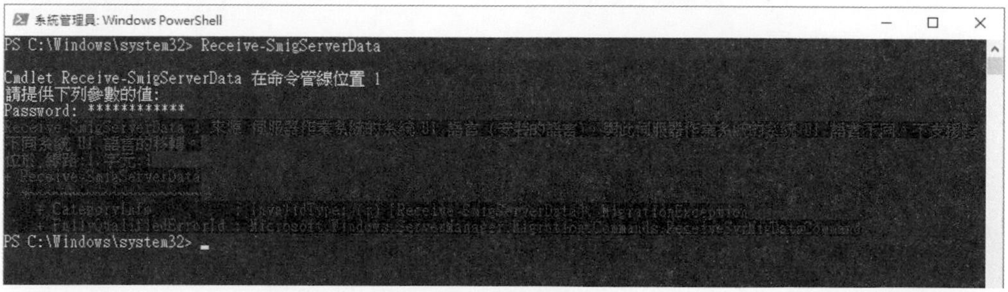

```
系統管理員: Windows PowerShell
PS C:\Windows\system32> Receive-SmigServerData

Cmdlet Receive-SmigServerData 在命令管線位置 1
請提供下列參數的值:
Password: ************
PS C:\Windows\system32> _
```

圖 33　可能犯的錯誤

想要解決上述做法不相容於 Windows Server 2003 R2 的問題，可以改使用內建的 Robocopy 命令工具，來進行檔案的複製，因為它同樣可以把完整的檔案屬性（資料、安全性、擁有者、時間戳記、稽核資訊等等）複製到目的地，而且能夠使用的參數功能相當強大。

舉例來說，你可以下達以下命令參數，將本機 C:\Shares 資料夾與檔案（包括空資料夾），整個複製到 DC2016 伺服器的 C:\Shares，包括了每個檔案的資料、安全性、擁有者、時間戳記屬性一併傳送，但會忽略 thumbs.db 檔案的傳遞。至於 MIR 參數所指的就是鏡像複製，也就是會完全以來源資料為主，自動清除來源所有的檔案與資料夾。

```
robocopy "C:\Shares" "\\DC2016\C$\Shares" /E /XF thumbs.db /COPY:DATSO /MIR
```

請注意！若來源伺服器是 Windows Server 2003/R2，請預先到 Microsoft 官方網站上下載安裝 Windows Server 2003 Resource Kit Tools，這裡頭將會包含 Robocopy 命令工具。更新版的作業系統則已經內建。

Windows Server 2003 Resource Kit Tools 下載網址：

```
https://www.microsoft.com/en-us/download/details.aspx?id=17657
```

本章節講解的僅是針對一般 Windows Server 常見的升級需求，然而面對已有建置 Windows Server 叢集運作架構的 IT 環境而言，是否有方法可以讓運行中的應用程式、服務或是 Hyper-V 虛擬機器，在不停止運作的情況下，來完成叢集系統的整體升級呢？此外針對叢集主機的 Windows Update 作業，除了傳統以人工監視的方式來進行之外，是否有一套可以讓系統自動協調叢集的排程更新，而不會影響到現行服務的可用性呢？上述這些進階的升級與更新需求，都是接下來要實戰講解的重點議題。

第 2 章

人員帳戶安全管理指引

甚麼是企業資訊安全中最重要的管理措施，答案就是以人為根本的政策落實，只可惜如今有許多的企業主只顧著把錢投入在高階、高成本卻毫無用武之地的網路設備上，殊不知資訊安全的穩固並非是用錢所能夠堆積起來的，而是必須先懂得善用眼前的基礎工具，管理好影響企業資安的首要途徑，再來考慮其他影響資安分支途徑解決方案的必要性。

2.1 前言

在資訊系統尚無法改善企業人員協同作業效率以前，企業主往往不會想到要在資訊安全的領域中，投資任何的解決方案，而是必須等到因資訊化全面提升了人員生產力的效果相當顯著，並且逐漸暴露出一連串的安全警示徵兆之後，才會開始想要著手來防範可能引爆的資安危機。更有甚者，須等到資安事故發生了，才開始手忙腳亂的要求 IT 單位，趕緊找出並導入因應的解決方案，像這樣的實際案例，筆者個人就曾經遭遇過不少。

顯然資訊安全就好比人的身體健康一樣，有人會因許多的前車之鑑，促使自己平常就做好保養，像是要求自己生活作息正常、飲食均衡、定時運動、不抽菸酗酒等壞習慣等等，以盡可能避免身體亮出紅燈。相反的也有些人，總是會認為像重大疾病這種倒楣事，不會發生在自己身上，也就是所謂的自我感覺良好之人。然而當人的身體狀況出現異狀時，也很像企業資訊安全出像紕漏一樣，並非是胡亂投藥就可以徹底解除的。

在中醫裡有一句話說道：「腎為先天之本，胃為後天之本」，這個道理很容易明瞭，簡單說就是當我們連根本都無法照料好時，何以求得身體各部位的健康呢。企業資訊運作的安全與穩固也是同樣的，當 IT 單位連資安的先天之本與後天之本都沒做好時，何來無患的企業資訊環境呢？更糟的是有些迷糊的 IT 單位，至今連甚麼是資安的先天之本與後天之本都不知道。

人員帳戶的安全管制就是資安的先天之本，它運行在 IT 基礎的架構之上，這個基礎就好像人的四肢軀幹一般，試想如果這個基礎搖搖晃晃，甚至連站立都有問題時還會有資安嗎？恐怕只剩下不安了。至於後天之本則是大家都知道的電腦安全鐵三角，那就是防火牆、更新以及防毒。

接下來筆者要來和大家一同探討與分享的議題，就是如何照顧好資安的先天之本-「人員帳戶安全的最佳管理途徑」。在此網路用戶端部分我們將以正式發行的 Windows 10 企業版為例，而伺服端以及 Active Directory 部分，將會以 Windows Server 2016 來做為示範講解。首先就從 Windows 10 企業版的安裝說起，如圖 1 所示安裝過程 之中你應該會看到[誰擁有此 PC?]的提示，當點選[我的公司]時即表示這台電腦將加入 Active Directory 的管理。

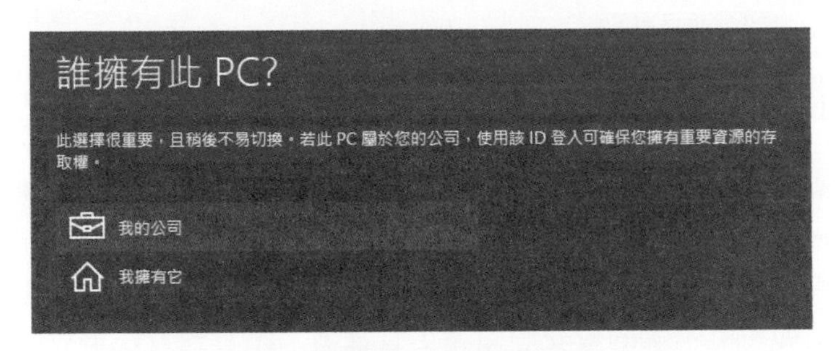

圖 1　Windows 10 安裝設定

過去的 Active Directory 只有位在企業內部網路之中，而現今已經像如圖 2 所示一樣，多出了一個名為 Azure AD 的選項。在此我們選擇[加入網域]，即表示想要加入的網域是位在企業內部網路。實際的加入方法，等到完成作業系統安裝之後再來了解吧！

圖 2　連接企業網域的兩種方式

如圖 3 所示便是 Windows 10 開始選單中，目前登入人員帳戶的下拉選單，請點選[變更帳戶設定]繼續。

圖 3　帳戶功能選單

在如圖 4 所示的[帳戶]頁面中，請點選位在[公司存取]節點頁面中的[加入或離開網域]連結繼續。

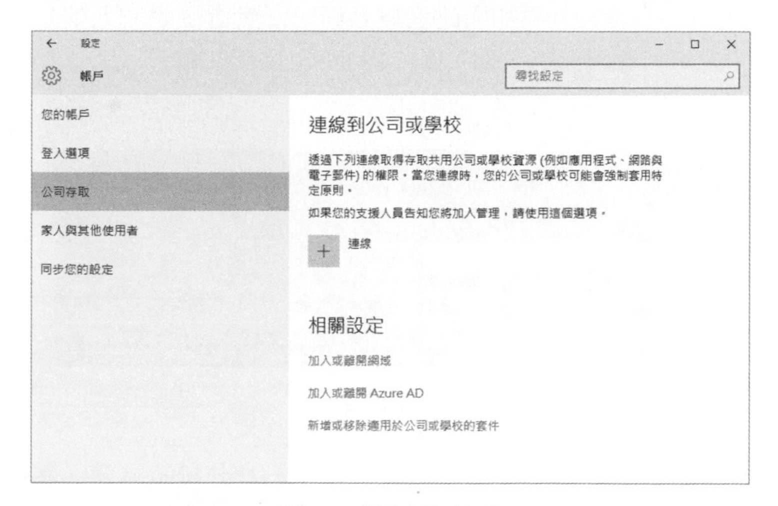

圖 4　公司存取管理

如圖 5 所示在[關於]的頁面中，可以檢視到目前的電腦名稱以及網域資訊。在此你可以選擇要加入近端的內部網域還是雲端的 Azure 網域。必須注意的是在過去的 Windows 版本，可以允許我們先修改電腦名稱之後，再加入指定的網域，但在目前的 Windows 10 你無法連同電腦名稱與加入網域的設定一併修改，而是必須在修改電腦名稱後先重新開機完成，才能再接著設定要登入的網域。

圖 5　網域連線設定

如圖 6 所示便是需要輸入所要加入的網域名稱，當然這個網域名稱是否能夠被正常解析到，肯定與這部 Windows 10 網路的 DNS 設定有關。

圖 6　加入網域

成功連線指定的網域之後，便會出現如圖 7 所示的身分驗證視窗。請輸入擁有這個網域管理員權限的帳號密碼，並點選[確定]即可。

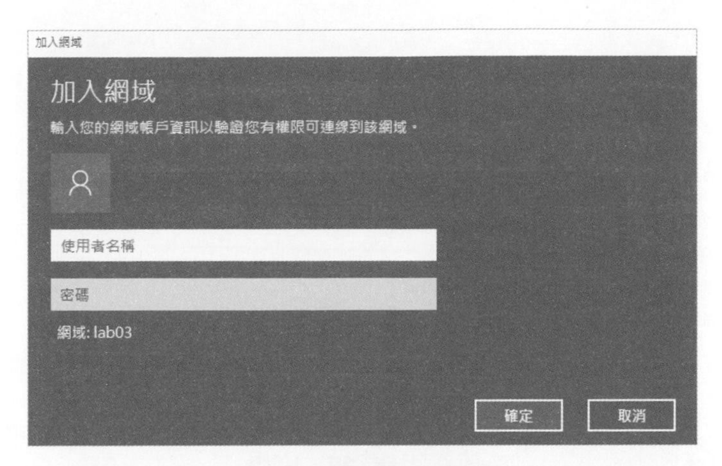

圖 7　管理員帳密驗證

在成功通過驗證並加入網域之後，可以設定預設所要登入的網域使用者，如此一來可以省掉重新開機後需要輸入登入人員的資訊。如圖所示便是 Windows 10 登入網域時的密碼驗證範例。

圖 8　登入網域

再一次回到如圖 9 所示的關於電腦資訊的頁面，身為管理員的你將可以隨時在此點選[從組織中斷連線]按鈕，來脫離目前的網域成為獨立電腦。脫離的過程仍需要輸入網域管理員帳號與密碼。

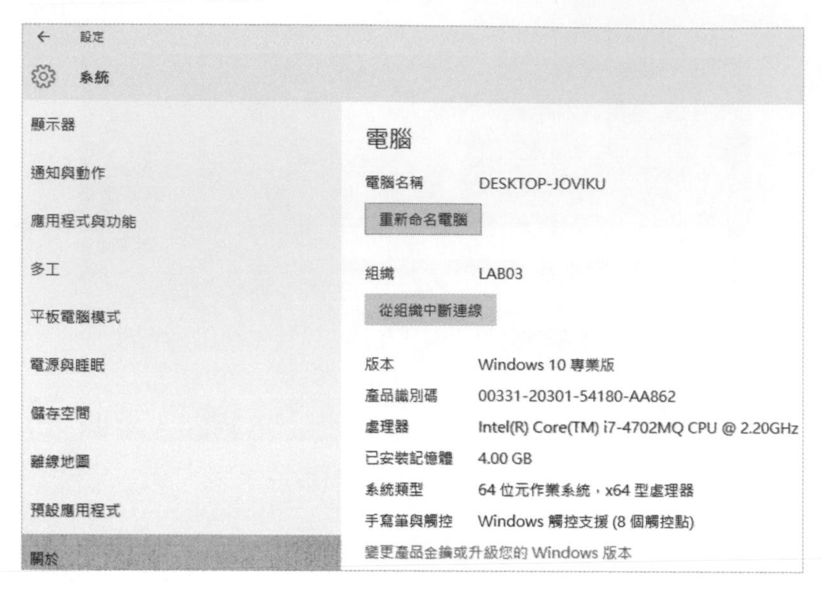

圖 9　檢視電腦資訊

Windows 10 升級小秘訣

相信目前許多人的 Windows 10 都是經由 Windows 7、Windows 8.1 免費升級來完成的，當然也有可能是付費的企業版升級，無論如何一定會有升級後舊版檔案與相關安裝檔案的自動保存，這包括了位在作業系統磁碟下的 Windows.old 資料夾。

不過你並不用急著手動刪除，而是應當在你確定絕對不會有執行降級的需要時，再透過內建的[磁碟清理工具]介面，先點選[清理系統檔]按鈕之後，再勾選[Windows 升級記錄檔]以及[之前的 Windows 安裝]選項即可。進一步也可以考慮將[暫存的 Windows 安裝檔案]一併清除。

2.2　帳戶基礎安全管理

甚麼是 Active Directory 人員帳戶的基礎安全管理措施呢？答案就是密碼原則的配置與登入工作站的指派，有了這兩項原則的強制設定，不僅可以讓企業中所有的資訊工作者遵循指定的密碼規則，降低人員帳密被竊的可能性，還可以讓人員帳戶的登入皆有專屬的 Windows 電腦，而無法從其他人員的電腦來進行非法登入。

密碼原則的管理可分成兩個階段來完成，首要是建立一個套用在所有人員的基礎密碼原則，接著則是進一步為特定的人員或群組，建立更為嚴謹的密碼原則，這一些被套用的人員或群組，可能是研發單位或財務人員等較敏感身分的使用者。

不囉嗦先來看看基礎密碼原則的設定方法，請在從[伺服器管理員]的[工具]下拉選單中，點選開啟[群組原則管理]。如圖 10 所示點選位在網域名稱下的[Default Domain Policy]節點，並按下滑鼠右鍵點選[編輯]繼續。

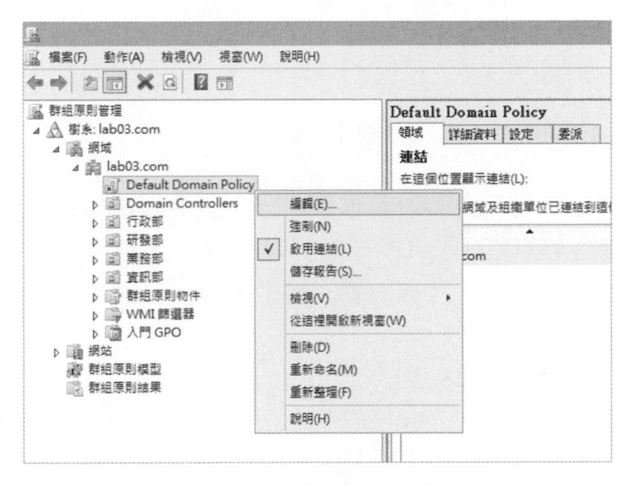

圖 10　群組原則管理

接著在如圖 11 所示的[群組原則管理編輯器]頁面中，展開至[電腦設定]\[原則]\[Windows 設定]\[安全性設定]\[帳戶原則]\[密碼原則]。在此便可以看到可自行定義的六項密碼原則設定項目，其中最重要的就是[最小密碼長度]以及[密碼必須符合複雜性需求]。

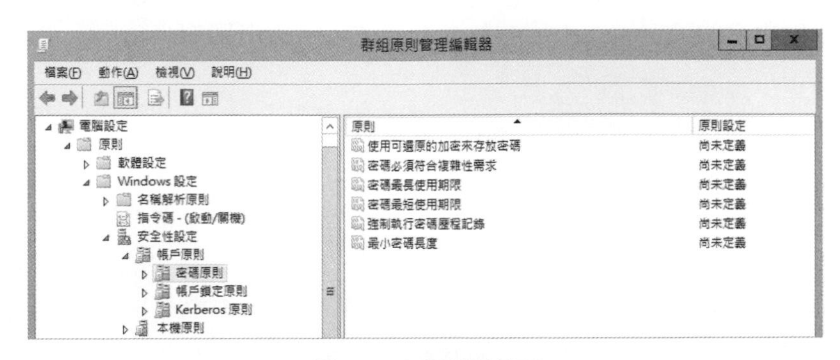

圖 11　密碼原則管理

如圖 12 所示便是[最小密碼長度]的原則設定頁面，在此建議你要求 11 個字元的密碼長度，根據過去的統計報告指出這樣的密碼長度，最適用在強調資訊安全的公司密碼政策之中。

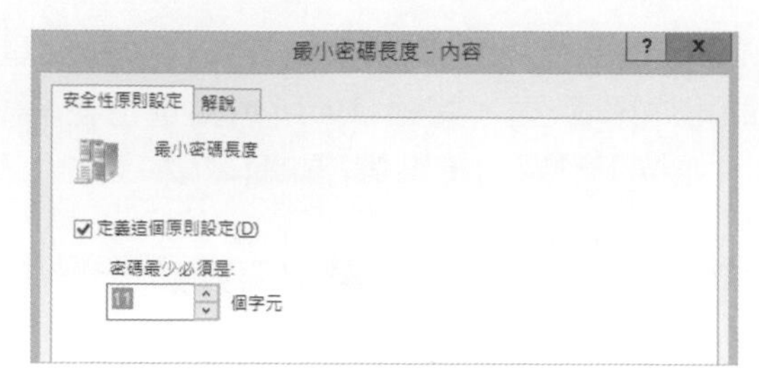

圖 12　最小密碼長度設定

密碼長度的要求只是密碼安全的最基本原則，必須進一步如圖 13 所示啟用[密碼必須符合複雜性需求]原則設定，才能夠算是完成一個具備高安全性的人員密碼安全設定要求，可以大幅降低被暴力式密碼字典攻擊法破解的可能性。

經過一段時間之後，如果觀察到絕大多數的使用者，都能夠適應此兩種密碼設定的原則要求之後，你可以進一步考慮啟用密碼原則最終的要求手段，那就是密碼最長與最短使用期限、強制執行密碼歷程記錄原則的設定。如此一來可算是讓使用傳統密碼驗證機制的資訊環境，達成人員最佳安全密碼的管制措施。

何謂密碼複雜性要求？

此功能是早在 Windows 2000 開始的一項密碼安全性原則設定之一，主要用以強制使用者在變更密碼時，至少需要符合以下設定的最小要求：

- 在密碼內容的設定中，不能夠包含全部或部分的使用者名稱
- 長度至少為 6 個字元以上
- 在密碼內容的設定中，需要至少包含以下其中三種的規定
  - ✓ 英文大寫字元（A-Z）
  - ✓ 英文小寫寫字元（a-z）
  - ✓ 需包含阿拉伯數字（0-9）
  - ✓ 非英文字母的字元（例如：@、#、$、%、^、&、*）

請注意！由於在網域控制站（DC）上預設會啟用密碼複雜度要求，因此該網域旗下所有的成員伺服器也會繼承與套用。至於在獨立的伺服器上預設則為停用。

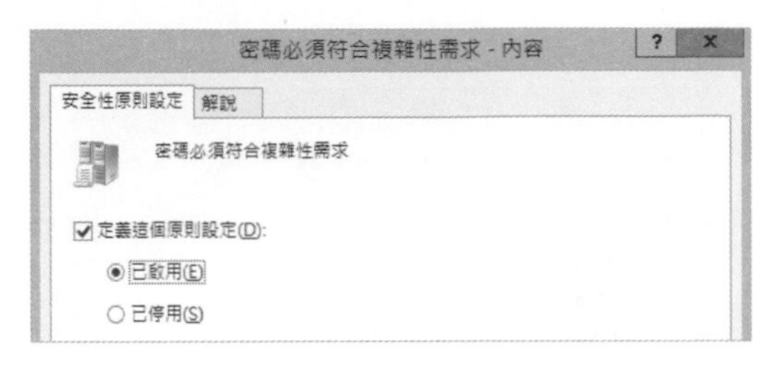

圖 13　密碼複雜性要求

對於人員帳戶的使用安全，除了需要強制要求密碼設定原則之外，最好還能夠限制大多數使用者，只能夠從自己專屬的 Windows 電腦來登入網域，除了可以有效管制使用者資料的存放安全，還有利於未來 IT 部門在資安稽核方面的管理作業。請開啟網域使用者帳戶[內容]頁面，在如圖 14 所示的[帳戶]頁面中點選[登入到]按鈕繼續。

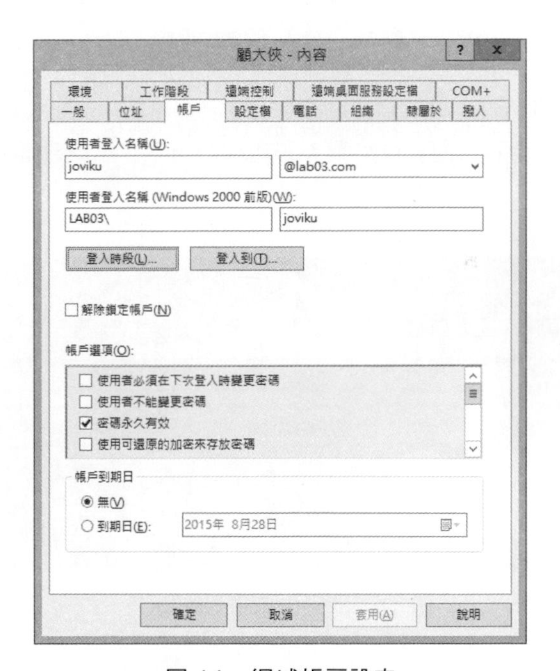

圖 14　網域帳戶設定

在如圖 15 所示的[登入工作站]頁面中，便可以新增多筆的工作站名稱，也就是僅允許這個帳戶可以在這一些主機名稱的網域電腦，來登入此網域並使用該電腦本機資源。

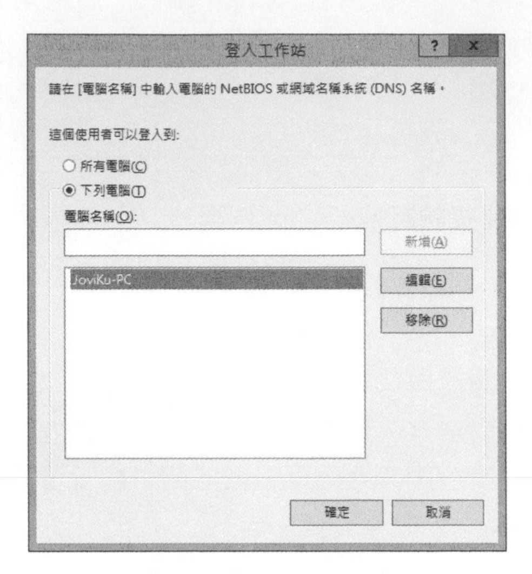

圖 15　登入工作站設定

如圖 16 所示當受登入工作站管制的網域使用者，嘗試透過其他非授權的網域電腦來進行登入時，無論該電腦的作業系統版本為何，都無法進行登入，因而出現此提示訊息。

圖 16　網域使用者無法登入

2.3 Windows 10 支援的身分辨識技術

密碼設置是任何作業系統、應用程式以及各類行動裝置最基本的保護措施，但它卻不是最安全與最便利的，而且還可能因忘記密碼而造成帳號被鎖定，畢竟這年頭需要記住的密碼種類還真是不少，如此不僅讓自己頭疼，更是讓系統管理人員整天為這類的雜事忙翻了。

還好！到了 Windows 10 已經完整提供了內建的七種身份識別的驗證技術（包括傳統密碼），重點是這一些驗證技術都可應用在企業網路的資訊安全控管之中。

首先，來看看目前最夯的三種身分識別技術，如圖 17 所示你只要在 Window 10 左下角的搜尋窗格之中，輸入 Windows Hello 即可發現顯示了三個身分識別的系統設定功能，分別是指紋登入、虹膜登入以及臉部登入，這種驗證技術皆屬於所謂的「生物辨識」技術，不僅識別速度快與精準，其安全性更遠高於其他三種驗證方法，尤其當中的虹膜辨識。

圖 17　Windows Hello 設定選項

在 Windows 10 系統預設的狀態下，已經允許使用者以生物辨識技術方式來登入，但那只是本機系統帳戶的登入，對於網域使用者來說預設則是不允許的，因此網域管理人員需要在群組原則管理中，點選至[電腦設定]\[原則]\[系統管理範本]\[Windows 元件]\[生物識別技術]節點頁面，開啟如圖 18 所示的[允許網域使用者使用生物識別登入]原則，將該原則設定為[已啟用]即可。

生物識別技術

允許網域使用者使用生物識別登入

編輯原則設定

需求:
至少需要 Windows Server 2008 R2 或 Windows 7

設定	狀態	註解
允許使用生物識別	尚未設定	否
允許使用者使用生物識別登入	尚未設定	否
允許網域使用者使用生物識別登入	尚未設定	否
指定快速切換使用者事件的逾時	尚未設定	否

圖 18　生物辨識技術原則設定

另一種類似於傳統密碼的驗證方式，就是 PIN 碼的驗證技術，如圖 19 所示使用這種方式的驗證，即表示只會驗證以數字為組合的密碼，這種做法較常被使用在行動裝置的登入，像是目前人手一機的智慧型手機、平板，目的就是為了簡化登入的方式。

圖 19　PIN 碼驗證

無論是哪一類型身分驗證功能的啟用與設定，都只需要開啟如圖 20 所示的[帳戶]頁面，點選至[登入選項]即可開始設定，這包括了要求再度登入的時機。在此無論你要設定[PIN 碼]還是[圖片密碼]，系統都會像如圖 21 所示一樣，先詢問當前的使用者密碼，包括了當你忘記 PIN 碼或圖片密碼，需要重新設定的時候。

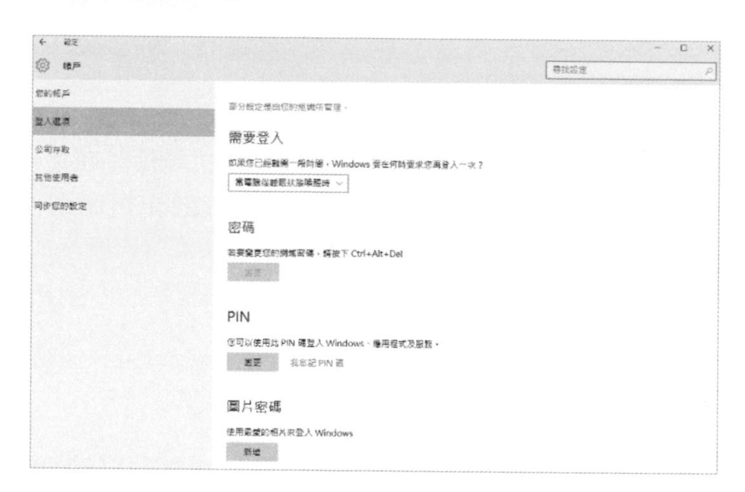

圖 20　登入選項管理

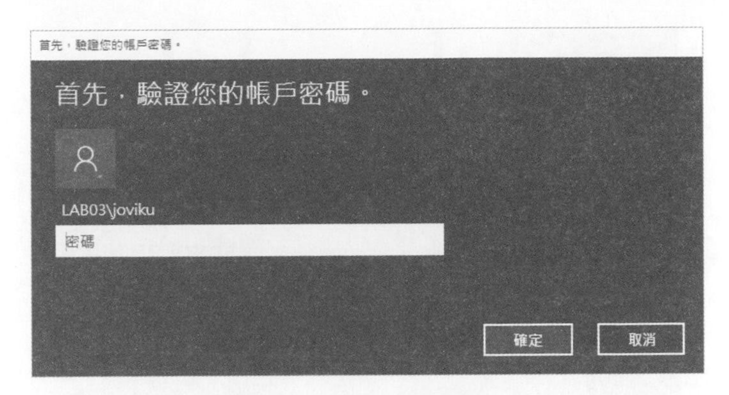

圖 21　帳戶密碼驗證

如圖 22 所示便是 PIN 碼的設定頁面，輸入的 PIN 碼必須至少四位數，只要兩次輸入皆相同即可完成設定。當啟用 PIN 碼驗證功能之後，登入時若連續多次的 PIN 碼輸入錯誤，將會被要求輸入一組隨機的驗證碼，在通過驗證碼後若仍再次 PIN 碼輸入錯誤，則將會被要求重新啟動電腦。

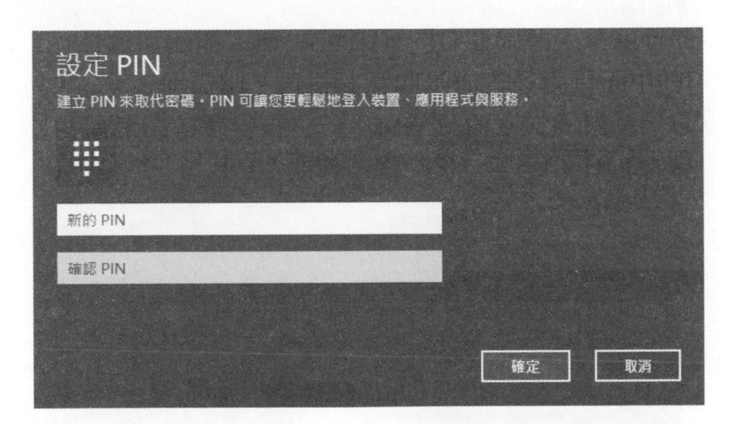

圖 22　設定 PIN 碼

相較於 PIN 碼的使用，圖片密碼的驗證方式就顯得安全多了，因為不易被有心人士猜測到，而這種驗證技術如今也同樣被廣泛應用在行動裝置的安全登入中。如圖 23 所示便是 Windows 10 開機時的圖片密碼驗證範例，可以發現從一張相片中，實在很難讓人想到解密使用的手勢或是正確點選的位置。

圖 23　圖片密碼驗證

如圖 24 所示便是圖片密碼的手勢設定範例，你需要完成兩輪的密碼手勢確認，才能完成圖片密碼驗證功能的啟用。

圖 24　密碼手勢設定

關於智慧卡（Smart Card）的應用，從過去到現今都相當普遍，像一般民眾在使用的全民健保卡、自然人憑證、網路 ATM 等等，皆是屬於智慧卡應用的範疇之一。在企業資訊安全管理中，也有許多 IT 單位把它應用在 VPN 網路的身分驗證，甚至於還整合了門禁系統的安全識別機制，讓員工從上班到存取公司的網路資源，皆只需要一張智慧卡就能搞定。

由於智慧卡是以數位憑證作為身份驗證的基礎，搭配一組 PIN 碼來保護智慧卡的使用，因此可以解決一般使用者需經常變更傳統密碼的管理問題，人員只要在數位憑證的年限到期之前，請 IT 部門協助更新憑證即可。

接下來就來實際了解一下如何將智慧卡與數位憑證進行結合，並且將它運用在企業網路的連線安全存取中。首先，我們必須先準備好以下有關伺服端與用戶端的基本作業環境：

- 必須有 Active Directory 網域環境，事實上沒有網域環境也可以進行，不過如此將會有許多管理功能無法運作。
- 完成安裝在網域環境運作下的 CA 憑證授權單位伺服器，建議該主機使用 Windows Server 2016，並且預先安裝好 CA 網站元件。
- 如果需要同時應用在遠端連線登入存取的安全驗證，例如 VPN、WLAN 等網路存取，還必須加裝遠端存取服務的相關元件。
- 用戶端電腦以及管理者準備用來寫入憑證的電腦，必需預先安裝好智慧卡讀取器（Smart card Reader）以及相關的驅動程式，當然啦！目前已有許多的智慧卡直接採用了 USB 介面，無須連接額外的讀卡機。至於所有人員的智慧卡使用，則必須等到每一位使用者各自專屬的憑證寫入之後，才正式發送下去給每一位授權的使用者。

網域管理者必須開啟位在[伺服器管理員]介面中[工具]選單下的[憑證授權單位]。在[憑證範本]的項目中，將位在右手邊的[註冊代理程式]以及[智慧卡登入]的項目啟用。緊接著網域管理者必須透過[憑證]主控台，或憑證伺服器的網站連線，來進行[註冊代理程式]憑證的申請安裝。

進入到[智慧卡憑證註冊站]的頁面中，在憑證範本的欄位下拉選單中，選取[智慧卡登入]或[智慧卡使用者]，以及選取憑證授權單位、密碼編譯服務提供者（必須依照購買卡的類型作選擇）、系統管理簽署憑證。

在註冊使用者的項目設定中，你可以點選[選取使用者]按鈕，來挑選所要發放智慧卡的使用者，最後再確認等待寫入的智慧卡，已正確安插在本機的 USB 連接埠中之後，點選[註冊]按鈕並且隨後輸入正確的 PIN code，即可完成智慧卡憑證的寫入作業。

如圖 25 所示便是成功完成了智慧卡憑證的發放，如果你打算繼續發放智慧卡憑證給其他使用者，那麼請點選[新增使用者]按鈕重複剛剛的寫入作業，不過千萬可別忘了更換其他尚未寫入的智慧卡裝置。

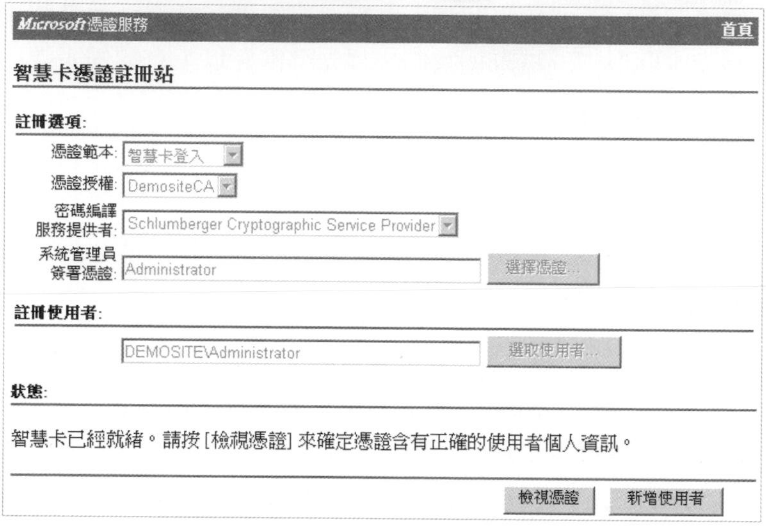

Microsoft憑證服務　首頁
智慧卡憑證註冊站
註冊選項:
憑證範本: 智慧卡登入
憑證授權: DemositeCA
密碼編譯服務提供者: Schlumberger Cryptographic Service Provider
系統管理員簽署憑證: Administrator　選擇憑證...
註冊使用者:
DEMOSITE\Administrator　選取使用者...
狀態:
智慧卡已經就緒。請按 [檢視憑證] 來確定憑證含有正確的使用者個人資訊。
檢視憑證　新增使用者

圖 25　智慧卡憑證註冊

如圖 26 所示便是當企業 Windows 10 用戶端電腦，被強制必須使用智慧卡來登入時的顯示訊息。當然我們也可以讓智慧卡的登入成為一個登入的選項而不是強制性要求。究竟網域管理者要如何控管 Windows 用戶端，使用智慧卡登入公司網路的行為呢？

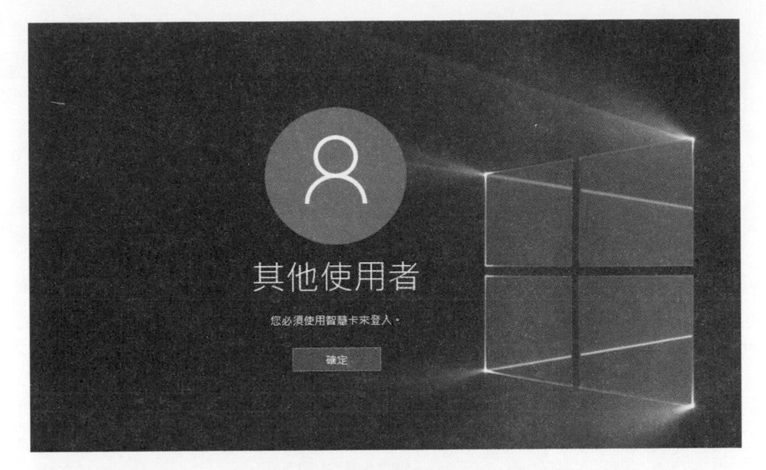

圖 26　要求智慧卡登入

只要透過[群組原則管理編輯]來將自訂的智慧卡原則物件，套用在指定的組織容器，即可讓這一些位在指定容器中的[電腦]物件，全部受到智慧卡原則設定的規範來使用手上的智慧卡。

如圖 27 所示以下是位在[電腦設定]\[原則]\[Windows 設定]\[安全性選項]介面中，所有可以完成的智慧卡原則設定項目，企業。

- 互動式登入－智慧卡移除操作：設定使用者一旦在登入後的操作過程中，刻意的將智慧卡拔除後（可能是暫時離開座位），所要執行的系統作業，在此你可以選擇讓系統自動登出、進入鎖定工作站的狀態，或者是乾脆維持原狀就好，在這裡建議選擇[鎖定工作站]。
- 互動式登入－給使用者的訊息本文：想在使用者完成智慧卡登入前，留下一段訊息說明讓使用者知道，可以在此輸入詳細敘述。
- 互動式登入－給使用者的訊息標題：設定訊息視窗的標題文字
- 互動式登入－須有智慧卡：強制任何使用者在登入本機時，必須唯一使用智慧卡登入（預設值為已停用），不接受一般帳戶密碼的登入方式。

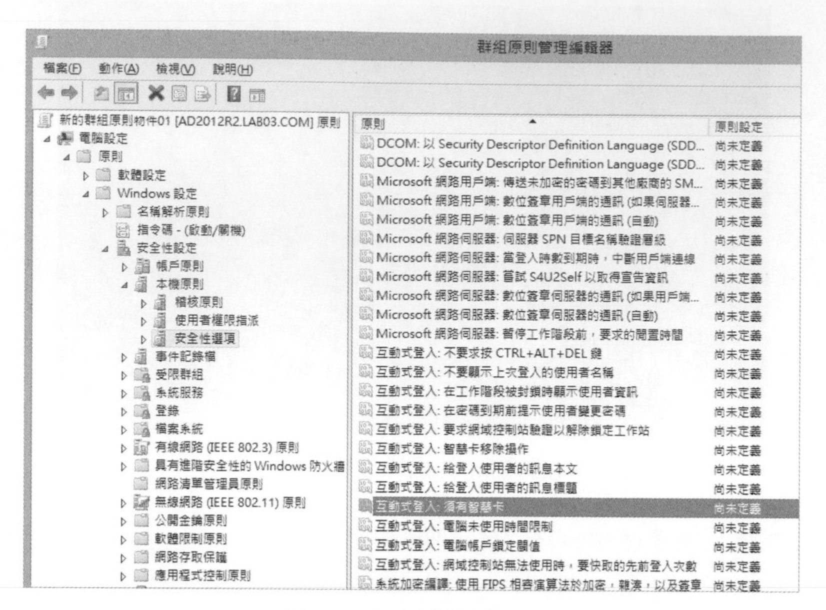

圖 27　安全性選項原則

如果你不想要強制指定組織容器中的所有電腦，使用智慧卡來登入網域，你也可以只選擇讓特定的網域使用者在登入時，需要以智慧卡來登入網域。作法很簡單，只要在[Active Directory 使用者與電腦]的介面，開啟所要設定的網域使用者內容，在如圖 28 所示的[帳戶]頁面中，將位在[帳戶選項]中的[互動式登入必須使用智慧卡]設定勾選即可。

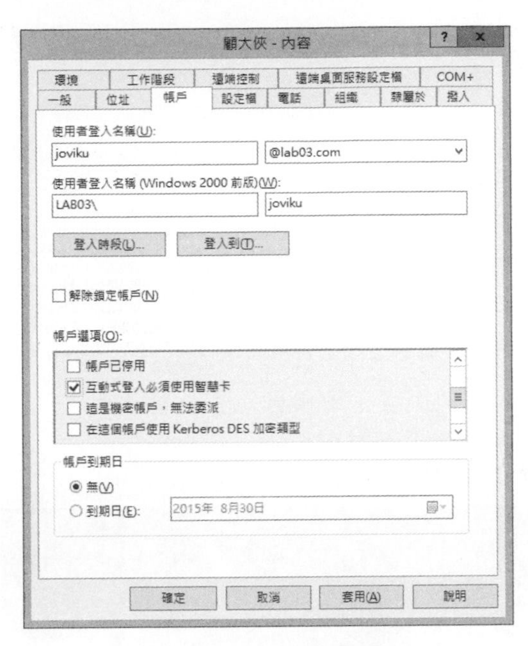

圖 28　網域帳戶設定

2.4　鎖定帳戶管理

當網域使用者登入時輸入多次的錯誤密碼，如果你是網域管理者，打算如何來管制他們呢？是任憑他們輸入幾次錯誤都沒有關係，直到輸入正確即可，還是要強制限制密碼嘗試輸入的次數，一旦超過指定的錯誤次數即進行鎖定。

基本上如果網域使用者的帳戶，只使用在內部網路電腦的登入驗證，在沒有設限嘗試次數的狀態下，可能會造成的危害相當有限。但是如果是開放了從遠端進行各種的連線服務，像是 VPN、WiFi、SMTP 以及 POP3 等等，這時候人員帳戶的安全性就可能隨時亮起紅燈了，因為只要透過最簡單的暴力式字典攻擊法，就可以輕鬆破解任一人員的帳號密碼，取得該人員所有能夠獲取得到的公司檔案資料。

Active Directory 人員帳戶自動鎖定的功能，最好能夠搭配一項名為[不要顯示上次登入的使用者名稱]的原則設定，如圖 29 所示此原則的啟用，能夠確保這一些受管制的網域電腦，在每一次開機的登入畫面之中，不會顯示最近登入的使用者名稱，以及其他曾經登入過的使用者名稱，包括了本機帳戶與網域帳戶登入記錄顯示。

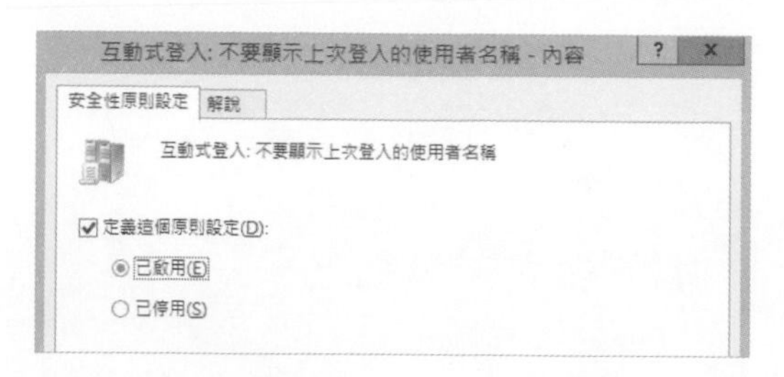

圖 29　不要顯示上次登入的使用者名稱

如圖 30 所示便是一部已被套用[不要顯示上次登入的使用者名稱]原則設定的 Windows 10 登入畫面，使用者不會再像過去一樣，從左下方直接看到曾經登入的使用者名單，進而讓惡意人士有機可乘。

圖 30　成功套用登入原則設定

解決人員 Windows 10 電腦登入名單可能外洩的問題之後，就可以來進一步設定帳戶鎖定原則。請如圖 31 所示在開啟[群組原則管理編輯器]介面之後，展開至[電腦設定]\[原則]\[Windows 設定]\[安全性設定]\[帳戶鎖定原則]節點頁面，便可以看到三大原則項目，分別是重設帳戶鎖定計數器的時間間隔、帳戶鎖定時間、帳戶鎖定閥值。

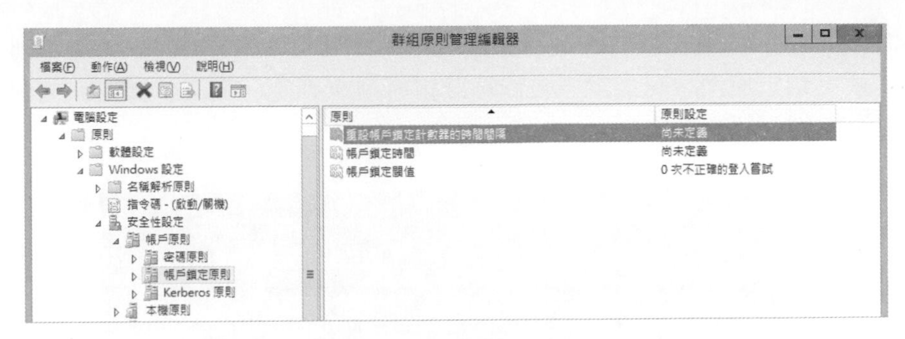

圖 31　帳戶鎖定原則

如圖 32 所示便是[重設帳戶鎖定計數器的時間間隔]原則設定頁面，在預設的狀態下只要勾選[定義這個原則設定]，便會自動設定好 30 分鐘的鎖定時間，而它的最小值是 1 分鐘。

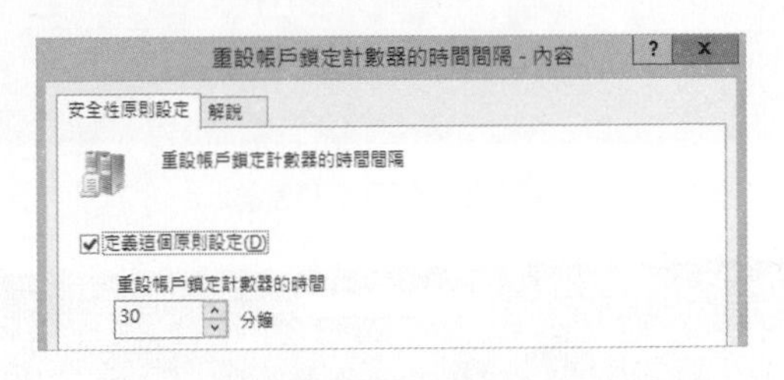

圖 32　修改帳戶計數器的時間間隔

緊接著會出現如圖 33 所示的[建議的值變更]視窗提示，也就是說帳戶鎖定時間也會自動被設定為 30 分鐘，而帳戶鎖定閥值則是 5 次。當然這一些設定仍是可以進行變更的，因為這只不過是系統的建議值。

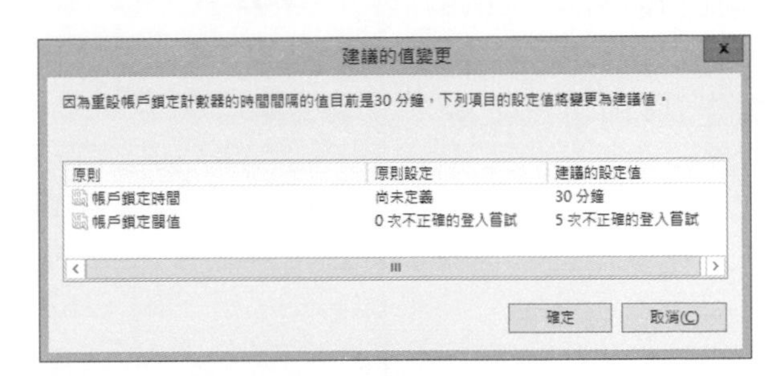

圖 33　建議的值變更

無論網域使用者選擇使用哪一種驗證方式來登入 Active Directory（包括傳統密碼、圖片密碼、三種生物辨識技術、PIN 碼、智慧卡），只要登入失敗的次數達到指定的臨界值，其網域帳戶都將會像如圖 34 所示的範例一樣被鎖定。

但是若是有進一步整合第三方的身分認證解決方案（RSA 雙因子動態密碼），那麼其帳戶鎖定原則，可能就不是依循群組原則來判定，而是依據自家伺服端系統的安全原則配置來決定。

圖 34　帳戶已鎖定

同樣的，無論用戶端人員的網域帳戶，是因為哪一種驗證方式失敗多次而被鎖定，網域管理者都可以經由[Active Directory 使用者與電腦]的介面，來開啟該人員的內容頁面，像如圖 35 所示範例一樣，勾選其中的[解除帳戶鎖定，目前已在這部 Active Directory 網域控制站上鎖定此帳戶]選項，並點選[確定]後即可馬上解除。

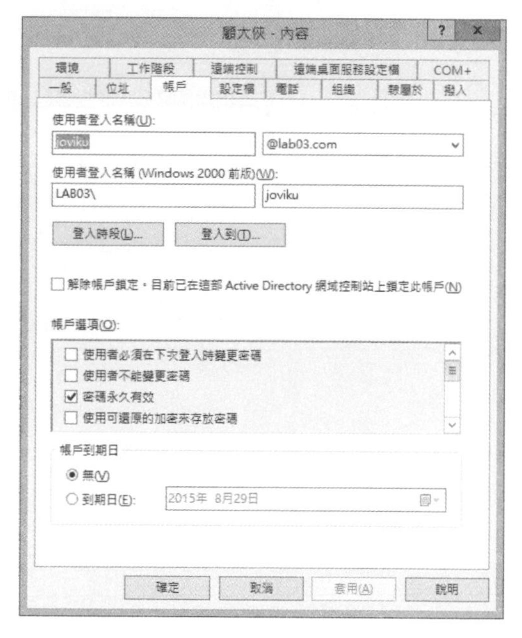

圖 35　網域帳戶設定

想想看能否在網域人員帳戶遭到鎖定時，自動以 Email 方式通知系統管理人員呢？答案是可以的，只要善用[系統管理工具]中的[事件檢視器]即可，因為你只要針對[Windows 記錄]\[安全性]中的 4740 事件，來設定一個 Email 附加工作便可以在該事件產生時，自動觸發 Email 通知給指定的管理人員。

當然啦！更好的做法是透過 System Center Operations Manager 工具的集中監測方式，來觸發該事件的 Email 通知。

2.5 管理 Administrator 帳戶安全

企業網路中有一些人員的 Windows 用戶端，可能因為 IT 管理上的需要，會被系統管理者特別啟用內建的 Administrator 帳號，無論是 Windows 7、Windows 8/8.1 還是 Windows 10，其系統內建的 Administrator 與 Guest 帳戶預設都是被停用的。如圖 36 所示，這一些預設被停用的帳戶，如果只能夠到現場去一部一部去設定，那肯定是非常沒有效率。

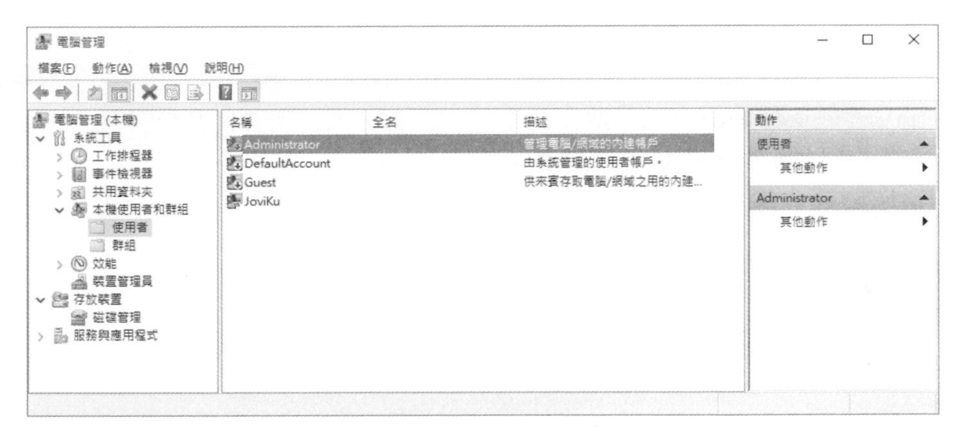

圖 36 Windows 10 本機使用者

如何解決呢？很簡單！只要同樣透過群組原則設定，即可一次完成所有電腦的內建本機管理員帳戶啟用。請在[群組原則管理編輯器]介面中，如圖 37 所示展開至[電腦設定]\[原則]\[Windows 設定]\[安全性設定]\[本機原則]\[安全性選項]，開啟[帳戶：Administrator 帳戶狀態]頁面，將其設定為[已啟用]即可。

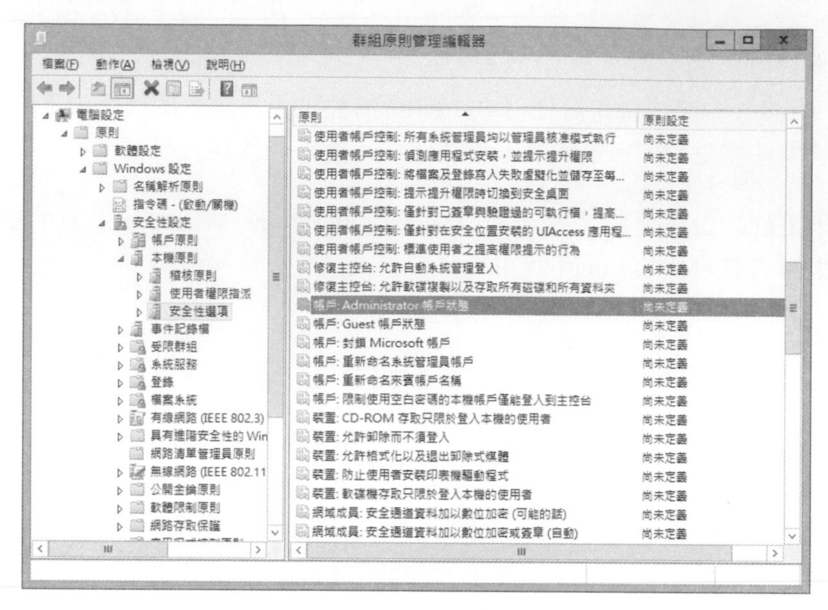

圖 37　安全性選項設定

幫用戶端的 Windows 電腦啟用內建的 Administrator 帳戶，嚴格來說是一件相當危險的動作，尤其是如果此電腦是行動工作者專用的筆電，那麼拿到外面的世界去使用，就有遭受破解入侵的可能性，因此建議最好在啟用此帳戶的同時，如圖 38 所示順便修改一項名為[重新命名系統管理員帳戶]的原則設定，而且最好將帳戶名稱修改成一個較特別的名稱，而非像範例中一樣只是改成 Linux 專用的 root 名稱。

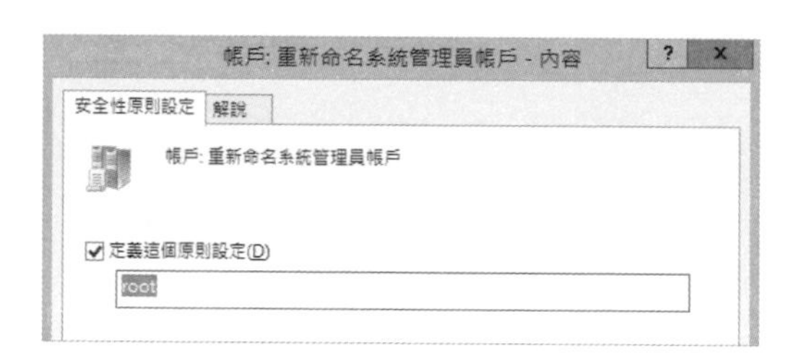

圖 38　重新命名系統管理員帳戶

完成群組原則的套用之後，再回頭來看看這個 Windows 10 內建的 Administrator 帳戶，如圖 39 所示可以發現如今不只是帳戶被啟用了，就連預設的帳戶名稱也都被修改了。

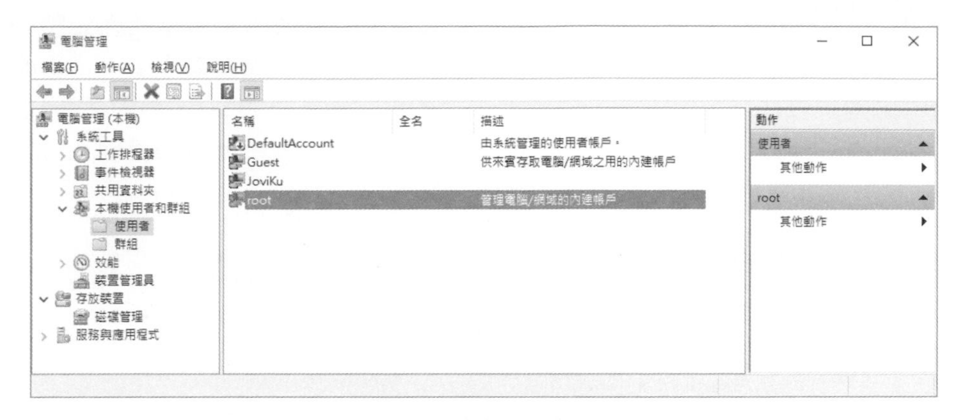

圖 39　成功套用群組原則

2.6 精細密碼原則的管理

本文到此讀者們可能忘了一件重要的密碼安全原則管理功能，那就是傳統的密碼原則，除了可以套用在整個網域的使用者之外，是否也能夠針對特定的組織容器（OU）來個別套用不同的密碼原則呢？

一般 IT 人的直覺通常會是認為應該可行，但實際上卻是做不到的。不過還好後來微軟已提供了所謂的 PSO（Password Settings Object）管理功能，來解決這一項密碼政策的管理問題，透過它可以直接針對特定的網域使用者或群組，設定並套用不同密碼原則。請從[伺服器管理員]的[工具]下拉選單中開啟[Active Directory 管理中心]，點選至[System]\[Password Settings Container]節點，便可以如圖 40 所示在[工作]窗格中，點選 [新增]\[密碼設定]繼續。

圖 40　工作選單

如圖 41 所是在[建立密碼設定]頁面中，請先設定該原則的名稱以及優先順序，就可以開始勾選與設定所要使用的密碼原則，包括了密碼長度最小值、密碼歷程記錄、密碼複雜性需求等等。完成原則項目設定之後，就可以點選[新增]來加入所要套用的目標對象，例如業務人員群組、特定的研發人員或財務管理人員帳戶等等。

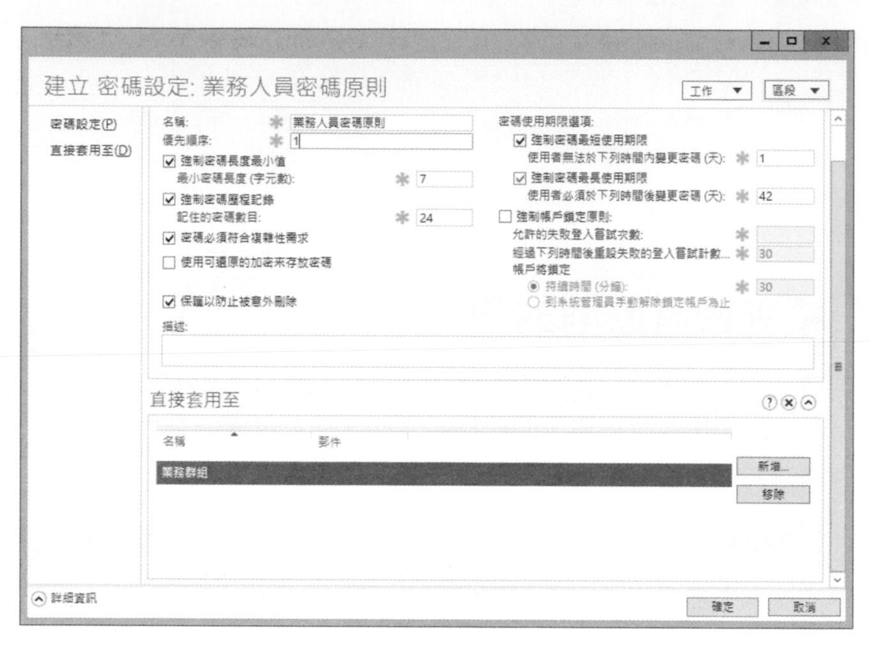

圖 41　PSO 密碼原則套用

成功套用 PSO 密碼原則設定之後，凡是被套用的人員或群組成員，未來只要變更密碼的時間到期時，若是新的密碼設定不符合 PSO 所制定的原則，將會和一般群組原則的密碼原則設定一樣，立即出現如圖 42 所示的錯誤訊息。

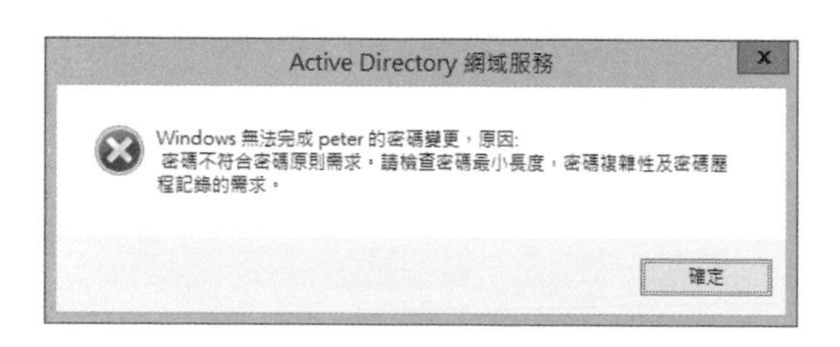

圖 42　人員無法變更密碼

2.7 救回誤刪的 Active Directory 帳戶

對於一位身為掌管數以千計人員帳戶的網域管理員而言，最害怕遭遇的倒楣事，就是誤刪某個組織容器、群組或是人員帳戶。因為即便你在誤刪後，趕緊建立一個同樣命名的網域帳戶，此帳戶對於 Active Directory 而言只是一個全新帳戶而非原來的帳戶，這是因為作業系統本身識別的是該帳戶的安全識別碼（SID），而不是帳戶名稱或顯示名稱。

如此一來，所有屬於原人員帳戶的各種權限（例如：網域內所有伺服器的檔案共用設定），都需要重新設定一遍才能讓該人員正常存取。為了防範像這樣的倒楣事，持續發生在管理人員的身上，打從 Windows Server 2008 R2 開始便推出了防止誤刪組織容器的功能，以及提供了 Active Directory 專屬的資源回收桶功能。

不過此功能在當時只能使用 Windows PowerShell 的 Restore-ADObject 命令，搭配相關參數的使用，來進行個別的物件還原，或是進一步結合 Get-ADObject 命令的使用，來完成指定組織容器下所有已刪除物件的還原。

在 Windows Server 2012 以後的版本，管理員只要在[Active Directory 管理中心]介面中，就可以從如圖 43 所示的[工作]窗格內，找到[啟用資源回收桶]功能。

請注意！Active Directory 的樹系功能等級，必須先提高到 Windows Server 2008 R2 以上版本，才能夠開始使用資源回收桶功能。

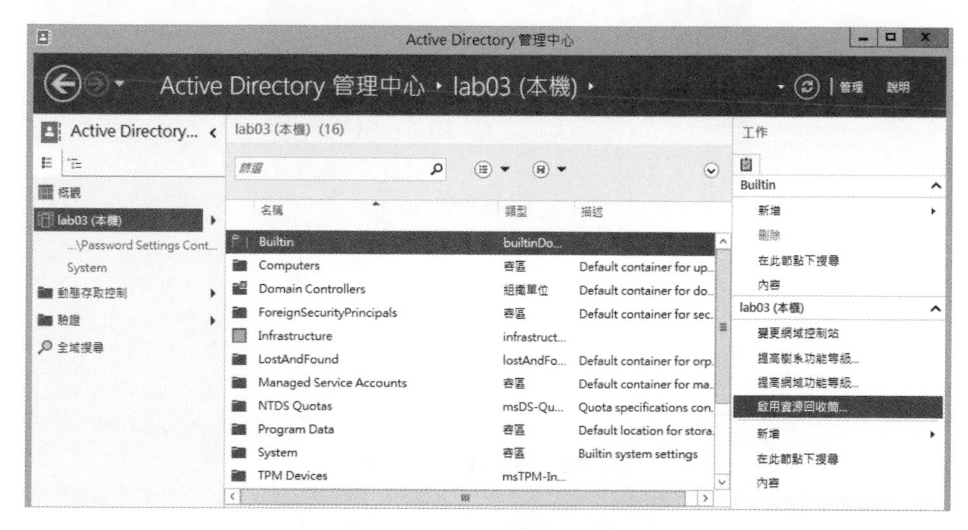

圖 43 Active Directory 管理中心

點選後將會出現如圖 44 所示的警示訊息，這表示一旦啟用之後就無法再停用此功能，而這背後所代表的意義，就是當你所管理的網域帳戶有數以萬計以上時，只要完成刪除作業，就會被保存在[已刪除物件（Deleted Objects）]的儲存容器之中。完成啟用之後請重新開啟[Active Directory 管理中心]。

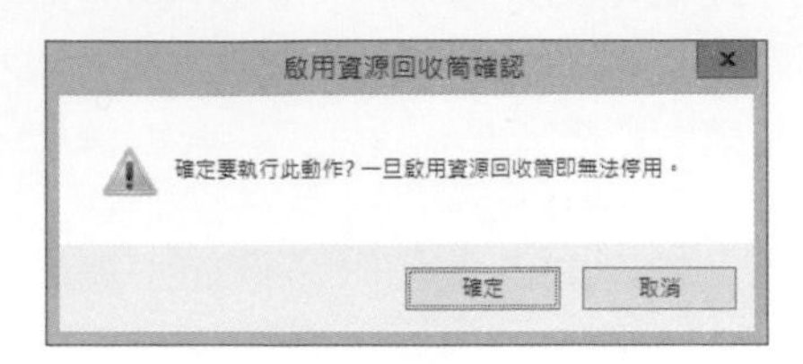

圖 44　啓用資源回收桶功能

接下來你可以嘗試透過任何方式，來刪除現行的使用者帳戶、群組或是組織容器，緊接著便可以在[已刪除物件]的儲存容器之中，像如圖 45 所示一樣找到所有已被刪除的物件，對於所有想要還原的物件，在連續選取之後點選位在[工作]窗格之中的[還原]或[還原到]即可。

圖 45　已刪除物件管理

如圖 46 所示便是執行[還原到]功能時所開啟的視窗，在此你可以挑選當物件還原時所要存放的組織容器。

圖 46 還原到指定容器

如何修改誤刪物件的保存期限？

在系統預設的狀態下已刪除物件的保存期限為 180 天，你可以透過[Windows PowerShell 的 Active Directory 模組]介面中，執行下列命令範例的修改，來自訂想要的保存期限天數，例如：365 天。你只要將範例中的網域資訊，修改成實際環境中所使用的即可。

```
Set-ADObject -Identity "CN=Directory Service,CN=Windows
NT,CN=Services,CN=Configuration,DC=contoso,DC=com" -Partition
"CN=Configuration,DC=contoso,DC=com" -Replace:@{"msDS-
DeletedObjectLifetime" = 365}
```

藉由本文可以明瞭以 Active Directory 作為企業 IT 營運的基礎建設，是一項明智的絕佳選擇，主要原因是它不僅簡化了電腦與人員帳戶的集中控管需要，更是為一連串的資訊安全管理需求，奠定了一個穩固的安全作業平台。

在未來只要各項應用系統的導入，都能夠與 Active Directory 做到無縫整合之應用，那麼幾乎沒有什麼資訊安全管理的需求是無法解決的。不過話說回來，既然以人為根本的政策落實，是資訊安全管理中最重要的基礎，那麼順應人性化的員工管理政策，相信也會是每一位企業主首要修習的一門課題。

第3章
伺服器磁碟優化與安全管理

最新 Windows Server 2016 仍是企業檔案伺服器的最佳選擇，因為就以其內建的功能來看，從分散式檔案系統（DFS）、檔案伺服器資源管理（FSRM）、檔案加密保（EFS）、動態存取控制（DAC）、數位版權控管（RMS）、重複刪除技術（Deduplication），一直到叢集架構（Cluster）的支援等等，在在都展現了它至今難以被取代的地位。

3.1 簡介

在資訊技術不斷的蓬勃發展下，許多原本相當熱門的 IT 應用，都可能隨著科技世代的演進而被淘汰或取代，像是學生時候大家最喜歡用的 BBS 終端機服務，或是像討論區的 News 服務，可以直接透過 Outlook Express，在收發 Email 的同時也能夠查看自己所訂閱的討論區內容。

至於像 FTP 的檔案傳輸服務，也已經日漸沒落。主要原因也是雲端硬碟技術的興起所致。當然啦！也有許多資訊服務的應用，並不會隨著 IT 技術的發展而被淘汰或取代，像是 Email 伺服器、IM 伺服器以及 File 伺服器。

檔案伺服器（File Server）是 Windows Server 2016 最廣泛的應用，這項 IT 服務從來就不會因為雲端世代的來臨，或是任何新技術的出現而遭到淘汰，反倒是任何新穎的 IT 創新技術，都得想盡辦法讓此服務的應用更加先進，並且融入在其他各項 IT 服務的整合應用之中。

然而無論原生的檔案伺服器，添入了哪一些加值應用，若是最基礎的磁碟規劃設計沒有妥善考量，不僅會喪失應有的 I/O 效能，也可能會因為天災人禍的發生，導致重要資料的遺失而無法挽回。這時候 IT 人員為了避免效能與資料安全方面的管理受到影響，就會開始到 Google 去搜尋關鍵字，或是請 IT 廠商來介紹相關解決方案。在耗費許多心思之後，終於東湊西湊的列出所有需要的第三方產品清單，這可能包括了備份管理、備援管理、加密管理、安全管理以及儲存管理等等。

就在陸續完成了第三方產品的部署之後，竟發現原來 Windows Server 2016 所內建的伺服器角色或功能，就已經可以解決掉之前所評估的各項管理問題了。所以我想古人說道：「佛在心中不遠求」或許就是這般道理。

3.2 磁碟陣列-守護資料的第一道防線

想要幫公司建置一部高可靠度的檔案伺服器，除了要選對作業系統之外，最根本的就是要有一部穩定性相當良好的主機，但不是非得標準的 x86 伺服器主機不可，如果小型企業的使用人數不多，其實一台普通的 x86 PC 性能就已經綽綽有餘了，只是對於即將存放大量檔案資料的磁碟，在規劃上必須特別留心才行。

以目前最基本也是最常見的磁碟陣列規劃來說，RAID 1（Mirror）與 RAID 5 的架構選擇，肯定是目前小型企業 IT 的最佳選擇，其中內建支援 RAID 1 功能的 PC 板，市面上還真是不少。

然而無論是 RAID 1 還是 RAID 5 的磁碟陣列架構，其實目前的 Windows Server 2016 仍是有支援所謂軟體式的 RAID 功能，儘管無法享有標準 x86 伺服器所提供的熱抽換（Hot Swap）功能，執行效能也略差一些，但卻已經可以滿足中小企業檔案伺服器建置的需要，大幅降低建置成本。

值得注意的是就連 Linux 系列的作業系統，絕大部份也提供了軟體式的 RAID 配置功能，並且還是全圖形化（GUI）的操作介面，可見得這項功能在實務應用上的重要性。

接下來就實際來學習一下有關在 Windows Server 2016 中，磁碟陣列（RAID）的管理技巧。請開啟[電腦管理]介面，點選至[存放裝置]\[磁碟管理]節點頁面中。

如圖 1 所示在此可以看到筆者已經先準備好了三顆硬碟機，它們皆已經完成了連線但尚未配置。這時候就可以在任一位置按下滑鼠右鍵，來挑選所建立的磁碟區類型，可以看見分別有簡單磁碟區、跨距磁碟區、等量磁碟區、鏡像磁碟區以及 RAID-5 磁碟區。

其中後兩者的磁碟區類型是唯一具備容錯功能的選項，鏡像磁碟區需要兩個磁碟機，而 RAID-5 磁碟區則需要至少三個磁碟機，並且這一些磁碟的規格最好都能夠一樣，以避免某一些較大容量的磁碟機，浪費掉許多不必要的空間。在此我們以點選[新增 RAID-5 磁碟區]為例繼續。

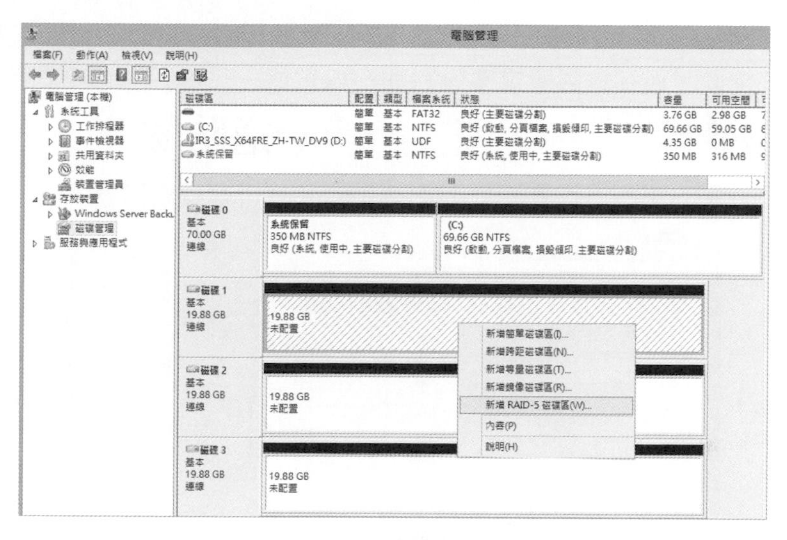

圖 1　磁碟管理

在如圖 2 所示的[選取磁碟]頁面中，請將左方窗格之中所有可用的磁碟機，一一新增至右方選取的窗格之中。這時候磁碟區大小總計的結果便會立即出現。在此由於 RAID 5 的總容量計算方式是 n-1，因此範例中的三顆 20GB 的磁碟機，便是有大約 40GB（60GB-20GB）的可用空間。點選[下一步]繼續。

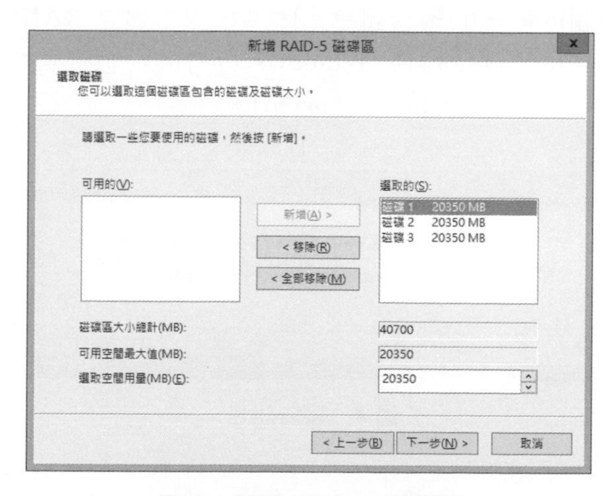

圖 2　新增 RAID-5 磁碟區

接著來到[指派磁碟機代號或路徑]的頁面中，請指定所要使用的磁碟機代號（例如：F），或是使用一個現有的空資料夾，來做為存取此磁碟機的入口也是可以的。在點選[下一步]後將會開啟如圖 3 所示的[磁碟區格式化]頁面，請設定檔案系統為 NTFS，並輸入磁碟區標籤以及將[執行快速格式化]勾選。

至於[啟用檔案及資料夾壓縮]的功能建議不要勾選，因為它雖然可以幫我們節省掉一些儲存空間，但卻會影響檔案資料的存取效能。點選[下一步]並確認設定無誤之後，再點選完成即可。

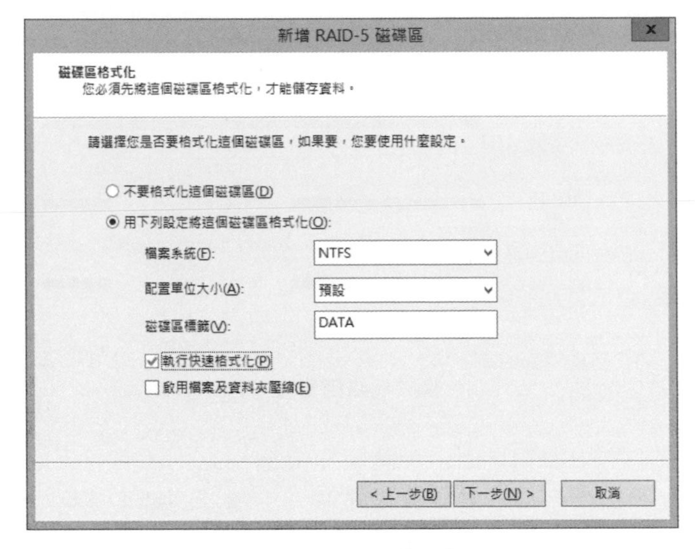

圖 3　磁碟區格式化

過程中將會出現如圖 4 所示的警告訊息，因為只要是建立 RAID 架構或跨距的磁碟區，都需要將基本的磁碟轉換成 Windows 特有的動態磁碟類型，而動態磁碟在其他作業系統之中是無法存取的。點選[是]。

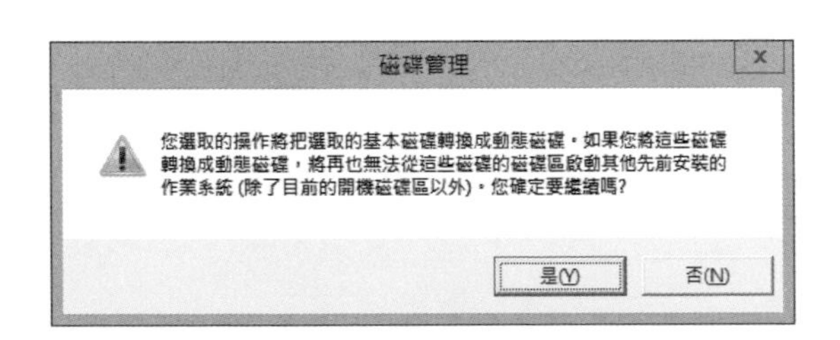

圖 4　警告訊息

如圖 5 所示在預設的狀態下 RAID-5 的磁碟區，將會以淺藍色的標示來呈現。必須特別注意的是，如果我們在這三個磁碟區中的任一上方，按下滑鼠右鍵並點選[刪除磁碟區]時，將會刪除整個 RAID-5 的所有磁碟區，畢竟它們是相依在一起運作的，缺一不可。

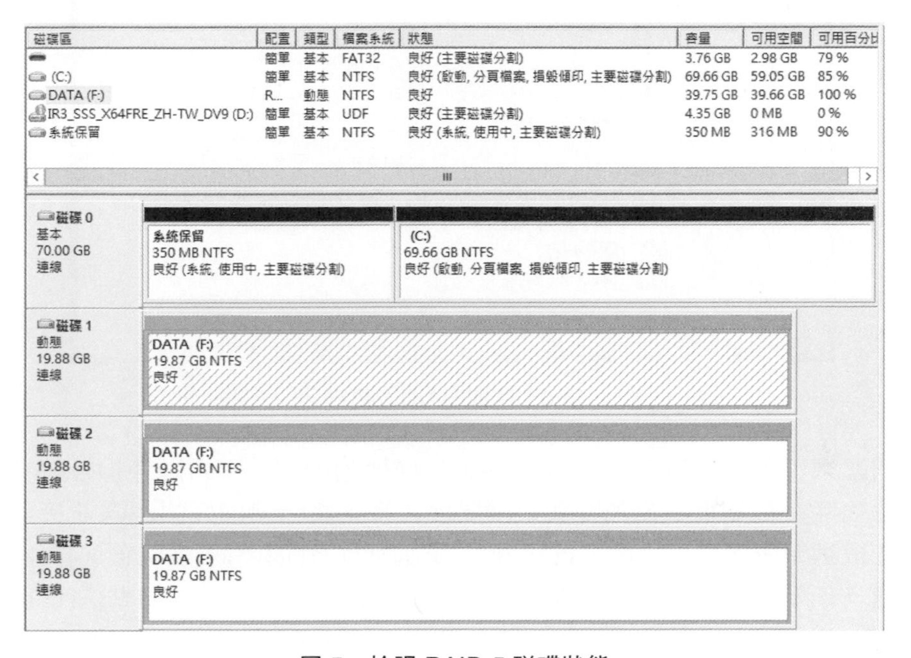

圖 5　檢視 RAID 5 磁碟狀態

如圖 6 所示當回到 Windows 檔案管理的介面中，將可以檢視到剛剛所建立的 RAID-5 磁區的磁碟機，你可以開始存取它，甚至於在裡面建立相關的網路共用資料夾，來供內外部的人員使用各種服務的連線方式來存取它。

不必太擔心儲存在裡面的檔案資料，會因為其中一顆硬碟機的損毀，而導致重要資料遺失，因為在 RAID-5 的磁碟陣列架構中，便可以容許在其中一顆硬碟故障的情況下，繼續維持正常運作。

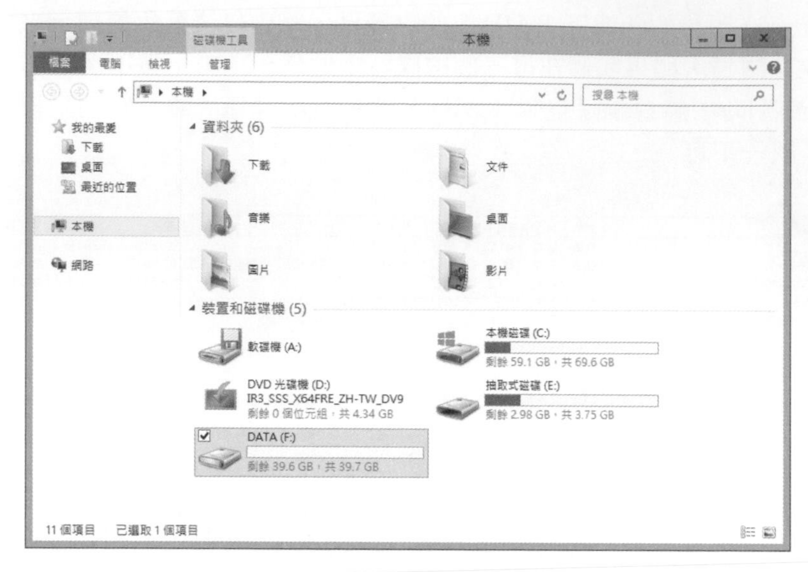

圖 6　存取 RAID 5 磁碟

現在問題來了！當真的發生了 RAID-5 磁碟陣列中的某一顆磁碟損毀時，你該如何應變呢？很簡單！首先請在正常關機之後，將新準備好的硬碟連接上去，在系統啟動完成與登入之後，再次開啟[電腦管理]介面中的[磁碟管理]頁面。接著如圖 7 所示在正常運作的 RAID-5 磁碟區上方，按下滑鼠右鍵點選[修復磁碟區]繼續。

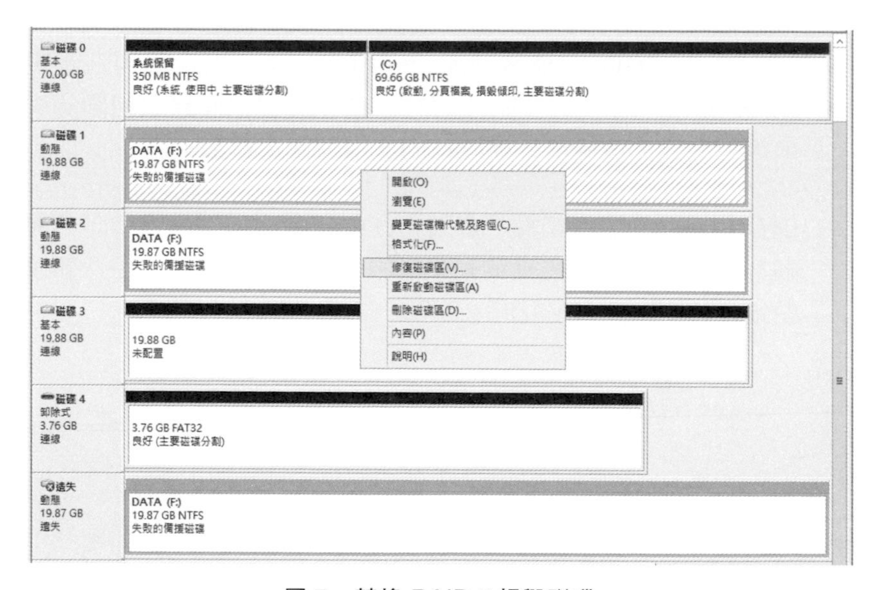

圖 7　替換 RAID 5 損毀磁碟

在開啟如圖 8 所示的[修復 RAID-5 磁碟區]頁面之後，將會列出目前所有可用的磁碟機，若是出現空白即表示目前沒有任何符合條件的磁碟機，可以加入現行的 RAID 陣列架構之中。

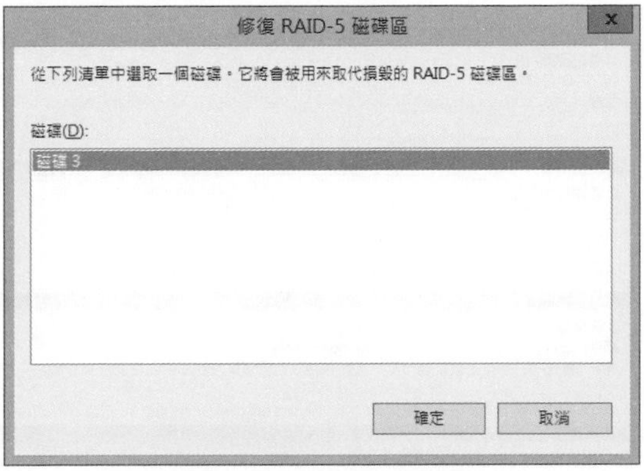

修復 RAID-5 磁碟區

從下列清單中選取一個磁碟，它將會被用來取代損毀的 RAID-5 磁碟區。

磁碟(D):

磁碟 3

確定 取消

圖 8 修復 RAID 磁碟區

成功完成了新磁碟加入 RAID-5 的陣列之中後，將會開始進行磁碟中檔案資料的一致性同步作業，同步的時間長短取決於檔案資料的多寡與磁碟本身的轉速。待完成同步作業之後，就可以像如圖 9 所示一樣，針對已損毀的磁碟連線，按下滑鼠右鍵並點選[移除磁碟]即可。

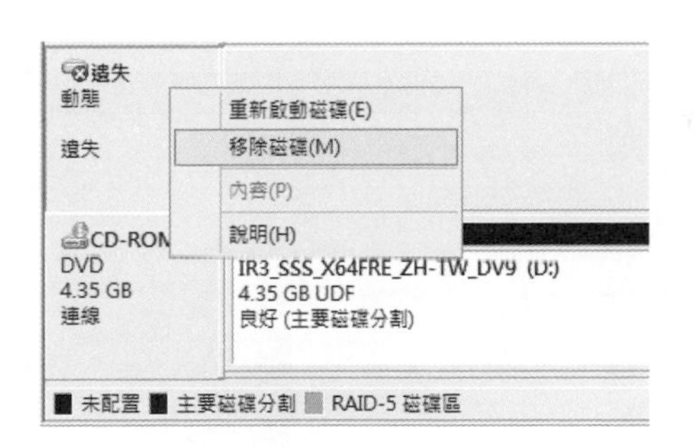

圖 9 移除損毀磁碟

當你在意的是磁碟中檔案資料的存取效能而非容錯功能時，磁碟陣列架構的選擇，便可以改採用等量磁碟區（RAID 0）的模式來建立。至於如果需要的是整體的容量大小呢？

這時候你需要的可能就是所謂的跨距磁碟區模式，也就是將多個磁碟區中的可用空間，合併成單一磁碟機來提供使用者存取，這種作法非常適合應用在舊機汰換時，多個小容量硬碟的合併使用，雖然可以節省掉不少成本，但要注意隨時做好檔案資料的備份。如圖 10 所示紫色區域便都是屬於跨距磁碟區的範圍，我們將三個不同容量與規格的磁碟進行合併使用，來看看其結果會如何吧！

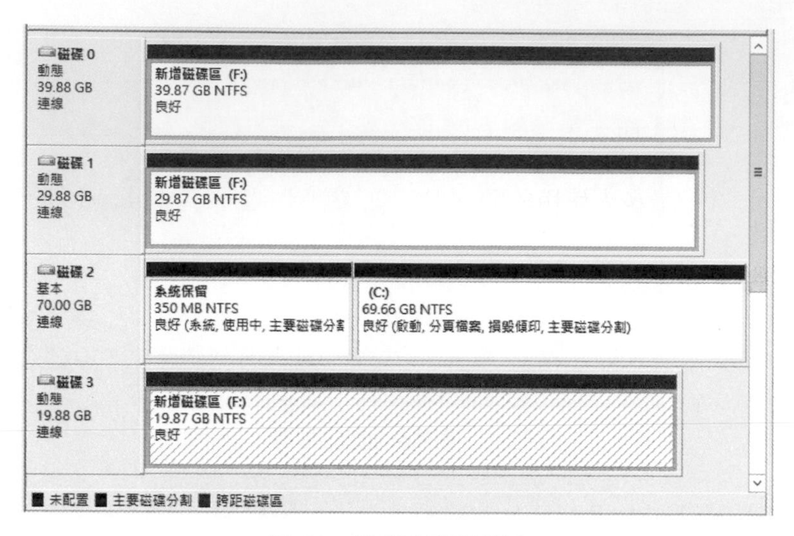

圖 10　檢視跨距磁碟區

回到如圖 11 所示的檔案管理介面之中，便可以檢視到剛剛所建立的跨距磁碟代號，其總容量正是這三個磁碟大小的加總結果。

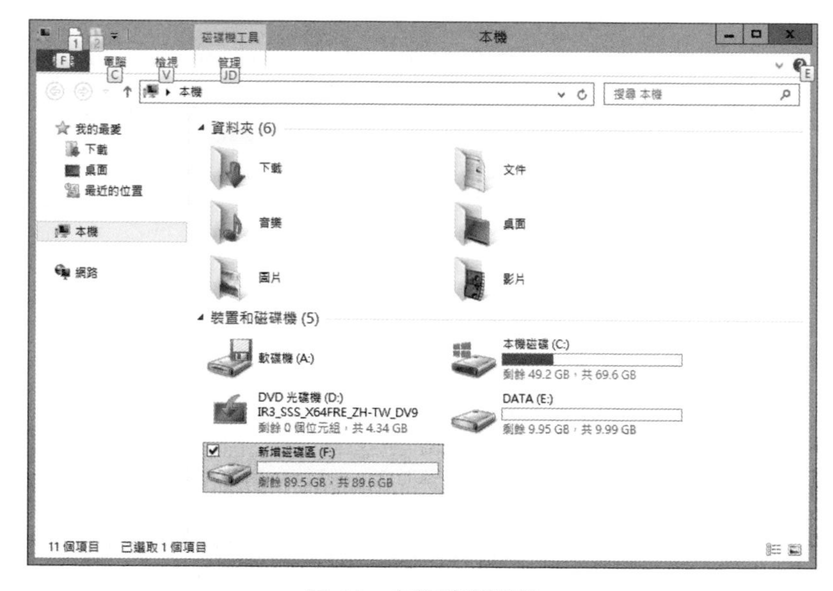

圖 11　存取跨距磁碟

3.3 虛擬硬碟-可攜性硬碟的最佳方案

虛擬機器技術的發展迅速，受惠者不僅是在伺服端的基礎建設而已，就連用戶端的許多應用，都得依賴它才能夠有效率地完成，尤其是針對軟體研發、軟體測試以及系統管理相關的工作者，因為這一類的工作屬性，經常得為各種仍在測試階段的手稿、程式碼、元件以及模組，先行完成在各類虛擬環境下的測試後，才可以進一步的評估在生產作業環境中的運行。

截至目前為止全球最多人使用的開源虛擬機器方案，仍是 Oracle VM 的 VirtualBox 以及 Linux 平台下的 KVM（Kernel-based Virtual Machine）。其中 VirtualBox 由於提供了跨平台的免費版本，因此使用的人數更是遠出於 KVM 許多。

今日若是 Windows 的使用者，想要與 Linux 下的虛擬機器雙雄，互通虛擬機器的運行，使用 Windows 8.1 或 Windows 10，都是一個相當不錯的選擇，其中之一的原因就是你能夠輕易地將所建立的虛擬硬碟（VHD），直接移動到 Linux 平台下的 VirtualBox 或 KVM 虛擬化平台上來啟動。

這些以 Hyper-V 格式為主的虛擬硬碟，可以是含有 Guest OS 開機系統的虛擬硬碟，或是僅儲存檔案資料的虛擬硬碟。相對的在 VirtualBox 或 KVM 上所建立的 VHD 虛擬硬碟檔案，也能夠附掛到 Windows 8/8.1、Windows Server 2012/R2/2016、Windows 10 中來使用。

接下來就來學習一下，如何善用 VHD 虛擬硬碟檔案的管理功能，讓硬碟的管理更加彈性。首先你可以在開啟[電腦管理]介面之後，切換至[存放裝置]\[磁碟管理]節點上，像如圖 12 所示一樣按下滑鼠右鍵點選[建立 VHD]繼續。

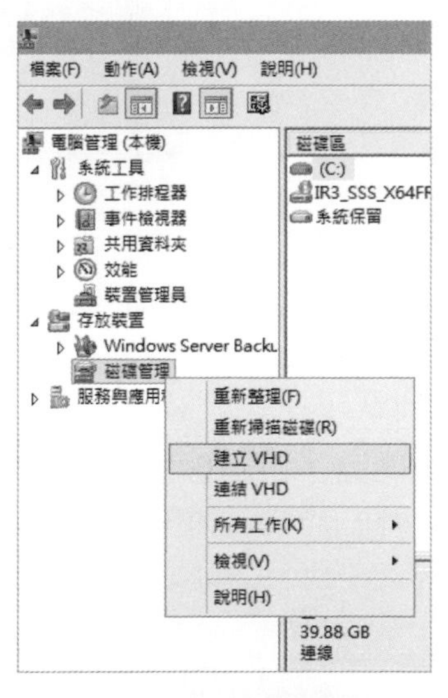

圖 12　建立虛擬硬碟

如圖 13 所示在[建立並連結虛擬硬碟]頁面中，你可以先指定儲存虛擬硬碟檔案（VHD）的位置，必須注意的是若你未來打算讓這個虛擬硬碟檔案，能夠跨平台分享到像是 Linux 中的 VirtualBox 或 KVM 來使用，目前僅支援 VHD 檔案格式。

至於較先進的 VHDX 檔案格式，則僅適用在 Windows 8/8.1、Windows Server 2012/R2/2016、Windows 10 之間。在[虛擬硬碟類型]部分，建議選擇[固定大小]設定，一方面可以獲得較好的存取效能，另一方面則可以更簡單直接轉移到 VirtualBox 或 KVM 來使用。

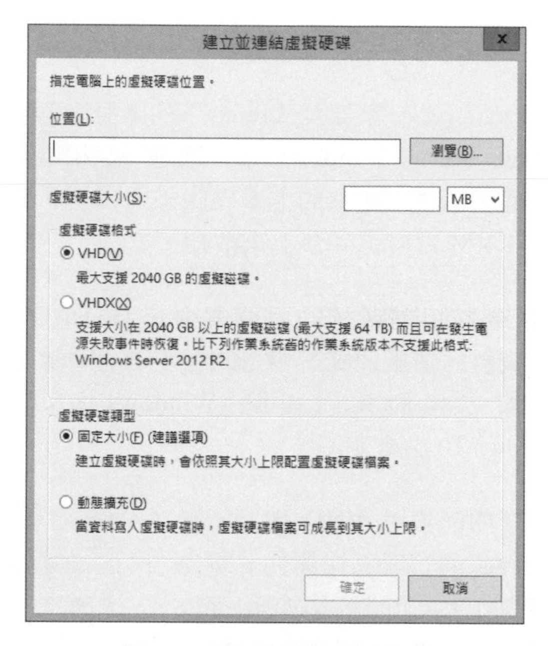

圖 13　建立並連結虛擬硬碟

在初次完成虛擬硬碟的建立之後，將會自動連接到磁碟管理之中，也就是可以讓使用者直接存取它，就像存取實體的硬碟一樣。未來如果需要將此虛擬硬碟，附掛到其他支援的 Windows 中來使用，只要像如圖 14 所示一樣，針對它按下滑鼠右鍵點選[中斷連結 VHD]，再將此檔案複製或移動到指定的電腦中來使用即可，這包括了 Linux 平台下的 VirtualBox 或 KVM 虛擬機器。

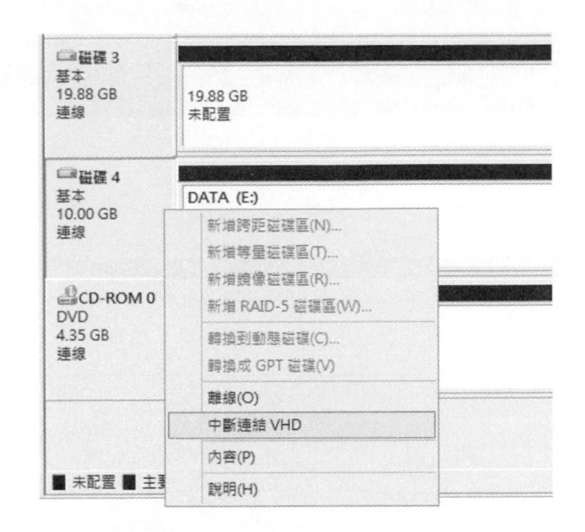

圖 14　虛擬硬碟右鍵選單

3.4 提升存取效能的絕妙好計

前面所介紹的磁碟陣列管理與虛擬硬碟的應用，在 Windows Server 2016 中都只是牛刀小試而已，因為在目前系統的內建當中，還提供了一項名為儲存空間（Storage Spaces）的功能，或翻譯成存放空間，它被歸類在[檔案和存放服務]的管理之中。此功能提供了以下幾個關於磁碟管理上的優勢：

- 結合虛擬磁碟的管理，讓實體磁碟的連線管理上更加彈性
- 提供更先進的磁碟熱備援技術
- 加入了儲存層（Storage tiers）功能，讓高速的固態硬碟機（SSD）與硬碟機（HDD）可以混搭使用，大幅提升常用資料與程式的存取效能。

想要建立由多顆硬碟所組合而成的儲存空間，只要依序完成三大步驟設定即可，分別是新增存放集區、新增虛擬硬碟、新增磁碟分割。請開啟[伺服器管理員]介面，像如圖 15 所示，切換至[檔案和存放服務]\[磁碟區]\[存放集區]頁面。

首先可以在右下方的[實體磁碟]窗格之中，看到目前所有可以使用的硬碟機。請點選位在[存放集區]右上方[工作]下拉選單中的[新增存放集區]繼續。

請注意！關於「儲存空間」功能在 Windows 8.1/10 中也有提供，儘管功能不像 Windows Server 2016 所提供的那樣強大，但是基礎磁碟容錯的資料保護機制仍是相當完整的，這包括了雙向鏡像、三向鏡像。

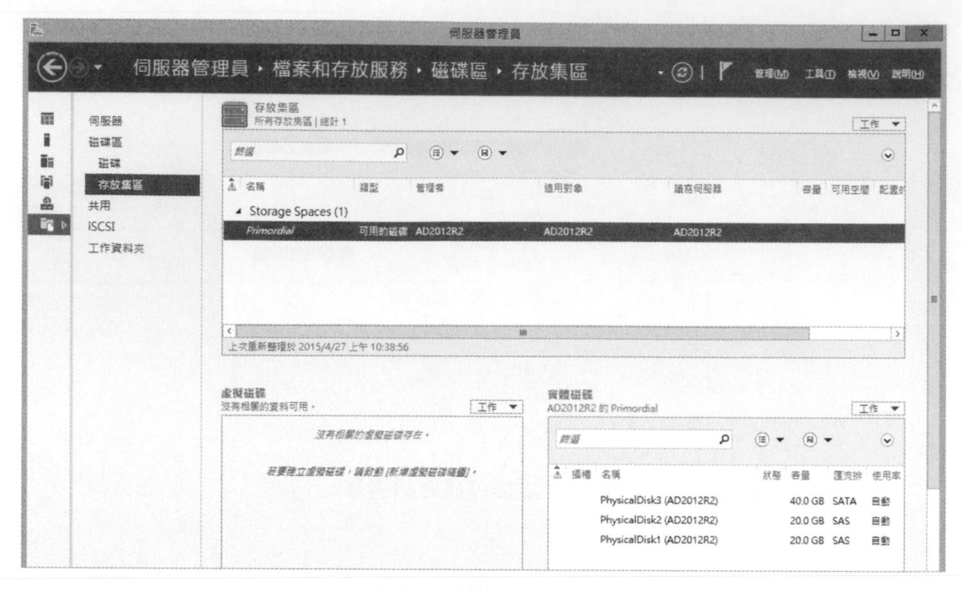

圖 15　存放集區管理

接著在如圖 16 所示的[存放集區名稱]頁面中，請為這個新的集區輸入一個新的名稱與描述，當實體硬碟數量較多時，你可以建立多個不同的集區來對應不同的實體硬碟連線，其中名稱與描述皆是可以輸入中文的。點選[下一步]繼續。

圖 16　新增存放集區

在如圖 17 所示的[實體磁碟]頁面中，請將這個集區中所要使用到的硬碟一一勾選，設定每一顆硬碟的配置類型是[自動]、[手動]還是[熱備援]。當設定為[自動]時便表示純粹用來存放檔案資料，如果設定成[熱備援]則表示此硬碟將在集區中的某一顆硬碟故障之時，自動替補上去，不需要人工進行切換。點選[下一步]繼續。

圖 17 實體磁碟規劃

在如圖 18 所示的[確認]頁面中，可以檢視到前面步驟中所完成的各項設定，其中實體硬碟的配置設定需要特別留意。點選[建立]。在成功完成[存放集區]的建立之後，可以決定是否要在精靈關閉時，自動開啟建立虛擬磁碟的設定頁面。

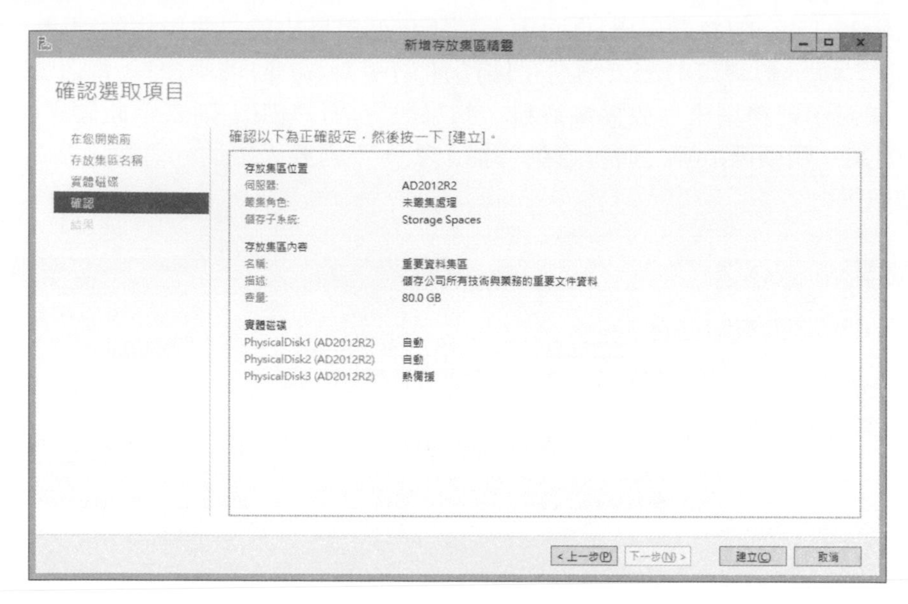

圖 18　確認選取項目

如圖 19 所示回到[存放集區]的頁面中，將可以看到方才所建立的存放集區，以及異動後的實體磁碟狀態。在此如果你還有其他實體磁碟，可以繼續建立其他的存放集區。請點選位在[虛擬磁碟]窗格中的連結繼續。

圖 19　完成存放集區建立

在開啟[新增虛擬磁碟]精靈之後，首先如圖 20 所示在[存放集區]的頁面中，如果已經建立了多個存放集區，可以在此挑選新虛擬磁碟所要連接的存放集區。點選[下一步]繼續。

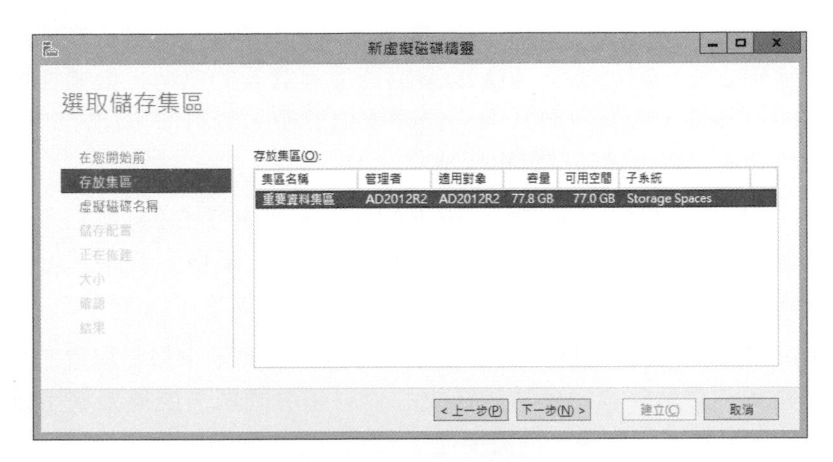

圖 20　新增虛擬磁碟

在如圖 21 所示的[虛擬磁碟名稱]頁面中，同樣必須輸入一組新的名稱與描述，一樣可以輸入中文來方便識別。值得注意的是你會發現頁面中的[在此虛擬磁碟上建立儲存層]選項無法勾選，再看一下位在頁面下方的提示訊息，便可以知道若要使用[儲存層]功能，必須至少要有一顆 SSD 與一顆 HDD。關於這一部分的應用，我們留待後面再來詳解。點選[下一步]繼續。

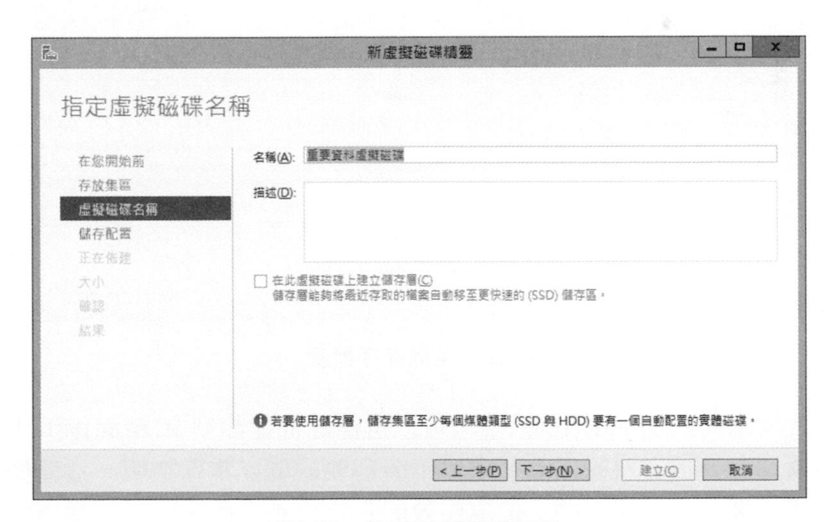

圖 21　指定虛擬磁碟名稱

在如圖 22 所示的[儲存配置]頁面中，可以選擇的配置模式共有三種，分別是等量存放模式（Simple）、鏡像存放模式（Mirror）以及同位資訊檢查的存放模式（Parity）。相關優缺點分別說明如下：

- Simple：採用類似於 RAID 0 的等量儲存方式，讓資料的寫入存放至多顆實體的硬碟之中，對於提升 I/O 的讀寫速度有實質的幫助，但犧牲掉的則是資料的可靠度，因為只要其中一顆硬碟損毀時，資料便可能立即遺失。此種架構即便只有一顆硬碟仍可以建立。
- Mirror：此磁碟鏡像的模式和一般 RAID 1 的架構有些不同，它不僅可以設定兩個硬碟的鏡像，也可以進行同時三顆硬碟的鏡像。若希望可以容許兩顆硬碟同時故障的風險，則需要至少連接五顆硬碟才可以。
- Parity：採用類似 RAID 5 的資料存放方式，因此至少需要配置三顆硬碟，才能夠避免單顆硬碟損壞時所造成的資料遺失問題。如果希望可以容許兩顆硬碟同時故障的風險，則需要連接七顆以上的硬碟才行。

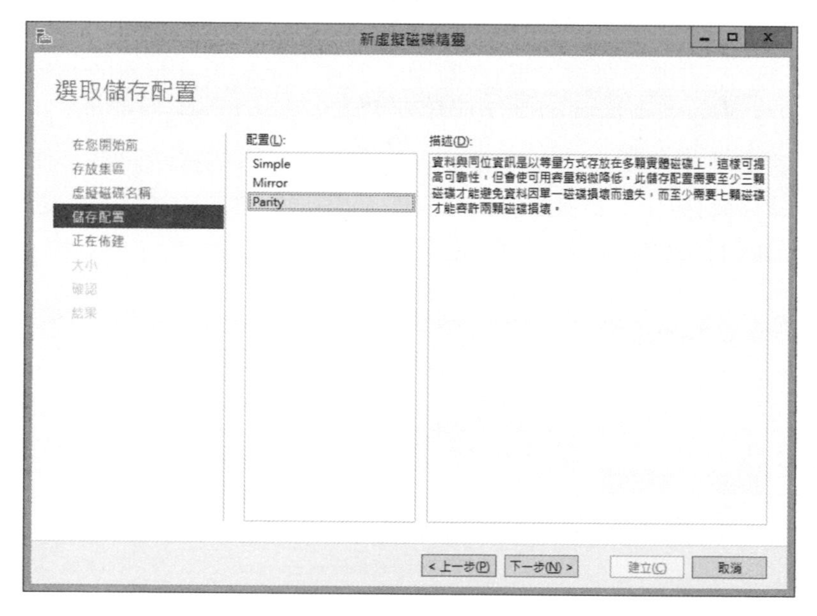

圖 22　選取儲存配置

在如圖 23 所示的[正在佈建]頁面中，可以選擇的佈建類型有[精簡]與[固定]式兩種。前者會隨著存放資料的多寡，來佔用所需要的儲存集區空間，這種做法可節省掉許多不必要的未使用空間，但運作效能肯定會差一些，因為每當檔案資料大量寫入時，系統便會需要耗費資源計算所需的儲存空間。而後者則是一開始就佔足指定的儲存集區空間，對於往後檔案資料的頻繁寫入，在運行效能上肯定會比較優。點選[下一步]繼續。

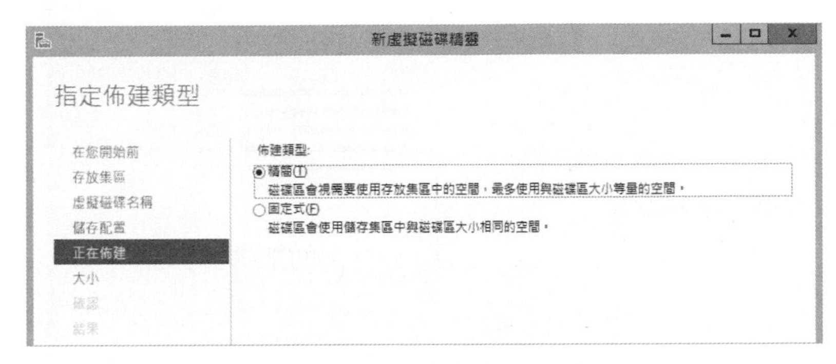

圖 23　指定佈建類型

來到如圖 24 所示的[大小]頁面時，如果僅能夠設定[指定大小]，即表示你在前面的佈建類型設定之中，挑選了[精簡]類型。此大小的設定值當然不然超過整個儲存集區總大小。點選[下一步]繼續。

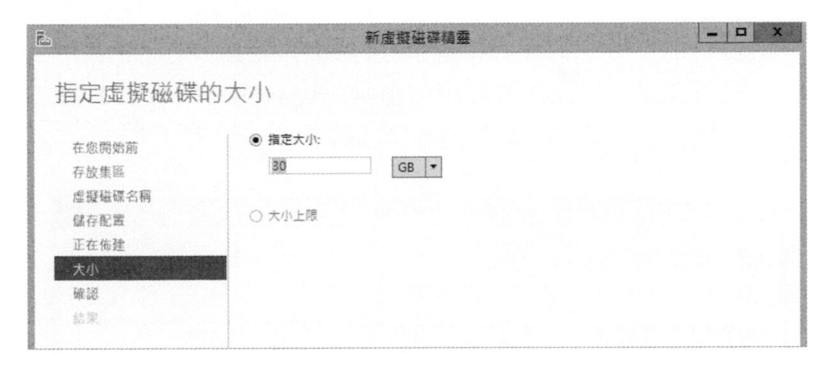

圖 24　指定虛擬磁碟的大小

在[確認]的頁面之中將可以檢視到前面步驟中的所有設定值，必須特別注意其中的儲存配置、佈建類型以及大小設定。點選[建立]即可。如圖 25 所示便是成功完成虛擬磁碟的建立結果。請確認位在左下方的[當此精靈關閉時建立磁碟區]設定已勾選。點選[關閉]。

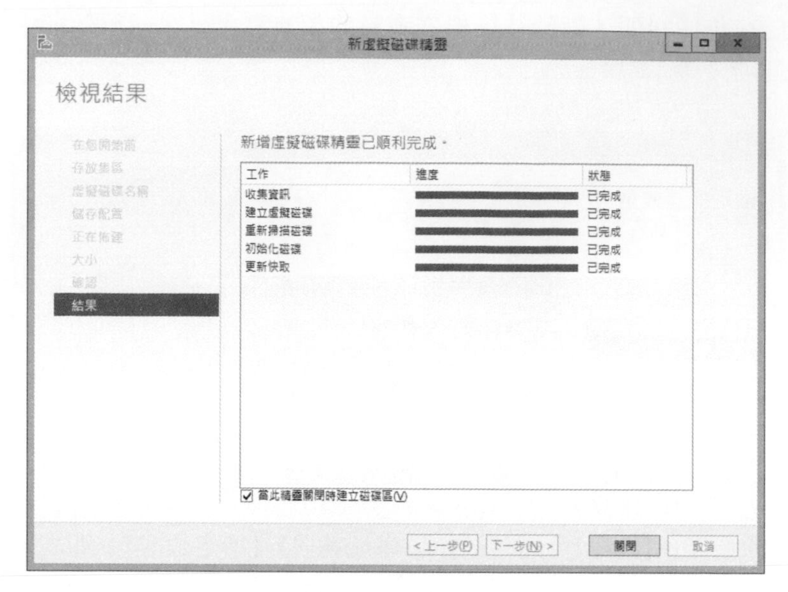

圖 25　檢視結果

在完成了儲存集區與虛擬磁碟的建立之後，最後便需要來建立磁碟區，以便可以正式進行檔案資料的存取。如圖 26 所示在[伺服器和磁碟]頁面中，可以檢視到所要連線的伺服器資訊，以及即將使用的虛擬磁碟資訊，這包括了在之前步驟中所配置給它儲存集區空間資訊。點選[下一步]繼續。

圖 26　新增磁碟區

在如圖 27 所示的[大小]頁面中，可以在可用容量的範圍之內指定磁碟區大小，當你準備要同時建立多個不同的磁帶代號時，就必須預先想好每一個磁碟區要給予的大小。點選[下一步]繼續。

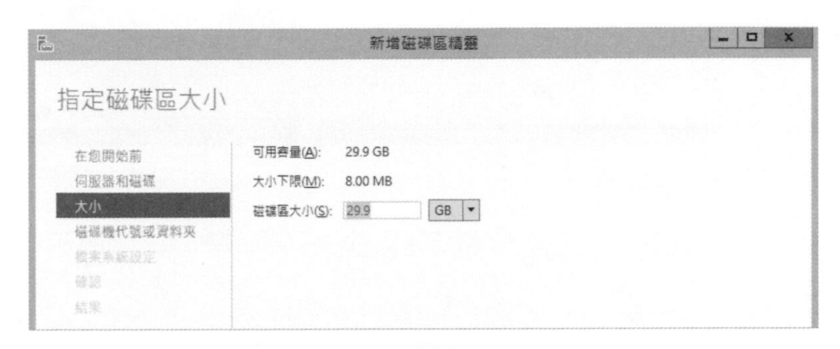

圖 27　指定磁碟區大小

在如圖 28 所示的[磁碟機代號或資料夾]頁面中，請指定新磁碟區的代號，當然啦！你也可以使用一個指定的空資料夾來進行對應。點選[下一步]繼續。

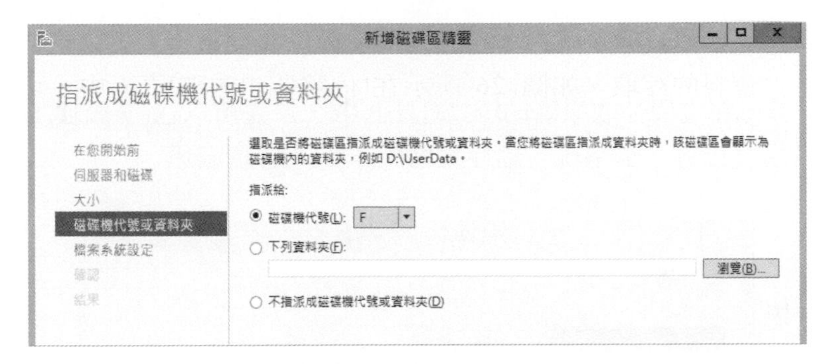

圖 28　磁碟代號設定

在[檔案系統設定]的頁面中，可以自訂檔案系統類型、配置單位大小以及磁碟區標籤，一般來說前兩者都採用預設值即可，至於磁碟區標籤建議你最好輸入，這對未來一些有關於磁碟管理的作業，尤其是 PowerShell 命令工具的使用時相當有用。

最後在[確認]的頁面中請檢查前面步驟中所有的設定值，如沒有問題請點選[建立]即可。來到如圖 29 所示的[磁碟區]\[磁碟]節點頁面中，將可以看到剛剛所建立的磁碟區代號，右方則可以看到所連接的存放集區，目前已使用的空間資訊，進一步則可以從右上方的[工作]下拉選單之中，點選[屬性]來查看集區的完整資訊。

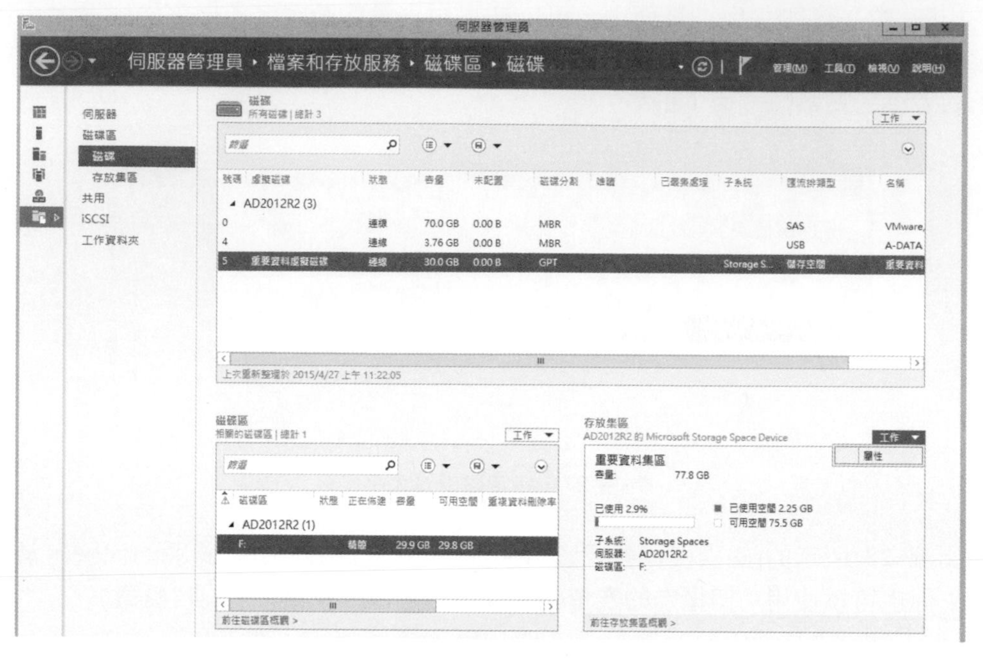

圖 29　磁碟檢視

如圖 30 所示，在這個存放集區的[內容]頁面中，首先可以在[一般]頁面中檢視到此集區的名稱、描述、子系統、儲存集區版本以及容量資訊。

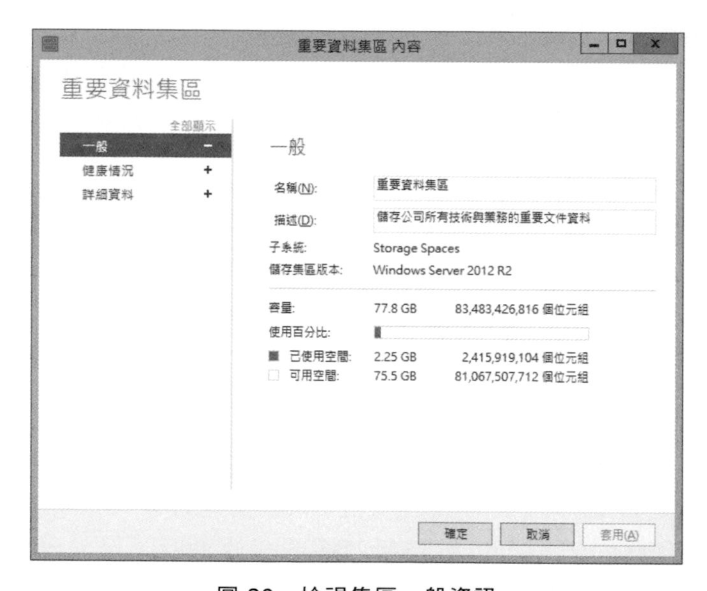

圖 30　檢視集區一般資訊

在如圖 31 所示的範例中，筆者則是同時將健康情況與詳細資料的頁面展開來，除了可以看到目前集區的健康狀態之外，還可以針對更細節的屬性欄位資料進行查看，像是邏輯的磁區大小、實體的磁區大小等等，這一些欄位名稱將可以適用在後續的 PowerShell 的管理命令參數之中，

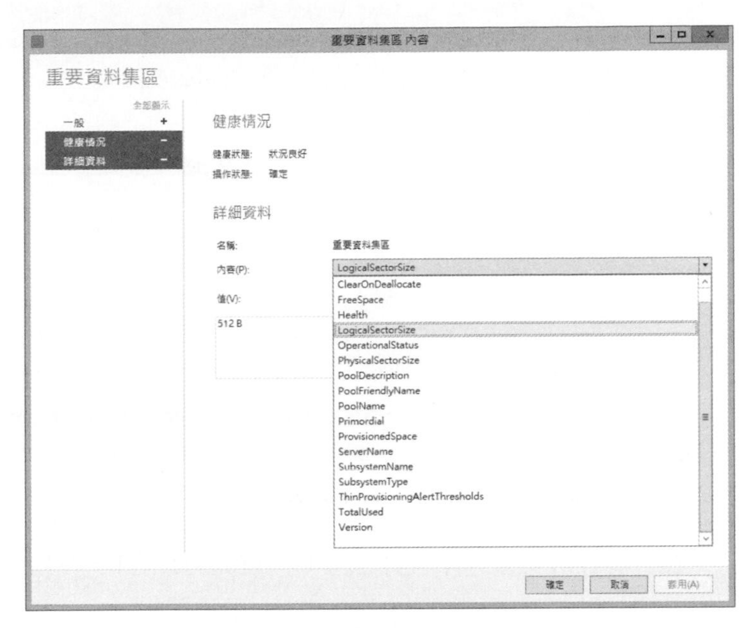

圖 31 檢視詳細資料

3.5 效能與成本兼具的混合式儲存空間

混合硬碟機（SSHD）是知名儲存裝置大廠 Seagate 所推出的硬碟機儲存技術，簡單來說就是固態硬碟機（SSD）＋硬碟機（HDD），此種設計會自動將一些經常性存取的資料與應用程式，存放在 NAND 快閃記憶體之中，以加速開啟與執行速度。

根據一份官方的測試數據顯示，整體的運行效能相較於傳統的 7200 轉速 HDD 來說，開機速度會加快 25%、應用程式載入速度則是驚人的快上 300%、遊戲載入速度快 50%。

目前 SSHD 硬碟機大多使用在一般個人 PC 或筆電之中，在 Windows Server 2012 R2 以上版本的伺服器上，你只要懂得善用前面所介紹過的儲存空間（Storage Spaces）功能，一樣可以建構出高效能與低成本的混合式儲存空間。

回到[存放集區]節點頁面中，在右下方的[實體磁碟]窗格之中，可以看到筆者已經準備好了兩顆 SSD 與兩顆 HDD，可是 HDD 的媒體類型在這裡卻顯示了[不明]，這樣的結果將會導致無法順利建立混合式儲存空間，該怎麼辦呢？

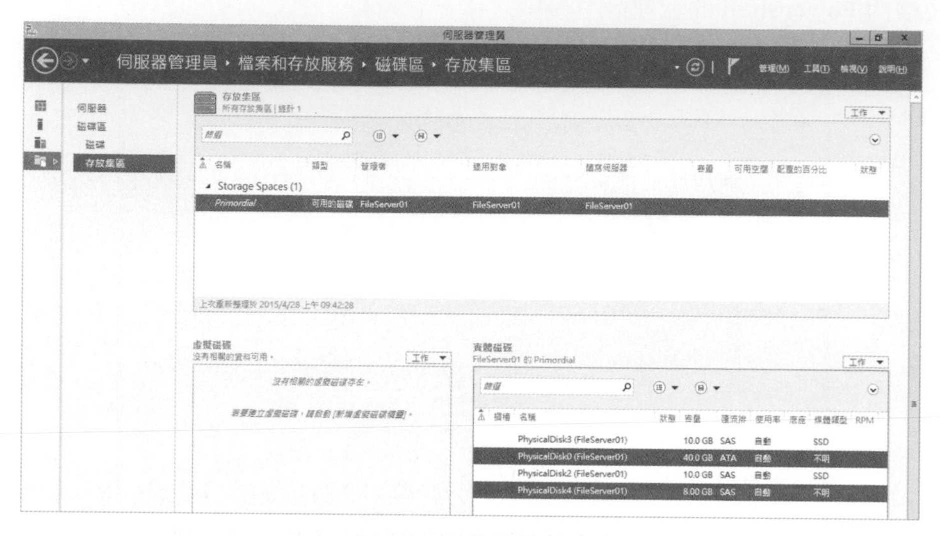

圖 32　實體磁碟狀態

在我們動手解決上述的惱人問題時，請先開啟 Windows PowerShell 命令提示視窗。如圖 33 所示下達以下命令參數，便可以更加確認目前的集區管理功能，確實是把筆者準備好的兩顆實體 HDD 硬碟，視為[不明]類型。

Get-PhysicalDisk | ft FriendlyName,CanPool,Size,MediaType

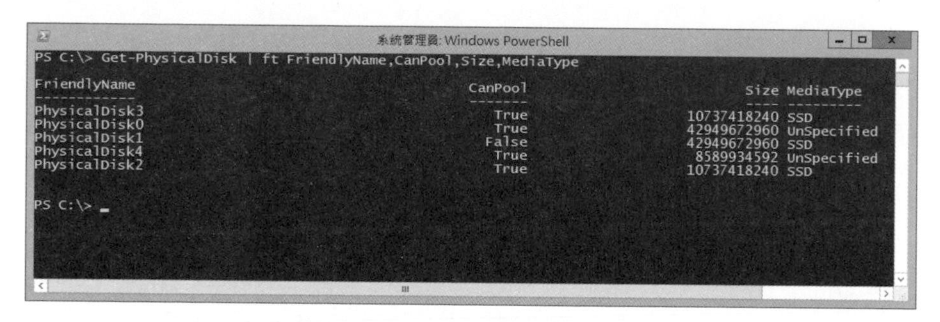

圖 33　以命令取得實體磁碟狀態

解決方法很簡單，只要針對那一些顯示[不明]的實體磁碟，透過如圖 34 所示的 Set-PhysicalDisk 命令來強制設定成 HDD 的媒體類型即可。其中-FriendlyName 參數便是用來指定實體磁碟的易記名稱。

```
Set-PhysicalDisk -FriendlyName PhysicalDisk0 -MediaType HDD
```

當實體的 HDD 磁碟其容量相同時，如果想要一行命令完成批次修改，可以參考以下的命令範例，它主要是結合 Get-PhysicalDisk 命令搭配 Where Size 條件參數，來將所有指定的容量硬碟一次強制完成 HDD 媒體類型的設定。

```
Get-PhysicalDisk | Where Size -EQ 8589934592 | Set-PhysicalDisk -
MediaType HDD
```

```
系統管理員: Windows PowerShell
PS C:\> Set-PhysicalDisk -FriendlyName PhysicalDisk0 -MediaType HDD
PS C:\> Set-PhysicalDisk -FriendlyName PhysicalDisk4 -MediaType HDD
PS C:\> Get-PhysicalDisk | ft FriendlyName,CanPool,Size,MediaType

FriendlyName                                    CanPool                    Size MediaType
------------                                    -------                    ---- ---------
PhysicalDisk3                                     False              9932111872 SSD
PhysicalDisk0                                     False             42144366592 HDD
PhysicalDisk1                                     False             42949672960 SSD
PhysicalDisk4                                     False              7784628224 HDD
PhysicalDisk2                                     False              9932111872 SSD

PS C:\> _
```

圖 34　強制設定磁碟類型

再一次回到[存放集區]的節點頁面時，只要按下[F5]即可重新整理最新的實體磁碟的狀態資訊，這時候你將會發現原有的不明類型磁碟，如今都已經正確顯示了 HDD 媒體類型。請注意！這個畫面的重整動作一定要執行，否則後續的儲存層建立將會一樣無法進行。

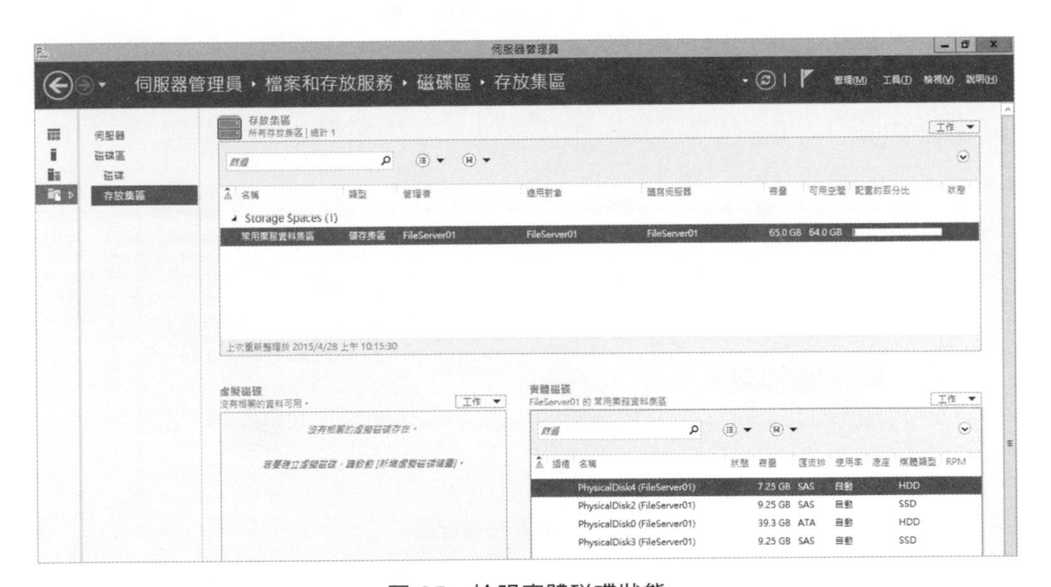

圖 35　檢視實體磁碟狀態

緊接著執行虛擬磁碟的建立，如圖 36 所示來到[虛擬磁碟名稱]頁面中，將可以發現原先無法勾選的[在此虛擬磁碟上建立儲存層]設定，目前已經可以勾選了。必須注意的是一旦建立完成之後，便無法再從這個虛擬磁碟設定中移除儲存層的設定。點選[下一步]繼續。

圖 36　指定虛擬磁碟名稱

來到如圖 37 所示的[儲存配置]頁面之中，有沒有發現原先的第三個的[Parity]選項，在儲存層的架構之中便不會出現。點選[下一步]繼續。

新虛擬磁碟精靈

選取儲存配置

在您開始前
存放集區
虛擬磁碟名稱
儲存配置
正在佈建
大小
確認
結果

配置(L):
Simple
Mirror

描述(D):
資料是存放在兩顆或三顆實體磁碟上，這樣可提高可靠性，但會使可用容量降低。此儲存配置需要至少兩顆磁碟才能避免資料因單一磁碟損壞而遺失，或至少需要五顆磁碟才能避免兩顆磁碟同時損壞而遺失。

圖 37　選取儲存配置

在如圖 38 所示的[正在佈建]頁面中，可以選擇的配置方式也僅剩[固定式]可以選擇，原因就是在儲存層的架構之中，需要使用到常用檔案資料的動態儲存分配所致。點選[下一步]繼續。

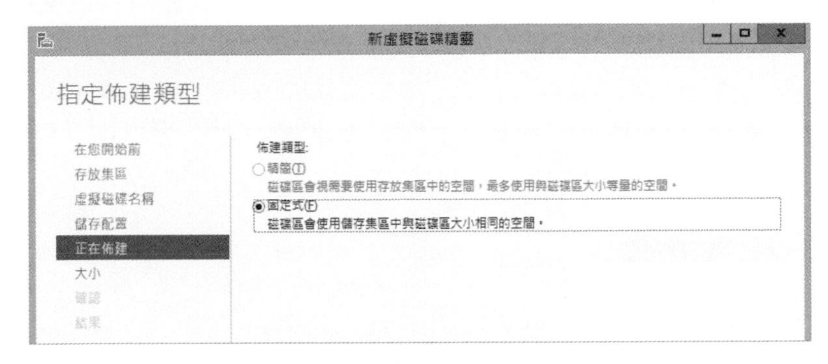

圖 38　指定佈建類型

在如圖 39 所示的[大小]頁面之中，將可以指定 SSD 與 HDD 所要開放存取的空間大小。無論如何當 SSD 的可用空間指定越大時，理所當然所能夠快速執行的應用程式與資料的儲存將是越多越快。

圖 39　指定虛擬磁碟的大小

在如圖 40 所示的[確認]頁面之中，將可以看到前面步驟中所有的設定值。其中必須特別留意的就是你對於 SSD 與 HDD 儲存層的大小配置。點選[建立]。

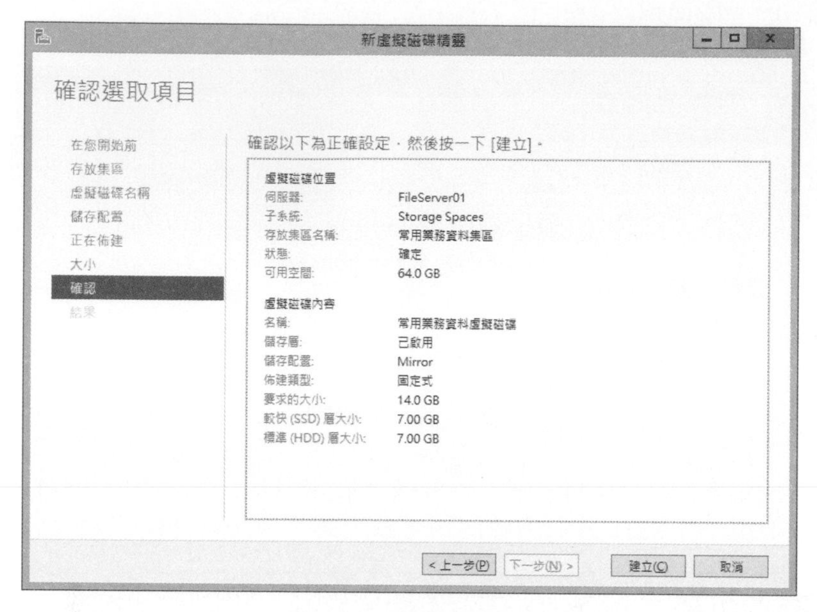

圖 40　確認選取項目

完成了混合式硬碟機的虛擬磁碟與磁碟區代號建立之後，你就可以開始嘗試將應用程式安裝在此磁碟路徑之中，或是儲存一些檔案資料夾，來感受一下常用檔案與程式的開啟速度。當然啦！你還可以進一步透過一些 Benchmark 的測試工具，例如 AS SSD Benchmark、CrystalDiskMark 等工具，來比較一下在 SSD、HDD 以及在這個混合式硬碟機的讀寫速度。

關於儲存集區的建立與各項管理作業，除了可以透過方便的[伺服器管理]介面來操作之外，也可以經由它專屬的 PowerShell 命令集合，來進行各種進階批次命令與作業自動化的管理。接下來讓我們來示範一下幾個簡單的常用命令。

首先你可以在開啟 PowerShell 命令視窗之後，如圖 41 所示下達 Get-StoragePool 命令，來取得目前已經建立的儲存集區清單。進一步還可以下達以下命令範例，來取得指定儲存配置方式的儲存集區清單，例如你可以修改其中的 Mirror 參數值，變成 Simple 或是 Parity。

```
Get-ResiliencySetting -Name Mirror | Get-StoragePool
```

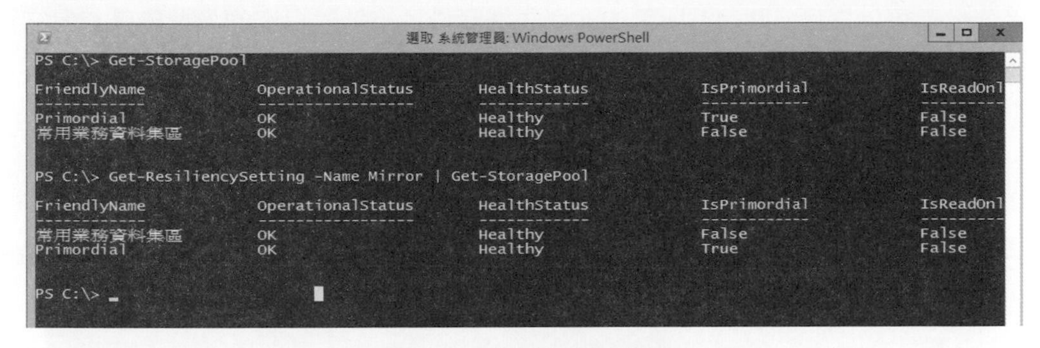

圖 41　取得儲存集區資訊

如果想要查看特定的虛擬磁碟所配置的儲存層資訊，可以參考如圖 42 所示的命令範例，你只要將其中的 FriendlyName 參數值，修改你所建立過的虛擬磁碟名稱即可。

```
Get-VirtualDisk -FriendlyName "常用業務資料虛擬磁碟" | Get-StorageTier
```

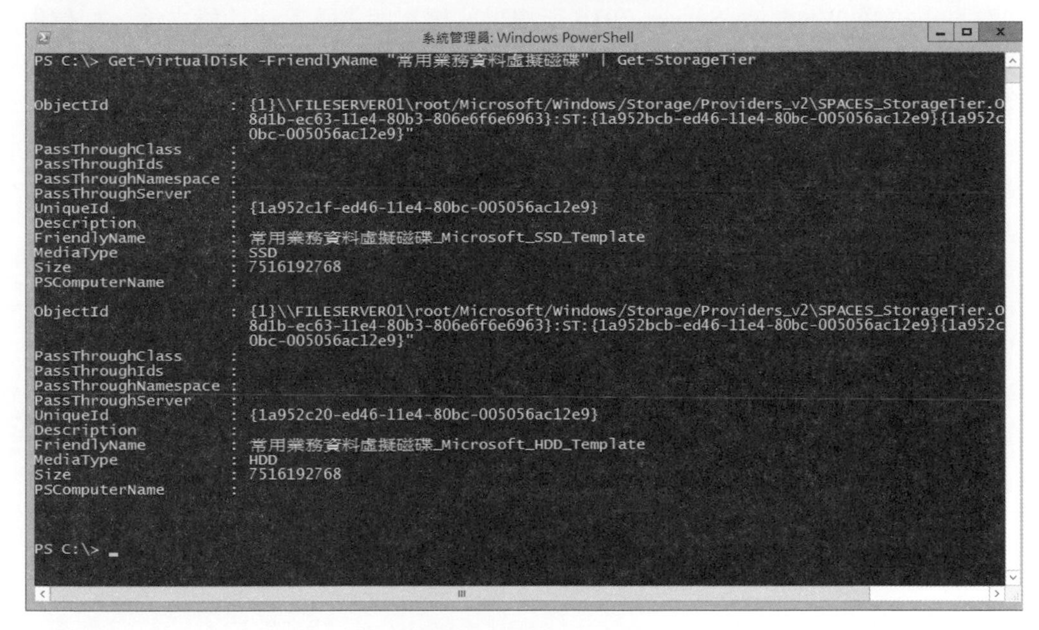

圖 42　取得儲存層資訊

接著你還可以透過如圖 43 所示的命令語法範例，來針對指定的虛擬磁碟查看它目前所配置的磁碟代號、磁碟標籤、檔案系統類型、磁碟類型、健康狀態以及可用的儲存空間大小。

```
Get-VirtualDisk -FriendlyName "常用業務資料虛擬磁碟" | Get-Disk | Get-Partition | Get-Volume
```

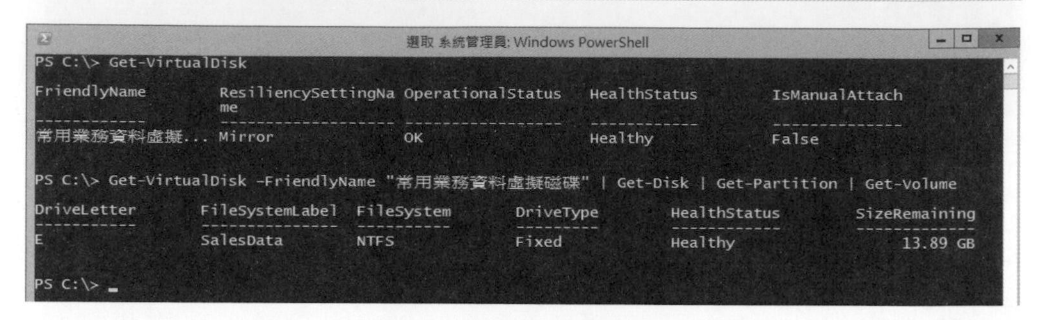

圖 43　取得虛擬磁碟資訊

當你真正搞懂 Windows Server 2016 所提供的檔案與磁碟管理功能之後，相信你會和筆者有一樣的感觸，那就是許多原本以為需要藉由第三方產品才能夠解決的管理問題，如今看來似乎只要建置一部 Windows Server 2016 伺服器，就能夠解決大部份的 IT 管理問題。儘管如此，可別忘了這一些強大功能背後的 IT 基礎建設-「Active Directory」，因為少了它不僅可能導致某一些功能完全無法啟用，也將讓企業 IT 的各項政策難以有效落實。

第4章 Nano Server 建置與管理

想要最精簡又安全的雲端伺服器作業系統，何必再苦苦尋求 Linux 系列的作業系統。如今你只要建置最新 Windows Server 2016 所提供的 Nano Server，就等於為你的企業私有雲端應用服務，打造了一個軟體相容性最高且最輕盈的系統基礎。無論是想要部署商用的應用服務還是開源的伺服端套件，皆能夠輕鬆搞定！

4.1 簡介

自從 Windows Server 2012 推出以後，有很多 IT 朋友就開始在問我，為何 Windows Server 2012 作業系統自稱為 Cloud OS，因為過去自稱為 Cloud OS 的不是 Google 的 Chrome OS，也就是許多資訊工作者知道甚至於已在使用的 Chromebook 嗎？究竟它和包括過去的 Windows Server 2008 R2 以前的版本有何不同呢？

確實打從 Windows Server 2012 版本開始，到目前最新的 Windows Server 2016，Windows Server 已從 Intranet 伺服器的角色，被重新定位成一個雲端作業平台。這與作為用戶端的 Chrome OS 當然不同，前者提供雲端服務，後者則是連接雲端服務，而且所連接的是以 Google 本身的公有雲端服務為主，例如 G Suite 等等。

至於 Windows Server 則是可以不同需求情境，選擇部署在企業私有雲端的網路之中，或是一些公有雲的服務上（例如：Azure Service），來提供橫跨全球的 IT 維運整合。

只是無論選擇部署在私有雲還是公有雲之中，所謂的雲端作業平台（Cloud OS）至少必須具備以下特性：

- 低耗能、可用資源最大化
- 可部署在虛擬化或實體的主機之中
- 主體就可作為虛擬化平台，包括了 Virtual Machine、Containers
- 支援軟體定義網路（SDN）、軟體定義儲存（SDS）
- 內建各類高可用性、高可靠度、高延展能力的安全機制

上述 Cloud OS 所需具備的特性，在全新的 Windows Server 2016 中皆已俱全，其中若想要達到低耗能與可用資源最大化的極致，採用以新推出的 Nano Server 來作為基礎平台絕對是不二的選擇，原因為何呢？很簡單！它只給你需要的，其餘通通拿掉，至於精簡到甚麼程度呢？

首先它比過去 Windows Server 2008/R2 以及 Windows Server 2012/R2 時期的 Server Core 更精簡，除了各項內建程式、元件以及服務大幅簡化之外，在主機端的 Console 介面上僅提供純文字的操作，就好像一個純文字介面的 Linux 作業系統一樣，可是它卻能夠提供許多企業級的伺服器角色與功能，包括了 Hyper-V 主機、容錯移轉叢集、儲存管理主機、Scale-Out File Server、DNS Server、IIS、應用程式伺服器等等。

針對極致精簡的 Nano Server 設計，在基礎的運作上主要帶來了以下效益：

- 讓需要安裝的重大更新、安全更新的次數減少許多，這意味著需要重新啟動系統的次數也隨之降低。
- 開機需要載入的驅動程式、服務以及需要開啟的連接埠口減少了，這表示可能遭受惡意攻擊的面縮小了，讓安全性將大幅提升。
- 由於精簡因而讓可用的硬體資源增加了，讓耗能相對減少了。
- 由於輕巧因而讓 IT 人員從部署、管理到維護的時間都大幅縮短了。舉例來說，若以部署單一部 Nano Server 的虛擬機器來說，過去的 Server Core 所需要的虛擬硬碟檔案大小，大約是 6.3GB。如今 Nano Server 僅需要 0.41GB。

4.2 部署 Nano Server 的注意事項

做為一個擁有最低成本效益以及最高敏捷度的 Nano Server 來說，在設計上它完全不同於過去的 Server Core 以及完整桌面體驗的 Windows Server，因此有以下幾個特性需要 IT 管理人員特別注意的：

- 沒有提供本機的登入功能以及圖形操作介面，僅有一個簡易的[Nano Server Recovery Console]功能，來管理最基本的網路設定與開關機功能等等。
- 唯一支援運行 64 位元的應用程式、工具以及代理程式。
- Nano Server 無法做為 Active Directory 網域控制站，僅能夠加入成為網域的成員主機。
- 不支援群組原則（Group Policy）的管理。
- 你無法設定 Nano Server 透過 Proxy Server 來連接 Internet。
- 不支援 NIC Teaming 功能的使用，特別是容錯負載平衡或 LBFO 機制。改由支援 Switch-embedded teaming （SET）來取而代之。
- 不支援 System Center Configuration Manager 與 System Center Data Protection Manager 的整合管理。
- 在 Windows PowerShell 的使用上也有一些限制，關於這部分我們留在後面再來詳加說明。

4.3 開始安裝 Nano Server

接下來筆者要示範的是如何安裝一部 Nano Server，在現行 Windows Server 2016 的 Hyper-V 虛擬化平台上來運行。由於需要產生 Nano Server 的虛擬硬碟檔案，在此我們以在 Windows 10 的作業環境中來完成這些步驟。如圖 1 所示，首先請在你準備好的 Windows Server 2016 安裝映像檔上，按下滑鼠右鍵點選[掛接]繼續。

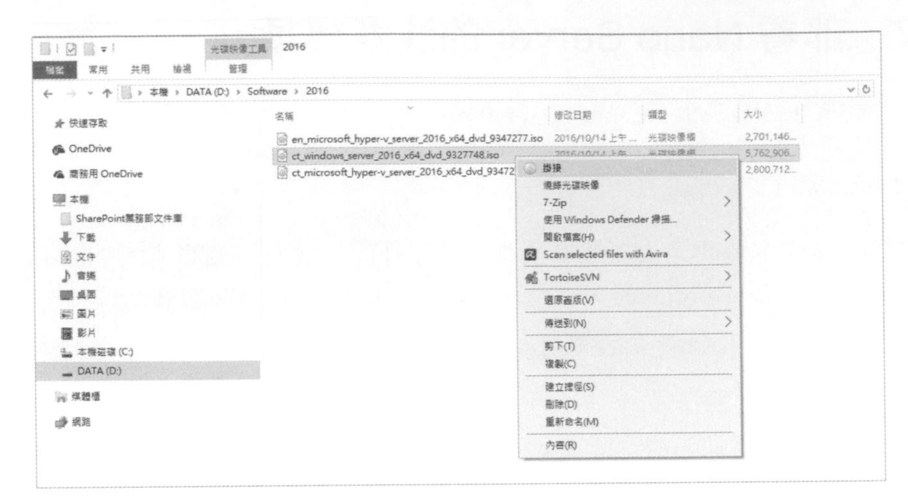

圖 1　掛接 Windows Server 2016 映像檔

接下來你可以開始使用 Windows PowerShell 來建立 Nano Server 的映像檔，至於使用的作業系統除了 Windows 10 之外，也可以使用像是 Windows Server 2016、Windows 8.1 的視窗介面來完成。如圖 2 所示在此筆者以在[Windows PowerShell]上方，按下滑鼠右鍵點選[以系統管理員身分執行]。

圖 2　開啓 Windows PowerShell

接下來我們必須先匯入 Nano Server 映像檔產生器的模組。請如圖所 3 示以 CD 命令，切換至 Windows Server 2016 安裝媒體的 NanoServer 路徑下，執行 Import-Module .\NanoServerImageGenerator -Verbose 命令即可。

```
系統管理員: Windows PowerShell
Windows PowerShell
著作權 (C) 2015 Microsoft Corporation. 著作權所有，並保留一切權利。

PS C:\WINDOWS\system32> F:
PS F:\> cd .\NanoServer\
PS F:\NanoServer> Import-Module .\NanoServerImageGenerator -Verbose
詳細資訊: 正在從路徑 'F:\NanoServer\NanoServerImageGenerator\NanoServerImageGenerator.psd1' 載入模組。
詳細資訊: 正在從路徑 'F:\NanoServer\NanoServerImageGenerator\NanoServerImageGenerator.psm1' 載入模組。
詳細資訊: 正在匯入函數 'Edit-NanoServerImage'。
詳細資訊: 正在匯入函數 'Get-NanoServerPackage'。
詳細資訊: 正在匯入函數 'New-NanoServerImage'。
PS F:\NanoServer> _
```

圖 3 匯入 NonoServer 映像檔產生模組

如圖 4 所示，筆者透過以下命令參數範例，建立了一個 NanoServer1.vhd 的虛擬硬碟，因此部署的類型必須指定為 Guest，以表示是要在 Hyper-V 的虛擬機器上來運行，至於作業系統版本則是選擇了標準版（Standard）。在-MediaPath 參數設定請輸入 Windows Server 2016 的安裝程式路徑，-TargetPath 參數設定則是要輸入產生後的虛擬硬碟儲存位置。

至於電腦名稱則是透過-ComputerName 參數來指定即可，如果沒有特別指定，系統也將會以隨機方式產生，等到我們在完成啟動之後，再透過相關命令進行修改。執行後系統將會提示我們設定預設本機 Administrator 的密碼。

在此筆者所建立的是最精簡 Nano Server 的.vhd 虛擬硬碟，也就是沒有在建立的同時，指定加裝其他伺服器角色或功能的元件，此時僅有 483MB 的檔案大小而已。

```
New-NanoServerImage -Edition Standard -DeploymentType Guest -MediaPath
F:\ -BasePath .\Base -TargetPath .\NanoServer1\NanoServer1.vhd -
ComputerName NanoServer1
```

如果想要建立 Nano Server 映像檔的同時，順便完成某一些伺服器角色功能的安裝，只要搭配-Package 參數的使用即可。例如你想要讓它同時具備 DNS Server 與 IIS Server 的角色功能，只要加入-Package @（'Microsoft-NanoServer-DNS-Package','Microsoft-NanoServer-IIS-Package'）參數即可，而這一些可用的角色功能套件，都可以在 Windows Server 2016 安裝映像檔的 NanoServer\Packages 資料夾中找到。

至於究竟在建立 Nano Server 映像檔的同時，能夠一併安裝的角色與功能有哪一些呢？請參考表 1 說明。例如你想要使用內建的 Windows Defender 服務，來避免惡意程式碼的入侵，只要加上-Defender 參數即可。

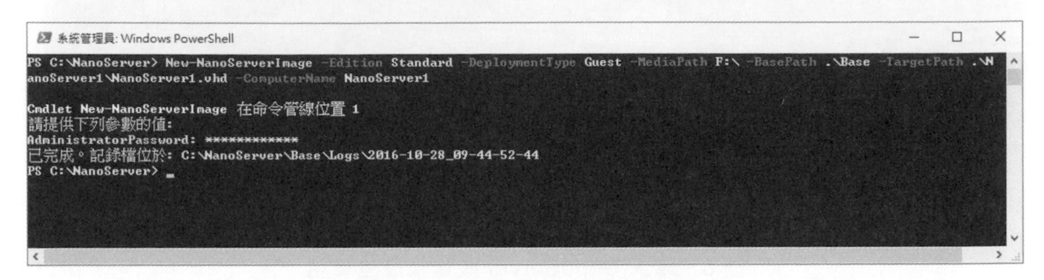

圖 4　建立 NonoServer 映像檔

表 1　New-NanoServerImage 角色與功能的命令參數

角色或功能	參數選項
Hyper-V 角色（包括 NetQoS）	-Compute
Failover Clustering 功能	-Clustering
指定要安裝的裝置驅動程式，像是網路卡、磁碟陣列卡等等。同樣的作法也可以使用在 Windows Server 2016 版本的 Server Core 安裝。	-OEMDrivers
File Server 角色與其相關儲存功能元件。	-Storage
Windows Defender 功能	-Defender
提供針對應用程式相容的反向轉發器。這些常見的應用程式架構，包括了 Ruby、Node.js 等等。	內建已提供
DNS Server 角色	-Package Microsoft-NanoServer-DNS-Package
PowerShell Desired State Configuration（DSC）功能	-Package Microsoft-NanoServer-DSC-Package
Internet Information Server（IIS）角色	-Package Microsoft-NanoServer-IIS-Package
Windows Containers 功能	-Containers

角色或功能	參數選項
System Center Virtual Machine Manager agent	-Package Microsoft-NanoServer-SCVMM-Package -Package Microsoft-NanoServer-SCVMM-Compute-Package #關於安裝 SCVMM 的 Compute，唯一使用在對於 Hyper-V 角色運行的監視。
System Center Operations Manager agent	此 SCOM 代理程式必須分開安裝
Network Performance Diagnostics Service（NPDS） 請注意！在安裝此功能套件之前，必須先完成 Windows Defender 套件的安裝。	-Package Microsoft-NanoServer-NPDS-Package
Data Center Bridging（包括 DCBQoS）	-Package Microsoft-NanoServer-DCB-Package
部署在一個虛擬機器	Microsoft-NanoServer-Guest-Package
部署在一部實體主機	Microsoft-NanoServer-Host-Package
相關安全啟動功能，包括了 BitLocker、TPM（Trusted Platform Module）等等。	-Package Microsoft-NanoServer-SecureStartup-Package
Hyper-V support for Shielded VMs	-Package Microsoft-NanoServer-ShieldedVM-Package 請注意！此套件僅能夠使用在 Nano Server 採用 Datacenter 的版本。

針對表 1 中角色與功能安裝的參數說明，必須注意如果你選擇檔案服務（File Services）角色功能，完成安裝之後，它並沒有在啟用狀態，而是必須進一步透過遠端電腦的[伺服器管理員]連線來啟用才可以。

有了 Nano Server 的虛擬硬碟檔案之後，我們就可以來建立虛擬機器。請如圖 5 所示在[Hyper-V 管理員]介面中，在伺服器的節點上透過[動作]窗格，或是滑鼠右鍵點選[新增]\[虛擬機器]繼續。

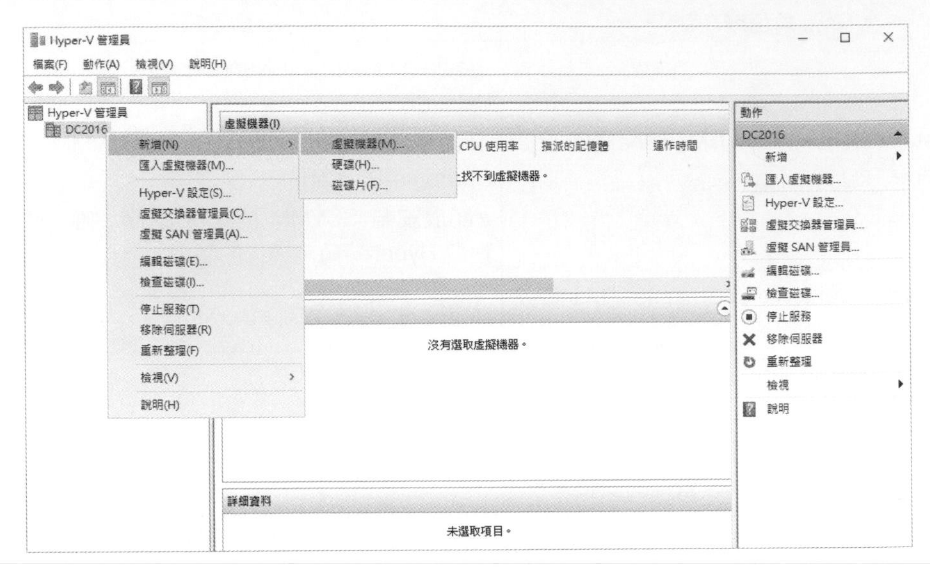

圖 5　Hyper-V 管理員

在如圖 6 所示的[指定名稱和位置]頁面中，請輸入 Nano Server 的虛擬機器名稱並指定設定檔的存放路徑。點選[下一步]。

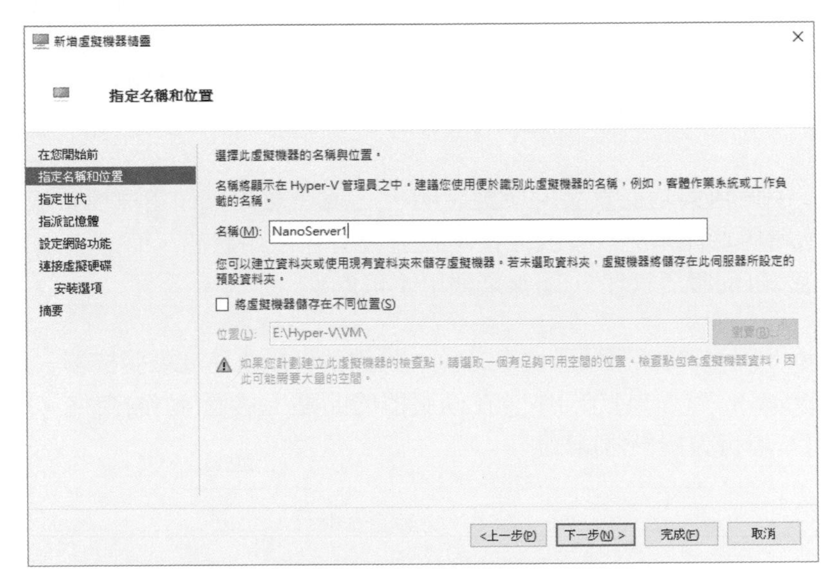

圖 6　指定名稱和位置

在如圖 7 所示的[指定名稱和位置]頁面中，我們以選取[第一代]為例。請注意！此設定在完成虛擬機器建立之後是無法進行修改的。點選[下一步]。

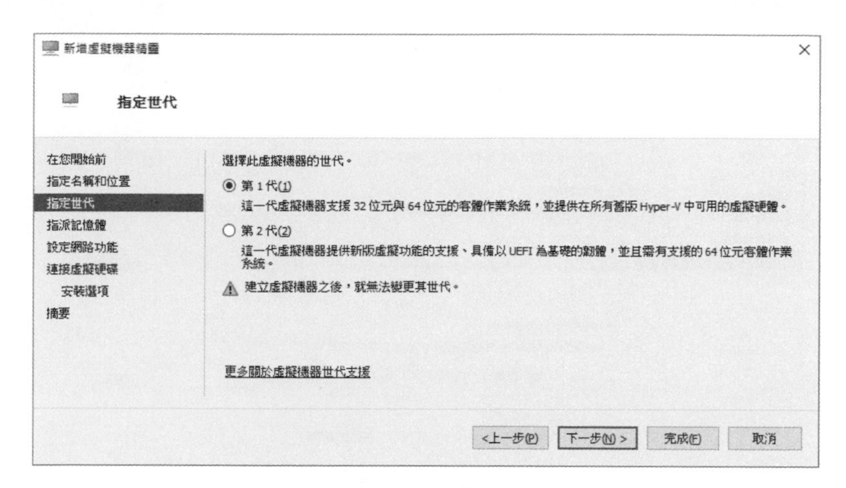

圖 7 指定世代

在如圖 8 所示的[指派記憶體]頁面中，請根據實際所要運行的伺服器角色、功能以及應用程式來決定。舉例來說，如果你準備要讓它執行巢狀的 Hyper-V，並且運行多個虛擬機器，那這裡的記憶體大小肯定得比 Guest OS 最小建議還要大上許多才可以，並且在強調運行效能的需求之下，可能不適合使用動態記憶體功能。點選[下一步]。

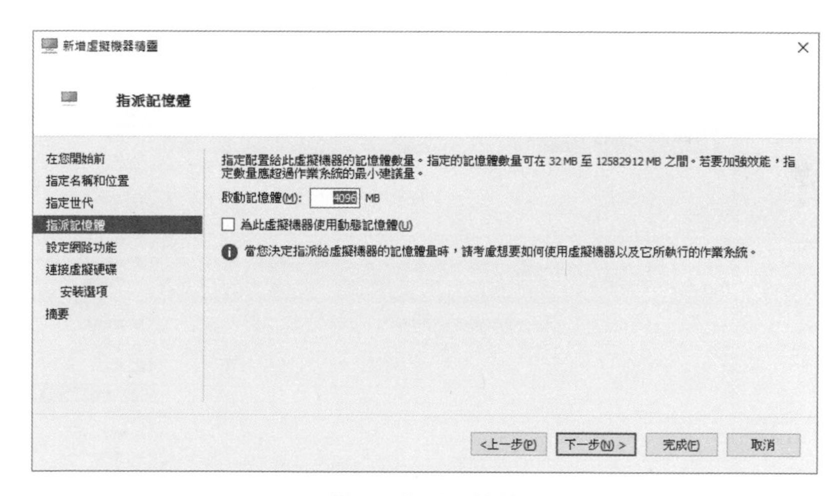

圖 8 指派記憶體

在如圖 9 所示的[連接虛擬硬碟]頁面中，請選取[使用現有的虛擬硬碟]，點選[瀏覽]按鈕來載入 Nano Server 的虛擬硬碟檔案。點選[完成]。

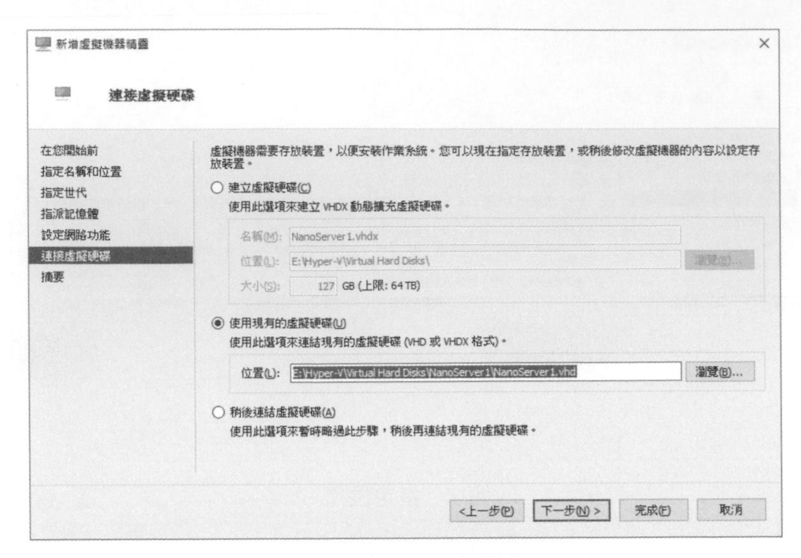

圖 9　連接虛擬硬碟

如圖 10 所示在完成了 Nano Server 虛擬機器的建立之後，就可以將它啟動。而整個啟動過程所需花費的時間，你將會發現遠比過去任何一個版本的 Windows Server 還要快上許多。

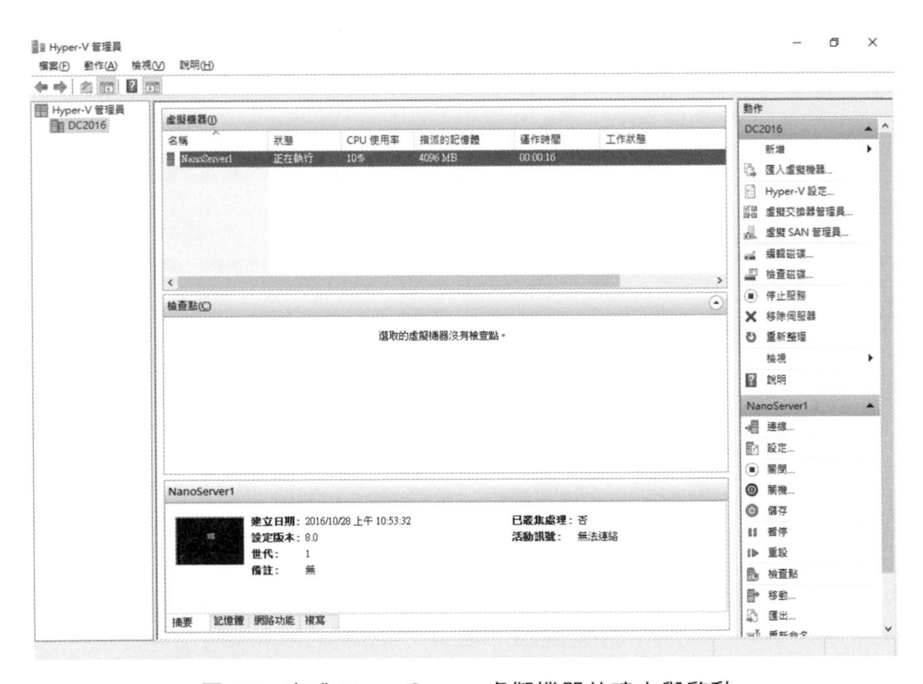

圖 10　完成 Nano Server 虛擬機器的建立與啟動

如圖 11 所示便是 Nano Server 的登入頁面，完全是以純文字介面呈現，和 Server Core 還保留基本的 GUI 介面，仍有這很大的不同。首次登入請輸入 Administrator 與前面步驟中所設定的密碼，網域（Domain）欄位則保持空白即可，等到後續我們將此伺服器加入網域之後，再來輸入即可。

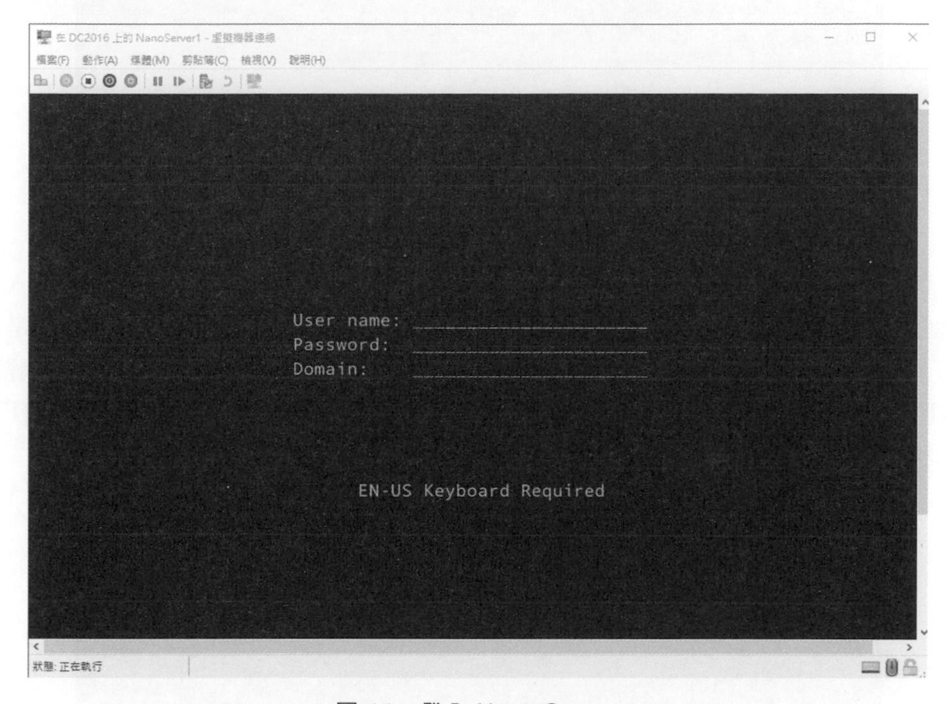

圖 11 登入 Nano Server

如圖 12 所示便是成功登入後的 Nano Server 復原主控台，在此依序顯示了 Nano Server 的電腦名稱、登入的帳號名稱、工作群組（或網域）名稱、作業系統版本類型、本地日期以及本機時間。

其他我們所能夠於此 Console 進行檢視以及管理的設定也很有限，僅有網路、防火牆規則以及 Windows 遠端管理組態。因為後續的各種維護管理作業，幾乎都是透過遠端的 Windows PowerShell 來完成。

```
                    Nano Server Recovery Console
===================================================================
Computer Name: NanoServer1
User Name:     .\administrator
Workgroup:     WORKGROUP
OS:            Microsoft Windows Server 2016 Standard
Local date:    2016□10□27□
Local time:    □□ 07:55
-------------------------------------------------------------------
> Networking
  Inbound Firewall Rules
  Outbound Firewall Rules
  WinRM
```

圖 12　Nano Server Recovery Console

如圖 13 所示便是一個現行 Nano Server 網路組態的資訊頁面，可以發現預設是使用了 DHCP 來取得 TCP/IP 的位址配置。在實務上我們通是需要將它修改成靜態的 IP 位址，而這項變更需求目前是可以直接從此 Console 來完成。只要按下[F11]鍵即可修改 IPv4 設定，按下[F12]則是可修改 IPv6 設定。

```
                      Network Adapter Settings
===================================================================
□□□□
Microsoft Hyper-V Network Adapter
-------------------------------------------------------------------
State            Started
MAC Address      00-15-5D-07-F7-00

Interface
DHCP             Enabled
IPv4 Address     192.168.7.22
Subnet mask      255.255.255.0
Prefix Origin    DHCP
Suffix Origin    DHCP

Interface
DHCP             Enabled
IPv6 Address     fe80::1160:31ca:6973:117c
Prefix Length    64
Prefix Origin    Well Known
Suffix Origin    Link

-------------------------------------------------------------------
Up/Dn: Scroll | ESC: Back | F4: Toggle | F10: Routing Table
F11: IPv4 Settings | F12: IPv6 Settings
```

圖 13　網路設定

如圖 14 所示即是進入到修改 IPv4 的設定頁面，在此我們可以將 DHCP 修改成關閉（Disabled），再來手動輸入 IP 位址、子網路遮罩以及預設閘道 IP 位址。

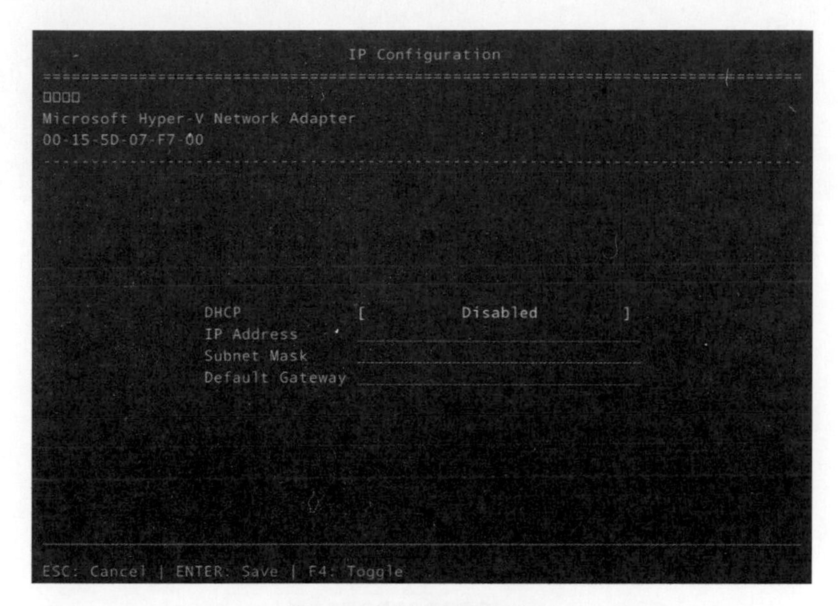

圖 14　設定固定 IP 位址

4.4 以 PowerShell 管理 Nano Server

前面我們曾提及過管理 Nano Server 的最佳工具就是 Windows PowerShell，至於所安裝的各伺服器角色或功能，則可以透過相對的圖形工具來進行遠端管理。首先在以系統管理員身分開啟 Windows PowerShell 視窗之後，如圖 15 所示輸入以下命令參數，來分別完成信任 Nano Server 的設定，以及 Administrator 的帳戶登入 Nano Server，其中 IP 位址必須修改成你實際使用的 IP。

緊接著將會出現如圖 16 所示的認證要求視窗，在輸入密碼之後點選[確定]。成功連線之後，你會發現命令提示字元將以此主機的 IP 來顯示。

```
Set-Item WSMan:\localhost\Client\TrustedHosts 192.168.7.22 -Force
Enter-PSSession -ComputerName 192.168.7.22 -Credential ~\Administrator
```

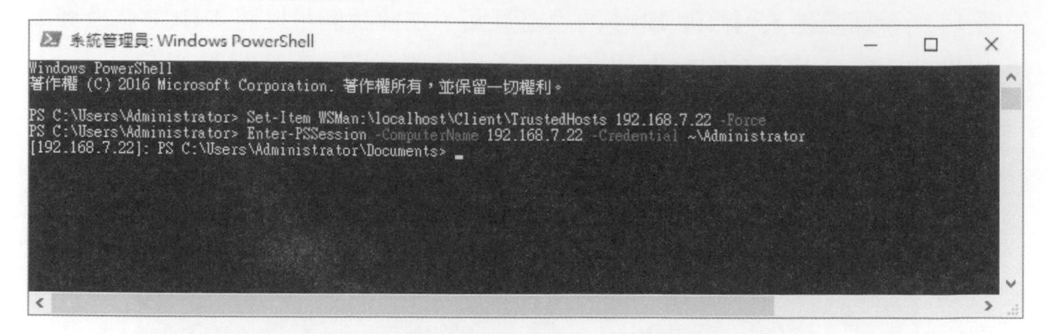

圖 15　遠端連線 Nano Server

Windows PowerShell 認證要求

輸入您的認證。

使用者名稱(U): ~\Administrator

密碼(P):

確定　取消

圖 16　Windows PowerShell 認證要求

上述所採用的連線管理方式，無論是實體主機還是 Hyper-V 虛擬機器的 Nano Server 皆是適用的。另一種連線管理方式，則是採用 PowerShell Direct 來完成，也就是我們直接在 Nano Server 虛擬機器所在的 Hyper-V 主機上，開啟 Windows PowerShell 並像如圖 17 所示一樣，執行命令參數，進入到指定虛擬機器的 Guest OS 命令提示列下：

```
Enter-PSSession  -VMName "NanoServer1" -Credential
NanoServer1\Administrator
```

其中-VMName 參數值便需要輸入所要連接的虛擬機器名稱，而-Credential 參數值則可以選擇輸入此 Guest OS 的本機帳戶，或是輸入網域帳戶（如果有加入 Active Directory）。成功連線之後，你會發現命令提示字元將以此虛擬機器的名稱來顯示。

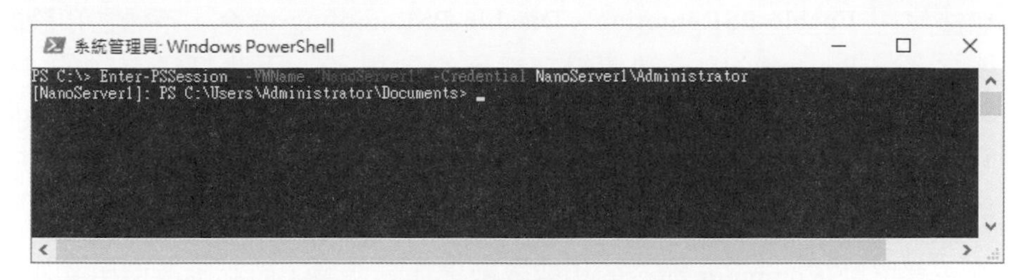

圖 17 以 PowerShell Direct 直接管理

在我們開始使用一些常用的 PowerShell 命令，來管理遠端的 Nano Server 各項系統組態之前，先來了解一下關於 Nano Server 所提供的 PowerShell 版本，是否與 Server Core 以及 Windows 桌面版本的 PowerShell 有所差異。

首先如圖 18 所示當你下達內建的$PSVersionTable 命令時，便可以得知目前的 PowerShell 版本類型（PSEdition）與版本編號（PSVersion），其中 Core 的版本類型表示為 Nano Server 以 Windows IoT 所專用，如果是顯示為 Desktop 類型，則表示為 Server Core 與 Windows 桌面版本所使用。

前者已內建了.NET Core 並提供所屬版本的相容 Script 與模組。後者則是內建.NET Framework 並提供所屬版本的相容 Script 與模組。

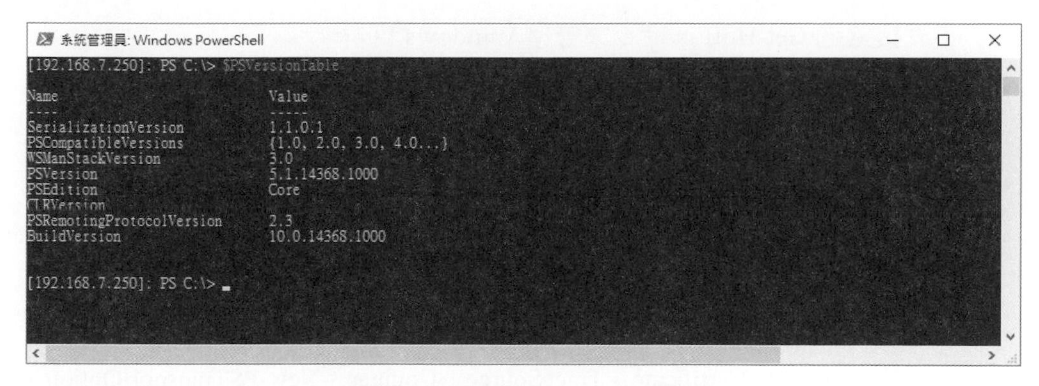

圖 18 檢視 PowerShell 版本資訊

在預設的 Nano Server 安裝之中已經內建了 PowerShell Core，但由於是精簡過後的版本，因此有一些功能與命令是無法使用在其他 Windows Server 2016 版本的 PowerShell 介面之中，這一些包括了以下幾個要點需要特別留意。

- 無法使用 ADSI、ADO 以及 WMI 類型的相關 Adapter 命令

- 無法使用 Enable-PSRemoting、Disable-PSRemoting 命令。不過在預設的狀態之下，PowerShell 遠端連線功能已經啟用了，因此打從首次的 Nano Server 啟動時，我們就能夠順利的直接使用像是 Windows 10 或 Windows Server 2016 內建的 PowerShell 來進行連線與管理。
- 排程工作以及 PSScheduledJob 模組。
- 無法直接以 Computer 命令的相關參數來加入網域，而必須改使用其他方式來加入，像是透過 Djoin 命令工具來完成離線加入的設定。
- 無法使用 Reset-ComputerMachinePassword,與 Test-ComputerSecureChannel 命令。
- 你可以透過 Set-PSSessionConfiguration 命令的設定，來自訂遠端連線登入時自動啟動的 Script。
- 無法使用剪貼簿（Clipboard）相關命令。無法使用事件記錄（EventLog）的相關命令，包括了 Clear、Get、Limit、New、Remove、Show、Write。改由 New-WinEvent 與 Get-WinEvent 命令所取代。
- 無法使用一些與 Web 管理有關的命令，包括了 New-WebServiceProxy、Send-MailMessage、ConvertTo-Html。
- 無法使用 PSDiagnostics 模組中的記錄和追蹤的命令功能。
- 不支援透過 Get-HotFix 命令來管理 Windows 更新。
- 不支援 Transaction 相關命令的使用，包括了 Complete、Get、Start、Undo、Use。
- 不支援 PowerShell Workflow 基礎架構與相關命令的使用。
- 不支援 WMI v1 版本相關命令的使用，包括了 Get-WmiObject、Invoke-WmiMethod、Register-WmiEvent、Remove-WmiObject、Set-WmiInstance。已改由 CimCmdlets 模組取而代之。
- 無法使用 Get-PfxCertificate、TraceSource、Counter、New-PSTransportOption、Out-Printer、Update-List 命令。

明白了 Nano Server 的 PowerShell 與其他 Windows Server 2016 伺服器類型的不同之處後，接下來我們必須學習如何對於 Nano Server 進行基本的管理作業。首先在網路配置的管理部分，如圖 19 所示你可以先執行 Get-NetAdapter | FT –Autosize 命令，來查詢目前所有已安裝的網路卡資訊與狀態。

緊接著可以執行 Get-NetIPConfiguration 命令，來查詢各網路卡的 IP 組態設定值。當所連接的網路卡數量較多時，可以搭配-InterfaceIndex 參數，來指定所要檢視的介面索引編號，在這個範例中就是 3。接下來如果你想要為此網路卡新增一個 IP 位址，可以執行類似個命令參數 New-NetIPAddress -InterfaceIndex 3 -IPAddress 192.168.7.250 -PrefixLength 24 -DefaultGateway 192.168.7.1。

如果是要修改現行的 IP 位址組態，則可以參考這個命令參數 Set-NetIPAddress –InterfaceIndex 3 –IPAddress 192.168.7.251 –PrefixLength 24。

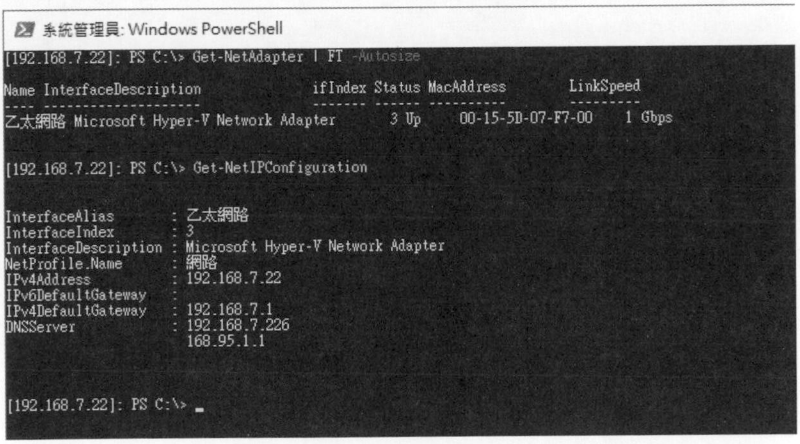

```
系統管理員: Windows PowerShell
[192.168.7.22]: PS C:\> Get-NetAdapter | FT -Autosize

Name InterfaceDescription              ifIndex Status MacAddress        LinkSpeed
---- --------------------              ------- ------ ----------        ---------
乙太網路 Microsoft Hyper-V Network Adapter       3 Up     00-15-5D-07-F7-00    1 Gbps

[192.168.7.22]: PS C:\> Get-NetIPConfiguration

InterfaceAlias       : 乙太網路
InterfaceIndex       : 3
InterfaceDescription : Microsoft Hyper-V Network Adapter
NetProfile.Name      : 網路
IPv4Address          : 192.168.7.22
IPv6DefaultGateway   :
IPv4DefaultGateway   : 192.168.7.1
DNSServer            : 192.168.7.226
                       168.95.1.1

[192.168.7.22]: PS C:\> _
```

圖 19 檢視網路卡資訊

完成了網路卡基本的 IP 位址、子網路遮罩以及閘道 IP 設定之後，通常我們還得設定 DNS 伺服器的位址，尤其是在 Active Directory 網域架構下，如果沒有特別設定，後續肯定會因為名稱解析問題，而無法順利將 Nano Server 加入網域之中。

如圖 20 所示，在筆者先查詢現行的 TCP/IP 配置設定，確認後再透過以下命令參數，來修改 DNS 伺服器的 IP 位址，而且是一次加入兩筆設定，包括了內部與外部的 DNS 主機位址。

```
Set-DnsClientServerAddress -InterfaceIndex 3 -ServerAddress
192.168.7.247,168.95.1.1
```

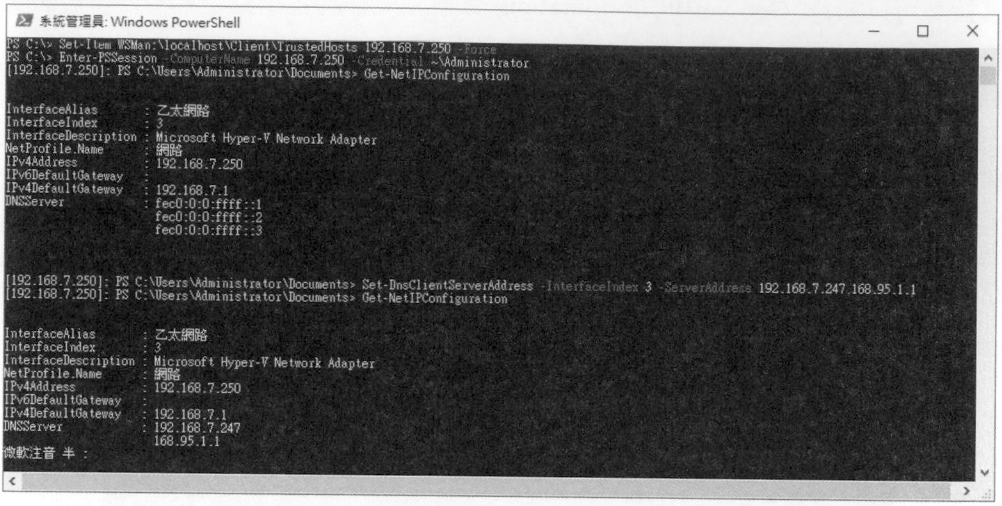

```
系統管理員: Windows PowerShell
PS C:\> Set-Item WSMan:\localhost\Client\TrustedHosts 192.168.7.250 -Force
PS C:\> Enter-PSSession -ComputerName 192.168.7.250 -Credential ~\Administrator
[192.168.7.250]: PS C:\Users\Administrator\Documents> Get-NetIPConfiguration

InterfaceAlias       : 乙太網路
InterfaceIndex       : 3
InterfaceDescription : Microsoft Hyper-V Network Adapter
NetProfile.Name      : 網路
IPv4Address          : 192.168.7.250
IPv6DefaultGateway   :
IPv4DefaultGateway   : 192.168.7.1
DNSServer            : fec0:0:0:ffff::1
                       fec0:0:0:ffff::2
                       fec0:0:0:ffff::3


[192.168.7.250]: PS C:\Users\Administrator\Documents> Set-DnsClientServerAddress -InterfaceIndex 3 -ServerAddress 192.168.7.247,168.95.1.1
[192.168.7.250]: PS C:\Users\Administrator\Documents> Get-NetIPConfiguration

InterfaceAlias       : 乙太網路
InterfaceIndex       : 3
InterfaceDescription : Microsoft Hyper-V Network Adapter
NetProfile.Name      : 網路
IPv4Address          : 192.168.7.250
IPv6DefaultGateway   :
IPv4DefaultGateway   : 192.168.7.1
DNSServer            : 192.168.7.247
                       168.95.1.1
微軟注音 半 :
```

圖 20　設定 DNS 主機位址

接下來你必須管理的是 Nano Server 本機 Windows 防火牆設定，而配置的時機應當是在完成所有需要的伺服器角色安裝之後。舉例來說，如果你準備開放 Web 應用程式的連線存取，則 TCP 80 或 TCP 443 連接埠便要開放連入的通行。不過在最基礎的管理上，首先你可以決定所要開啟或關閉的防火牆設定檔，分別有 Domain、Private 以及 Public。

在預設的狀態下這三類的防火牆設定檔皆是啟用的，你可以透過如圖 21 所示的 Get-NetFirewallProfile | FT Name,Enabled 命令參數來查詢。如果想要關閉某個防火牆設定檔（例如：Private），則可以執行 Set-NetFirewallProfile -Name Private -Enabled False 命令參數即可。

至於有關於防火牆規則的管理命令，常用的還有 Show-NetFirewallRule、Set-NetFirewallRule、Get-NetFirewallProfile、Enable-NetFirewallRule 等命令。舉例來說，如果在你準備新增或修改防火規則之前，你想要先檢視一下位在 Public 區域中，目前有哪一些防火牆規則，便可以執行 Get-NetFirewallProfile -Name Public | Get-NetFirewallRule。

```
系統管理員: Windows PowerShell
[192.168.7.250]: PS C:\temp> Get-NetFirewallProfile | FT Name,Enabled

Name    Enabled
----    -------
Domain     True
Private    True
Public     True


[192.168.7.250]: PS C:\temp> Set-NetFirewallProfile -Name Private -Enabled False
[192.168.7.250]: PS C:\temp> Set-NetFirewallProfile -Name Domain -Enabled False
[192.168.7.250]: PS C:\temp> Set-NetFirewallProfile -Name Public -Enabled False
[192.168.7.250]: PS C:\temp> Get-NetFirewallProfile | FT Name,Enabled

Name    Enabled
----    -------
Domain    False
Private   False
Public    False


[192.168.7.250]: PS C:\temp> _
```

圖 21　檢視與關閉防火牆

一旦搞定了網路連線的 IP 位址設定，以及基本防火牆的配置之後，就可以來動手將此 Nano Server 加入至公司的 Active Directory，以便未來可以進行各項網域資源權限的集中管理。不過它加入網域的方式，和我們一般在 Windows 中加入的方式有些不同，由於沒有 GUI 的設定介面，因此必須先在現行網域的主機上。如圖 22 所示執行以下兩道命令參數，來建立一個存放產生網域設定檔的資料夾，再執行 djoin.exe 命令與相關參數，來指定所要加入的網域名稱、來源電腦名稱以及儲存設定檔的路徑。

```
New-Item -ItemType directory -Path C:\Temp
djoin.exe /Provision /Domain lab03.com /Machine NanoServer1 /Savefile
C:\Temp\odjblob
```

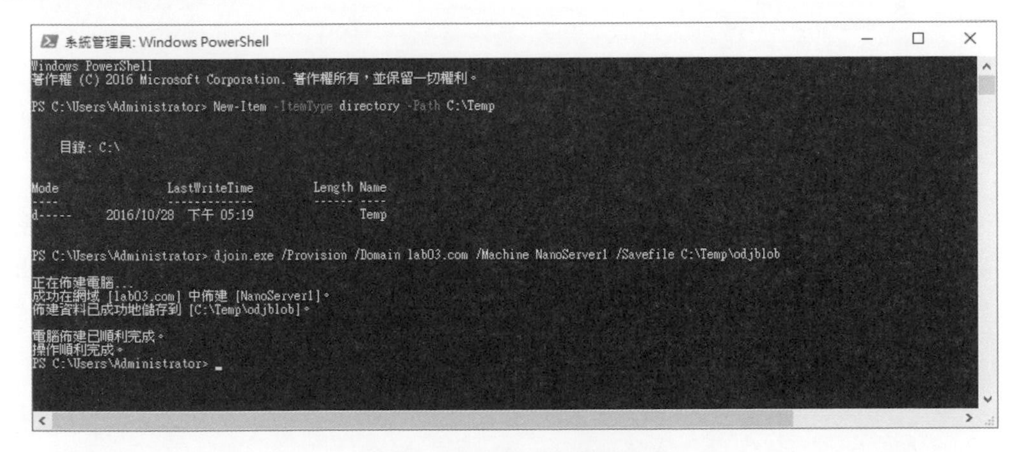

圖 22　建立加入網域設定檔

緊接著請將所產生的 odjblob 檔案，複製到 Nano Server 主機中的任一路徑下，如圖 23 所示執行以下命令參數，來載入這個網域設定檔即可。成功執行之後，你只要再執行 Restart-Computer 命令來完成重新啟動即可生效。

```
djoin /requestodj /loadfile c:\odjblob /windowspath c:\windows /localos
```

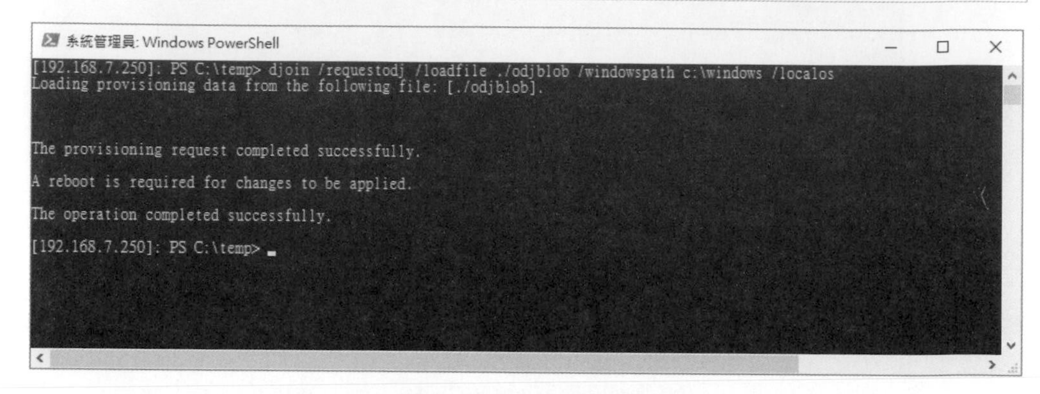

圖 23　載入網域設定檔

接下來，來到網域控制站主機，並開啟如圖 24 所示的[Active Directory 使用者和電腦]介面，即可在[Computers]容器中查看到剛加入的 Nano Server 主機。

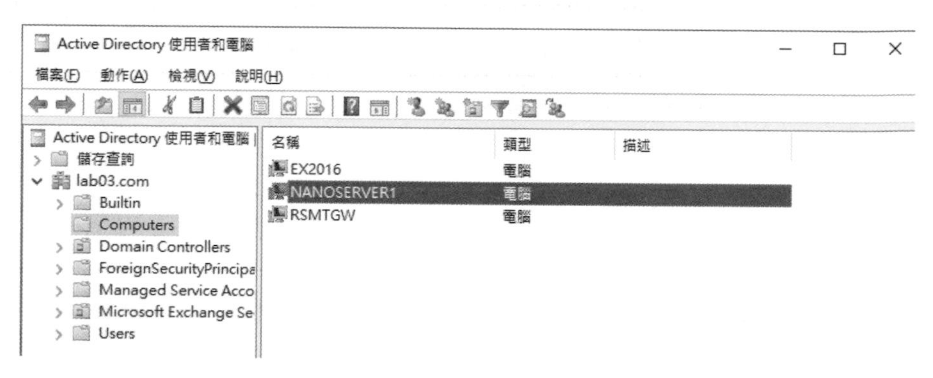

圖 24　Active Directory 使用者和電腦

在完成重新啟動的 Nano Server 登入頁面中，除了需要輸入網域管理員帳戶與密碼之外，還必須輸入網域名稱。成功登入之後，就可以在如圖 25 所示的復原主控台之中，看到目前所登入的網域帳戶相關資訊。

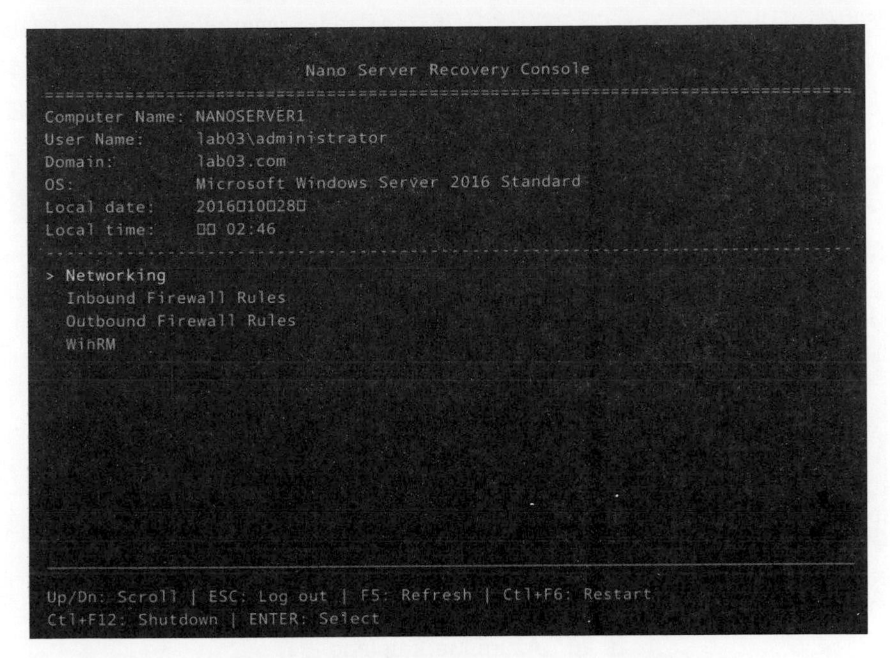

圖 25　Nano Server Recovery Console

4.5　善用 Azure 管理 Nano Server

當所部署的 Nano Server 主機數量越來越多時，平日的維護作業若全部都得透過命令工具來完成，肯定是一件非常辛苦的差事。筆者會建議你，不妨結合一個在 Azure Marketplace 中所提供的 Web 圖形管理工具，來提升維護管理作業的效率。

不過既然是 Microsoft Azure 所提供的，理所當然就得在 Azure 管理介面中才能使用，因此如果你目前還沒有使用過 Azure 的雲端服務，不妨先去官網上申請一個免費的測試帳戶（https://azure.microsoft.com/zh-tw/offers/ms-azr-0044p/）來試試看。

在我們正式使用這項伺服器管理工具之前，首先必須在與 Nano Server 的相同網域之內，準備一部 Windows Server 2012 R2 的主機（可以是虛擬機器），來做為後續用以溝通 Azure 與內部 Nano Server 的閘道主機，至於詳細的安裝設定，我們待會一併說明。

接下來我們可以先到 Azure 網站的儀表板首頁中開啟 Marketplace 頁面，如圖 26 所示輸入關鍵字即可搜尋到。在此我們可以看到它的簡介還是屬於預覽版本，可以遠端管理 Windows Server 2012 以上版本的 Windows Server。點選[建立]繼續。

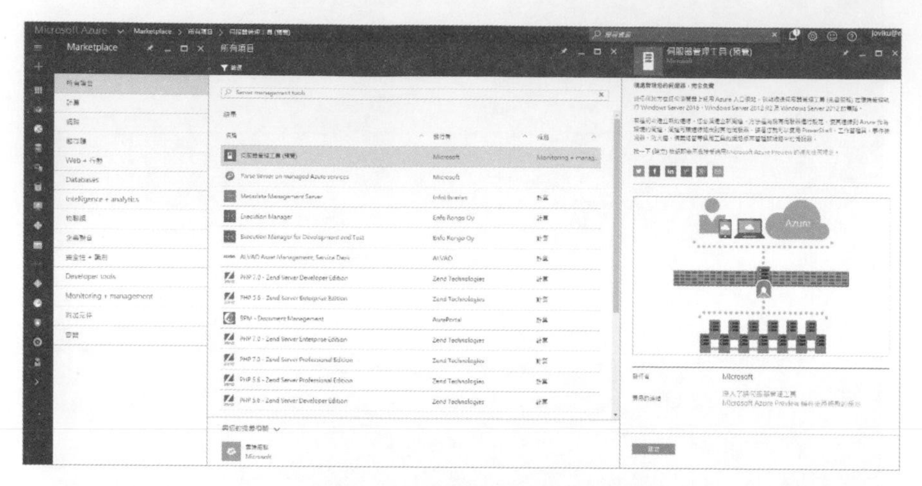

圖 26　Azure Marketplace 搜尋

在如圖 27 所示的[建立伺服器管理工具連線]頁面中，請輸入準備連線的 Nano Server 之 IP 位址或電腦名稱、資源群組名稱、閘道主機名稱。點選[建立]。

Microsoft Azure　Marketplace > 所有項目 > 伺服器管理工具 (預覽) > 建立伺服器管理工具連線

建立伺服器管理工具連線

免費 - 預覽

輸入您要管理的現有伺服器 NetBIOS 名稱、FQDN 或 IP 位址 (IPv4 或 IPv6)。閘道伺服器會使用此名稱或位址連線至目標伺服器。深入了解...

* 電腦名稱

現有電腦的 IPv4/IPv6/FQDN

* 訂用帳戶

Visual Studio Premium with MSDN

* 資源群組

新建　使用現有項目

為要在 Azure 入口網站與您要管理的伺服器之間作為 Proxy 的閘道伺服器輸入易記名稱。閘道伺服器只需要連出網際網路連線，而不需要其他連接埠或防火牆規則。您可以建立新的閘道，如果同一個資源群組中已經存在一個現有閘道，也可加以選取。深入了解...

* 建立新閘道

* 位置

美國中部

釘選到儀表板

建立　自動化選項

圖 27　建立伺服器管理工具連線

初步完成建立之後，在如圖 28 所示的狀態頁面中，肯定會出現「未偵測到閘道..」的錯誤訊息，這是因為我們確實也尚未準備此閘道主機。點選此警示訊息繼續。

圖 28　錯誤訊息

緊接著會來到[概觀]的頁面中，請在[設定閘道的步驟]區域中點選[產生套件連結]。如圖 29 所示在連結網址出現之後請點選複製小圖示繼續。

圖 29　下載伺服器管理工具閘道套件

透過上述連結網址的開啟，就可以下載到伺服器管理工具閘道的安裝套件，請如圖 30 所示將它解壓縮後複製到預先準備好的閘道主機。

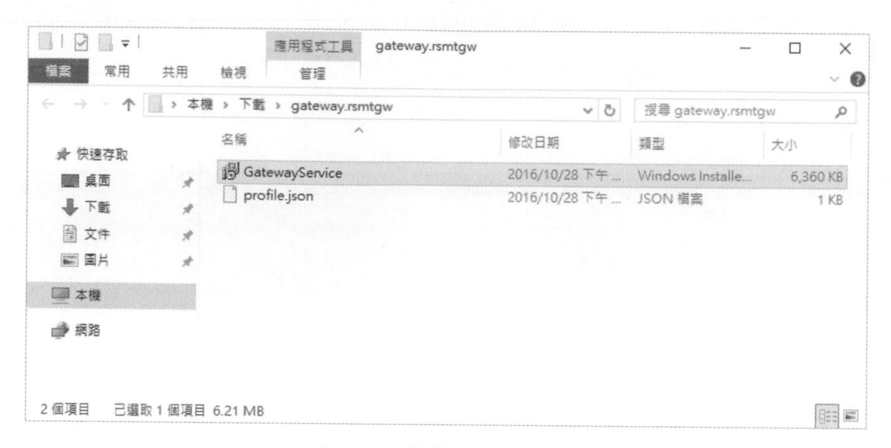

圖 30　閘道套件解壓縮

關於伺服器管理工具閘道的安裝套件（GatewayService.msi），目前若是執行在 Windows Server 2016 Preview 中，是不需要預先安裝 Windows Management Framework 5.0 套件，但是如果是安裝在 Windows Server 2012 R2 之中則是必須的。可以到下列網址下載。

Windows Management Framework 5.0 官方下載網址：

https://www.microsoft.com/en-us/download/details.aspx?id=50395

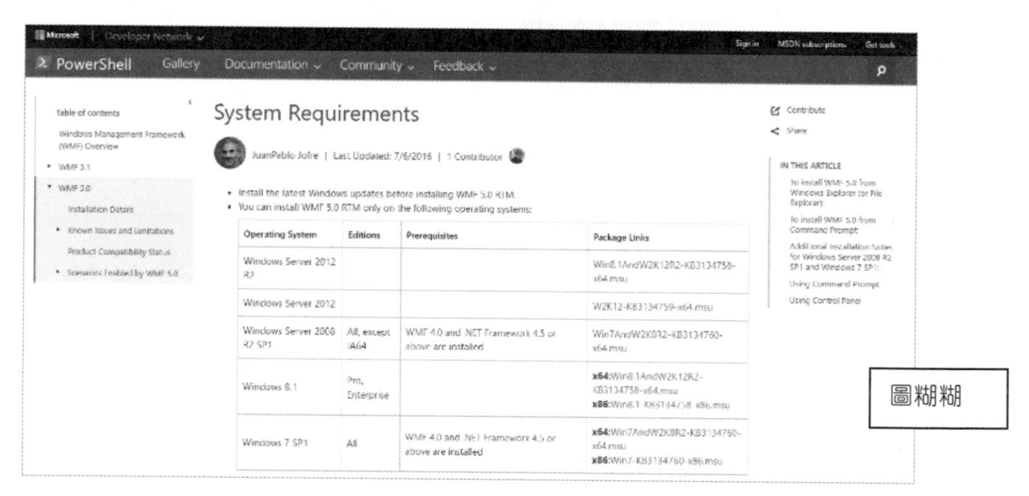

圖 31　下載 Windows Management Framework 5.0

至於為何筆者不選擇直接安裝在 Windows Server 2016 正式版的作業系統中呢？理由很簡單，那就是因為目前伺服器管理工具閘道的安裝套件，可能還是在預覽版本，因此若是直接在 Windows Server 2016 正式版的作業系統中執行，將會出現如圖 32 所示的警示訊息而無法繼續。這表示它無法識別正式的發行版本。

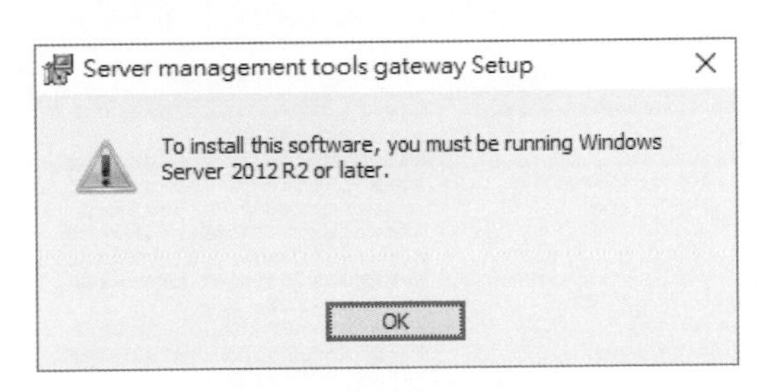

圖 32　安裝閘道程式之錯誤訊息

關於伺服器管理工具閘道的安裝，過程中僅會出現如圖 33 所示的憑證設定頁面，可惜的是它還無法直接挑選本機現有的伺服器憑證，而是必須自行手動輸入憑證的指紋序號。為此我們就先選擇產生一個自我簽署憑證來使用就好，期待在正式版本時可以改善這部份的設計。

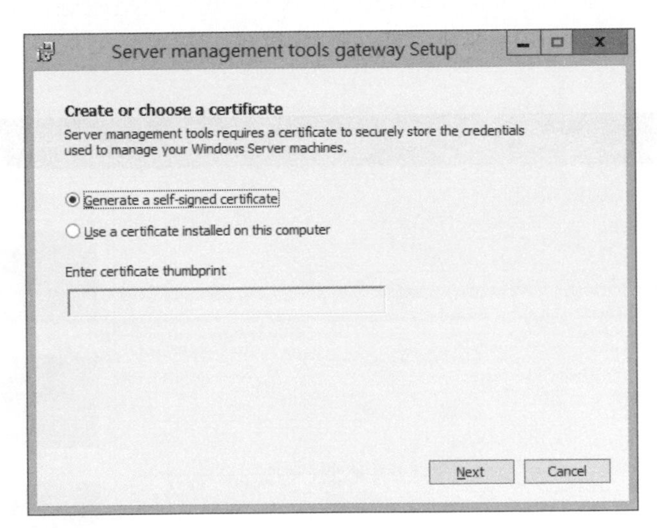

圖 33　成功執行閘道安裝程式

完成安裝之後就可以在如圖 34 所示的[服務]管理介面中，看到一個名為[Server management tools gateway]的服務已在執行中。接著是否需要在本機進行其他的設定呢，原則上是不需要的，只要確保此主機對 Internet 的連線是暢通無阻即可，或是至少要開放 TCP 443 連接埠的對外連線。

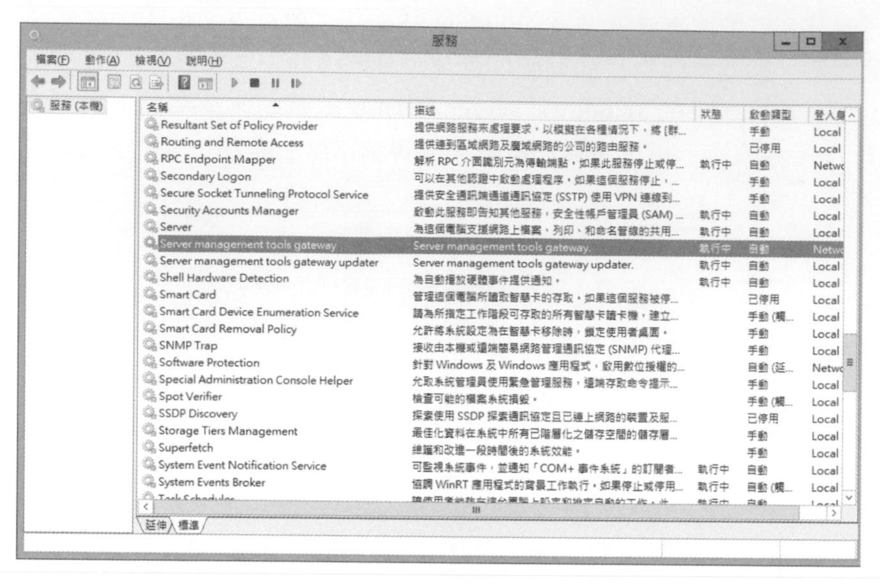

圖 34　服務管理員

接下來我們可以從[工作管理員]來開啟如圖 35 所示的[資源監視器]，在[網路]的頁面中，便可以看到目前 GatewayService.exe 程式的網路連線情形，這表示此閘道主機與 Azure 上的伺服器管理工具，在網路通訊上應該是沒有問題了！

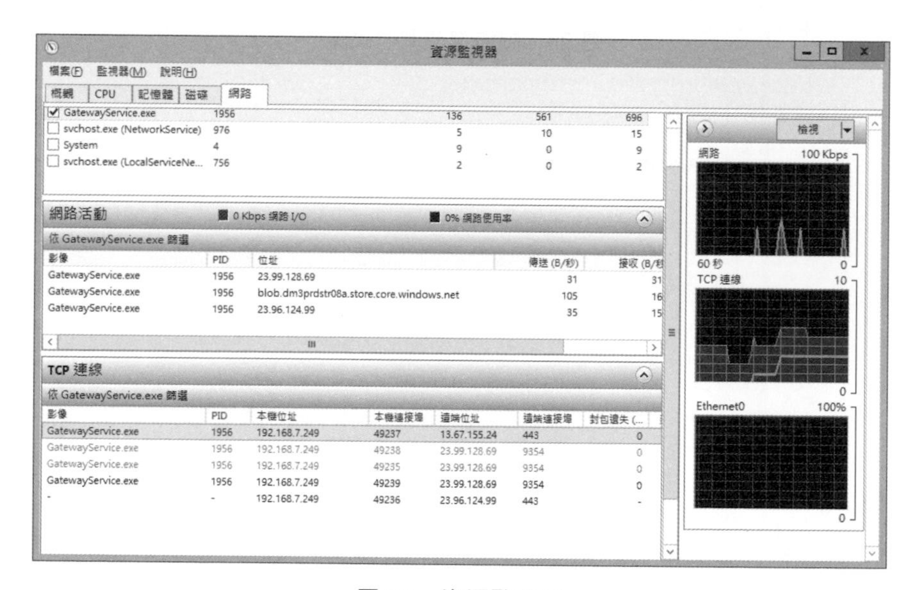

圖 35　資源監視器

回到 Azure 網站，開啟如圖 36 所示的伺服器管理工具閘道之概觀頁面，便可以看到此主機（RSMTGW）目前的健康狀態已顯示為「確定」。

圖 36　閘道健康狀態資訊

確認了與閘道主機的連線沒有問題之後，最後我們還必須開啟如圖 37 所示的[管理身分]頁面，來輸入連線 Nano Server 主機的網域管理員帳戶以及密碼。萬一 Nano Server 並沒有加入 Active Directory，則可能必須先解決閘道主機解析 Nano Server 主機名稱的問題，以及 Nano Server 於閘道主機信任連線的問題。

關於上述這兩個問題，你可以分別透過修改閘道主機的 Hosts 檔案，以及透過 WinRM 命令與相關參數來完成主機信任設定。

圖 37　Nano Server 管理身分設定

如圖 38 所示便是對於獨立的 Nano Server 連線登入，所可能出現的錯誤訊息。因為訊息中所提到的 Kerberos 驗證機制，是使用在 Active Directory 網域下的主機安全驗證機制。在這種情境下唯有透過 WinRM 命令，來將 Nano Server 加入至閘道本機信任的安全清單中才能解決。

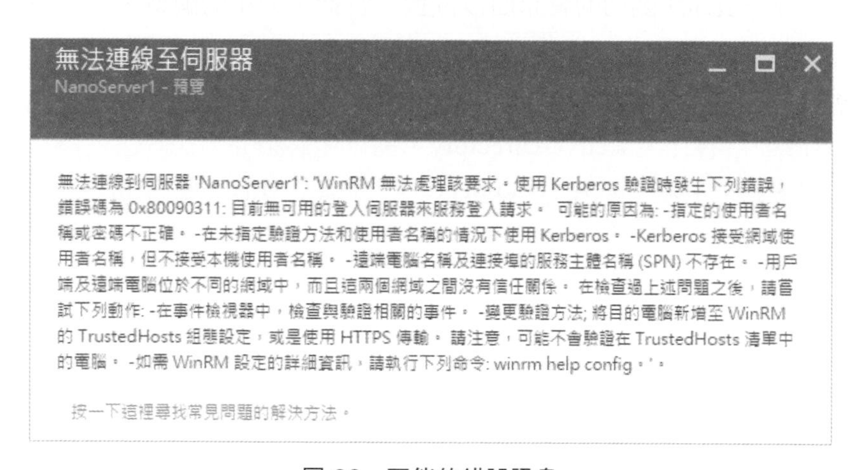

圖 38　可能的錯誤訊息

一旦解決了登入 Nano Server 的身分驗證問題，就可以在如圖 39 所示的[伺服器管理工具]連線頁面中，先看到基本的效能資訊，包括了 CPU、RAM、網路介面卡以及磁碟運作情形。其中對於磁碟運作狀態的檢視，必須先啟用[磁碟衡量標準]。你可以選擇性的將一些你比較關切的資訊，按下滑鼠右鍵將它釘選到儀表板。

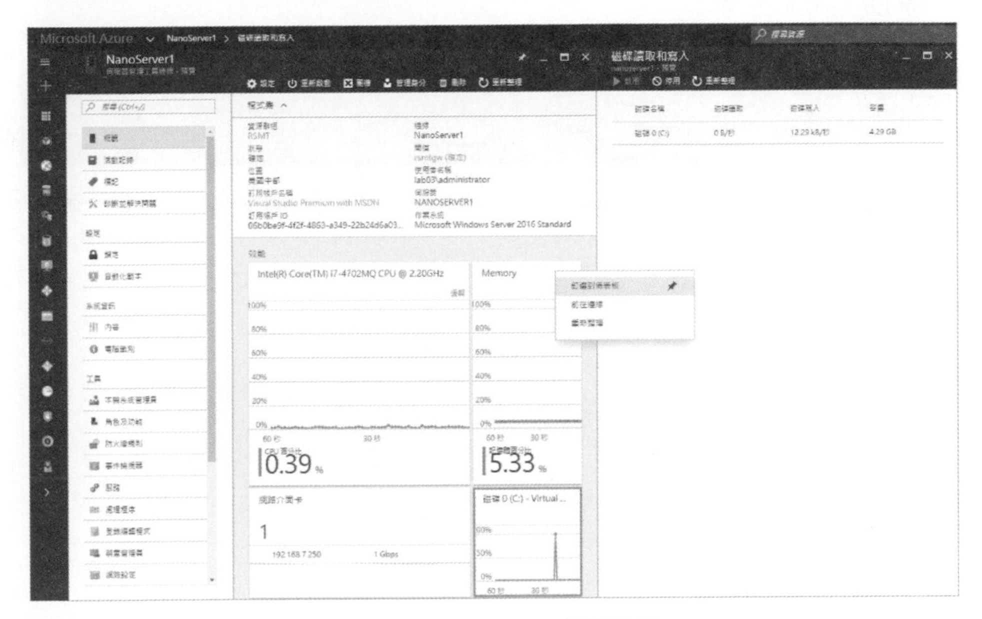

圖 39　Nano Server 概觀資訊

如圖 40 所示便是一個 Azure 儀表板網頁的編輯範例，在編輯的模式之下，你可以自由排列每一項你所關切的資訊面板位置，包括了大小的調整。

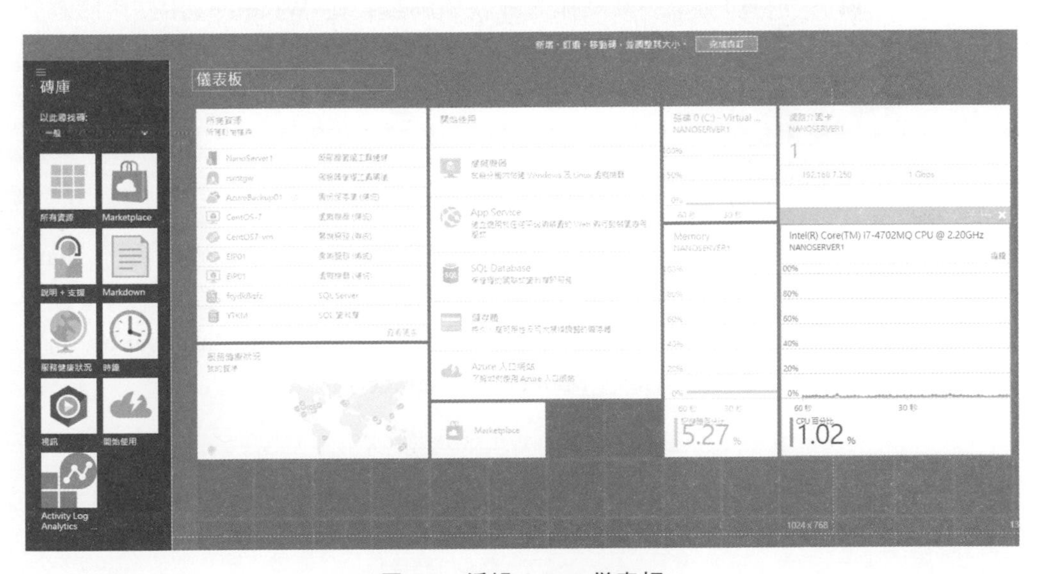

圖 40　編輯 Azure 儀表板

接下來一同來看看幾個最常用的管理功能。如圖 41 所示首先是[裝置管理員]的檢視，雖然畫面的呈現僅是文字描述，但卻一樣可以讓我們清楚知道此 Nano Server 的完整硬體配備。

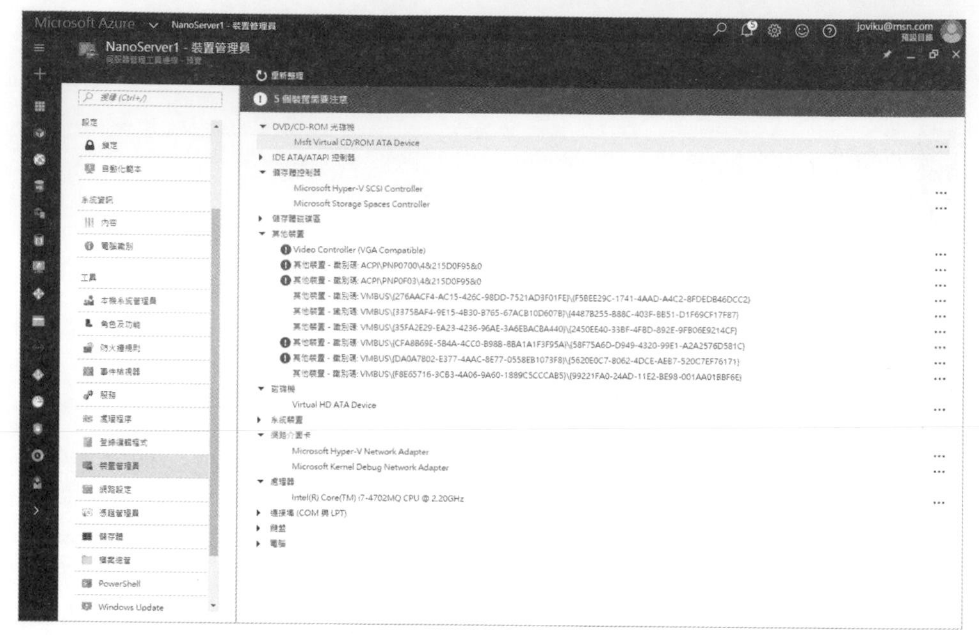

圖 41 Nano Server 裝置管理員

如圖 42 所示則是[服務]清單，其操作方式就如同我們在 Windows 中使用服務管理介面一樣，可以知道每一項服務的狀態，以及可以對於任一選取的服務，進行啟動、停止、暫停以及繼續等操作。若是想改用 PowerShell 來完成這一些管理操作，則可以使用的命令大致有 Get-Service、Start-Service、Stop-Service、Restart-Service、Suspend-Service。

舉例來說，如果想要啟動所有含有「remote」關鍵字的服務，可以執行 Start-Service -Displayname *remote*。如果想要設定某項服務的啟動類型，則可以參考這個命令參數 Set-Service -Name "iPod Service" -StartupType Automatic，而它所能夠使用的啟動類型參數值還有 Manual、Disabled。

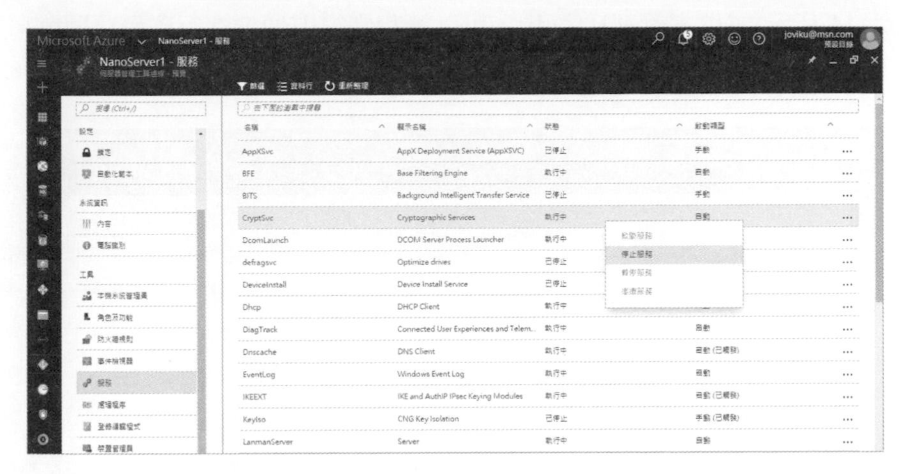

圖 42　服務清單

在如圖 43 所示的[處理程序]頁面中，就可以管理我們平時在[工作管理員]介面中，所看到的所有處理程序清單，當需要中斷某一項程序的執行，同樣只要按下滑鼠右鍵點選[結束處理程序]即可。

同樣的若是回到 PowerShell 的命令操作，你可以透過執行 Get-Process | More 命令參數，來逐頁翻閱執行中的處理程序清單，當需要中斷某一個 ID 為 19840 的處理程序時，只要執行 Stop-Process -id 19840 -Confirm -Passthru 命令即可。

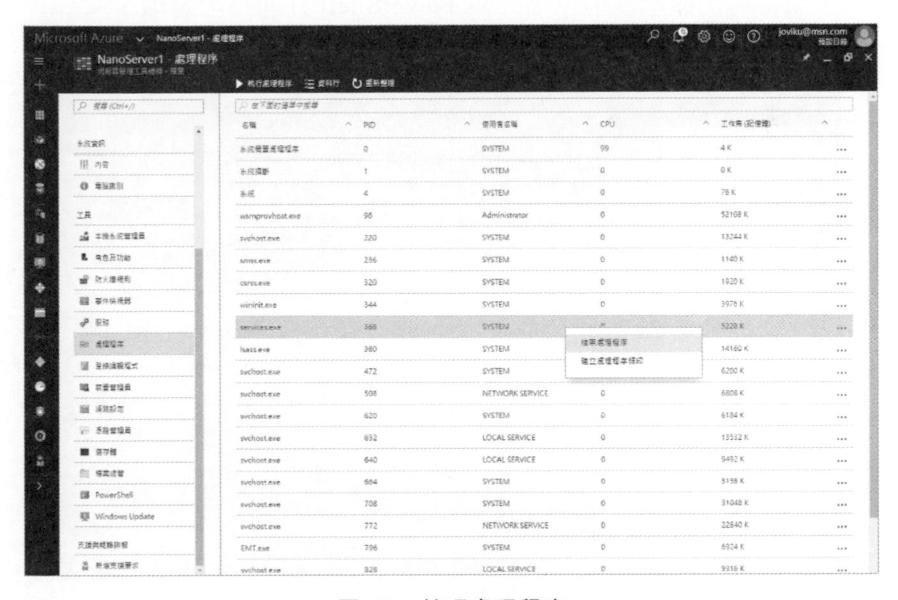

圖 43　管理處理程序

在如圖 44 所示的[檔案管理]頁面中，可以讓我們很方便地進行磁碟之間檔案資料之建立、複製、移動以及刪除。不過可惜的是目前並沒有提供檔案上傳的功能。

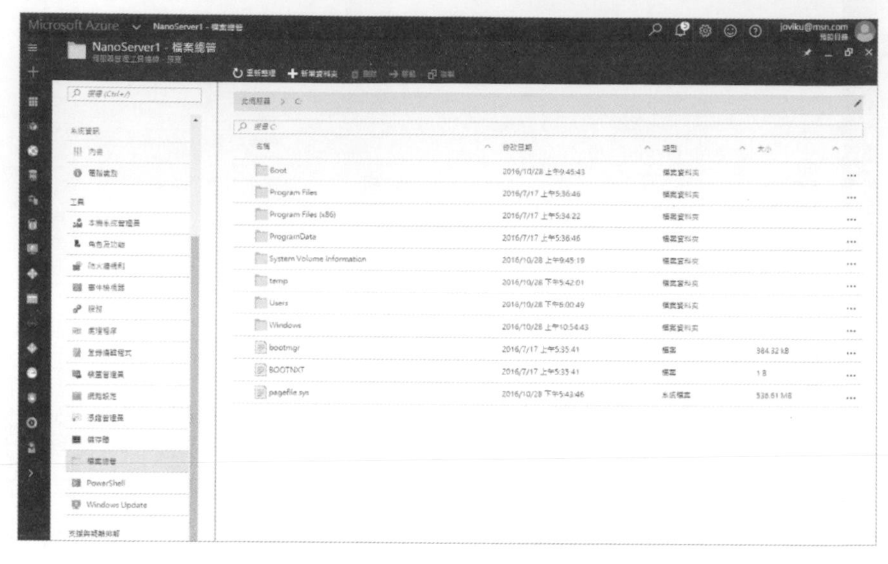

圖 44　磁碟檔案管理

最後你一樣可以直接在此工具中，如圖 45 所示開啟 PowerShell 介面，來執行任何可以在 Nano Server 主機上運行的命令參數。這樣一來就不必在需要使用到命令工具時，還得再切換至本地 Windows PowerShell 介面那麼麻煩了。

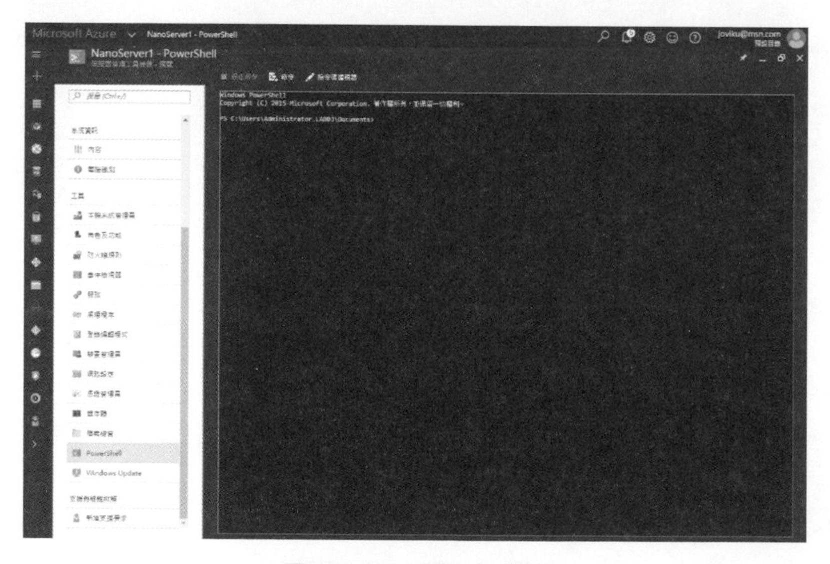

圖 45　PowerShell 介面

看完實戰介紹之後，你肯定會感受到 Nano Server 確實很適合用來作為雲端服務的基礎平台，因為它可以大幅度的節省掉許多不必要的系統資源，讓這一些可貴的資源被充分運用在應用服務之中。

此外，它更降低了 IT 人員平日維護上的負擔，因為需要更新的次數變少了，相對需要重新開機的次數也減少許多，讓負責的 IT 人員不再需要經常面對因更新問題，而得安排停機維護的時間或是線上遷移的作業。

身為 IT 人員的我們，目前首要的任務就是要比以往更加熟悉 Windows PowerShell 的使用，而且最好能夠有計劃性的把平日常見的管理作業，先完整的列個清單出來，將它們全部從 Windows 的操作方式，轉換成 PowerShell 的命令操控方式，相信可以為你個人在 Windows Server 雲端世界的技術領域裡，建立邁入頂尖殿堂的最穩固基礎。

第 5 章
Nano Server 進階管理技法

Nano Server 是一項繼 Server Core 之後，最具突破性的雲端主機技術，因為它保留了更多的資源給其上的應用程式來運行，進而讓 IT 資源的利用率最大化並大幅降低整體持有成本（TCO）。

IT 單位可以運用它來部署企業級的高效能 Web 應用程式、File Server、DNS Server、叢集伺服器，以及作為新一代的 Container 或 Hyper-V 的虛擬化平台等等。今天就讓我們一探究竟，學習如何更深度的啟動 Nano Server 所帶來的 IT 價值。

5.1 簡介

早期的 Windows Server 版本，常被許多 IT Pro 視為是一個吃資源的大怪物，以至於讓一些偏好於開源解決方案的 IT 單位，會選擇以 Linux 核心為基礎的作業系統，來建置相關的伺服器服務，像是 Mail Server、FTP、DNS 與 DHCP Server、Web Server 以及一些支援跨平台的 Database Server 等等。

如今來到了雲端運算的世代，即便是它的基礎虛擬化平台，許多 IT 單位仍偏好於以 Linux 核心為基礎的解決方案，來進行整體架構的部署。常見的有 VMware vSphere、Citrix XenServer 等等。

面對這一些強勁競爭對手的來襲，微軟早在 Windows Server 2012 的版本開始，便已經將伺服器作業系統，從 Intranet 技術的領域成功轉換，並定位成一個不折不扣的 Cloud OS。而它最大的挑戰有兩點，第一是必須秉持著和過去一樣的設計精神，那就是易學易用的直覺化介面。

關於這點即便是來到了今日，Linux 仍是遠不及於 Windows。第二點則是它最大的挑戰，那就是不僅功能要更強大，還要比過去的所有 Windows Server 作業系統輕巧輕巧再輕巧！甚至於要超越競爭對手的輕量程度。想想看，若以上兩點都辦到了，IT 單位還有什麼理由不選擇 Windows Server 來做為部署雲端的基礎呢？

我想如今 Windows Server 2016 的正式推出後，便是一個令所有以 Linux 核心為基礎的解決方案聞風喪膽之時刻。因為它為雲端平台提供了三項關鍵且強大的技術，那就是 Nano Server、Hyper-V、Container。其中 Nano Server 更是決勝的關鍵要素，它讓 IT 單位能夠發揮最大的資源使用率，來運行 Hyper-V 的虛擬機器以及 Container 容器中的各類應用程式。

當然啦！你也可以讓它架構在實體的主機上，來執行各類它所支援的伺服器角色、功能以及應用程式。接下來就讓我們趕緊一同來實戰學習 Nano Server 的相關應用吧！

5.2　讓 Nano Server 擔任 Hyper-V 虛擬化平台

在過去 IT 人員若想要部署虛擬化平台來進行測試，都得找實體的相容主機來進行建置，可以說相當麻煩，因為你得到處去租借機器，並且還要連接實體的網路才能進行測試，這一些繁雜過程往往會使得專案的進行受到拖延。

如今無論是 Microsoft Hyper-V 還是 VMware Workstation/ESXi，都已支援了巢狀虛擬化（Nested Virtualization）的建置技術，大幅簡化了在測試階段（PoC）時的時程。

不過，你可能有曾經建立過一層式的巢狀虛擬化經驗，但肯定沒有實際建立所謂的兩層式的巢狀虛擬化架構。因此在接下來實戰講解過程之中，就讓我們一同來動手幫 Nano Server 的 Hyper-V 主機之部署，建立在第二層的巢狀虛擬化架構之下。

在此筆者最外層的虛擬化平台系統，採用了 VMware Workstation 12.5 的版本。接著安裝了一個 Windows Server 2016 標準版的虛擬機器，並且在其 Guest OS 之中安裝了 Hyper-V 伺服器角色。

在這一層的 Hyper-V 主機來安裝 Nano Server 虛擬機器。最後在進入到 Nano Server 虛擬機器的 Guest OS 中，再建立第二層的 Hyper-V 伺服器角色，並建立相對的虛擬機器，完成兩層式的巢狀虛擬化建置。

請注意！你必須針對此虛擬機器的編輯設定，啟用位在[Processor]設定中的[Virtualize Intel VT-x/EPT or ADM-V/RVI]功能。如此才能在 Windows Server 2016 的 Guest OS 中安裝與使用 Hyper-V 伺服器角色。

在此首先筆者已經進入到了第一層巢狀虛擬化的 Hyper-V 主機之中，開啟 Windows PowerShell 來完成與旗下 Nano Server 虛擬機器的 Guest OS 連線。在我們準備要安裝第二層的 Hyper-V 伺服器角色之前，得先如圖 1 所示下達以下兩道命令參數，來分別啟用針對 Hyper-V 的巢狀虛擬化功能，以及檢查是否已經啟用成功，因為在系統預設的狀態下 ExposeVirtualizationExtensions 的設定值是 False。

```
Set-VMProcessor -VMName NanoServer1 -ExposeVirtualizationExtensions
$true
Get-VMProcessor -VMName NanoServer1 | FL ExposeVirtualizationExtensions
```

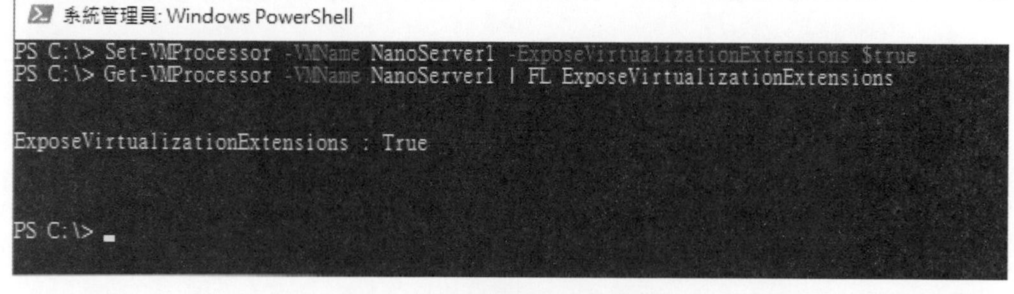

圖 1　啓用虛擬機器巢狀虛擬化

在確認了我們已經啟用了第一層 Hyper-V 主機的巢狀虛擬化功能之後，緊接著就可以透過 Windows PowerShell，來遠端連線登入至 Nano Server。如圖 2 所示執行以下命令參數，來完成第二層 Hyper-V 伺服器角色的安裝。

```
Install-NanoServerPackage Microsoft-NanoServer-Compute-Package
```

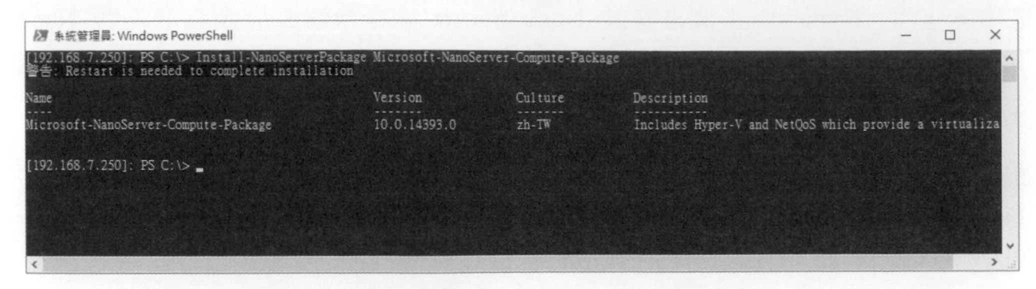

圖 2　在 NanoServer 的 VM 上再安裝 Hyper-V

一旦成功在 Nano Server 的虛擬機器中，完成第二層 Hyper-V 伺服器角色的安裝之後，我們就可以回到第一層的 Hyper-V 主機中，開啟[Hyper-V 管理員]介面，在最上層的節點上，按下滑鼠右鍵點選[連線到伺服器]，來開啟如圖 3 所示的[選取電腦]頁面。

在此就可以在選取[另一台電腦]選項之後，以瀏覽方式或是直接輸入 Nano Server 的主機名稱。點選[確定]。必須注意的是如果所要連線的 Nano Server 並沒有加入 Active Directory，則必須勾選[連線為其他使用者]，以便能夠使用指定的本機管理員身分來進行連線。

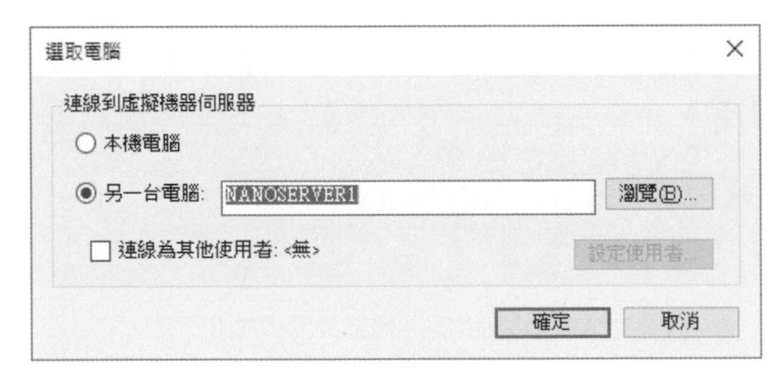

圖 3　連線 Hyper-V 主機

如圖 4 所示便是在[Hyper-V 管理員]介面中，成功連線第二層 Nano Server 之 Hyper-V 主機的範例。你將可以開始在這建立第二層的虛擬機器，包括 Windows 與各種異質平台的 Guest OS 安裝，以及建立專屬的虛擬交換器，並測試它們實際運行的效能表現。

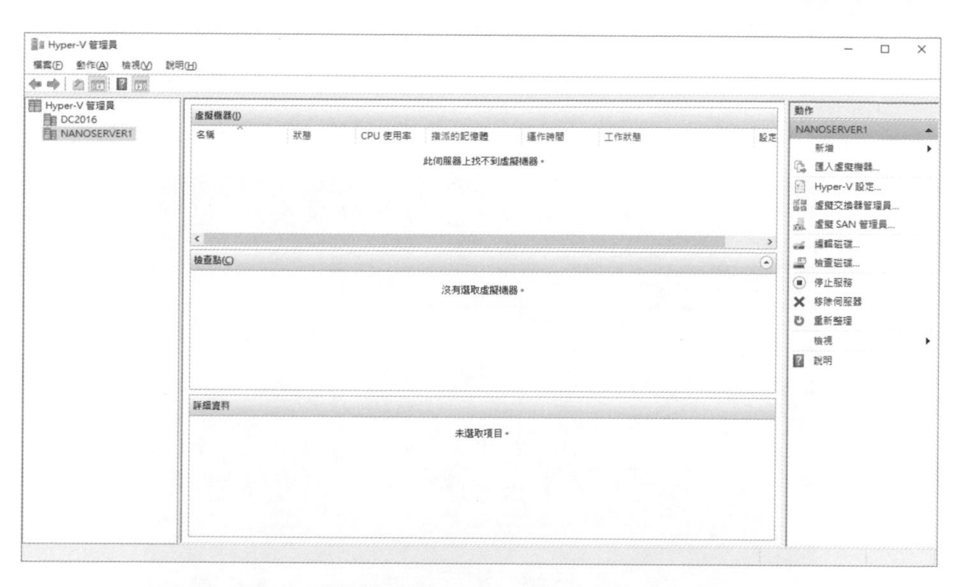

圖 4　成功連接 Nano Server Hyper-V 主機

接下來讓我們回到 Nano Server 的復原主控台，來看看安裝 Hyper-V 伺服器角色後有甚麼樣的變化。如圖 5 所示在此可以發現多出了一個[VM Host]選項，請在選取之後按下[Enter]繼續。

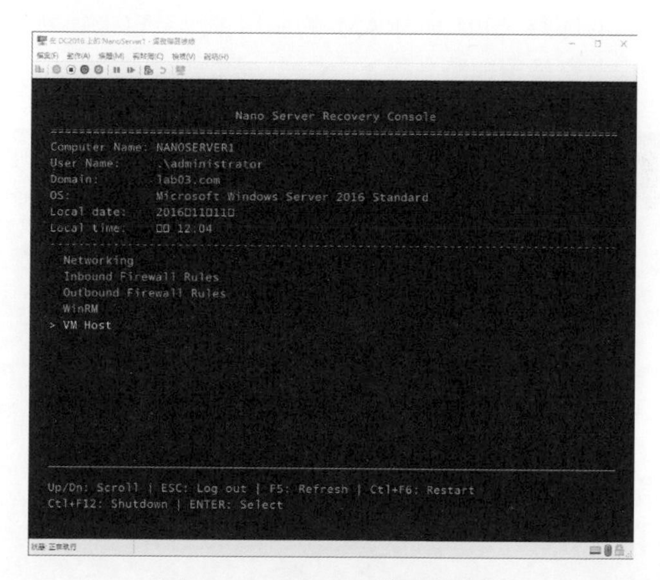

圖 5　Nano Server 復原主控台

在如圖 6 所示的[VM Host]頁面中，則可以看到分別有[Guest Status]以及[VM Switch]可以選擇。前者用以查看所有虛擬機器 Guest OS 的運行狀態，後者則是用以檢視虛擬機器網路的配置選項。

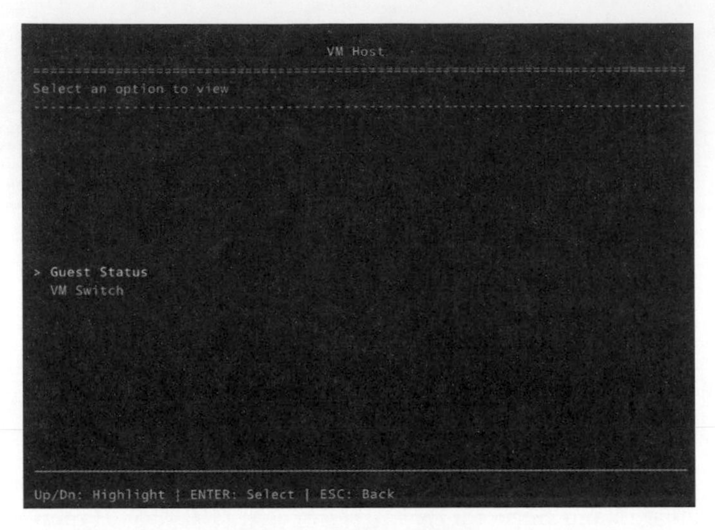

圖 6　VM Host 管理

如圖 7 所示可以看到目前僅有一個名為 Ubuntu 的 Guest OS，而它是處於未啟動的狀態，因此不會有即時 CPU 與 RAM 的使用率以及已上線的時間。不過可以知道它所使用的虛擬交換器網路名稱。

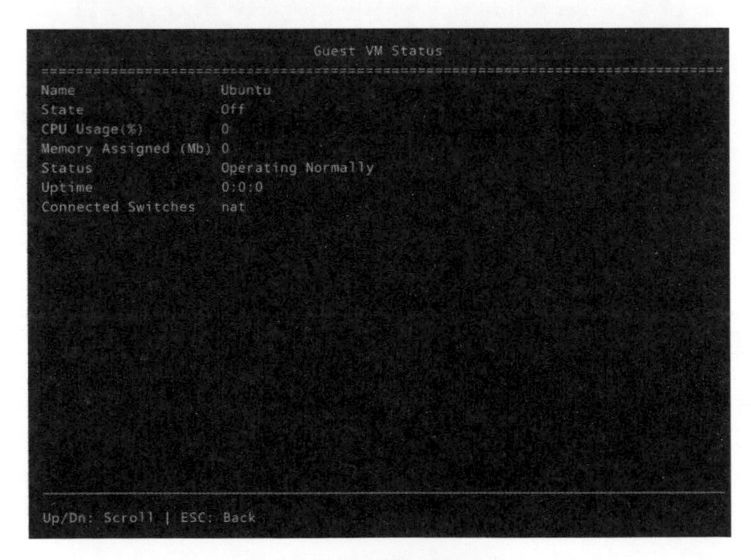

圖 7　檢視虛擬機器狀態

筆者認為比較可惜的是在 Nano Server 的復原主控台中，竟無法對於 Hyper-V 的虛擬機器，進行基本的管理操作，像是啟動、暫停以及停止虛擬機器，而必須得透過遠端 PowerShell 或 Hyper-V 管理員介面的連線來完成。

以 PowerShell 來說就是可以透過 Start-VM、Suspend-VM、Stop-VM 三個命令，來完成上述的基本操作，其中 Stop-VM 命令則如果再搭配-TurnOff 參數，則可以對於指定的虛擬機器進行強制的電源關閉，不過這可能會讓一些尚未儲存的資料遺失，但卻適用在一些已經死當的 Guest OS 問題之處裡。

如何建立遠端 PowerShell 連線 Nano Server

任何時候想要透過 Windows 10 或其他相容的作業系統，以 Windows PowerShell 連線 Nano Server，只要透過以下兩道命令即可。其中*<IP 位址>*便是指 Nano Server 的 IP 位址，至於登入帳戶的設定，如果是本機 Administrator 請輸入~\Administrator。如果是網域帳戶請改成 *Domain\帳戶*名稱格式。

```
Set-Item WSMan:\localhost\Client\TrustedHosts <IP 位址> -Force
Enter-PSSession -ComputerName <IP 位址> -Credential ~\Administrator
```

至於如果想要對於 Nano Server 本身進行管理，除了可以在復原主控台中透過[Ctrl]+[F12]按鍵來進行正常關機，以及透過[Ctrl]+[F6]按鍵來進行系統的重新啟動之外，也可以透過 PowerShell 的相關命令來完成。

如圖 8 所示，筆者執行了 Get-Command *Computer 命令，查詢了所有與 Computer 的相關命令。其中重新啟動系統便是 Restart-Computer，正常關機則是 Stop-Computer，而 Rename-Computer 命令則是用在修改主機名稱時才使用。

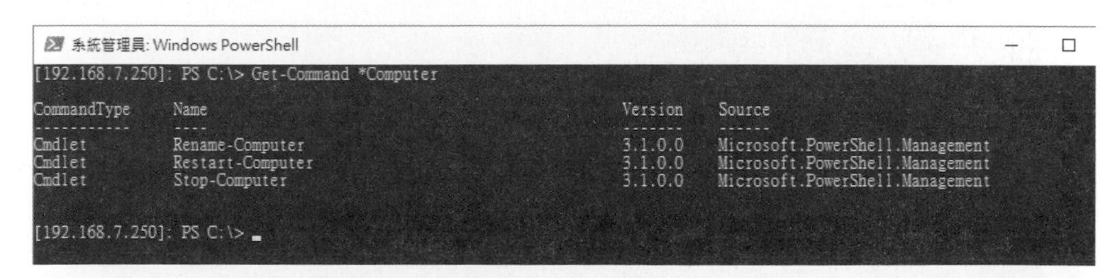

圖 8　檢視與 Computer 相關的命令

5.3　讓 Nano Server 擔任 Container 平台

在我們安裝 Container 平台服務所需要的相關元件之前，建議你先安裝 Windows 的相關更新。請下達以下命令參數。套用更新之後，請下達 Restart-Computer 命令來重新啟動系統。

```
$sess = New-CimInstance -Namespace root/Microsoft/Windows/WindowsUpdate
-ClassName MSFT_WUOperationsSession
Invoke-CimMethod -InputObject $sess -MethodName ApplyApplicableUpdates
```

接下來請如圖 9 所示下達以下命令參數，來完成 Container 功能的啟用以及 Docker 套件提供者元件的安裝。

```
Install-Module -Name DockerMsftProvider -Repository PSGallery -Force
```

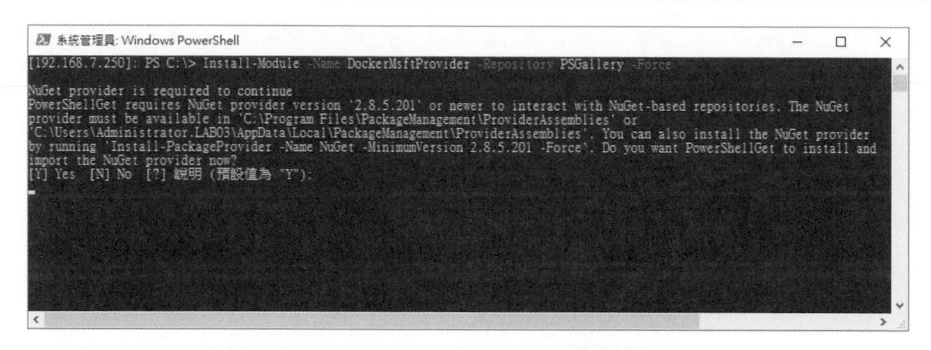

圖 9　安裝 Docker 提供者相關模組

緊接著可以如圖 10 所示下達以下命令參數，安裝最新版的 Docker 套件。完成安裝之後，請同樣執行 Restart-Computer -Force 命令來重新啟動系統。

```
Install-Package -Name docker -ProviderName DockerMsftProvider
```

```
系統管理員: Windows PowerShell
[192.168.7.250]: PS C:\> Install-Package -Name docker -ProviderName DockerMsftProvider

The package(s) come(s) from a package source that is not marked as trusted.
Are you sure you want to install software from 'DockerDefault'?
[Y] Yes  [A] Yes to All  [N] No  [L] No to All  [?] 說明 (預設值為 "N"): A
警告: KB3176936 or later is required for docker to work. Please ensure this is installed.
警告: Restart is needed to complete installation
警告: A restart is required to start docker service. Please restart your machine.
警告: After the restart please start the docker service.

Name                     Version          Source           Summary
----                     -------          ------           -------
Docker                   1.12.2-cs2-ws... DockerDefault    Contains the CS Docker Engine for use with Windows Server 20

[192.168.7.250]: PS C:\> Restart-Computer -Force
```

圖 10　安裝最新版的 Docker 套件

想要確認是否已經安裝了 Docker 容器，可以執行 docker info 命令來查詢目前 Docker 的相關資訊，便可以查詢到它所使用的作業系統類型、核心版本資訊、程式所在根路徑、容器的數量以及正在執行、暫停以及停止的容器數量等資訊。

若是下達 docker version 命令，則是可以查看到 Docker 版本的詳細資訊，包括了 Client 與 Server 的元件。確認了 Docker 的運行沒有問題之後，接下來你就可以下載自己所需要的容器映像來使用了。

如圖 11 所示在此筆者執行了 docker pull microsoft/nanoserver 命令，來下載現行的 Nano Server 容器映像。如果你需要的是 Server Core 的版本，則可以執行 docker pull microsoft/windowsservercore 命令即可。

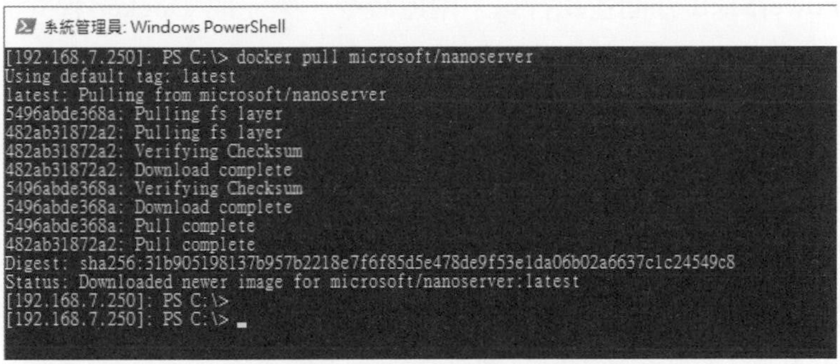

```
系統管理員: Windows PowerShell
[192.168.7.250]: PS C:\> docker pull microsoft/nanoserver
Using default tag: latest
latest: Pulling from microsoft/nanoserver
5496abde368a: Pulling fs layer
482ab31872a2: Pulling fs layer
482ab31872a2: Verifying Checksum
482ab31872a2: Download complete
5496abde368a: Verifying Checksum
5496abde368a: Download complete
5496abde368a: Pull complete
482ab31872a2: Pull complete
Digest: sha256:31b905198137b957b2218e7f6f85d5e478de9f53e1da06b02a6637c1c24549c8
Status: Downloaded newer image for microsoft/nanoserver:latest
[192.168.7.250]: PS C:\>
[192.168.7.250]: PS C:\>
```

圖 11　安裝基礎容器映像

至於如果你想要透過遠端來管理 Nano Server 上的 Docker 容器，必須先建立好相關的防火牆規則，以便遠端的 Docker 容器可以進行連線管理。請如圖 12 所示執行以下四道命令參數來完成設定即可。其中 2375 的 TCP 連接埠是 Docker 非安全的連接埠口，若是要採用安全埠口的連線方式，則可以採用 TCP 2376 連接埠。

```
netsh advfirewall firewall add rule name="Docker daemon " dir=in action=
allow protocol=TCP localport=2375
new-item -Type File c:\ProgramData\docker\config\daemon.json
Add-Content 'c:\programdata\docker\config\daemon.json' '{ "hosts":
["tcp://0.0.0.0:2375", "npipe://"] }'
Restart-Service docker
```

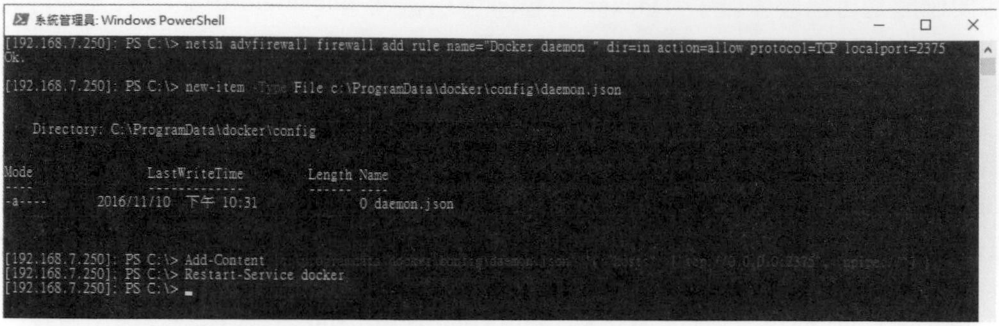

```
系統管理員: Windows PowerShell
[192.168.7.250]: PS C:\> netsh advfirewall firewall add rule name="Docker daemon " dir=in action=allow protocol=TCP localport=2375
Ok.

[192.168.7.250]: PS C:\> new-item -Type File c:\ProgramData\docker\config\daemon.json


    Directory: C:\ProgramData\docker\config


Mode                LastWriteTime         Length Name
----                -------------         ------ ----
-a----       2016/11/10  下午 10:31              0 daemon.json


[192.168.7.250]: PS C:\> Add-Content
[192.168.7.250]: PS C:\> Restart-Service docker
[192.168.7.250]: PS C:\>
```

圖 12　建立防火牆規則

在 Docker 容器伺服端一切就緒之後，接下來到擔任遠端 Docker 用戶端的電腦上，開啟 PowerShell 介面並執行以下兩道命令，來完成 Docker 程式的下載與解壓縮。

```
Invoke-WebRequest "https://download.docker.com/components/engine/
windows-server/cs-1.12/docker.zip" -OutFile "$env:TEMP\docker.zip"
-UseBasicParsing
Expand-Archive -Path "$env:TEMP\docker.zip" -DestinationPath $env:
ProgramFiles
```

接下來我們必須設定系統環境變數，以便讓 Docker 用戶端程式可以正常執行。在此若你想要臨時生效就好，可以執行下列設定即可：

```
$env:path += ";c:\program files\docker"
```

如果想要永久生效，則必須執行下列設定：

```
[Environment]::SetEnvironmentVariable("Path", $env:Path + ";C:\Program
Files\Docker", [EnvironmentVariableTarget]::Machine)
```

確認已經可以連線 Docker 容器之後，你可以先如圖 13 所示下達 Docker images 命令，來查看目前可用的容器映像。如果想要對於某一個容器執行命令，可以執行像這樣的命令範例：

```
docker run -it microsoft/nanoserver cmd
```

同樣的命令，如果是採用遠端 Docker 用戶端的執行方式，則可以執行 docker -H tcp://<***IP 位址***>:2375 run -it microsoft/nanoserver cmd。

```
系統管理員: Windows PowerShell
[192.168.7.250]: PS C:\> docker images
REPOSITORY              TAG       IMAGE ID       CREATED      SIZE
microsoft/nanoserver    latest    787d9f9f8804   6 days ago   918 MB
[192.168.7.250]: PS C:\>
[192.168.7.250]: PS C:\>
```

圖 13　檢查已安裝的容器映像檔

關於容器映像檔的下載安裝，你也可以先如圖 14 所示執行 docker search windows 命令，來查詢目前可用的 Windows 容器映像檔清單，其中如果是官方原廠所提供的，則可以在[OFFICIAL]欄位中看到相關的標記。

如果是要搜尋關於 CentOS 的容器映像檔，可以執行 docker search CentOS 命令，同樣的如果是要搜尋 Ubuntu 的容器映像檔，則可以執行 docker search Ubuntu 命令。

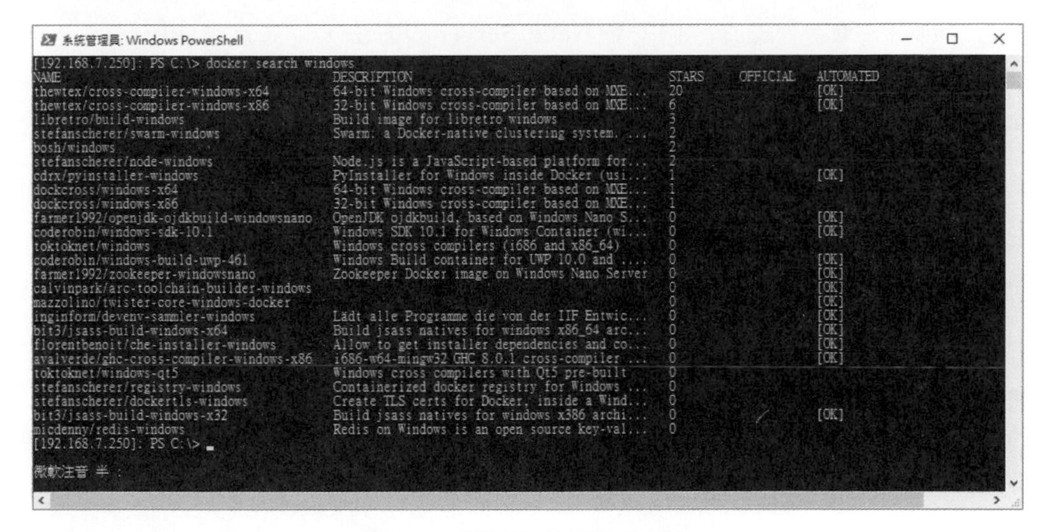

圖 14　搜尋可用的容器映像檔

如圖 15 所示，筆者透過執行 docker pull centos 命令，來嘗試下載 CentOS 的容器映像檔，結果如預期的出現，由於此容器映像檔是 Linux，因此無法在這個平台中來運行的結果，因為我們採用的是 Windows Server 2016 的核心。

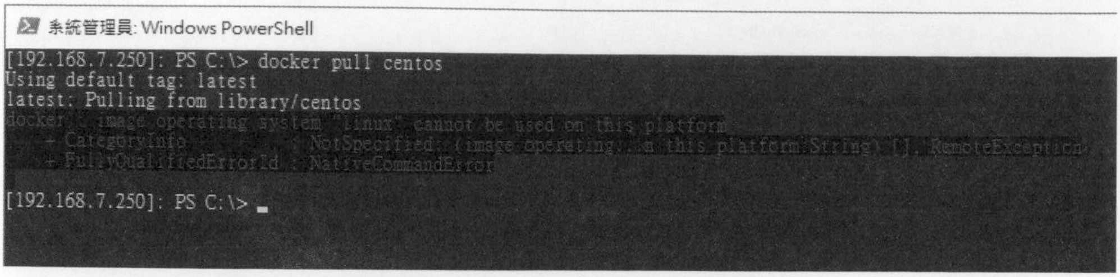

```
系統管理員: Windows PowerShell
[192.168.7.250]: PS C:\> docker pull centos
Using default tag: latest
latest: Pulling from library/centos
docker : image operating system "linux" cannot be used on this platform
    + CategoryInfo          : NotSpecified: (image operating...n this platform:String) [], RemoteException
    + FullyQualifiedErrorId : NativeCommandError

[192.168.7.250]: PS C:\>
```

圖 15　安裝 CentOS 容器映像檔

5.4　將 Nano Server 部署在實體主機

由於部署 Nano Server 除了可以有更多可用的硬體資源之外，還能夠大幅度減少更新與重新啟動系統的次數，以及遭受惡意攻擊的機會。因此，一些 IT 單位可能會希望將它直接安裝在實體主機之中，而非 Hyper-V 或其他第三方的虛擬機器之中，就如同過去在部署 Server Core 的架構環境一樣。

前面章節中，筆者曾經介紹過安裝 Nano Server 的方法，不過當時所示範的皆是以安裝在 Hyper-V 下的虛擬機器為例，而且整個過程都是透過 PowerShell 的命令參數來完成。

如今無論是想要部署在 Hyper-V 的虛擬機器，還是想要直接安裝在準備好的實體主機上，已經有更簡單的圖形精靈介面做法，那就是去下載使用官方所提供的 Nano Server Image Builder 工具即可。

不過此工具的使用，必須搭配 Windows ADK 工具的安裝後才能夠正常使用，因此你必須先如圖 16 所示到以下官方網站來下載它。在此可以發現，若筆者使用的是 Windows 10 版本，則必須正確選擇 1607 或 1511 的版本來下載，只是我們應該如何來辨別自己目前的 Windows 10 版本呢？

Windows ADK 官方下載網址：

https://developer.microsoft.com/en-us/windows/hardware/windows-assessment-deployment-kit

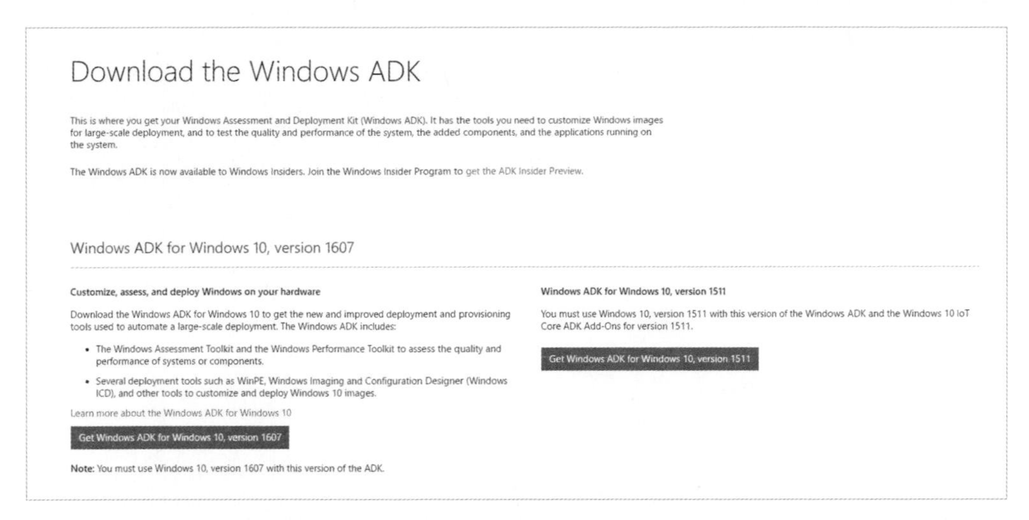

圖 16　下載 Windows ADK

很簡單！只要先從開始功能表中開啟[設定]頁面，再點選開啟[系統]頁面後，即可在如圖 17 所示的[關於]頁面中，檢視到版本的相關資訊。在這個範例中所看到的版號 1511 即是我們需要的資訊。

圖 17　檢視 Windows 10 版本資訊

一旦下載了相對應的 Windows ADK 套件之後，就可以立即執行安裝程式。首先在如圖 18 所示的[指定位置]頁面中，請使用預設的安裝選項即可，也就是直接安裝於本機 Windows 之中。至於安裝路徑則可以視需要來修改。點選[下一步]。

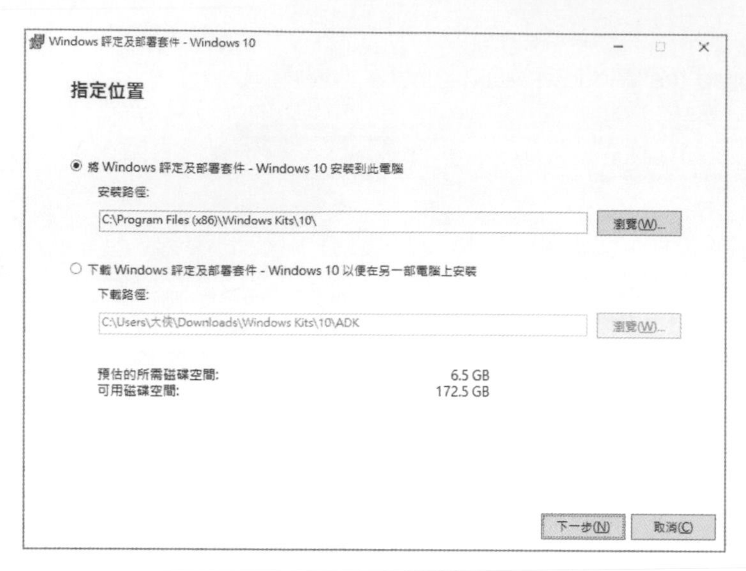

圖 18　指定位置

在如圖 19 所示的[選取要安裝的功能]頁面中，同樣只需要使用預設的安裝選項即可。值得注意的是此工具不僅可以使用在 Nano Server 映像檔的建立，也可以應用在大量 Windows 的部署，包括了 Windows 10 以及 Windows Server 2016，只要結合[Windows 部署服務]即可。點選[安裝]。

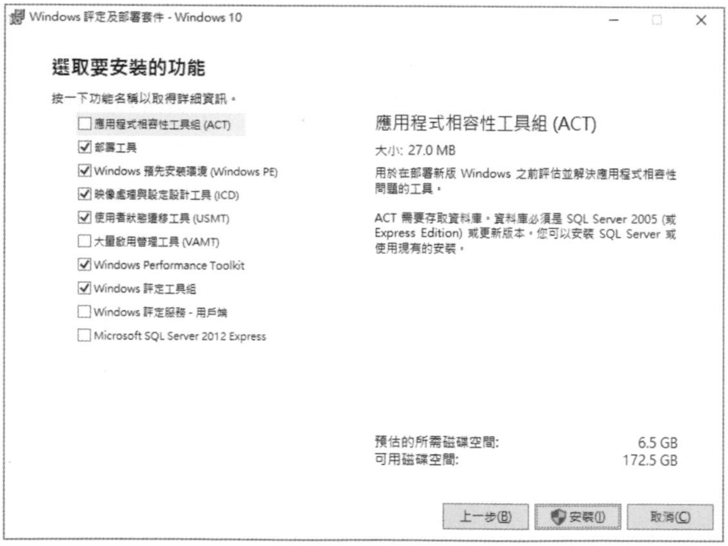

圖 19　選取要安裝的功能

完成了 Windows ADK 套件的安裝之後，請到如圖 20 所示的官方網站，下載最新版本的 Nano Server 映像檔建立工具。在筆者截稿時為 1.0.78 英文版，尚無其他語言版本。此工具目前相容於 Windows 10、Windows 8.1、Windows Server 2012 R2、Windows Server 2016。整個安裝過程僅需決定安裝路徑即可。

Nano Server Image Builder（1.0.78）官方下載網址：

https://www.microsoft.com/en-us/download/details.aspx?id=54065

圖 20　下載 Nano Server Image Builder 工具

成功於 Windows 10 安裝成功之後，就可以在如圖 21 所示的開始功能表之中，看到[Nano Server Image Builder]程式捷徑，出現在[最近新增]的區域之中。請立即開啟它。

圖 21　Windows 10 開始功能表

如圖 22 所示在首次開啟的頁面之中，可以選擇要建立 Nano Server 的映像檔，還是要建立可開機的 USB 安裝隨身碟。當然這兩者是有先後順序之分的，也就是說你至少要有建立過一個以上的 Nano Server 映像檔，才能以這些映像檔為來源來建立所需要的 USB 安裝隨身碟。因此請點選[Create a Nano Server image]連結繼續。

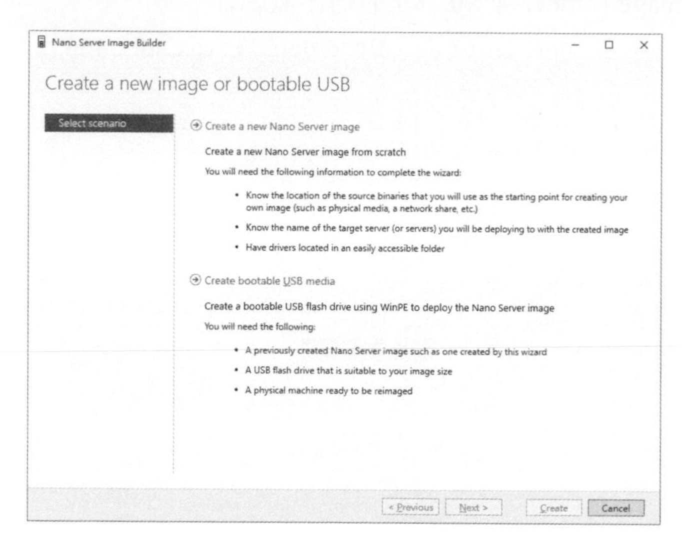

圖 22　建立可開機映像檔

來到如圖 23 所示的[Create new image]頁面中，請點選[Browse]按鈕來載入 Windows Server 2016 的安裝來源，一般來說我們都是會預先將此 ISO 檔掛載成一個光碟機，不過你也可以使用一個 UNC 網路共用路徑來指向它。點選[Next]。

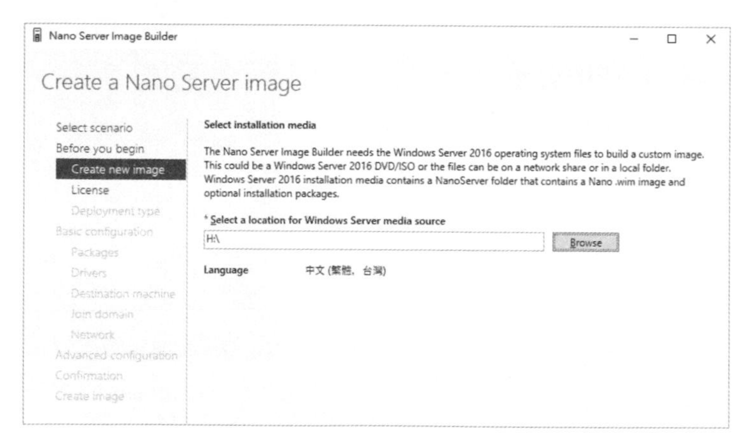

圖 23　選擇 Windows Server 2016 安裝來源位置

在如圖 24 所示的[Deployment type]頁面中，首先必須選擇要部署的機器類型是虛擬機器（Virtual machine image）還是實體機器（Physical machine image），在此我們以後者為例。

緊接著請指定產生後的 Nano Server 映像檔儲存路徑，其中檔案名稱必須包括副檔名（.vhd 或 vhdx）。在檔案大小的限制部分，如果是.vhd 檔案類型，其大小範圍在 0.5GB 至 2048GB。如果是.vhdx 檔案類型，則大小範圍是在 0.5GB 至 65536GB。在確認了記錄檔的儲存路徑之後，點選[Next]。

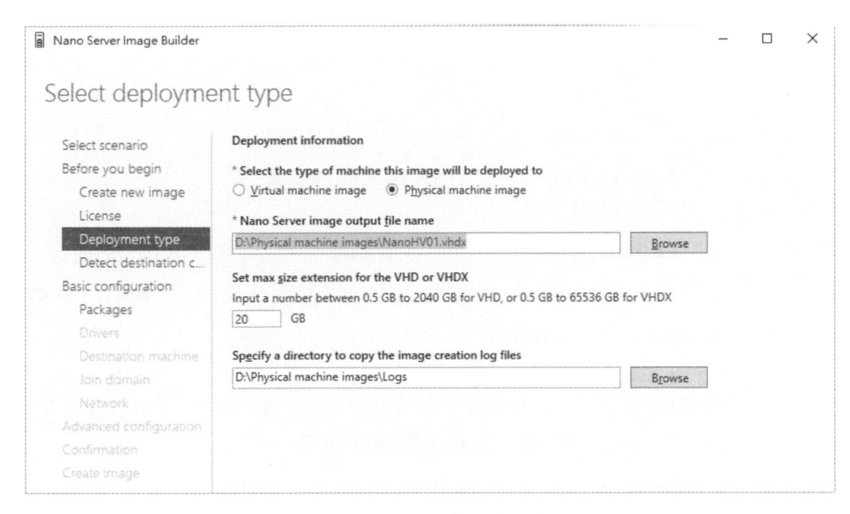

圖 24　選擇部署類型

在如圖 25 所示的[Detect destination..]頁面中，可以自行決定是否要產生一個 USB 開機隨身碟，來偵測目標實體主機硬碟規格，這一些規格資訊至少包括了開機韌體的類型（BIOS 或 UEFI）、網路卡的索引編號、硬碟 I/O 介面規格等等。

如此一來，後續再建立 USB 安裝隨身碟時，才能夠知道要使用的開機韌體類型，以及預先載入所需要的裝置驅動程式。點選[Next]。請注意！此偵測用的 USB 開機隨身碟之建立，將會清除該隨身碟內的所有資料。

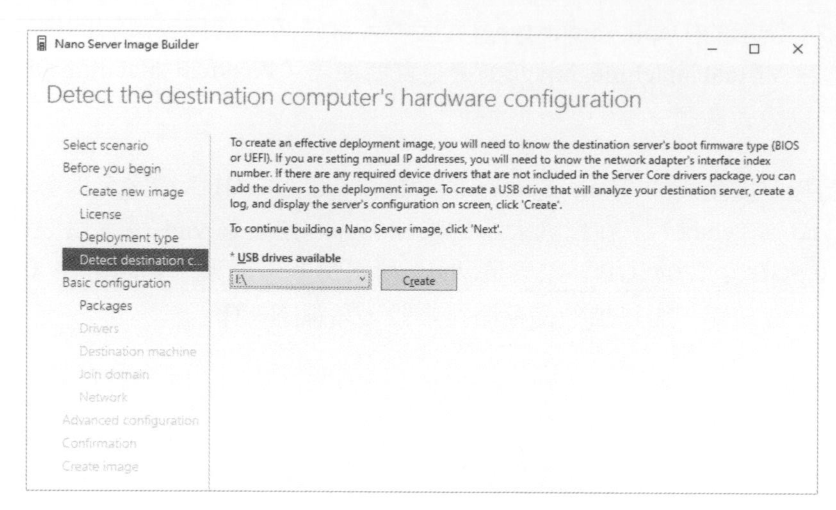

圖 25　建立 USB 診斷開機裝置

在如圖 26 所示的[Packages]頁面中，便可以挑選 Nano Server 安裝過程之中，所要一併安裝的伺服器角色與功能。不過在此之前必須先選擇 Nano Server 的版本類型，分別有 Datacenter 與 Standard。

前者適用於大量虛擬機器運行的架構環境，以及提供包括了 Shielded VMs 安全功能、磁碟區複寫、軟體定義儲存（SDS）以及軟體定義網路（SDN）等進階特色。後者則適用於實體主機或小型虛擬化架構的運作環境。

當然啦！兩種版本類型的授權計費方式也是不一樣的，需要特別留意。在此假設我們準備讓這部實體的 Nano Server，來做為結合 S2D 功能的超融合式架構主機，就必須分別勾選加裝 Hyper-V、容錯移轉叢集服務、檔案伺服器角色與其他儲存元件。點選[Next]。

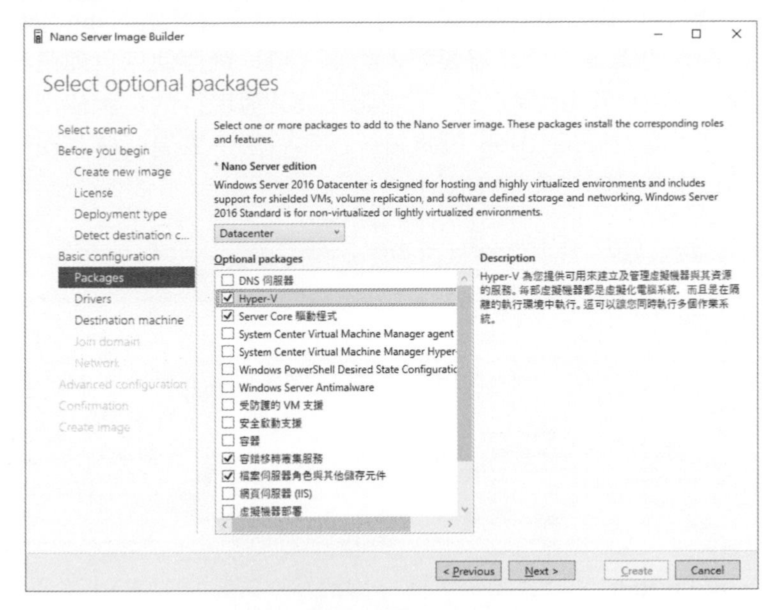

圖 26　選取要安裝的伺服器套件

在如圖 27 所示的[Destination machine]頁面中，針對 Nano Server 的電腦名稱不一定要輸入，因為若是省略則系統將會以隨機方式產生。不過預設本機的 Administrator 帳戶密碼以及時區都是必要的設定。點選[Next]。

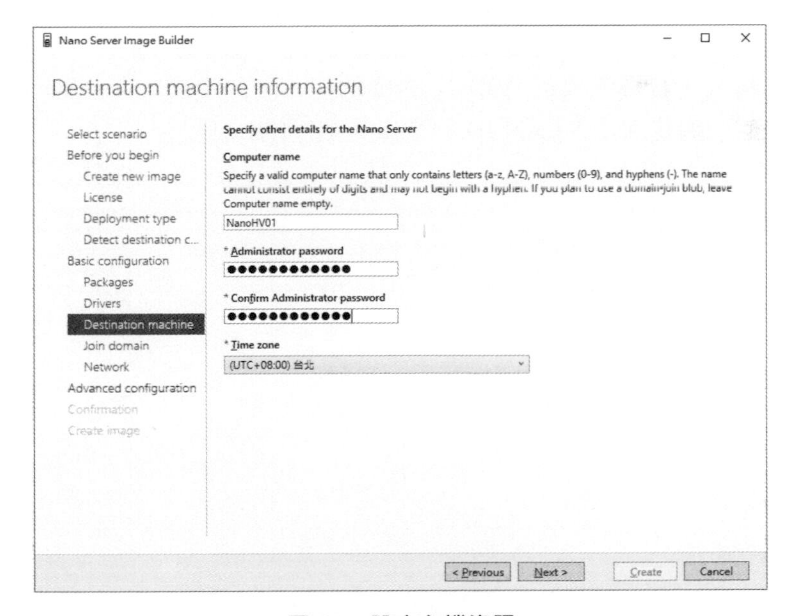

圖 27　設定主機資訊

在如圖 28 所示的[Join Domain]頁面中，你可以決定是否要讓 Nano Server 在初次啟動時就加入指定的網域。如果需要加入的話，可以選擇使用目前已建立在網域中的電腦名稱，不過此電腦名稱當然不能夠正被其他現行的電腦使用中。另一種作法則是載入預先產生好的 Blob 設定檔，這種做法是筆者所建議使用的，詳細步驟可參考其它章節說明。點選[Next]。

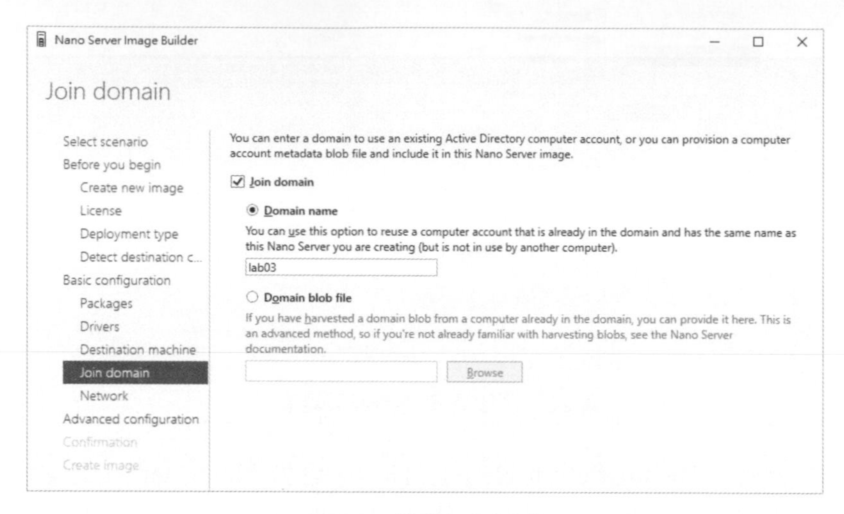

圖 28　是否加入網域

在如圖 29 所示的[Network]頁面中，可以選擇配置 IP 設定的方式，一般而言對於伺服器我們都會採用固定 IP 來配置，也就是選取[Manually set IP address]並完成相關位址的輸入。若需要啟動 VLAN 對應功能，請勾選[Enable virtual LAN]並完成網路卡索引編號以及 VLAN ID 的選擇。點選[Next]。

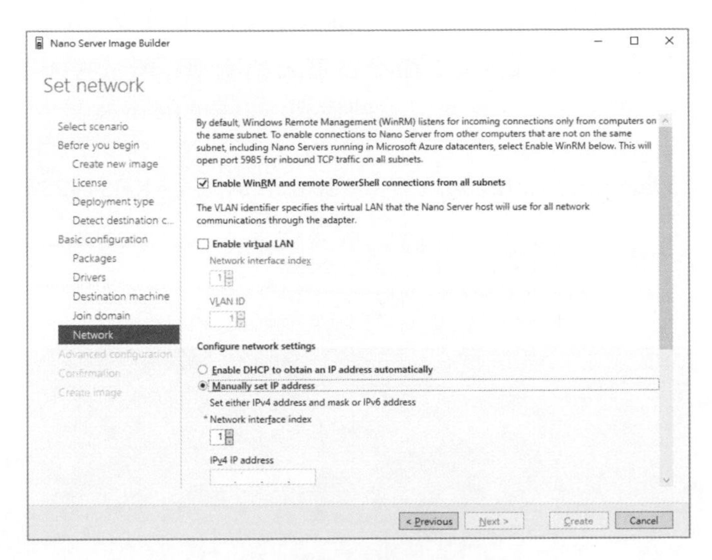

圖 29　網路配置

在如圖 30 所示的[Advanced configuration]頁面中，可以決定是要立即建立 Nano Server 的映像檔，或是先繼續完成進階的設定。請點選後者繼續。來到如圖所示的[Add servicing packages]頁面中，可以選擇性加入最新的修正程式套件，然而為了初次啟動與使用的安全性，筆者強烈建議完成一次到位的安裝，不過它僅接受.cab 檔案的新增。怎麼做呢？來看看以下的操作講解。

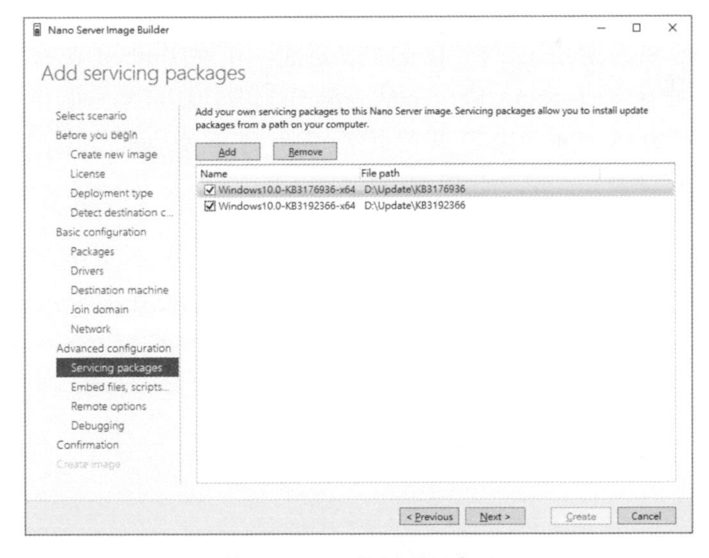

圖 30　加入最新更新套件

首先筆者以下載 KB3192366 更新套件為例，請到以下官方網址完成下載之後，開啟命令提示字元並透過 Expand 命令工具，如圖 31 所示將所下載的.msu 檔案，解壓縮至指定的路徑下，便可以找到我們所需要的.cab 檔案了。

http://catalog.update.microsoft.com/v7/site/Search.aspx?q=KB3192366

```
Expand D:\Update\windows10.0-kb3192366-x64_af96b0015c04f5dcb186b879f07
a31c32cf2e494.msu -F:* D:\Update\KB3192366
```

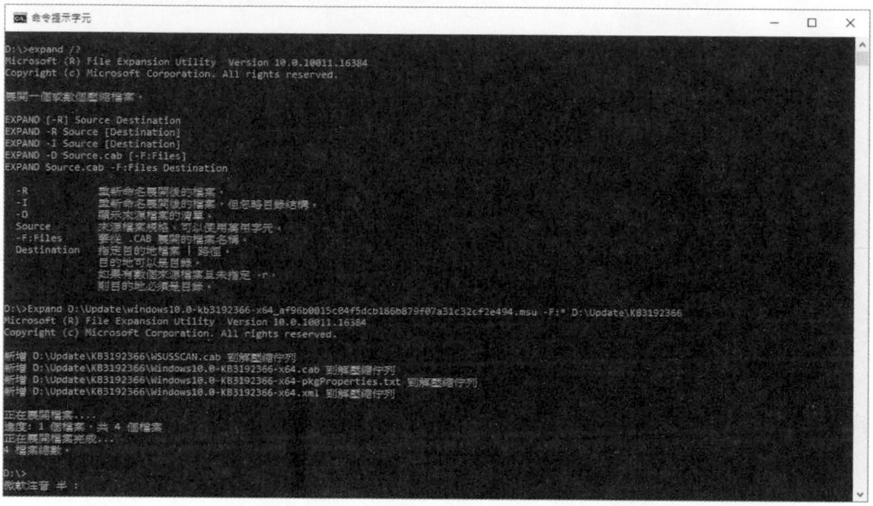

圖 31　產生 Cab 更新檔

再次回到[Nano Server Image Builder]工具頁面。可在[Embed files，script..]頁面中，決定是否要在完成 Nano Server 的安裝時，自動執行某一個指定的命令工具或是預先寫好的 Script。也可以在此新增所有需要執行的額外檔案。點選[Next]。

在如圖 32 所示的[Remote options]頁面中，可以決定是否要啟用 EMS 管理功能，此功能的啟用將可以讓管理人員，除了可以經由 WMI 或 PowerShell 或遠端伺服器管理工具，來遠端管理 Nano Server 的各項組態配置之外，還可以透過傳統指定的 RS-232 序列埠連接，來操作伺服端主機的管理主控台。點選[Next]。

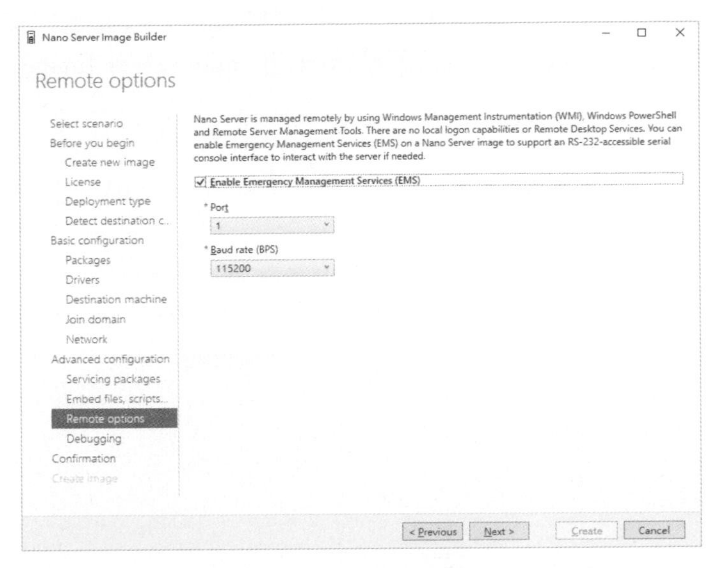

圖 32　啓用 EMS 管理功能

在[Debugging]頁面中，僅有在有開發測試的需求上，才需要啟用這項核心除錯模式，並選擇除錯的方法。點選[Next]並完成 Nano Server 映像檔的建立。在如圖 33 所示的[Create image]頁面中，則可以選擇是否要立即建立 USB 開機安裝隨身碟。當然啦！這項操作也可以之後隨時透過此精靈工具來建立。在此我們點選[Create USB]開始準備建立。

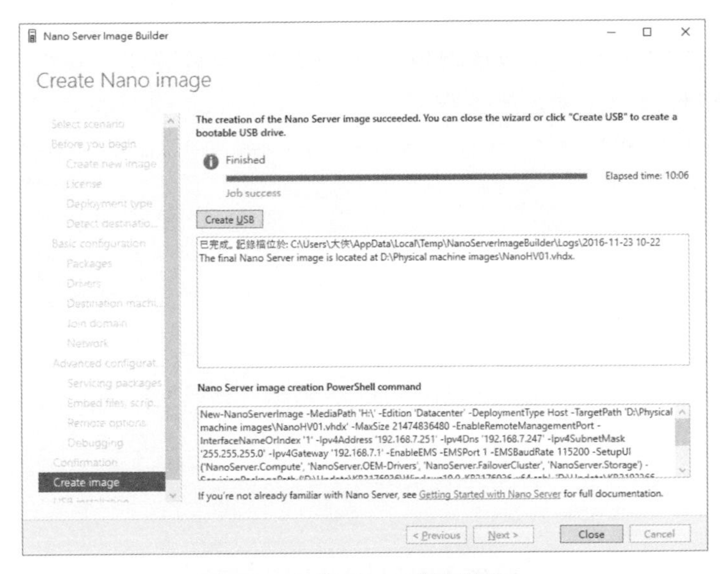

圖 33　完成 Nano 映像檔建立

先來看看我們建立 USB 開機安裝隨身碟的資料來源，也就是如圖 34 所示的 Nano Server 映像檔（.vhdx）。確認後請再回到[Nano Server Image Builder]工具頁面。

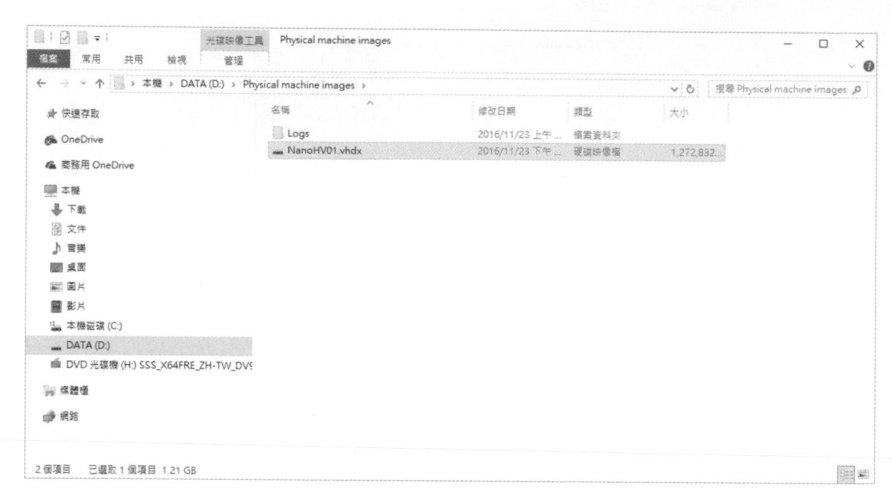

圖 34　檢視儲存資料夾

來到[Select USB]頁面中，請選擇準備用來作為 USB 開機安裝隨身碟的磁碟代號。點選[Next]。在如圖 35 所示的[Create partition]頁面中，請選擇正確的開啟模式（Boot mode），必須注意的是這項設定，得根據實際目標主機的組態來決定，也就是可以從前面步驟中，所取得的主機規格明細資料來決定。

完成開機模式選擇之後，可以依實際需要來調整分割區設定。請注意！所選取的 USB 目標隨身碟資料將隨之被清空。

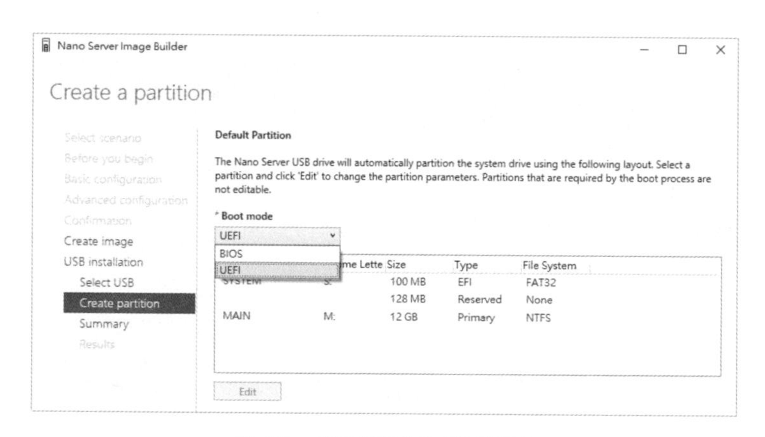

圖 35　建立磁碟分割區設定

來到如圖 36 所示的[Results]頁面中，便可以看到我們已經成功建立 USB 開機隨身碟。如果還想要進一步建立 ISO 檔案，也可以在此輸入想要的檔案存放路徑。完成建立之後點選[Close]。點選[Next]。

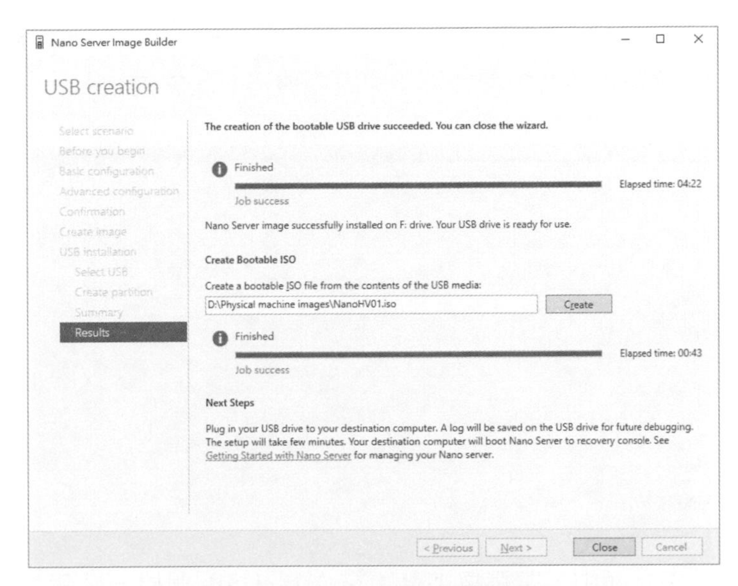

圖 36　成功建立 USB 開機映像檔

如圖 37 所示便是首次啟動 USB 開機映像檔的範例，如果開機映像檔的啟動模式設定為 UEFI，但目前的主機設定確是 BIOS 模式，將會出現警告訊息。整個安裝過程無須人工介入即可完成。

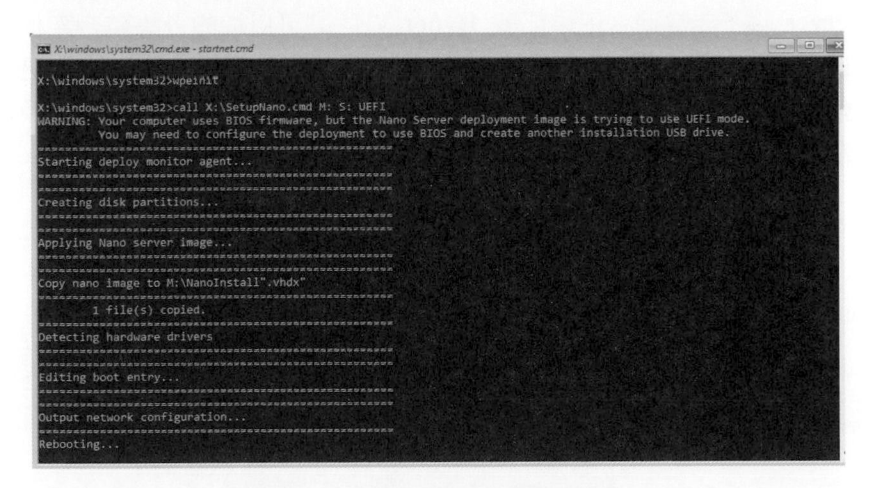

圖 37　首次啓動 USB 開機映像檔

重新啟動之後將會出現 Nano Server 的登入頁面，輸入預先設定好的本機帳戶密碼，或是網域管理員的帳戶密碼（如果有設定），即可開啟如圖 38 所示的復原主控台頁面，來檢視關於本機系統的各項基本設定。

值得注意的是，如果有加裝 Hyper-V 伺服器角色，則會多出一個[VM Host]的選項，方便管理人員可以檢查虛擬交換器與虛擬機器的狀態資訊。

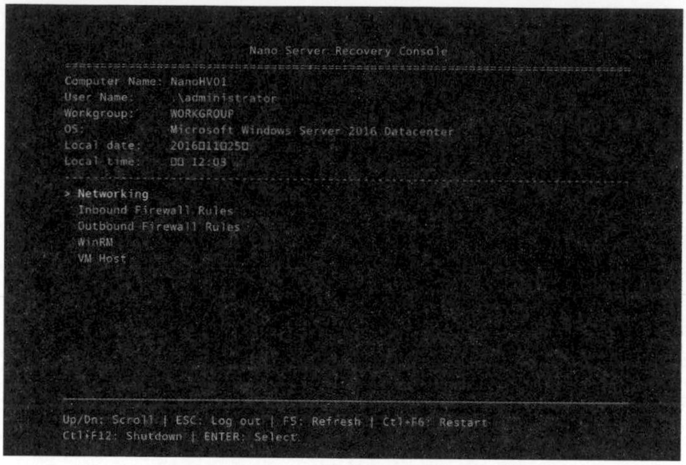

圖 38　成功建置 Nano Server

5.5　使用 Nano Server 建立網站服務

Nano Server 除了非常適合用來部署 Hyper-V 與高可用性的叢集整合架構之外，你也可以選擇將它用來作為建置企業 Web 應用程式的基礎平台，尤其是一些需要承載較大連線流量，或是需要耗費較大硬體資源的 Web 應用程式，最典型的就是企業資訊入口網站（EIP）。

在若是想要在建立 Nano Server 映像檔時，就順便安裝 IIS 的伺服器角色，可以參考以下命令參數範例。其中最關鍵的就是搭配了**-Package Microsoft-NanoServer-IIS-Package** 參數設定。

```
New-NanoServerImage -Edition Standard -DeploymentType Guest -MediaPath
E:\ -BasePath .\Base -TargetPath .\NanoServer01.vhd -ComputerName
NanoServer01 -Package Microsoft-NanoServer-IIS-Package
```

如果你想要安裝 IIS 伺服器角色，在現有的 Nano Server 離線虛擬硬碟檔案（vhd 或 vhdx）之中，也就是在 Nano Server 虛擬機器關機的狀態下，便需要透過 Dism 命令來掛接相關虛擬硬碟檔案，再經由 Add-Package 參數選項，來完成 IIS 伺服器角色套件的新增即可。請參考以下命令範例。

```
mkdir mount
dism.exe /Mount-Image /ImageFile:.\NanoServer01.vhd /Index:1 /MountDir:
.\mount
dism.exe /Add-Package /PackagePath:.\packages\Microsoft-NanoServer-IIS-
Package.cab /Image:.\mount
dism.exe /Add-Package /PackagePath:.\packages\zh-tw\Microsoft-NanoServer
-IIS-Package_zh-tw.cab /Image:.\mount
dism.exe /Unmount-Image /MountDir:.\Mount /Commit
```

如果你的 Nano Server 已經在線上使用了，若還想要加裝 IIS 伺服器角色，就得先建立如圖 39 所示的以下回應檔（unattend.xml）範例，再透過 Dism 命令來完成指定線上安裝即可。

關於此回應檔的內容設定，必須與你準備安裝的套件語系相互匹配才可以。舉例來說，如果要安裝的是繁體中文版，則相關語系的設定會是 zh-tw。如果是英文版本則是 en-us。這包括了其中的套件路徑也可能需要一併修改的，否則後續的執行將會發生找不到套件的相關錯誤訊息。

```
<?xml version="1.0" encoding="utf-8"?>
    <unattend xmlns="urn:schemas-microsoft-com:unattend">
    <servicing>
        <package action="install">
            <assemblyIdentity name="Microsoft-NanoServer-IIS-Package"
version="10.0.14393.0" processorArchitecture="amd64"
publicKeyToken="31bf3856ad364e35" language="neutral" />
            <source location="c:\packages\Microsoft-NanoServer-IIS-
Package.cab" />
        </package>
        <package action="install">
            <assemblyIdentity name="Microsoft-NanoServer-IIS-Package"
version="10.0.14393.0" processorArchitecture="amd64"
publicKeyToken="31bf3856ad364e35" language="zh-TW" />
            <source location="c:\packages\zh-tw\Microsoft-NanoServer-
IIS-Package_zh-tw.cab" />
        </package>
    </servicing>
    <cpi:offlineImage cpi:source="" xmlns:cpi="urn:schemas-microsoft-
com:cpi" />
</unattend>
```

```
unattend.xml - 記事本
檔案(F) 編輯(E) 格式(O) 檢視(V) 說明(H)
<?xml version="1.0" encoding="utf-8"?>
  <unattend xmlns="urn:schemas-microsoft-com:unattend">
  <servicing>
      <package action="install">
          <assemblyIdentity name="Microsoft-NanoServer-IIS-Package" version="10.0.14393.0" processorArchitecture="amd64" publicKey
          <source location="c:\packages\Microsoft-NanoServer-IIS-Package.cab" />
      </package>
      <package action="install">
          <assemblyIdentity name="Microsoft-NanoServer-IIS-Package" version="10.0.14393.0" processorArchitecture="amd64" publicKey
          <source location="c:\packages\en-us\Microsoft-NanoServer-IIS-Package_en-us.cab" />
      </package>
  </servicing>
  <cpi:offlineImage cpi:source="" xmlns:cpi="urn:schemas-microsoft-com:cpi" />
</unattend>
```

圖 39　建立回應檔

準備好安裝 IIS 的回應檔之後，就可以在如圖 40 所示的 PowerShell 介面中，執行 dism /online /apply-unattend:.\unattend.xml 命令參數。直到顯示為 100%便表示已完成安裝。

```
系統管理員: Windows PowerShell
[192.168.7.250]: PS C:\> dism /online /apply-unattend:.\unattend.xml

Deployment Image Servicing and Management tool
Version: 10.0.14393.0

Image Version: 10.0.14393.0

[====                      10.1%                          ]
[=====                     11.1%                          ]
[======                    12.1%                          ]
[======                    13.1%                          ]
[=======                   14.1%                          ]
[=======                   15.1%                          ]
微軟注音 半 :
```

圖 40　執行線上安裝功能

往後若想要知道在 Nano Server 之中，究竟已安裝過哪一些伺服器與功能套件，可以像如圖 41 所示執行 dism /online /get-packages 命令參數即可查詢到，而且還可以知道每一個套件的安裝日期與時間。

```
系統管理員: Windows PowerShell
[192.168.7.250]: PS C:\> dism /online /get-packages

Deployment Image Servicing and Management tool
Version: 10.0.14393.0

Image Version: 10.0.14393.0

Packages listing:

Package Identity : Microsoft-NanoServer-Guest-Package~31bf3856ad364e35~amd64~zh-TW~10.0.14393.0
State : Installed
Release Type : OnDemand Pack
Install Time : 2016/10/28 ?? 01:46

Package Identity : Microsoft-NanoServer-Guest-Package~31bf3856ad364e35~amd64~~10.0.14393.0
State : Installed
Release Type : OnDemand Pack
Install Time : 2016/10/28 ?? 01:46

Package Identity : Microsoft-NanoServer-IIS-Package~31bf3856ad364e35~amd64~zh-TW~10.0.14393.0
State : Installed
Release Type : OnDemand Pack
Install Time : 2016/11/2 ?? 06:17

Package Identity : Microsoft-NanoServer-IIS-Package~31bf3856ad364e35~amd64~~10.0.14393.0
State : Installed
Release Type : OnDemand Pack
Install Time : 2016/11/2 ?? 06:17
微軟注音 半 :
Package Identity : Microsoft-Windows-Foundation-Package~31bf3856ad364e35~amd64~~10.0.14393.0
State : Installed
Release Type : Foundation
Install Time : 2016/7/16 ?? 09:37

Package Identity : Microsoft-Windows-ServerStandardNano-LanguagePack-Package~31bf3856ad364e35~amd64~zh-TW~10.0.14393.0
State : Installed
Release Type : Language Pack
Install Time : 2016/7/16 ?? 09:40

The operation completed successfully.
[192.168.7.250]: PS C:\>
```

圖 41　確認已經安裝的套件

確認完成了 IIS 套件的安裝之後，可以立即如圖 42 所示執行 net start w3svc 命令參數，來啟動 IIS 網站的核心服務。

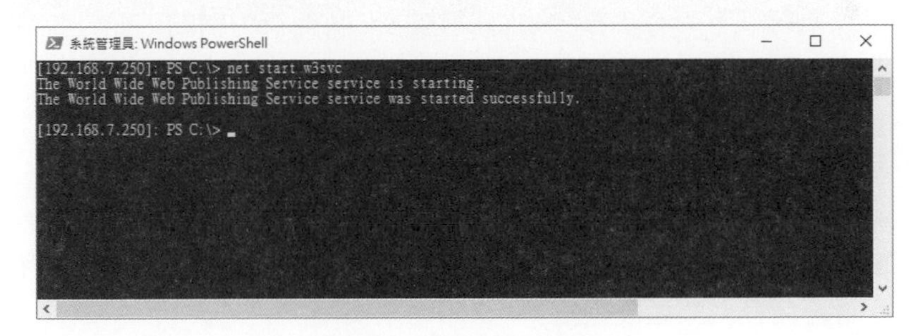

圖 42　啟動 IIS 網站服務

成功啟動了 IIS 網站的核心服務之後，就可以透過網路中的其他電腦，如圖 43 所示開啟網頁瀏覽器，來嘗試連線 Nano Server 的 IIS 網站預設首頁。

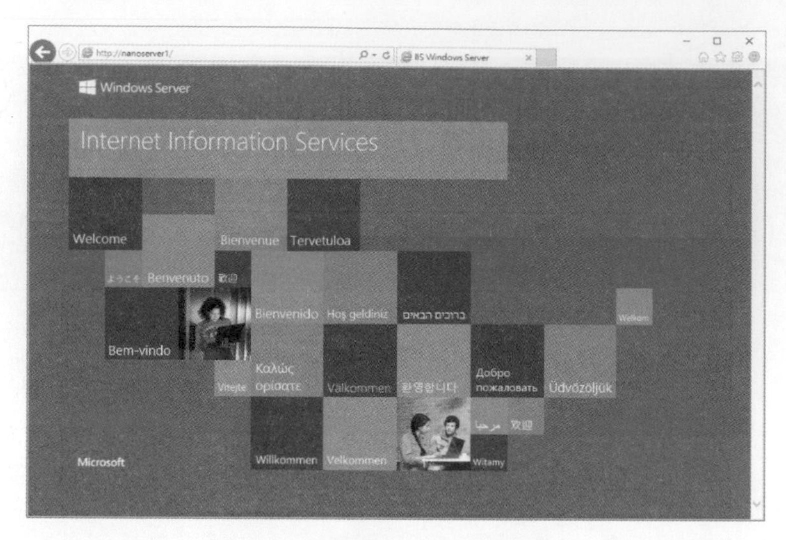

圖 43 連線 IIS 網站預設首頁

在一個 IIS 網站服務的運作下，不僅可以建立多個不同用途的網站，還可以建立多個應用程式集區與虛擬目錄。如圖 44 所示在我們準備於 IIS 網站上執行這些管理動作之前，必須先執行 Import-Module IIS Administration 命令參數，來匯入 IIS 管理用的相關模組。

接著我們可以執行以下命令參數，來嘗試建立一個全新的網站，並且指定它所要對應的連接埠口與實體目錄路徑。

```
New-IISSite -Name DemoSite -BindingInformation "*:8080:TestSite" -
PhysicalPath C:\Demo
Get-IISSite
```

接下來你可以透過以下命令參數，來建立一個名為 DemoAppPool 的應用程式集區，再將此新應用程式集區設定給 DemoSite 來使用。

```
$AppPool = Get-IISServerManager
$AppPool.ApplicationPools.Add("DemoAppPool")
$AppPool.DemoSite.Applications["/"].ApplicationPoolName = " DemoAppPool "
```

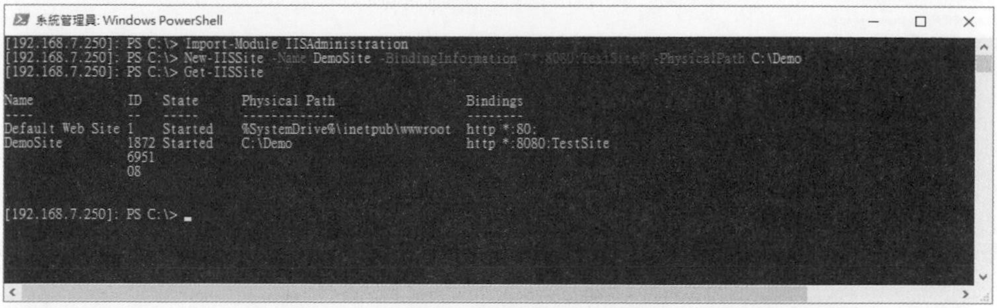

```
系統管理員: Windows PowerShell
[192.168.7.250]: PS C:\> Import-Module IISAdministration
[192.168.7.250]: PS C:\> New-IISSite -Name DemoSite -BindingInformation "*:8080:TestSite" -PhysicalPath C:\Demo
[192.168.7.250]: PS C:\> Get-IISSite

Name             ID   State      Physical Path                  Bindings
----             --   -----      -------------                  --------
Default Web Site 1    Started    %SystemDrive%\inetpub\wwwroot  http *:80:
DemoSite         1872 Started    C:\Demo                        http *:8080:TestSite
                 6951
                 08

[192.168.7.250]: PS C:\>
```

圖 44　建立新網站

在虛擬目錄的建立部分，若是執行如圖 45 所示的以下命令參數範例，便表示要在現行的 DemoSite 網站下，新增一個名為 DemoVirtualDir01 的虛擬目錄，而它相對應的實體路徑則是 C:\Demo\virtualDirectory01。

```
$sm = Get-IISServerManager
$sm.Sites["DemoSite"].Applications["/"].VirtualDirectories.Add
("/DemoVirtualDir01", "C:\Demo\virtualDirectory01")
```

```
系統管理員: Windows PowerShell
[192.168.7.250]: PS C:\> $sm = Get-IISServerManager
[192.168.7.250]: PS C:\> $sm.Sites["DemoSite"].Applications["/"].VirtualDirectories.Add("/DemoVirtualDir01","C:\Demo\VirtualDirectory01")

LogonMethod      : ClearText
Password         :
Path             : /DemoVirtualDir01
PhysicalPath     : C:\Demo\VirtualDirectory01
UserName         :
Attributes       : {path, physicalPath, userName, password...}
ChildElements    : {}
ElementTagName   : virtualDirectory
IsLocallyStored  : False
Methods          :
RawAttributes    : {[path, /DemoVirtualDir01], [physicalPath, C:\Demo\VirtualDirectory01], [userName, ], [password, ]...}
Schema           : Microsoft.Web.Administration.ConfigurationElementSchema

[192.168.7.250]: PS C:\>
```

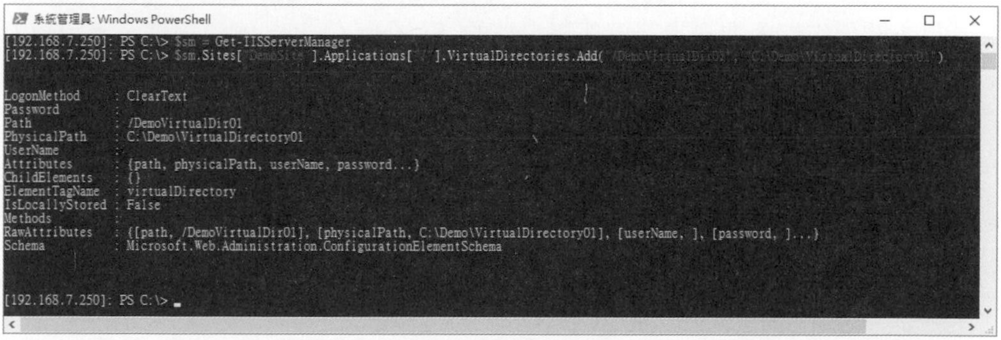

圖 45　建立虛擬目錄

對於現行的 IIS 網站功能元件，如果有發現不足的地方，例如少了 Windows 驗證功能，便可以像如圖 46 所示一樣，執行以下命令參數來完成新增即可。

```
dism /Enable-Feature /online /featurename:IIS-WindowsAuthentication
/all。
```

此外值得一提的是，在已安裝 IIS 伺服器角色的主機上，你也可以直接透過遠端伺服器管理工具，直接對它進行功能的新增或移除。

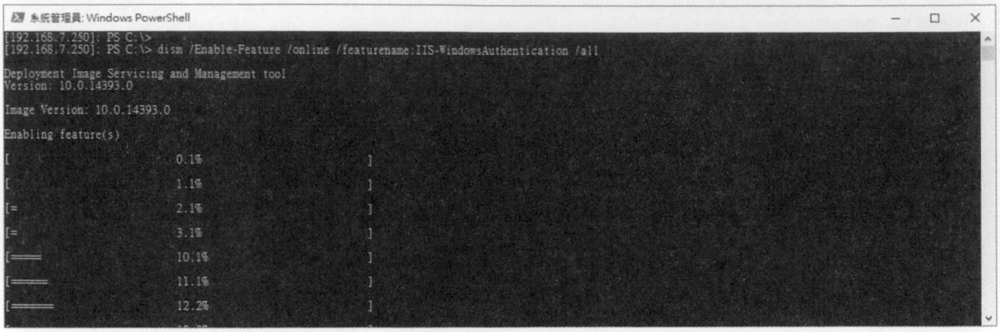

```
系統管理員: Windows PowerShell
[192.168.7.250]: PS C:\>
[192.168.7.250]: PS C:\> dism /Enable-Feature /online /featurename:IIS-WindowsAuthentication /all

Deployment Image Servicing and Management tool
Version: 10.0.14393.0

Image Version: 10.0.14393.0

Enabling feature(s)
[                          0.1%                          ]
[                          1.1%                          ]
[=                         2.1%                          ]
[=                         3.1%                          ]
[====                      10.1%                         ]
[=====                     11.1%                         ]
[======                    12.2%                         ]
```

圖 46　加裝 Windows 驗證功能

Windows Server 2016 Nano Server 的出現，已為雲端虛擬化平台的基礎帶來全新革命性的發展。這項技術的運用可能會為它打下超越許多以 Linux 核心為主的虛擬化平台。畢竟過去許多 IT 單位都會因為 Windows Server 佔用太多資源問題，而放棄選擇使用它來作為虛擬化平台。

如今 Nano Server 已經打破了這項長久以來的迷思，成為虛擬化市場上最高效能表現的虛擬化主機。進一步若再部署完整的 System Center 解決方案，將可以為企業築起最完善的私有雲端架構，甚至於建立起由單一系統維運中心，來控管跨國營運的混合雲 IT 架構，實踐以 IT 主體為核心價值的商業運作模式，讓 IT 單位不再成為企業弱勢的一環。

第6章

Hyper-V Server 2016 輕鬆上手

在現今的 IT 世界裡，無論是對於軟體還是硬體製造商而言，無非都是一場雲端技術與應用的戰爭，它們從雲端平台打到雲下裝置，又從公有雲管理打到私有雲部署，有如三國時代前東漢末年時期的場景，全都只為了能夠在這群雄割據的 IT 市場之中，佔有絕大多數的領地。本章筆者就要分享 Microsoft 在私有雲的 IT 領域裡，之所以能夠獨霸一方的秘密武器 Hyper-V Server 2016。

6.1 簡介

話說 VMware 有免費的 vSphere Hypervisor，那 Microsoft 又有什麼樣相對的解決方案，來力抗這位亦敵亦友的強大勢力呢？答案就是 Hyper-V Server。隨著 Windows Server 2016 的問世，它也同步推出了 Hyper-V Server 2016，讓不同組織類型的 IT 單位，都能夠輕鬆建置出企業級且免費的虛擬化平台。

Hyper-V Server 2016 在 Console 端和 ESXi 主機一樣，皆是採用純文字的命令管理介面，只是前者為 Windows Server 的 Server Core 核心，而後者則是 Linux 的核心，其目的都是為了能夠保留更多的硬體資源給虛擬機器（Virtual Machine）來充分利用。

若是你問 Hyper-V Server 2016 和 vSphere ESXi 6.5 誰強誰弱，筆者個人認為這得看你從哪一個角度來比較它們，實在難以採傳統功能比較表的方式，來做為誰強誰弱的依據。不過，如果在你現有的 IT 營運架構中，皆是以 Windows Server 與 Microsoft 的應用服務為主，那麼我會建議你部署以 Hyper-V Server 2016 為基礎的私有雲環境，主要原因就是能夠讓你在已熟悉的 IT 經驗上，快速上手並且輕鬆做好日後的維護工作。

在閱讀本文的同時，如果你想要親自動手學習 Hyper-V Server 2016 從建置到基礎管理的技巧，你可以到官方網站下載繁體中文版本的安裝映像檔。

Microsoft Hyper-V Server 2016 官方下載網址：
https://www.microsoft.com/zh-tw/evalcenter/evaluate-Hyper-V-server-2016

圖 1　Microsoft Hyper-V Server 2016 下載

6.2　Hyper-V Server 2016 安裝指引

前面筆者曾經提及關於 Hyper-V Server 2016 所使用的作業系統核心是 Server Core，因此如果你已經有 Windows Server 2016 的安裝映像檔，事實上也可以將它先安裝成 Server Core 的模式，再自行手動加裝 Hyper-V 的伺服器角色也是可以的，只要在它本機的 PowerShell 命令列中，執行 Install-WindowsFeature -Name Hyper-V -IncludeManagementTools -Restart 命令參數即可。

若是想從網域中另一部 Windows Server 2016 來以遠端方式來安裝它，則只要搭配-ComputerName 參數，並輸入遠端伺服器的名稱即可。對於某一部伺服器是否已經安裝了 Hpyer-v 伺服器角色，只要執行 Get-WindowsFeature -ComputerName 命令參數，來查詢指定的電腦名稱即可得知。

此外，如果你只是要評估與測試 Hyper-V Server 2016，而且沒有實體的主機可以用來安裝，那麼你也可以選擇將它安裝在像是 VMware Workstation Pro 10 以上版本的虛擬機器之中，只要在 Microsoft Windows 作業系統類型版本中，有指定使用[Hyper-V（unsupported）]即可。

至於使用 Windows 10 專業版以上版本所內建的 Hyper-V，是否也可以做到像這樣的巢狀式虛擬化功能呢？答案是可以的，只要你的 Windows 10 有完成先前的週年更新，並且針對準備要安裝 Hyper-V 的虛擬機器，執行以下命令設定即可。

```
Set-VMProcessor -VMName <VMName> -ExposeVirtualizationExtensions $true
```

如圖 2 所示便是 Hyper-V Server 2016 語言與鍵盤輸入法的安裝設定。值得注意的是！如果你不希望每一次在命令列視窗中，準備輸入命令之時，系統都自動幫你切換至注音輸入模式而造成困擾，建議你不妨預先在此將[鍵盤或輸入法]修改成[US]即可解決。點選[下一步]。

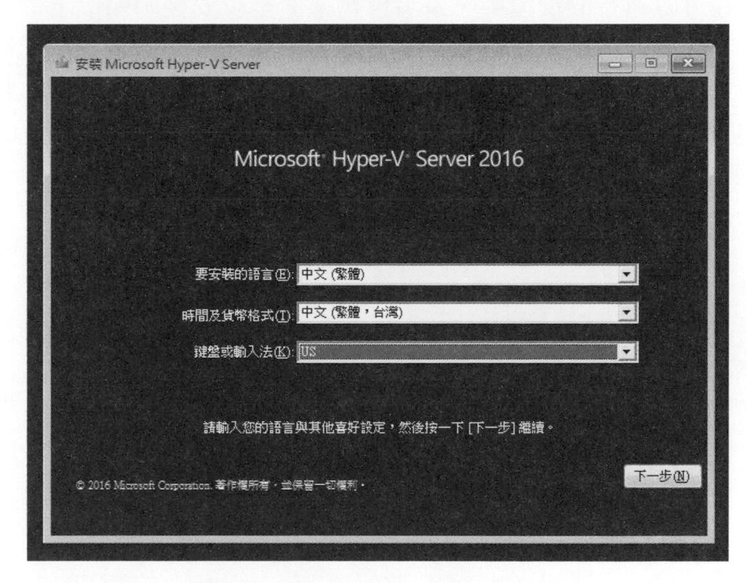

圖 2　安裝 Hyper-V Server 2016

接下來只要點選[立即安裝]按鈕，便會開啟如圖 3 所示的安裝類型選擇頁面。在此只要是全新的安裝，就是選擇[自訂]選項，至於[升級]選項則是只有，當現行 Hyper-V 主機是 2012 或 2012 R2 版本時，才能進行就地升級的選項。

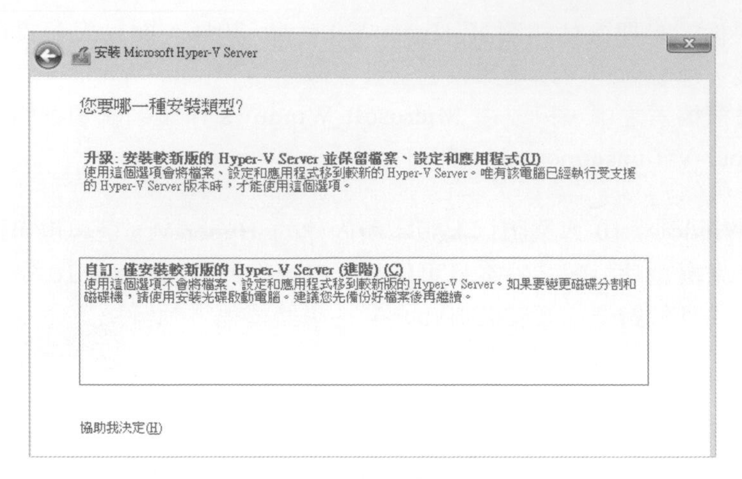

圖 3　選擇安裝類型

來到如圖 4 所示的選擇安裝磁碟的頁面中，你必須選擇一個準備用以安裝作業系統的磁碟。在實際運行的環境中，筆者會建議你至少安裝兩顆以上的實體硬碟，因為後續並不建議你將虛擬機器的相關檔案，存放在系統磁碟之中，而且對於準備用以存放虛擬機器檔案的磁碟，除了最好有磁碟陣列（RAID）的容錯保護之外，若是能夠採用企業級的 SSD 而非 HDD，那未來整體的運行效能就更完美了。

圖 4　安裝磁碟管理

成功完成安裝之後它將會自動重新啟動。首次的啟動會開啟如圖 5 所示的頁面，讓我們設定預設本機 Administrator 的密碼，再以此帳密來完成登入。

```
C:\Windows\system32\LogonUI.exe
輸入 Administrator 的新認證，或按 ESC 以取消
新密碼 : ************
確認密碼 : ************
```

圖 5　首次啓動 Hyper-V Server 2016

如圖 6 所示便是 Hyper-V Server 2016 的 Server Core 命令管理介面。我們可以透過此介面，來完成各種的基礎系統設定，這包括了電腦名稱、網域、網路、遠端管理以及 Windows 更新設定，就連關機或是重新啟動也是透過此介面的選項。

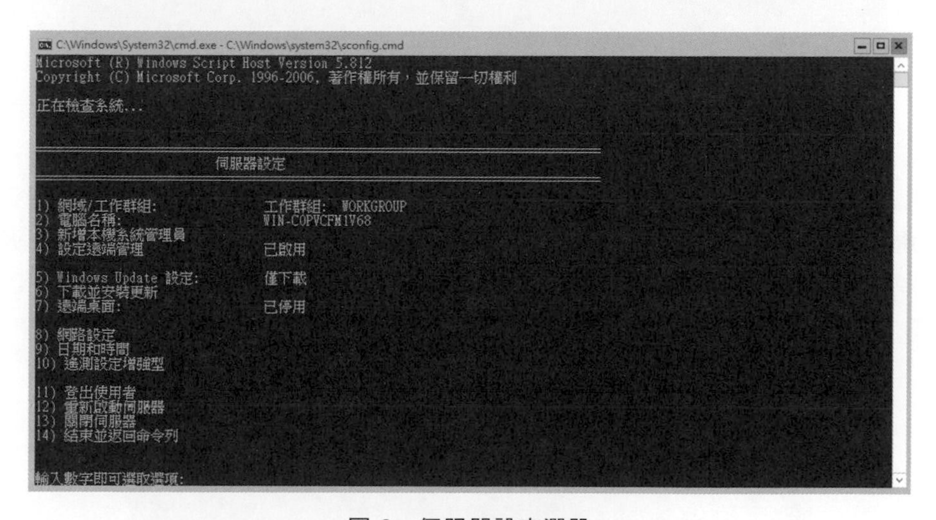

圖 6　伺服器設定選單

6.3 Hyper-V Server 2016 基礎設定

在完成 Hyper-V Server 2016 的安裝以及首次的登入之後，最重要的就是要先變更電腦名稱、加入網域以及修改 IP 位址設定，才能正式開始後續各種的管理作業。

首先在電腦名稱的部分，可以在伺服器設定選單資訊中發現，它目前只是系統一個隨機產生的名稱，只要輸入 2 即可進行修改，完成修改之後不用急著重新啟動，因為你還可以繼續加入網域，只要在輸入 1 之後再輸入 D，如圖 7 所示再輸入網域名稱與網域管理員的帳號密碼即可。同樣的請別急著重新啟動電腦。

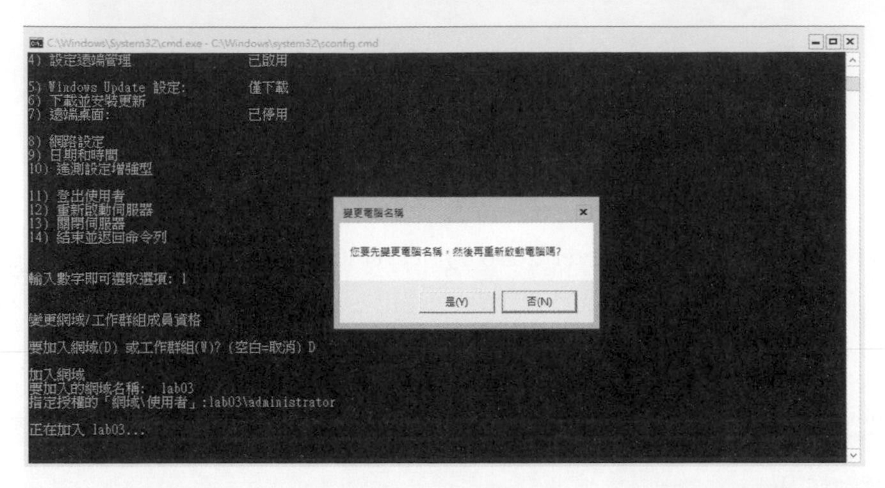

圖 7　加入網域

因為緊接著你還可以繼續輸入 8 來修改網路設定。如圖 8 所示在此可以先看到目前透過 DHCP 服務，所自動設定好的 IP 位址資訊，你就可以依序輸入 1 以及 2 來完成靜態 IP 位址與 DNS 位址的設定。完成以上三項主要設定變更之後，請輸入 12 來重新啟動伺服器。

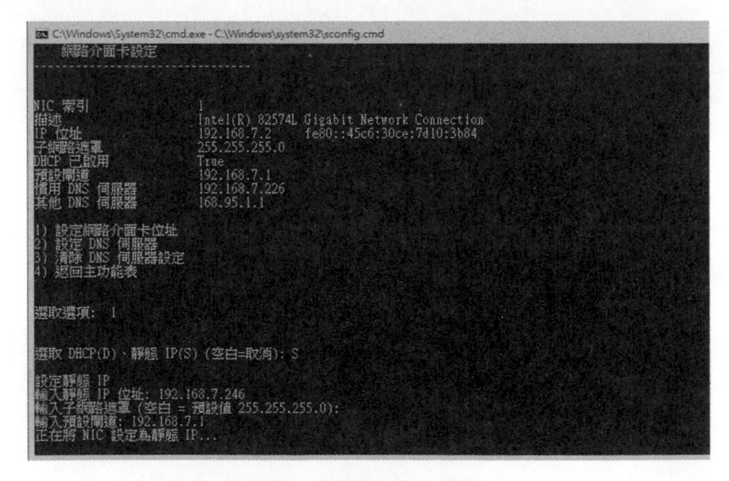

圖 8　網路介面卡設定

重新啟動伺服器並在按下 Ctrl+Alt+Del 鍵之後，請先別急著輸入預設的 Administrator 密碼，因為既然已經加入了網域，所要登入的應該是網域的管理員帳密，因此請按下[Esc]鍵，來輸入其他使用者的登入資訊。舉例來說，如果你的網域名稱是 LAB03，則你所要輸入的帳號名稱應該是 LAB03\Administrator。

成功以網域管理員的身分登入 Hyper-V Server 之後，接下來還有幾項設定是筆者建議你完成的。首先就是 Windows Update。請在輸入 5 之後選擇要設定成自動、僅下載或是手動。如圖 9 所示便是筆者輸入 A 將它設定為[自動]的範例，在預設的狀態下它將會在每天上午 3:00 進行更新的檢查和安裝。

圖 9　啓用 Windows Update

接下來是[設定遠端管理]，以便讓其他主機的伺服器管理工具，可以透過遠端連線的方式直接控管，而不必得都在伺服端的命令列中來進行管理。請在輸入 4 之後再輸入 1 即可啟用。此外，如果你希望其他電腦可透過 Ping 的命令，來診斷它是否在線時，請如圖 10 所示再輸入 3 來啟用此功能即可。

最後回到伺服器設定頁面中，你可以考慮是否要進一步啟用[遠端桌面]功能，不過此功能的啟用，對於平日的維護管理幫助並不大，這是因為即便你透過遠端桌面連線到此主機，所能夠使用的操作方式，仍是命令列模式，既然如此那就透過包含 Windows PowerShell 在內的遠端管理工具，來完成相同的任務就好。

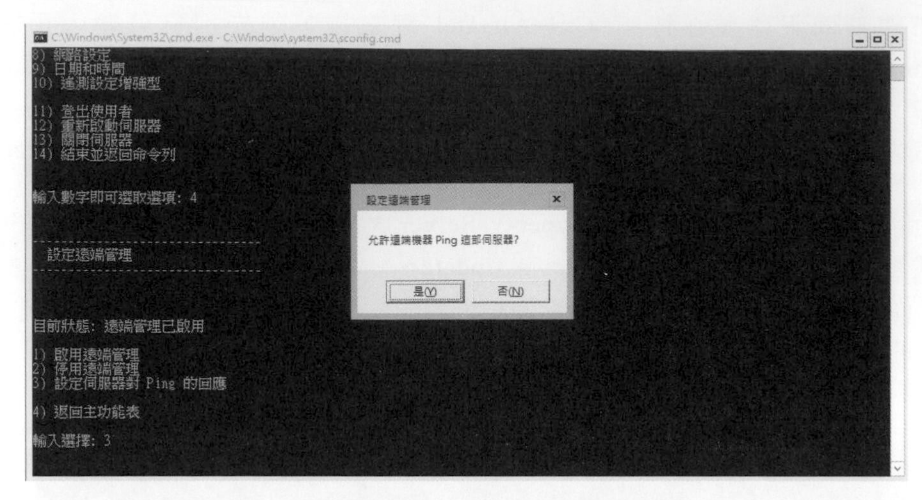

圖 10　設定遠端管理

對於大多數的系統管理者而言，使用圖形管理介面來管理 Hyper-V，肯定是平日維護虛擬化運作的首要工具，至於 PowerShell 則通常是作為輔助的工具，也就是用在進行批次作業的執行。

想要在自己的座位上透過遠端連線的方式，來管理 Hyper-V Server 2016 主機，以 Windows 10 專業版（或企業版）來說，你只要在[控制台]中開啟[程式和功能]介面，再點選位在左上方面的[開啟或關閉 Windows 功能]連結，即可在如圖 11 所示的[Windows 功能]頁面中，找到可安裝的[Hyper-V 管理工具]。點選[確定]完成安裝。

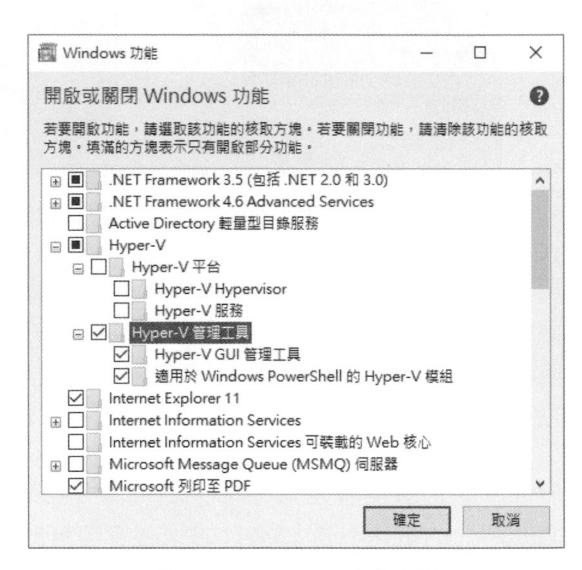

圖 11　Windows 功能安裝

完成在 Windows 10 中的[Hyper-V 管理工具]安裝之後，就可以在開始選單之中，如圖 12 所示找到位在[Windows 系統管理工具]分類中的[Hyper-V 管理員]，將它開啟之後，就可以透過它來連線管理多部的 Hyper-V Server 主機。如果你需要使用到 PowerShell 命令工具，來遠端連線管理 Hyper-V Server 也同樣可以輕鬆完成。

圖 12　Windows 10 開始功能表

6.4 建立新虛擬機器

無論你打算採用何種方式來連線管理 Hyper-V Server 2016，待成功連線之後，所要進行的工作通常就是開始建立虛擬機器。只是在建立虛擬機器之前，有一項很重要的工作必須先行完成，那就是虛擬交換器的建立，它的用途簡單來說就是讓伺服器主機上所有可用的網路連線，都能夠有相對應使用的虛擬網路，以便讓有不同網路連線需求的虛擬機器，能夠配置自己需要的網路連線。

針對這項管理操作，若是透過[Hyper-V 管理員]介面來完成是相當容易的，只要在選取所要設定的 Hyper-V 主機之後，再點選位在[動作]窗格之中的[虛擬交換器管理員]連結，即可在輕鬆完成各種虛擬交換器的新增、刪除以及設定修改。

如果你想要在 Console 端透過 PowerShell 的命令，來完成虛擬交換器的新增，那麼首先你必須先執行 Get-NetAdapter | FL Name 命令參數，來確認目前 Hyper-V 主機上的網路連線清單。

只要確認了新虛擬交換器所要使用的網路連線名稱之後，就可以參考透過以下命令參數，來建立一個名為 ExternalSwitch 的外部網路，也就是可以連接 Hyper-V 伺服器所能夠連線的任何網路。值得注意的是如果你所要建立的虛擬交換器，是屬於虛擬機器的私有網路（Private）或是主機的內部網路（Internal），只要搭配-SwitchType 參數來指定即可。

```
New-VMSwitch "ExternalSwitch" -NetAdapterName "乙太網路"
```

完成了虛擬交換器的準備之後，就可以來建立所需要的虛擬機器了。首先讓我們來學一下，如何透過[Hyper-V 管理員]介面來完成。如圖 13 所示，只要先選取 Hyper-V 主機，按下滑鼠右鍵點選[新增]\[虛擬機器]繼續。

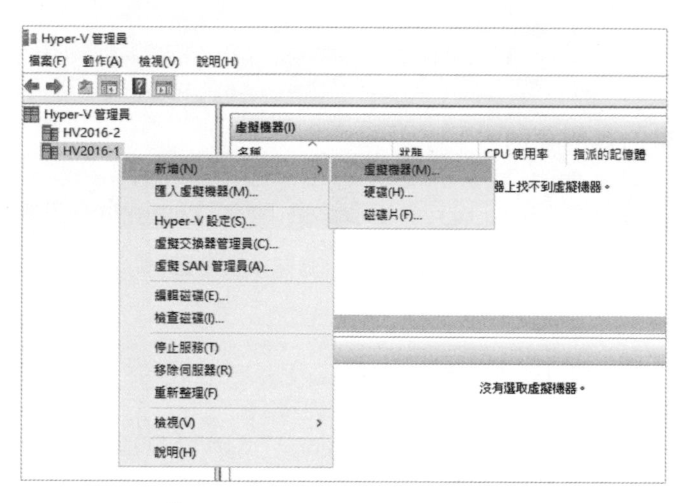

圖 13 Hyper-V Server 右鍵選單

在[指定名稱和位置]的頁面中，可以自訂新虛擬機器的名稱與儲存路徑。在如圖 14 所示的[指定世代]頁面中，如果是較新版的客體作業系統（Guest OS）安裝，像是 Windows 10 或 Windows Server 2012 以上的版本作業系統，建議你選擇安全性更高的第二代。最後在完成了記憶體、網路、虛擬硬碟以及安裝媒體的設定之後，就可以成功建立虛擬機器，並且啟動它來開始安裝客體作業系統。

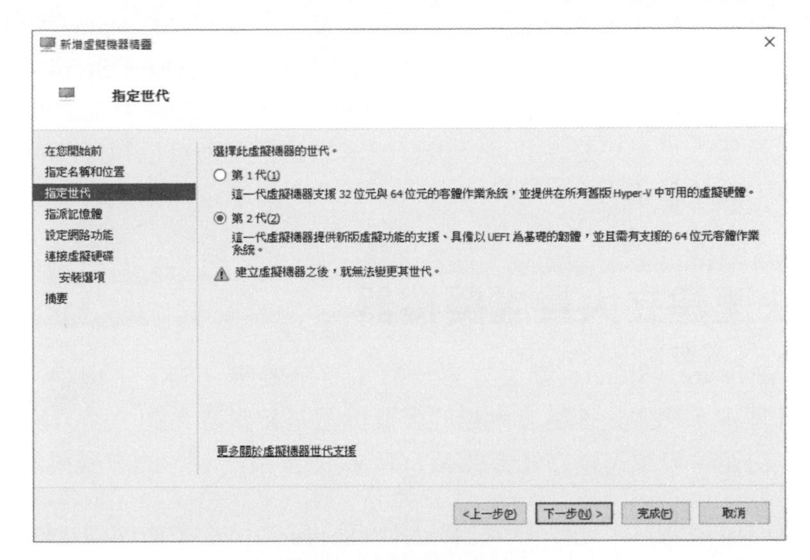

圖 14　新增虛擬機器

上述透過圖形介面來完成新增虛擬機器的作法，雖然操作簡單，但其實你可以有更具效率的方式，來完成相同的任務。那就是經由 PowerShell 命令。讓我們一同來看看接下來的幾個範例。

首先，必須先透過 Get-VMSwitch * | Format-Table Name 命令參數，來查看目前可用的虛擬交換器。在確認了新虛擬機器所要使用的虛擬交換器名稱之後，就可參考執行以命令來建立一個名為 VM01 的虛擬機器。

請注意！這個命令範例選擇了使用一個現有的虛擬硬碟，以及指定了名為 ExternalSwitch 的虛擬交換器。

```
New-VM -Name VM01 -MemoryStartupBytes 4GB -BootDevice VHD -VHDPath
D:\VMs\Win10.vhdx -Path D:\VMData -Generation 2 -Switch ExternalSwitch
```

若是新增的虛擬機器打算使用全新的虛擬硬碟，可以參考以下命令參數。

```
New-VM -Name VM01 -MemoryStartupBytes 4GB -BootDevice VHD -NewVHDPath
D:\VMs\Win10.vhdx -Path D:\VMData -NewVHDSizeBytes 40GB -Generation 2 -
Switch ExternalSwitch
```

如果想要一次建立多個虛擬機器該怎麼做呢？其實很簡單！只要多個 New-VM 命令參數的陳述，置入於一個.ps1 的 Script 檔案之中，在 PowerShell 中來執行它即可。

成功建立上述的 VM01 虛擬機器之後，就可以執行 Start-VM -Name VM01 來啟動該虛擬機器。至於後續如果需要將它正常關機，可以執行 Stop-VM -Name VM01。如果是要關閉它的電源可以搭配-TurnOff 參數，若是要強制關機則可以搭配-Force 參數。如果只是要暫停此虛擬機器的運行，則可以執行 Suspend-VM -Name VM01 命令即可。

6.5　快速建立大量虛擬機器

只要用過 VMware vSphere 解決方案，都知道只要將 ESXi 主機納入 vCenter Server 的管理中，想要快速建立大量的虛擬機器是相當容易的，因為只要透過虛擬機器範本功能，來預先建立好各種 Windows 作業系統版本的虛擬機器即可。

那麼同樣的虛擬機器範本功能，在 Hyper-V Server 2016 中要如何實踐呢？答案是同樣得整合 System Center Virtual Machine Manager 工具才能辦到。可是，如果我們沒有購買此管理工具，是否有其他方法可以快速建立虛擬機器呢？那就來試試筆者所要教你的做法吧！

首先請同樣建立一個你準備大量複製的虛擬機器，並且安裝好它的客體作業系統（例如 Windows 10）。啟動並登入後請如圖 15 所示，透過檔案管理員瀏覽至 C:\Windows\System32\Sysprep 路徑下，連續點選 Sysprep.exe 繼續。

圖 15　Guest OS 操作

緊接著在如圖 16 所示的[系統準備工具]頁面中，請在[系統清理動作]的欄位中選取[進入系統安全新體驗 OOBE]，以及勾選[一般化]選項。在[關機選項]部分請選取[關機]。點選[確定]。執行此工具的主要目的，在於移除所有的系統特定資訊，包括電腦安全性識別碼（SID）。

系統準備工具 3.14

系統準備工具 (Sysprep) 是為了硬體獨立性及清理的目標對機器進行準備的工具。

系統清理動作(A)

進入系統全新體驗 (OOBE)

一般化(G)

關機選項(S)

關機

確定　取消

圖 16　系統準備工具

完成了客體作業系統的系統準備作業之後，請在選取此虛擬機器之後按下滑鼠右鍵點選[匯出]。在如圖 17 所示的[匯出虛擬機器]頁面中，請選擇一個專門用以存放虛擬機器範本的資料夾。點選[匯出]。

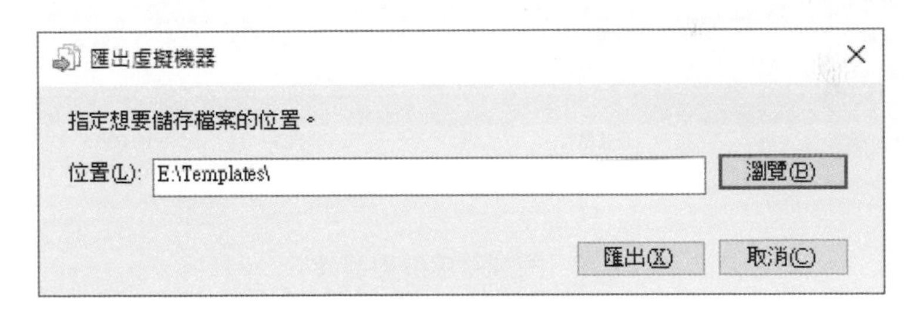

圖 17　匯出虛擬機器

成功匯出了我們所建立的虛擬機器範本之後，你就可以複製這個範本的虛擬硬碟檔案（*.vhd 或*.vhdx），分別存至新的虛擬機器存放路徑之中，例如 D:\VMs 路徑下的 VM1、VM2、VM3..等等。完成複製之後，就可以透過 PowerShell 或圖形管理介面中的[新增虛擬機器]精靈，如圖 18 所示選取[使用現有的虛擬硬碟]，挑選剛剛複製好的相對虛擬硬碟。

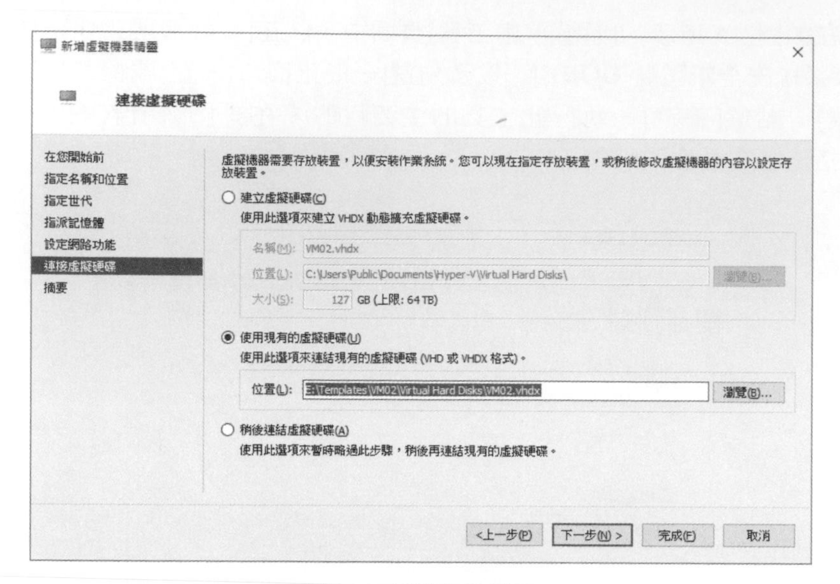

圖 18　新增虛擬機器

完成設定所有新複製好的虛擬機器之後，就可以一一將它們啟動了。啟動之後客體作業系統會開始提示設定預設 Administrator 密碼。在登入之後，在自行修改各自專屬的電腦名稱、網域以及 IP 等資訊即可。如圖 19 所示便是筆者所複製產生的三個新虛擬機器。

虛擬機器(I)

名稱	狀態	CPU 使用率	指派的記憶體	運作時間
VM01	正在執行	3%	2048 MB	00:01:57
VM02	正在執行	14%	2048 MB	00:00:33
VM03	正在執行	21%	1024 MB	00:00:12

圖 19　完成新虛擬機器建立

6.6　虛擬機器基礎管理技巧

在完成了各種所需要的虛擬機器之建立之後，有哪一些常見的管理操作是一定要學會的呢？關於這個問題，就讓我們一同來了解一下接下來的實戰說明。首先就是如圖 20 所示的虛擬機器右鍵功能，在此最重要的功能肯定就是[檢查點]，也就是俗稱的虛擬機器快照（Snapshot）。

它的用途並不是用來取代虛擬機器的備份管理，而是在相依虛擬機器主檔的架構下，建立一個狀態的備份，適合運用在應用程式或系統更新升級前的狀態備份，以防萬一發生更新或升級失敗時，能夠快速進行快照狀態的還原，而不需要大費周章的還原整個虛擬機器的備份。

然而虛擬機器檢查點的建立方式，除了可以透過[Hyper-V 管理介面]來完成之外，也能夠使用 PowerShell 的命令來完成。以下命令範例，便是針對 WS2016 這個虛擬機器，建立一個名為 BeforeOSUpdates 的快照名稱。

```
Checkpoint-VM -Name WS2016 -SnapshotName BeforeOSUpdates
```

圖 20　虛擬機器右鍵選單

凡是建立過的虛擬機器檢查點，都可以在[檢查點]的窗格之中，檢視到它們各自的時間點。若想要回復到某一個時間的檢查點，只要像如圖 21 所示一樣在選取後，按下滑鼠右鍵點選[套用]。

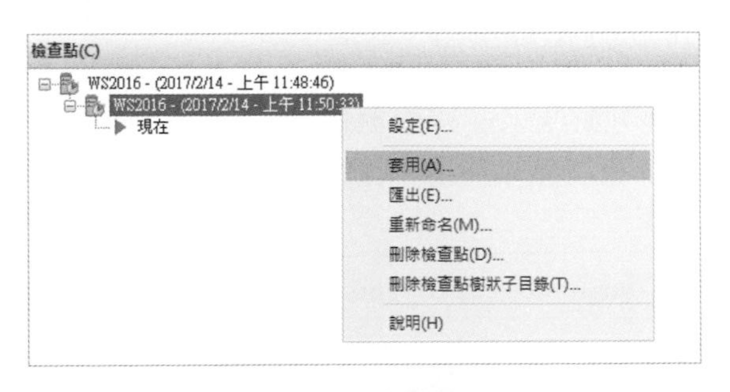

圖 21　檢查點管理

緊接著將會出現如圖 22 所示的[套用檢查點]提示訊息，告知我們將遺失虛擬機器的目前狀態。在此如果你非常確定現行運作中的狀態已不保留，可以直接點選[套用]即可，否則請點選[建立檢查點並套用]。此外，值得注意的是在這個右鍵選單中，還可以針對這個快照的虛擬機器，執行匯出、重新命名、刪除檢查點以及刪除檢查點樹狀子目錄等動作。

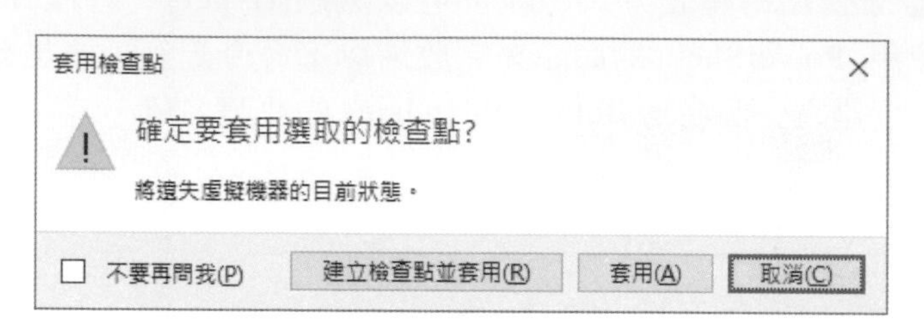

圖 22　套用檢查點

當虛擬機器的檢查點數量很多時，也會占用掉許多寶貴的硬碟空間，因此建議你最好隨時檢視一下，現行每一個虛擬機器的檢查點資訊，動手刪除一些已經不再需要保留的檢查點。現在就讓我們來學習一下，使用 PowerShell 命令管理檢查點的技巧。

首先假設我們想知道 WS2016 這個虛擬機器的檢查點資訊，只要如圖 23 所示執行 Get-VMSnapshot -VMName WS2016 命令即可。進一步，如果想要刪除在這個虛擬機器之中，所有以 WS2016 為前置字元的檢查點，只要執行 Get-VM WS2016 | Remove-VMSnapshot -Name WS2016*命令即可迅速完成。完成刪除之後可以再次進行結果查詢。

針對擁有較多檢查點的虛擬機器而言，你還可以使用更有效率的刪除方式，例如以下命令範例就是可刪除在 WS2016 虛擬機器之中，所有超過 180 天的檢查點。

```
Get-VMSnapshot -VMName WS2016 | Where-Object {$_.CreationTime -lt (Get-
Date).AddDays(-180) } | Remove-VMSnapshot
```

至於如何以 PowerShell 命令來還原虛擬機器中特定的檢查點呢？可參考以下命令範例，它便是還原了在 WS2016 虛擬機器中，一個名為'BeforeOSUpdates'的檢查點。

```
Restore-VMSnapshot -Name 'BeforeOSUpdates' -VMName WS2016
```

```
系統管理員: C:\Windows\system32\cmd.exe - powershell
PS C:\Users\administrator.LAB03> Get-VMSnapshot -VMName WS2016

VMName Name                               SnapshotType CreationTime           ParentSnapshotName
------ ----                               ------------ ------------           ------------------
WS2016 WS2016 - (2017/2/14 - 上午 11:48:46) Standard     2017/2/14 上午 11:48:54
WS2016 WS2016 - (2017/2/14 - 上午 11:50:33) Standard     2017/2/14 上午 11:50:37 WS2016 - (2017/2/14 - 上午 11:48:46)
WS2016 BeforeOSUpdates                    Standard     2017/2/14 下午 12:33:58 WS2016 - (2017/2/14 - 上午 11:50:33)


PS C:\Users\administrator.LAB03> Get-VM WS2016 | Remove-VMSnapshot -Name WS2016*
PS C:\Users\administrator.LAB03> Get-VMSnapshot -VMName WS2016

VMName Name                               SnapshotType CreationTime           ParentSnapshotName
------ ----                               ------------ ------------           ------------------
WS2016 WS2016 - (2017/2/14 - 上午 11:48:46) Standard     2017/2/14 上午 11:48:54
WS2016 WS2016 - (2017/2/14 - 上午 11:50:33) Standard     2017/2/14 上午 11:50:37 WS2016 - (2017/2/14 - 上午 11:48:46)
WS2016 BeforeOSUpdates                    Standard     2017/2/14 下午 12:33:58 WS2016 - (2017/2/14 - 上午 11:50:33)


PS C:\Users\administrator.LAB03> Get-VMSnapshot -VMName WS2016

VMName Name            SnapshotType CreationTime           ParentSnapshotName
------ ----            ------------ ------------           ------------------
WS2016 BeforeOSUpdates Standard     2017/2/14 下午 12:33:58


微軟注音 半 :dministrator.LAB03>
PS C:\Users\administrator.LAB03> _
```

圖 23　刪除快照

在前面的 PowerShell 命令範例之中，我們曾使用過 Get-VM 命令來取得虛擬機器資訊，事實上它的用途可真不少，例如你可以像如圖 24 所示一樣，執行以下命令參數，來查詢所有位在 HV2016-1 虛擬主機中，目前正在執行中的虛擬機器清單。

```
Get-VM -ComputerName HV2016-1 | Where-Object {$_.State -eq 'Running'}
```

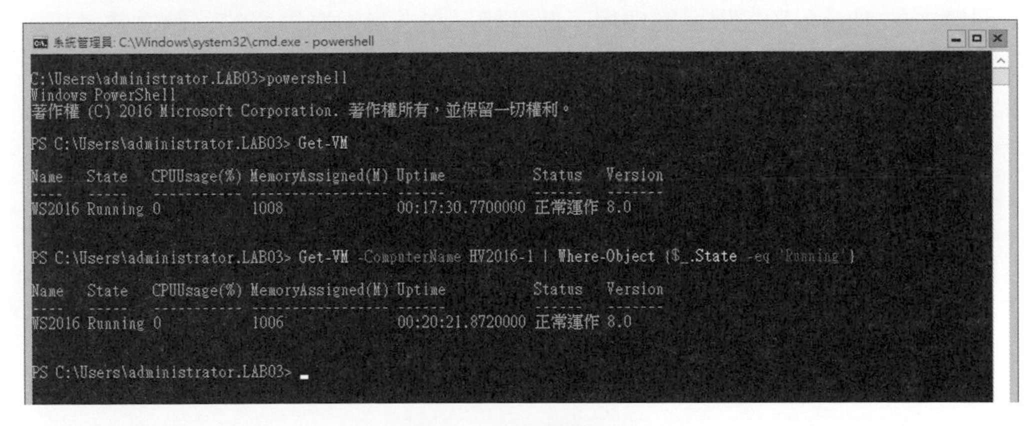

圖 24　虛擬機器查詢

進一步如果想要深入查詢指定虛擬機器的虛擬硬碟資訊，可以參考如圖 25 所示執行以下命令範例。查詢到的關鍵資訊包括了每一個虛擬硬碟的儲存路徑、虛擬硬碟格式、虛擬硬碟類型、檔案大小、已使用的空間等等。

```
Get-VM -VMName WS2016 | Select-Object VMId | Get-VHD
```

```
系統管理員: C:\Windows\system32\cmd.exe - powershell
PS C:\Users\administrator.LAB03> Get-VM -VMName WS2016 | Select-Object VMId | Get-VHD


ComputerName            : HV2016-1
Path                    : C:\Users\Public\Documents\Hyper-V\Virtual Hard Disks\WS2016.vhdx
VhdFormat               : VHDX
VhdType                 : Dynamic
FileSize                : 11010048000
Size                    : 136365211648
MinimumSize             : 136364179968
LogicalSectorSize       : 512
PhysicalSectorSize      : 4096
BlockSize               : 33554432
ParentPath              :
DiskIdentifier          : 353F5C2C-6BF9-4D6C-A41F-106AEE3BBB32
FragmentationPercentage : 4
Alignment               : 1
Attached                : True
DiskNumber              :
Number                  :
```

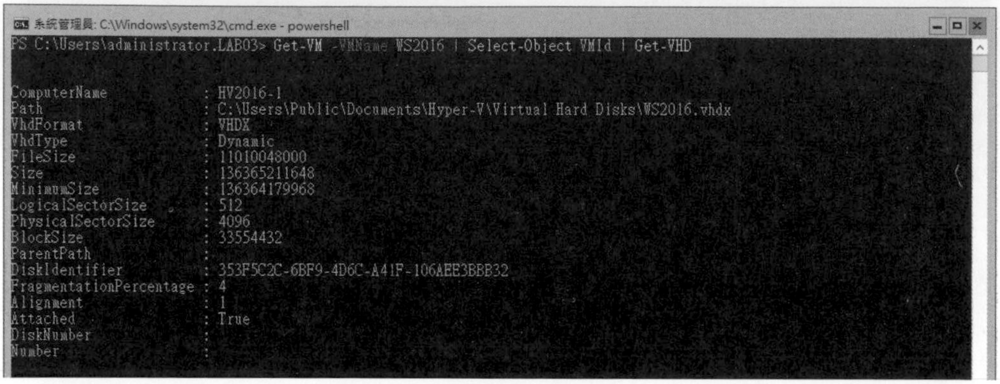

圖 25　虛擬硬碟查詢

在 Hyper-V 高級的架構應用中，針對你所架設的多部 Hyper-V Server 2016 主機，無論是桌面版本還是 Server Core 的版本，都可以提供手動的虛擬機器相互移轉功能，也就是所謂的 Live Migration。

只要雙方的 Hyper-V 主機已經啟用了此功能，在進行虛擬機器的移轉之前，可以先如圖 26 所示透過以下命令，來查詢是否有不相容的狀態。可是你可能會發現，執行後它僅有列出不相容的訊息編號，而沒有顯示出其完整的訊息內容，怎麼辦呢？

```
Compare-VM -Name SRV01 -DestinationHost HV2016-2
```

很簡單！這時候你只要緊接著執行以下兩道命令參數，即可查詢到不相容的完整訊息，例如可能包括了虛擬網路交換器等等。

```
$VM = Compare-VM -Name SRV01 -DestinationHost HV2016-2
$VM.Incompatibilities
```

```
系統管理員: C:\Windows\system32\cmd.exe - powershell
PS C:\Users\administrator.LAB03> Compare-VM -Name SRV01 -DestinationHost HV2016-2


VM                  : VirtualMachine (Name = 'SRV01') [Id = '4f86f57d-6508-4f6c-a29d-a6477d03e474']
OperationType       : MoveVirtualMachine
Destination         : HV2016-2
Path                :
SnapshotPath        :
VhdDestinationPath  :
VhdSourcePath       :
Incompatibilities   : {21026, 24014, 33012, 40010...}
CheckpointPath      :



PS C:\Users\administrator.LAB03> $vm=Compare-VM -Name SRV01 -DestinationHost HV2016-2
PS C:\Users\administrator.LAB03> $VM.Incompatibilities

Message
-------
位於移轉目的地 'HV2016-2.lab03.com' 之 'SRV01' 的虛擬機器移轉操作失敗。(虛擬機器識別碼 4F86F57D-6508-4F6...
虛擬機器 'SRV01' 或 (和) 它的其中一個檢查點與實體電腦 'HV2016-2' 不相容。(虛擬機器識別碼 4F86F57D-6508-4...
找不到乙太網路交換器 'External Network'。
找不到虛擬硬碟檔案。
找不到乙太網路交換器 'External Network'。
找不到虛擬硬碟檔案。
```

圖 26　虛擬機器移轉相容性查詢

6.7 實體與異質虛擬機器轉換

在過去若想要移轉實體主機至 Hyper-V 的虛擬機器（簡稱 P2V），必須透過 System Center 解決方案中的 Virtual Machine Manager 的管理系統（簡稱 SCVMM），才能做到線上或離線的 P2V 作業。

不過這項功能打從 SCVMM 2012 R2 版本之後已不再提供，而是改由官方所發行的一支名為 MVMC（Microsoft Virtual Machine Converter）的免費工具，來繼續提供這一項移轉作業。

在最新 MVMC 3.0 的版本功能中，不僅支援了實體轉虛擬的功能，也支援了透過與 VMware ESX/ESXi 主機或 vCenter Server 的連線，將其上的虛擬機器移轉至 Hyper-V Server 或 Azure 中來運行。如圖 27 所示你可以到以下官方網站，下載最新版本的 MVMC 工具。

MVMC 3.0 工具官方下載網址：

https://www.microsoft.com/en-us/download/details.aspx?id=42497

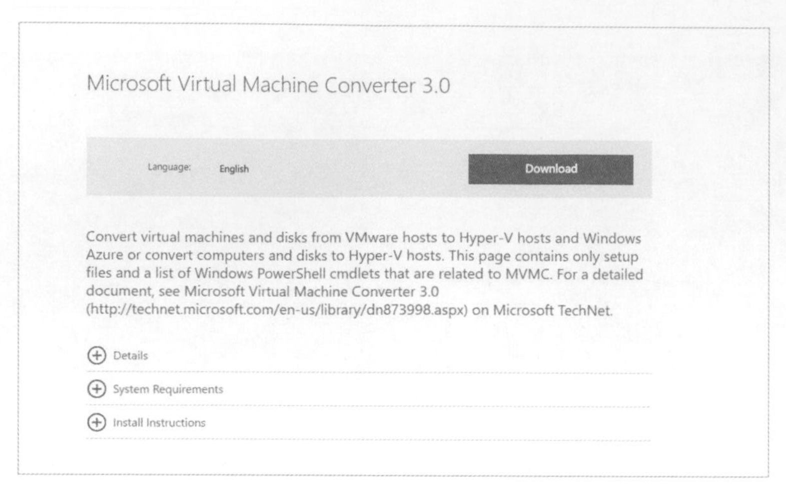

圖 27　MVMC 3.0 工具下載

關於安裝 MVMC 3.0 工具程式的系統需求如下：

- 支援的作業系統包含了 Windows Server 2008 R2 SP1、Windows Server 2012, Windows Server 2012 R2。
- 如果你打算把它安裝在 Windows Server 2008 R2 SP1 作業系統中，則需要預先安裝 Microsoft .NET Framework 3.5 以及.NET Framework 4。
- 如果是要將它安裝在 Windows Server 2012/R2 作業系統中，則需要預先安裝 Microsoft .NET Framework 4.5。
- 安裝 Bits Compact Server 功能以及 Visual C++ Redistributable for Visual Studio 2012 Update 1。

整個 MVMC 3.0 的安裝過程中，只需要確認程式安裝的路徑即可。如圖 28 所示便是它在完成安裝後，執行時的精靈設定頁面。在[Machine Type]頁面中，必須先選擇要進行虛擬機器還是實體主機的移轉。讓我先來看看實體主機的移轉設定。點選[Next]繼續。

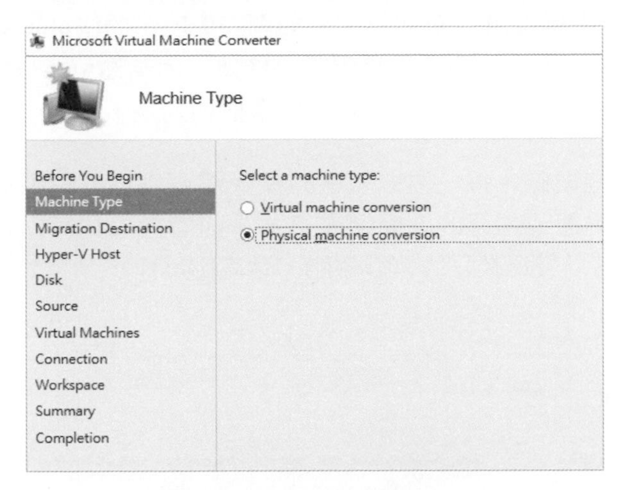

圖 28　選擇虛擬機器類型

在如圖 29 所示的[Source]頁面中，請輸入來源實體主機的位址（名稱或 IP）、管理者帳戶以及密碼。請注意！如果是網域中的主機，建議你輸入網域管理員的帳號與密碼。點選[Next]。

在[System information]頁面中，請點選[Scan System]。執行的過程將會自動在來源主機中，安裝一個暫時的代理程式（Agent），以便收集完整的主機資訊以及順利完成後續的移轉作業，而所收集的資訊主要包括了作業系統版本、處理器（CPU）、硬碟以及網卡。點選[Next]。

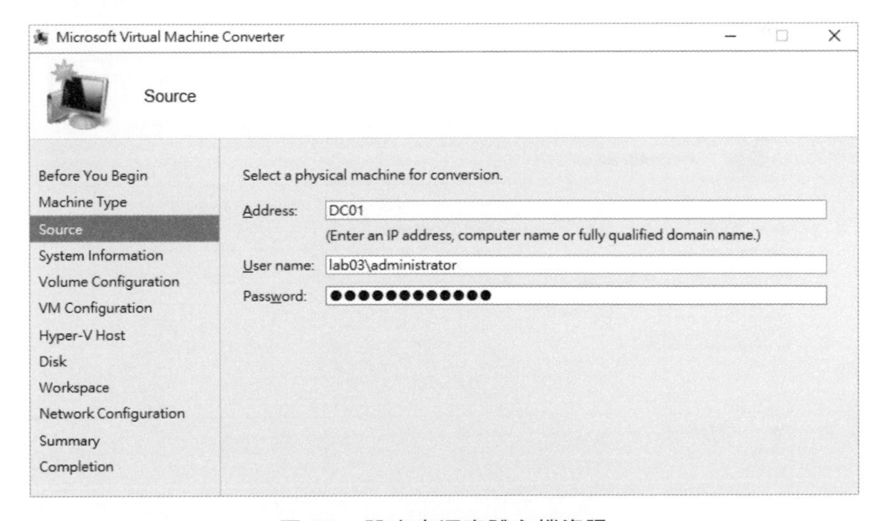

圖 29　設定來源實體主機資訊

完成了來源系統的掃描之後，就可以來到如圖 30 所示的[Volume Configuration]頁面。在此必須決定哪一些硬碟是我們所要移轉，因為你可能只想移動作業系統的磁碟，這時候就可以將其他存放資料的硬碟取消勾選。

無論勾選了哪一些硬碟，每一個被勾選的硬碟都可以自訂對應的虛擬硬碟的類型，也就是選擇動態或靜態的虛擬硬碟格式。前者對於往後的管理會較節省空間，至於後者則可以獲得較好的執行效能。點選[Next]。

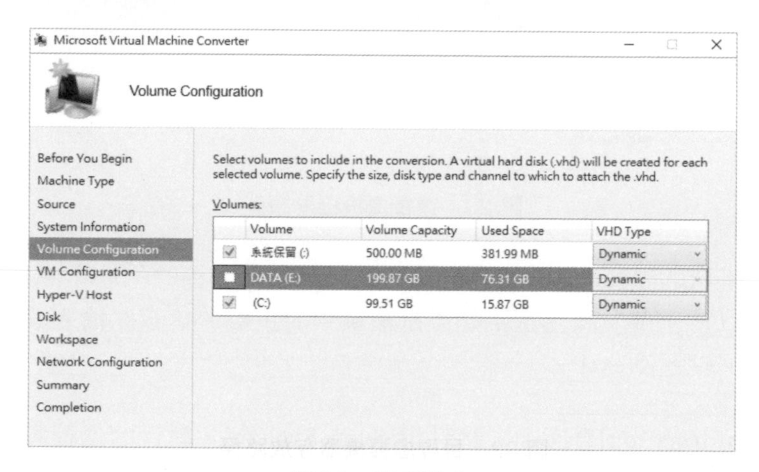

圖 30　磁碟設定

在如圖 31 所示的[VM Configuration]頁面中，請輸入移轉至 Hyper-V 主機時的虛擬機器名稱，以及此虛擬機器所要使用的處理器數量與記憶體大小。點選[Next]。

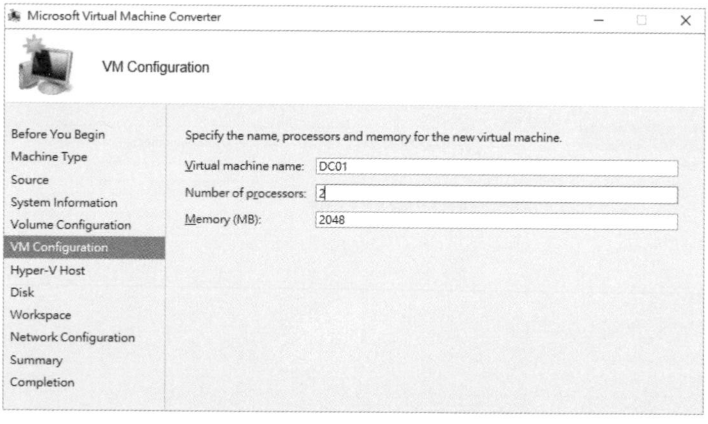

圖 31　目標虛擬機器設定

在[Hyper-V Host]頁面中，請輸入連線目標 Hyper-V 主機的位址（或名稱）、登入帳號以及密碼。如果目前已經是使用該網域管理員的帳戶登入，則只要在完成位址輸入之後，勾選[Use my Windows user account]設定即可。點選[Next]。

在如圖 32 所示的[Disk]頁面中，必須指定用以存放轉換後的虛擬硬碟路徑，可以是本機或是目標主機。點選[Next]。在[Workspace]頁面中則必須指定目標 Hyper-V 伺服器中，用以存放轉換後的虛擬硬碟路徑。點選[Next]。

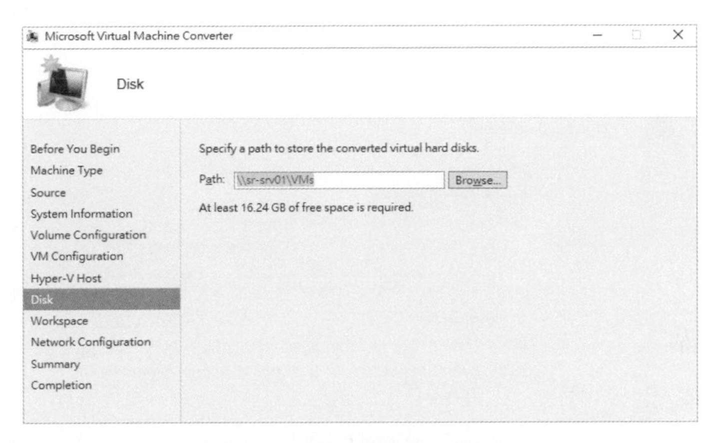

圖 32　目標虛擬機器存放路徑

在[Network Configuration]頁面中，請選擇當成功轉換至目標 Hyper-V 主機之後，所要連接使用的虛擬網路。點選[Next]。最後在[Summary]頁面中，只要確認上述設定皆無誤之後，就可以點選[Next]來開始進行虛擬機器轉換作業。如圖 33 所示在[Completion]頁面中，便可以看到整個實體轉換虛擬的作業進度。

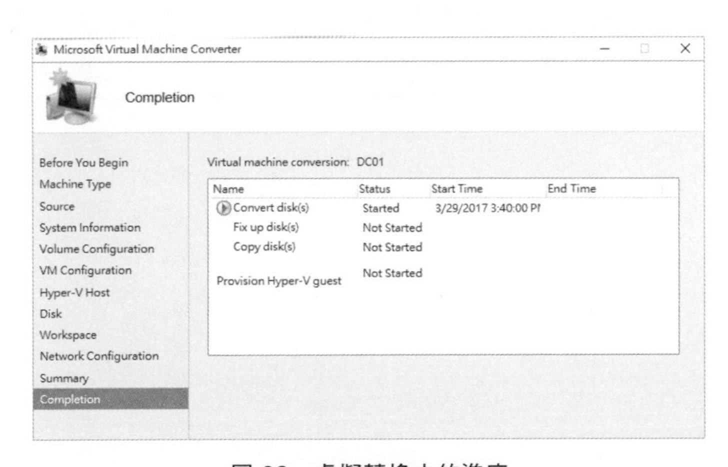

圖 33　虛擬轉換中的進度

接下來我們則是要嘗試將位在 vCenter 或 ESXi 主機中的虛擬機器，移轉至 Hyper-V Server 的虛擬化平台中來運行。值得注意的是像 V2V 這樣的轉換需求，在實務的運用中，通常來源使用的是 VMware 免費的 vSphere Hypervisor，也就是單一虛擬主機的簡單架構。

透過 MVMC 工具的轉換設定，也只有些許的差異。首先是在[Machine Type]頁面中選取[Virtual machine conversion]，在下一個頁面中，請如圖 34 所示選取[Migrate to Hyper-V]。點選[Next]。

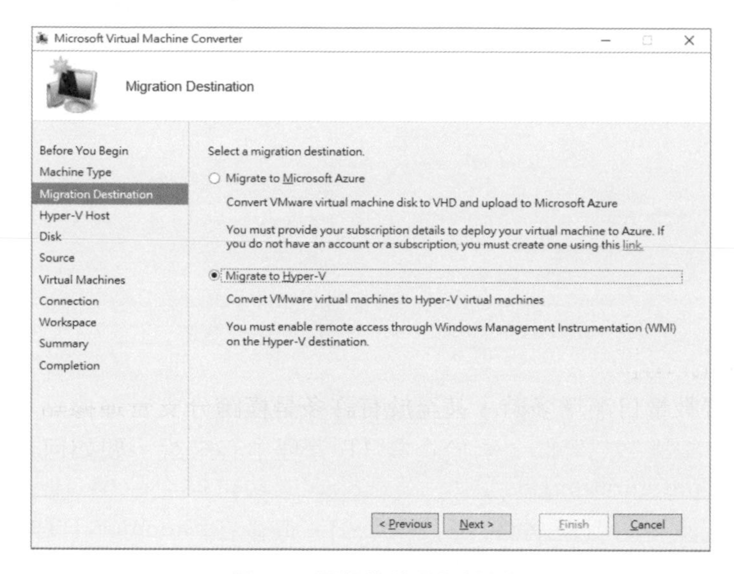

圖 34　選擇移轉目標類型

接著必須依序設定 Hyper-V 主機的連線資訊、虛擬磁碟類型、ESX/ESXi 主機連線資訊。一旦成功來到如圖 35 所示的[Virtual Machine]頁面，便可以檢視到現行 VMware 虛擬機器的清單，並且選取準備要移轉的虛擬機器，點選[Next]繼續完成移轉作業即可。

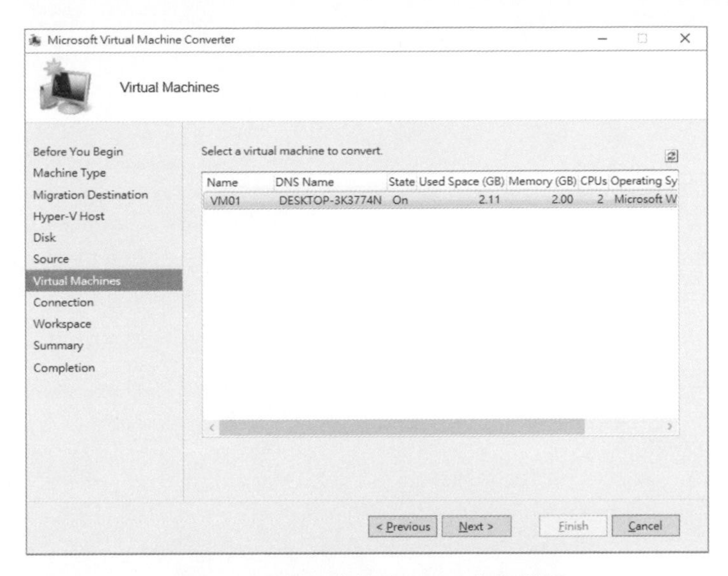

圖 35　選取要移轉的 ESXi 虛擬機器

針對少量的 Hyper-V Server 2016 的管理，只要透過 Windows 10 或 Windows Server 2016 的 Hyper-V 管理員，來進行遠端連線控管即可。未來如果 Hyper-V Server 的部署數量日漸增多時，甚至於有許多是橫跨分支營運據點，以及加入了高可用性叢集架構的部署時，對於企業 IT 管理中心來說，要如何更有效率的集中控管日趨複雜的私有雲基礎建設呢？

其實相當容易，只要建置一部 System Center Virtual Machine Manager 伺服器，就可以讓負責虛擬化管理的 IT 人員，在單一的圖形化介面之中，輕鬆監視從獨立到叢集架構的 Hyper-V 主機，甚至於可以同時連接管理 VMware vSphere 架構中的虛擬機器。

第 7 章 Hyper-V 熱備援架構部署

新一代雲端作業系統 Windows Server 2016，將提供 IT 私有雲環境架構中，前所未有的技術體驗，並且讓 IT 單位能夠以最低廉成本的預算，完成所有企業級虛擬化部署規劃中，所需要的一切能力。

這包括了因應各種現行網路架構所需要的高可用性建置，以及在面對龐大儲存量需求下的各種新生代儲存架構設計，像是結合 SMB 檔案共用路徑下的低成本建置，或是整合軟體定義儲存技術（SDS）的高效能架構設計等等。今日就讓我們從如何部署一個最低成本的 Hyper-V 高可用性架構為出發點，開始正式踏入全新 Windows Server 2016 最引以為傲的各項虛擬化技術。

7.1 簡介

如今的 Microsoft 和過去最大的不同之處，就在於這句口號：「行動優先，雲端至上（Mobile First,Cloud First）」。話說回來，這段口號也等同是廢話，為什麼呢？因為現今的 IT 產業，若不去實踐這句話，還能在如此競爭的雲端戰場上生存嗎。

不過其實 Microsoft 早在十多年以前，就已經意識到雲端世界的到來，否則怎麼會有 Virtual Server 2005，也因為有了這項基礎，才有今天橫掃全球 IT 虛擬化市場的 Hyper-V 虛擬化平台解決方案。

最早 Hyper-V 伺服器角色的第一個版本，發行於 Windows Server 2008 作業系統中，當時對於伺服端的虛擬化平台技術而言，由於許多功能面的設計都僅限在基礎的運用之中，因此完全無法與 IT 虛擬化平台市場中的龍頭霸主，也就是 VMware 其下的 vSphere 解決方案相提並論。可是經歷了 Windows Server 2008

R2、Windows Server 2012、Windows Server 2012 R2 的精心淬煉之後，它開始逐漸受到許多組織與企業 IT 的關注。

甚至於開始實施並行 Hyper-V 與 vSphere 虛擬化的混合作業環境，或是完全使用純 Hyper-V 的虛擬化平台。現今導致許多 IT 單位開始改用 Hyper-V 的主要原因，絕對不只是因為 Hyper-V 的建置成本較為低廉，而是在這一項基礎之上，它所提供的各項特色，包括了在高安全性、高可靠度、高延展性以及高可用性四大方面，皆已經俱備了企業級嚴苛運行環境下，所需要的一切能力。

如今來到了最新版本的 Windows Server 206，更是讓它在前一版的技術基礎上，強化了許多原有的各項功能並加入了更多新的強大功能，包括了它能夠在最精簡的 Nano Server 上執行 Hyper-V 服務，以及結合 Containers 虛擬化技術的應用、結合主機 TPM（Trusted Platform Module）的 Shielded 安全防護、結合 Storage Space Direct 的 HA 架構設計、可線上變更共用虛擬硬碟大小、可線上新增虛擬硬碟的 Hyper-V Replica 複寫功能。

在細部的管理功能上，則還有可線上調整虛擬機器起始記憶體的大小、可線上新增/刪除虛擬網路卡、可直接以 PowerShell 管理 Guest OS、用以提升 VHDX 虛擬硬碟運行效能的全新 ReFS 檔案系統、巢狀 Hyper-V 建置的支援、無需 VSS（Volume Shadow Copy Service）的全新備份架構、無縫式升級舊版 Windows Server 2012 R2 叢集的部署技術等等。

或許過去的 Windows Server 2012 R2 虛擬化平台技術你已經錯過，沒關係！請從現在開始，全心投入全新 Windows Server 2016 的懷抱，學習如何為自己組織的 IT 環境，打造一個堅如磐石、快如疾風的虛擬化運行環境吧！

7.2　部署前的準備工作

在接下來的實戰講解中，筆者將在測試的網路環境之中，準備一部負責擔任 Active Directory 網域控制站與檔案伺服器的 Windows Server 2012 R2 主機，以及即將作為容錯移轉叢集與 Hyepr-v 服務的兩部 Windows Server 2016 主機，這兩部主機請給予兩片網路卡的連線。

值得注意的是，這一切測試環境的準備，你不一定得大費周章的準備實體的主機來進行，因為 Windows Server 2016 已直接支援 Hyper-V 的巢狀建置，或是你可以選擇在試用版的 Azure 服務環境下來測試，再不然就是使用像是 VMware Workstation 10 以上版本也是可行的。

為了方便往後對於 Hyper-V 主機的集中管理，我會建議你先在 Windows Server 2016[伺服器管理員]介面中，完成相關設定動作。首先請如圖 1 所示在[Manage]下拉選單中，點選[Add Servers]來將每一部 Hyper-V 主機加入，再點選[Create Server Group]，來建立 Hyper-V 主機專屬的分類群組。

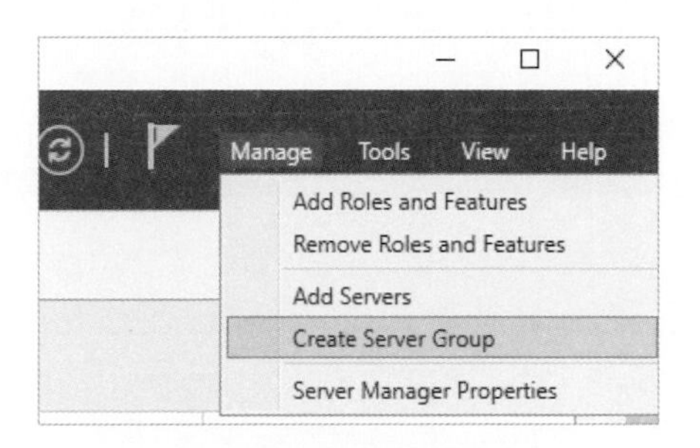

圖 1　伺服器管理員選單

在如圖 2 所示的[Create Server Group]頁面中，請將剛剛加入至伺服器集區中的每一部 Hyper-V 主機，加入到這個新伺服器群組中。並且記得給予一個適當的命名，例如你可以命名為「Hyper-V Cluster」，因為後續我們也將會安裝叢集功能。

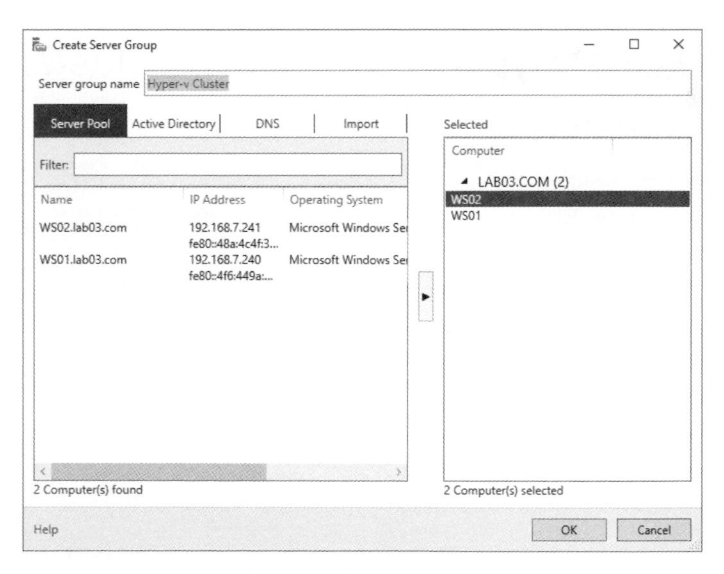

圖 2　建立伺服器群組

如圖 3 所示便是筆者所建立的「Hyper-V Cluster」伺服器群組範例，未來如果有更多新安裝的 Hyper-V 主機，你可以繼續將它們增加至群組之中，以方便從單一管理介面中，對於這一些伺服器直接進行伺服器角色與功能的新增/刪除、事件檢視、遠端桌面連線、PowerShell 連線以及重新啟動主機等動作。

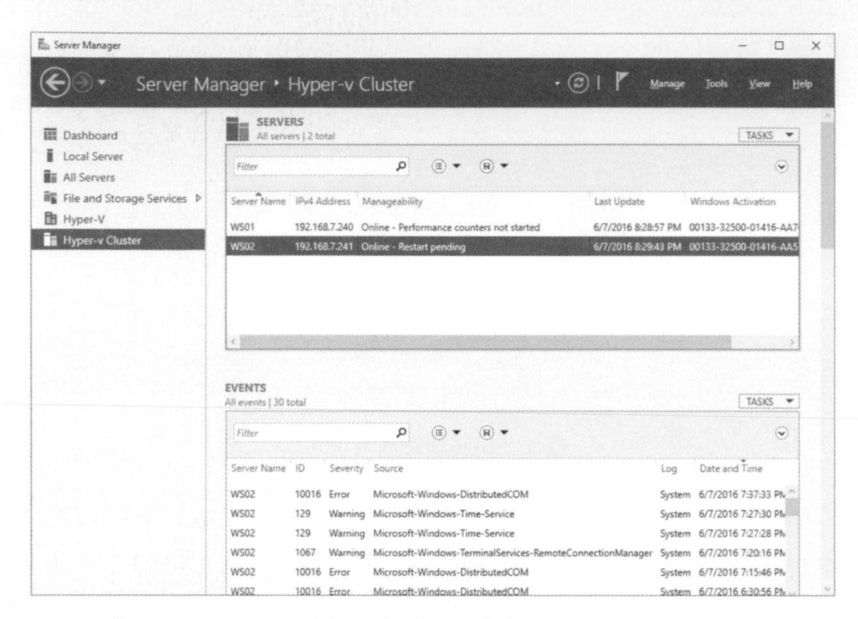

圖 3　伺服器群組檢視

7.3　安裝設定 Hyper-V 與 Failover Clustering

接下來我們必須為準備好的兩部 Windows Server 2016，安裝好 Hyper-V 伺服器角色以及容錯移轉叢集功能。首先是 Hyper-V 角色的安裝，請在[伺服器管理員]介面的[Manage]下拉選單中，點選[Add Roles and Features]繼續。

在如圖 4 所示的[Server Selection]頁面中，挑選所要安裝的 Windows Server 2016 主機。當然你也可以從前面所建立的伺服器群組頁面中，直接針對目標主機的選取，按下滑鼠右鍵來點選[Add Roles and Features]也是可以的。

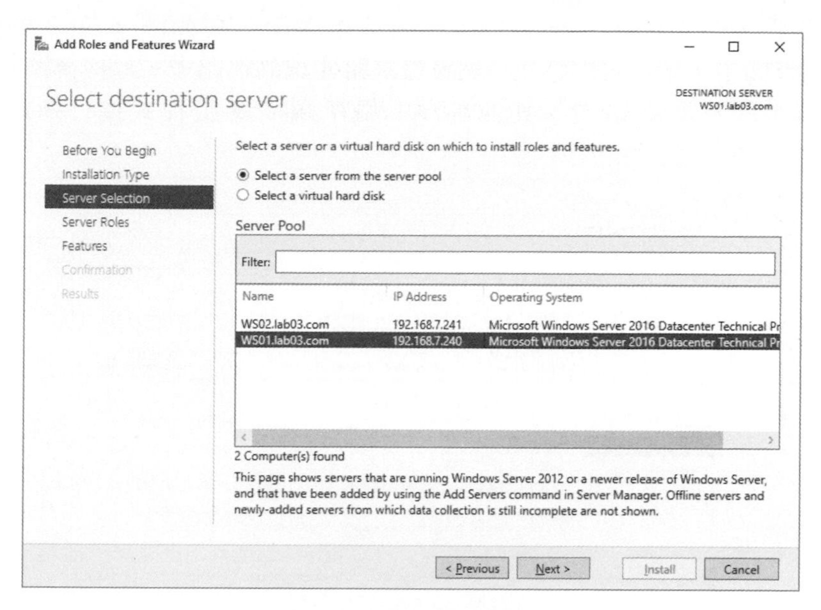

圖 4　目標伺服器選擇

在如圖 5 所示的[Server Roles]頁面中，請唯一勾選[Hyper-V]項目並點選[Next]。在[Features]頁面中則無需勾選任何項目。點選[Next]。

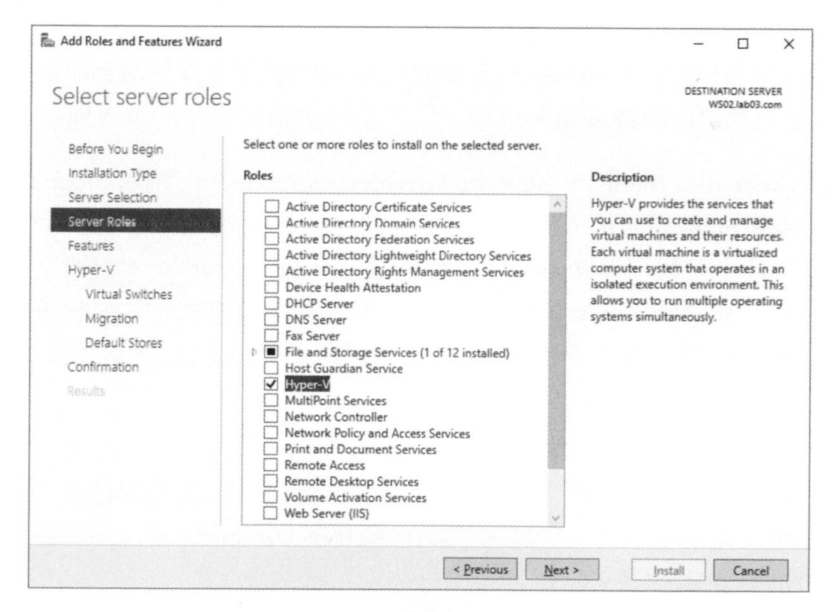

圖 5　伺服器角色安裝

接下來必須設定 Hyper-V 伺服器角色的基本主態。在如圖 6 所示的[Virtual Switches]頁面中，請勾選即將作為與實體網路連線的網路卡，以便後續所建立的虛擬機器，能夠與網路內的其他主機、用戶端、應用程式進行通訊。點選[Next]。

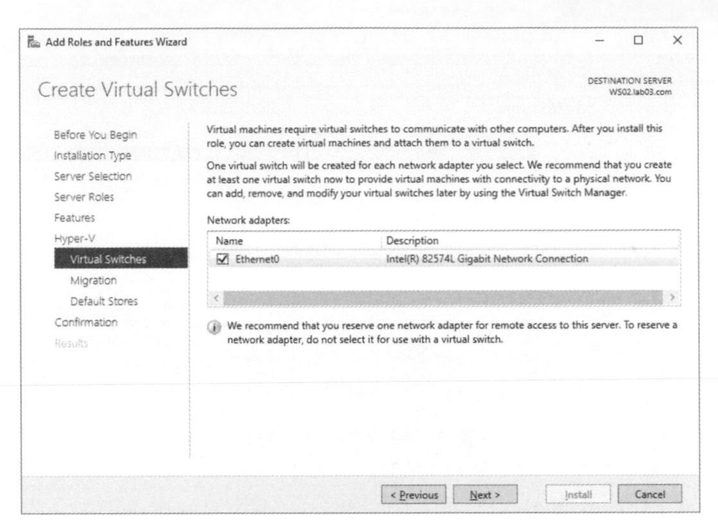

圖 6　虛擬網路交換器設定

在如圖 7 所示的[Migration]頁面中，則是可以讓你決定是否要讓此 Hyper-V 伺服器，能夠傳遞與接收虛擬機器的線上移轉功能，如果你允許這項功能的使用，則必須選擇雙方驗證時所要採用的協定，以下說明這兩種協定的差異性：

- Use Credential Security Support Provider（CredSSP）：採用 CredSSP 協定是最簡單的認證方式，幾乎不需要特別設定任何組態，不過這也意味著它在安全性上比較沒那麼嚴謹，且必須通過來源 Hyper-V 本機的登入或以遠端桌面的登入或 PowerShell 遠端工作階段的連線方式，才能夠進行虛擬機器的線上移轉作業，因為它可是不支援將驗證資訊直接傳遞給另一部主機。
- User Kerberos：採用 Kerberos 的驗證機是相對安全許多的，且不需要得登入來源 Hyper-V 主機，就可以進行線上移轉作業，但相對它事先的安全準備工作就會較多一些，也就是必須在 Active Directory 管理中，設定電腦物件的相關委派。

在這個範例中，筆者先選擇 CredSSP 協定的驗證方式，之後再來說明如何修改這項組態與設定電腦限制委派的方法。

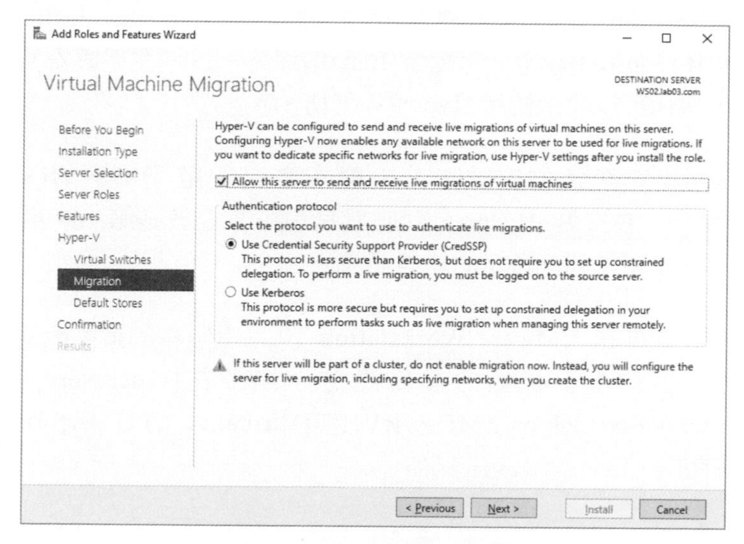

圖 7　虛擬機器移轉設定

在如圖 8 所示的[Default Stores]頁面中，可以發現對於未來虛擬機器建立時，設定檔與虛擬硬碟檔案，都有它專屬的預設存放路徑，在此筆者會建議你，不妨直接將此路徑指定在非系統磁碟，並且是 ReFS 檔案系統的磁碟分割區之中，可有效提升虛擬硬碟讀寫時的執行效能。點選[Next]。

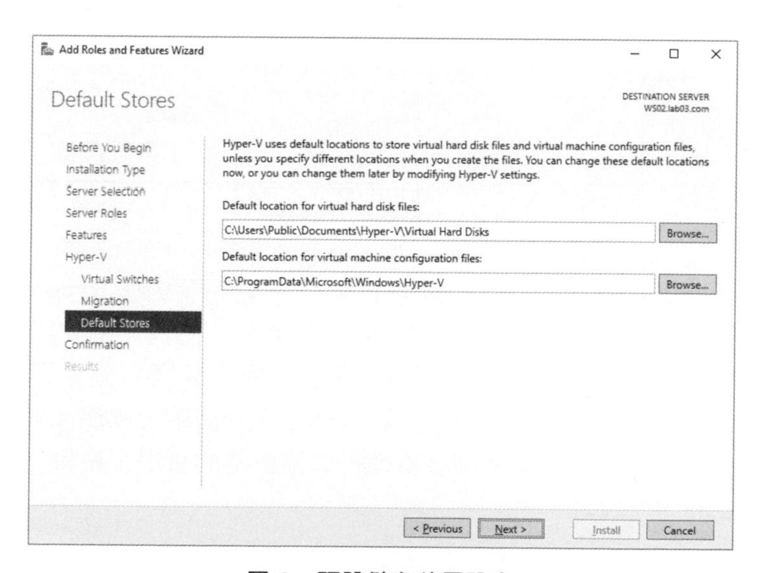

圖 8　預設儲存位置設定

最後在[Confirmation]頁面中，建議你先勾選[Restart the destination server automatically if required]設定，再點選[Install]按鈕，以便在完成安裝之後自動重新啟動系統，讓你可以開始使用 Hyper-V 服務。

關於本次 Hyper-V 角色的安裝，若主機本身有啟用 BIOS 的[Virtualization Technology]設定，在安裝 Hyepr-v 伺服器角色，甚至於是第二層巢狀 Hyper-V 的安裝，都不會出現如圖 9 所示的錯誤訊息。

至於如果是安裝在像是 VMware Workstation 10 以上版本的虛擬機器之中，則記得必須額外針對該虛擬機器的編輯設定，開啟在[Processors]選項中，將[Virtualize Intel VT-x/EPT or AMD-v/RVI]與[Virtualize CPU performance count]兩設定勾選即可。

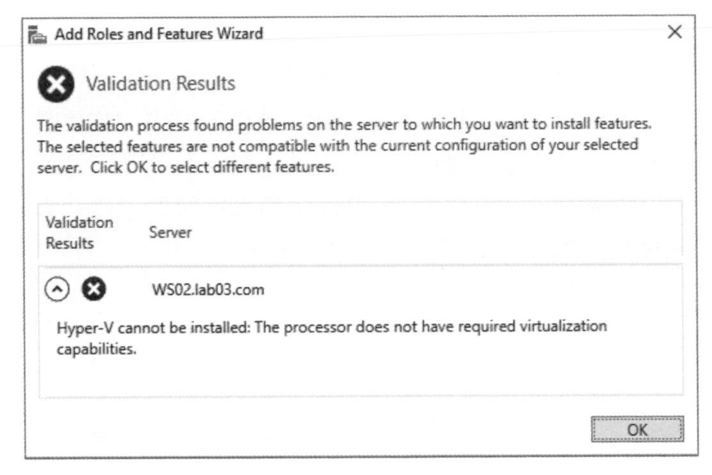

圖 9　安裝時的可能錯誤

請陸續完成每一部伺服器的 Hyper-V 角色安裝。在重新啟動 Hyper-V 伺服器之後，就可以從[伺服器管理員]介面的[Tools]選單中，點選開啟如圖 10 所示的[Hyper-V Manager]介面，在最上層的節點上，按下滑鼠右鍵點選[Connect to Server]，來將其他 Hyper-V 伺服器角色加入此管理介面中，以便後續可以在單一管理介面中，對於任一 Hyper-V 伺服器進行虛擬機器的新增、編輯、移除以及各種虛擬化功能的管理設定。

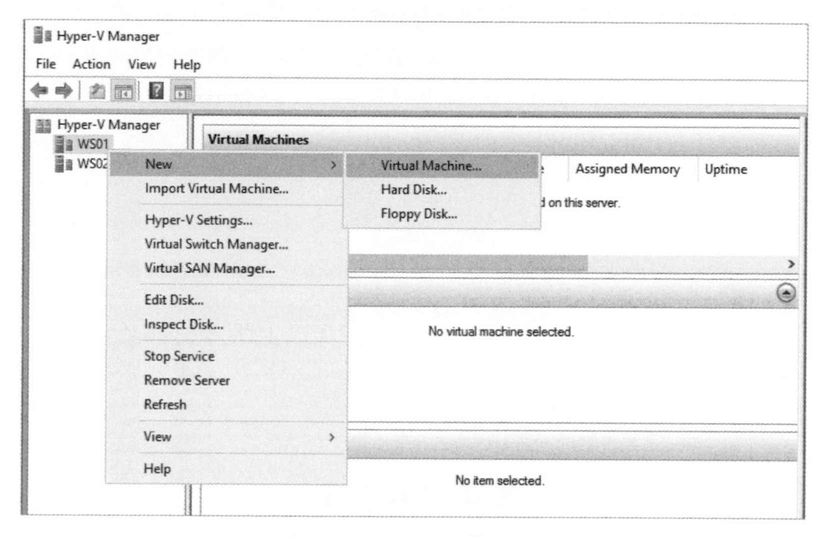

圖 10 Hyper-V 管理介面

完成了 Hyper-V 伺服器角色的安裝之後，接下來請再一次從[伺服器管理員]介面中，開啟[Add Roles and Features]精靈頁面，來到如圖 11 所示的[Features]頁面中，將[Failover Clustering]功能項目勾選後，點選[Next]完成安裝即可。

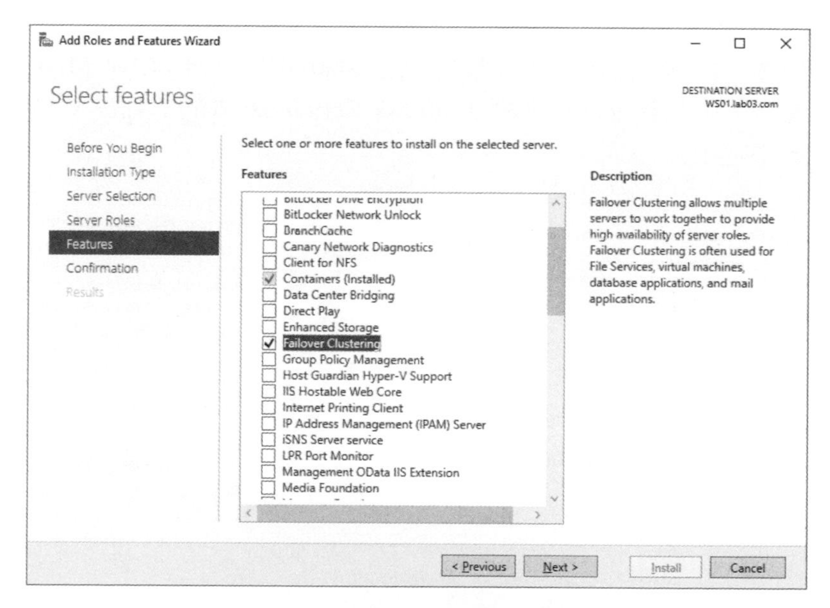

圖 11 安裝容錯移轉叢集功能

完成[Failover Clustering]功能於兩部 Hyper-V 伺服器上的安裝之後，建議你從[伺服器管理員]介面的[Tools]選單中，開啟如圖 12 所示的服務（Services）管理介面，檢查其中的[Cluster Service]是否已在啟動（Starting）中，並且啟動類型也已設定為自動（Automatic）。

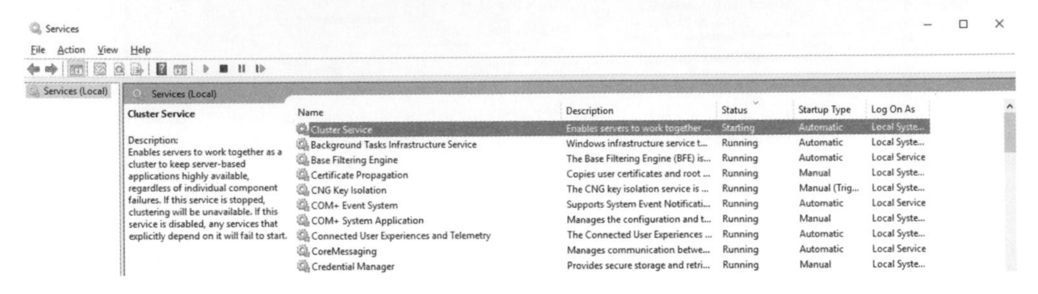

圖 12 服務管理員

確認了兩部 Hyper-V 伺服器中的叢集服務都在正常啟動狀態之後，你就可以從任一台主機的[伺服器管理員]介面中，點選開啟位在[Tools]選單下的[Failover Cluster Manager]管理介面。

如圖 13 所示後續我們將在此管理介面中，建立叢集設定、管理叢集資源以及建立 Hyper-V 虛擬機器的高可用性，不過目前我們先暫時不動它，因為還不到它真正出場的時機，因為你應該先行學習的會是 Shared Nothing Live Migration，一同來動手實作一下，看看它如何在 Windows Server 2016 的 Hyper-V 平台下，運行的更快更穩吧！

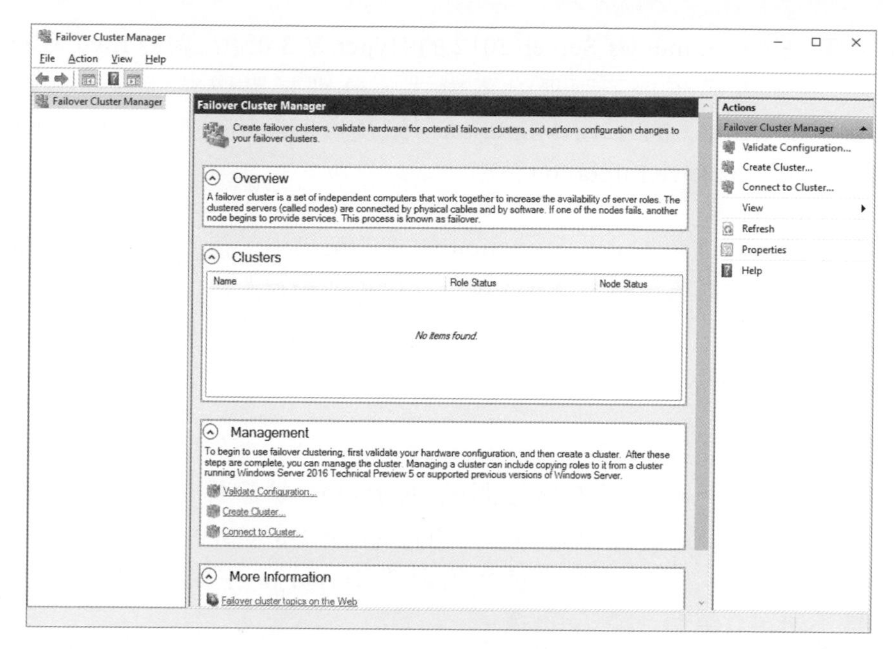

圖 13　容錯移轉叢集管理介面

想要同一時間為多部上線的 Windows Server 2016 安裝[容錯移轉叢集]的伺服器角色嗎？方法很簡單，只要在 PowerSehll 的命令視窗中，依序下達以下變數設定與命令參數即可，其中$nodes 變數所設定的，便是每一部準備安裝指定角色或功能的主機名稱。值得注意的是同樣的作法，你也可以修改成用來安裝其他角色或功能。

```
$nodes = ("WS01", "WS02", "WS03")
icm $nodes {Install-WindowsFeature Failover-Clustering -
IncludeAllSubFeature -IncludeManagementTools}
```

7.4　建立 Shared Nothing Live Migration

線上移轉虛擬機器至其他可用的虛擬化主機之中，來繼續運行並提供服務，是私有雲基礎建設管理中的一項重要功能，這項功能在 VMware vSphere 中稱為 vMotion，在 Hyper-V 中就是 Live Migration，名稱與背後的運行技術有所不同，但其目的都是一樣的，那就是要讓 IT 單位在日常運行作業中，直接將執行中的虛擬機器，透過現行的網路連線移轉到另一台虛擬化主機來持續運行，過程中幾乎不影響到正常上線使用中的使用者。

比較特別的是早在 Windows Server 2012 的 Hyper-V 3.0 中，對於 Live Migration 架構的方式，就已支援了兩種建置模式，分別是需要結合容錯移轉叢集（Failover Clustering）的 Live Migration，以及無須共用位置（Shared Nothing Live Migration）的 Live Migration 技術。

前者適合架構在同時有 Quick Migration 需求的架構中，後者則是完全不需要事先準備好容錯移轉叢集功能，以及共用儲存位置或儲存設備。接下來就讓我們來學一下，如何建立一個比 Windows Server 2012/R2 中，更快更穩的 Shared Nothing Live Migration。

首先為了讓這項無須共用位置的 Live Migration 功能，能夠運行在高安全的網路通訊基礎上，我們將採用主機之間的 Kerberos 驗證機制。請開啟[Active Directory 使用者和電腦]或如圖 14 所示的[Active Directory 管理中心]介面，在[Computers]容器中，分別完成準備好的兩部 Hyper-V 主機之相關委派授權設定，請按下滑鼠右鍵點選[內容]繼續。

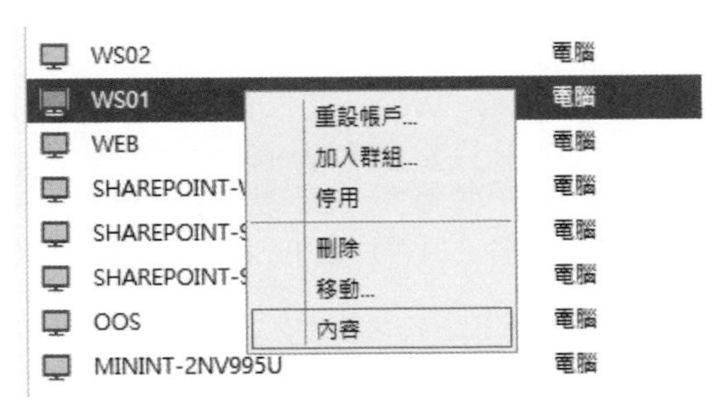

圖 14　Active Directory 管理中心

接著在如圖 15 所示的[委派]節點頁面中，請先選取[信任這台電腦，但只委派指定的服務]設定，點選[新增]按鈕繼續。

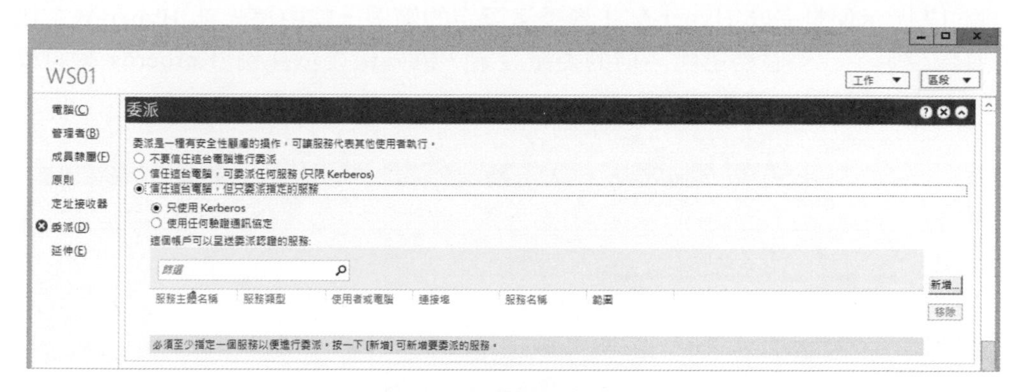

圖 15　電腦委派管理

接著你必須挑選所要設定的 Hyper-V 主機，選取過程中你可能需要先將物件類型的設定，加入[電腦]物件類型的勾選，才能夠找到網域中所有的電腦。來到如圖 16 所示的[新增服務]頁面中，你必須為每一部 Hyper-V 主機分別選取 cifs 與 Microsoft Virtual System Migration Service 兩種服務主體名稱的加入。

此外必須特別留意的是，如果你是使用[Active Directory 管理中心]介面來完成上述設定，則必須每一部 Hyper-V 主機的 NetBIOS 名稱（例如：WS01）與 FQDN 名稱（例如：WS01.lab03.com）才可以，若是使用[Active Directory 使用者和電腦]介面來進行設定，則僅需加入 NetBIOS 名稱的 Hyper-V 主機即可。

圖 16　新增服務

如圖 17 所示便是完成 Hyper-V 主機委派設定的範例，其中每一部 Hyper-V 主機筆者皆設定了四筆服務主體名稱的委派設定，以確保後續採用 Kerberos 驗證機制的 Live Migration 可以正常運行。

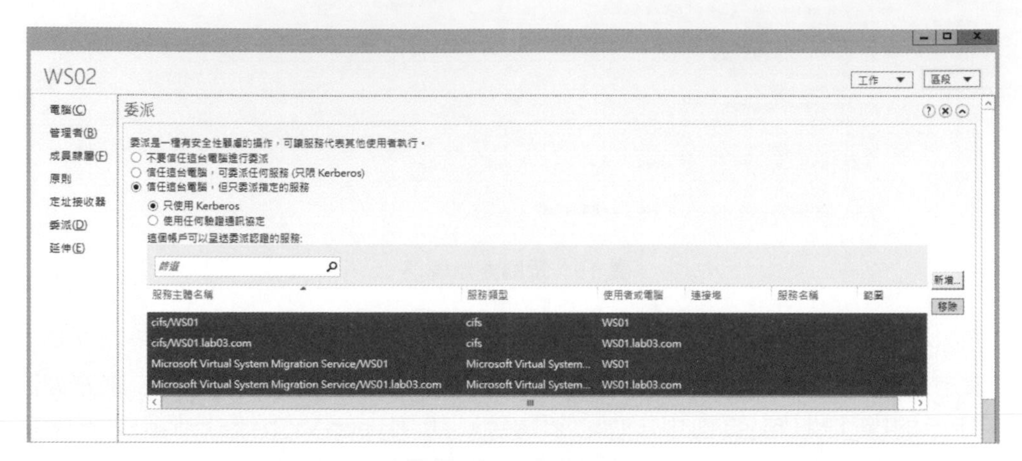

圖 17　完成委派設定

接下來我們要回到 Hyper-V 主機本身的 Live Migration，來調整相關的組態設定。請在如圖 18 所示的[Hyper-V Manager]頁面中，依序對於每一部 Hyper-V 主機節點，按下滑鼠右鍵點選[Hyper-V Settings]繼續。

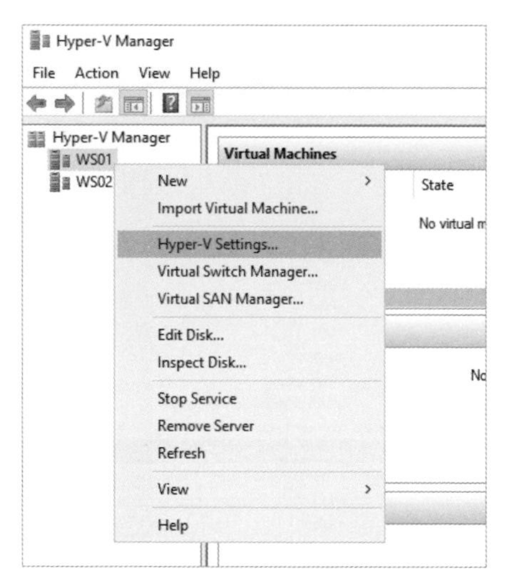

圖 18　Hyper-V 主機右鍵選單

如圖 19 所示在 Live Migration 節點的第一個設定頁面中，你可以決定允許同時進行線上虛擬機器移轉的數量限制，預設為兩個虛擬機器。另外，還可以設定負責接收移轉過來的虛擬機器之主機 IP 位址，並且可以設定多組 IP 位址的先後順序，預設為使用任何可用網路來進行接收。

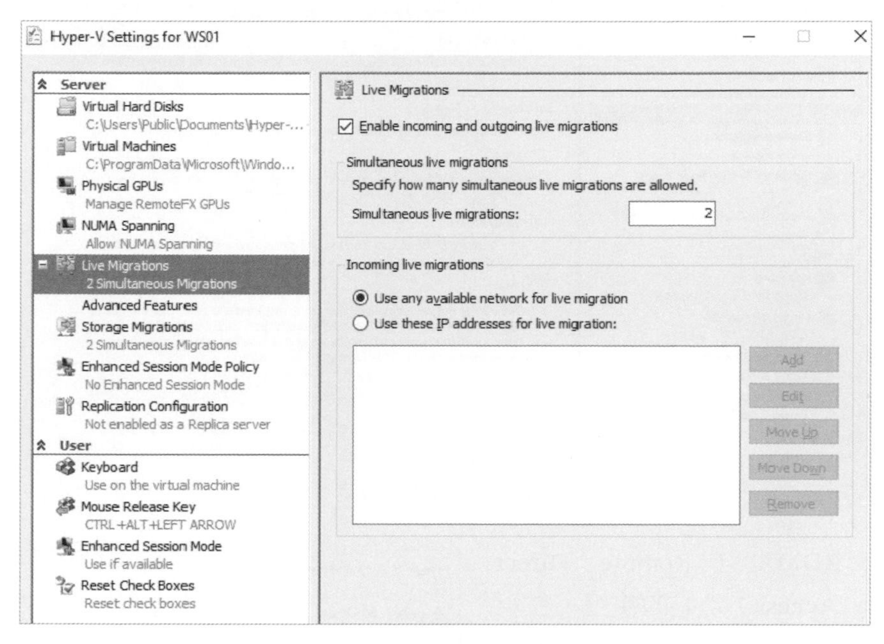

圖 19 Live Migration 設定

在如圖 20 所示的[Advanced Feature]頁面中，請將[Authentication protocol]修改為使用[Kerberos]驗證方式。而在[Performance options]頁面中，可以決定進行虛擬機器移轉時的傳送方式，預設值為透過 TCP/IP 的連線方式並藉由壓縮處理，來完成移轉時的資料傳輸作業。

更佳的作法則是選擇使用[SMB]方式，也就是以 SMB Direct 技術搭配支援 RDMA 規格的網路卡以及交換器，如此不僅可大幅度加速虛擬機器移轉時的傳輸速度，還不會造成主機 CPU 的高負載問題。

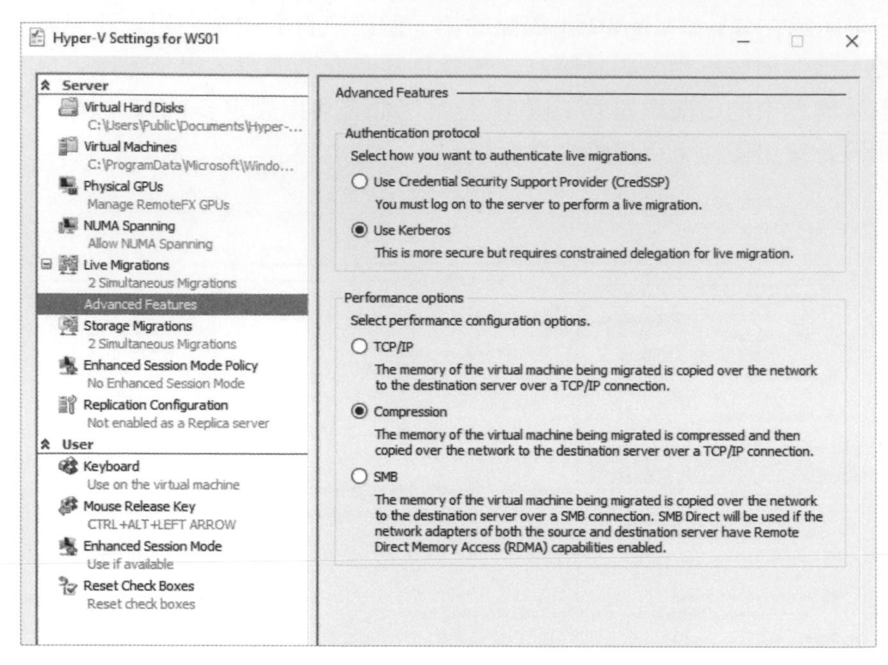

圖 20　進階功能設定

關於 RDMA（Remote Direct Memory Access）功能的使用，在規格上又有支援 InfiniBand、iWARP、RoCE 三種類型，其中 iWARP 就不必考慮 Switch 是否支援的問題，但除了需要網路卡本身的支援性之外，在 Windows Server 2016 的 Hyper-V 虛擬網路卡的屬性中，還必須記得啟用位在如圖 21 所示 [Advanced] 頁面中的 [Network Direct（RDMA）]功能才可以。

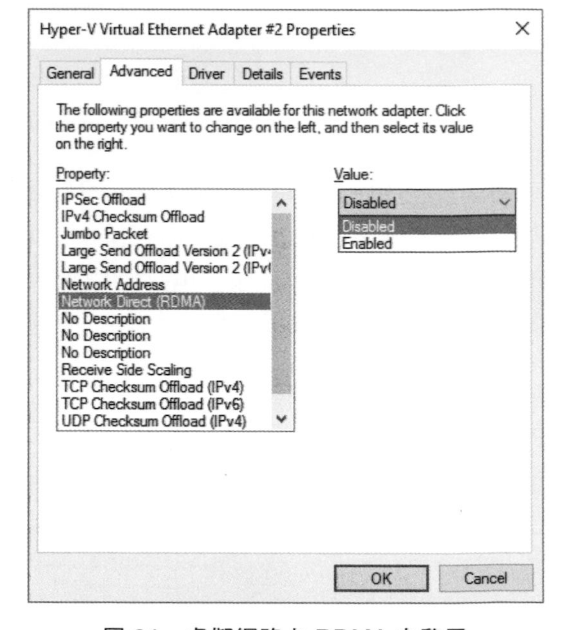

圖 21　虛擬網路卡 RDMA 之啟用

完成了來源與目標 Hyper-V 伺服器的 Live Migration 組態一致性設定之後，接下來就可以來嘗試進行線上移轉作業。如圖 22 所示筆者在一部名為 WS01 的 Hyper-V 主機上，對於一個正在線上運行中的虛擬機器，按下滑鼠右鍵點選 [Move]繼續。

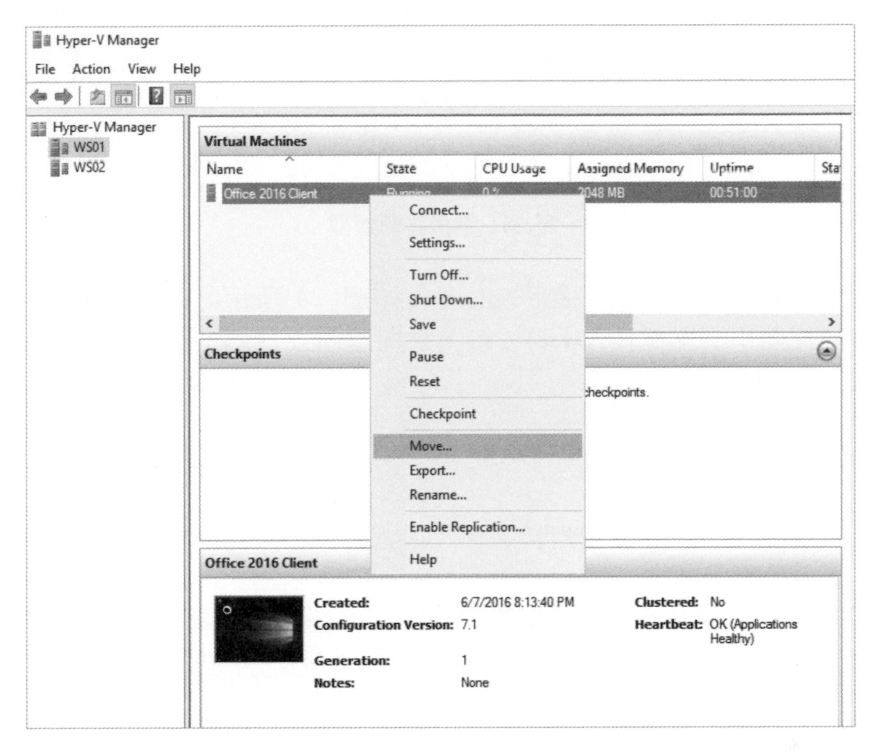

圖 22　虛擬機器右鍵選單

在如圖 23 所示的[Choose Move Type]頁面中，可以選擇要移轉虛擬機器還是移轉虛擬機器的儲存位置。前者就是我們一般所說的 Virtual Machine Live Migration，也就是針對虛擬機器本身，後者則可以稱為是 Storage Live Migration，主要運用在像是目前虛擬硬碟檔案的所在磁碟，已經沒有太多的可用空間，或是所連接的後端儲存設備需要停機維護時，皆可以善用這項功能。

例如你可以將虛擬硬碟檔案或是該虛擬機器的全部檔案，從本機的 D 磁碟移轉到本機的 E 磁碟，或是藉由 SMB 3.0 協定以上的支援，移轉到網路中的 SMB 3.0 以上之共用路徑，但必須注意的是該共用路徑除了要有適當的權限配置之外，還得是採用[SMB 共用-應用程式]的設定檔類型。點選[Next]。

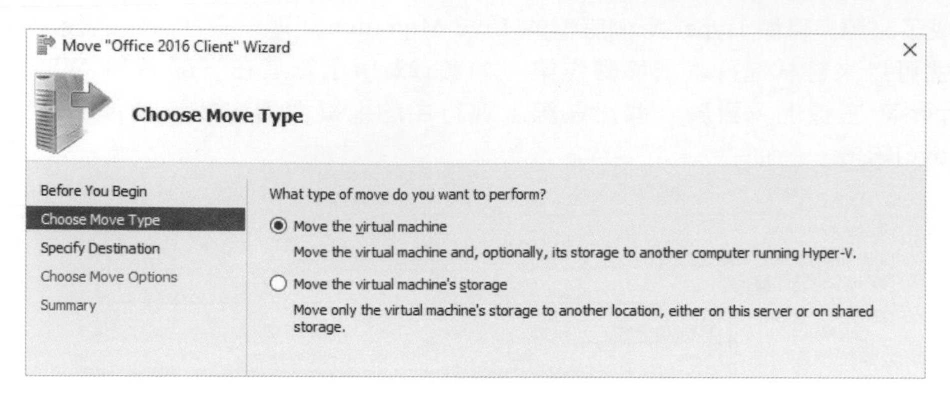

圖 23　選擇移轉類型

如果是選擇移轉虛擬機器，接下來必須在如圖 24 所示的[Specify Destination Computer]頁面中，點選[Browse]按鈕，來挑選所要移轉的目的地 Hyper-V 主機。點選[Next]。

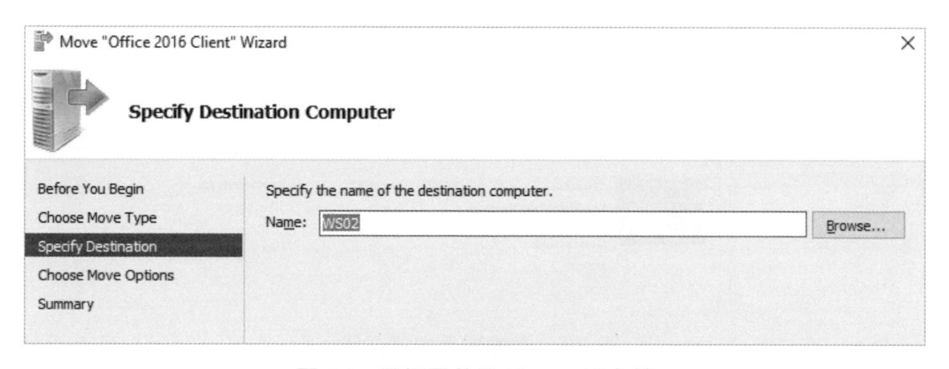

圖 24　選擇目的地 Hyper-V 主機

在如圖 25 所示的[Choose Move Options]頁面中，可以選擇移動虛擬機器的檔案資料到單一的儲存位置，或是可以更進階的選擇讓不同的資料類型，皆移動至不同的儲存位置，或是僅移動虛擬機器而不移動它的虛擬硬碟檔案。點選[Next]。

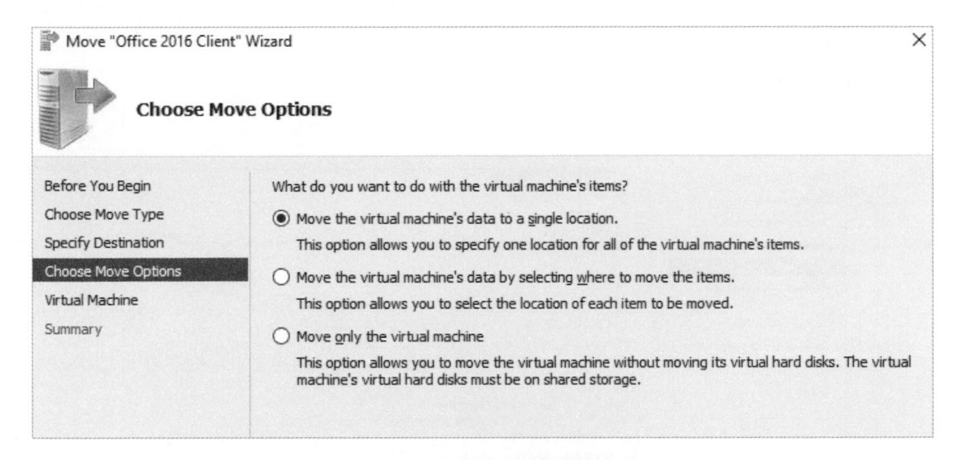

圖 25　移轉選項設定

在上述的步驟中如果你挑選了第二個選項，則必須進一步設定進階的移動的選項，如圖 26 所示你可以選擇採用來源主機的資料夾分類存放方式，來移動到目標主機的相對位置。或是你可以特別設定虛擬硬碟的存放路徑，或是乾脆自行定義每一種資料類型的存放路徑。點選[Next]。

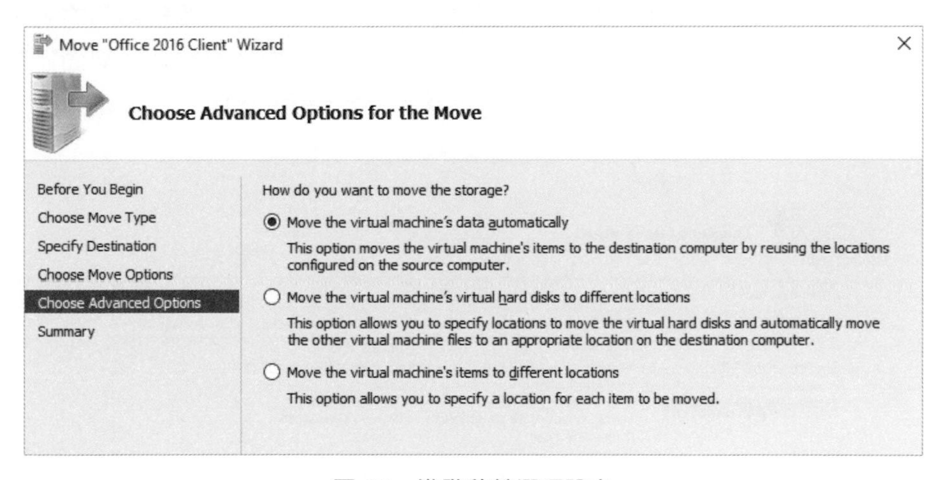

圖 26　進階移轉選項設定

如圖 27 所示在這個[Select Item to Move]的細部選擇頁面中，便可以看到整個虛擬機器檔案的類型，共可區分為四個類型，必要的話可以讓這一些不同類型的資料，皆存放在不同路徑之中，不過筆者建議仍是盡可能讓它們全部都儲存在同一個虛擬機器的資料夾之中，如此才不會在虛擬機器很多時，在實體檔案的維護上造成混淆。

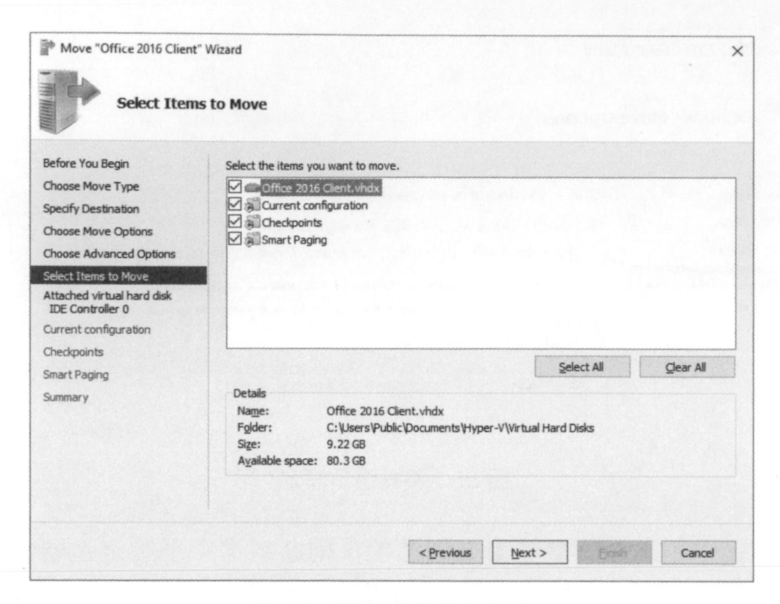

圖 27　選取要移轉的項目

如圖 28 所示在[Completing Move Wizard]頁面中，可以看到筆者確實讓此虛擬機器的所有檔案，皆設定移轉到目的地主機的相同路徑之中。至於移轉的方式則是採用 Compression，別忘了如果想要讓它的移轉速度更加飆速，採用前面所提到的 SMB Direct 傳輸方式，會是目前最佳的選擇。點選[Finish]。

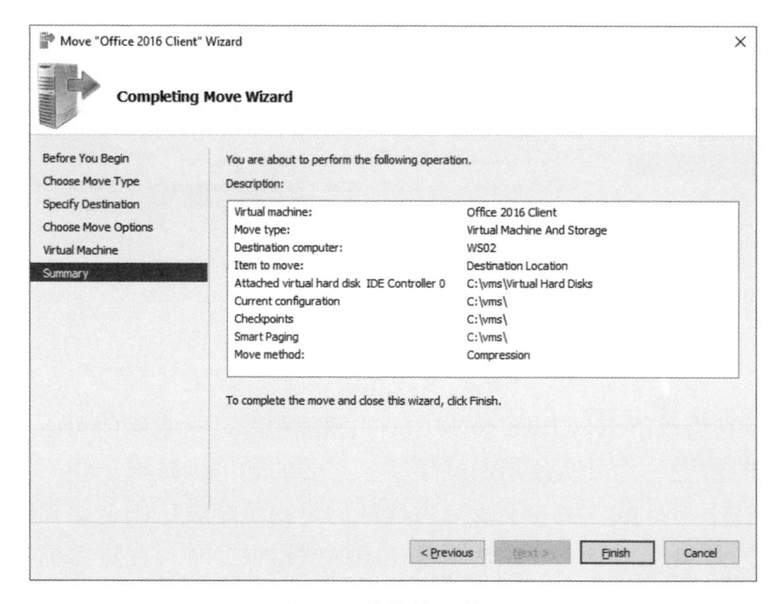

圖 28　移轉摘要檢視

回到如圖 29 所示目標的 Hyper-V 虛擬主機節點的頁面中，就可以看到剛剛移轉過來的虛擬機器，並沒有因移轉的作業而造成暫停或停止，整個過程都會保持在執行狀態中，讓用戶端或其他主機的連線，幾乎感覺不到它斷線狀況。

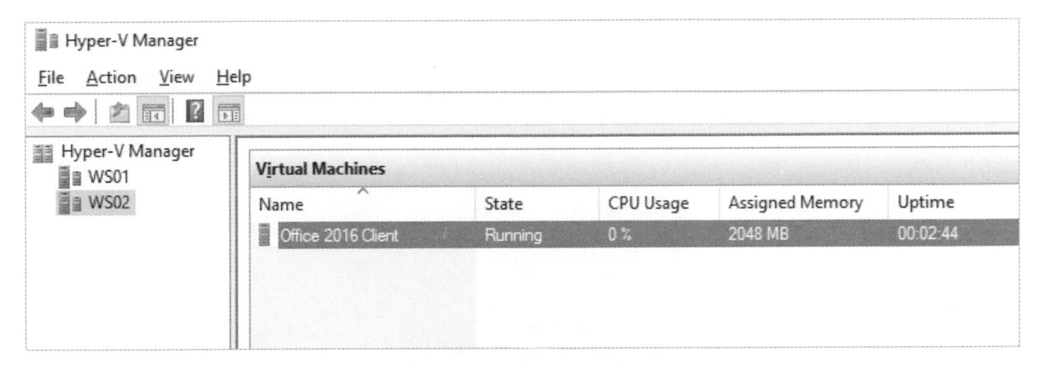

圖 29　成功線上移轉完成

7.5　安裝設定 SMB 網路共用位置

過去我們若想要建立自動叢集容錯移轉的機制，都必須先讓叢集節點之間有連接共用的儲存設備，像是 iSCSI SAN 會 FC SAN。然而在 SMB（Server Message Block）發展至 3.0 版本以後，這種高貴又很貴的儲存設備，如今已不是唯一選擇，因為現在你只要有一個高速的 SMB 網路，即便只是建立一個應用程式類型的 SMB 共用資料夾，便可以代替傳統 SAN 的共用儲存設備，來大幅節省建置的成本。

如何來實做呢？很簡單，首先你只要在網域中的一部 Windows Server 2012 以上版本伺服器上（最好是 Windows Server 2016），如圖 30 所示來確認已新增位在[檔案存放服務]角色下的[檔案伺服器]。

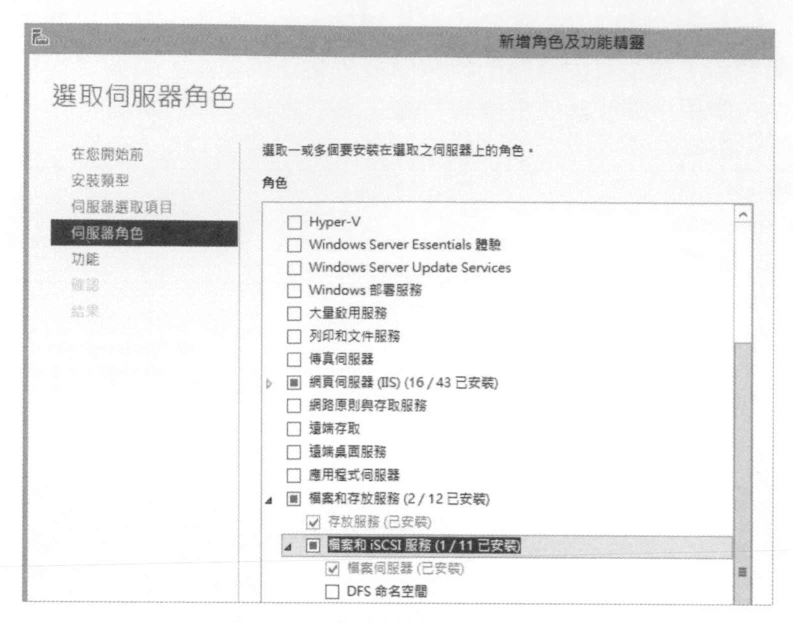

圖 30　確認檔案伺服器角色的安裝

完成了檔案伺服器角色的安裝之後，請繼續在[伺服器管理員]介面中，開啟位在[檔案和存放服務]的[共用]節點頁面，如圖 31 所示在任一空白處，按下滑鼠右鍵點選[新增共用]繼續。

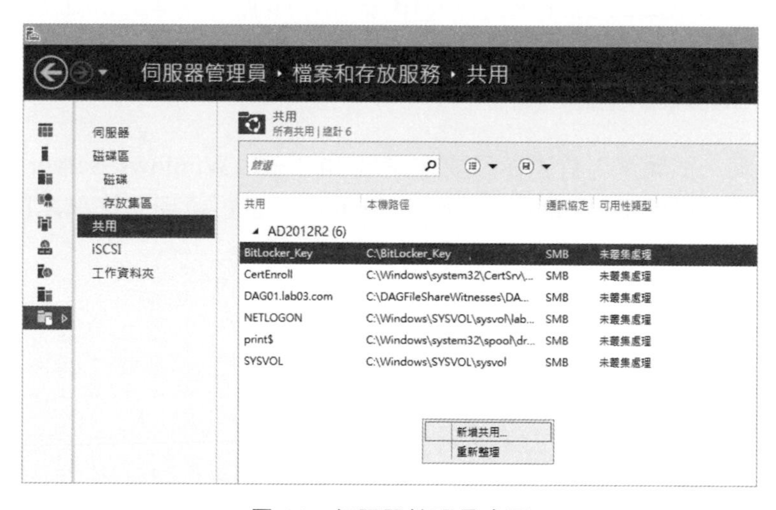

圖 31　伺服器管理員介面

在如圖 32 所示的[選取此共用的設定檔]頁面中，請選取[SMB 共用-應用程式]，以便讓 Hyper-V 的虛擬機器所有檔案，後續可以共用於此，讓叢集中的每一個 Hyper-V 節點可以來進行存取。另外，值得注意的是，若是 VMware vSphere 的 HA 架構，則必須改採 NFS 共用方式才可以。

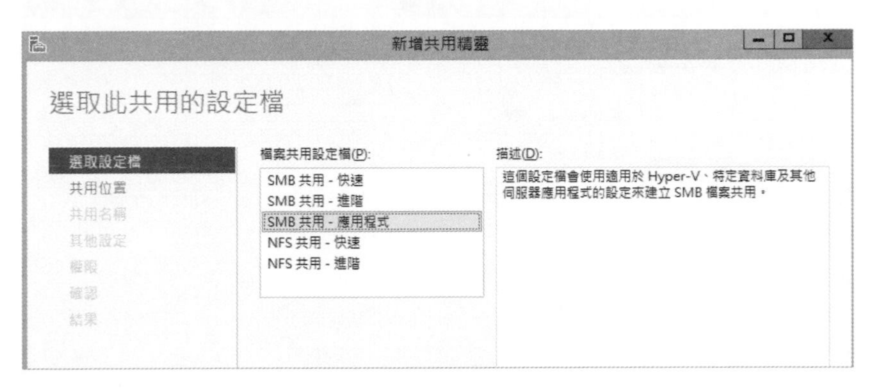

圖 32 選取共用設定檔

在如圖 33 所示的[共用位置]頁面中，請輸入自訂的本機共用路徑，當然啦！這個路徑最好是位在較快（例如:SSD）且擁有磁碟容錯陣列的儲存系統中，相信運作起來會更加理想的。點選[下一步]。

圖 33 共用位置設定

在如圖 34 所示的[共用名稱]頁面中，請輸入要顯示在網路中的共用名稱。而它所自動產生的遠端共用路徑，便是我們後續在叢集管理會使用到的連線位置。點選[下一步]。

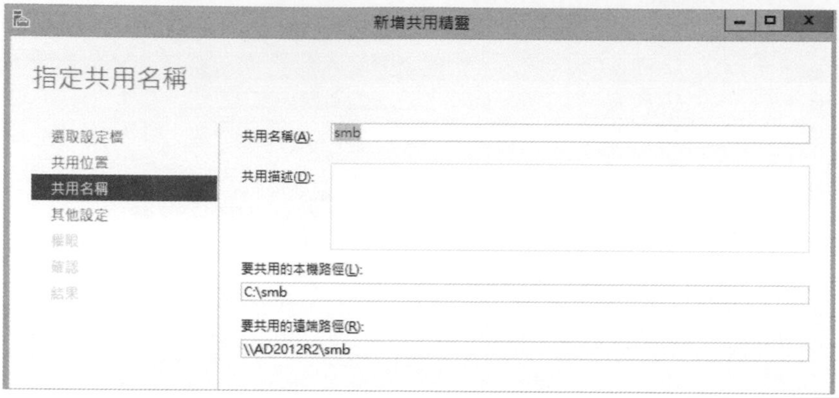

圖 34　共用名稱設定

在[其他設定]的頁面中，原則上是不需要做任何設定的，因為這一些設定皆是不同用途的情境中才會使用得到，像是純檔案伺服器的安全控管與最佳化處理等等。在如圖 35 所示的[權限]頁面中，請點選[自訂權限]按鈕繼續。

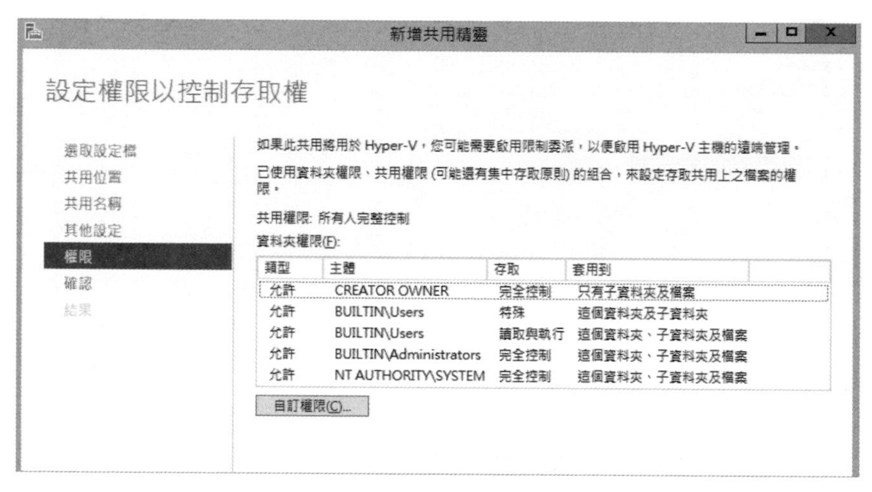

圖 35　存取權限管理

接著請點選[禁止繼承]的按鈕，此時會出現如圖 36 所示的警視訊息，請點選[將繼承的權限轉換成此物件中的明確權限]，刪除了 System 與 Create Owner 以外的所有權限設定繼續。

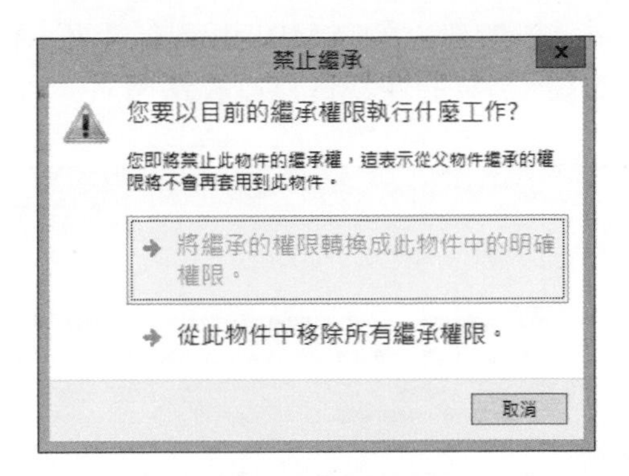

圖 36　禁止繼承設定

接下來必須手動新增幾個重要的權限設定，請在如圖 37 所示的頁面中點選[選取一個主體]超連結，來加入兩部 Hyper-V 主機的完全控制權限，以及陸續加入開放給 Domain Admins 以及網域中其他管理員專屬群組的完整控制權限。

圖 37　新增權限設定

如圖 38 所示便是筆者所建立好的權限配置範例，其中 WS01 與 WS02 便是 Hyper-V 主機，如果測試環境中有更多部的 Hyper-V 主機，也需要一併加入。點選[下一步]完成設定。上述所建立的 SMB 共用資料夾，你需要採用同樣的做法，來建立一個後續叢集所需要的仲裁資料存放路徑。

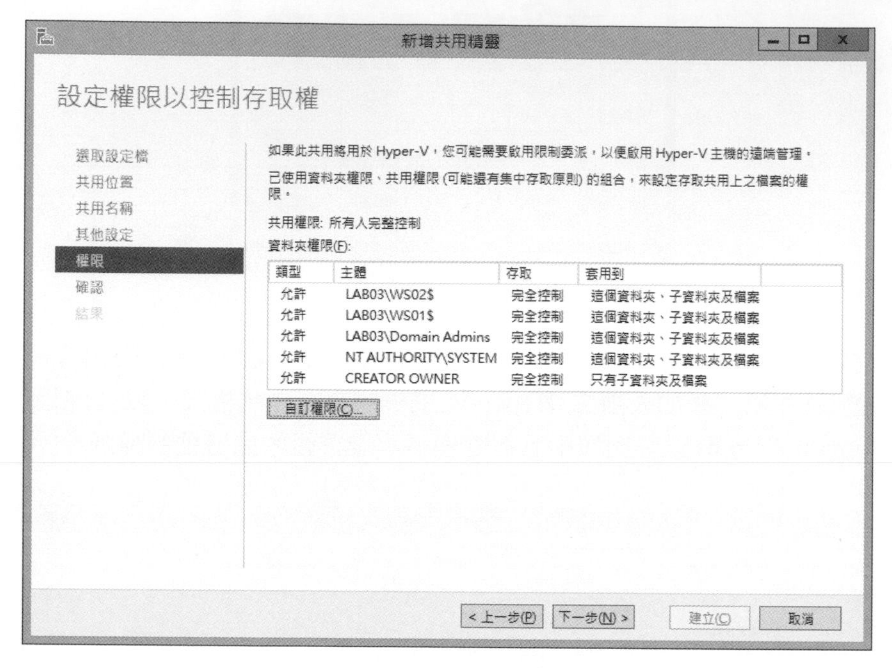

圖 38　完成權限配置

7.6　設定叢集仲裁（Cluster Quorum）位置

只要完成上面所介紹的準備工作，就可以開始建立一個雙 Hyper-V 主機的叢集容錯環境。請從[伺服器管理員]的[工具]選單中開啟[Failover Cluster Manager]介面之後，點選位在[Actions]窗格之中的[Validate Cluster]連結，先來進行首次的叢集資格驗證。

在如圖 39 所示的[Select Servers or a Cluster]頁面中，請透過[Browse]按鈕的點選，將準備好的兩部 Hyper-V 主機，加入作為新叢集建置的成員測試。點選[Next]繼續。

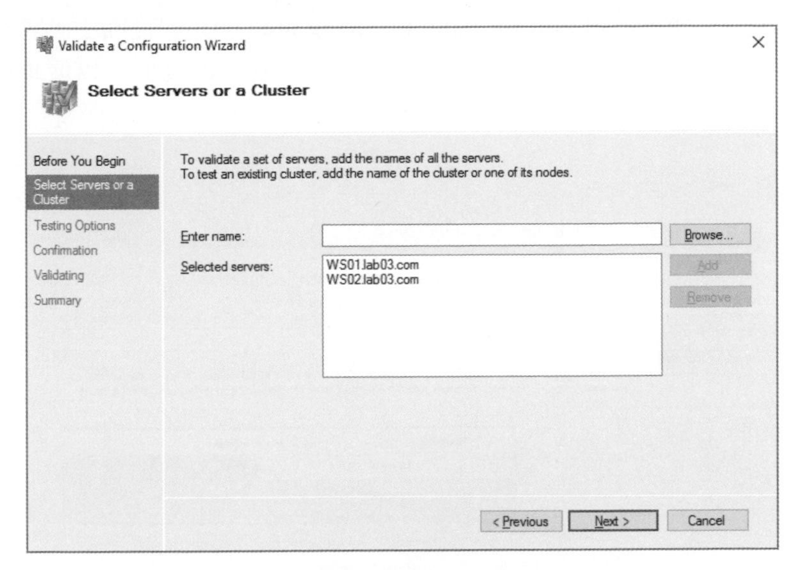

圖 39 驗證設定精靈

在[Testing Options]頁面中，請選取[Run all tests]的設定，來進行全面性的驗證檢測。如圖 40 所示便是筆者自己環境的叢集驗證摘要，看起來裡頭有很多錯誤的訊息，不過沒關係，因為事後仍可以調整許多訊息中所反應的問題，讓叢集的整體運行正常無礙。請在勾選[Create the cluster now using the validated nodes]設定後，點選[Finish]繼續。

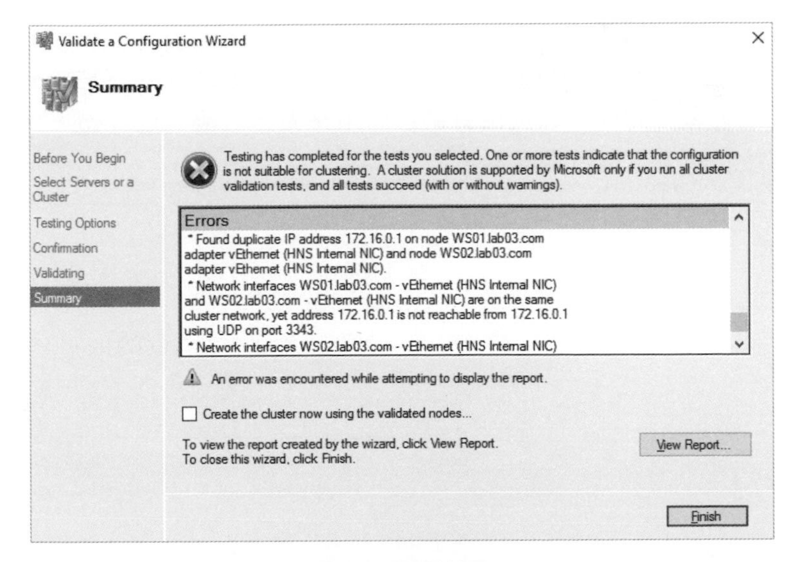

圖 40 驗證結果

在如圖 41 所示的[Access Point for Administering the Cluster]頁面中，請輸入一個全新的叢集入口名稱，以及輸入一個尚未使用的公用 IP 位址，以便讓後續其他電腦的叢集管理工具能夠進行連線。點選[Next]。

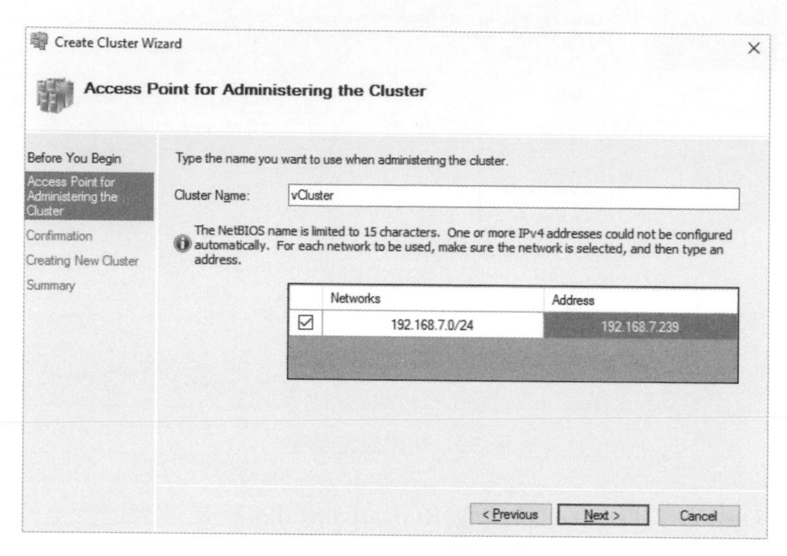

圖 41　建立叢集精靈

在[Confirmation]頁面中，你除了可以檢視新叢集的基本組態設定是否正確之外，還可以決定是否要將[Add all eligible storage to the cluster]設定，以便讓所有適用的儲存裝置也一併加入。點選[Next]。

在如圖 42 所示的[Summary]頁面中，可以看到兩個主要的警示訊息，分別是沒有偵測到可用的仲裁用磁碟，以及沒有適合可用來做為叢集的儲存區，不過這不打緊，因為事後仍然可以進行調整的。

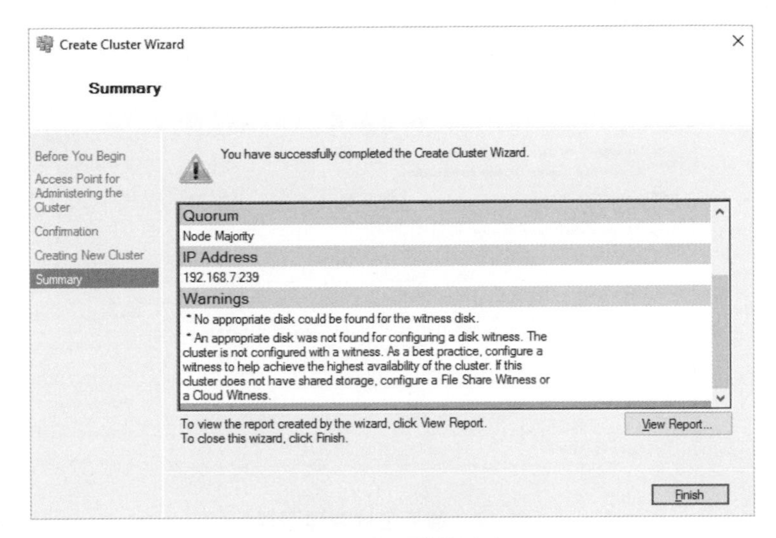

圖 42　完成叢集建立

完成叢集的建立後，首先如果有非叢集要使用到的網路連線，我們都需要在[Networks]節點頁面中，來進行個別網路的屬性修改。如圖 43 所示，在此除了可以為不同的叢集網路命名之外，主要是可以決定這個網路是否要允許叢集通訊來使用，你必須確認每一個網路的設定，否則後續的叢集運行將會有問題。

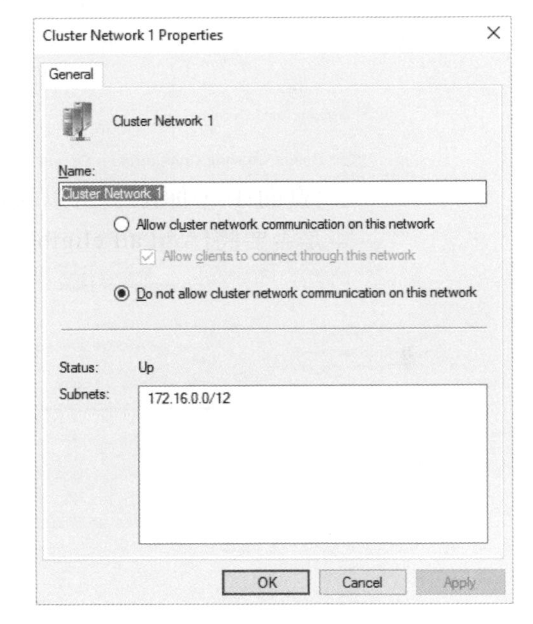

圖 43　叢集網路設定

完成了叢集的基本建立與叢集網路的配置之後，接下來要解決的就是仲裁磁碟的問題。請在如圖 44 所示的[Actions]窗格之中，點選更多設定選項中的[Configure Cluster Quorum Settings]繼續。

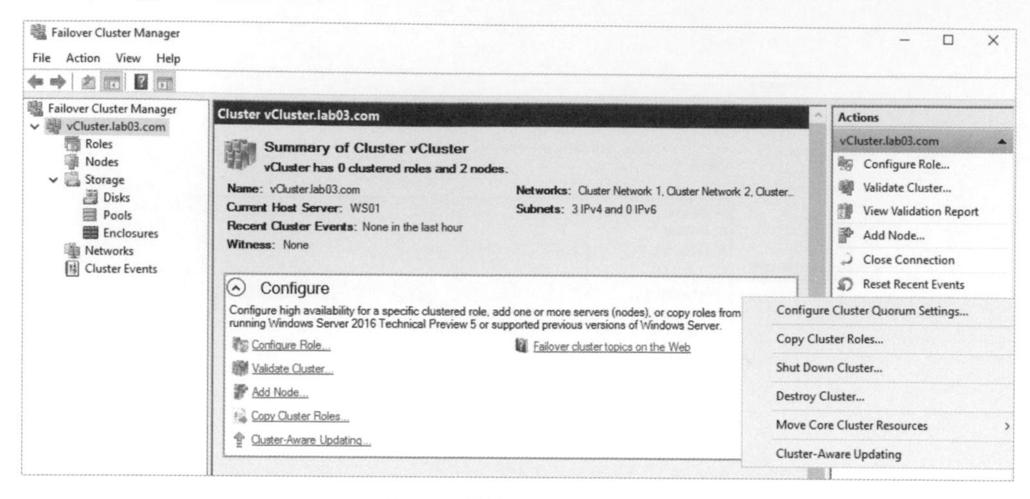

圖 44　叢集主機管理選單

接著在如圖 45 所示的[Select Quorum Configuration Option]頁面中，提供了三種設定 Quorum 的選項，請選取[Select the quorum witness]並點選[Next]繼續。

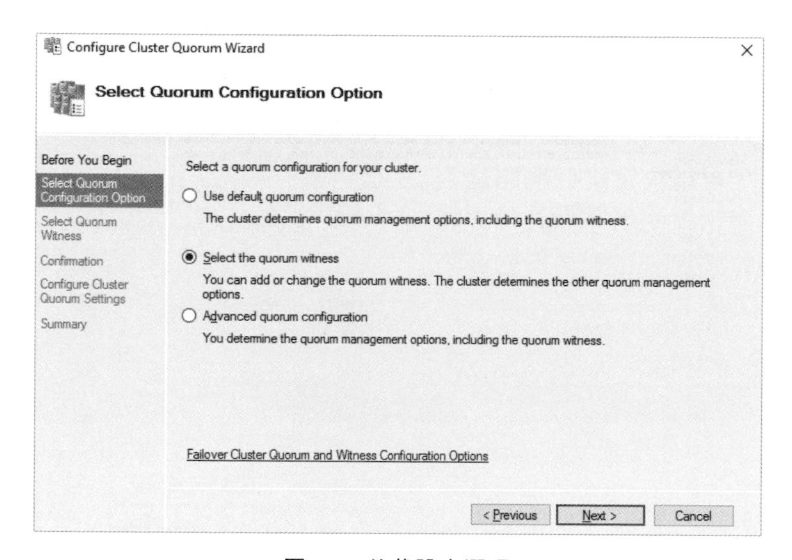

圖 45　仲裁設定選項

在如圖 46 所示的[Select the Quorum Witness]頁面中，提供了四大類型的仲裁位置設定方式，依序分別是傳統叢集共用磁碟、檔案共用、雲端位置以及不要設定仲裁位置。其中檔案共用模式（Configure a file share witness）正是我們所需要的。點選[下一步]。

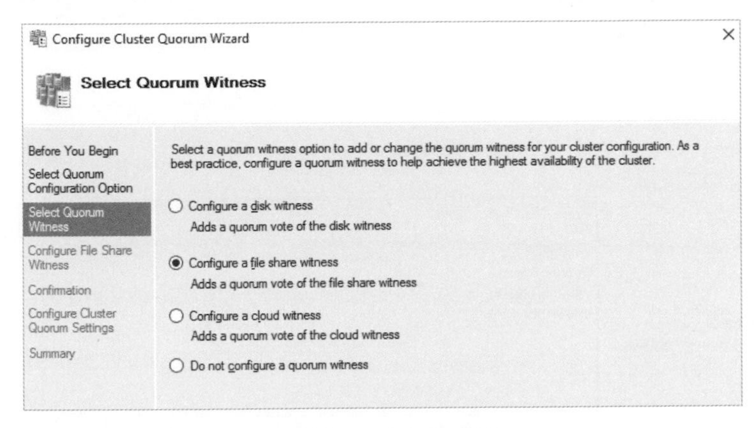

圖 46　仲裁方式選擇

在如圖 47 所示的[Configure File Share Witness]頁面中，請透過[Browse]按鈕或手動輸入的方式，來完成前面準備工作中，所建立的 SMB 應用程式 UNC 共用路徑。點選[下一步]。

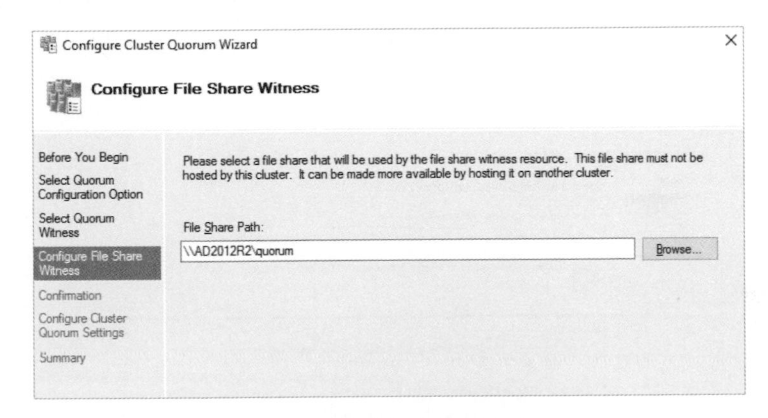

圖 47　檔案共用位置設定

在[Confirmation]的頁面中確定所設定的 SMB 共用路徑無誤之後，就可以完成 Quorum 的組態設定。如圖 48 所示便是成功配置的摘要頁面訊息。點選[Finish]。

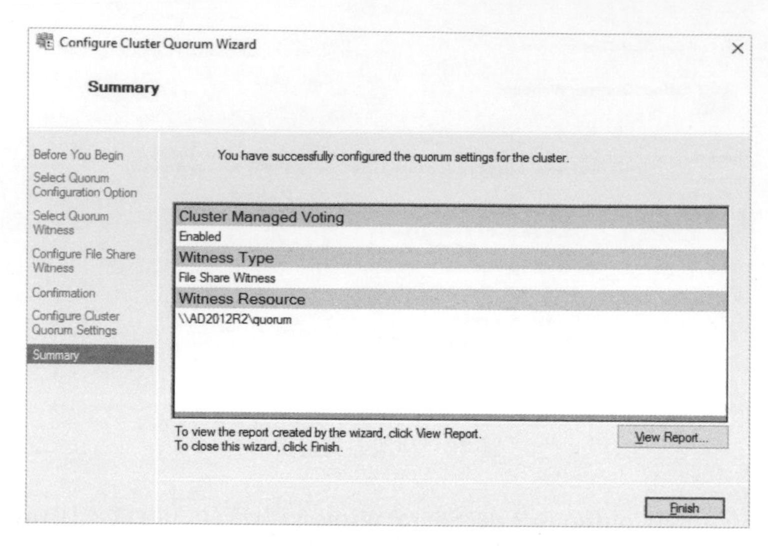

圖 48　完成仲裁設定

上述的 Quorum 組態設定結果中，有可能會出現如圖 49 所示的錯誤訊息頁面，此訊息主要提示我們，目前所指定的 SMB 共用路徑，此叢集並沒有存取的權限，想想看如何解決呢？

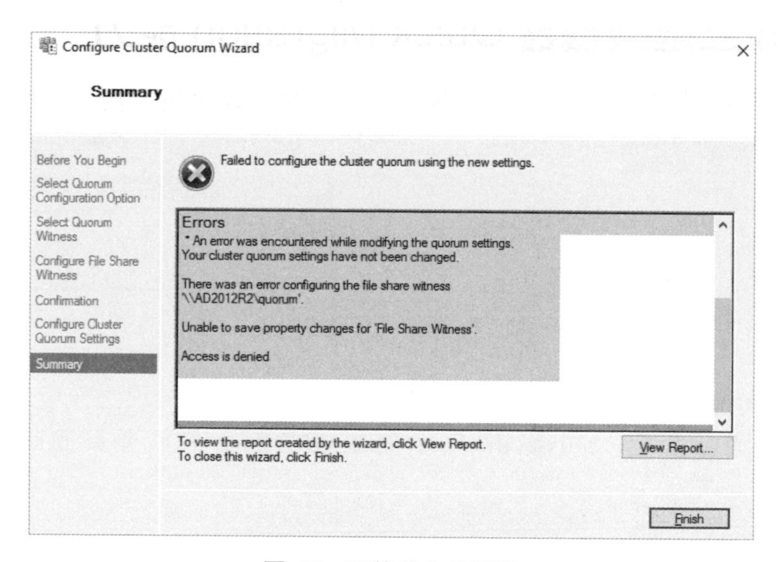

圖 49　可能發生的錯誤

很簡單！你只要進到提供此 SMB 共用路徑的主機桌面，針對該共用資料夾開啟[內容]頁面，接著切換到如圖 50 所示的[安全性]頁面中，來將叢集的電腦名稱加入之後，再賦予[完全控制]權限即可。請注意！也就是包括所有叢集節點與叢集主機的電腦名稱。

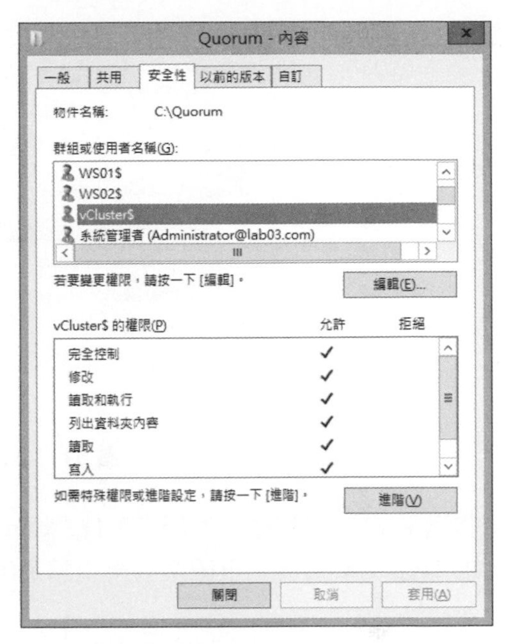

圖 50　仲裁共用資料夾權線配置

7.7 建立虛擬機器 Quick Migration 能力

有了正確的叢集節點共用路徑與仲裁共用路徑的設定之後，接下來就可以回到[Failover Cluster Manager]介面中，來準備建立具備自動容錯移轉能力的 Hyper-V 虛擬機器。在開始設定之前，我們必須先明白所謂自動容錯移轉能力的機制，便是採用了 Quick Migration 所提供的以下自動容錯移轉程序。

- 先儲存目前虛擬機器狀態
- 開始移轉虛擬機器，並將儲存區資源的連線改交由目標 Hyper-V 主機
- 在目標主機上還原此虛擬機器的狀態與執行

接下來請在如圖 51 所示的[Roles]節點上，按下滑鼠右鍵後點選位在[Virtual Machine]子選單下的[New Virtual Machine]繼續。

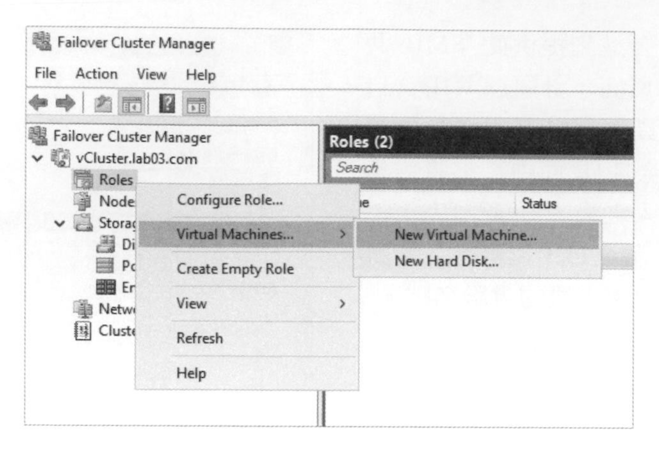

圖 51　角色右鍵選單

緊接著將會出現如圖 52 所示的[叢集節點清單]，來讓你挑選新虛擬機器所要運行的 Hyper-V 主機。正確選取後請點選[OK]即可。

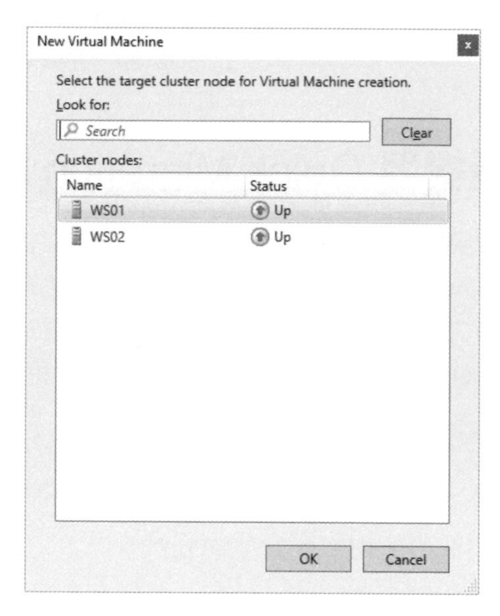

圖 52　新虛擬機器位置選擇

開啟新虛擬機器的設定精靈之後，首先在如圖 53 所示的[Specify Name and Location]頁面中，便可以輸入新的虛擬機器名稱與相關檔案的儲存路徑。在此你必須更改指定在預先配置好 SMB 的 UNC 共用路徑。點選[Next]繼續。

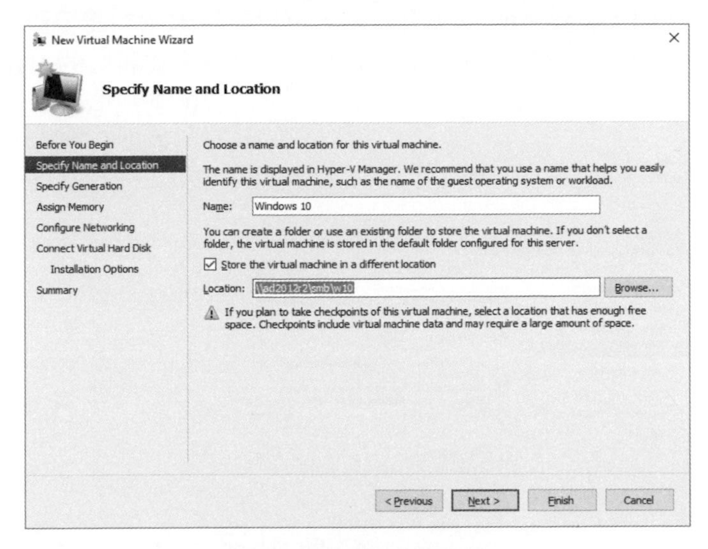

圖 53　名稱與位置設定

如圖 54 所示在[Specify Generation]的頁面中，可以根據準備安裝的作業系統，來決定採用第一代還是第二代的虛擬機器技術。後者必須是安裝 64 位元的客體作業系統，而它也將提供更多新一代虛擬機器才有的功能，包括了、可使用標準網路 PXE 開機的功能、以 SCSI 虛擬硬碟或光碟機開機、安全開機、以及對於 UEFI 韌體功能的支援等等。必須注意的是第二代虛擬機器，已移除了對於 IDE 磁碟以及傳統網路卡的支援。點選[Next]。

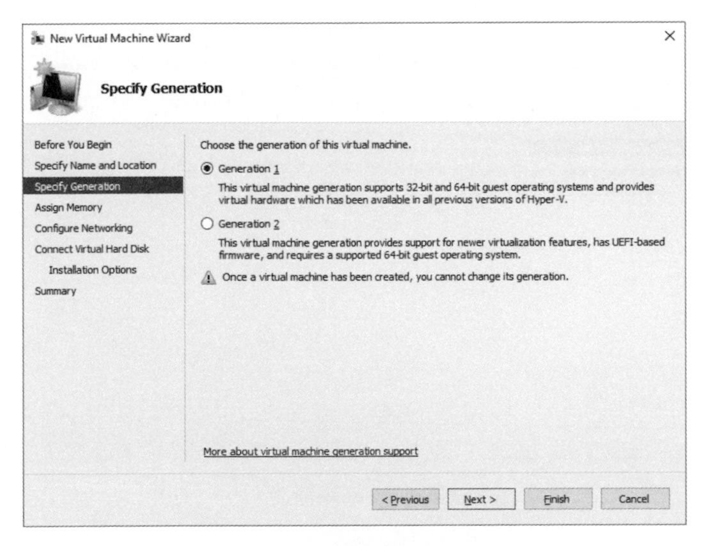

圖 54　虛擬機器等級設定

在如圖 55 所示的[Assign Memory]頁面中，可以設定啟動的記憶體大小，以及可決定是否要啟用動態記憶體配置功能。值得注意的是，在新版的 Hyper-V 虛擬機器中，已經可以在虛擬機器線上運行的狀態下，修改啟動記憶體的大小。

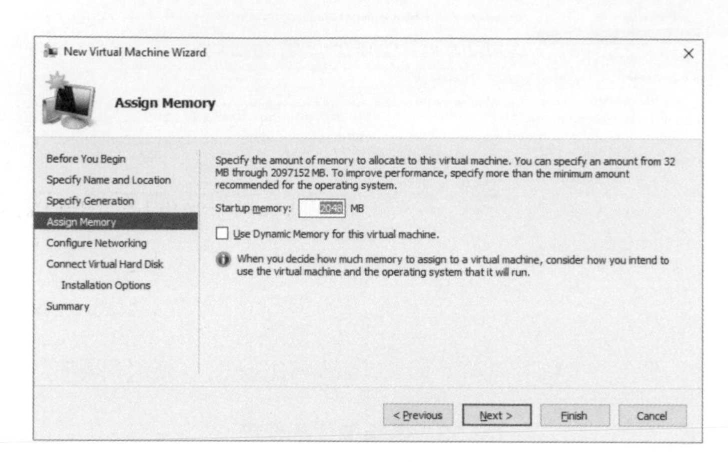

圖 55　配置記憶體

在如圖 56 所示的[Configure Networking]頁面中，可以選擇所有連接的虛擬網路，若需要配置多張虛擬網路卡連線，可以在完成此虛擬機器的建立後，再進行修改即可。點選[Next]。

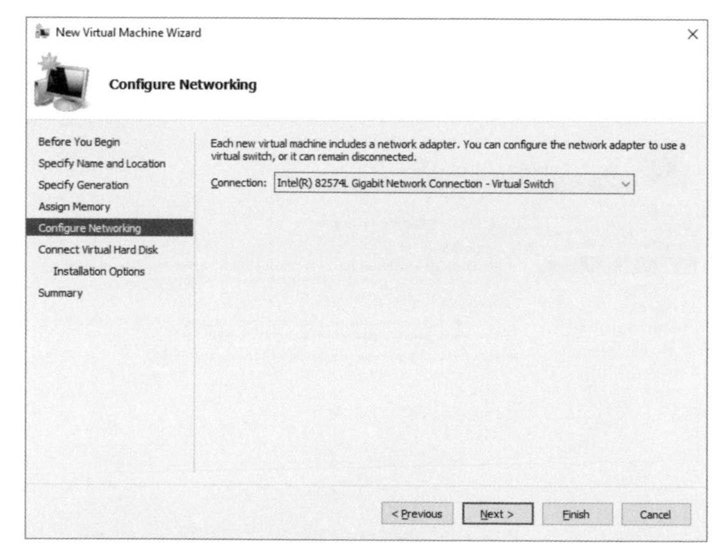

圖 56　網路設定

在如圖 57 所示的[Connect Virtual Hard Disk]頁面中，除了可以自訂虛擬硬碟的檔案名稱之外，在預設的狀態下其存放路徑，將會是在前面步驟中所指定的虛擬機器檔案路徑下，自動建立一個 Virtual Hard Disks 資料夾來存放。點選[Next]。

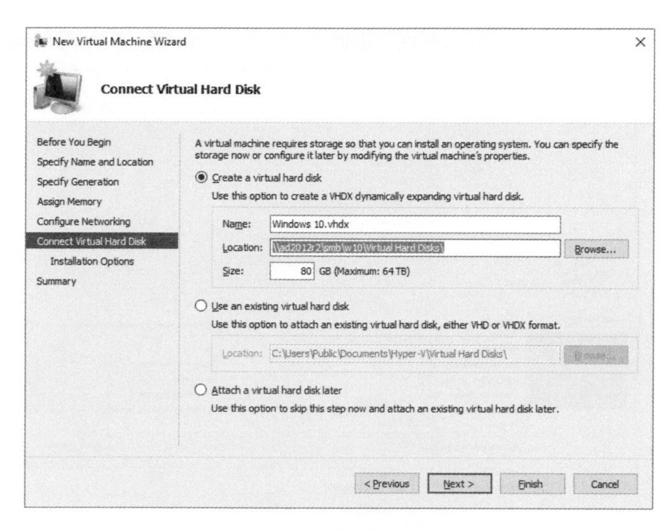

圖 57　虛擬硬碟設定

在如圖 58 所示的[Installation Options]頁面中，可以決定是否要立即掛載指定的作業系統映像檔，來準備進行 Guest OS 的安裝。比較特別的是你可以連接指定的安裝伺服器，來進行以網路連線的方式安裝。點選[Finish]按鈕後開始完成 Guest OS 的安裝作業。

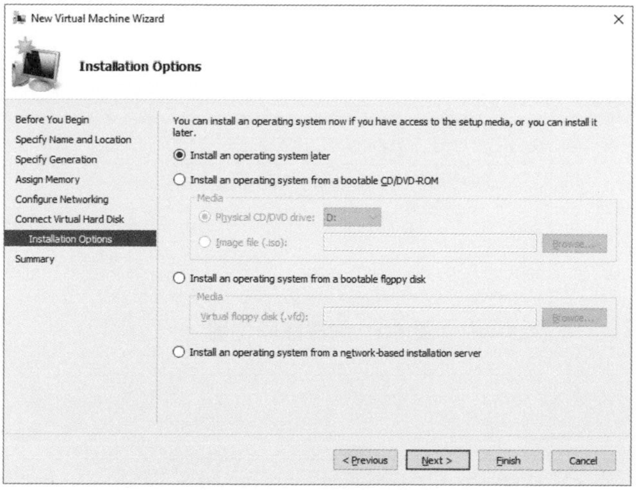

圖 58　安裝選項設定

完成在叢集架構建立了新虛擬機器與 Guest OS 的安裝之後，接下來就可以在該虛擬機器處於線上狀態時，來嘗試進行線上移轉作業。如圖 59 所示這回我們在[Move]的子選單中，不選擇[Live Migration]而是改選擇[Quick Migration]。

圖 59　虛擬機器右鍵選單

緊接著同樣會出現選擇目的地 Hyper-V 主機節點的頁面，如圖 60 所示在正確選取以及點選[OK]之後，來看看整個移轉過程中，其狀態顯示與 Live Migration 有何不同。你一定會發現它首要的執行動作就是「儲存狀態」。

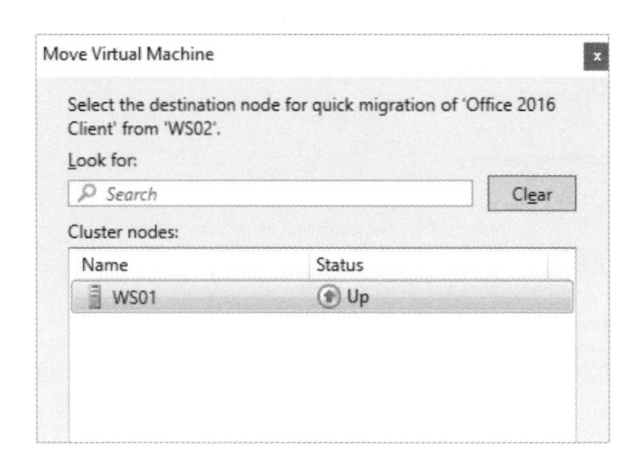

圖 60　選擇移轉位置

上述的作法僅是用來測試 Quick Migration 的基本運作是否正常，只要確定能夠正常移轉，那麼接下來你就可以直接嘗試將目前虛擬機器的所在節點主機，進行不正常關機或是拔除網路連線，此時來源主機就會像如圖 61 所示一樣，呈現[Down]的狀態，最後你就可以看看在另一個節點的 Hyper-V 主機，是否已經成功持續運行移轉過去的虛擬機器。

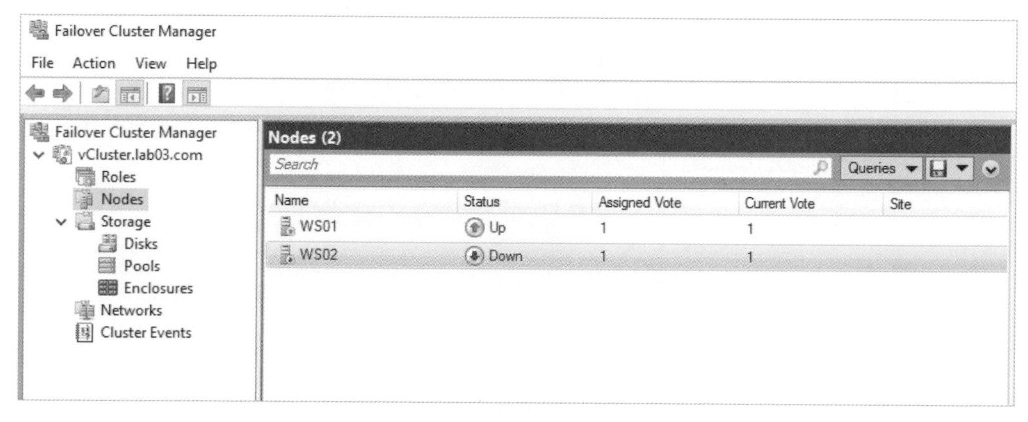

圖 61　叢集節點狀態

7.8 變更現行虛擬硬碟儲存路徑

關於在叢集架構中建立虛擬機器的方式，除了前面內容中所講解的新建立方式之外，也可以對於原本在 Hyper-V 本機運行的虛擬機器，透過組態的修改使其可以在叢集的高可用性架構下來運行。

方法很簡單，只要在該虛擬機器停機之後，先將相關的虛擬機器檔案與虛擬硬碟檔案，通通手動移動到叢集 SMB 的共用路徑下，再開啟如圖 62 所示的虛擬機器編輯頁面，來修改它的虛擬硬碟檔案位置即可。

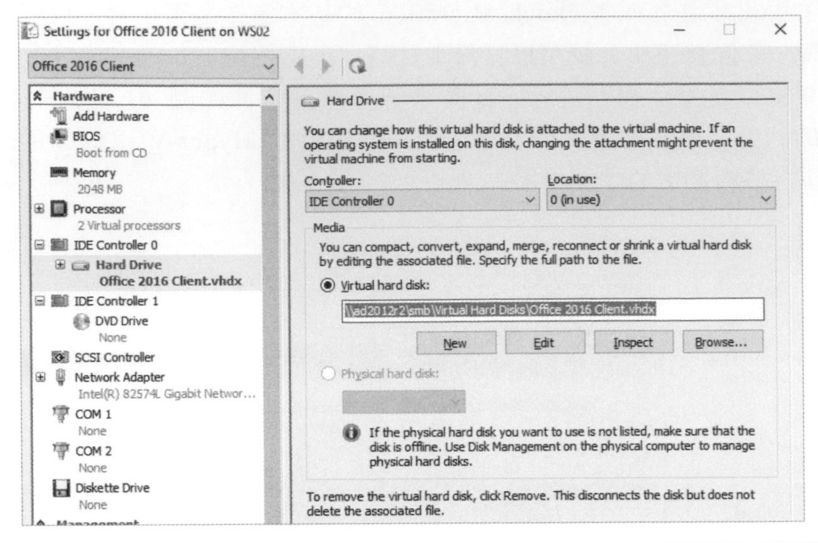

圖 62　變更虛擬硬碟位置

接著來到[Failover Cluster Manager]頁面中，請在如圖 63 所示的[Role]節點上，按下滑鼠右鍵點選[Configure Role]繼續。

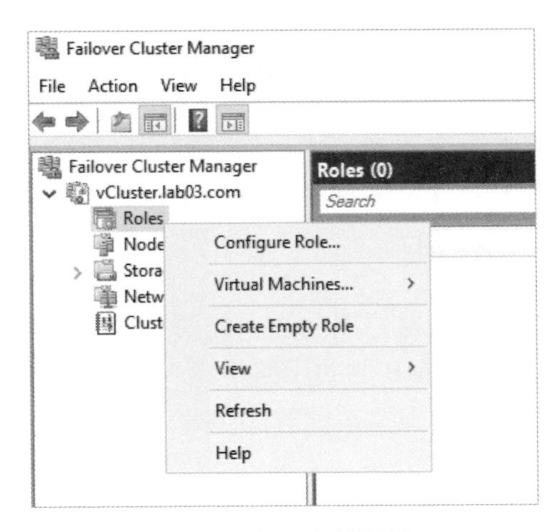

圖 63　角色右鍵選單

在如圖 64 所示的[Select Role]頁面中，有很多可用的角色可以選擇，在此請選取[Virtual Machine]並點選[Next]。

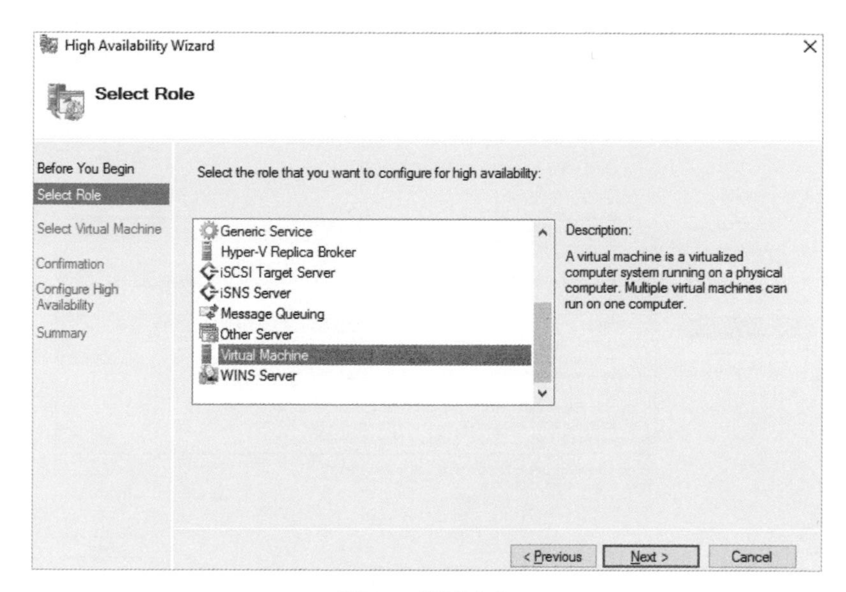

圖 64 選擇角色

在如圖 65 所示的[Select Virtual Machine]頁面中，將會呈列出目前所有可用的虛擬機器，你必須挑選我們剛剛已經完成設定修改的虛擬機器。點選[Next]。

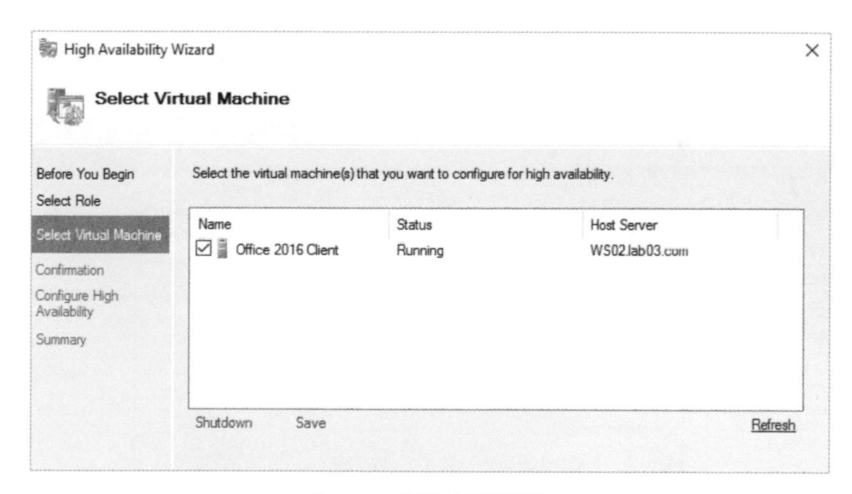

圖 65 選擇虛擬機器

在如圖 66 所示的[Summary]頁面中，如果系統發現該虛擬機器的檔案，並沒有在叢集的共用路徑中，將會出現類似範例中的警告訊息。

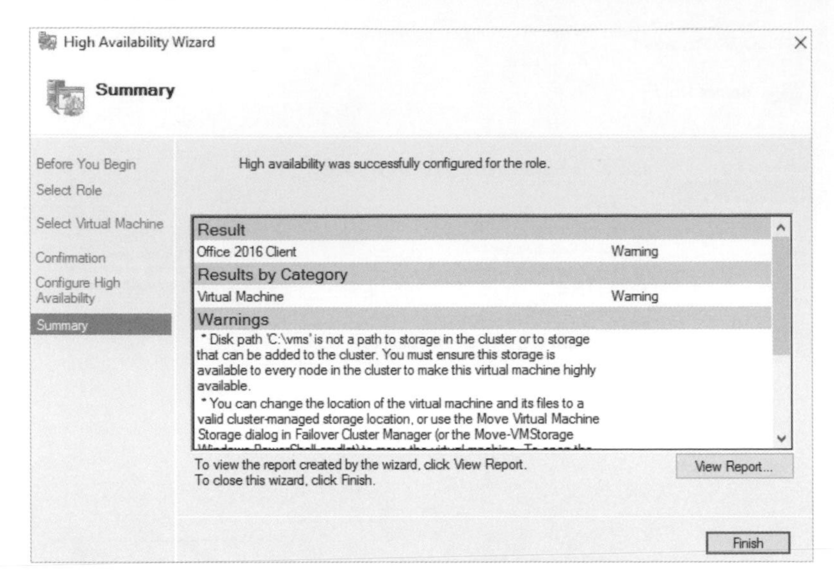

圖 66　設定摘要

一旦僅有虛擬硬碟檔案存在叢集的共用路徑下時，若需要進行容錯移轉時，將會導致虛擬機器的狀態，像如圖 67 所示一樣，立即便成 Failed 的錯誤訊息。解決之道，就是將虛擬機器的所有檔案，全部移動到叢集共用路徑下，或是讓虛擬硬碟檔案在共用路徑下，但是設定檔存放於每個叢集節點路徑下的相對路徑之中。

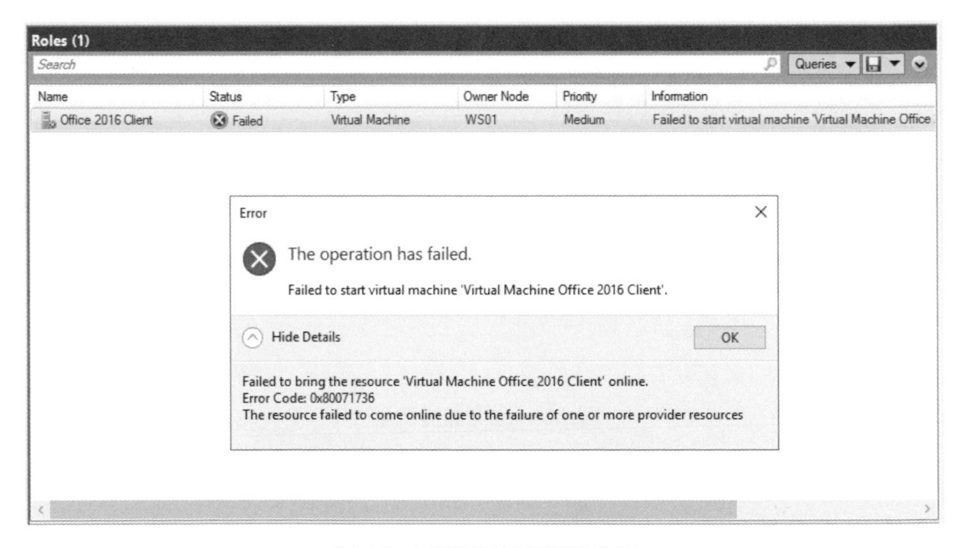

圖 67　可能的快速移轉錯誤

無論是本文所提到的 Live Migration 還是 Quick Migration 技術，皆是目前最低成本的高可用性技術，主要就是因為你不需要為這樣的 HA 架構，準備傳統的共用儲存設備，像是 iSCSI SAN 或 Fiber Channel SAN 之類的儲存環境，只要伺服器之間的網路速度夠穩夠快，這一切高可用性的永續運作皆不是問題。

然而在實務世界裡，你所需要的虛擬化架構可能更大，以及所需要的儲存空間也可能需要更大更安全，這時候如果還希望同樣以最低成本的方式來部署，想想看這樣的架構設計該如何進行，才能夠達到整體最佳的平衡點呢？

很簡單！後面章節將進一步告訴你，如何以實戰方式來完成 Hyepr-v 結合新一代軟體定義儲存技術的 Storage Space Direct（S2D）之運用，讓你的 IT 部門在獲得絕佳高可用的同時，也能夠得到跨主機的空間整合，一次獲得容量最大化以及安全最佳化的實質效益。

第 8 章 虛擬機器複寫備援實戰

對於 Hyper-V Server 2016 的高可用性架構規劃，僅滿足 Live Migration 與 Quick Migration 的需求，是否真的就能夠讓私有雲端虛擬機器的運行永續而無憂呢？

建議你不妨在現行的架構之中，加入一部做為異地備援使用的 Hyper-V 主機，以便為關鍵的雲端應用服務之運行，添加一份可靠的保障，讓企業總部的 Hyper-V 伺服器群，即便發生了不可抗拒的災害，也能夠迅速的從分支營運處之中，手動開啟備援的虛擬機器複本。現在就讓我們透過本章一同來學習一下，最新在 Hyper-V Server 2016 中的複寫備援技術。

8.1 簡介

在 IT 的世界裡，對於系統人員來說，無非不是希望讓許多的作業管理，都能夠盡可能做到自動化的處理，其中各種熱備援（Hot Sapre）技術的使用就是一種典型案例。

舉例來說，首先最常見的肯定就是磁碟的熱備援，相信許多 IT 人員在建置一部全新的伺服器主機時，都會至少採 RAID 1 或 RAID 5 的磁碟陣列架構，以預防在發生單顆硬碟故障時，能夠繼續維持系統的運作而不停擺。

若進一步將硬碟的備援層級拉高至伺服器層級，那就形成了伺服器的自動化備援機制，一般通常為 HA（High Availability）解決方案，而它背後的技術十有八九都是採用叢集（Cluster）架構的基礎。即便現今的伺服器架構已從實體主機，演化成以軟體定義的虛擬化架構，但對於熱備援方案需求來說，叢集仍是基礎。

在 Hyper-V 的熱備援架構中，就是以 Windows Server 的容錯移轉叢集功能為基礎的 Quick Migration，它能夠自動化解叢集中任一節點伺服器故障的問題。然而對於關鍵的 IT 應用服務，是否只要有像這樣的熱備援機制，其備援架構設計就算完整了呢？此外，對於一些沒有足夠預算建置叢集架構的企業 IT，是否有其他可行的替代方案呢？

針對上述兩個 IT 常見疑問，筆者認為可以選擇建立 Hyper-V Replication 的手動備援機制，在基礎上它雖然無法做到即時熱備援的機制，但對於已部署 Quick Migration 的 Hpyer-v 環境來說，可以藉此增加一個非同步的延伸備援，來做為預防整個叢集發生故障時的快速復原選項。對於沒有預算建立熱備援方案的企業 IT，此虛擬機器的複寫備援方案，正好可以因應備援的需要。

接下來就讓筆者以 Step by Step 的方式，來講解如何使用 Hyper-V Server 2016，建立 Hyper-V Replication 的非同步複寫功能在需要受保護的虛擬機器之上。

8.2　準備工作-設定 HYPER-V 主機

關於 Hyper-V Replication 的建立，首先你必須準備兩部（或三部）的 Hyper-V 主機，在此筆者以兩部 Hyper-V Server 2016 為例。如圖 1 所示在它的管理介面中，分別可以看到 HV2016-1 與 HV2016-2，其中 HV2016-1 將作為來源（主要）伺服器，而 HV2016-2 則將作為存放複本虛擬機器的目標伺服器。兩者不一定得皆採用相同的 Server Core、Nano Server 或是桌面體驗版本的 Hyper-V，也就是說可以混搭使用的。

在開始建立虛擬機器的複寫備援之前，我們必須先針對 Hyper-V Server 完成一些前置設定。請在選取目標伺服器之後，點選位在[動作]窗格之中的[Hyper-V 設定]連結繼續。

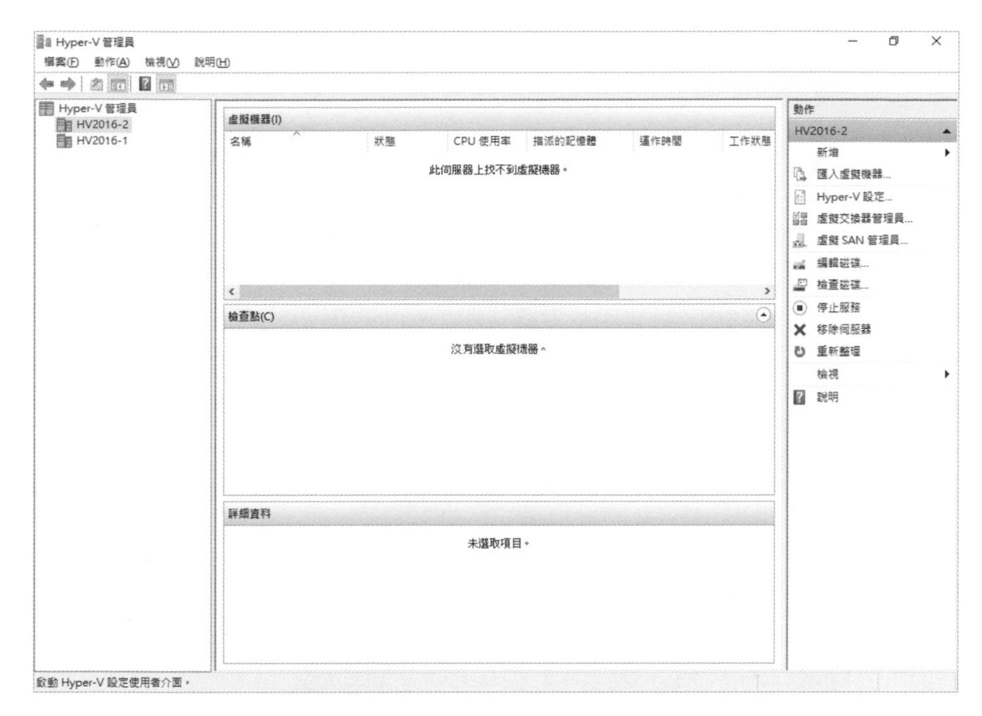

圖 1　Hyper-V Server 2016 管理員介面

開啟後請選取如圖 2 所示的[複寫設定]頁面。將[啟用此電腦做為複本伺服器]設定，以及旗下的[[使用 Kerberos]（HTTP）]勾選。必須注意的是採用這種連線驗證方式，無論是來源還是目標伺服器，皆必須在相同的 Active Directory 之中。

若是針對完全獨立的兩部 Hyper-V 伺服器來建立複寫備援，則必須改採用另一種[[使用憑證式驗證]（HTTPS）]的驗證方式來完成，其作法會稍微複雜一些，因為得先產生各自的伺服器憑證，才能夠在此完成設定。

在[授權與存放裝置]的區域中，可以自行決定是否要允許任何已驗證的伺服器，或是僅開放給特定的伺服器可以來建立複寫。在此筆者選擇後者並點選[新增]按鈕繼續。

圖 2　Hyper-V 設定

此時將會開啟如圖 3 所示的[新增授權項目]頁面，請輸入主要伺服器的完整名稱（FQDN），以及點選[瀏覽]按鈕，來自訂用來存放複本虛擬機器檔案的本機路徑。至於[指定信任群組]的用途為何？其實它就是用來設定雙方預先驗證使用的字串，雙方必須設定相同才可以。

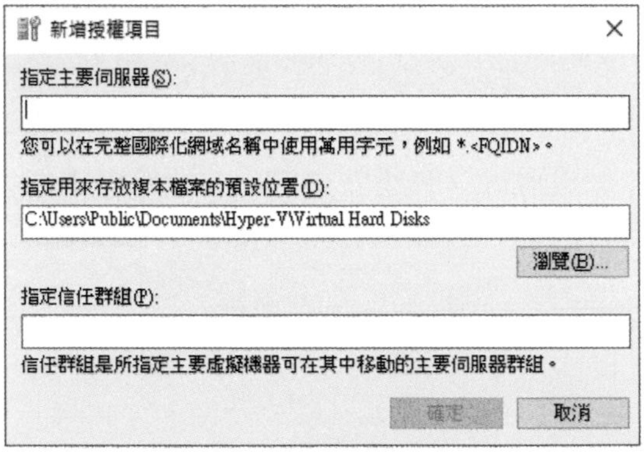

新增授權項目

指定主要伺服器(S):

您可以在完整國際化網域名稱中使用萬用字元，例如 *.<FQIDN>。

指定用來存放複本檔案的預設位置(D):

C:\Users\Public\Documents\Hyper-V\Virtual Hard Disks

瀏覽(B)...

指定信任群組(P):

信任群組是所指定主要虛擬機器可在其中移動的主要伺服器群組。

確定　取消

圖 3　新增授權項目

你也可以透過以下的 PowerShell 命令參數之執行，完成 Hyper-V 主機的複寫設定，這個命令範例是以[[使用憑證式驗證]（HTTPS）]的驗證方式完成。

```
Set-VMReplicationServer -ReplicationEnabled $true -
AllowedAuthenticationType Certificate -ReplicationAllowedFromAnyServer
$true -CertificateThumbprint "<CertThumbprint>" -DefaultStorageLocation
"<Storage Location>" -CertificateAuthenticationPort <Listenerport>
```

完成目標 Hyper-V 伺服器設定之後，系統會提示我們關於防火牆的必要設定。請繼續往下章節，來了解有關於防火牆的設定說明。

8.3 準備工作-設定防火牆

完成了目標 Hyper-V 伺服器的複寫設定之啟用後，如果在伺服器上有啟用 Windows 防火牆，則必須允許開放相關的連接埠口，才能使得後續的虛擬機器複寫作業正常。

在此我們假設目前目標的 Hyper-V 伺服器，所使用的是 Server Core 或 Nano Server 版本的作業系統，如果這時候想要進行遠端防火牆的管理，則必須按照接下來的操作設定才可以。首先請在它的 Console 端命令介面中，如圖 4 所示執行以下命令參數，以允許該伺服器的本機防火牆，可進行遠端的連線管理。

```
Netsh advfirewall firewall Set rule group="Windows 防火牆遠端管理" New
Enable=Yes
```

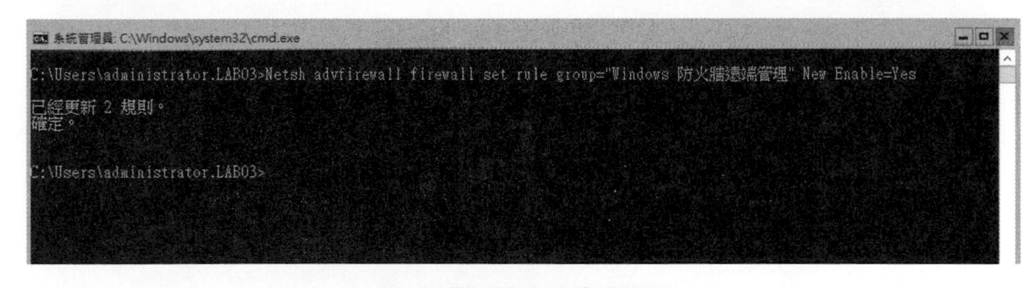

圖 4　啓用防火牆遠端管理

接著就可以從網域中的另一部 Windows 電腦，執行 MMC 命來開啟管理主控台介面，在如圖 5 所示的[檔案]下拉選單中，點選[新增/移除嵌入式管理單元]繼續。

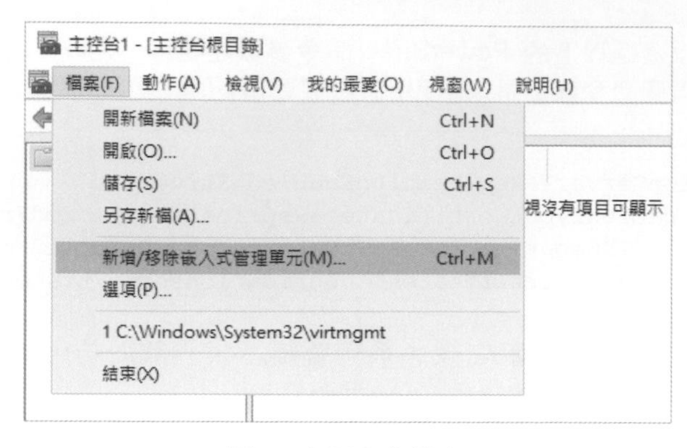

圖 5　MMC 主控台

在如圖 6 所示的[新增/移除嵌入式管理單元]頁面中，請在選取[具有進階安全性的 Windows 防火牆]單元之後，點選[新增]。在如圖 7 所示的[選取電腦]頁面中，請先選取[另一台電腦]，再經由手動輸入或點選[瀏覽]按鈕的方式，來載入準備進行連線的目標 Hyper-V 主機名稱。點選[完成]。

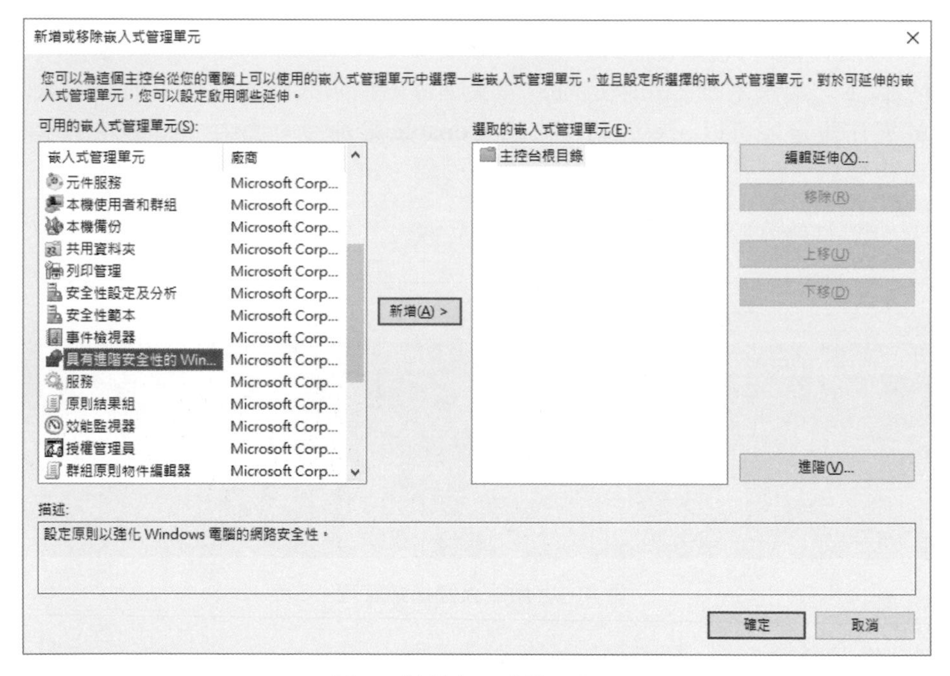

圖 6　新增嵌入式管理單元

選取電腦

請選取您要此嵌入式管理單元管理的電腦。

本機電腦 (執行這個主控台的電腦)(L)

另一台電腦(A): HV2016-1 瀏覽(B)...

< 上一步 完成 取消

圖 7 選取目標 Hyper-V 主機

如圖 8 所示便是成功以遠端 Windows 電腦，連線管理 Hyper-V 主機 Windows 防火牆進階設定介面的範例。請在[輸入規則]的節點頁面中，找到並啟用[HYPER-V 複本 HTTP 接聽程式 （Tcp-in）]規則。若要啟用在 HYPER-V 叢集上的防火牆規則，可透過以下的 PowerShell 命令來完成，必須注意的是得使用系統管理者的身分來執行。

```
Get-Clusternode | ForEach-Object {Invoke-command -Computername $_.name -Scriptblock {Enable-Netfirewallrule -Displayname "Hyper-V Replica HTTP Listener （TCP-In）"}}
```

圖 8 遠端管理目標 Hpyer-v 防火牆

8.4 啟用虛擬機器複寫

一旦確認了複寫來源與目標的 Hyper-V 主機之間，沒有網路連線或是防火牆的阻擋問題，就可以開始來啟用虛擬機器的複寫功能。請在開啟[Hyper-V 管理員]介面之後，如圖 9 所示先選取來源的 Hyper-V 伺服器，在針對準備進行複寫的虛擬機器，按下滑鼠右鍵點選[啟用複寫]繼續。

你也可以使用 PowerShell 命令，來啟用虛擬機器的複寫功能，例如執行 Enable-VMReplication * HV2016-2.lab03.com 80 Kerberos 命令，便可以將本機所有的虛擬機器，透過 Kerberos 驗證連線方式，各建立一份複本至 HV2016-2.lab03.com 的目標 Hyper-V 主機之中。

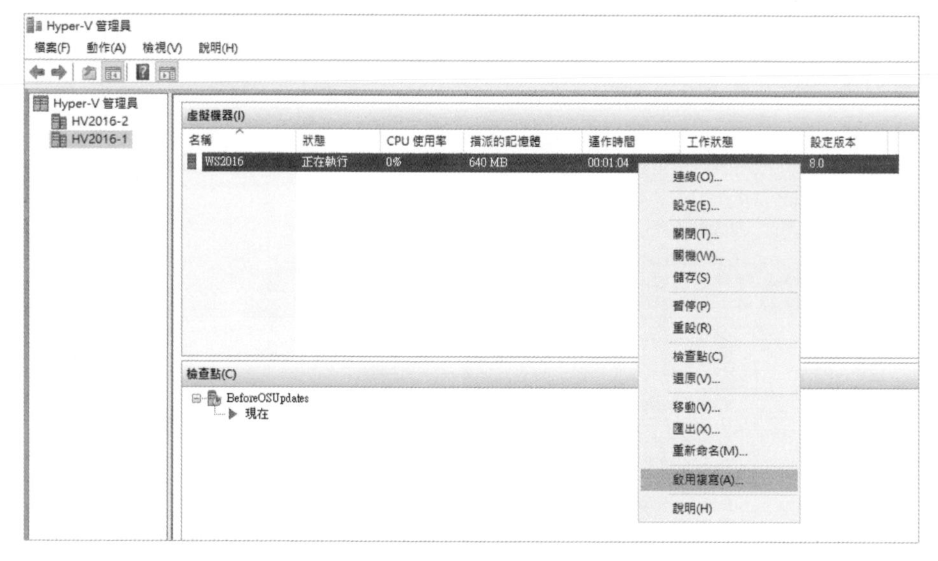

圖 9　來源虛擬機器右鍵選單

在如圖 10 所示的[指定複本伺服器]頁面中，請點選[瀏覽]按鈕來載入複寫目標的 Hyper-V 伺服器。必須注意的是如果目標主機位在容錯移轉叢集的架構下，則必須以[Hyper-V 複本代理人]的名稱來做為複本伺服器，此角色的設定可以在[容錯移轉叢集管理員]來完成。點選[下一步]。

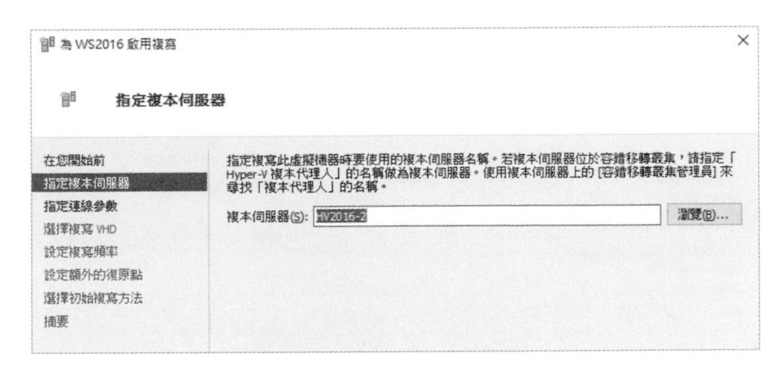

圖 10　指定複本伺服器

在如圖 11 所示的[指定連線參數]頁面中，你可能會發現僅能選取[使用 Kerberos 驗證（HTTP）]，這是因為在前面的 Hyper-V 複本伺服器設定之中，已指定了使用此類驗證方式所致。請在確認已勾選[壓縮透過網路傳輸的資料]設定，以提升複本資料傳輸時的速度。點選[下一步]。

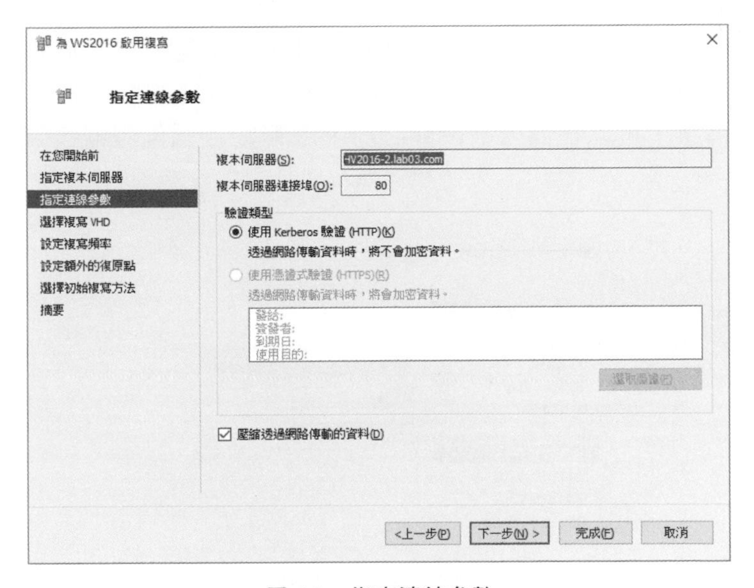

圖 11　指定連線參數

在如圖 12 所示的[選擇複寫 VHD]頁面中，會列出來源虛擬機器的所有已連接之虛擬硬碟清單，你可以自行勾選所要進行複寫的虛擬磁碟。必須注意 Guest OS 的系統磁碟一定得勾選，否則即便成功複寫至目標 Hyper-V 主機，未來也無法啟動此複本虛擬機器。點選[下一步]。

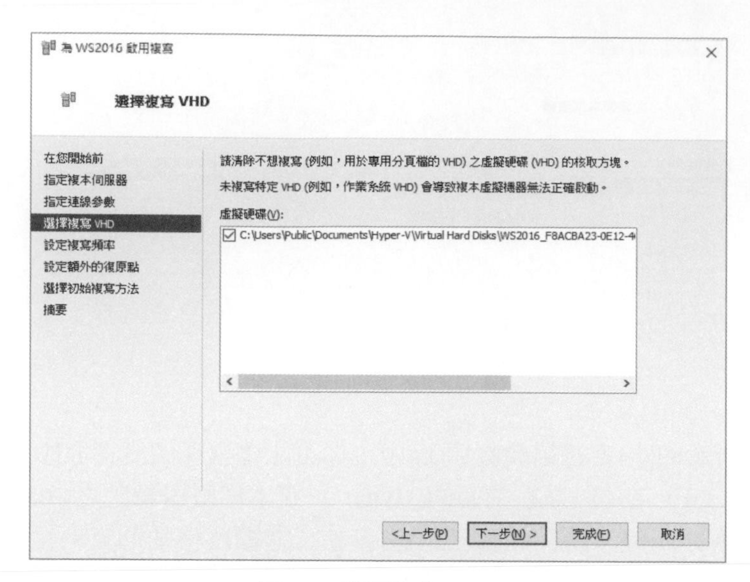

圖 12　選擇複寫 VHD

在如圖 13 所示的[設定複寫頻率]頁面中，目前所能夠設定的最短複寫頻率是 30 秒。在某一些需求情境之下，你可能會希望將複寫的頻率拉長，以便讓某一些資料或檔案，可以在尚未被覆寫之前，趕緊從目標伺服器複製出來。點選[下一步]。

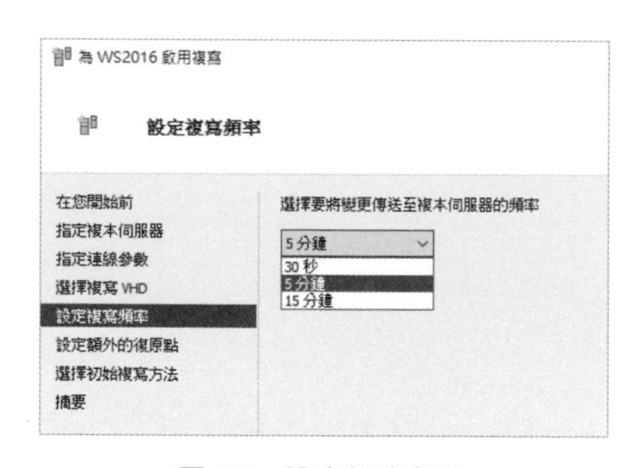

圖 13　設定複寫頻率

在如圖 14 所示的[設定額外的復原點]頁面中，可以決定設定[只保留最新的復原點]或[建立額外的每小時復原點]，前者的優點是可以節省儲存空間，後者則是有利於進行復原時，可以有更多復原時間點的選擇，目前可以定義額外的復原點數量上限是 24 個。

至於是否要使用磁碟區陰影複製服務（VSS）來複寫增量快照，則可以根據實際需求來決定，一般來說如果虛擬機器中運行的有資料庫系統（例如：SQL Server）時，則建議勾選並且設定複本複寫頻率。點選[下一步]。

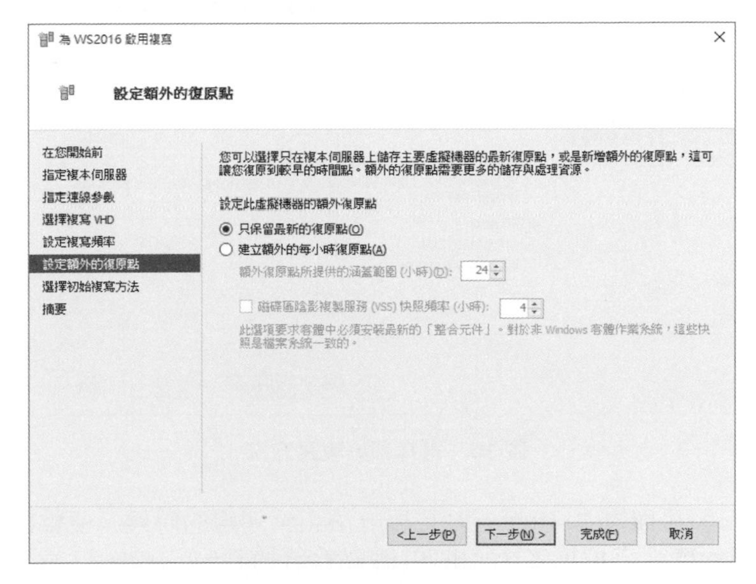

圖 14　設定額外的復原點

在如圖 15 所示的[選擇初始複寫方法]頁面中，首先在[初始複寫方法]的區域中，若網路連線的頻寬不是問題，建議選擇[透過網路傳送初始複本]即可，當然若是頻寬不佳，你也可以採用匯出至其他儲存媒體的方式，來進行人工傳遞。

在[排定初始複寫]的時間，可選擇[立即開始進行複寫]或是自訂額外的複寫排程時間。點選[下一步]。在[摘要]頁面中，請檢查一下前面步驟的各項設定是否正確，如果沒有問題請點選[完成]即可。

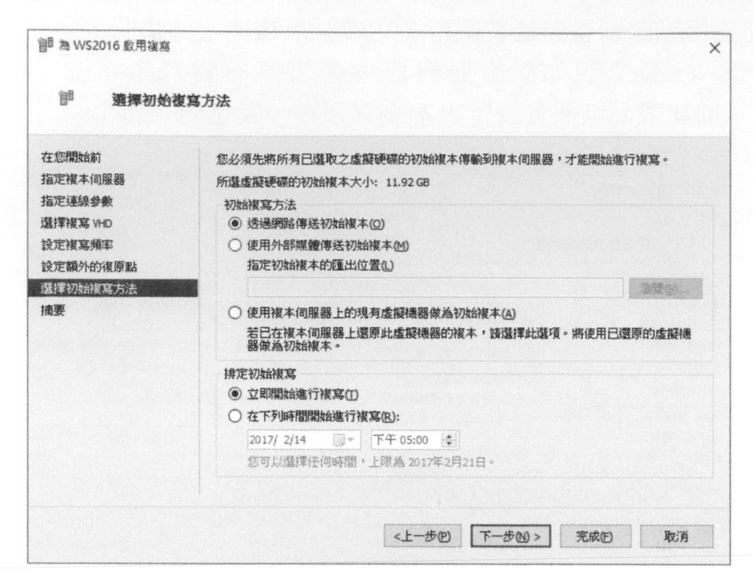

圖 15　選擇初始複寫方法

請注意！萬一發生與複本 Hyper-V 主機無法正常連線的時候，便會出現[啟用複寫失敗]的錯誤訊息，此時請立即檢查網路連線或是防火牆設定，再嘗試重新啟用複寫設定。

如果成功啟用了虛擬機器的複寫功能，緊接著將會出現如圖 16 所示的[已順利啟用複寫]的頁面，這個頁面中還特別提醒我們，在目前的複本虛擬機器設定中，尚未啟用虛擬網路卡，為了要讓切換到複本虛擬機器來運行時，能夠正常提供上線服務，便需要預先啟用虛擬網路卡設定。點選[設定]繼續。

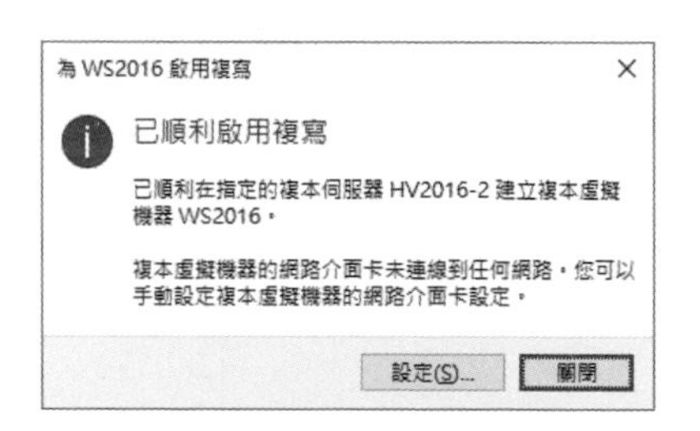

圖 16　已順利啓用複寫

在開啟如圖 17 所示的複本虛擬機器設定頁面之後，便可以在[網路介面卡]的頁面中挑選適用的虛擬交換器。進一步還可以搭配 VLAN 識別碼，來設定所要連接交換器通道，若想要控制它的網路傳輸頻寬，可以勾選[啟用頻寬管理]並進行最小與最大頻寬的設定。

圖 17　複本虛擬機器設定

如圖 18 所示，便是顯示虛擬機器正在初始複寫進行中。若從下方的[複寫]頁面中，則可以看到主要伺服器與複本伺服器的位址，以及目前兩者的複寫健康狀態是否正常。

圖 18　複本虛擬機器傳送狀態

若是想要查看最詳細的複寫健康資訊，則可以在選取複本虛擬機器之後，按下滑鼠右鍵點選[複寫]\[檢視複寫健康情況]，將會開啟如圖 19 所示的頁面。在此可以查看到完整的統計資料。

其內容包括了複寫作業的起始與結束時間、平均大小、大小上限、平均延遲時間、發生的錯誤次數以及待複寫的資料大小。關於目前統計的資料你可以點選[重設統計資料]來進行重置作業，必要的話還可以點選[另存新檔]來儲存這一些資訊。

如果你改透過 PowerShell 執行 Get-VMReplication 命令來查詢，則會列出目前有設定複寫機制的相關資訊，內容中可以看到目前的複寫健康狀態，以及哪些主機擔任主要伺服器與複寫伺服器。此外你也可以搭配-ComputerName 參數，來指定檢視網域中某一部 Hyper-V 主機的複寫資訊。

圖 19　虛擬機器健康狀態

對於進行中的虛擬機器複寫作業，未來如果打算移除複寫功能該怎麼做呢？很簡單！只要分別到來源（主要）與複本的虛擬機器上，按下滑鼠右鍵點選位在[複寫]子選單下的[移除複寫]即可。

透過 PowerShell 中 Get-Command –Module Hyper-V *Repl* 與 Get-Command –Module Hyper-V *fail*兩道命令的執行，可以讓你得知所有與 Hpyer-v 虛擬機器複寫管理有關的命令。

8.5 執行容錯移轉

只要目前所建立的虛擬機器複寫健康情況良好，就可以來測試一下複寫的容錯移轉，也就是讓原本擔任複本的虛擬機器，變成主要的虛擬機器。不過在開始之前，為了讓後續兩部的 Hyper-V 之間的虛擬機器複寫能夠正常，以及做為相互容錯備援的使用。

在此我們必須分別完成設定兩方面虛擬機器的[容錯移轉 TCP/IP]組態。請在開啟虛擬機器的設定頁面之後，點選至[網路介面卡]\[容錯移轉 TCP/IP]的頁面，勾選[為虛擬機器使用下列 IPv4 位址配置]設定，並且將此虛擬機器中的 Guest OS，所要使用的 TCP/IP 設定進去即可。點選[確定]。

接下來就可以開始進行複寫中的虛擬機器之容錯移轉測試了。請先將 Hyper-V 複寫來源伺服器中的虛擬機器正常關機，開啟複本主機的 Hyper-V 管理介面，接著如圖 20 所示針對複本的虛擬機器，按下滑鼠右鍵點選[複寫]\[容錯移轉]繼續。

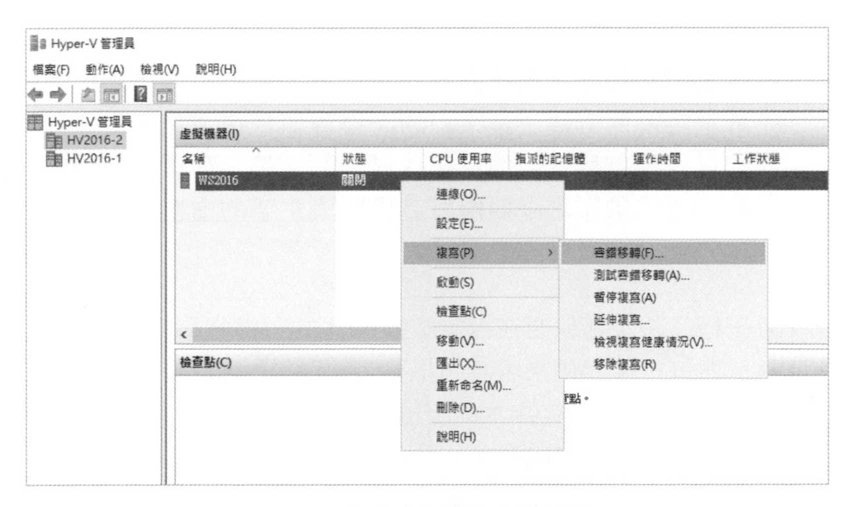

圖 20 複本虛擬機器右鍵選單

接著會開啟如圖 21 所示的[容錯移轉]頁面，在此便可以看到目前最新復原點以及標準復原點，所謂最新復原點指的就是前面筆者所提到的將會每隔 30 秒，或是 5 分鐘或是 15 分鐘更新一次的系統預設，而標準復原點則是每一個小時進行一次的複寫快照，至於複寫快照的數量便是根據前面的複寫設定來決定。點選[容錯移轉]。

請注意！如果在執行複寫虛擬機器的容錯移轉時，你沒有預先關閉主要的虛擬機器，將會出現的「無法為此虛擬機器進行容錯移轉」的錯誤訊息。

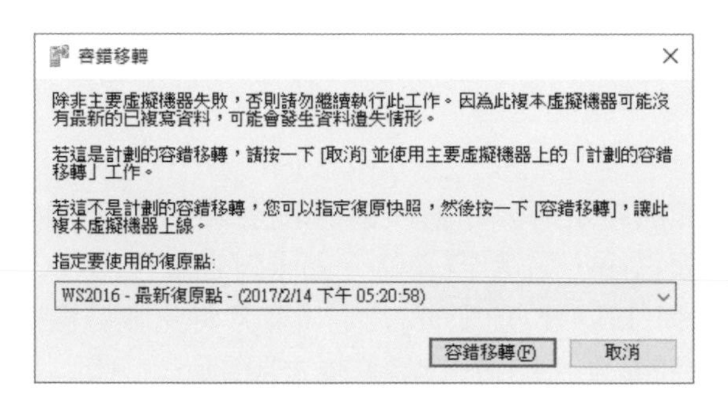

圖 21　容錯移轉設定

在成功進行複本虛擬機器的容錯移轉之後，你可以在命令提示列中下達 ipconfig /all 命令，來查看目前的 TCP/IP 各項設定值，是否符合前面所設定的[容錯移轉 TCP/IP]設定值。

當主要的虛擬機器因修復好，而準備要繼續恢復運作時，所可以採用的抉擇有兩種，第一是取消目前的容錯，讓來源的虛擬機器恢復運作，但此動作將會造成已更新在複寫備援虛擬機器中的更新資料遺失。第二種做法，則是進行反向複寫，讓目前擔任複寫備援之虛擬機器直接變成主要的虛擬機器，也就是進行角色的對調。

無論是選擇哪一種作法，都只要在複本虛擬機器的右鍵選單中，從[複寫]的子選單中來點選執行即可。讓我們來看看如果點選[反轉複寫方向]時，需要完成哪一些設定呢？執行後首先在[指定複本伺服器]頁面中，請點選[瀏覽]按鈕來將原為主要伺服器的 Hyper-V 主機選取進來。點選[下一步]。

必須注意的是如果在原先的來源 Hyper-V 伺服器設定中，沒有將它設定成接收複寫，那麼將會出現錯誤訊息而無法繼續。這時候可以直接在該頁面之中點選[設定伺服器]按鈕來完成修改即可。此外，準備變成擔任複本的虛擬機器，也必須處在關機的狀態，否則在此設定精靈最後完成的動作中，將會出現錯誤訊息。

想想看，假設今天發生不正常關機的 Hyper-V 主機是主要伺服器，那麼在完成重新開機之後，需要進行哪一些操作才能夠讓原有的複寫機制恢復運作呢？很簡單，只要在來源的虛擬機器上按下滑鼠右鍵點選[複寫]\[繼續複寫]。緊接著將會開啟[重新同步複寫]頁面。在此你可以選擇[立即重新同步]，或是設定在指定的日期與時間來重新同步複寫。點選[重新同步]即可。

8.6 建立虛擬機器延伸複寫

Hyper-V 所建立的虛擬機器複寫只能一對一嗎？其實打從 Windows Server 2012 R2 版本開始，便已經提供了延伸複寫的新功能，也就是在複本的虛擬機器上，再建立一個複本至第三部的 Hyper-V 主機之中。

做法很簡單！如圖 22 所示筆者在此先選取了複本虛擬機器，在按下滑鼠右鍵後點選[複寫]\[延伸複寫]繼續。

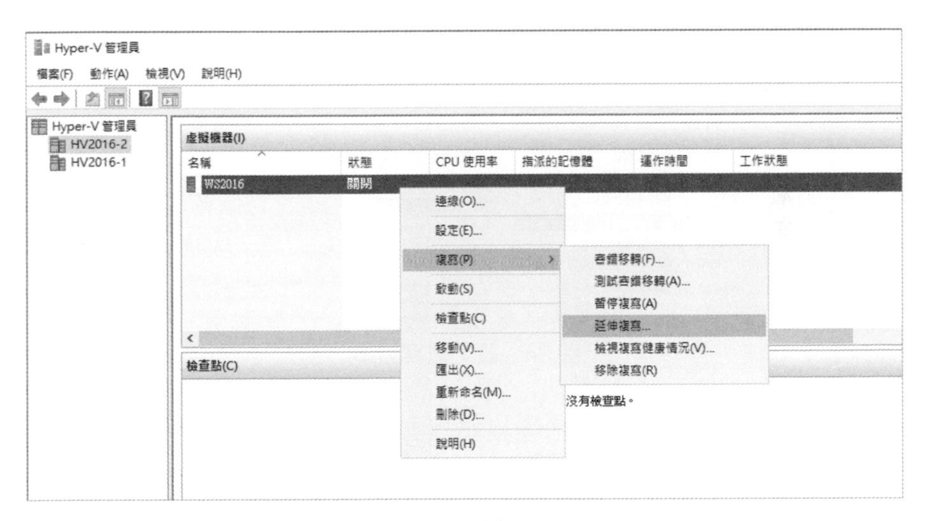

圖 22 複本虛擬機器右鍵選單

接著在如圖 23 所示的[指定複本伺服器]頁面中，請點選[瀏覽]來選取第三部的 Hyper-V 主機，而對於所選取的 Hpyer-v 主機，別忘了！同樣也必須預先完成複寫的設定以及本機防火牆的設定。點選[下一步]。

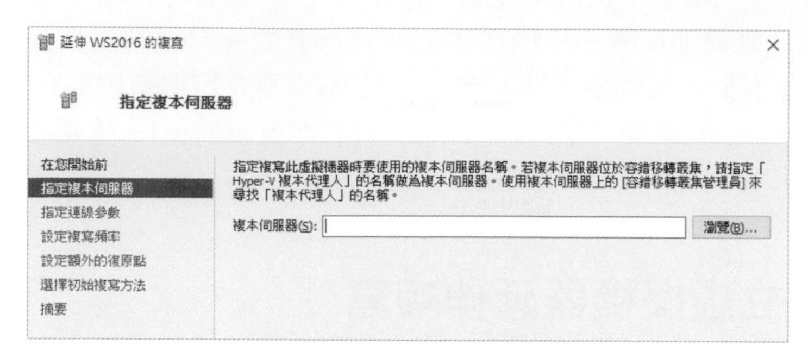

圖 23　指定複本伺服器

在[指定連線參數]的頁面中，請選擇與目標主機相對應的驗證類型。點選[下一步]來到如圖 24 所示的[設定複寫頻率]頁面，眼尖的你可能已經發現少了 30 秒的選項，沒錯！針對延伸的第三份複寫設定，最短的複寫頻率就是 5 分鐘。點選[下一步]。

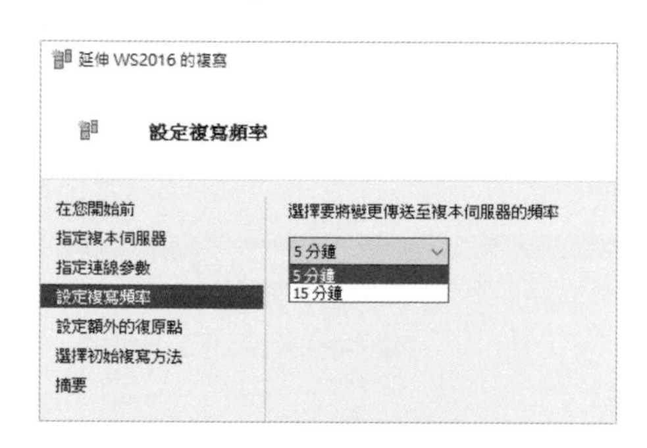

圖 24　設定複寫頻率

在[設定額外的復原點]頁面中，同樣只能夠定義最多 24 個復原點，不過並無法設定 VSS 的快照功能。點選[下一步]。在如圖 25 所示的[選擇初始複寫方法]頁面中，請自行決定初始複寫方法以及排定初始複寫的時間。點選[完成]開始執行延伸複寫作業。

成功建立延伸複寫設定之後，你將可以在此虛擬機器的[複寫]頁面中，分別檢視到三部 Hyper-V 伺服器各自擔任的複寫角色。

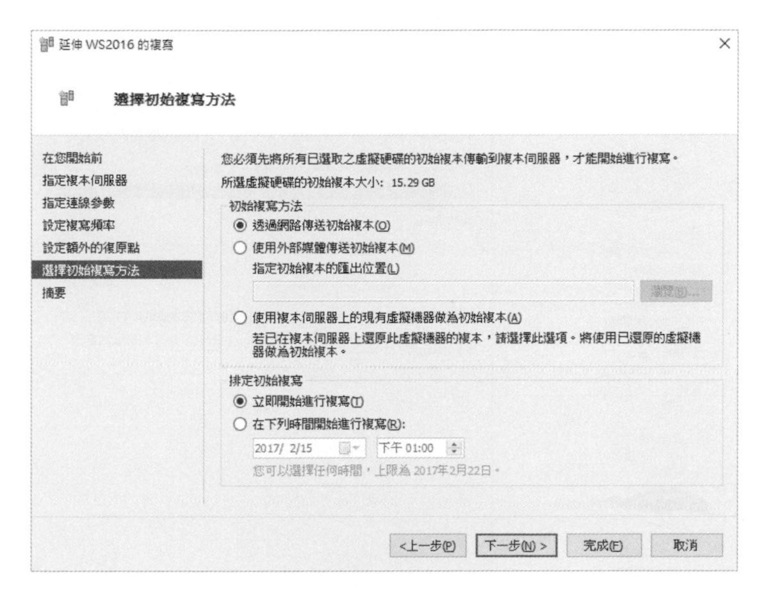

圖 25　選擇初始複寫方法

8.7　線上新增新虛擬硬碟複寫

雖然 Hyper-V 在 Windows Server 2012/R2 的版本時，就已經提供了虛擬機器的複寫備援功能，可是對於已建立複寫關係的虛擬機器而言，管理人員如果需要增加新的虛擬磁碟至虛擬機器中，這時候就得先停止它們的複寫關係設定，等到完成虛擬磁碟的新增之後，再重新啟用複寫功能。

針對上述管理上的不便設計，在 Windows Server 2016 版本中已經獲得改善，也就是說可以在複寫持續運作的狀態下，直接加入新的虛擬磁碟在來源的虛擬機器之中，並自動完成感知與複寫作業之中。接下來你可以跟著筆者來實際做做看。

首先請在開啟來源虛擬機器的[設定]頁面之後，點選至[SCSI 控制器]頁面中，如圖 26 所示先選取[硬碟]再點選[新增]按鈕繼續。

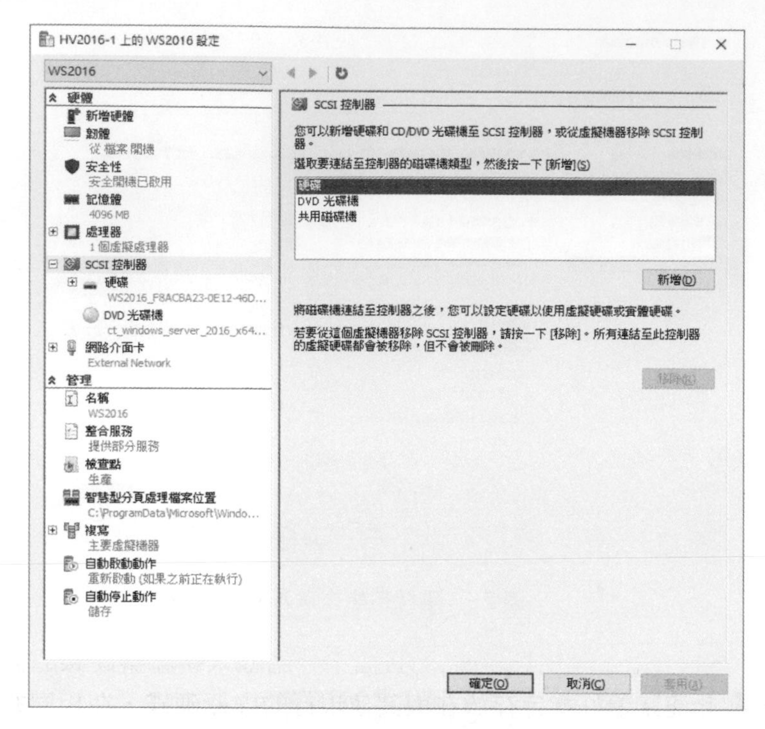

圖 26　SCSI 控制器管理

在開啟[硬碟]設定頁面之後，點選位在[虛擬硬碟]區域中的[新增]按鈕。來到如圖 27 所示的[選擇磁碟類型]頁面中，可以依據實際需要選擇[固定大小]或是[動態擴充]的磁碟類型，至於[差異]的磁碟類型，則比較適用在特定的測試需求或是公用虛擬機器的作業環境中，方便可以快速還原 Guest OS 的所有狀態。點選[下一步]。

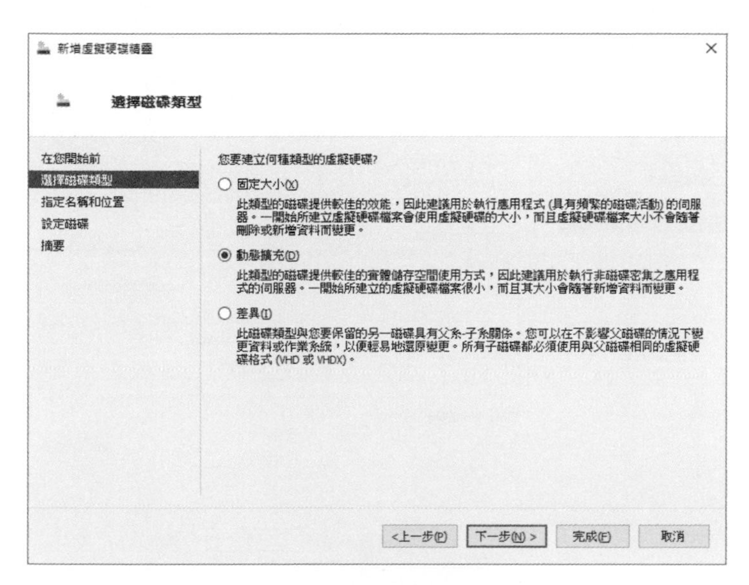

圖 27　選擇磁碟類型

在如圖 28 所示的[指定名稱和位置]的頁面中，請輸入新虛擬硬碟的檔案名稱與儲存路徑。在此建議最好指定存放在與其他現行的虛擬硬碟，在相同的資料夾路徑之中，以方便未來的管理。點選[下一步]。

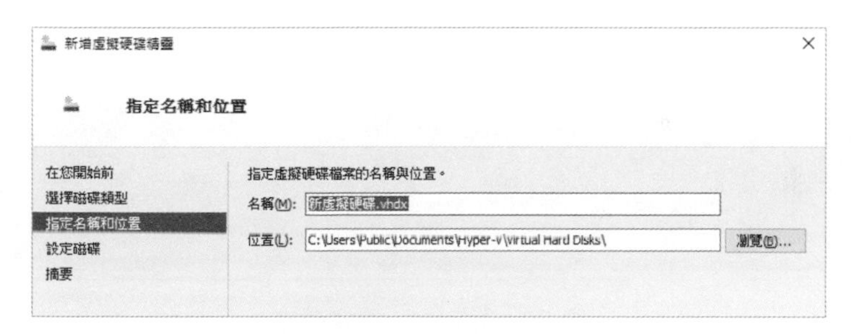

圖 28　指定名稱和位置

在如圖 29 所示的[設定磁碟]頁面中，請指定新虛擬硬碟的大小上限（64TB）。必要時你也可以選擇直接複製指定來源虛擬硬碟，或是實體磁碟的內容，來做為新虛擬硬碟的建立。點選[下一步]完成設定。

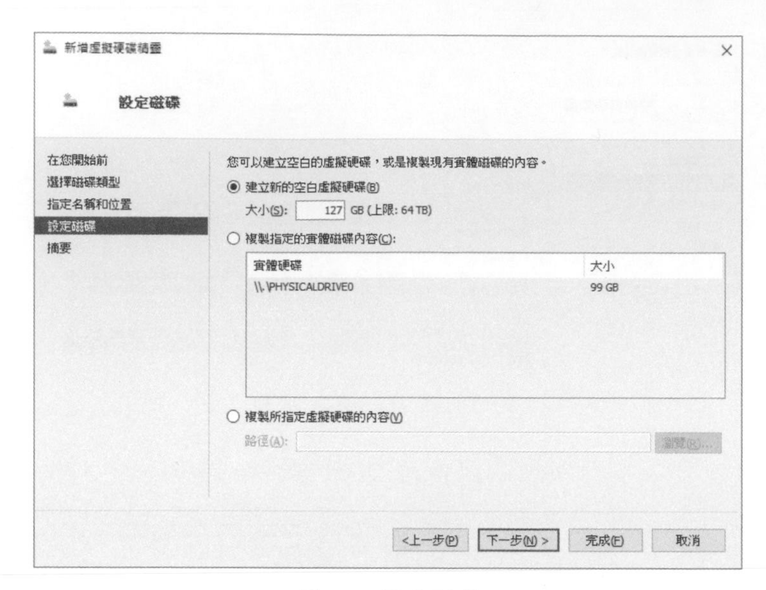

圖 29　設定磁碟

最後你只要開啟 PowerShell 命令視窗，如圖 30 所示執行以下命令參數，即可成功加入新虛擬磁碟於複寫作業之中。

```
Set-VMReplication "WS2016" -ReplicatedDisks (Get-VMHardDiskDrive
"WS2016")
```

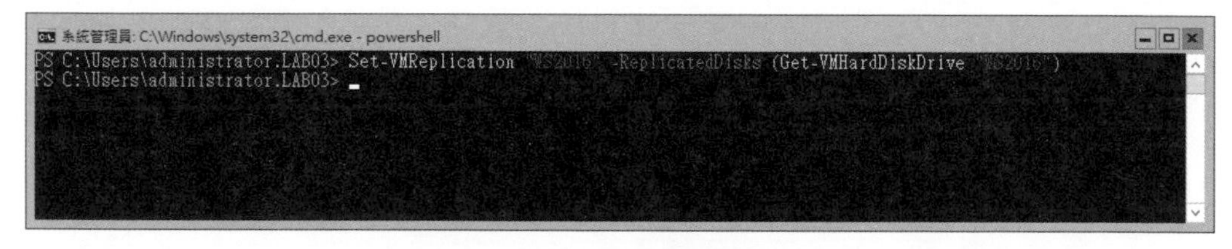

圖 30　設定加入複寫磁碟

上述命令成功執行後，你就可以在來源與目標的 Hyper-V 主機之中，找到新增加的複寫虛擬磁碟檔案，如圖 31 所示，已經出現在相對的實體路徑之中。

圖 31 新磁碟複寫成功

看完了有關於 Hyper-V Replication 的實戰講解之後，對於一些有 VMware vSphere 部署經驗的 IT 先進來說，可能會聯想到它也有提供的類似的解決方案，那就是 VR（vSphere Replication）。

不過筆者要提醒你 VR 功能在 vSphere 的架構中，以 6.5 的版本而言得滿足至少兩項條件才可以安裝與使用，第一是購買的授權得至少是 Essentials Plus Kit 版本以上，第二則是還必須部署在擁有 vCenter 的架構下。

相較於 Hyper-V Server 2016 所提供的 Replication，不但完全免費（或內建於 Windows Server 2016），也不需要建置 System Center Virtual Machine Machine（SCVMM），甚至於可以在採用 HTTPS 的驗證方法之下，連 Active Directory 都可以不需要。既然可以如此簡單又實用，建議你不妨現在就打開 Microsoft 官網網站，搜尋並下載免費的 Hyper-V Server 2016。

第 9 章
Hyper-V Server 2016 進階管理秘訣

安裝一部 Hyper-V Server 2016 伺服器相當容易，但日後的維運工作可就不是一件簡單的事，因為除了必須時時確保它的正常運作之外，還必須能夠隨時因應 IT 環境的需要，調整虛擬化平台的各項參數。本文將從探討 Hyper-V Server 2016 的細部支援規格開始，引領讀者們藉由各項監視與控管虛擬化資源技法的學習，輕鬆做好 IT 虛擬化維運。

9.1 簡介

企業私有雲（Private cloud）的基礎建設，最早是從 Hyper-V 的第一個版本開始，也就是起源於 Windows Server 2008 作業系統。然而其實 Microsoft 的虛擬化平台技術，並非是從 Hyper-V 才開始，而是早在 Windows Server 2003 發行不久後，就已經推出了 Virtual Server 2005 與 Virtual PC 2004，且至今都還能夠在官方網站下載到安裝套件。只是為何當初沒有掀起私有雲架構概念的部署風潮呢？

理由很簡單，只因當時的虛擬機器的技術還不夠成熟，也就是僅提供一個最基礎的虛擬機器運行，其目的是為了節省傳統伺服器硬體的建置成本，以及充分發揮各項硬體資源（CPU、RAM、Hard Disk、Network）的使用率。盡管能夠達到這一些立即性的 IT 投資效益，但在當時處於觀望不前的 IT 單位，仍是佔了絕大多數，畢竟少有人願意當白老鼠。

直到幾年後，在連同其它幾個虛擬化技術的大廠 VMware、Citrix 的快速發展之下，虛擬機器的部署架構才開始陸續被 IT 單位所接受，然後逐漸演化成今日複雜的私有雲架構。

相較於 Hyper-V 的第一個版本，最新的 Hyper-V Server 2016 已今非昔比，不僅在單機架構的擴充與延展能力上大幅度的提升，更加入了先進的軟體定義儲存（SDS）與軟體定義網路（SDN）的元素在裡頭，並且可在融入 System Center 管理系統與 Azure Service 的運作下，打造出最具完善的混合雲（Hybrid cloud）架構。

縱然 Hyper-V Server 2016 在許多新功能技術的發展上，已經超越了其他競爭對手許多，但對於站在第一線負責維運的 IT 人員而言，大功能面的運用，雖可改善整體運行的效能表現，卻不足以因應平日維護作業中，各種突如其來的需要以及狀況，因此當前比這些新技術更重要的，就是要了解與學習它在許多細微管理上的經驗。

9.2　擴充與延展能力支援

自 Windows Server 2016 發行以來，收到許多企業 IT 單位的詢問，究竟應該選擇其他它廠牌的虛擬化平台，還是直接使用它內建的 Hyper-V 來部署私有雲的基礎建設？

面對上述的抉擇，在大部分的情況下，IT 單位都會希望透過一些功能的比較表（例如：Hyper-V vs VMware vSphere），做為最終抉擇的參考依據。然而筆者倒認為不必如此，而是改為優先明白公司的網路基礎建設，若是以 Active Directory 以及 Windows 相關解決方案為主，再進一步了解現行的 Hyper-V 版本中，其擴充與延展能力是否足以因應未來十年內的成長。請參閱表 1 與表 2 以及表 3 說明，若評估之後確認沒有問題，再開始深入接下來的功能面測試。

表 1　虛擬機器擴充與延展支援

功能名稱	最大支援	備註
檢查點（Checkpoints）	50	實際數量可能會更少些，因為它相依在可用的儲存空間。而每一個檢查點所產生的檔案類型即是.avhd
記憶體	第二代：12TB 第一代：1TB	實際能夠使用的記憶體上限，得根據所選擇的作業系統版本
序列埠（COM）	2	
虛擬機器附加的實體磁碟大小	不一定	由客體作業系統決定
虛擬光纖通道（卡）適配器	4	最佳建議採用每一個虛擬光纖通道來連接不同的 Virtual SAN

功能名稱	最大支援	備註
虛擬軟碟機裝置	1	無
虛擬硬碟容量	VHDX=64TB VHD=2TB	無
虛擬 IDE 磁碟	4	無
虛擬處理器	第二代：240 第一代：64	實際能夠使用的數量，還必須根據客體作業系統的版本
虛擬 SCSI 控制器	4	客體作業系統需有安裝整合服務（Integration services）
虛擬 SCSI 磁碟	256	每一個虛擬 SCSI 控制器支援 64 個虛擬 SCSI 磁碟
虛擬網卡	Hyper-V 規格網卡=8 傳統網卡=4	只要客體作業系統有安裝整合服務（Integration services），就可以使用更高效能表現的 Hyper-V 規格網卡

表 2　主機擴充與延展支援

功能名稱	最大支援	備註
邏輯處理器	512	韌體部分需要預先啟用以下兩項功能: - Hardware-assisted virtualization - Hardware-enforced Data Execution Prevention （DEP）
記憶體	24TB	無
網卡 NIC Teaming 支援	Hyper-V 無限制	無
實體網卡	Hyper-V 無限制	無
一部 Hyper-V 主機可運行的虛擬機器數量	1024	無
儲存裝置數量支援	Hyper-V 無限制。由作業系統版本決定。	目前也支援透過 NAS 方式所連接的儲存裝置，但不支援以 NFS 為主的儲存裝置
一部 Hyper-V 主機支援的虛擬網路交換器埠口數量	Hyper-V 無限制	相依在實際可用的運算資源
每個邏輯處理器的虛擬處理器數量	Hyper-V 無比例限制	無
每一部伺服器的虛擬處理器數量	2048	無

功能名稱	最大支援	備註
Virtual SAN	Hyper-V 無限制	無
虛擬網路交換器	Hyper-V 無限制	相依在實際可用的運算資源

表 3　叢集架構下的擴充與延展支援

功能名稱	最大支援	備註
每一叢集的節點數量	64	建議準備一個以上的叢集節點，來做為容錯備援使用。
每一叢集的虛擬機器數量	8000	實際能夠運行的數量，由實體主機的硬體資源決定。

9.3　如何查看虛擬機器資源使用情形

企業 IT 架設 Hyper-V 主機的第一個目的，就是為了要充分利用可用的硬體資源，達到既不浪費又能夠運行順暢的目的。既然如此，掌握每一個虛擬機器資源的使用情形便是第一要務。以下提供兩種做法供大家參考。

首先如圖 1 所示透過以下命令參數範例，可以將 WS2016 的虛擬機器，啟用資源使用情況資料的收集。其中啟用的對象也可以是一個資源集區（Resource pool）。然後再顯示資源使用的報告，包括了處理器的頻率、平均記憶體、最小記憶體、最大記憶體、整體磁碟空間、網路流入量、網路流出量。

```
Enable-VMResourceMetering -VMName WS2016
Measure-VM -VMName WS2016
```

以下命令參數範例，則是針對一個名為 MemResourcePool 的資源集區，啟用針對記憶體資源類型使用情況的資料收集，而此參數目前支援的類型分別有 Ethernet（乙太網路）、Memory（記憶體）、Processor（處理器）、VHD（虛擬硬碟）。

```
Enable-VMResourceMetering -ResourcePoolName MemResourcePool -
ResourcePoolType Memory
```

如果想要重新取得最新的資源使用資料，可以先執行$UtilizationReport = Get-VM WS2016 | Measure-VM 命令，來將現有的資料儲存至 UtilizationReport 變數之中，再執行 Get-VM WS2016 | Reset-VMResourceMetering 命令即可。

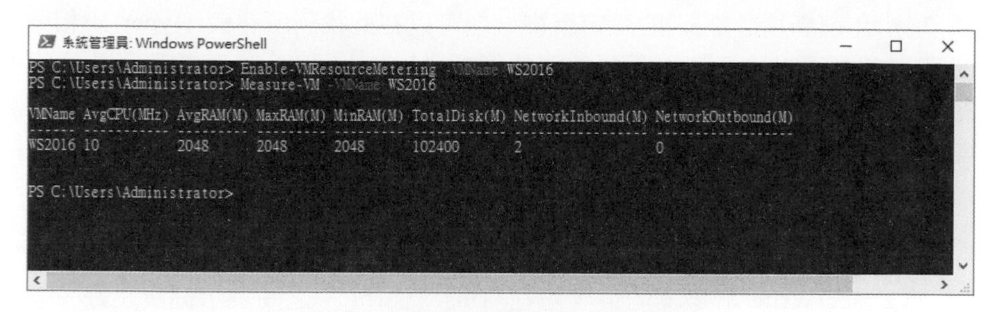

圖 1 查詢虛擬機器資源使用報告

若是想要即時監控 Hyper-V 主機與虛擬機器的效能表現，可以透過 Windows Server 2016 內建的效能監視器。如圖 2 所示這是一個典型的範例，監視的項目包括了 Hyper-V 邏輯處理器的整體運行時間、虛擬機器的健康摘要統計、虛擬網路交換器的進出流量統計、每一部虛擬機器的動態記憶體運作細節統計、實體主機處理器時間。

以 Hyper-V 邏輯處理器的整體運行時間（"\Hyper-V Hypervisor Logical Processor(_Total)\% Total Run Time"）而言，正常必須低於 60%以下，一旦維持在 60%至 89%之間，則必須特別留意它後續的表現，萬一持續在 90%至 100%之間，請升級或增加您的處理器數量，或是評估將一些虛擬機器，移動至其它效能較佳的 Hyper-V 主機來運行。

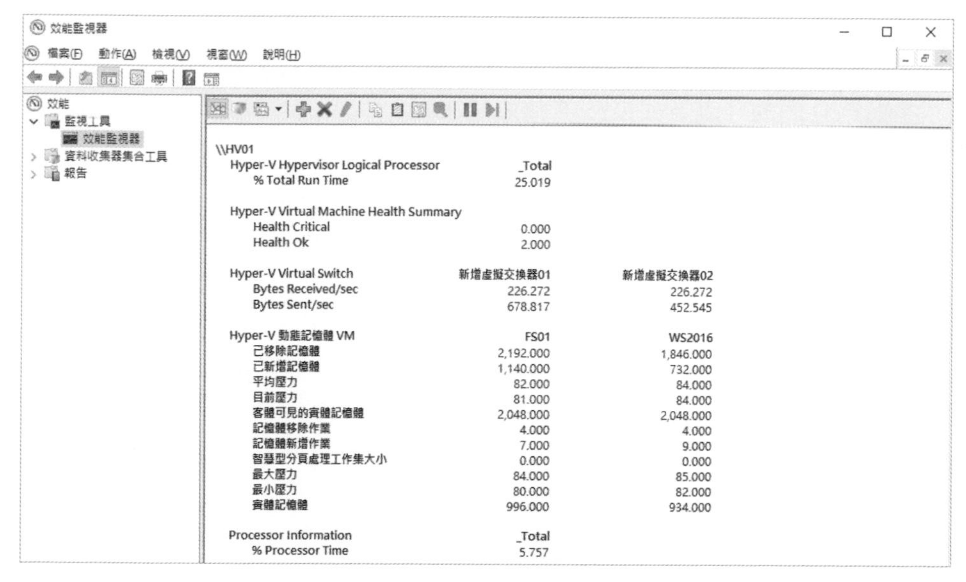

圖 2 Hyper-V 運行效能監視

如圖 3 所示是[新增計數器]的設定視窗，您可以在此找到所有與 Hyper-V 相關的計數器，並且可以自行選取所要監視的例項（Instance）。除了前面所介紹過的計數器之外，筆者會建議您特別針對以下幾個計數器的效能狀態進行監視，以隨時掌握各資源的使用，是否已經遭到瓶頸，這包括了 Hyper-V 主機與客體作業系統。

- **磁碟 I/O 延遲時間**：當"\Logical Disk(*)\Avg. sec/Read"與"\Logical Disk(*)\Avg. sec/Write"計數器的值，處在 1ms 至 15ms 之間表示健康良好，若是 15ms 至 25ms 之間則需要特別注意。如果超過 26ms 以上，將會明顯影響本機所有虛擬機器的運行效能。
- **剩餘可用記憶體**：當"\Memory\Available Mbytes"計數器的值，處在 50%以上表示健康良好。若是剩餘 25%左右則是需要持續監視。當低於 10%最好能夠立即增加記憶體。在低於 5%時，所有運行中的虛擬機器將隨時嚴重影響執行的速度。
- **記憶體分頁檔**：對於所監視的"\Memory\Pages/sec"計數器值，如果一直維持在 500 以下，表示系統依賴記憶體分頁檔的次數相當少，也就是說現行的實體記憶體已足以因應系統的執行需求。一旦高於 500 至 1000 之間，則您將需要特別觀察與注意。萬一超過了 1000 則表示實體記憶體需要增加。
- **網路使用率**：對於網路效能的監視，首先最重要的就是\Network Interface(*)\Bytes Total/sec 計數器，如果這個值低於 40%，表示網路流量是處於健康狀態。當維持在 41%至 64%之間，則需要特別關注是否有繼續往上飆歌的狀況，一旦持續超過 65%以上，請更換更快速的網路或是透過多網路介面的分流方式來改善此效能瓶頸。
- **網路輸出佇列長度**：另一個與網路效能表現有關的計數器就是\Network Interface(*)\Output Queue Length。在正常的情況下此值應該要維持在 0，一旦上升到 1 請持續監視它的變化。如果此值一直維持在 2 以上，即表示此網路的運行效能已經遭遇了瓶頸。

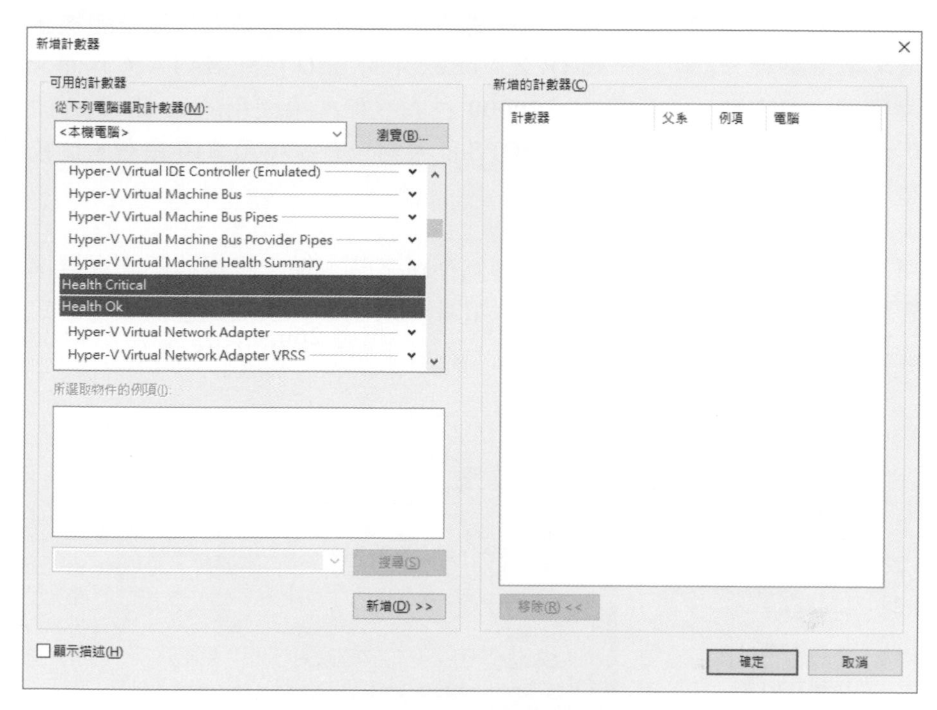

圖 3　新增 Hyper-V 相關計數器

9.4 如何控管虛擬硬碟服務品質

當您在 Hyper-V 的主機上，陸續建立了越來越多的虛擬機器並啟動它們時，可能會發現其中某些重要的虛擬機器之效能，運行起來已經大不如從前。這種現象便是與資源的共用有關，而解決方法除了可以從虛擬機器的處理器、記憶體以及虛擬網路的資源進行適當的調配之外，就是從至關重要的虛擬硬碟的管理來著手解決。

一般常見的基本做法，就是將多個虛擬機器按照不同的效能與安全需求，選擇存放在相對的儲存區，而這些儲存區有一些可能是由較慢，但儲存空間較大的 HDD 所組合成的磁碟集區，有一些則可能是由快閃的 SSD 所組合而成。無論是 HDD 還是 SSD，甚至於是混合的 Storage Space，最好都能夠有磁碟陣列的容錯備援機制。

上述所介紹的任何一種儲存區架構，除了安全性的保護程度會有所不同之外，對於影響整體的 IOPS（Input/Output Operations Per Second）效能表現，當然也會隨之不同。所謂的 IOPS 其實就是指磁碟資料在進行循序讀寫，以及隨機讀寫時的速度。舉例來說，若使用一顆 OCZ Vertex 4 的 SSD 搭配 SATA 6 介面，最高所能達到的 IOPS 值，大約是在 120000 左右。但如果使用的是 SAS 介面搭配 15000 rpm 的 HDD，則所能達到的 IOPS 值大約只有 175 至 210 左右，比較起來可真是天差地遠。

我們可以在多個虛擬機器執行在相同的儲存區之時，進一步根據不同虛擬機器的效能需要，來限制它們的 IOPS 範圍。如圖 4 所示您只要開啟虛擬機器設定中的硬碟服務品質頁面，就可以啟用並指定允許最小與最大的 IOPS 值。

圖 4　虛擬硬碟服務品質管理

前面設定方式是針對單一 Hyper-V 主機的虛擬機器之 IOPS 進行設定，若是針對在容錯移轉叢集架構下的 Hyper-V 主機，則可以改用[存放裝置服務品質原則]的套用方式來進行設定。首先我們可以如圖 5 所示執行 Get-ClusterResource 命令，來查看現行叢集中所有的資源。

其中[儲存體 QoS 資源]便是需要透過儲存 QoS 原則來進行控管，且適用在 SOFS（Scale-Out File Server）與 CSV（Cluster Shared Volumes）的部署模式下。關於此資源資訊，也可以在[容錯移轉叢集管理員]介面中的[叢集核心資源]區域中來查看。

```
選取 系統管理員: Windows PowerShell
PS C:\> Get-ClusterResource

Name                                 State   OwnerGroup     ResourceType
----                                 -----   ----------     ------------
8a3d1814-5a0c-47c8-a708-5ad39b7efbf4 Online  SR-CLU-FS      Storage Replica
a20a2c79-545b-417c-9603-c7cabf8689ce Failed  SR 群組 1      Storage Replica
IP 位址 172.168.7.252                Offline SR-CLU-FS      IP Address
IP 位址 192.168.7.252                Online  SR-CLU-FS      IP Address
SOFS                                 Online  SOFS           Distributed Network Name
SR-CLU-FS                            Online  SR-CLU-FS      Network Name
Task Scheduler                       Online  Task Scheduler Task Scheduler
Virtual Machine Cluster WMI          Online  叢集群組       Virtual Machine Cluster WMI
向外延展檔案伺服器 (\\SOFS)          Online  SOFS           Scale Out File Server
虛擬機器 VM01                        Online  VM01           Virtual Machine
虛擬機器設定 VM01                    Online  VM01           Virtual Machine Configuration
儲存體 Qos 資源                      Online  叢集群組       Storage QoS Policy Manager
檔案共用見證                         Online  叢集群組       File Share Witness
檔案伺服器 (\\SR-CLU-FS)             Online  SR-CLU-FS      File Server
叢集 IP 位址                         Failed  叢集群組       IP Address
叢集 IP 位址 172.168.7.251           Offline 叢集群組       IP Address
叢集名稱                             Offline 叢集群組       Network Name
叢集磁碟 1                           Offline SR 群組 1      Physical Disk
叢集磁碟 2                           Online  SR-CLU-FS      Physical Disk
叢集磁碟 3                           Offline SR 群組 1      Physical Disk
叢集磁碟 4                           Online  SR-CLU-FS      Physical Disk
```

圖 5　查看現行叢集資源

如圖 6 所示，接下來筆者執行以下命令參數，來建立一個名為 Policy01 的存放裝置服務品質原則，並且設定最大與最小的 IOPS 分別是 200 以及 100。

```
$StorageQosPolicy=New-StorageQosPolicy -Name "Policy01" -PolicyType
MultiInstance -MaximumIops 200 -MinimumIops 100
```

緊接著可以執行$StorageQosPolicy.PolicyID 命令來取得原則的識別碼。

圖 6　新增儲存 QoS 原則

有了存放裝置服務品質原則的識別碼之後，就可以如圖 7 所示參考以下命令參數，來將所有以 VM 為字首的虛擬機器中（範例中只有一部），所有的虛擬硬碟套用此原則識別碼。

```
Get-VM -Name VM* | Get-VMHardDiskDrive | Set-VMHardDiskDrive -
QoSPolicyID 23968da2-e54f-41b2-b0d3-b389a956462b
```

```
系統管理員: Windows PowerShell
PS C:\> Get-VM -Name VM*

Name State   CPUUsage(%) MemoryAssigned(M) Uptime           Status   Version
---- -----   ----------- ----------------- ------           ------   -------
VM01 Running 1           2048              00:01:16.6720000 正常運作 8.0


PS C:\> Get-VM -Name VM* | Get-VMHardDiskDrive | Set-VMHardDiskDrive -QoSPolicyID 23968da2-e54f-41b2-b0d3-b389a956462b
PS C:\>
```

圖 7　設定叢集虛擬機器 QoS 原則

最後就可以如圖 8 所示執行以下命令參數，來查看 VM01 這個虛擬機器三顆虛擬硬碟的狀態，以及最大與最小 IOPS 之設定。在這個範例中，可以發現 VM01.VHDX 目前的 IOPS 是 191。至於 VM01_VHD03.VHDX 與 VM01_VHD02.VHDX 的 IOPS 為何是 0，且最大與最小的 IOPS 也是 0，這表示它們尚未被存放裝置服務品質原則所套用。

```
Get-StorageQoSFlow | Sort-Object InitiatorName | FT
InitiatorName,Status,MinimumIOPs,MaximumIOPs,StorageNodeIOPs,@{Expressio
n={$_.FilePath.Substring($_.FilePath.LastIndexOf('\')+1)};Label="File"}
-AutoSize
```

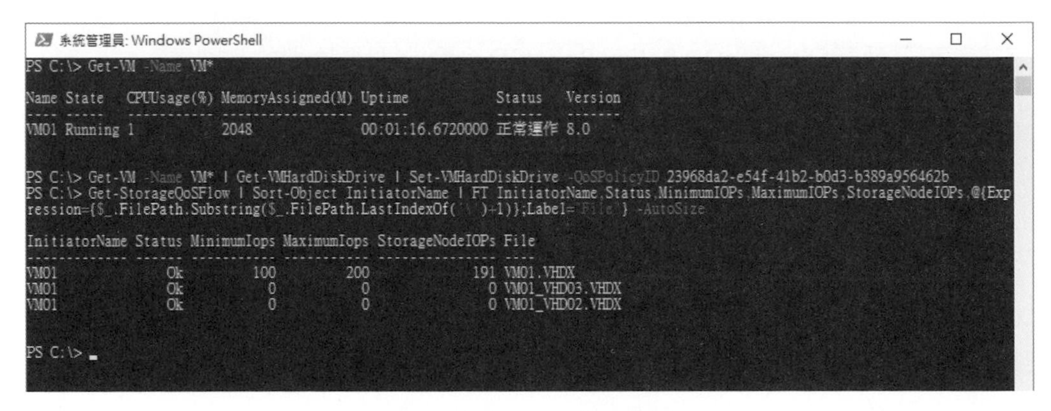

圖 8　查看 IOPS 使用情形

針對已被套用存放裝置服務品質原則的虛擬硬碟，可以在開啟該虛擬機器的設定頁面之後，如圖 9 所示在此虛擬硬碟的[服務品質]頁面中，查看到它目前所套用的原則識別碼。未來如果不打算繼續套用存放裝置服務品質原則，可以在此點選[移除原則識別碼]按鈕。

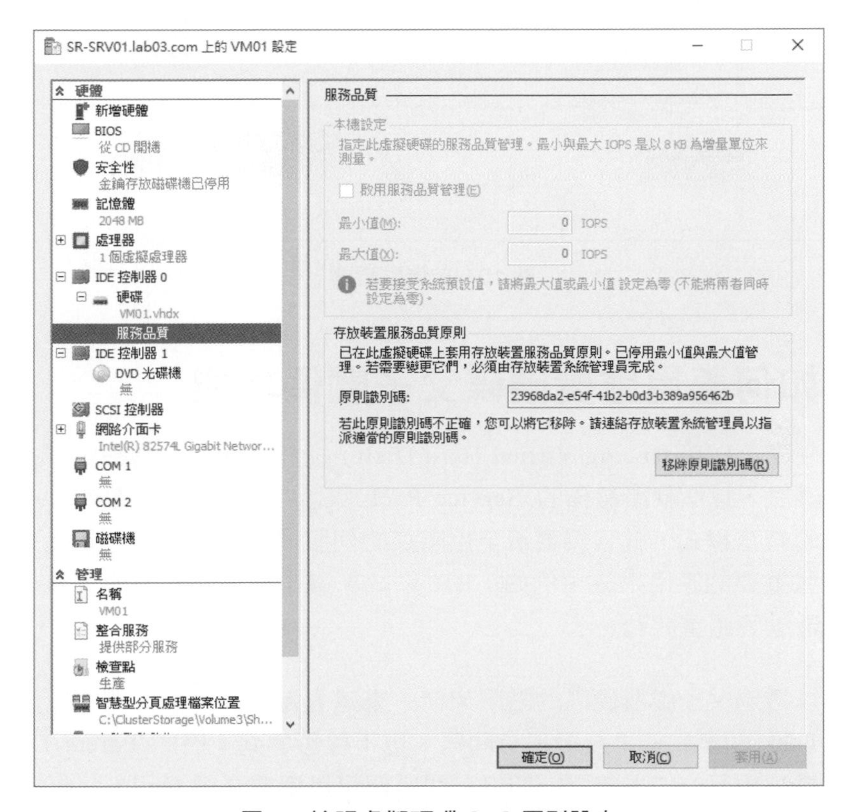

圖 9　檢視虛擬硬碟 QoS 原則設定

無論是對於一般用戶端電腦還是伺服器，如何測試目前本機磁碟的 IOPS 值，是否足以因應現行服務與應用程式的運行，可以透過 Windows 內建的效能監視器來得知。

如圖 10 所示在此筆者加入了 PhysicalDisk 計數器下的 Disk Read/sec、Disk Write/sec、Disk Transfer/sec 以及 Current Disk Queue Length 來套用在兩顆本機磁碟，其中 C 磁碟是 SSD 而 D 磁碟則是 7200 RPM 的 HDD。前三項分別是針對磁碟的讀取、寫入以及讀寫取得最新的 IOPS 值。最後一項則是磁碟的佇列長度，此值如果比硬碟數量 x2 還要高的話，即表示該磁碟的 IOPS 值已經達到了極限，您可能需要更換速度的更快的磁碟。

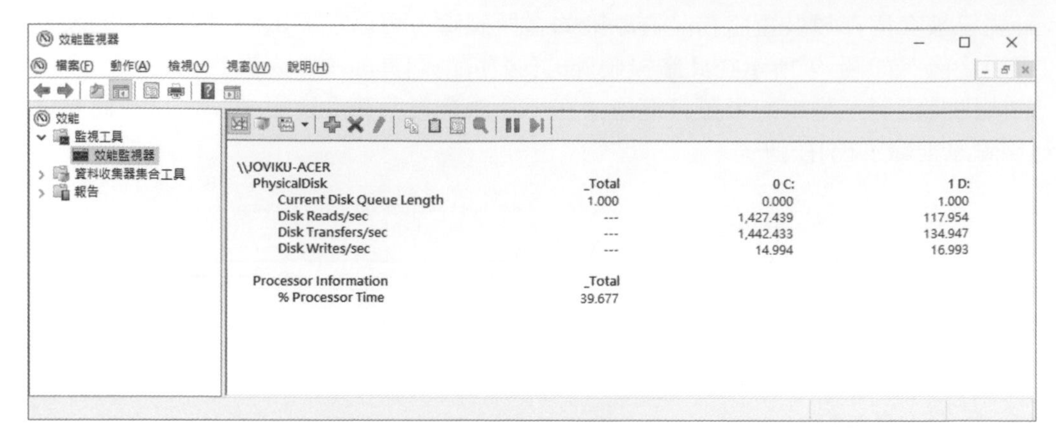

圖 10　效能監視器

9.5　如何善用虛擬硬碟父子關係功能

差異虛擬硬碟（Differencing Virtual Hard Disk）功能的使用，常被應用在軟體部署之前的測試，以微軟所發佈的 Service Pack 來說，許多 IT 人員往往不會將一開始拿到的修正程式，就直接更新至生產線的伺服器或用戶端，主要也是擔心會與目前一些重要的應用系統（例如：HR 系統）發生相容性的問題，甚至於造成無法正常啟動等嚴重問題。

因此便可以透過父子虛擬硬碟的階層架構，來建立每一個階段的測試環境，一旦在 Child Disk 的測試結果後發現有問題，也不會影響到上層的 Parent Disk 中的系統與資料，相反的如果確認一切沒有問題便可以選擇合併 Child Disk 至 Parent Disk，而且擔任 Parent Disk 的虛擬磁碟，可以連結一個或多個 Child Disk，且每一個 Child Disk 旗下還可以同樣擁有多個 Child Disk，也就是說每一個 Child Disk 可以同時擔任父與子的虛擬硬碟角色。

接下來建議您可以建立一個暫時測試用的虛擬機器，來測試這項差異虛擬硬碟的功能。如圖 11 所示在此虛擬機器的設定頁面中，可以看到目前僅有一個名為 WS2016.vhdx 的虛擬硬碟，我將以它作為父虛擬硬碟，然後點選[新增]按鈕來為它建立一個子虛擬硬碟。

圖 11　虛擬機器設定

來到如圖 12 所示的[選擇磁碟類型]頁面中，請選取[差異]選項。在此必須特別注意的是所有子虛擬硬碟的格式（VHD 或 VHDX），必須與父虛擬硬碟的格式相同。點選[下一步]。

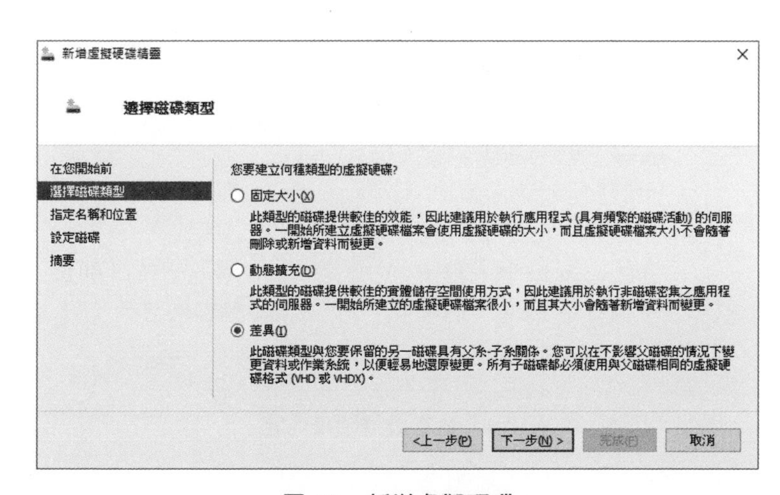

圖 12　新增虛擬硬碟

在如圖 13 所示的[指定名稱和位置]的頁面中，請輸入子虛擬硬碟的完整名稱與路徑。在此建議您可以將它與父虛擬硬碟放在相同的路徑之中。點選[下一步]。在[設定磁碟]頁面中，請點選[瀏覽]按鈕來挑選父虛擬硬碟，在這個範例情境中就是 WS2016.vhdx。

請注意！在選擇父虛擬硬碟之前，請先確認與它連接的虛擬機器沒有在執行中，否則在最後完成步驟的過程中將會發生錯誤而中止。

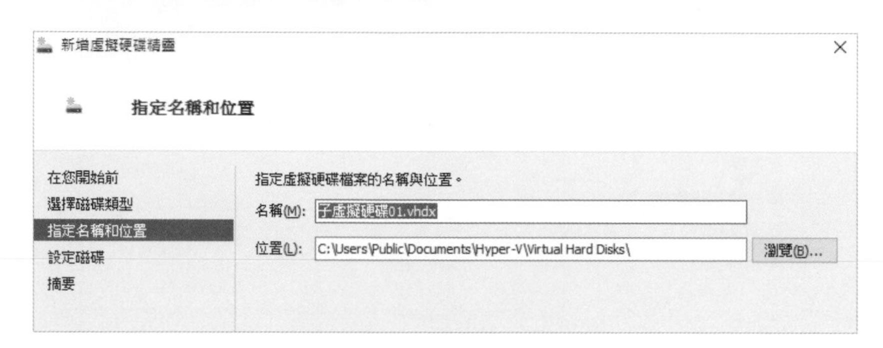

圖 13　設定子虛擬硬碟

完成新增的子虛擬硬碟，可以在虛擬機器的設定頁面中看到，您可以進一步點選[檢查]按鈕來查看的詳細資訊。如圖 14 所示可以看到它的類型是屬於[差異虛擬硬碟]，如果想要查看它所屬的父系硬碟資訊，可以點選[檢查父系]按鈕。

圖 14　檢查虛擬硬碟內容

完成子虛擬硬碟的建立之後，就可以將此虛擬機器啟動，由於此時它所使用的就是子虛擬硬碟，因此無論您在此客體作業系統中，安裝了哪些軟體，執行了哪些更新以及修改了哪些設定，皆不會影響原有的父虛擬硬碟。

在完成了子虛擬硬碟中，所有要執行的異動作業之後，如需要合併於上層的父虛擬硬碟，請先將此客體作業系統正常關機，接著開啟此虛擬機器的[設定]頁面，並點選此虛擬硬碟的[設定]按鈕，來開啟如圖 15 所示的[選擇動作]頁面。在此請選取[合併]並點選[下一步]繼續。

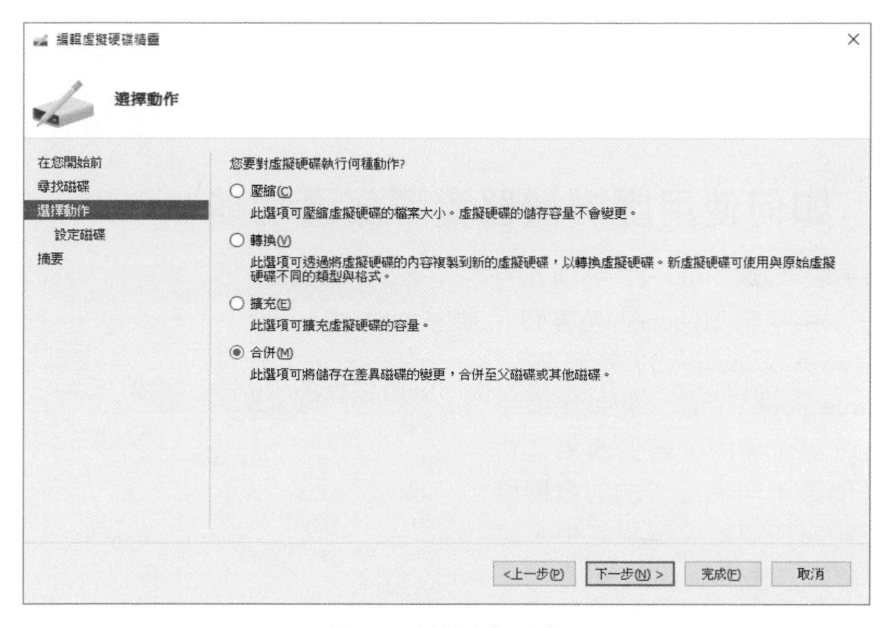

圖 15 編輯虛擬硬碟

最後在如圖 16 所示的[設定磁碟]頁面中，可以選擇要合併於上層的父虛擬硬碟，還是要產生一個全新的虛擬硬碟，以不影響原始的父虛擬硬碟內容，若是選擇後者，則可以再進一步挑選虛擬硬碟的類型，是動態虛擬硬碟還是固定虛擬硬碟。

完成虛擬硬碟的合併作業之後，務必在虛擬機器的[設定]中，將虛擬硬碟的檔案設定，修改成合併後的虛擬硬碟檔案，再啟動此虛擬機器並檢查客體作業系統中的所有異動，是否皆已經完全被套用。

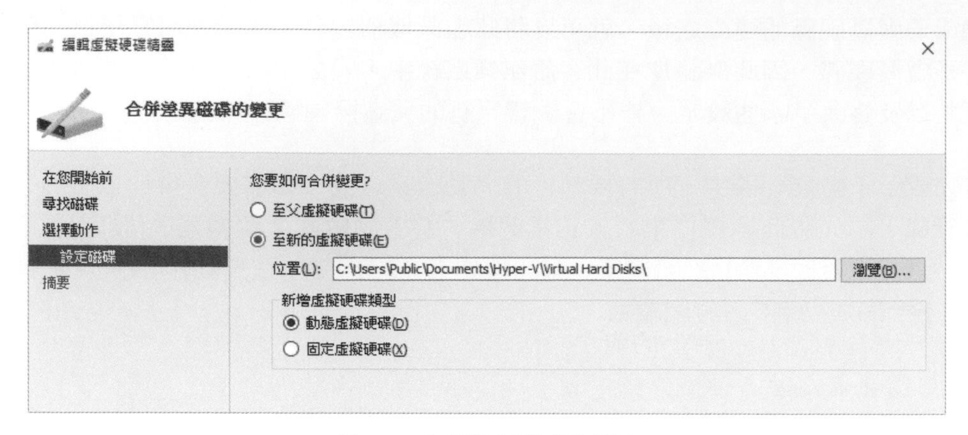

圖 16　合併差異磁碟的變更

9.6　如何使用虛擬機器資源集區功能

前一陣子筆者收到一位 IT 的朋友的 Email，信中提到 Hyper-V 是否提供像 VMware vSphere 的資源集區（Resource pool）功能，也就是像如圖 17 所示一樣的新增資源集區功能，以便讓不同運行需求的虛擬機器，能夠在所屬的資源集區中，使用有限制的 CPU 與記憶體資源。

圖 17　VMware vSphere 資源集區

可惜的是，雖然 Hyper-V 打從 Windows Server 2012 版本開始，也提供了所謂的資源集區功能，但它的主要用途是在資源使用的計量（metering），而非像 VMware vSphere 中的資源管控概念，這包括了資源集區中的記憶體

（Memory）、處理器（Processor）、乙太網路（Ethernet）以及虛擬硬碟（VHD）等等，因此相當適用在提供託管服務（Hosting）的 IT 供應商。

除此之外，這一項資源集區功能也適用在一些 Hyper-V 容錯備援的情境上。以乙太網路的資源集區管理來說，您就可以讓它在 Live Migration、Quick Migration 或是 Hyper-V Replica 的虛擬機器容錯移轉後，自動連接資源集區中適用的乙太網路資源，而無需手動進行虛擬網路交換的連線修改。

究竟要如何管理 Hyper-V 的資源集區呢？首先建議您可以執行 Get-Command *resourcepool*命令，來查看與資源集區管理有關的命令清單。接著可以如圖 18 所示執行 Get-VMResourcePool 命令，查詢現行的資源集區，以及這一些資源是否已啟用了計量功能。其中 Primordial 是預設的原始集區名稱。

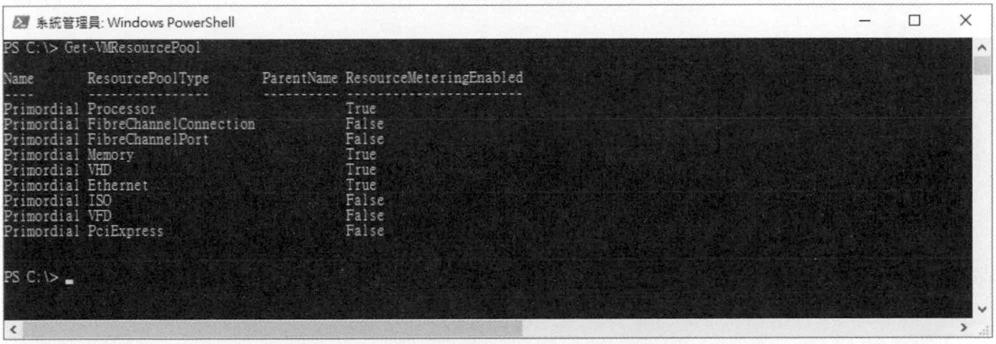

```
系統管理員: Windows PowerShell
PS C:\> Get-VMResourcePool

Name       ResourcePoolType       ParentName ResourceMeteringEnabled
----       ----------------       ---------- -----------------------
Primordial Processor                         True
Primordial FibreChannelConnection            False
Primordial FibreChannelPort                  False
Primordial Memory                            True
Primordial VHD                               True
Primordial Ethernet                          True
Primordial ISO                               False
Primordial VFD                               False
Primordial PciExpress                        False

PS C:\>
```

圖 18　查看可用的資源集區類型

接下來就讓我們來實作一個擁有兩個虛擬網路交換器的資源集區。如圖 19 所示在此筆者執行了以下命令，來建立了一個名為 Subnet 192.168.7.0/24 的乙太網路資源集區。

```
New-VMResourcePool -Name "Subnet 192.168.7.0/24" -ResourcePoolType
Ethernet
```

```
系統管理員: Windows PowerShell
PS C:\> New-VMResourcePool -Name "Subnet 192.168.7.0/24" -ResourcePoolType Ethernet

Name                  ResourcePoolType ParentName   ResourceMeteringEnabled
----                  ---------------- ----------   -----------------------
Subnet 192.168.7.0/24 Ethernet         {Primordial} False

PS C:\>
```

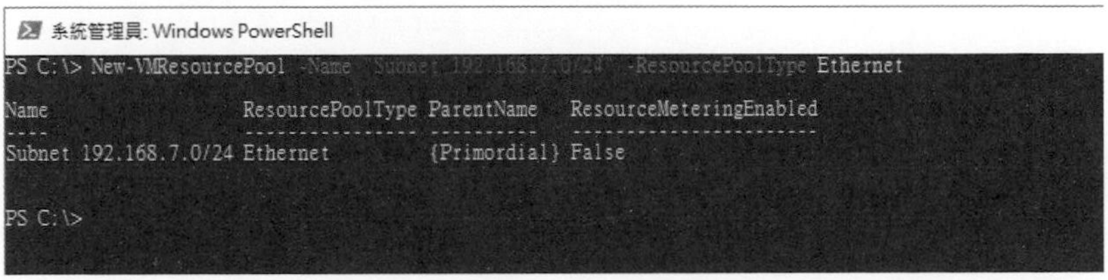

圖 19　建立乙太網路資源集區

如圖 20 所示，我們可以執行 Get-VMSwitch 命令，先來查看目前可用的虛擬網路交換器清單，在這個範例之中可以看到目前有三個虛擬網路交換器。當然您也不一定得加入在此所查詢到的現行虛擬網路交換器，也就是說可以加入其它備援 Hyper-V 主機的虛擬網路交換器。

在執行以下兩道命令參數之後，便可以完成兩個虛擬網路交換器的加入。

```
Add-VMSwitch -Name "新增虛擬交換器 01" -ResourcePoolName "Subnet
192.168.7.0/24"
Add-VMSwitch -Name "新增虛擬交換器 02" -ResourcePoolName "Subnet
192.168.7.0/24"
```

針對上述範例中所建立的資源集區，未來可以透過執行以下命令參數，查詢到詳細的集區設定內容。

```
Get-VMResourcePool -Name "Subnet 192.168.7.0/24"
```

```
系統管理員: Windows PowerShell
PS C:\> Get-VMSwitch

Name            SwitchType NetAdapterInterfaceDescription
----            ---------- ------------------------------
新增虛擬交換器01 External   Intel(R) PRO/1000 MT Network Connection
新增虛擬交換器02 External   Intel(R) 82574L Gigabit Network Connection
新增虛擬交換器03 External   Intel(R) 82574L Gigabit Network Connection #2


PS C:\> Add-VMSwitch -Name "新增虛擬交換器01" -ResourcePoolName "Subnet 192.168.7.0/24"
PS C:\> Add-VMSwitch -Name "新增虛擬交換器02" -ResourcePoolName "Subnet 192.168.7.0/24"
PS C:\> Get-VMResourcePool -Name "Subnet 192.168.7.0/24" | FL


VMSwitches              : {新增虛擬交換器01, 新增虛擬交換器02}
Name                    : Subnet 192.168.7.0/24
ParentName              : {Primordial}
ResourceMeteringEnabled : False
ResourcePoolType        : Ethernet
CimSession              : CimSession: .
ComputerName            : HV01
IsDeleted               : False
```

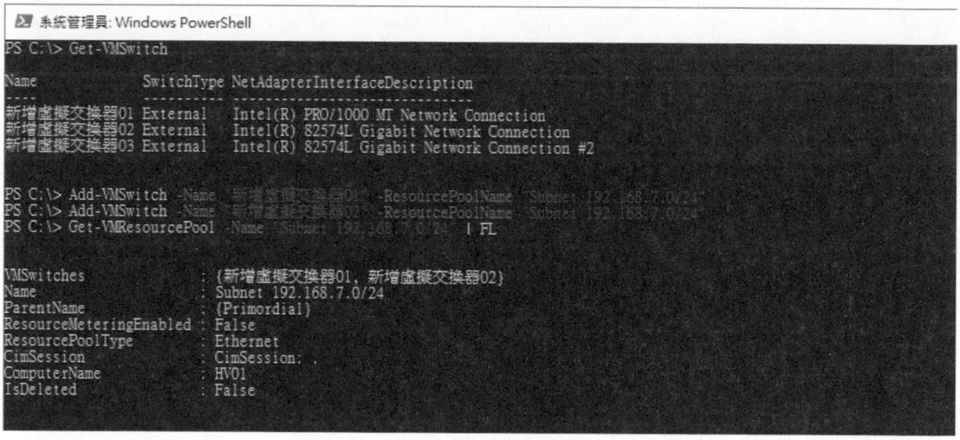

圖 20　新增虛擬網路交換器至集區

在管理乙太網路資源集區的過程中，如果需要將特定的虛擬網路交換器從中移除，可以參考以下命令參數。

```
Remove-VMSwitch -Name "新增虛擬交換器 02" -ResourcePoolName "Subnet
192.168.7.0/24"
```

如果是要刪除整個乙太網路資源集區，則可以參考以下命令參數。

```
Remove-VMResourcePool -Name "Subnet 192.168.7.0/24" -ResourcePoolType
Ethernet
```

9.7 如何管理叢集虛擬機器啟動順序

在同一部的 Hyper-V 主機上，如果有多個正式上線運作的虛擬機器，往往都會有相依存在的問題，最常見的就是 Active Directory 網域控制站（DC）、網站應用程式、後端資料庫系統。

在上述三個虛擬機器的情境中，如果其中的網站應用程式與後端資料庫系統，有整合於 Active Directory 的驗證機制，那麼在 DC 尚未啟動完成之前，這個網站應用程式肯定無法正常使用，接著後端資料庫系統也肯定得完成啟動之後，才能夠讓網站應用程式來存取資料。因此它們之間的啟動順序，就必須是網域控制站、後端資料庫系統、網站應用程式。

接下來如果您希望在 Hyper-V 主機完成開機之後，這一些虛擬機器就能夠自動啟動，則必須先在各自的虛擬機器[設定]頁面中，開啟如圖 21 所示的[自動啟動動作]頁面中，然後選取[永遠自動啟動此虛擬機器]。

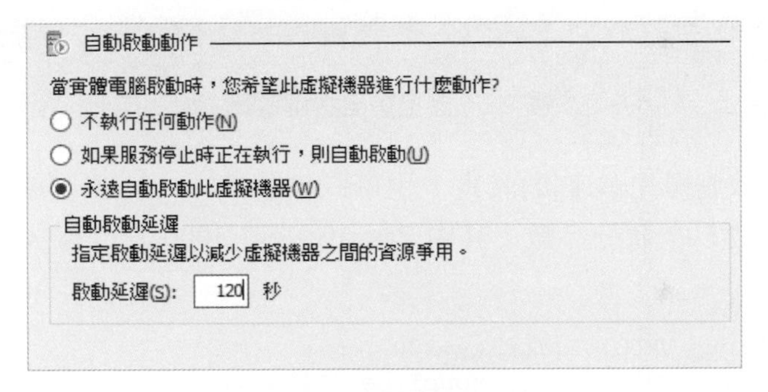

圖 21　虛擬機器自動啟動

上述自動啟動此虛擬機器的設定，如果是在叢集的容錯移轉架構，將會變成不執行任何動作，這是因為主導權已經改由叢集服務來決定，此時您必須透過如圖 22 所示的[容錯移轉叢集管理員]介面，來選擇[變更啟動優先順序]中的高、中、低或是不自動啟動。

圖 22　虛擬機器右鍵選單

關於這項[變更啟動優先順序]的設定，也可以經由 PowerShell 的執行來完成，請如圖 23 所示參考以下命令參數。其中 Priority 的值 3000 表示為"高"、2000 則是"中"、1000 是"低"。

```
(Get-ClusterGroup VM03).Priority=3000
Get-ClusterGroup -Name * | ? GroupType -Like VirtualMachine FL
Name,Priority
```

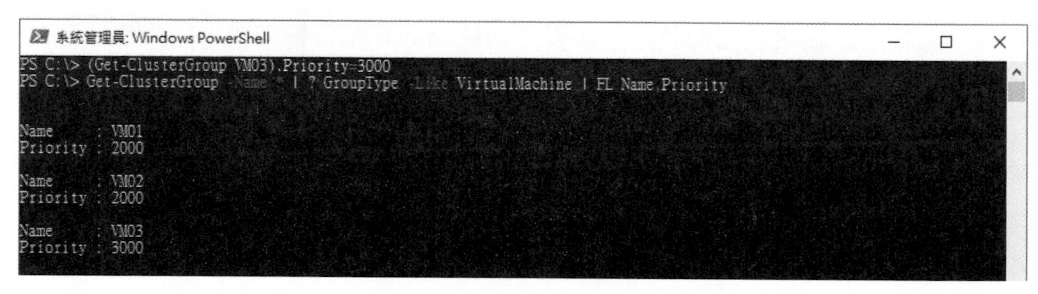

圖 23　變更啟動優先順序

上述的做法只是設定虛擬機器的啟動優先順序，嚴格來說應該說是優先權，這種做法主要是應用在資源有限的情況下，哪一個虛擬機器的啟動擁有最高優先權，而不是用來設定虛擬機器的相依啟動關係。而相依啟動關係的設定，則必須透過叢集群組的設定來決定。

首先請透過以下命令參數範例，來分別建立三個叢集群組名稱，分別是 DomainController、Databases 以及 SharePoint。這三個叢集群組所關聯的叢集則是 SR-SRVCLUS。完成建立之後可以透過 Get-ClusterGroupSet 命令來查詢。

```
$Cim = New-CimSession SR-SRVCLUS
New-ClusterGroupSet -Name DomainController -CimSession $Cim
New-ClusterGroupSet -Name Databases -CimSession $Cim
New-ClusterGroupSet -Name SharePoint -CimSession $Cim
```

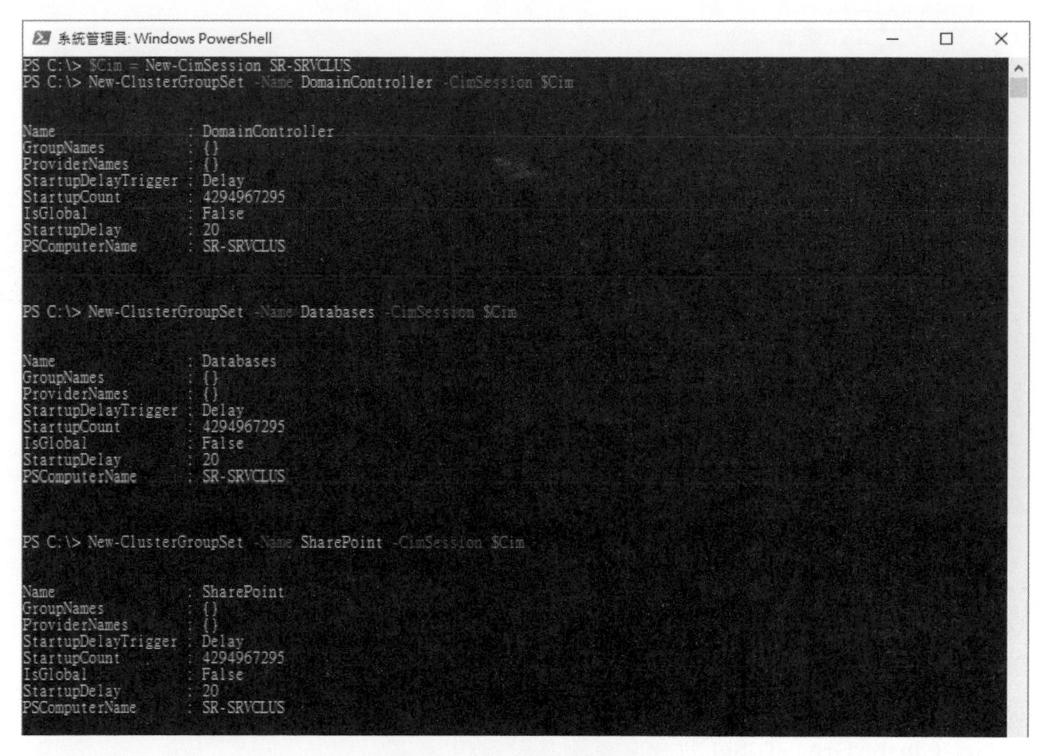

圖 24　建立叢集群組集合

接著就可以經由以下命令參數，將相對應的三個虛擬機器，分別是 VM01、VM02 以及 VM03，依序加入至 Databases、SharePoint 以及 DomainController。完成新增之後，則可以透過 Get-ClusterGroupToSet 命令來查詢。

```
Add-ClusterGroupToSet -Name Databases -Group VM01 -CimSession $Cim
Add-ClusterGroupToSet -Name SharePoint -Group VM02 -CimSession $Cim
Add-ClusterGroupToSet -Name DomainController -Group VM03 -CimSession $Cim
```

針對上述叢集群組範例的建立，在實務上您應該根據實際的運行環境建立。此外，每一個叢集群組是可以加入多個虛擬機器，而當某一個虛擬機器需要從叢集群組移除時，可以參考以下命令參數範例。

```
Remove-ClusterGroupFromSet -Name Databases -Group VM01 -CimSession $Cim
```

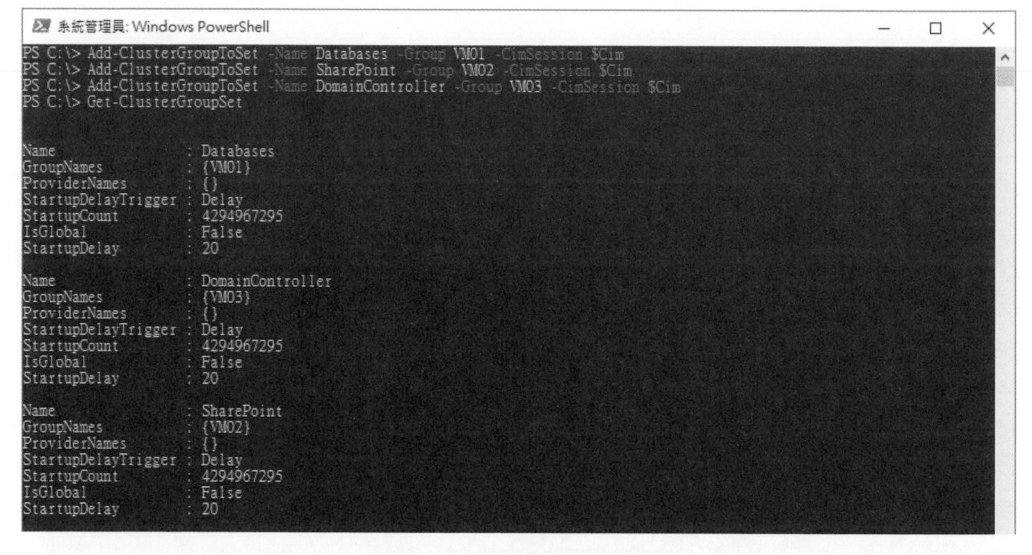

圖 25　設定叢集群組至集合

最後您就可以如圖 26 所示，透過以下命令參數來完成叢集群組相依性的設定。在這個範例中，筆者先完成 SharePoint 相依在 Databases 叢集群組的設定，再完成 Databases 相依在 DomainController 的設定。完成設定之後，往後可以隨時透過 Get-ClusterGroupToSet 命令來查詢其設定值。

```
Add-ClusterGroupSetDependency -Name SharePoint -Provider Databases -
CimSession $Cim
Add-ClusterGroupSetDependency -Name Databases -Provider DomainController
-CimSession $Cim
```

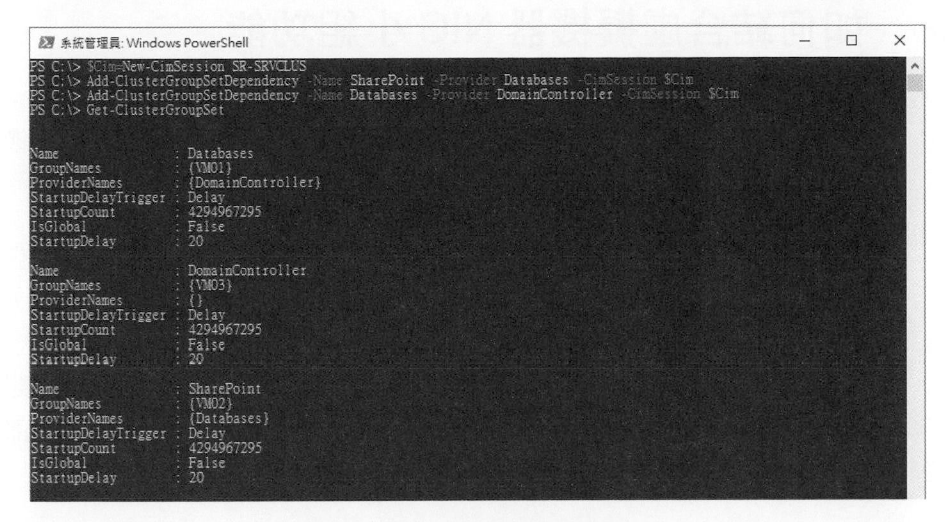

圖 26 設定叢集群組集合相依姓

完成叢集群組相依性的設定之後，建議您可以在[容錯移轉叢集管理員]的介面中，如圖 27 所示選取 VM02 的虛擬機器並啟動它，此時系統應該會先自動啟動 VM03 以及 VM01 的虛擬機器之後，才會啟動 VM02 虛擬機器。

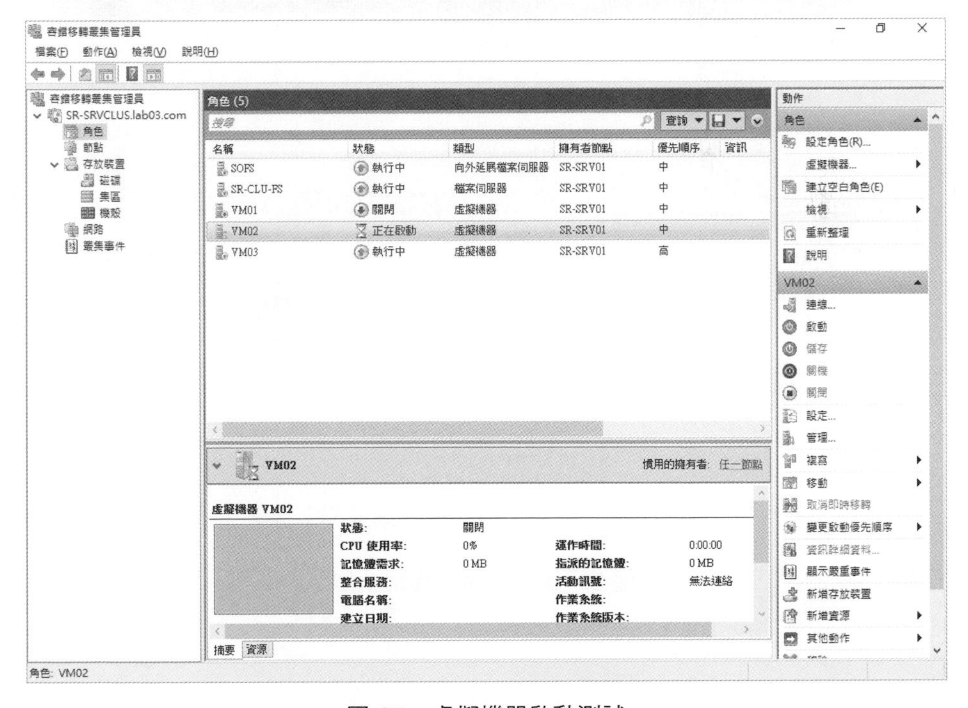

圖 27 虛擬機器啟動測試

9.8　如何結合虛擬機器 NIC 小組功能

當 Hyper-V 主機有多張網路卡時，除了可以藉由分流設置來提升網路傳輸的效能之外，還可以考慮善用 NIC 小組（NIC Teaming）的功能，來讓一些重要的網路連線（例如叢集網路、儲存網路），擁有自動備援與負載平衡的機制。

此外，如果您不想要將 NIC 小組功能使用在 Hyper-V 主機上，而是想要將它運用在其中的虛擬機器，讓客體作業系統可以在多個虛擬網路交換器的連接上，同樣達到自動備援與負載平衡的機制。怎麼做呢？很簡單！首先您必須針對該虛擬機器，開啟如圖 28 所示的[設定]頁面，然後針對它所連接的網路介面卡，開啟[進階功能]設定頁面，勾選[將此網路介面卡設定為客體作業系統之小組的一部分]設定。點選[確定]。

圖 28　網路介面卡進階功能

接下來就可以啟動客體作業系統。在[伺服器管理員]介面的[本機伺服器]頁面中，點選[NIC 小組]的[已停用]連結。開啟如圖 29 所示的頁面之後，請在[介面卡與介面]的區域中，先連續選取所要建立 NIC 小組的網路介面，再點選位在[工作]下拉選單中的[新增至新小組]。

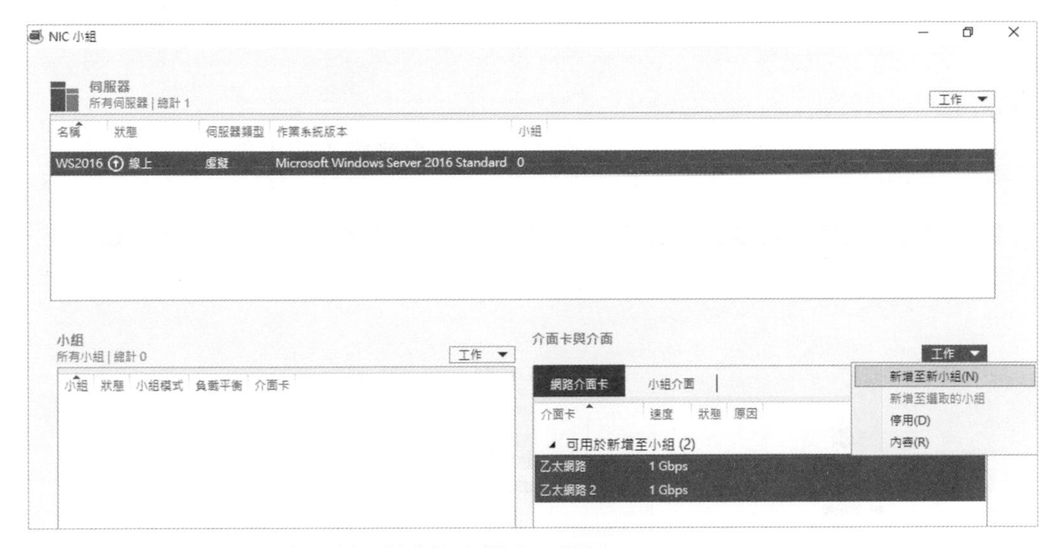

圖 29　NIC 小組管理

在如圖 30 所示的[新增小組]頁面中，原則上只要維持預設值即可。除非您還有連接第三個虛擬交換器網路，就可以考慮加入做為待命介面卡，也就是當主要的兩個網路都斷線時，自動使用備援的網路介面連線。

NIC 小組
新增小組
小組名稱(N):
NIC小組01
成員介面卡:
在小組中 介面卡 速度 狀態 原因
乙太網路 1 Gbps
乙太網路 2 1 Gbps
其他內容(A)
小組模式(T): 交換器獨立
負載平衡模式(L): 位址雜湊
待命介面卡(S): 無 (所有使用中介面卡)
主要小組介面: NIC小組01; 預設的 VLAN
部分設定無法用於在訪客虛擬機器上執行的伺服器。
確定 取消

圖 30　新增 NIC 小組

如圖 31 所示便是成功完成 NIC 小組新增後，正常運作的狀態頁面。此時您可以嘗試中斷小組中任一網路介面的連線，並查看系統是否有自動連接另一個可用的網路。

請注意！如果您沒有事先啟用虛擬機器的 NIC 小組支援設定，在完成 NIC 小組的設定之後，可能會出現錯誤訊息或無法正常運行。

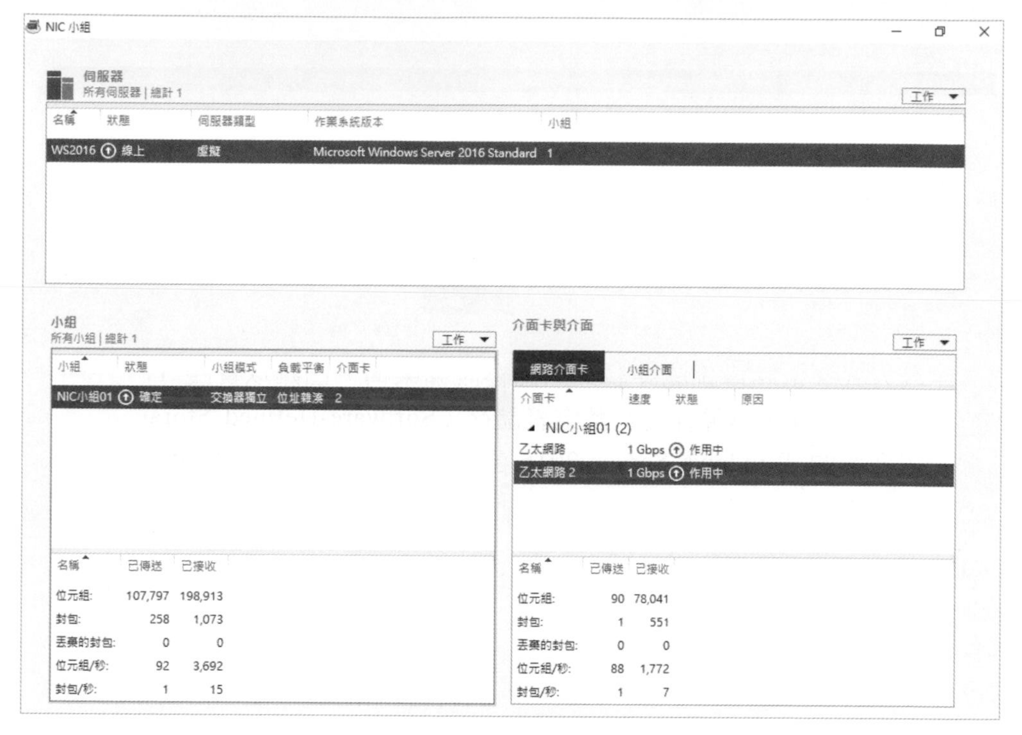

圖 31　完成 NIC 小組新增

Hyper-V Server 2016 從單機到與叢集的整合管理，皆有許多相當棒的隱藏功能，而所謂的"隱藏"並非它真的隱藏起來，不讓 IT 管理人員知道，而是指這一些功能並沒有被設計在 Hyper-V 管理員介面之中，只能透過 PowerShell 下的命令參數的執行才能夠來使用它，因此不易被大多數的 IT 人員知道。

在此筆者和大多數的 IT 工作者一樣，由衷的盼望未來的 Hyper-V 在管理功能的設計上，能夠加入更多更完整的圖形介面元素，而且最好能夠提供 Web 的管理介面以及行動 App，以因應企業私有雲虛擬化基礎建設的整體監控需要，畢竟在 Windows 網路的世界裡，命令工具始終只能作為輔助用途。

第 10 章 SDS 軟體定義儲存實戰

在雲端服務運行的世界裡，一切的維運是由眾多的虛擬化平台所形成的基礎架構，因此這項基礎建設的擴展彈性、可靠度、可用性，完全牽動著每一支雲端應用程式執行時的流暢度，以及後端資料庫的安全性。

至於決定虛擬化平台整體性效能表現的關鍵則是儲存管理，想要讓虛擬化儲存的管理方式，能夠因應一切的突發狀況，達到更具彈性的備援機制以及最高效率的資料存取方式，依賴傳統純硬體式的儲存設備架構，已難以實踐 IT 現況的需要，而是必須改採更具彈性的軟體定義儲存（Software-Defined Storage，SDS）技術。在全新的 Windows Server 2016 雲端作業系統中，便是 Storage Spaces Direct（S2D）。今日就讓我們一同動手來學習建立一個 S2D 的 SDS 世界。

10.1 簡介

自動固態式磁碟 SSD（Solid State Disk）的推出以來，便已為電腦系統的儲存技術開啟了全新輝煌的一頁，因為總是礙於硬碟轉速問題，導致系統效能不佳的問題已成為過去。不過 SSD 的容量大小與售價問題，始終是企業 IT 選購時的一大阻礙。

因此便有像 Seagate 這樣的儲存設備大廠，推出了所謂的混合式硬碟 SSHD（SSD+HDD），希望能夠同時解決讀寫速度與大量資料的存放需求，如今它在個人電腦的市場上，確實也獲得了許多一般消費者與玩家們的青睞。

當我們進一步將 SSHD 的應用概念，擴展至整部電腦時，便有了像 Windows Server 2012 R2 版本時所推出的 Storage Space，因為它透過了儲存層（Storage Tiers）的技術，讓本機中的 SSD 與 HDD 所形成的儲存空間，自動將不常使用的資料（Clod Data）存放在 HDD 空間，而將經常性讀寫的資料（Hot Data），存放在 SDD 空間，如此一來是不是解決了整個伺服器的資料，從讀寫效能到大量資料的存放問題。

當我們想要將這樣的應用概念，進一步落實在虛擬化平台運行的架構之中時，由於關係到大量虛擬機器的存放空間、執行效能以及安全性的問題，這時候就得善用最佳的軟體定義儲存（Software-Defined Storage，SDS）方案，也就是 Windows Server 2016 的 Storage Spaces Direct（S2D）技術，而非使用過去常見的 SAS 介面結合 JBOD 儲存設備的共用存取方式，讓 IT 部門不僅節省掉可觀的硬體成本，更能夠大幅簡化過去複雜的 SAS 實體連接配置與系統組態設定。

關於這項由 Windows Server 2016 所內建的 S2D 方案，便是直接透過叢集架構（Cluster）中，每一部成員伺服器之本機硬碟（SSD 與 HDD），來建構成一個或多個的大型儲存池（Storage Pools），而這一些儲存池中的硬碟，彼此之間除了可以建立各種跨主機的陣列備援機制之外，同樣也能夠形成前面所提及過的儲存層（Storage Tiers），讓大量虛擬機器資料的讀寫效能與存放都不成問題。

更棒的是！在往後的容量的擴展需求上，除了可以繼續為既有的叢集伺服器節點，加入新的硬碟機之外，也可以透過水平延展的方式來進行儲存池的擴充，也就是在 S2D 叢集下加入更多的伺服器節點即可。

VMware vSphere 的相對 SDS 技術甚麼呢？

透過 Windows Server 2016 所內建的 S2D 方案，可以解決 Hyper-V 虛擬化平台對於大量虛擬機器的存放問題，並大幅提升虛擬機器的效能表現。在 VMware vSphere 架構中則有像是 Virtual SAN 與 Virtual Volumes 的 S2D 儲存方案，前者運用各 ESXi 主機的本機硬碟，來形成大型的儲存空間。後者則是可以進一步結合各主機所連接的外部儲存設備，來加以分散虛擬化平台與後端儲存系統的管理成本並達到負載平衡之目的。

接下來就讓我們一起動手來建立一個 S2D 的測試環境，並且學習如何使用圖形介面以及 PowerShell 的命令工具，來徹底掌握對於 S2D 儲存架構從建置到管理的技巧。

10.2 Storage Spaces Direct 基礎建置

若想要在自行架設的測試環境中，部署出 Windows Server 2016 的 S2D 儲存環境，在實務上可能不容易達成，因為你總共需要有一部擔任 Active Directory 網域控制站的主機、至少三部的叢集成員主機（理想=四部），且每一部叢集成員主機都需要有兩張網路卡。

其中一張網路卡連接公用存取的網路，另一張網路卡則是僅做為叢集成員間，活動訊號診斷用的內接網路。最後每一部叢集成員主機，還需要除了系統磁碟外的兩顆以上尚未使用的實體磁碟，而且最好一顆為 SSD 另一顆為 HDD，如此後續才能夠進行儲存層應用的測試。

看樣子想要準備出如上敘述的實體主機環境，對於大多數 IT 人來說可能不太容易，不過還好由於現今虛擬化技術的發展迅猛，已經可以讓我們使用虛擬機器的作業環境，來輕鬆建構出 S2D 所需要的測試環境。

在此你可以選擇使用 Windows Server 2016 或 VMware Workstation 或 VMware vSphere ESXi 的虛擬機器，來建立出 Windows Server 2016 的 S2D 架構，包括了後續將進一步講解的 Hyper-V 整合架構，也就是連同巢狀虛擬化測試環境都能夠包辦。

在接下來的實作講解中，筆者將以 VMware Workstation 12 來建立整個 Windows Server 2016 的 S2D 測試環境，並且每一部擔任 S2D 叢集的成員伺服器，都會建立至少一顆 SSD 與一顆 HDD 的虛擬硬碟。

建立的方法很簡單，只要讓虛擬硬碟檔案的存放位置在實體的 SSD 路徑下，即可直接在 Windows Server 2016 的 Guest OS 中，被辨識為 SSD 硬碟。至於 HDD 的虛擬硬碟檔案，當然也建議你存放在實體 HDD 的路徑下。

如圖 1 所示當你建立好虛擬硬碟之後，在開啟 Windows Server 2016 的 Guest OS 之後，請確認在磁碟管理員的介面中，皆尚未把這一些磁碟進行初始化。

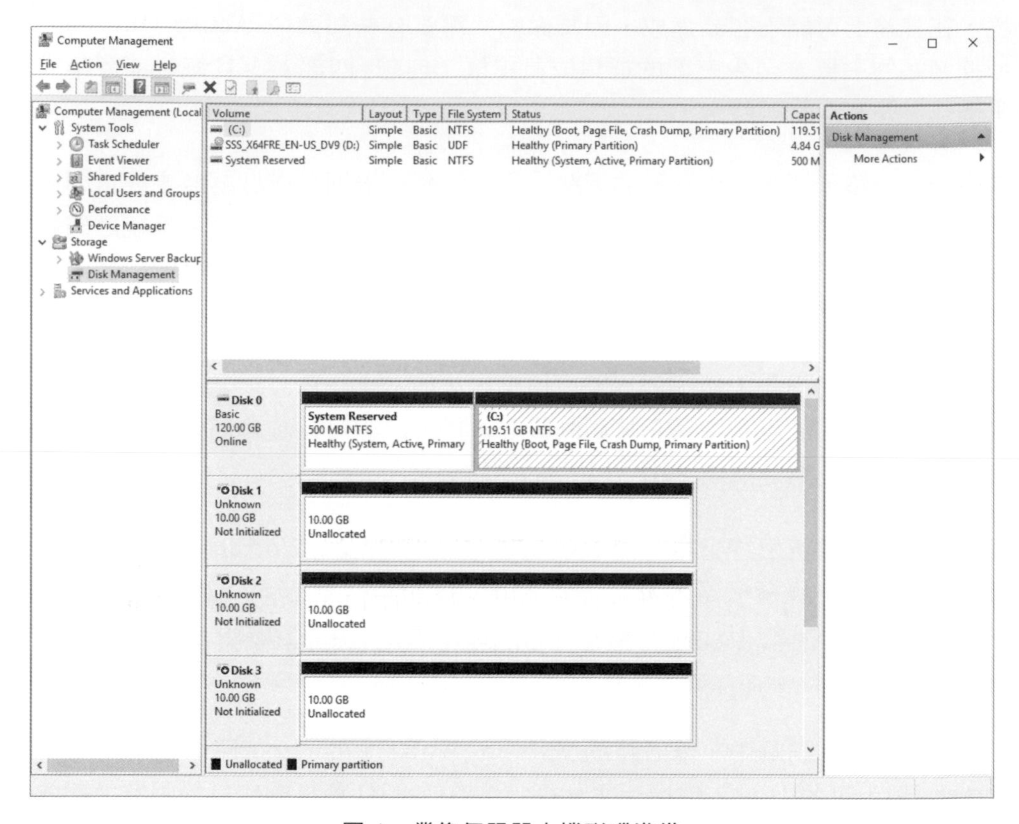

圖 1　叢集伺服器本機磁碟準備

準備好了叢集中各伺服器的本機硬碟之後，請在這一些 Windows Server 2016 系統中，透過[伺服器管理員]介面來如圖 2 所示加裝檔案服務、容錯移轉叢集以及相關管理工具。此安裝操作也可以改由下達以下 PowerShell 命令來完成安裝。

```
Install-WindowsFeature -Name File-Services,Failover-Clustering -
IncludeManagementTools
```

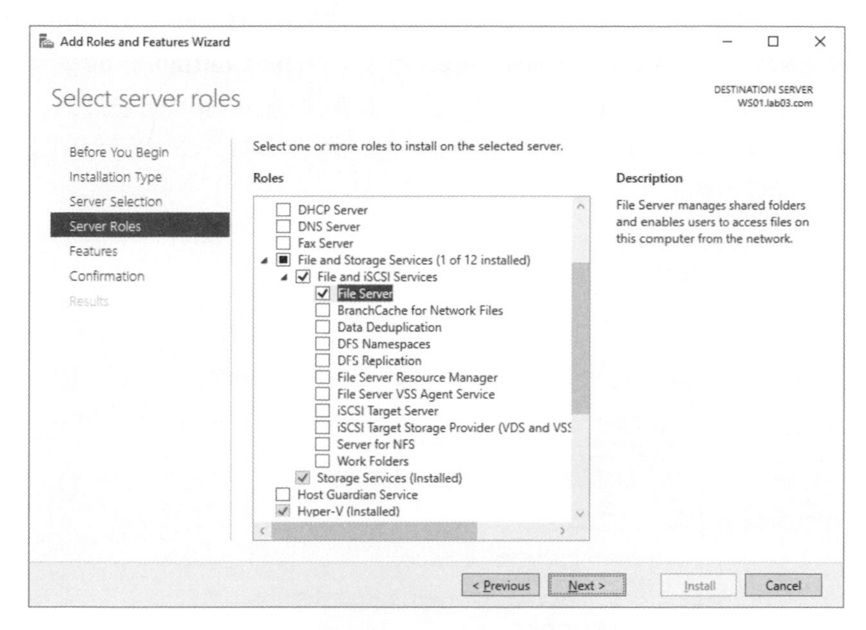

圖 2　安裝 File Server 伺服器角色

接下來你可以在任一台準備做為叢集成員主機的[Failover Cluster Manager]介面中，點選位在[Actions]窗格之中的[Validate Configuration]連結，來開啟如圖 3 所示的驗證組態精靈頁面。請點選[Browse]按鈕來加入每一部準備好的叢集成員主機。點選[Next]。

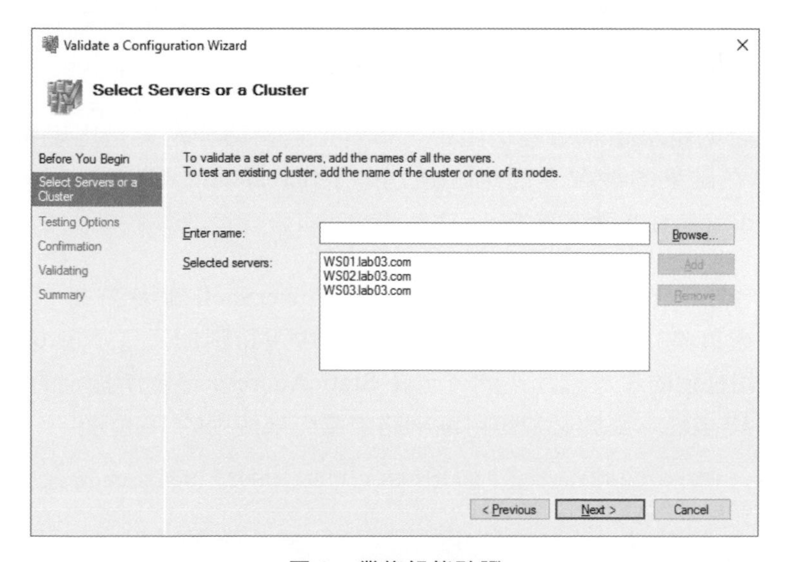

圖 3　叢集組態驗證

接著在[Test Selection]頁面中，請分別將要進行測試的 Hyper-V Configuration、Inventory、Network、Storage Space Direct 以及 System Configuration 勾選後，點選[Next]。在完成檢查的[Summary]頁面中，如圖 4 所示你可能會遭遇系統提示的錯誤訊息，那就是找到了無法識別磁碟類型的儲存裝置，針對這個問題，我們待會再來看看如何解決。點選[Finish]。

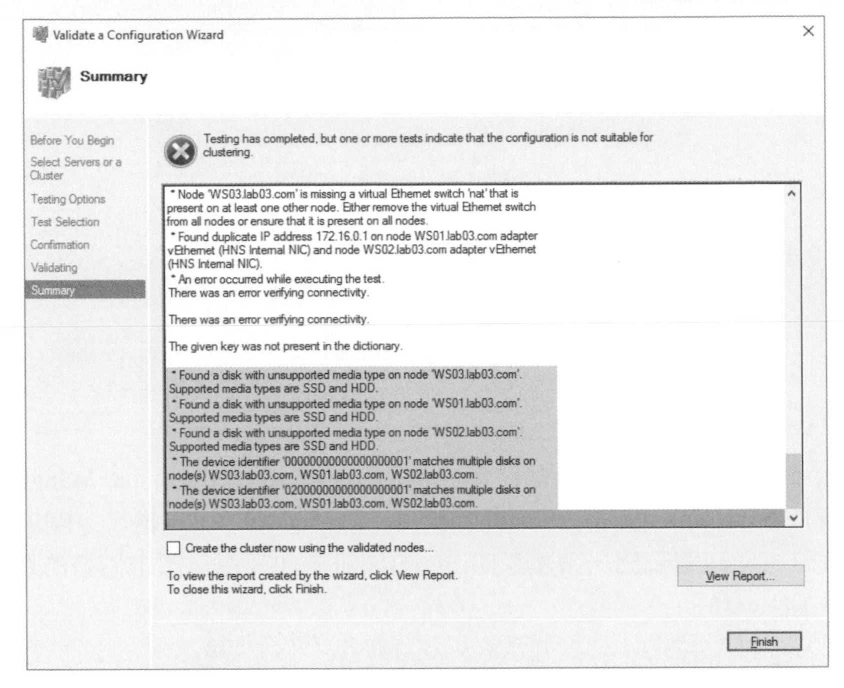

圖 4 驗證結果

在前面所執行的組態驗證精靈功能中，事實上無論驗證結果是出現警告還是錯誤，都可以在結果的摘要頁面中，透過勾選[Create the cluster now using the validated nodes]選項來建立叢集。

不過在此筆者要示範的是採用如圖 5 所示的 PowerShell 命令方式，下達以下命令參數，完成叢集的建立。在這個命令參數之中還特別加入了-Nostorage，即表示暫時不使用任何的叢集儲存空間，至於-StaticAddress 參數所指定的 IP 位址，則是叢集的 IP 位址，因此必須是目前網路中還尚未使用的 IP 位址。

```
New-Cluster -Name S2DCluster -Node WS01,WS02,WS03 -Nostorage -
StaticAddress 192.168.7.239
```

```
Administrator: Windows PowerShell
PS C:\> New-Cluster -Name S2DCluster -Node WS01,WS02,WS03 -Nostorage -StaticAddress 192.168.7.239
WARNING: There were issues while creating the clustered role that may prevent it from starting. For
 more information view the report file below.
WARNING: Report file location: C:\Windows\cluster\Reports\Create Cluster Wizard S2DCluster on
2016.06.20 At 09.55.34.htm

Name
----
S2DCluster


PS C:\> _
```

圖 5　以命令建立叢集

接下來要嘗試解決前面診斷中，無法識別磁碟類型的問題，首先請如圖 6 所示下達以下命令參數。執行後可以看到在三顆的本機硬碟之中，其中有一顆硬碟的 MediaType 欄位值為[UnSpecified]，其實它就是一個 HDD 的磁碟類型，但系統卻無法辨識。

```
Get-PhysicalDisk | ft FriendlyName,UniqueId,CanPool,Size,MediaType
```

好吧！讓我們嘗試下達以下命令參數，將這個硬碟的媒體類型強迫修改成 HDD 類型。可是執行後卻出現了紅字的錯誤訊息，內容的大意說明了這項命令的操作，並不支援在原生的磁碟裝置，怎麼辦呢？

```
Set-PhysicalDisk -UniqueId "{475e905f-a269-b566-22f8-b4af52839308}" -
NewFriendlyName "HDD01" -MediaType HDD
```

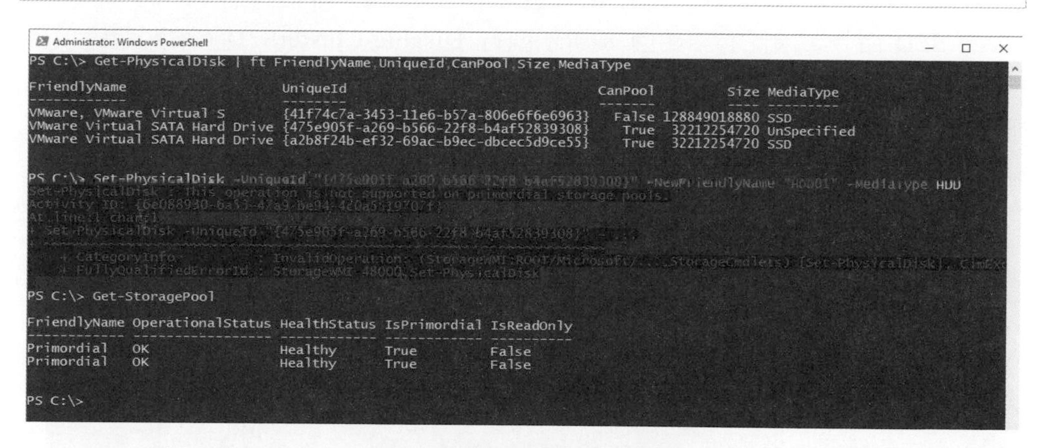

圖 6　嘗試修改原生磁碟類型

在虛擬機器的測試環境中，由於 Windows Server 2016 只認得 SSD 類型的虛擬硬碟，而無法辨識 HDD 的虛擬硬碟類型，因此筆者便打算乾脆讓全部虛擬硬碟，都改採用 SSD 而不要有 HDD。而且也在執行 Enable-ClusterS2D 的命令中。

如圖 7 範例所示加入了關閉快取模式、關閉自動設定以及越過硬碟合格檢查。但執行後卻在大約 88%時，出現了範例中的錯誤訊息而中斷，看來一個問題未解前，又引發了第二個問題。究竟是甚麼問題造成啟動 S2D 的過程之中會發生中斷，如何解決呢？

```
Enable-ClusterS2D -CacheMode Disabled -AutoConfig:0 -
SkipEligibilityChecks
```

關於 Enable-ClusterS2D 命令的相關可用參數，你可以透過下達 Get-Help Enable-ClusterS2D 來查詢。

```
PS C:\> Enable-ClusterS2D -CacheMode Disabled -AutoConfig:0 -SkipEligibilityChecks

Confirm
Are you sure you want to perform this action?
Performing operation 'Enable Cluster Storage Spaces Direct' on Target 'S2DCluster'.
[Y] Yes  [A] Yes to All  [N] No  [L] No to All  [S] Suspend  [?] Help (default is "Y"): A
Enable-ClusterS2D : Operation did not complete in time while 'Waiting until SBL disks are surfaced'
At line:1 char:1
+ Enable-ClusterS2D -CacheMode Disabled -AutoConfig:0 -SkipEligibilityC ...
+ ~~~~~~~~~~~~~~~~~~~~~~~~~~~~~~~~~~~~~~~~~~~~~~~~~~~~~~~~~~~~~~~~~~~~~~~~~
    + CategoryInfo          : OperationTimeout: (MSCluster_StorageSpacesDirect:root/MSCLUSTER/...ageSpacesDirec
   Exception
    + FullyQualifiedErrorId : HRESULT 0x800705b4,Enable-ClusterStorageSpacesDirect

PS C:\>
```

圖 7　可能的錯誤訊息

在準備著手解決上述的兩項棘手問題之前，由於我們已經執行過 Enable-ClusterS2D 命令，因此必須如圖 8 所示執行 Disable-ClusterS2D，來關閉這項功能的啟用。接著你還必須重新在這一些測試的虛擬機器設定中，除系統磁碟之外，重新建立所有要使用在 S2D 模式下的本機虛擬硬碟，不過掛載這一些新虛擬硬碟的做法，必須要特別留意接下來的重要說明。

```
PS C:\> Disable-ClusterS2D

Confirm
Are you sure you want to perform this action?
Performing operation 'Disable Storage Spaces Direct' on Target 'S2DCluster'.
[Y] Yes  [A] Yes to All  [N] No  [L] No to All  [S] Suspend  [?] Help (default is "Y"): Y
PS C:\>
```

圖 8　關閉 S2D 設定

首先我們必須探究在前面的操作過程中，為何會發生執行 Enable-ClusterS2D 命令參數過程中，中斷在 88%進度的問題。其實這個問題，若回到叢集組態驗證的摘要頁面中，便可以從如圖 9 所示的 Errors 區域訊息中發現一些端倪，那就是各虛擬機器儲存裝置識別碼衝突（device identifier）的問題，想想看是如何造成的呢？又該如何解決。

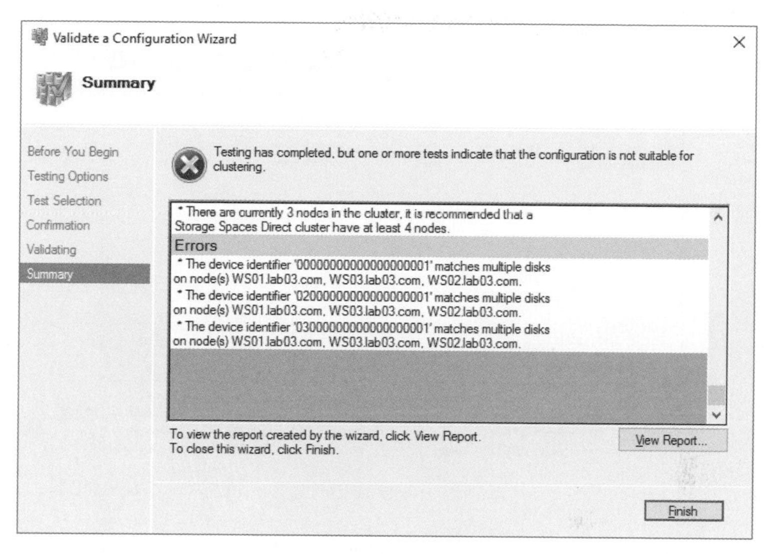

圖 9　裝置識別碼衝突

發生的原因很簡單，那就是因為一般在建立虛擬機器時，都會使用預設的 SATA 連接設定，只要修改每一個虛擬機器中的虛擬儲存裝置節點設定即可解決。怎麼做呢？很簡單！只要在建立虛擬硬碟時，如圖 10 所示特別開啟該虛擬硬碟的進階設定頁面，變更[Virtual device node]設定，確認這一些準備用來測試 S2D 的虛擬機器，皆使用了不同的裝置節點即可。

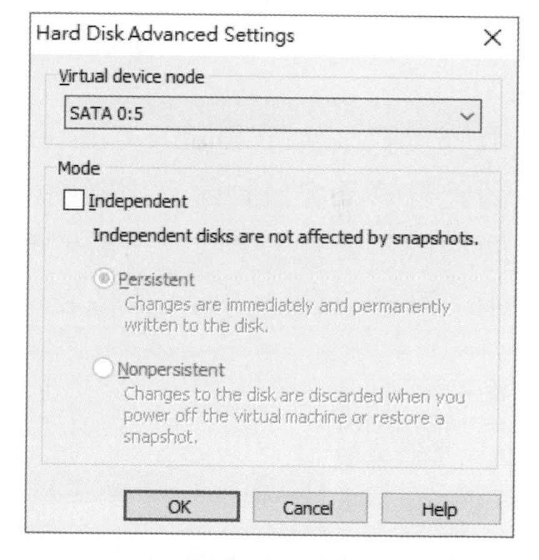

圖 10　虛擬硬碟進階設定

在完成所有虛擬機器儲存裝置的設定修正之後，就可以再一次在當中任一部的 Windows Server 2016 之 PowerShell 介面中，下達 Enable-ClusterS2D -CacheMode Disabled -AutoConfig:0 –SkipEligibilityChecks 命令，來完成 S2D 架構下最基本的 Enclosures 建立。如圖 11 所示完成建立之後，便可以在[Failover

Cluster Manager]介面的[Enclosures]節點頁面中，看到三部叢集成員主機以及它們各自的本機硬碟，都已經在此頁面中出現了。

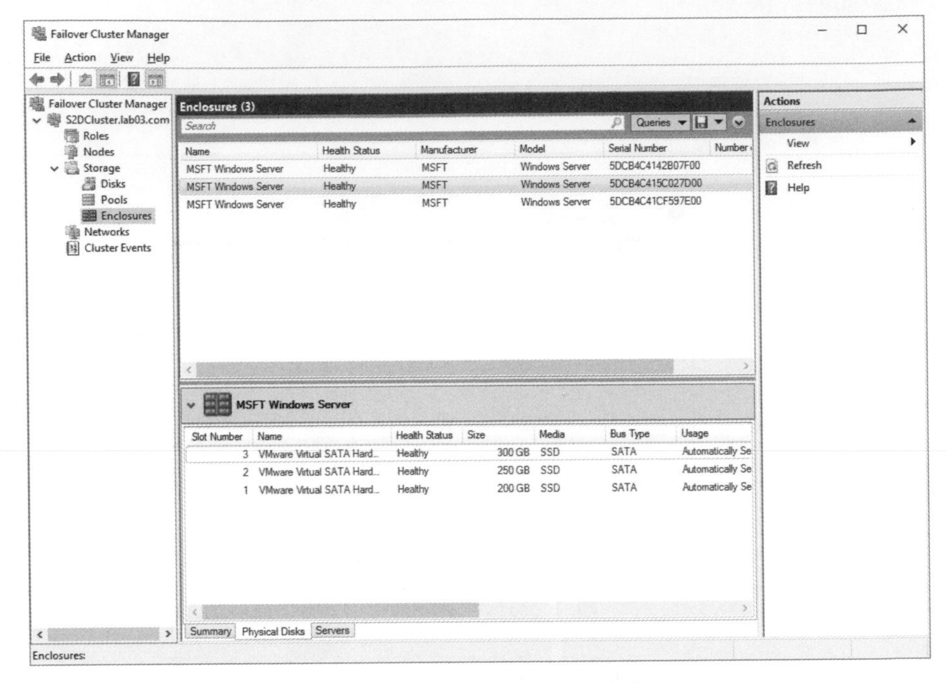

圖 11　檢視 Enclosures 節點

不過由於我們在執行 Enable-ClusterS2D 的命令中，加入了-AutoConfig:0 參數設定，因此它將不會自動建立相關儲存區，我們就可以先來學習，如何透過圖形介面的簡易操作方式，來建立所需要的 S2D 儲存區。如圖 12 所示請在[Pools]節點頁面中，點選位在[Actions]窗格之中的[New Storage Pool]連結繼續。

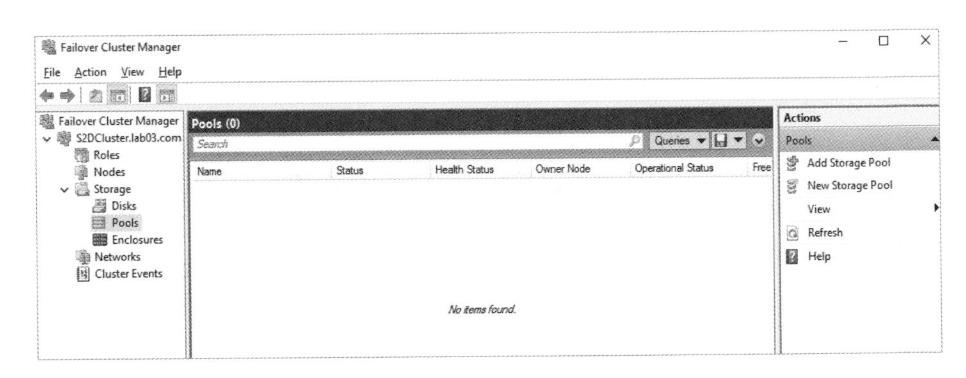

圖 12　管理儲存池

在如圖 13 所示的[Storage Pool Name]頁面中，請輸入一個新的儲存池名稱，選取前面所建立過的叢集名稱。點選[Next]。

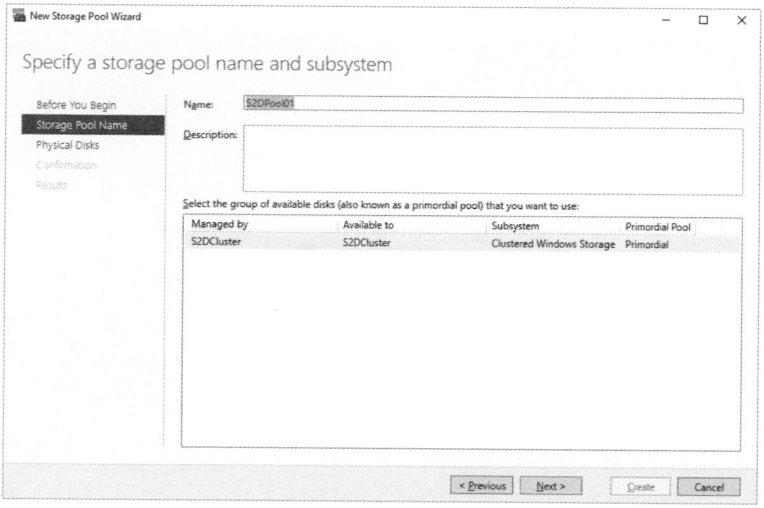

圖 13　新增儲存池

在如圖 14 所示的[Physical Disk]頁面中，系統便會將目前這三部叢集成員主機的本機可用硬碟全部列出來，也會自動計算出可能的總容量。在配置部分，你可以選擇採用自動配置方式，或設定手動配置以及選擇讓某一顆（或多顆）硬碟，來做為熱備援（Hot Spare）的用途使用。點選[Next]。

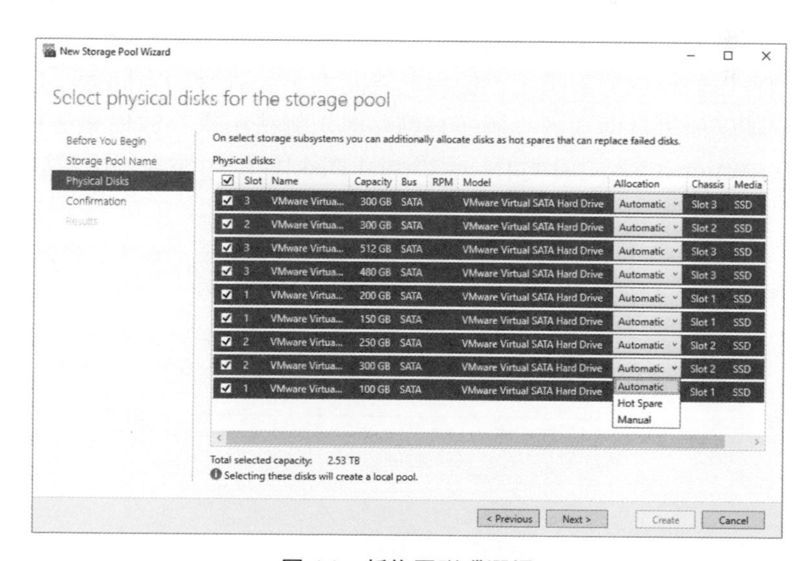

圖 14　新集區磁碟選擇

如圖 15 所示便是成功完成一個新儲存池建立的結果頁面，此時你可以勾選頁面下方的[Create a virtual disk when this wizard closes]選項，來馬上接著進行虛擬磁碟的建立，或是暫時先不要勾選，等到之後再回頭手動建立。點選[Close]。

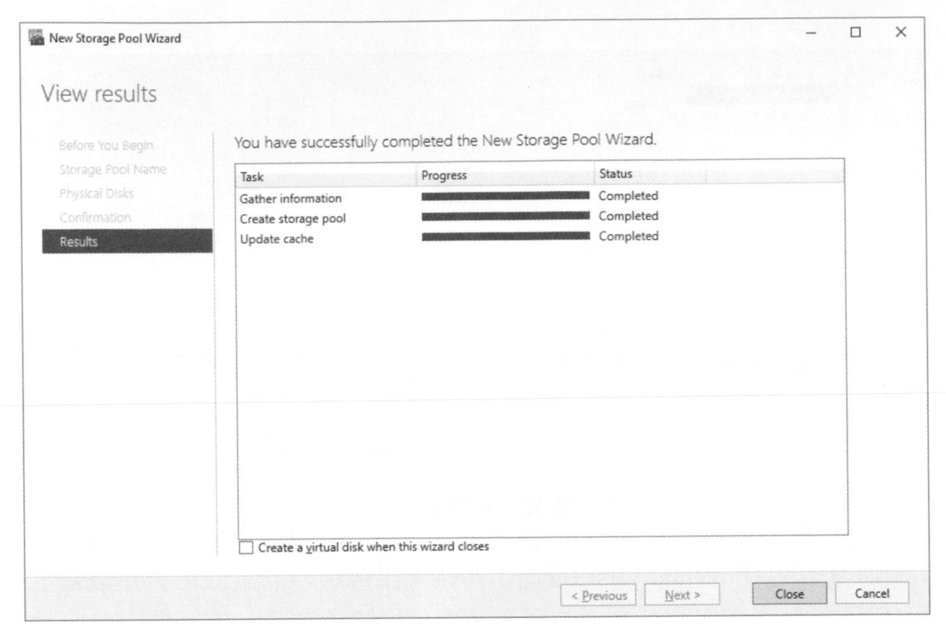

圖 15　成功建立儲存池

如圖 16 所示便是筆者所建立的儲存池（Cluster Pool 1），在[Summary]頁籤中除了可以看到每一個集區目前的健康狀態，以及擁有者的叢集主機名稱之外，還可以知道它們各自的總空間容量、已使用的空間大小、剩餘的空間大小以及是由哪一些實體的硬碟所組合而成。不過僅有儲存池是無法用來存放檔案資料的，請繼續點選位在[Actions]窗格之中的[New Virtual Disk]連結，來新增虛擬硬碟。

若你想要透過命令工具，來查看指定的儲存池中主要的幾個狀態資訊，包括了運作狀態、健康狀態，可以試試以下的命令參數範例。

```
Get-StoragePool Cluster* | FT FriendlyName,
FaultDomainAwarenessDefault, OperationalStatus, HealthStatus
-autosize
```

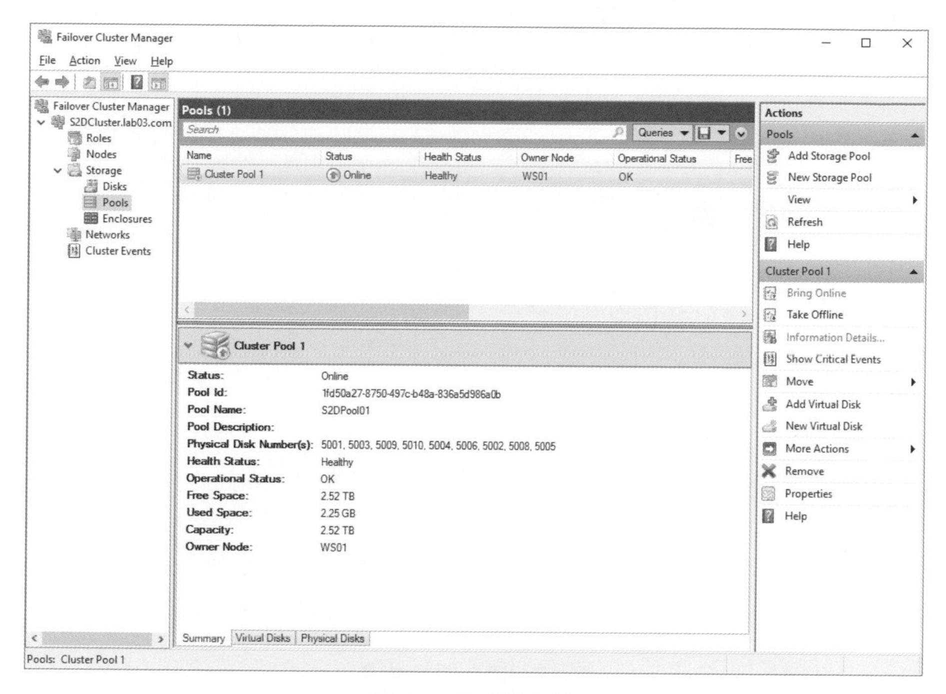

圖 16　管理儲存池

開啟[New Virtual Disk Wizard]視窗之後，請先在[Storage Pool]頁面中挑選儲存池，在如圖 17 所示的[Virtual Disk Name]頁面中，輸入新虛擬硬碟的名稱與描述。在此你可能會遭遇[Create storage tiers on this virtual disk]設定無法勾選的問題，這表示在你的儲存池之中並沒有混合 HDD 與 SSD，因此無法使用儲存層的功能，來讓系統自動處理冷資料與熱資料在不同的儲存層之中。點選[Next]繼續。

New Virtual Disk Wizard

Specify the virtual disk name

Before You Begin
Storage Pool
Virtual Disk Name
Enclosure Awareness
Storage Layout
Size
Confirmation
Results

Name: VDisk01

Description:

Create storage tiers on this virtual disk
Storage tiers enable automatic movement of the most frequently accessed files to faster storage.

To use storage tiers, the storage pool requires a minimum of one automatically allocated physical disk of each media type (SSD and HDD).

< Previous　Next >　Create　Cancel

圖 17　建立虛擬磁碟

在如圖 18 所示的[Enclosure Awareness]頁面中，若勾選[Enable enclosure awareness]設定，將可以協助我們儲存資料的副本在分開的 JBOD 的外接儲存裝置之中，以便確保萬一發生了整個 enclosure 失敗時，仍然保有重要的副本資料。點選[Next]。

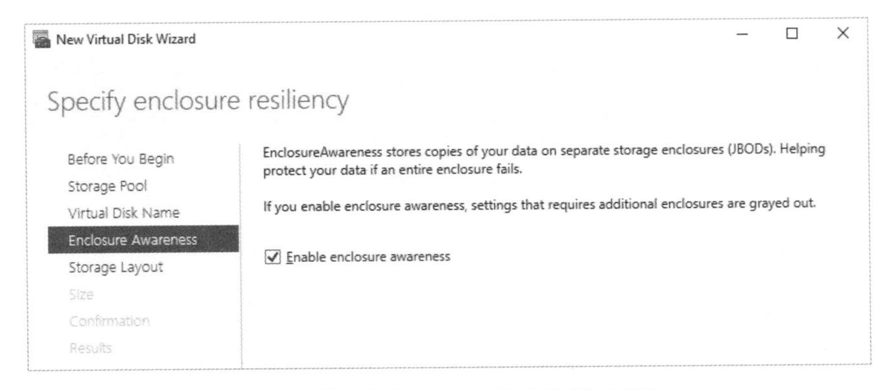

圖 18　結合外接 JBOD 儲存設備的使用

在如圖 19 所示的[Storage Layout]頁面中，為了避免至少單顆硬碟失敗的問題，你可以挑選硬碟容錯備援的方法，分別有 Mirror（鏡像）與 Parity（同位元檢查）可以選擇，其中範例中的 Parity 選項，至少需要三顆硬碟，來避免一顆硬碟故障的問題，若想要防範同時兩顆硬碟故障的問題，則需要至少七顆硬碟的 Parity 架構才可以。點選[Next]。

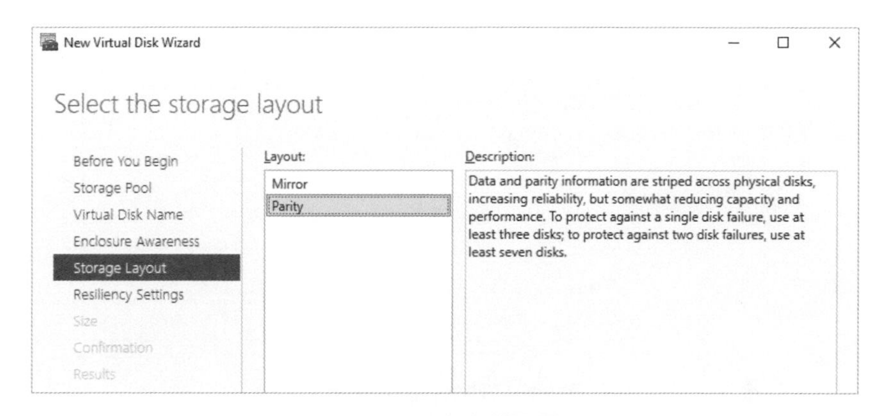

圖 19　儲存容錯配置

在如圖 20 所示的[Resiliency Settings]頁面中，可以進一步挑選採用[Single parity]或[Dual parity]，但可別忘了若想要採用後者選項，必須至少使用七顆硬碟的架構。不過話說回來，三部主機的架構，想要湊成七顆硬碟應該不是問題。點選[Next]。

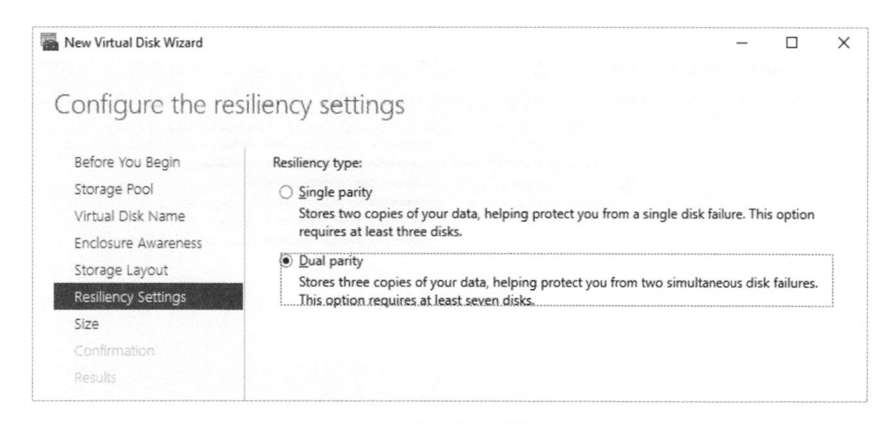

圖 20　同位元檢查類型選擇

在如圖 21 所示的[Size]頁面中，可以知道目前儲存池的容量大小。你可以指定要給予這個虛擬硬碟的容量大小，或是直接選取[Maximum size]設定，來使用儲存池中剩餘的所有空間。點選[Next]。

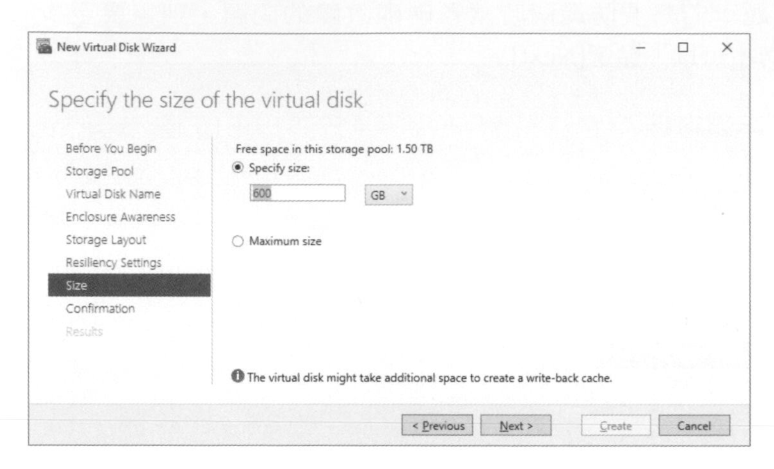

圖 21　設定虛擬磁碟大小

在[Confirmation]頁面中請確認前面所有的設定值是否正確，確認無誤之後請點選[Create]。如圖 22 所示便是成功完成虛擬磁碟建立的結果頁面，若想要進一步完成最後的磁碟區建立與格式化設定，可以勾選[Create a volume when this wizard closes]設定。點選[Close]。

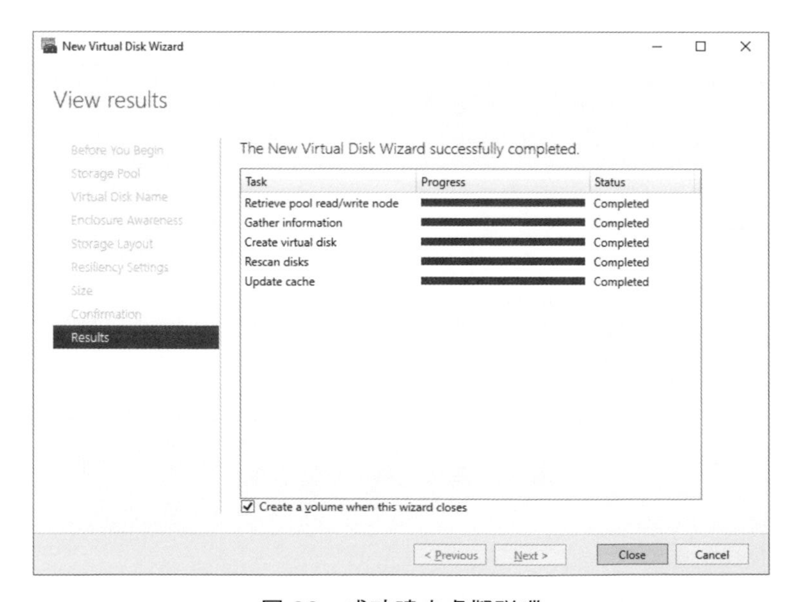

圖 22　成功建立虛擬磁碟

緊接著在如圖 23 所示的儲存池頁面中，便可以在[Virtual Disks]頁籤中看到剛剛所建立的虛擬磁碟，並且可以知道這一些虛擬磁碟的線上與健康狀態。必須特別注意的是，想要開始來存放檔案資料，還必須完成最後的檔案系統分割區之建立與格式化，但若是你在前面虛擬磁碟精靈的建立中，沒有順道開啟磁碟區建立精靈介面，回到此介面中就沒有任何選項可以讓你開啟。怎麼辦呢？

如果你想要查看儲存層目前的主要配置資訊，包括了它所採用的磁碟容錯配置、備援的磁碟數量以及所採用的磁碟類型，可以試試以下命令參數範例。

```
Get-StorageTier | FT FriendlyName, ResiliencySettingName,
MediaType, PhysicalDiskRedundancy -autosize
```

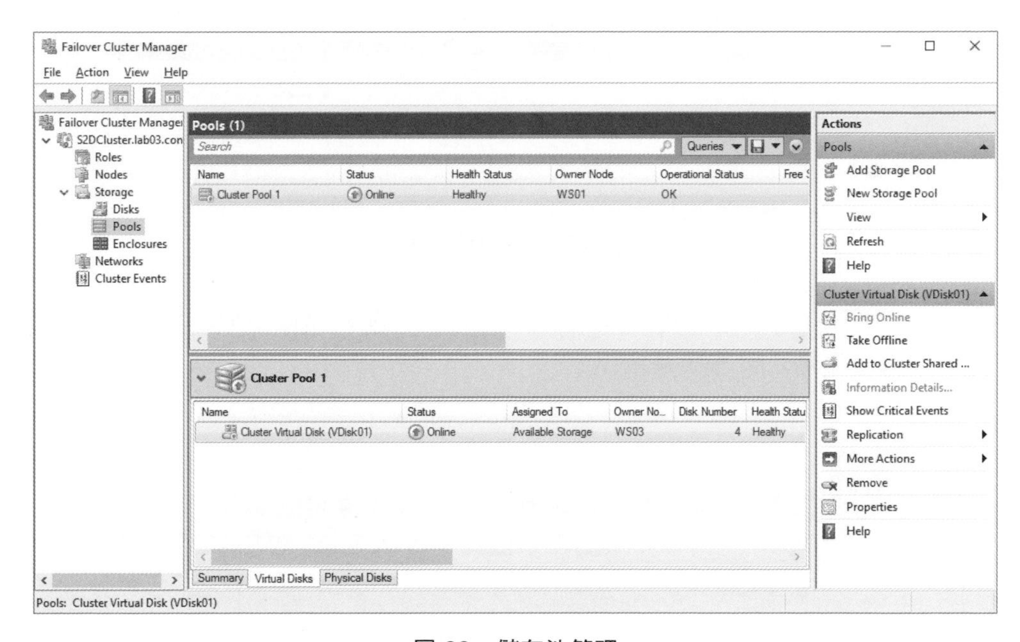

圖 23 儲存池管理

解決的方法，便是回到[伺服器管理員]介面的[Storage Pools]管理中來建立磁碟區（Volume），不過必須注意的是！你得從目前虛擬磁碟擁有者的主機來開啟。請如圖 24 所示在[Storage Pools]節點頁面中，在選取儲存池與相對的虛擬磁碟之後，按下滑鼠右鍵點選[New Volume]即可建立。

過程中可以指定每個磁碟分割區的大小、磁碟標籤、磁碟機代號以及檔案系統類型，例如你可以分別建立一個 NTFS 與一個 ReFS 的檔案系統分割區，讓不同應用系統的檔案類型，可以存放在不同的檔案系統之中。

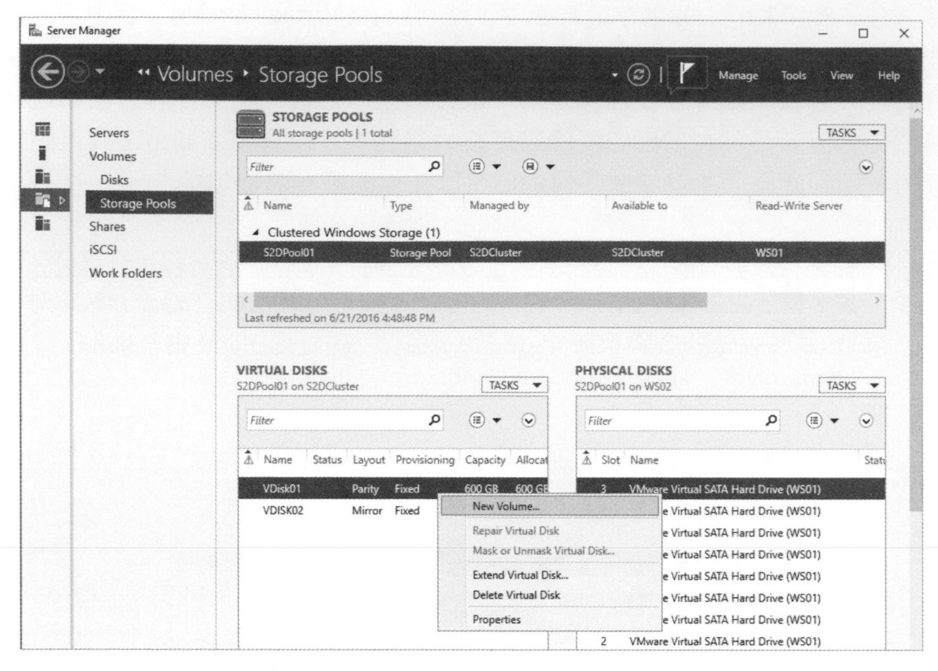

圖 24　虛擬磁碟管理

回到如圖 25 所示的[Storage]\[Disks]節點頁面中，便可以從選取的虛擬硬碟頁面中，看到磁區檔案系統的相關資訊。

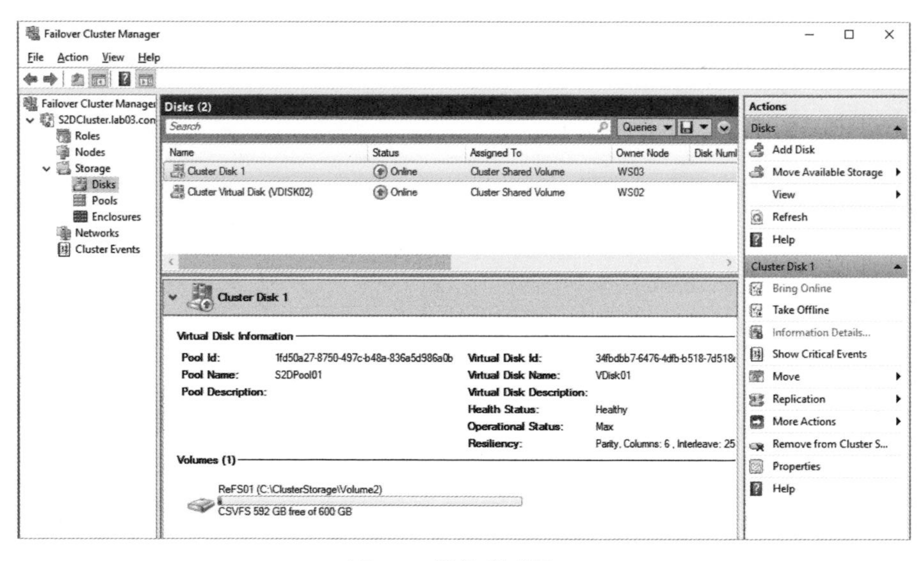

圖 25　叢集磁碟管理

10.3 Storage Spaces Direct 進階建置

在前面的實戰講解中，主要說明了如何透過 Enable-ClusterS2D 命令，來搭配容錯移轉叢集介面，完成整個 S2D 存儲架構的建立，過程中並沒有運用儲存層（Storage Tiers）功能的建立，來改善常用資料讀寫與儲存空間的管理問題。因此在接下來的內容中，除了將說明如何透過更進階的命令方式，來完成整個 S2D 儲存池的建立之外，還將告訴你如何妥善配置儲存層，讓常用的資料存取，自動存放在 SSD 儲存區，而不常用的資料則自動存放在傳統 HDD 的儲存區之中，並且同樣享有備援磁碟的容錯保護機制，以達到效能、容量以及安全兼顧的完美狀態。

首先如圖 26 所示，我們一樣先下達以下命令，來檢查每一部主機磁碟的類型清單，在此可以發現除了 SSD 之外，實際屬於 HDD 的磁碟類型，在此卻一樣顯示為 Unspecified 狀態，但它的 CanPool 欄位值卻是 True，這表示這個磁碟依舊可以加入至 S2D 的儲存管理之中。

```
Get-PhysicalDisk | FT FriendlyName,UniqueId,CanPool,Size,MediaType
```

沒關係，目前可暫時先忽略這個問題，一樣先下達以下命令參數，來完成 S2D 儲存架構基礎的建立。

```
Enable-ClusterS2D -CacheMode Disabled -AutoConfig:0 -
SkipEligibilityChecks
```

接下來對於儲存池的建立，我們不再使用容錯移轉叢集的圖形介面來完成，而是改用以下的命令參數來建立。在這個範例中，主要是指定將叢集中所有已經偵測到的可用實體硬碟（CanPool -eq $true），用來建立一個名為 S2DPool01 的儲存池。

```
New-StoragePool -StorageSubSystemFriendlyName *Cluster* -FriendlyName
S2DPool01 -ProvisioningTypeDefault Fixed -PhysicalDisk (Get-
PhysicalDisk | ? CanPool -eq $true)
```

完成儲存池的建立之後，可以下達 Get-StorageSubsystem *cluster* | Get-PhysicalDisk 命令參數，來查看在目前這個 S2D 的儲存池中，所有實體磁碟的清單。

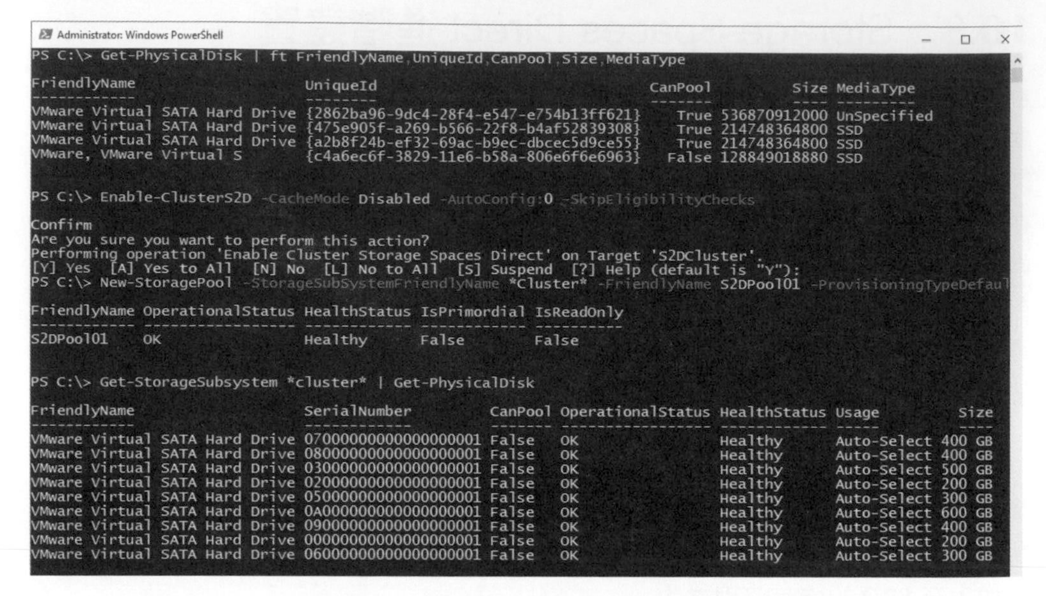

圖 26　以命令啓用 S2D 並建立儲存池

為了讓後續所建立的虛擬磁碟，能夠啟用儲存層功能，我們必須讓所有呈現為「UnSpecified」的磁碟類型，強制設定成 HDD 磁碟類型，當然啦！它們也必須確實是 HDD，如此在測試上，才能透過一些 I/O 讀寫的測試工具，來比較一下有無儲存層之間的效能差異。

```
Get-StorageSubsystem *cluster* | Get-PhysicalDisk | Where MediaType -eq
"UnSpecified" | Set-PhysicalDisk -MediaType HDD
```

完成「UnSpecified」媒體類型的修改之後，我們可以下達以下命令參數，來查看目前儲存池中所有磁碟的清單。在這個範例中，如圖 27 所示筆者原先有指定顯示 UniqueId 欄位值，但由於這一些磁碟在加入儲存池之後，UniqueId 的欄位值變得太長，因此忽略此欄位的顯示。而從顯示結果可以發現，目前我們已經有了滿足儲存層架構需求的 SSD 與 HDD 混合集區。

```
Get-StorageSubsystem *cluster* | Get-PhysicalDisk FT
FriendlyName ,Size,MediaType
```

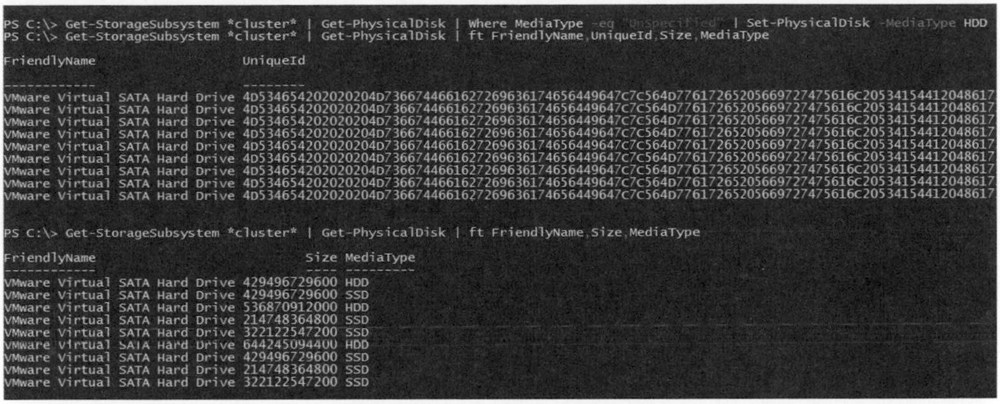

```
PS C:\> Get-StorageSubsystem *cluster* | Get-PhysicalDisk | Where MediaType -eq "UnSpecified" | Set-PhysicalDisk -MediaType HDD
PS C:\> Get-StorageSubsystem *cluster* | Get-PhysicalDisk | ft FriendlyName,UniqueId,Size,MediaType

FriendlyName                 UniqueId

------------                 --------
VMware Virtual SATA Hard Drive 4D534654202020204D7366744661627269636174656449647C7C564D77617265205669727475616C20534154412048617
VMware Virtual SATA Hard Drive 4D534654202020204D7366744661627269636174656449647C7C564D77617265205669727475616C20534154412048617
VMware Virtual SATA Hard Drive 4D534654202020204D7366744661627269636174656449647C7C564D77617265205669727475616C20534154412048617
VMware Virtual SATA Hard Drive 4D534654202020204D7366744661627269636174656449647C7C564D77617265205669727475616C20534154412048617
VMware Virtual SATA Hard Drive 4D534654202020204D7366744661627269636174656449647C7C564D77617265205669727475616C20534154412048617
VMware Virtual SATA Hard Drive 4D534654202020204D7366744661627269636174656449647C7C564D77617265205669727475616C20534154412048617
VMware Virtual SATA Hard Drive 4D534654202020204D7366744661627269636174656449647C7C564D77617265205669727475616C20534154412048617
VMware Virtual SATA Hard Drive 4D534654202020204D7366744661627269636174656449647C7C564D77617265205669727475616C20534154412048617
VMware Virtual SATA Hard Drive 4D534654202020204D7366744661627269636174656449647C7C564D77617265205669727475616C20534154412048617

PS C:\> Get-StorageSubsystem *cluster* | Get-PhysicalDisk | ft FriendlyName,Size,MediaType

FriendlyName                           Size MediaType
------------                           ---- ---------
VMware Virtual SATA Hard Drive 429496729600 HDD
VMware Virtual SATA Hard Drive 429496729600 SSD
VMware Virtual SATA Hard Drive 536870912000 HDD
VMware Virtual SATA Hard Drive 214748364800 SSD
VMware Virtual SATA Hard Drive 322122547200 SSD
VMware Virtual SATA Hard Drive 644245094400 HDD
VMware Virtual SATA Hard Drive 429496729600 SSD
VMware Virtual SATA Hard Drive 214748364800 SSD
VMware Virtual SATA Hard Drive 322122547200 SSD
```

圖 27　修改儲存池硬碟類型

接下來我們要來建立一個擁有儲存層功能的虛擬磁碟，在此我們回到使用在[容錯移轉叢集]圖形介面中的[New Virtual Disk Wizard]來建立，如圖 28 所示這時候你會發現先前無法勾選的[Create storage tiers on this virtual disk]設定，目前已經可以正常勾選了。

必須注意的是一旦儲存層功能在虛擬磁碟中完成了建立，之後便無法從此虛擬磁碟中進行移除。另外關於儲存層的建立，一樣可以透過命令參數來完成，只要善用 New-StorageTier 命令與相關可用參數的搭配即可

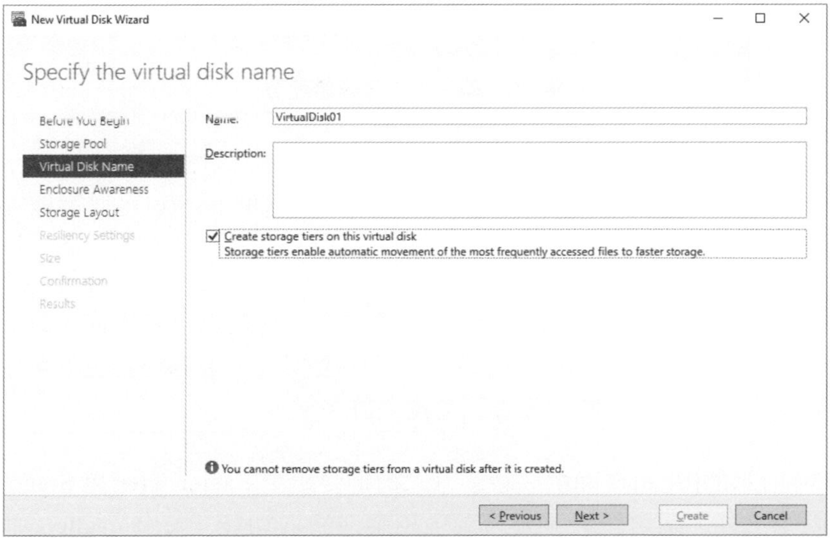

New Virtual Disk Wizard

Specify the virtual disk name

- Before You Begin
- Storage Pool
- Virtual Disk Name
- Enclosure Awareness
- Storage Layout
- Resiliency Settings
- Size
- Confirmation
- Results

Name: VirtualDisk01

Description:

☑ Create storage tiers on this virtual disk
Storage tiers enable automatic movement of the most frequently accessed files to faster storage.

You cannot remove storage tiers from a virtual disk after it is created.

< Previous | Next > | Create | Cancel

圖 28　建立虛擬磁碟

接下來在如圖 29 所示的[Storage Layout]頁面中，也與過去沒有建立儲存層的時候有些不同，因為一旦要建立儲存層，其虛擬磁碟的儲存區便會被系統劃分成 Faster Tier 與 Standard Tier 兩個區域，前者是由 SSD 所組成並用以存放常用資料，後者則是由 HDD 所組合而成並用以存放不常異動的資料。

你可以根據實際的磁碟數量，來決定想要採用的容錯配置。在此建議你 Faster Tier 可以選擇使用 Parity，而 Standard Tier 則可以選擇採用 Mirror。如此將可以兼顧 I/O 效能與磁碟容錯備援的需求。點選[Next]。

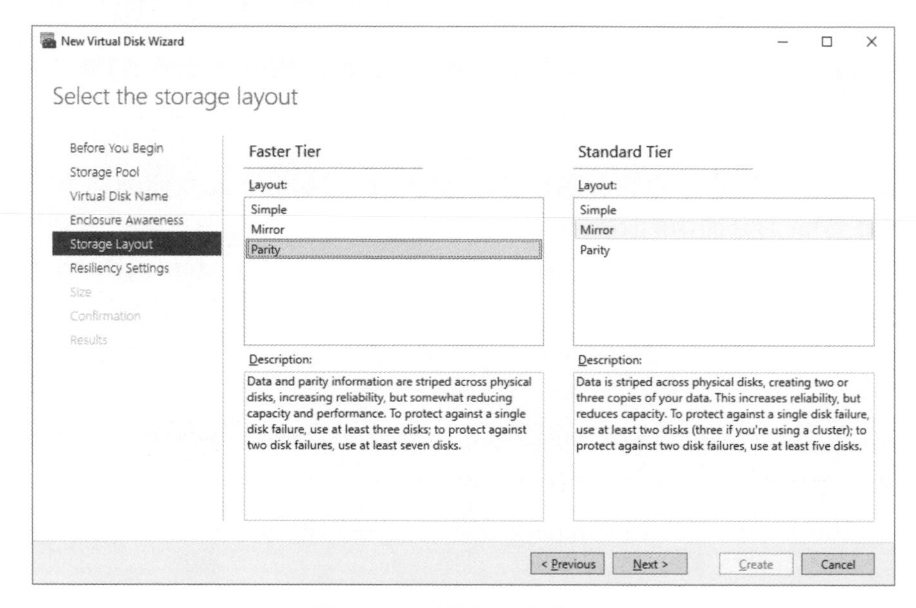

圖 29　兩種儲存層容錯配置

在[Resillency Settings]頁面中，請進一步選擇備援磁碟的數量，例如你準備的 SSD 數量，如果數量不足七顆磁碟，則將只有[Single parity]可以選取，而沒有[Dual parity]可以選擇。

相對的如果在我們所設定的 Standard Tier 區域中，有超過三顆磁碟可以使用，那麼便可以選擇[Three-way mirror]的磁碟鏡像保護模式，不過總容量的可用空間也會相對減少，但資料存放的安全性則會提高許多。

在如圖 30 所示的[Size]頁面中，除了可以指定要給予 Faster Tier 與 Standard Tier 的空間大小之外，還可以設定是否要啟用讀取快取功能（read cache）並指定快取大小，以加速 I/O 的存取速度，而當此功能的啟用時，系統也會自動建立相對的回寫快取（Write back cache）空間。點選[Next]。

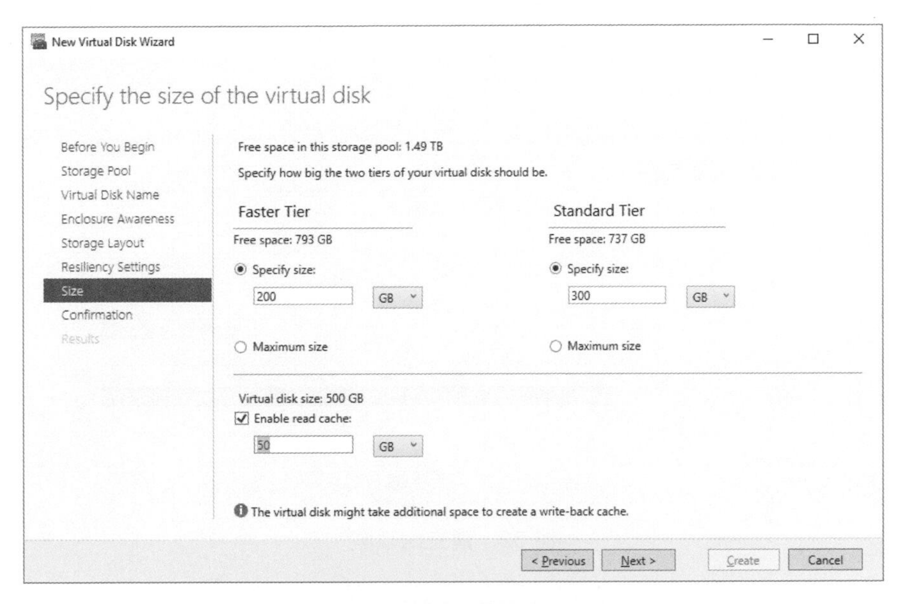

圖 30　虛擬磁碟大小設定

在[Confirmation]頁面中，確認前面的所有設定值無誤之後，請點選[Create]。如圖 31 所示便是成功完成一個擁有儲存層功能的虛擬磁碟建立。在此我們勾選[Create a volume when this wizard closes]設定，點選[Close]。

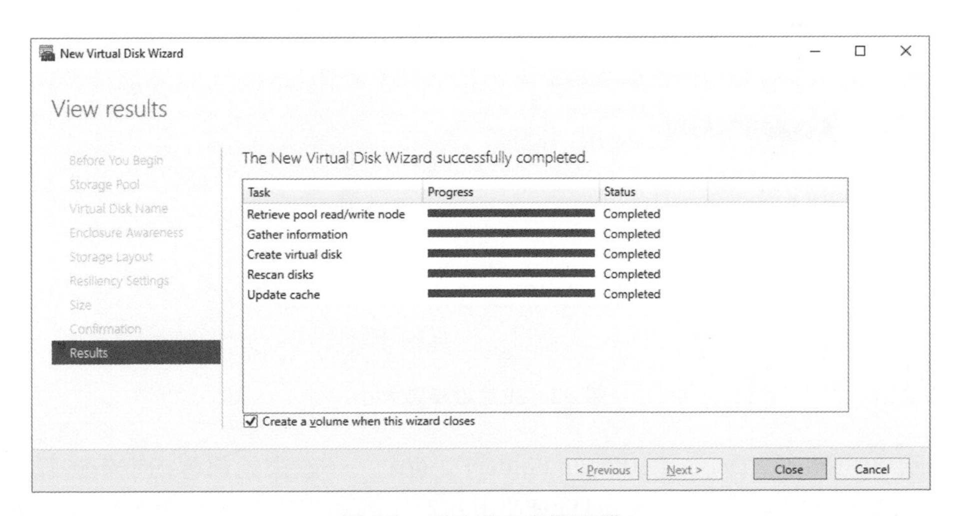

圖 31　成功建立虛擬磁碟

緊接著將會開啟[New Volume Wizard]頁面，請在如圖 32 所示的[Server and Disk]頁面中選取 S2D 的叢集名稱。點選[Next]。

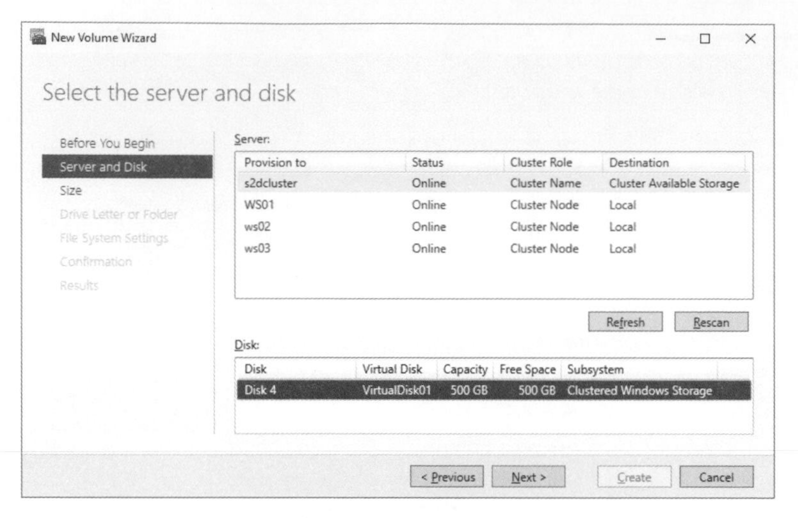

圖 32　建立磁碟區

在如圖 33 所示的[Size]頁面中，你可能會發現為何無法自訂磁碟區的大小值呢？其實這是因為在前面建立的虛擬磁碟中，已啟用了儲存層功能，因此必須根據當時所建立的虛擬磁碟大小，來完整建立磁碟區空間。點選[Next]。

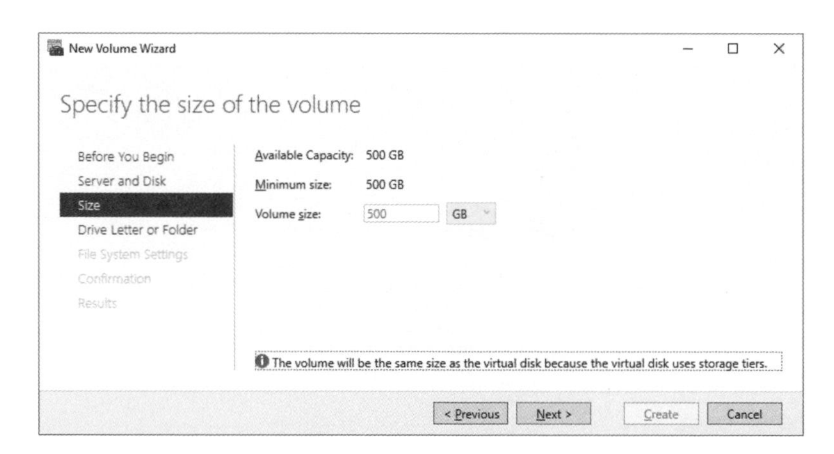

圖 33　設定磁碟區大小

在如圖 34 所示的[Drive Letter or Folder]頁面中，一般來說都會指定新磁碟區的磁碟代號，但如果這個磁碟區只打算使用在叢集的共用磁區，來做為像是 Hyper-

V 虛擬機器檔案的存放位置，筆者會建議你選擇[Don't assign to a drive letter or foler]即可，也就是不指定磁碟代號。點選[Next]。

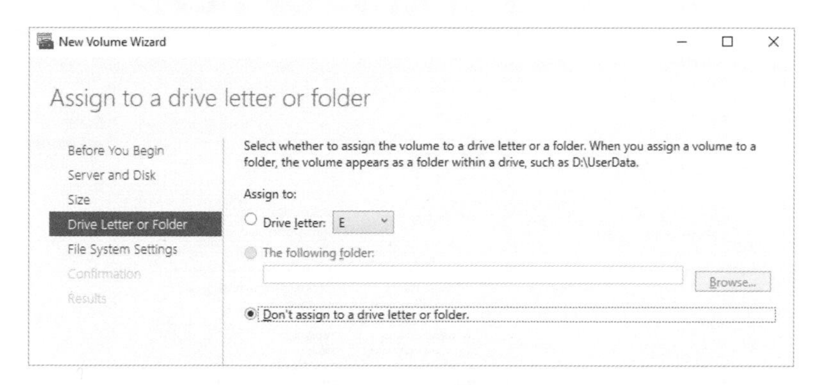

圖 34 磁碟代號設定

在如圖 35 所示的[File System Settings]頁面中，除了可以自訂磁碟區標籤之外，還可以指定檔案系統的類型，來讓特定應用系統的檔案類型在進行讀寫時，可以獲得最佳的存取效率，其中 ReFS 便適用在像是 Hyper-V 的虛擬硬碟、SQL Server 資料庫以及 Exchange Server 的資料庫檔案。在[Confirmation]頁面中確認設定無誤之後，請點選[Create]。

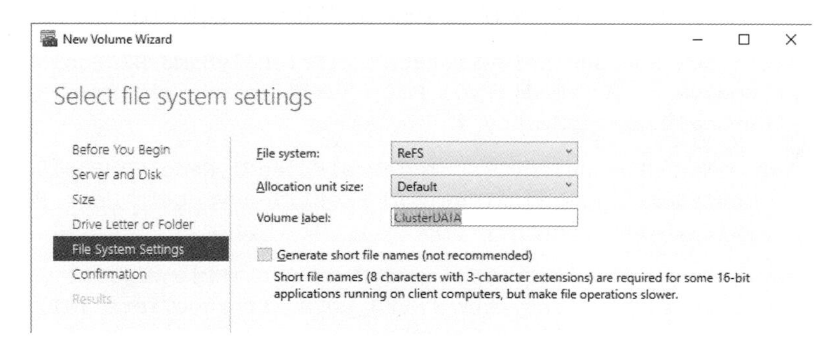

圖 35 檔案系統設定

如圖 36 所示便可以看到前面步驟中所建立的磁碟區，你除了可以知道這個磁區總容量大小與剩餘空間之外，也可以檢視到它所屬的虛擬磁碟以及儲存池。

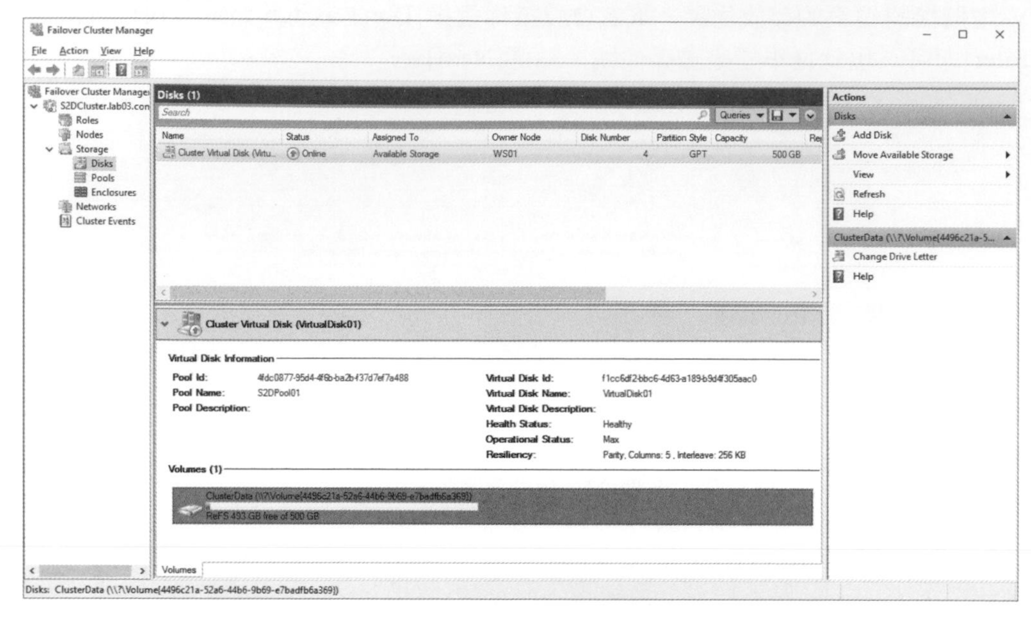

圖 36　儲存池磁碟管理

關於虛擬磁碟與磁碟區（Volume）的建立，你也可以透過命令工具來完成。請參考以下命令參數範例，在此我們先完成儲存層的變數設定，再將變數帶入至虛擬磁碟與磁碟區建立的參數設定之中即可。

```
$MT = New-StorageTier -StoragePoolFriendlyName S2DPool01 -
FriendlyName MT -MediaType HDD -ResiliencySettingName Mirror
-PhysicalDiskRedundancy 1

$PT = New-StorageTier -StoragePoolFriendlyName S2DPool01 -
FriendlyName PT -MediaType SSD -ResiliencySettingName Parity
-PhysicalDiskRedundancy 1

New-Volume -StoragePoolFriendlyName S2D -FriendlyName
VirtualDisk01 -FileSystem CSVFS_ReFS -StorageTiers $MT,$PT -
StorageTierSizes 800GB,200GB
```

相信在自己動手實作過 Windows Server 2016 的 S2D 儲存方案之後，一定可以感受到軟體定義儲存技術，所帶來的強大威力，因為它完全顛覆了傳統對於儲存管理方式的印象。而對於曾經有實作過 VMware Virtual SAN 的 IT 人士來說，則更能夠從本次的實作經驗之中，比較出兩種方案各自的優劣之處。

只是好不容易完成了 S2D 儲存系統的建置之後，要如何將同樣內建於 Windows Server 2016 的 Hype-v，或現行的 Windows Server 2012 R2 Hyper-V 虛擬機器與它進行整合，以實現最佳化的虛擬化平台儲存管理。會有哪一些建議的規劃方式，如何實作？且看後面更精采的 S2D 與 Hyper-V 整合應用的實戰剖析。

第 11 章 SDS 整合 Hyper-V 部署

在一個私有雲的虛擬化平台架構規劃中，儲存架構的設計對於虛擬機器的可靠度、可用性以及運行的效能影響深遠。因此在最新的 Windows Server 2016 中，便提供了更加強大的儲存管理系統功能，那就是以軟體定義儲存（SDS）技術為基礎的整合能力，只是我們究竟要如何根據眼前的 IT 環境現況，來運用這項特色並結合 Hyper-V 虛擬化平台的使用，徹底提升與強化私有雲整體運行的效能以及永續能力。

11.1 簡介

現今在 3C 世界之中最夯的不是行動裝置，而是裝置裏頭的應用程式（Apps），因為在這上百萬支的應用程式當中，幾乎包辦了生活大小事的管理功能，像是攝影、旅遊助理員、衛星定位與導航、即時通訊、多媒體影音、購票訂位、文書編輯、網路硬碟、Email、電玩等等，甚至於就連同網路管理、資安監控等 IT 才會用到的專業功能，也都包含在這裡頭。

然而一般的消費者通常不知道，其實在他們所使用的眾多 App 之中，許多背後都有著強大的伺服器陣列群，在持續提供數萬人或是數百萬人以上的同時連線存取。至於這一些 App 之所以能夠運行起來，讓雲下裝置的用戶感到既流暢且穩定的美好體驗，其底層肯定是有個堅若磐石的基礎建設，那就是虛擬化平台（Virtualization Platform）。

讓我們回歸到企業私有雲的服務運行，也是同樣的道理，若沒有周密且嚴謹的虛擬化平台架構設計，僅是發展功能再強用途再多的雲端應用程式與服務，到頭來得到的只是用戶更多的抱怨與不諒解，因為相信任誰都無法接受一個功能很強大，但卻一天到晚經常發生斷線，或運行速度老是在打轉中的應用程式服務。

糟糕的是有許多組織單位（不只是民間企業）的 IT 決策者，由於完全不懂得雲端基礎建設的這門技術概念，以為所謂的基礎建設不就是採購個幾部電腦主機，接上網路線之後就算了事。

因此往往會大砍基礎建設方面的 IT 預算，而將 99%注目的焦點全放在應用系統的發展上，徹底忽略了蓋一棟房子時的最重要地基與結構設計，導致在系統上線不久後頻頻出包時，還回頭怪罪是下屬的應用程式設計有問題，或是指責負責硬體維護的 IT 人員沒有善盡職責。

類似上述的 IT 情境，筆者個人是看多也聽多了，因為在這社會的各行各業裡，外行領導內行的案例層出不窮，尤其是在公務部門或是以學術為主導的組織，我想許多資深的 IT 先進，一定也和我一樣有深刻的體驗。

因此我的建議是，想要真正做事的 IT 決策者，對於任何 IT 應用服務的規劃與導入，應該要從底層的基礎建設到最上層的應用服務設計，皆要全盤洞悉與了解，而不是只做一位「決策者」，至少必須知道有哪一些架構設計，適合運用在現行的 IT 環境之中，進而可以請相關負責的系統人員，能夠實際在實驗室環境加以測試與展示，如此方可使整個專案的執行結果更加完善。

話說回來在 Windows Server 2016 的 Hyper-V 架構規劃中，影響運行效能與簡化管理最深遠的兩項技術，分別是軟體定義儲存（SDS）以及軟體定義網路（SDN）。筆者接下來所要實戰講解的，就是如何在已建置好的 Storage Spaces Direct（S2D）架構下，應環境需求選擇最佳設計並完成整合。

11.2　Hyper-V 部署前的架構抉擇

想要讓 S2D 在私有雲的運作中獲得最佳的表現，你只要依據現行的組織規模與應用系統需求，來挑選想要建立的虛擬化平台整合架構，在此分別有超融合式架構（Hyper-Converged）以及分散式整合架構（Disaggregated）可供你選擇。

採用如圖 1 所示的超融合式（Hyper-Converged）架構優點，在於直接取用每一部叢集成員伺服器本機的硬碟，來做為虛擬磁碟儲存空間，以供同時擔任 Hyper-V 伺服器的叢集主機直接存取。

而這一些虛擬磁碟除了可以採用全新 ReFS 的檔案系統，來提升虛擬機器檔案的 I/O 讀寫效率之外，還可以藉由磁碟三向鏡像功能或 Dual-Parity 的完善容錯機制，來加以防範可能因實體硬碟故障、主機故障等問題，讓其上的虛擬機器持續正常運作。

在 IT 管理上除了支援透過叢集管理介面來完成之外，也能夠支援 PowerShell 以及 System Center 來進行集中控管。整體而言，超融合式架構架構最簡單，建置成本也最低，因此特別適用在既講究高可用性，又特別在意導入成本的中小型企業。

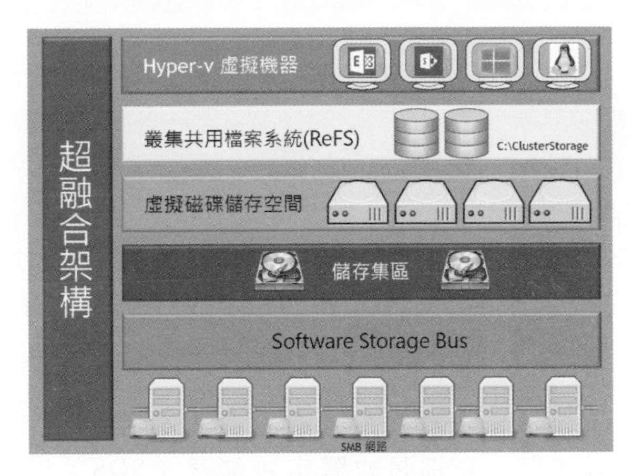

圖 1 超融合式架構

如果你想要讓 Hyper-V 整體架構的設計，更加分散風險與負載，則可以考慮改採用如圖 2 所示的分散式整合架構（Disaggregated），也就是將 S2D 的叢集與 Hyper-V 的叢集完全區分開來，在 S2D 的叢集中啟用 Scale-Out File Server（向外延展檔案伺服器）角色功能，以便 Hyper-V 的叢集可以經由 RDMA 的高效能網路環境，將虛擬機器的相關實體檔案，建立在 Scale-Out File Server 角色所產生的 SMB 共用路徑下。

如此架構可以說是完全發揮了新版 Windows Server 2016，在容錯移轉叢集、Hyper-V 虛擬化平台、軟體定義儲存以及軟體定義網路的強大特性。整體而言，採分散式整合架構，由於叢集主機與網路設備的添加，使得整體的導入成本增加不少，但相對也提升了整體的運行效能、可用性以及可靠度，非常適用在中大型以上的 IT 環境。

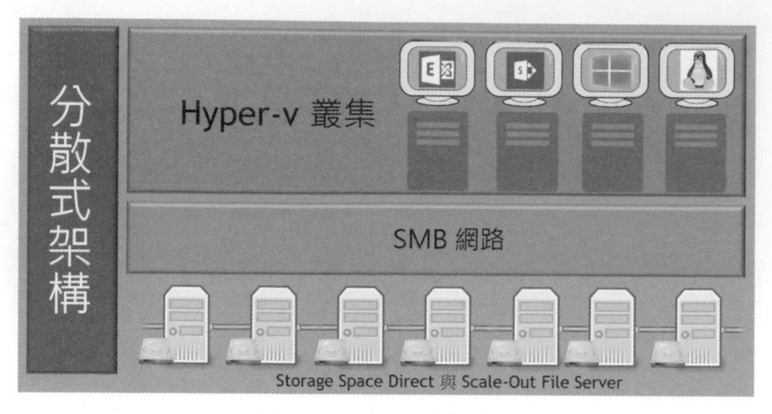

圖 2　分散式整合架構

分散式整合架構疑問？

請問在分散式整合架構規劃，如果我們選擇讓前端的 Hyper-V 的伺服器，採用舊版的 Windows Server 是否可行呢？答案是可以的，因為它也相容於 Windows Server 2012、Windows Server 2012 R2，只不過若採用舊版 Hyper-V 伺服器，將會犧牲掉許多新穎的功能，包括了在新版 Live Migration 功能中，所新增支援結合高速 RDMA 網路的 SMB 傳輸技術。

11.3　建立 S2D 超融合式虛擬化架構

無論你打算採用超融合式或分散式整合架構，其做法都相當容易，只要你事先已經完成了 S2D 儲存池的虛擬磁碟建立即可。接下來就讓我們先來建立一個超融合式的架構吧！

如圖 3 所示，開啟位在容錯移轉叢集介面的[Storage]\[Disks]節點，在準備用來儲存 Hyper-V 虛擬機器的虛擬磁碟上，按下滑鼠右鍵點選[Add to Cluster Storage Volumes]，將這個磁碟新增成為給叢集專用的共用磁碟區。關於這個動作你可以透過下達 PowerSehll 命令來完成，例如你可以下達 Add-ClusterSharedVolume “"Cluster Virtual Disk"命令參數即可。

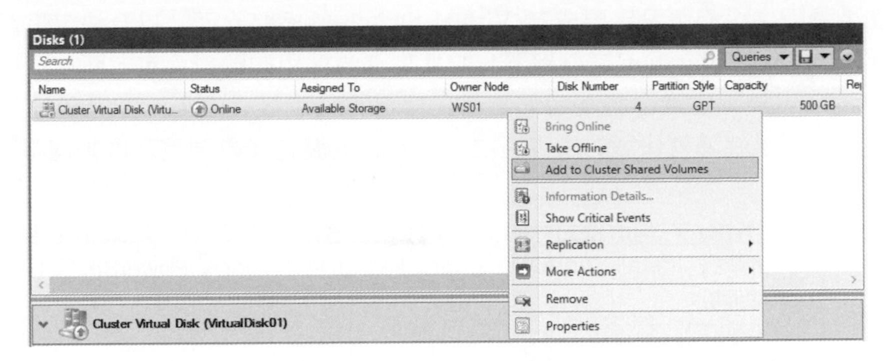

圖 3　管理儲存池磁碟

完成新增之後，便可以在目前叢集擁有者節點的主機中，看到 C 磁碟的 ClusterStorage 路徑下，如圖 4 所示多了一個叢集共用磁區的捷徑 Volume1，未來所建立的叢集虛擬機器之實體檔案，都可以從這個磁碟區捷徑中檢視。

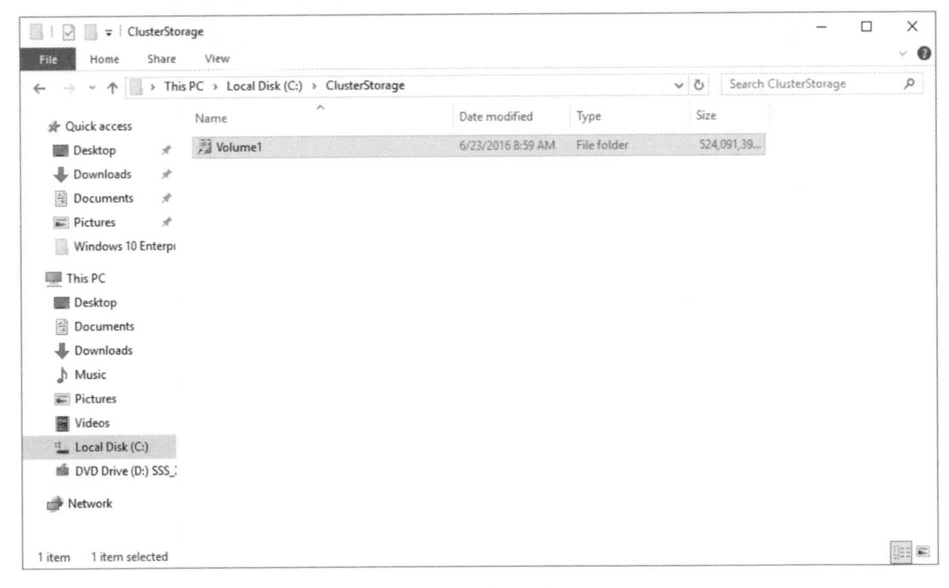

圖 4　檢視叢集儲存區

準備好給 Hyper-V 虛擬機器專用的 S2D 叢集儲存環境之後，接下來就可以在每一部 S2D 的成員伺服器上，開啟[伺服器管理員]介面並點選[Add Roles and Features Wizard]，在如圖 5 所示的[Server Roles]頁面中勾選[Hyper-V]，來完成 Hyper-V 虛擬化平台的安裝。

整個安裝過程中，必須設定要成為 Virtual Switch 的網路介面，以及決定是否允許傳送或接收 Live Migration 虛擬機器，並且設定要採用的驗證協定。而在預設儲存位置的設定部分，建議你將兩者都儲存在相同的父資料夾之下，並且最好選擇在較快，以及有磁碟陣列保護的磁碟區之中。完成安裝之後需要重新啟動伺服器。

針對 Hyper-V 伺服器角色的安裝，你可以透過下達 PowerShell 命令參數來完成，請執行 Install-WindowsFeature Hyper-V, Hyper-V-PowerShell, Hyper-V-Tools 即可。

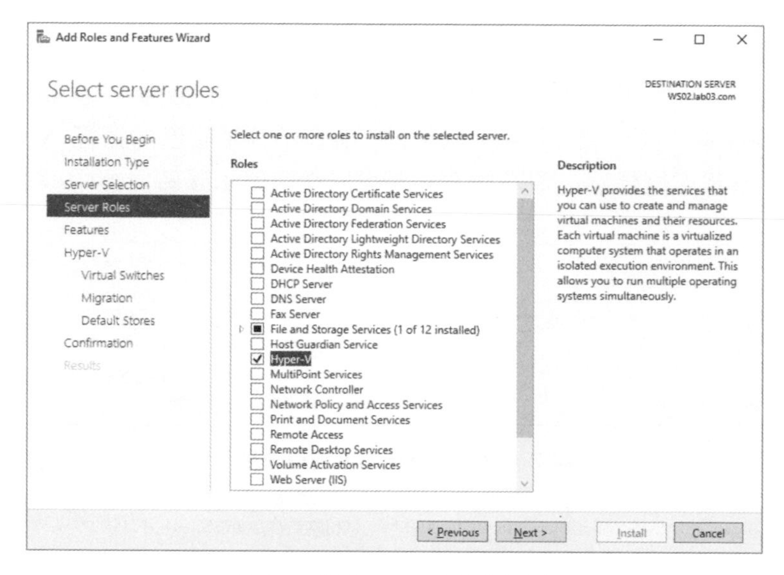

圖 5　安裝 Hype-v 伺服器角色

接下來就可以在叢集擁有者的節點主機上，新增虛擬機器至 S2D 的叢集之中，不過這項操作作你可以不必從 Hyper-V 的管理介面中來進行，而是可以直接從相同的容錯移轉叢集介面中進行。如圖 6 所示，請在[Roles]節點上按下滑鼠右鍵，點選位在[Virtual Machines]子選單下的[New Virtual Machine]繼續。

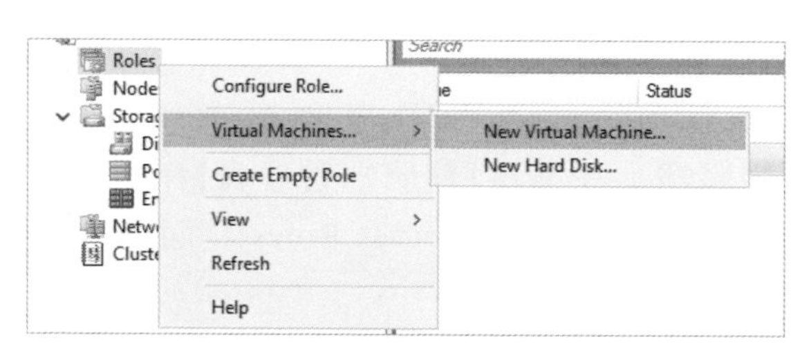

圖 6　叢集服務管理介面

在新增虛擬機器的[Specify Name and Location]頁面中，請在設定新的虛擬機器名稱之後，務必在[Location]欄位中點選[Browse]按鈕，如圖 7 所示將虛擬機器組態檔案的儲存位置，改指向 C:\ClusterStorage 路徑下的 Volume 捷徑之中，建議你可以在此路徑下，建立好用來存放此虛擬機器檔案的專用資料夾。點選[Next]繼續。

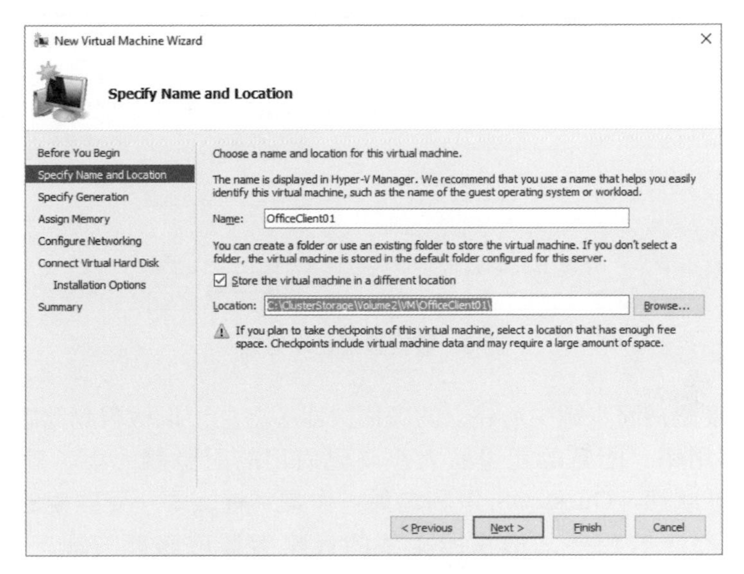

圖 7　設定虛擬機器名稱與位置

接著你可以陸續完成虛擬機器版本的選擇、虛擬記憶體的大小以及虛擬網路的設定。在如圖 8 所示的[Connect Virtual Hard Disk]頁面中，請在選取[Create a virtual hard disk]選項之後，也點選[Browse]按鈕來將虛擬硬碟檔案，選擇儲存在前一步驟資料夾下的自訂資料夾，並且設定此虛擬硬碟的大小，目前最大可擴增至 64TB。未來如果有其他新虛擬機器要使用此虛擬硬碟，則可以從[Use an existing virtual disk]選項中來選擇載入即可。點選[Next]。

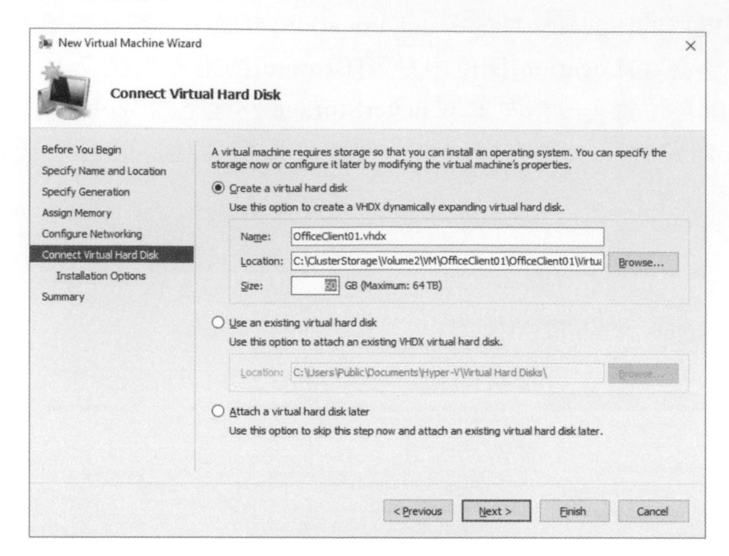

圖 8　設定虛擬硬碟組態

如圖 9 所示便是前面步驟中所建立的虛擬機器，在此可以檢視到此虛擬機器的狀態、CPU 使用率、配置的記憶體大小、已使用的記憶體大小、整合服務的版本、活動訊號狀態、Guest OS 電腦名稱、作業系統版本、受監視的服務以及複寫資訊與狀態。若想要知道它所相依的叢集虛擬磁碟區資訊，可以切換至[Resource]頁籤中來檢視即可。

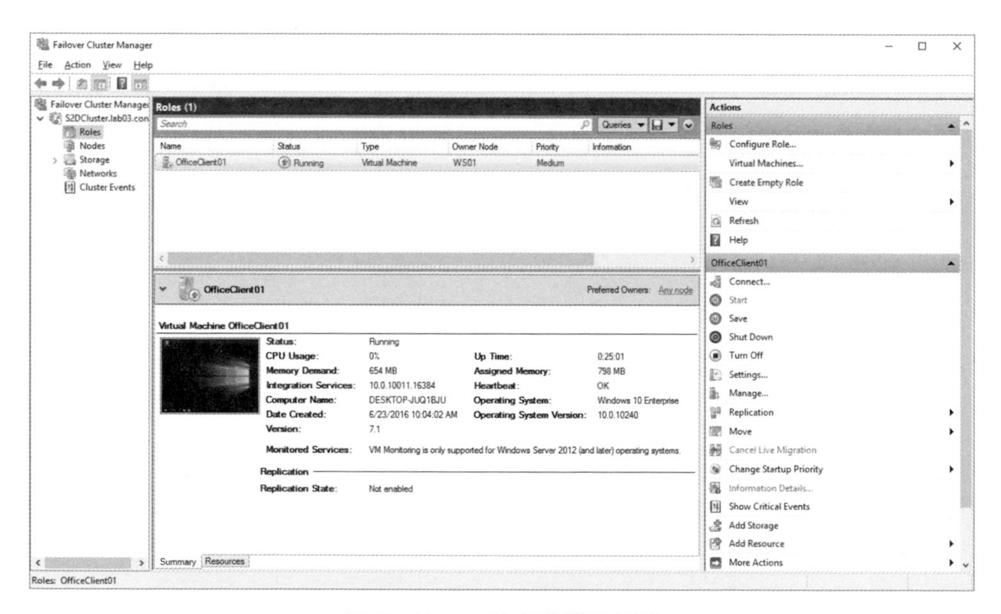

圖 9　Hyper-V 虛體機器管理

後續對於此虛擬機器的連線、啟動、儲存、關機、關閉以及修改其組態設定等操作，都只要在右方的[Actions]窗格之中來點選即可，不需要回到 Hyper-V 本身的管理介面中。

11.4 建立 S2D 分散式虛擬化整合架構

為了讓所提供的應用服務運作風險更低、效能更好，我們可以選擇採用 S2D 的分散式整合架構，讓 Hyper-V 平台的服務在不同的實體伺服器來運行，在這種需求情境下，就不需要在 S2D 架構的所有成員伺服器上，安裝 Hyper-V 的角色服務。

而是轉由透過 Scale-out File Server 角色的建立與設定，讓 Hyper-V 伺服器可以透過 SMB 網路共用通訊協定，將虛擬機器建立在 S2D 叢集的共用儲存磁區之中。請在如圖 10 所示 S2D 叢集的[Roles]節點下，按下滑鼠右鍵點選[Configure Role]繼續。

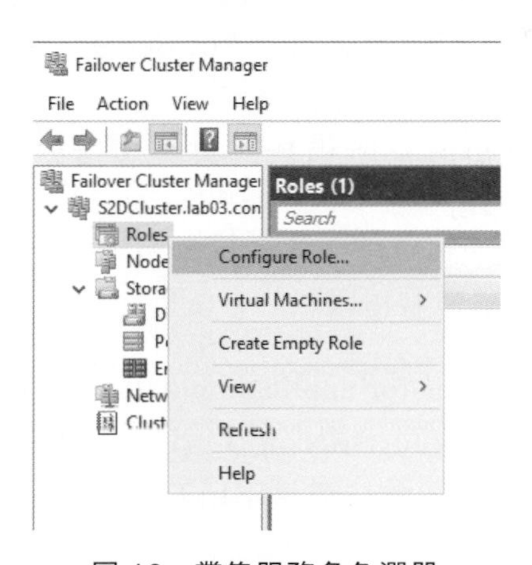

圖 10　叢集服務角色選單

在如圖 11 所示的[Select Role]頁面中，可以看到目前此叢集所能夠擔任的角色類型清單，包括了常見的 DFS Namespace Server、DHCP Server 以及 iSCSI Target Server 等等，在此請選取[File Server]並點選[Next]。

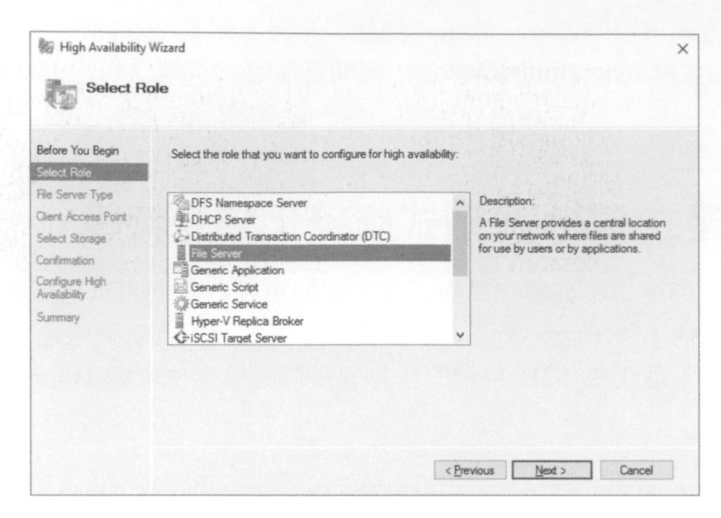

圖 11　選擇角色

在如圖 12 所示的[File Server Type]頁面中，可以選擇所要採用的叢集檔案伺服器類型，分別有針對一般使用以及做為應用程式資料存取的 File Server。若只是用來做為傳統的檔案伺服器，可以選擇前者[File Server for general use]類型。

此類型的叢集檔案伺服器一次僅在一個節點上線，也就是所謂的 AP（Active/Passive）模式，不過它卻可同時支援透過 SMB 與 NFS 的通訊協定來進行網路共用，在檔案管理部分，則支援了檔案伺服器資源管理（FSRM）、DFS 複寫以及其他有關於檔案服務的角色。

至於後者[Scale-out File Server for application data]就是我們所需要選擇的類型，它的主要優點便是可以獲得如同 SAN 儲存環境同等級的穩定性、可用性、管理性及高效能，讓所有檔案共用會在叢集下所有節點上同時上線，也就是所謂的 AA（Active/Active）模式。

因此它的用途不只可以使用在虛擬機器，也可以使用在一些需要長時間開啟檔案的應用系統，像是 IIS、SQL Server、Exchange Server 等等，但必須注意的是它僅支援 SMB 通訊協定，並不支援 NFS 的通訊協定、檔案伺服器資源管理（FSRM）、DFS 複寫。

採用 Windows Server 2016 容錯移轉叢集下的 Scale-out File Server 角色功能，為 IT 管理上提供了下列優勢：

- 當叢集中的任一成員伺服器，在面對計畫性或非計畫性的服務中斷時，系統會自動藉由 SMB 高速傳遞與叢集的容錯移轉技術，迅速讓其他成員伺服器接手服務的正常運作。
- 獲得最大的網路頻寬，也就是叢集下所有成員伺服器節點的總頻寬，讓頻寬不再侷限於單點伺服器。
- 提供無須停機的檔案系統修復機制，也就讓 CSVFS 的檔案系統，可以直接在線上進行 CHKDSK 的檢查與修復作業，而不影響正在開啟控制代碼中的應用程式，例如：Hyper-V、SQL Server 等等。
- 藉由叢集共用磁碟區（CSV）所內建的讀取快取支援，將可以大幅改善許多情境運作的效能，例如虛擬桌面基礎架構（VDI，Virtual Desktop Infrastructure）等等。
- 提供自動重新平衡連入 Scale-out File Server 叢集的用戶端流量，這是因為 SMB 用戶端連線方式，是採用以每個檔案共用而非每個伺服器的方式，來進行追蹤與連線，這意味著它將會導向至最方便存取的檔案共用使用之磁碟區的叢集節點。
- 大幅簡化管理的複雜度，因為你不再需要為每一個獨立的檔案伺服器建立相同的網路共用，可透過像是 DFS 的功能，同步它們之間的檔案與資料夾。

請注意！若是你打算結合使用 Virtual Machine Manager （VMM）來進行 Hyper-V 虛擬機器的管理，一樣可以將程式庫共用儲存在 Scale-out File Server 的檔案共用路徑中，以方便更有效率的管理虛擬機器範本和相關檔案。

必須注意的是程式庫伺服器本身，不能夠同時擔任 Scale-out File Server 伺服器角色，也就是說它們兩者必須是分開在不同的伺服器來整合運行。

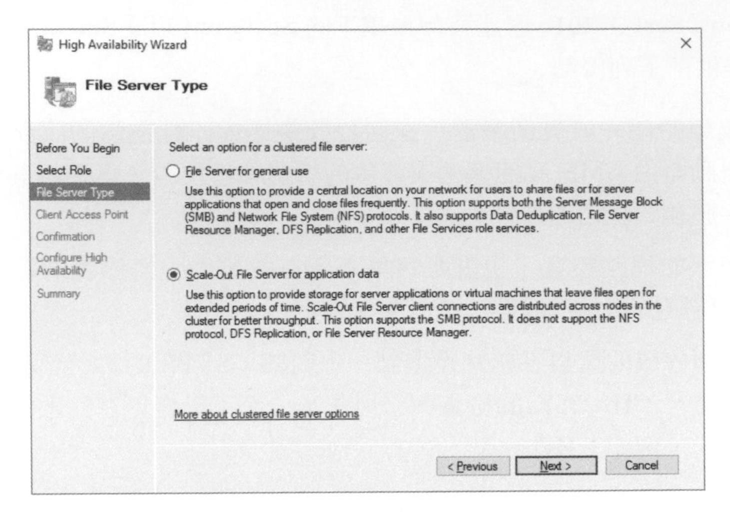

圖 12　檔案伺服器角色類型選擇

在如圖 13 所示的[Client Access Point]頁面中，請輸入一個供網路中其他主機來連線存取的 NetBIOS 名稱，此名稱的輸入除了不能夠與現行的任何 NetBIOS 相同之外，也不能夠輸入超過 15 個字元。點選[Next]完成設定。

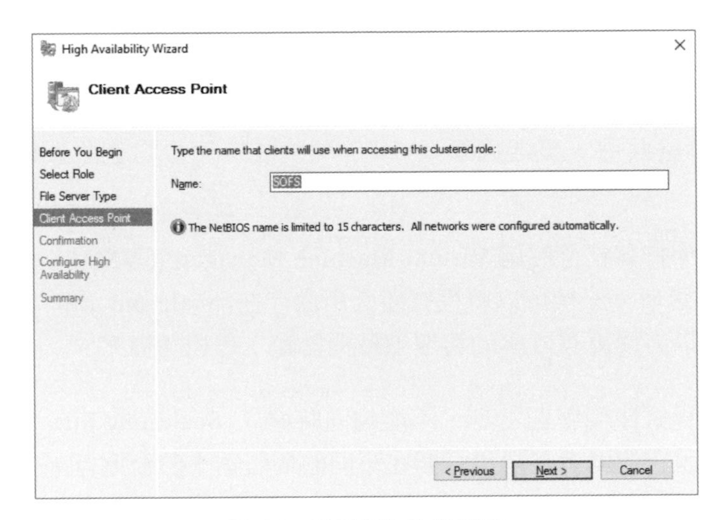

圖 13　用戶端存取點設定

如圖 14 所示在[Roles]節點頁面中，便可以看到我們剛剛所建立的 Scales-Out File Server 角色類型，以及目前擁有者的叢集節點。關於此叢集角色的建立，也可以透過下達 PowerShell 命令來完成，例如你可以下達 Add-ClusterScaleOutFileServerRole -Name SOFS。

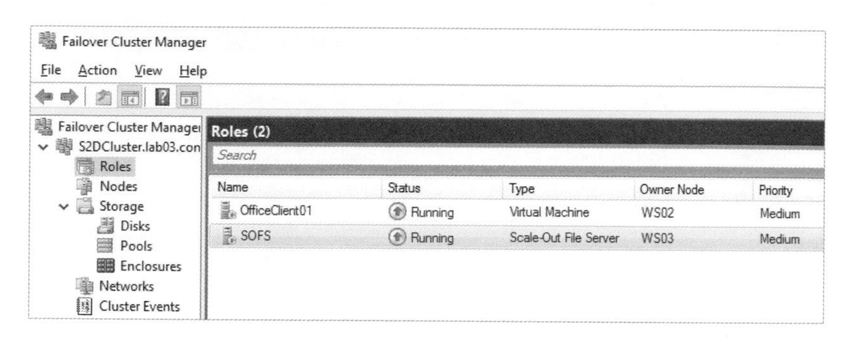

圖 14 完成 Scale-out File Server 角色設定

若進一步切換到[Resources]頁籤中，將可以看到已上線的資源名稱，若因維護作業需要暫時停止此角色，可以點選在[Actions]窗格中的[Stop Role]。在如圖 15 所示的[Shares]頁籤中，可以檢視到目前所有的共用設定，在預設的狀態下只會有一個隱藏的 ClusterStorage$，你可以在此建立新共用設定或刪除現有的共用。

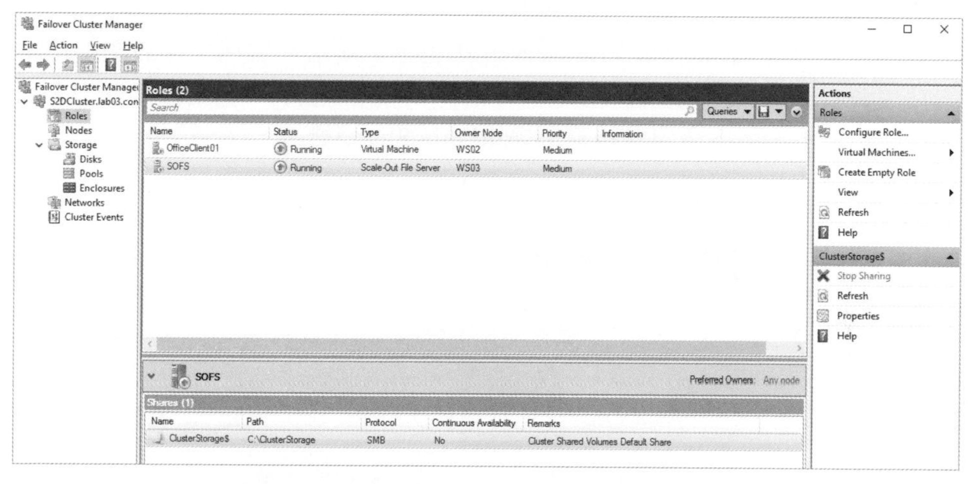

圖 15 Scale-out File Server 共用資訊檢視

在完成了 S2D 叢集的 Scale-out File Server 角色設定之後，除了可以在[Active Directory 使用者和電腦]介面中，看到位在[Computers]容器中，多了一個 Scale-out File Server 的叢集虛擬主機名稱之外，在如圖 16 所示的[DNS 管理員]介面中，也可以檢視到系統自動建立了每一個叢集成員的 IP 位址，所相對應的 Scale-out File Server 角色之 NetBIOS 名稱。

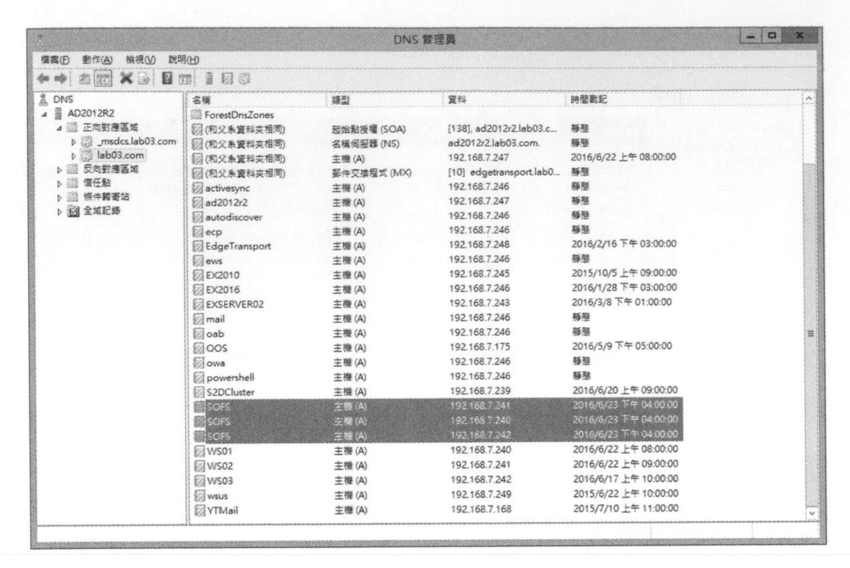

圖 16　DNS 管理員

接下來我們就要在 Scale-out File Server 角色上，新增一個用來存放虛擬機器檔案的共用資料夾，新增的方法可以選擇從[Actions]窗格中，或是像如圖 17 所示一樣在此角色上，按下滑鼠右鍵點選[Add File Share]繼續。

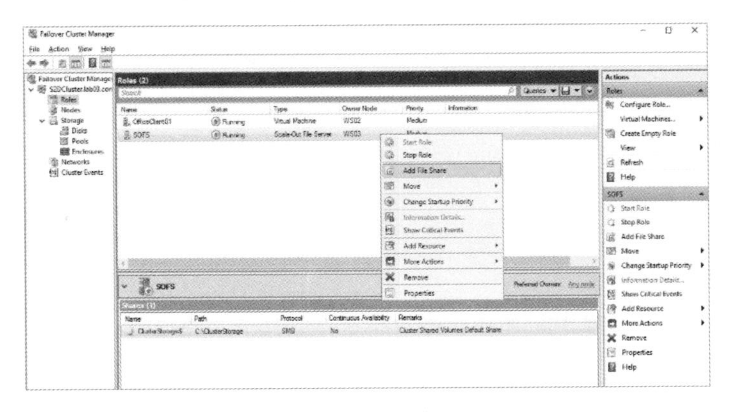

圖 17　角色功能選項

在如圖 18 所示的[Select Profile]頁面中，可以挑選檔案共用的設定類型，分別有 SMB 共用以及 NFS 共用的類型，其中光是 SMB 共用就有三種類型，前兩項 Quick 與 Advanced 都是使用在一般檔案伺服器的共用存取，而 Applications 類型則是適用在 Hyper-V，以及像是 SQL Server、Exchange Server 等應用系統。點選[Next]。

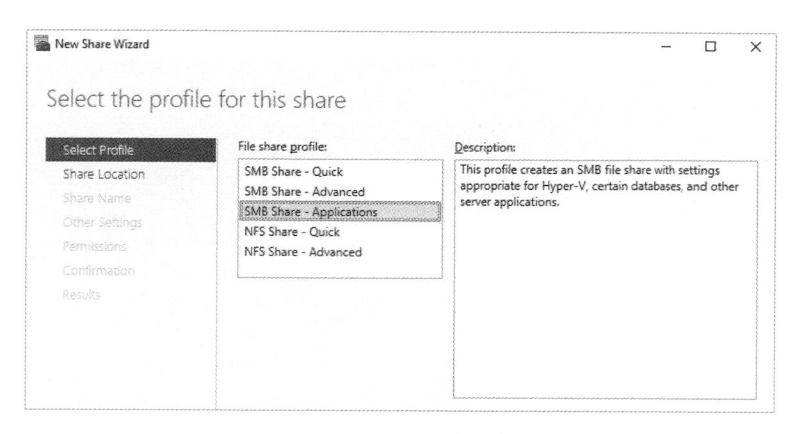

圖 18 選擇共用類型設定

在如圖 19 所示的[Share Location]頁面中，請採用預設的叢集共用儲存磁區即可，它的檔案系統類型即是 CSVFS，若有建立多個叢集共用儲存磁區，也可以透過點選自訂路徑的[Browse]按鈕來挑選。點選[Next]。

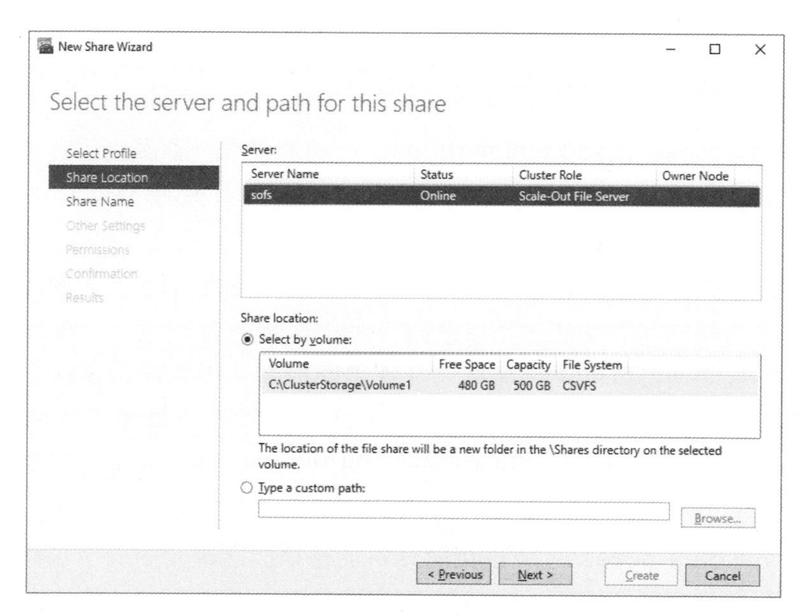

圖 19 選擇共用位置

在如圖 20 所示的[Share Name]頁面中，請輸入自訂的共用名稱，輸入完之後便可以看到實體的本機路徑，以及網路的 UNC 共用路徑。點選[Next]。

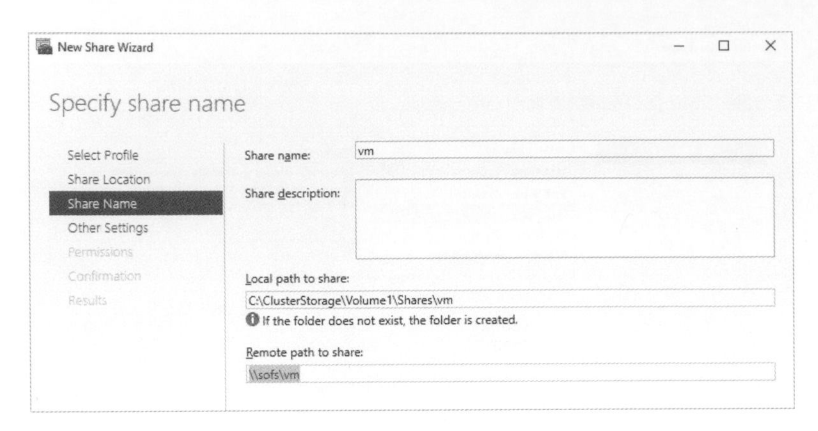

圖 20　共用名稱設定

在如圖 21 所示的[Other Settings]頁面中，可以自訂要使用的進階屬性設定，其中[Enable continuous availability]選項，便是給檔案共用的叢集架構所使用的，以便能夠在叢集檔案共用位址的擁有者節點發生故障時，迅速的由順位的另一部叢集節點主機接手服務。

至於其他功能選項分別說明如下：

- Enable access-based enumeration：此功能將唯一列舉使用者有權限存取的檔案與資料夾，若使用者沒有讀取資料夾的權限，則 Windows 將會自動隱藏此資料夾。
- Allow caching of share：啟用此功能可以讓傳統的檔案共用服務，提供檔案共用的離線存取功能，用以改善行動工作者的存取效率，讓他們可以對於在離線時所修改的文件檔案，在恢復與檔案共用的網路連線之後，自動完成檔案更新。進一步若有在此伺服器上安裝網路檔案的分散式快取角色，就可以勾選[Enable BranchCache on the file share]功能，以便讓檔案下載的效率大幅提升。
- Encrypt data access：當啟用此資料加密功能之後，對於遠端共用檔案的存取將被進行加密處理，有效避免一些未經授權的存取，將檔案資料下載或上傳至此共用資料夾之中，造成敏感資料的外洩。此外值得注意的是，如果此選項呈現已勾選且反白的狀態，便是表示已經由系統管理者，啟用了加密整部伺服器的功能了。點選[Next]。

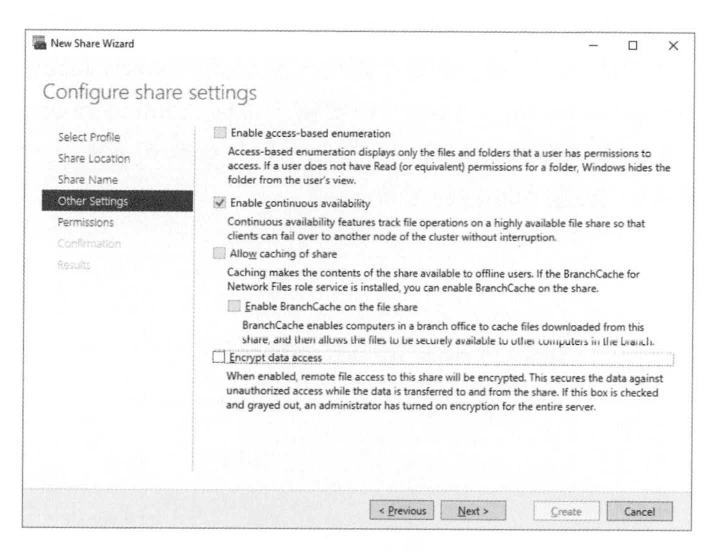

圖 21　其他設定

在如圖 22 所示的[Permissions]頁面中，可以看到系統預設所繼承的權限配置，然而實際上我們並不需要如此複雜的權限配置，請點選[Customize permissions]按鈕來修改。

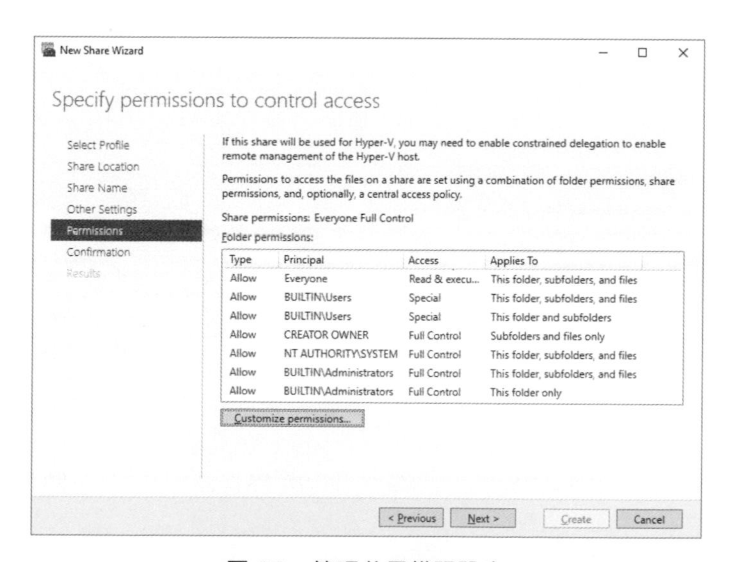

圖 22　管理共用權限設定

在進階權限的設定頁面中，請先點選[Disable inheritance]按鈕來中斷權限繼承設定，點選後將會出現如圖 23 所示的警示訊息，請點選[Convert inherited permission into explicit permission on this object]。只要留下本機 Administrators、SYSTEM 以及 CREATE OWNER 三個群組擁有完全控制（Full control）權限，其餘請一一點選[Remove]來移除，點選[Add]按鈕繼續。

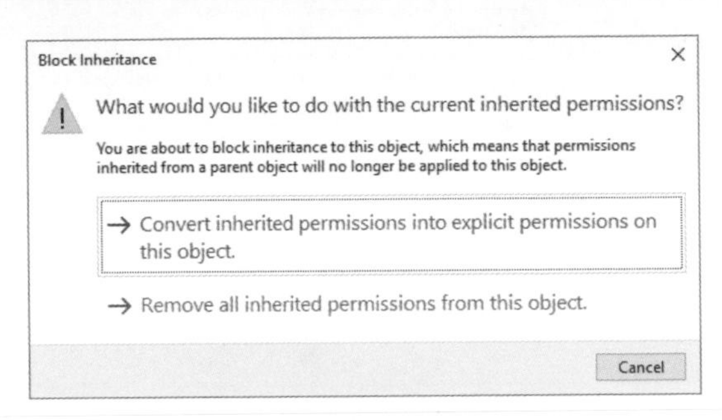

圖 23　中斷權限繼承警示

在如圖 24 所示的[Permission Entry]頁面中，請點選[Select a principal]連結，挑選第一部 S2D 叢集的成員伺服器，並且在[Basic permissions]區域中勾選[Full control]。點選[OK]。請重複此操作，直到完成所有 S2D 叢集成員伺服器的加入與設定為止。

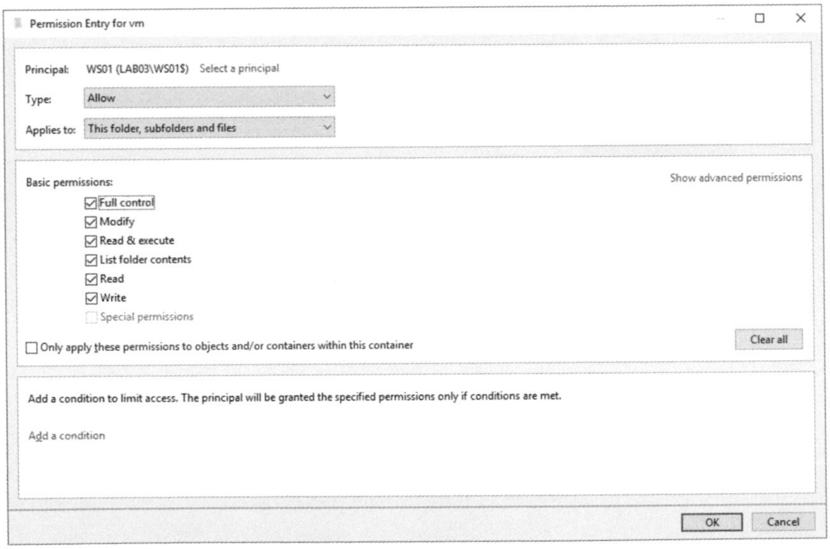

圖 24　權限設定

回到如圖 25 所示的進階安全設定頁面中，便可以看到我們所完成的權限設定。未來如果有加入新的主機至叢集中時，別忘了也必須回到此加入完整權限的授予。點選[OK]。

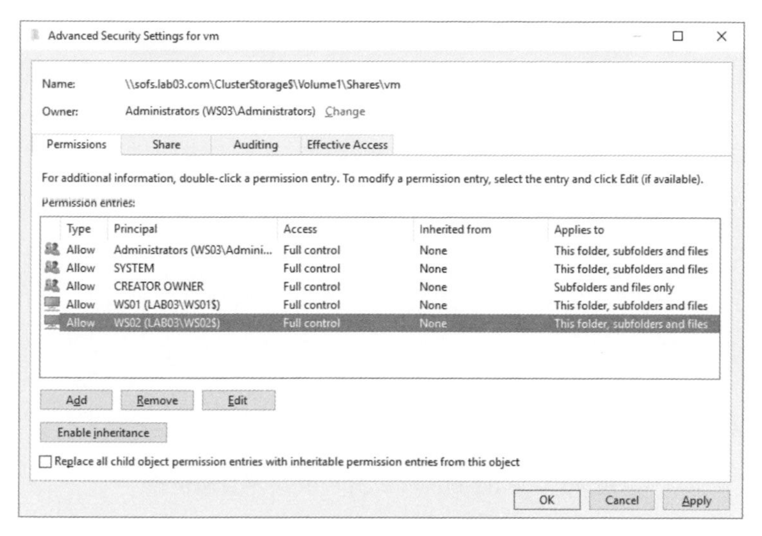

圖 25 修改後的權限清單

針對在 S2D 叢集下建立 SMB 共用的方式，也可以透過建立 PowerShell Scritpt 與執行來完成。例如你可以先下達 New-SmbShare -Name VM -Path C:\ClusterStorage\Volume1\Shares\VM -FullAccess Domain\HVAdmins, lab03\WS01$, lab03\WS02$, lab03\WS03$命令，來完成檔案共用的建立，最後再下達 Set-SmbPathAcl -Name VM 命令，來完成 ACL 權限的設定即可。其中 HVAdmins 便是自訂的 Hyper-V 伺服器，以及 S2D 叢集伺服器的管理員群組。

若是在 SMB 共用建立之後，才發現可能有權限設定方面的問題，可以透過下達 Get-SmbShareAccess -Name VM -Path C:\ClusterStorage\Volume1\Shares\VM 命令，來檢查檔案共用權限配置。在確認了權限配置確實有遺漏之後（假設少了 lab03\WS03$的權限賦予），可以下達 Grant-SmbShareAccess –Name VM –AccountName lab03\WS03$ -AccessRight Full 命令，來完成權限授予的設定。最後別忘了同樣得下達 Set-SmbPathAcl -Name VM 命令。

在[Confirmation]頁面中確認所有設定無誤後，便可以點選[Create]完成新增共用的設定。回到如圖 26 所示的[Roles]節點頁面中，可以看到剛剛在此 Scale-out File Server 角色上所建立的共用設定。未來如果需要檢視此共用設定屬性

（Properties），或是刪除此共用設定（Stop Sharing），可以選擇從[Actions]窗格中來完成，或透過在此設定項目上按下滑鼠右鍵來點選。

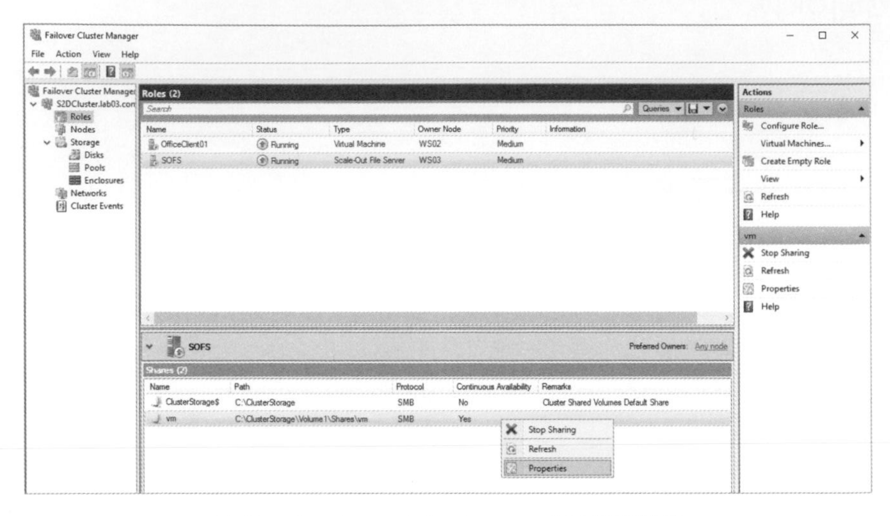

圖 26　Scale-out File Server 共用資訊檢視

完成了在 S2D 叢集上的 Scale-out File Server 共用資料夾建立之後，就可以嘗試回到前端 Hyper-V 伺服器上來建立虛擬機器。在如圖 27 所示的新增虛擬機器設定中，我們必須將虛擬機器的儲存位置，修改成 Scale-out File Server 共用資料夾的 UNC 路徑即可。

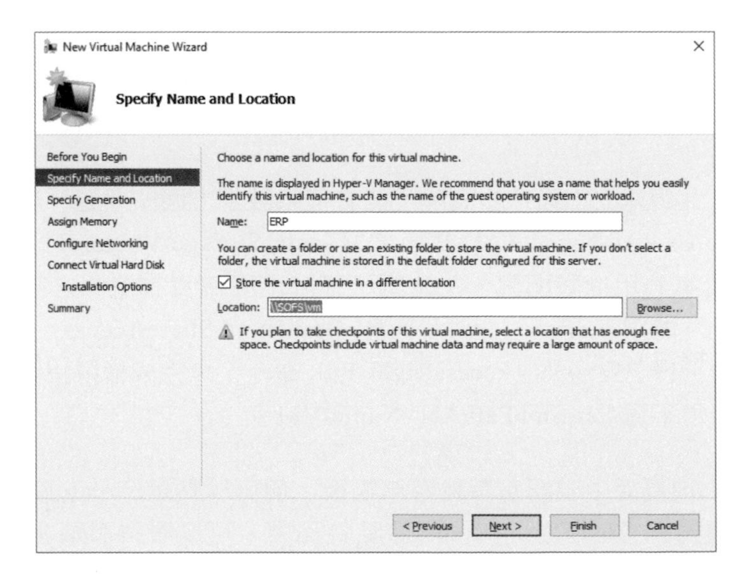

圖 27　新增虛擬機器

對於現行的虛擬機器，如果需要建立共用的虛擬硬碟，只要在編輯虛擬機器的頁面中，如圖 28 所示來新增 VHDS 格式的虛擬硬碟至 Scale-out File Server 共用資料夾下即可。必須注意的是你無法對於已共用的虛擬硬碟，在此編輯頁面中進行壓縮、轉換、擴充等動作。

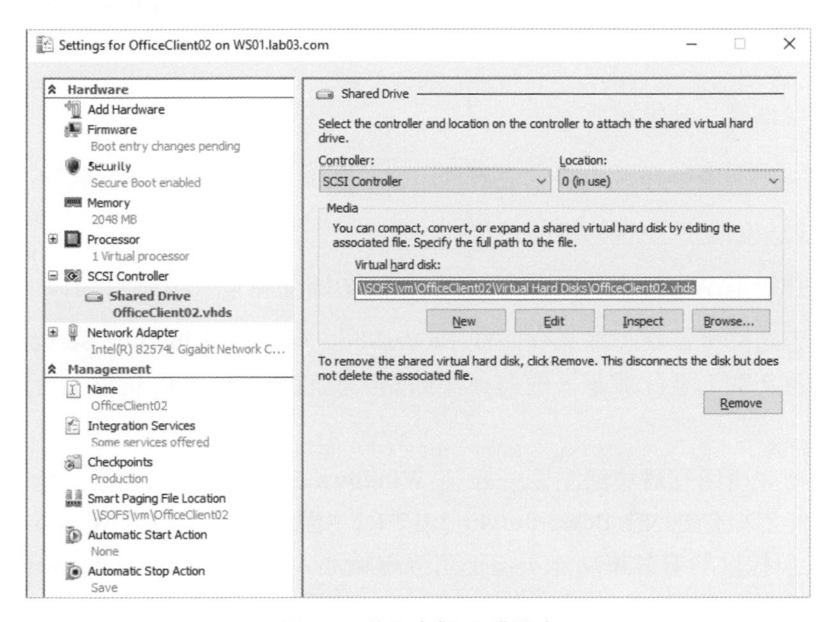

圖 28　共用虛擬硬碟設定

此外若你想要將現行運作於本機 Hyper-V 的虛擬機器硬碟檔案，改移動到 Scale-out File Server 的 SMB 共用位置來運作，可以透過以下 PowerShell 命令步驟來完成即可。

1. 請先下達 Get-VM VM1 | FT Name, Path, State 命令，來取得 VM1 虛擬機器的路徑與狀態資訊。
2. 在確定準備移轉的 VM1 虛擬機器在關機狀態時，請下達 Get-VMHardDiskDrive VM1 | FT VMName, Path 命令，來取得此 VM1 的虛擬硬碟路徑，並且確實是儲存在本機電腦之中。
3. 最後就可以下達 Move-VMStorage –VMName VM1 –DestinationStoragePath \\SOFS\VM 命令，來將此虛擬機器的所有虛擬硬碟檔案，移動至 Scale-out File Server 的 SMB 共用位置來繼續啟動並且恢復正常運作。

11.5 零停機升級現行叢集架構

當現行的 Windows Server 2012 R2 叢集架構，是 Hyper-V Cluster 或 Scale-Out File Server Cluster，皆能夠在不中斷叢集運行的情況下，以漸進式流程完成升級至 Windows Server 2016，並且開始享有新版作業系統的所有新穎功能，包括了 Hyper-V 與容錯移轉叢集。

以下是整個漸進式升級程序：

1. 將第一部準備要升級的叢集成員伺服器，進入暫停與維護模式狀態。
2. 將該叢集節點退出容錯移轉叢集。
3. 就地升級至 Windows Server 2016 並完成初始化設定。
4. 使用容錯移轉叢集管理員介面或 PowerShell， 將此 Windows Server 2016 伺服器重新加入至此叢集，成為叢集節點。此時叢集便處於新舊混合的運作模式下。
5. 在陸續完成所有叢集節點皆升級至 Windows Server 2016 之後，此時由於叢集功能等級仍為 Windows Server 2012 R2，因此仍無法使用 Windows Server 2016 所提供的新叢集功能，但仍可以繼續加入新的 Windows Server 2012 R2 叢集節點。
6. 完成叢集功能等級升級至 Windows Server 2016，只要執行 PowerShell 並搭配命令 Update-ClusterFunctionalLevel 的使用即可完成升級，例如你可以下達 Get-Cluster -Name S2DCluster.lab03.com | Update-ClusterFunctionalLevel 命令參數，其中 S2DCluster.lab03.com 便是你想要升級的叢集名稱。

   如此所有叢集節點便可以使用 2016 版本的所有新功能，但已無法加入舊版的 Windows Server 2012 R2 叢集節點，並且也無法回復成舊的功能等級版本。如何知道目前的叢集功能等級呢？

   很簡單！只要如圖 29 所示下達 Get-Cluster | Select ClusterFunctionalLevel 命令參數，即可得知目前叢集功能等級的版本，其中 9 表示為 Windows Server 2016 等級，如果是顯示為 8 則表示目前仍是 Windows Server 2012 R2 的等級。
7. 最後你可以在每一部正在運行虛擬機器的從集節點主機上，下達 Get-VM 命令來查看有哪一些虛擬機器的 Version 欄位，顯示為 6.2 的版本編號，即表示這一些虛擬機器的硬體版本，還處於 Windows Server 2012 R2 時期的版本，這時候你就可以安排這一些虛擬機器的正常停機後，透過 Update-VMVersion 命令，來其硬體版本升級成 7.1 即可。

如此一來才能夠真正使用新版虛擬機器上的新功能，像是結合第三方備份軟體的 RCT（Resilient Change Tracking）功能，便可以讓虛擬機器的備份與還原作業的處理更有效率。例如你準備升級的虛擬機器名稱為 VM01，請下達 Update-VMVersion –ComputerName VM01 即可。

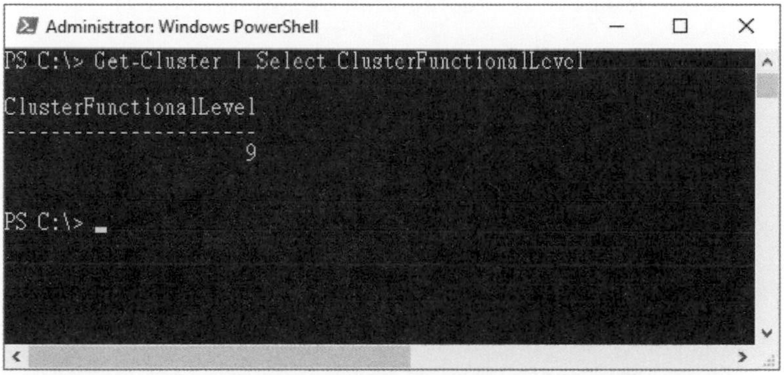

```
Administrator: Windows PowerShell
PS C:\> Get-Cluster | Select ClusterFunctionalLevel

ClusterFunctionalLevel
----------------------
                     9

PS C:\> _
```

圖 29　查詢叢集功能等級

藉由 Windows Server 2016 的四大利器：Storage Spaces Direct（S2D）、SMB 共用、ReFS 檔案系統與 Hyper-V 虛擬化平台，將可為企業 IT 環境打造兼顧投資成本與最大化虛擬化效益。

因為所有的關鍵控制，幾乎都是由軟體定義的技術來加以解決，不再需要像傳統的基礎規劃方式，得受到硬體規格與架構的牽制，才能設計出滿足應用服務運行的基礎，像是叢集的建置必須有相同的主機規格與共用的儲存設備，或是儲存的容量整合與容錯機制，得完全依賴儲存設備規格或選用授權功能的限制。

再者，Windows Server 2016 也是企業部署混合雲的最佳基礎，因為無論你在未來打算建立分散式應用系統，還是要建立異地備援或備分機制，它都可以完全緊密的與公有雲端的 Azure 服務進行整合，讓每一項現有或計畫中的 IT 服務，都能夠獲得前所有未有的效益展現。

第 12 章 Cluster 的升級與更新實戰

現今無論是哪一種作業系統或應用程式，只要議論到高可用性（HA, High Availability）這項 IT 專業名詞，在架構設計上十有八九都離不開叢集（Cluster）這項基礎。然而在過去以 Microsoft Windows Server 為基礎的叢集運作，只要有了升級需求的計劃，肯定會讓負責的 IT 人員非常擔憂，這是因為整個複雜的升級過程，除了充滿了不確定性的風險之外，還得犧牲掉假日的時間來安排停機的升級作業。

還好！目前有了可以讓你以漸進式的升級機制，將 Windows Server 2012 R2 的叢集，在不停止服務運作的情況之下，輕鬆升級至 Windows Server 2016 版本。

12.1 簡介

話說叢集的架構規劃與建置經驗，想想看身為資深 IT 工作者的你，最早是從哪一個版本的 Windows Server 開始接觸的呢？就筆者個人的經驗來說，應該是從 Window 2000 Server 版本開始的，在當時企業 IT 最常用來結合叢集的應用系統，就是 SQL Server 2000 以及 Exchange Server 2000。

可是就連一個最基礎的叢集服務建置就相當不容易，因為除了它相當挑剔伺服器主機的硬體規格之外，整個叢集組態的設定過程也相當複雜，直到了 Windows Server 2008 開始，這一些問題才有一個大幅度的改善。

換句話說，如果你第一次接觸 Windows Server Cluster 的建置，是在 Windows Server 2008 以後的版本，那麼肯定可以感受到它的整個建置過程是相當容易的，尤其是相較於 Linux 等異質系統的叢集建置，那更是不在話下。

到了 Windows Server 2012 R2 的容錯移轉叢集（Failover Clustering）開始，除了更加簡化叢集的建置與管理之外，還添加了許多與 Hyper-V 整合以及運行最佳化方面的新功能。

這包括了共用虛擬硬碟、主機停機時的線上虛擬機器自動移轉、虛擬機器網路健康偵測、部署已中斷連結 Active Directory 的叢集、建立動態見證、強制仲裁恢復功能、衝突的 50%節點分割功能、設定全域更新管理員模式、關閉叢集節點間通訊的 IPsec 加密以及提供叢集儀表板。

至於 Windows Server 2016 無論是管理介面設計或功能，由於皆是以 Windows Server 2012 R2 為基礎，因此對於已經接觸過 Windows Server 2012 R2 的 IT 工作者來說，可以很輕易的快速上手。

Windows Server 2016 究竟提供了哪一些新功能，值得我們將舊版的叢集架構進行升級呢？請參考如下：

- **儲存複寫（Storage Replica）：**全新以區塊等級（block-level）的儲存複寫技術，可以完全被實踐在新版叢集的架構之中，包括了 Stretch Cluster 與 Cluster to Cluster。其複寫方式還支援了同步複寫（Synchronous）與非同步複寫（Asynchronous），前者可確保零資料遺失的風險，後者則適合遠距離以及跨地理位置節點的部署需求，但會有部分資料遺失的風險。
- **雲端見證（Cloud Witness）：**過去我們可以指定叢集共用磁碟或是 SMB 共用資料夾，來做為儲存叢集仲裁（Quorum）記錄檔的位置，如今加入了以 Azure 服務為主雲端共用位置，有助於大型跨國叢集的部署設計。
- **強化虛擬機器恢復機制（Virtual Machine Resiliency）：**在這個版本中，已加入了對於虛擬機器恢復的等級以及恢復的彈性期功能設定，前者可以協助定義對於短時間發生失敗的處理方式，後者則是可以定義長時間處於獨立運作狀態下的允許條件與規則。
- **改善診斷叢集容錯移轉的功能：**想要更進階的診斷容錯移轉叢集的運作記錄，在這個版本中已經加入更完善的 Cluster Log 訊息，以及提供一個新的 Active memory dump 類型，讓管理人員可以抽絲剝繭的找出叢集運行時的細部問題，而不是僅透過傳統的事件記錄來進行檢測。

- **站台感知的容錯移轉機制（Site-aware Failover Clusters）**：若需要建立橫跨實體 Active Directory 站台，以及不同地理位置的容錯移轉叢集，從這個版本開始已經支援。
- **工作群組與多重網域的支援**：現在你除了可以將叢集下的每個節點伺服器，安裝在相同的網域中之外，也可以將它們分散部署在不同的網域，但位在相同的 Active Directory 樹系之中。更驚人的是即便在完全沒有網域的工作群組模式下，也能夠建立容錯移轉叢集。
- **虛擬機器負載平衡**：當虛擬機器部署於橫跨於擁有多個節點的叢集架構時，系統將可以根據 CPU 的負載狀況，將負載過重的主機之虛擬機器，自動透過 Live Migration 機制，移轉至負載較輕的叢集主機上繼續運行。
- **虛擬機器啓動順序設定**：虛擬機器在新版叢集的運行中，目前已經可以自訂啟動的順序，以便讓有相依關係的伺服器陣列架構，能夠先行啟動必須優先完成啟動虛擬機器（例如：網域控制站或是後端資料庫服務）。
- **簡化 SMB 多通道與多網路卡的叢集網路管理**：新版的容錯移轉叢集設計，不再侷限於單一網路卡所連接的網路，而是開始支援多 SMB 通道與多網路卡的叢集網路流量運行，讓架構在它之上的叢及應用系統，包括 Hyper-V、SQL Server 等 SMB 網路流量負載，能夠自訂所需要的叢集網路連接方式。

既然 Windows Server 2016 提供了這麼多新功能，來大副改善企業營運總部與分部的 IT 營運效能，那麼究竟要如何來快速進行建置與無痛升級呢？請繼續往下看吧！

12.2 叢集伺服器網路配置

無論是哪一種叢集系統的建置，最初的準備工作除了作業系統本身必須支援之外，後續準備整合於它的應用系統也必須支援才行。一旦確認上述兩項基礎條件皆符合之後，接下來就可以著手準備叢集架構中的兩項重要資源，分別是網路以及共用儲存區。

首先在網路的部分，如圖 1 所示我們至少需要讓每一部叢集節點的伺服器，都擁有兩個網路連線，一個提供給用戶端或應用系統端存取的網路入口，另一個則是僅供叢集內部通訊使用的叢集網路，在此筆者將它分別命名為 Public 與 Private。

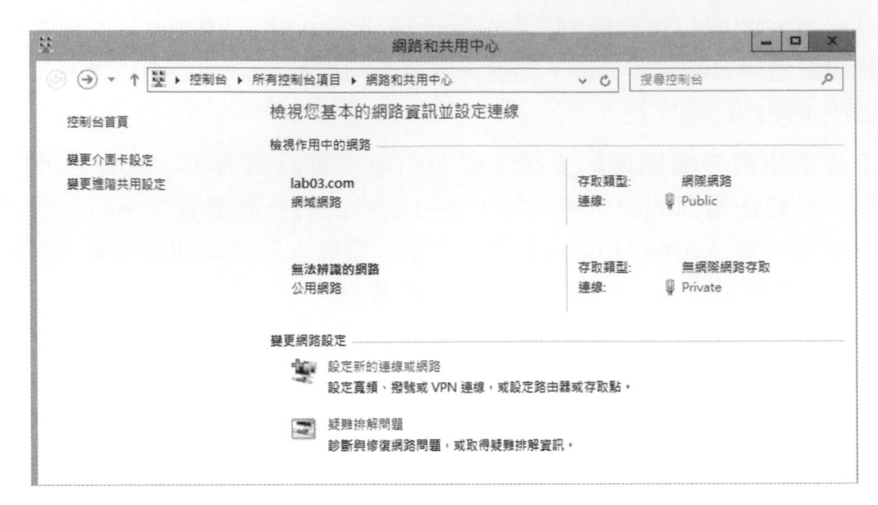

圖 1　網路和共用中心

接下來請如圖 2 所示點選開啟位在[網路連線]\[進階]下拉選單中的[進階設定]。必須注意的是想要讓上排功能表出現的方法，就是按下[Alt]鍵即可。

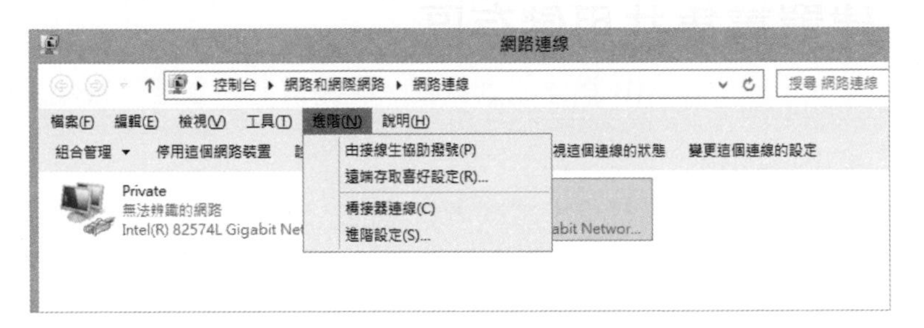

圖 2　網路連線管理

在如圖 3 所示的[進階設定]頁面中，請調整位在[連線]區域中的網路連線順序，由上而下分別是 Public、Private 以及遠端存取連線。如此設定可確保後續叢集進行驗證與建立時系統判斷的正確性。點選[確定]。

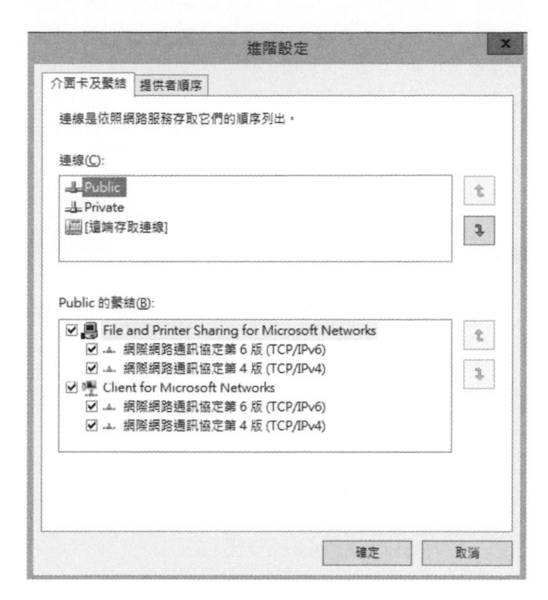

圖 3　進階設定

12.3 建置叢集共用儲存區

準備好了容錯移轉叢集所需要的網路連線之後，接下來要準備的就是給叢集中，所有節點伺服器存取的共用儲存區，而準備這個共用儲存區最簡單的作法，就是使用 iSCSI Target 結合 iSCSI Initiator，所組合而成的 IP SAN 架構最為理想。

而現今建立 iSCSI Target 共用儲存區的做法非常多，從開源到 Windows 平台的第三方應用程式都有，但筆者認為若要簡單又好管理的，選擇由 Windows Server 2016 內建的最為理想。

如圖 4 所示，你可以從[新增角色及功能]精靈的[伺服器角色]頁面中，展開[檔案和存放服務]\[檔案和 iSCSI 服務]之後，勾選[iSCSI 目標伺服器]並點選[下一步]完成安裝即可。

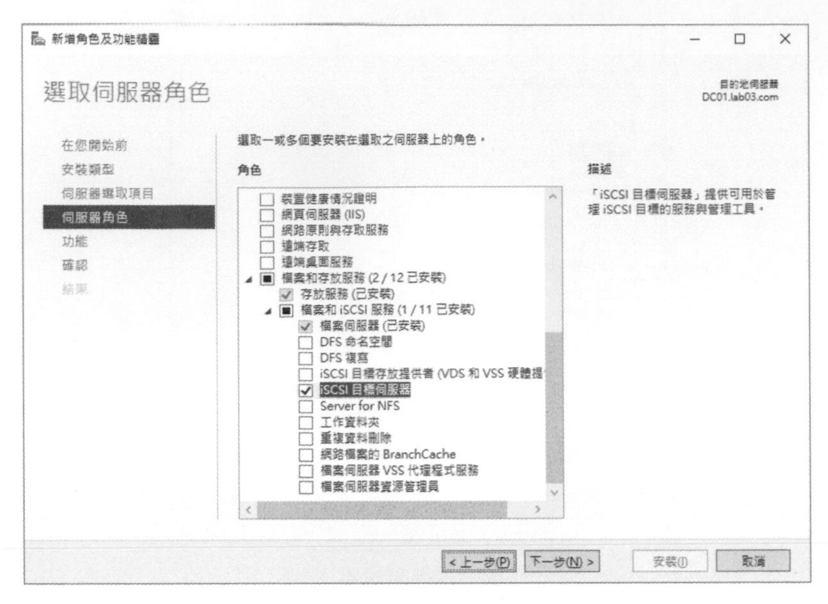

圖 4　選取伺服器角色

在完成 iSCSI 目標伺服器的安裝之後，我們就可以在[伺服器管理員]介面中，發現在[檔案和存放服務]的頁面中，多出了[iSCSI]這個選項頁面。如圖 5 所示在預設的狀態下並不會有任何的 iSCSI 磁碟與目標。請點選其中的超連結繼續。

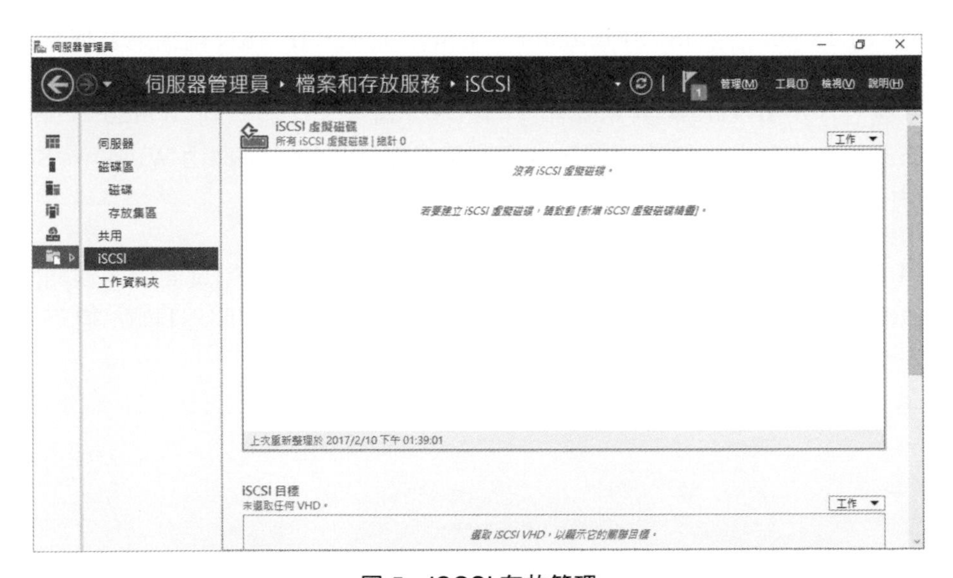

圖 5　iSCSI 存放管理

在如圖 6 所示的[iSCSI 虛擬磁碟位置]頁面中，請選擇準備用來存放共用儲存區虛擬硬碟的本機磁碟。一般來說，我們會將它指向至較快、大容量以及已擁有 RAID 陣列容錯能力的磁碟，而且不要是系統磁碟。點選[下一步]。

圖 6　選取 iSCSI 虛擬磁碟位置

在如圖 7 所示的[iSCSI 虛擬磁碟名稱]頁面中，請輸入一個唯一的識別名稱，此名稱將會自動成為虛擬硬碟的主檔名，而且預設路徑會是該磁碟根目錄下的 iSCSIVirtualDisks 資料夾。點選[下一步]。

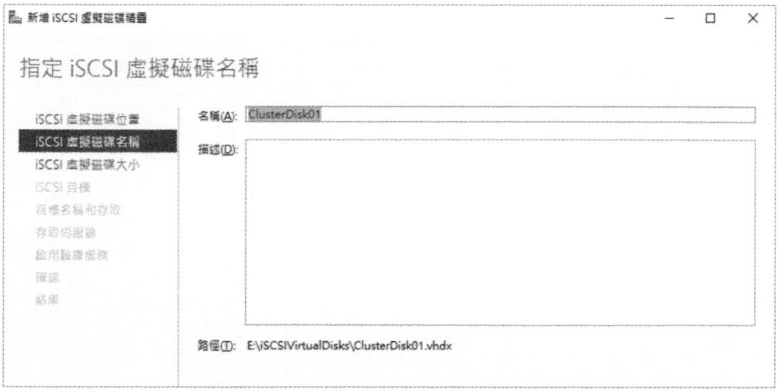

圖 7　指定 iSCSI 虛擬磁碟名稱

在如圖 8 所示的[iSCSI 虛擬磁碟大小]頁面中，除了可以自訂此共用儲存區虛擬硬碟的大小之外，還可以指定虛擬磁碟的類型，其中若想要獲得較好的 I/O 效能，請選擇[固定大小]。若想要獲得最大的可用空間請選擇[動態擴充]，也就是用多少就給多少空間的概念。至於差異虛擬磁碟的使用，因為目前還用不到此功能，我們留在之後再做說明。點選[下一步]。

圖 8 指定 iSCSI 虛擬磁碟大小

來到[iSCSI 目標]頁面中，首次的使用僅會有[新增 iSCSI 目標]的選項可以選擇。點選[下一步]後，在如圖 9 所示的[目標名稱和存取]的頁面中，請輸入新的 iSCSI 目標的名稱與描述。點選[下一步]。

新增 iSCSI 虛擬磁碟精靈

指定目標名稱

iSCSI 虛擬磁碟位置
iSCSI 虛擬磁碟名稱
iSCSI 虛擬磁碟大小
iSCSI 目標
目標名稱和存取
存取伺服器
啟用驗證服務
確認
結果

名稱(A): Target01
描述(D):

圖 9 指定目標名稱

在如圖 10 所示的[存取伺服器]頁面中，可以開始加入允許連線存取此共用儲存區的 iSCSI initiator，也就是後續叢集下的每一個節點伺服器，必須注意的是也唯有完成這一項設定，並確認指定的伺服器節點皆已經成功連線之後，後續的新叢集或建立才能夠順利完成。點選[新增]繼續。

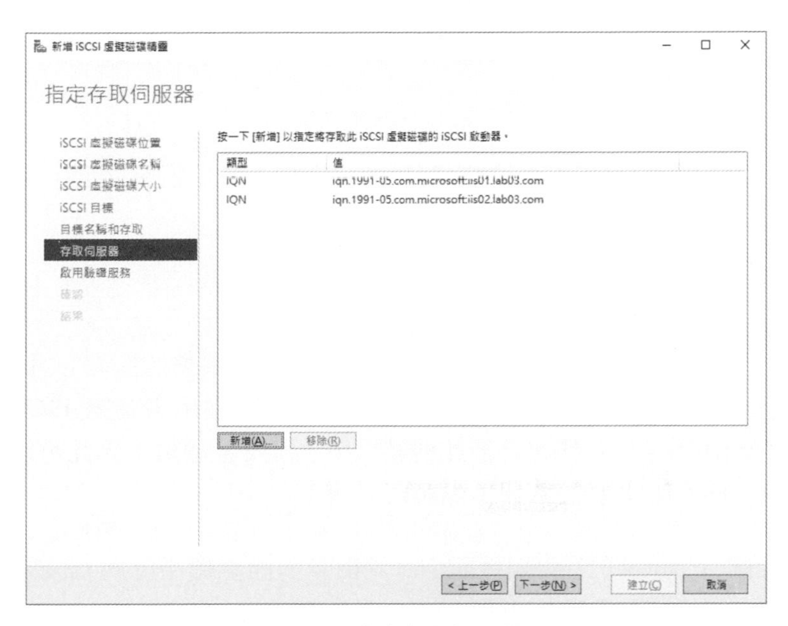

圖 10　指定存取伺服器

在如圖 11 所示的[選取識別啟動的方法]頁面中，提供了三種方式讓你可以加入 iSCSI initiator 端的授權，分別是透過瀏覽網域中的電腦、從目標伺服器上的啟動器快取以及手動輸入 iSCSI initiator 端的識別碼。

其中第二個選項之所以還無法選取，是因為我們是首次設定，往後只要再繼續新增其他的虛擬磁碟，便可以選擇快取中的選項。在此最簡單的做法就是直接瀏覽網域中的電腦來加入即可。點選[確定]。

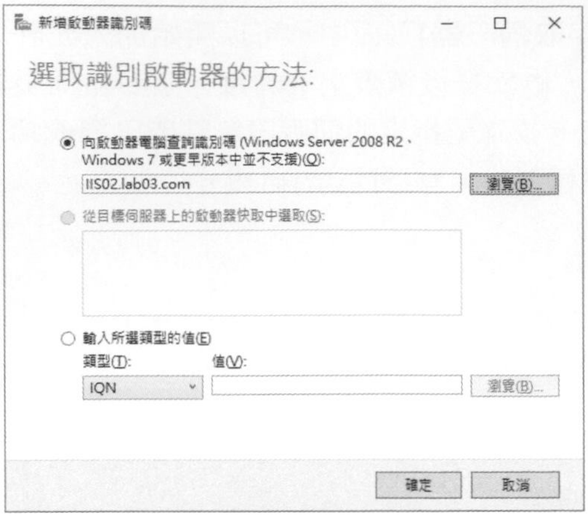

圖 11　新增啟動器識別碼

在一一加入了存取伺服器並點選[下一步]之後，在[啟用驗證服務]的頁面中，可以決定是否要啟用 CHAP 的驗證機制，也就是設定一組用來確認 iSCSI initiator 與 iSCSI Target 的身分資訊，讓彼此的連線多一層安全驗證，因此可以同時設定正向以及反向的 CHAP 驗證資訊。點選[下一步]。

最後來到如圖 12 所示的[確認]頁面中，請對於前面步驟中的所有設定進行最後確認，若沒有問題請點選[建立]即可。

圖 12　確認設定

一旦順利完成 iSCSI 虛擬磁碟的建立之後，便可以在[iSCSI]的頁面之中，看到剛剛所指定建立 iSCSI Target 與 iSCSI 虛擬磁碟。在此你可以繼續新增虛擬磁碟，並且決定附掛在新的 iSCSI Target 或是現有的 iSCSI Target，而每一個 iSCSI 虛擬磁碟皆可以看到它們各自所屬的 iSCSI Target，並且可以知道目前是否有被任何的 iSCSI initiator 連線中。

想要繼續新增更多的 iSCSI 虛擬磁碟，請從如圖 13 所示的[工作]下拉選單之中點選[新增 iSCSI 虛擬磁碟]繼續。

圖 13 現行 iSCSI 目標管理

關於繼續新增的 iSCSI 虛擬磁碟的設定過程，原則上和前面的操作講解是一樣的，唯一需要特別注意的就是在如圖 14 所示的[iSCSI 目標]頁面中，如果你打算要讓後續的叢集節點伺服器，在連線同一個 iSCSI Target 時，能夠自動附掛第二個 iSCSI 虛擬磁碟，例如你可能打算用它來做為叢集的見證磁碟，則請選取現有的 iSCSI 伺服器即可。

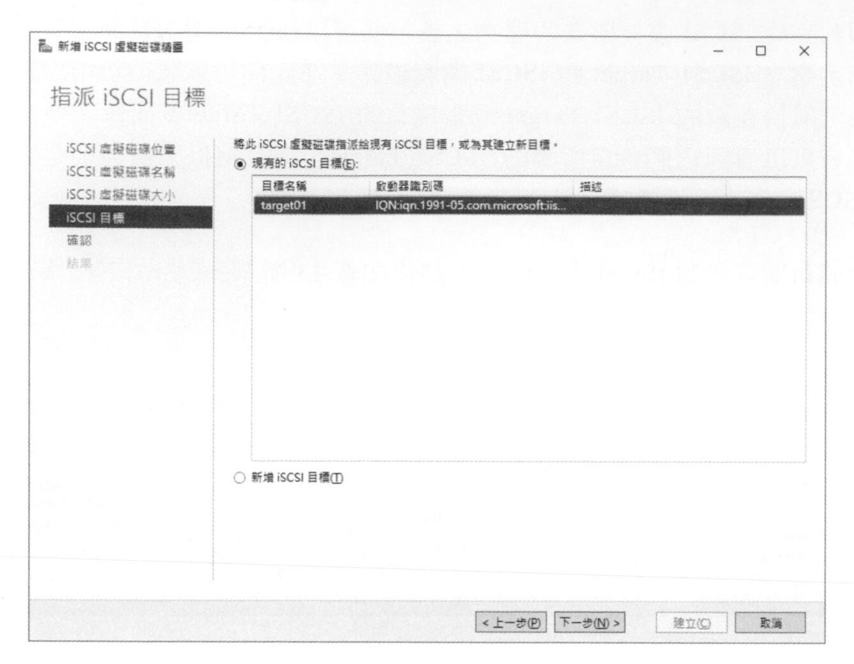

圖 14　指派目標

完成了 iSCSI Target 端的 iSCSI 虛擬磁碟準備之後，接下來就得到每一部準備連線的叢集節點伺服器，進行 iSCSI initiator 的連線設定。請在如圖 15 所示的[控制台]頁面中，點選開啟[iSCSI 啟動器]繼續。

圖 15　控制台

緊接著將會出現一個自動啟動 Microsoft iSCSI 服務的提示訊息，請點選[是]繼續。在開啟如圖 16 所示的[iSCSI 啟動器]內容頁面之後，請直接在[目標]的欄位之中輸入 iSCSI Target 主機的 IP 位址或 FQDN，點選[快速連線]按鈕。若能夠成功連線將會出現確認的提示訊息，並且在[探索到的目標]區域中，出現此 iSCSI Target 已經連線的狀態。

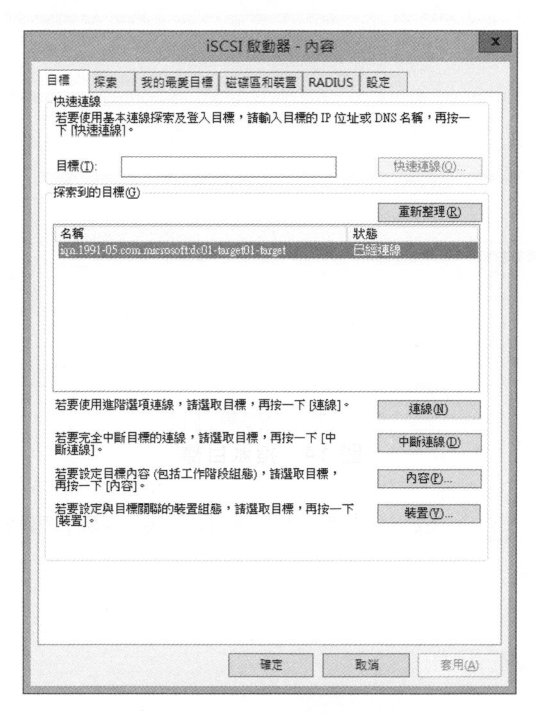

圖 16 iSCSI 啟動器內容

對於已經以 iSCSI initiator 成功連線的伺服器，就可以開啟如圖 17 所示的[磁碟管理]介面，來連線所有要連線的 iSCSI 虛擬磁碟。完成連線之後再設定初始化，其中 MBR 與 GPT 是一個關鍵性的選擇，筆者強烈建議選擇 GPT 格式，主要原因除了它支援 2TB 以上的磁碟分割區之外，目前有許多的應用技術也需要 GPT 格式才能運行，其中 Storage Replica 在叢集架構中，就是必要條件之一。完成初始化設定之後，就可以在該磁碟的滑鼠右鍵選單中，執行[新增簡單磁碟區]。

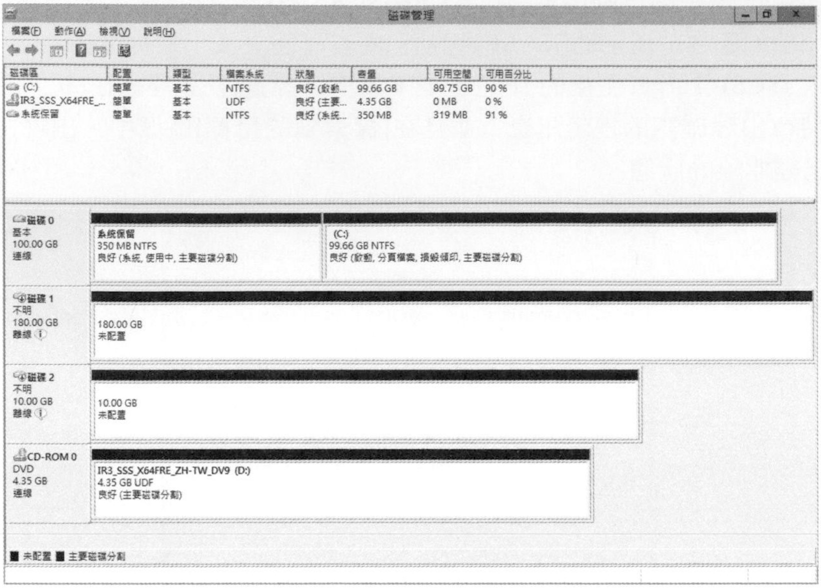

圖 17 磁碟管理員

開啟[新增簡單磁碟區]精靈之後，首先設定磁碟代號，在此必須注意的是後續對於每一部 iSCSI initiator 伺服器的設定，皆必須相同才可以。點選[下一步]。在如圖 18 所示的[磁碟分割格式化]的頁面中，請勾選[執行快速格式化]並設定磁碟區標籤，其他採用預設值設定即可。點選[下一步]完成設定。請繼續重複上述操作在每一個準備加入叢集中的磁碟。

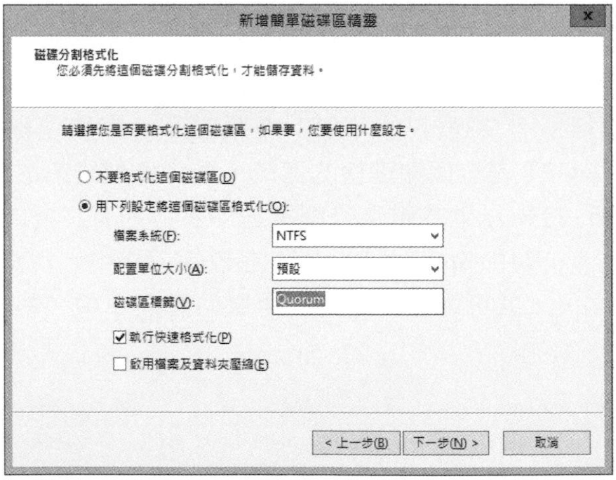

圖 18 新增簡單磁碟區

12.4 新舊叢集伺服器的混合運行

新版 Windows Server 2016 的容錯移轉叢集管理員，其介面操作方式與舊版的 Windows Server 2012 R2 相差無異，因此在建立一個新叢集的操作講解上，筆者將以 Windows Server 2012 R2 為例，主要目的在於先產生一個舊版叢集的架構，並且將以 IIS 網站來做為叢集容錯移轉的應用程式。

等到確認一切運行正常之後，將加入 Windows Server 2016 伺服器於舊叢集的架構之中，再回到新版[容錯移轉叢集管理員]，並完成新版本叢集持續可用性的全面升級。請如圖 19 所示在[動作]窗格中點選[驗證設定]繼續。

圖 19 容錯移轉叢集管理員

在如圖 20 所示的[選取伺服器或叢集]頁面中，可以直接點選[瀏覽]按鈕，來加入已準備好要成為叢集節點伺服器的主機。點選[下一步]。

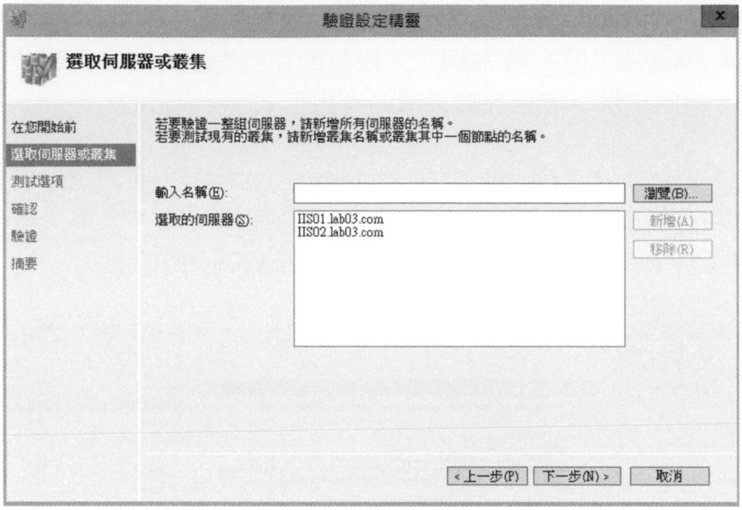

圖 20　選取伺服器或叢集

在如圖 21 所示的[測試選項]頁面中，可以選擇執行所有測試或是僅執行我選取的測試，在此建議選擇前者，至於後者則較適用一些進階的架構需求，像是整合 Storage Replica 或是新舊混合的叢集架構中。點選[下一步]。

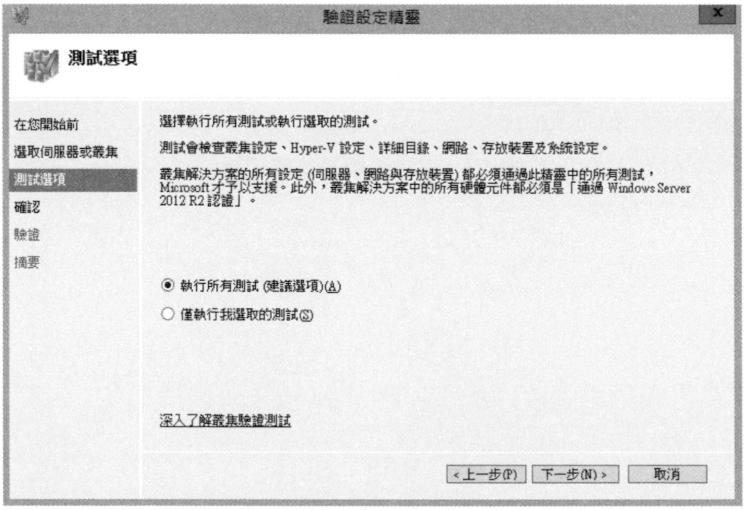

圖 21　測試選項

在[確認]的頁面中確定前面步驟的各項設定無誤之後，點選[下一步]即可開始執行驗證作業。一旦全部通過驗證，將會類似如圖 22 所示的顯示結果，內容中不會有任何警示或錯誤提示訊息。若有發生警示或錯誤，可進一步點選[檢視報告]來查看發生的原因。勾選[立即使用經過驗證的節點來建立叢集]並點選[完成]繼續。

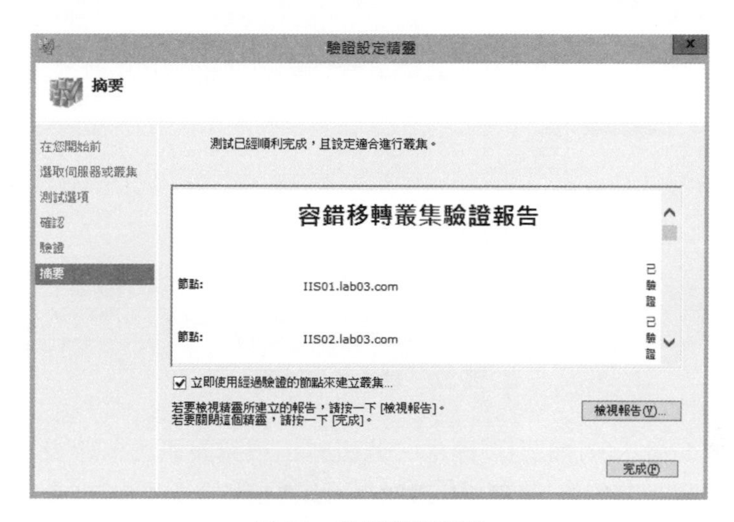

圖 22　驗證摘要資訊

開啟建立叢集精靈之後，只要在如圖 23 所示的[用於管理叢集的存取點]頁面中，輸入新叢集的名稱以及對應的 IP 位址，其中名稱的輸入不得超過 15 個字元，因為這是 NetBIOS 的限制。點選[下一步]。

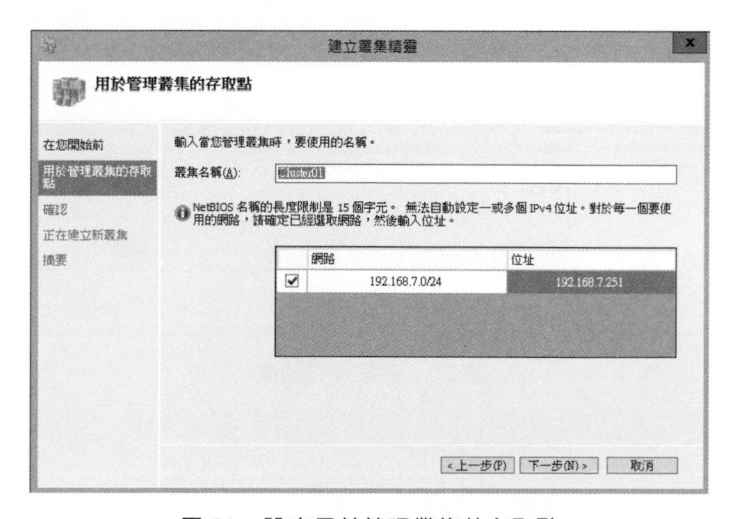

圖 23　設定用於管理叢集的存取點

在如圖 24 所示的[確認]頁面中，請確認各項設定值是否正確，確認無誤之後建議可以勾選[新增適合的儲存裝置到叢集]設定。點選[下一步]。

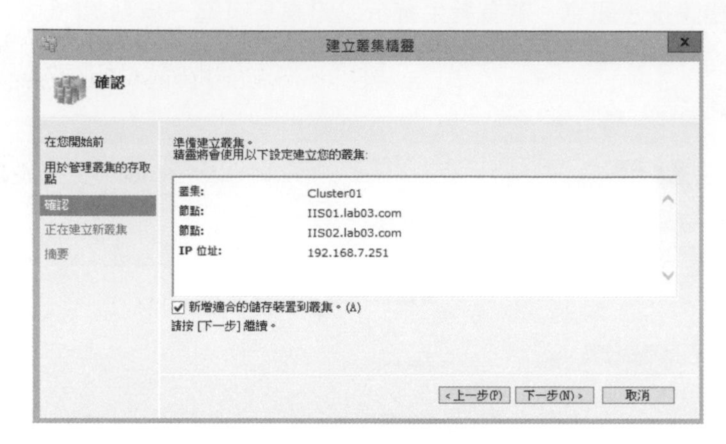

圖 24　建立叢集精靈

最後在如圖 25 所示的[摘要]頁面中，若沒有出現錯誤訊息，即表示成功建立叢集。若是有出現相關的警示或錯誤訊息，可以點選[檢視報告]來查看完整的報告敘述。點選[完成]。

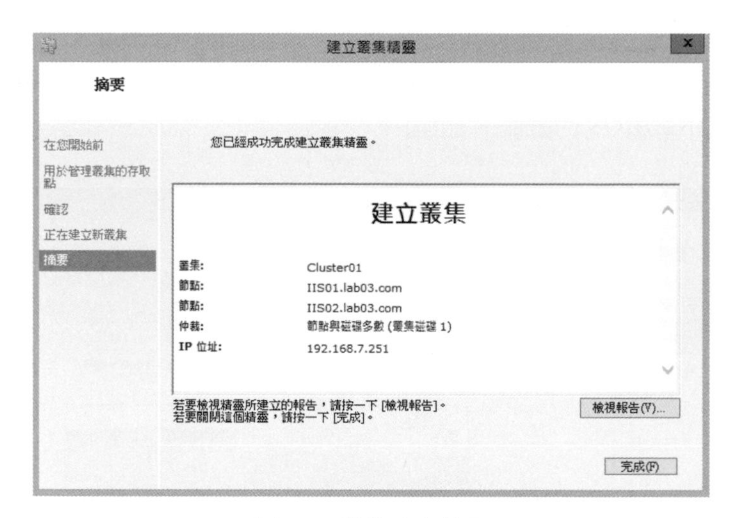

圖 25　叢集建立摘要

回到[容錯移轉叢集管理員]介面的首頁之後，就可以檢視現行叢集的清單以及相對節點的數量統計。進一步點選至[節點]頁面，則可以看到每一個節點的執行狀態，必要時還可以隨時加入新的叢集節點。在如圖 26 所示的[存放裝置]\[磁碟]頁面中，可以看見目前已自動加入的叢集磁碟清單，以及它們各自的用途、狀態、擁有者節點、容量等資訊。

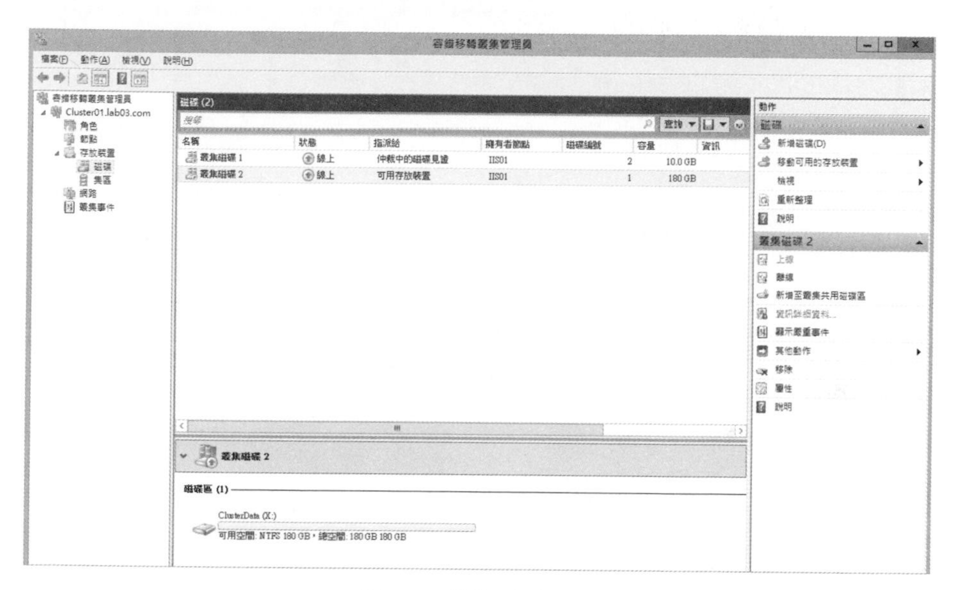

圖 26　叢集磁碟管理

完成了容錯移轉叢集的基本建置之後，接下來我們可以結合一個應用系統，來試試它容錯移轉的能力，例如你可選擇設定檔案伺服器角色、Hyper-V 或是 SQL Server 等等，在此使用 IIS 網站來進行測試。

確認已經在每一個叢集節點上安裝了 IIS 角色之後，就可以將 IIS 的預設首頁程式複製到叢集磁碟的路徑下（例如：X:\Web）。開啟 IIS 管理員介面，並且在預設的網站節點中，如圖 27 所示點選位在[動作]窗格中的[進階設定]連結繼續。

圖 27　IIS 管理員

在如圖 28 所示的[進階設定]頁面中，請修改實體路徑至叢集磁碟的 IIS 網站資料夾，且必須在每一個叢集節點的 IIS 中完成相同設定。

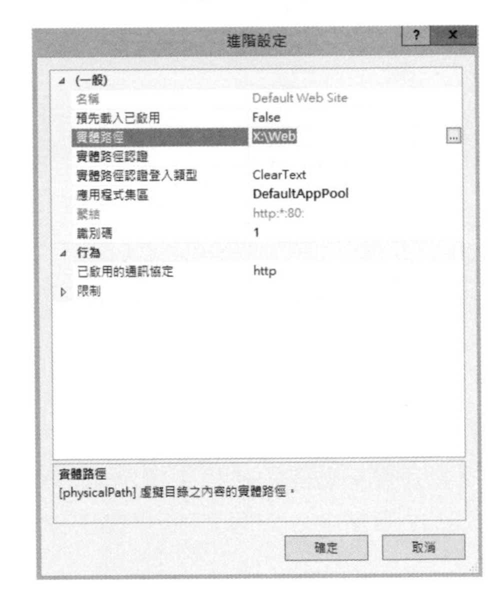

圖 28　IIS 網站進階設定

接下來請透過用戶端的網頁瀏覽器，確定目前叢集的 IIS 網站是可以進行連線，以本範例來說就是 http://cluster01.lab03.com。確認可以正常連線之後，再將目前叢集磁碟的擁有者節點伺服器進行關機。如圖 29 所示便可以發現筆者的其中一部叢集節點伺服器，已呈現[非執行中]的狀態。

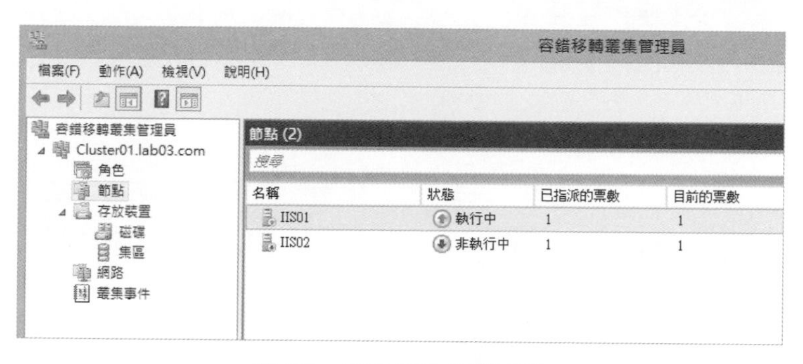

圖 29　叢集節點停機測試

確認已將擁有者節點的伺服器停機之後，接下來就是再同樣開啟網頁瀏覽器，來測試叢集的 IIS 網站，是否有像如圖 30 所示一樣回應了預設的 IIS 首頁。

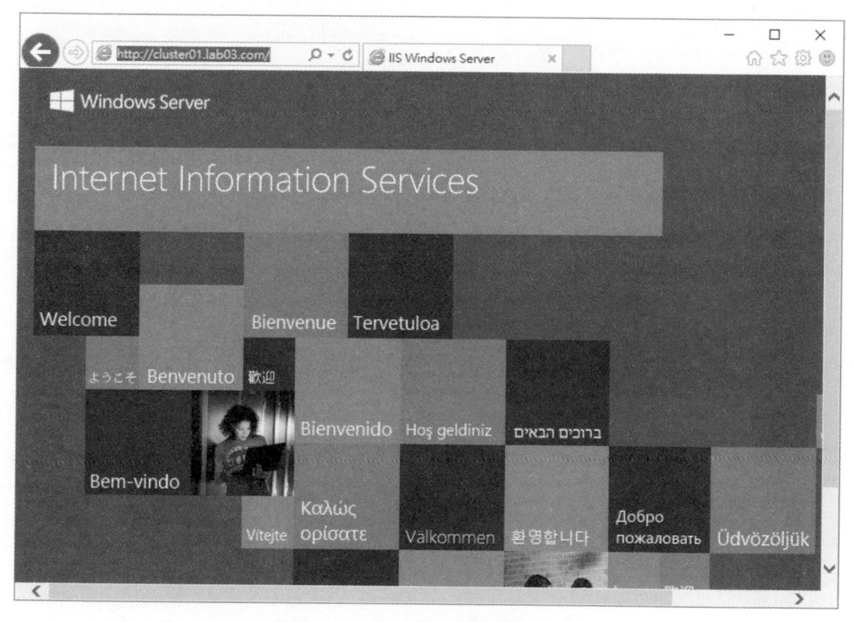

圖 30　IIS 網站叢集容錯測試

一旦確認了目前擁有兩部伺服器節點的 Windows Server 2012 R2 叢集運作正常之後，接下來就要加入第三部的伺服器節點，不過這回要安裝的是 Windows Server 2016 版本。如圖 31 所示請在此主機上新增[容錯移轉叢集]的功能安裝。

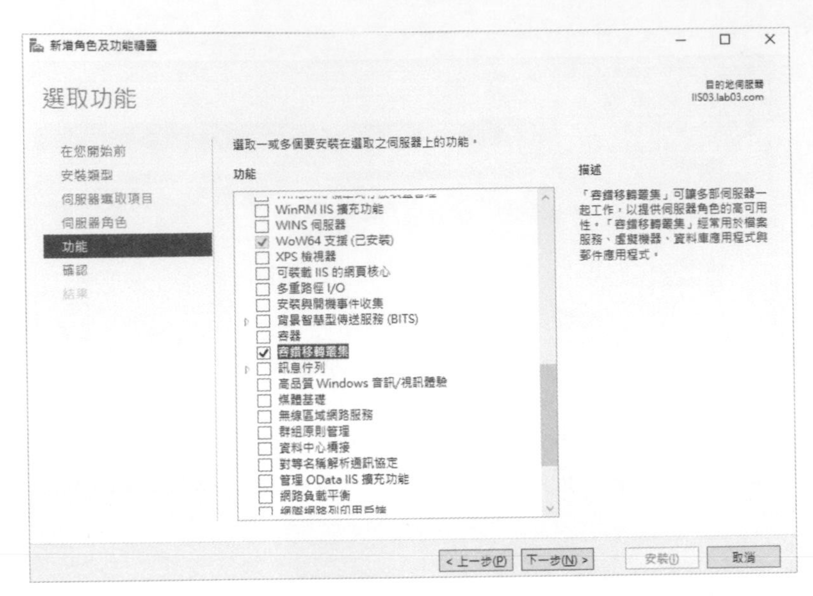

圖 31　新增 Windows Server 2016 功能

完成容錯移轉叢集的功能安裝之後，還必須到[控制台]中開啟[iSCSI 啟動器]，完成前面所講解過的 iSCSI Target 連線，完成叢集磁碟代號的設定。接著請回到[容錯移轉叢集管理員]介面，點選至[節點]頁面並點選位在[動作]窗格中的[新增節點]。

如圖 32 所示請在開啟的[選取伺服器]頁面中，點選[瀏覽]按鈕來加入第三部新的 Windows Server 2016 伺服器。點選[下一步]。在[驗證警告]的頁面中，請選擇不想執行驗證測試即可。

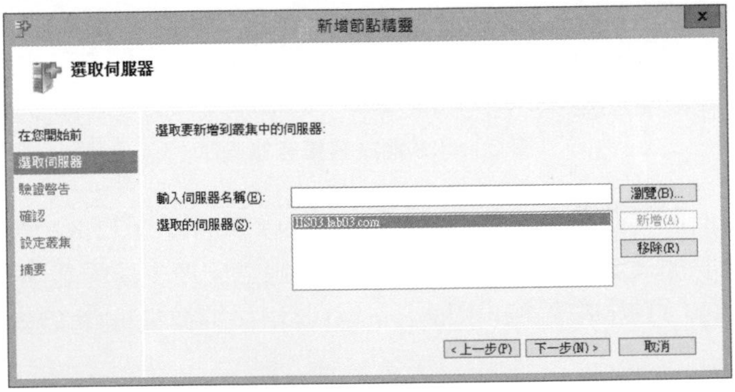

圖 32　新增節點精靈

除了上述做法之外，你若是選擇透過[驗證設定]來進行新叢集節點的新增會如何呢？首先在[測試選項]的頁面中，請選取[執行所有測試]。接著在如圖 33 所示的[檢視存放裝置狀態]頁面中，請勾選現行的所有叢集磁碟，必須注意的是如果已經是某些叢集角色使用中的叢集共用磁碟區，請先暫時停止這一些角色。點選[下一步]直到完成測試。

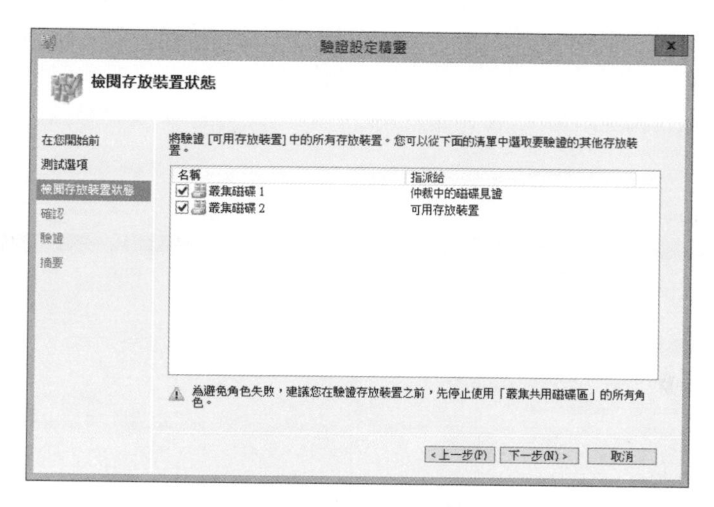

圖 33　檢視存放裝置狀態

如圖 34 所示在完成測試的[摘要]頁面中，你一定會看到出現了[驗證作業系統版本]的失敗訊息，可點選[檢視報告]按鈕，查看更完整的驗證報告內容。

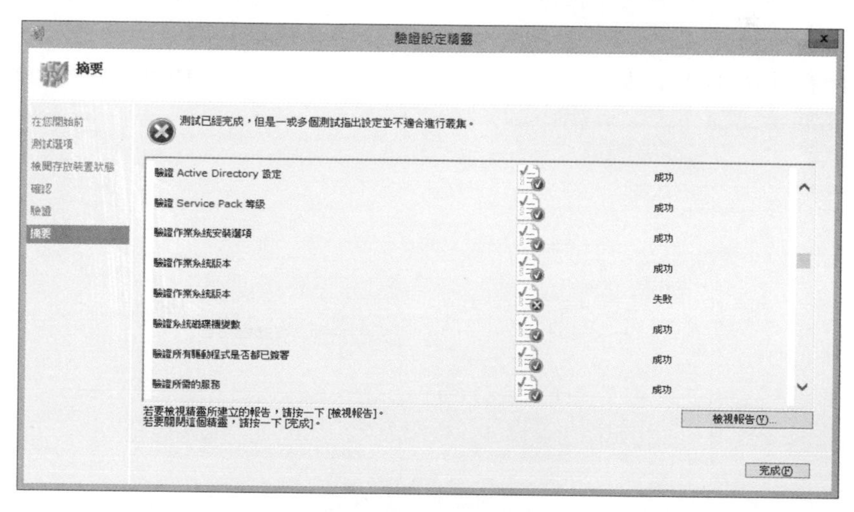

圖 34　驗證摘要資訊

開啟檢視報告的網頁內容之後，請再點選[驗證作業系統版本]的超連結，如圖 35 所示便會看到我們所準備的 Windows Server 2016 標準版，與現行的兩部 Windows Server 2012 R2 伺服器版本不一致，理論上在這種情況下，運作上肯定會有問題，不過由於 Windows Server 2016 已支援與舊版 Windows Server 2012 R2 的混合式叢集架構，只是對於一些新版叢集才有的功能無法使用而已。

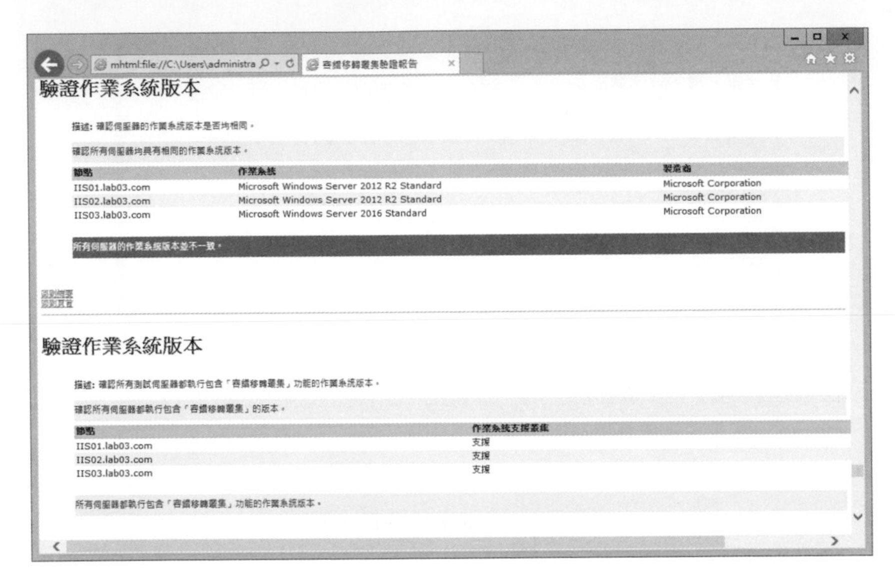

圖 35　檢視報告

在我們省略驗證叢集中的測試之後，便可以成功加入 Windows Server 2016 的叢集節點（IIS03）。如圖 36 所示便是正處於混合式架構的容錯移轉叢集，後續我們必須將叢集中的 Windows Server 2012 R2 伺服器節點（IIS01 與 IIS02），以及叢集功能等級通通逐一升級成最新的版本。

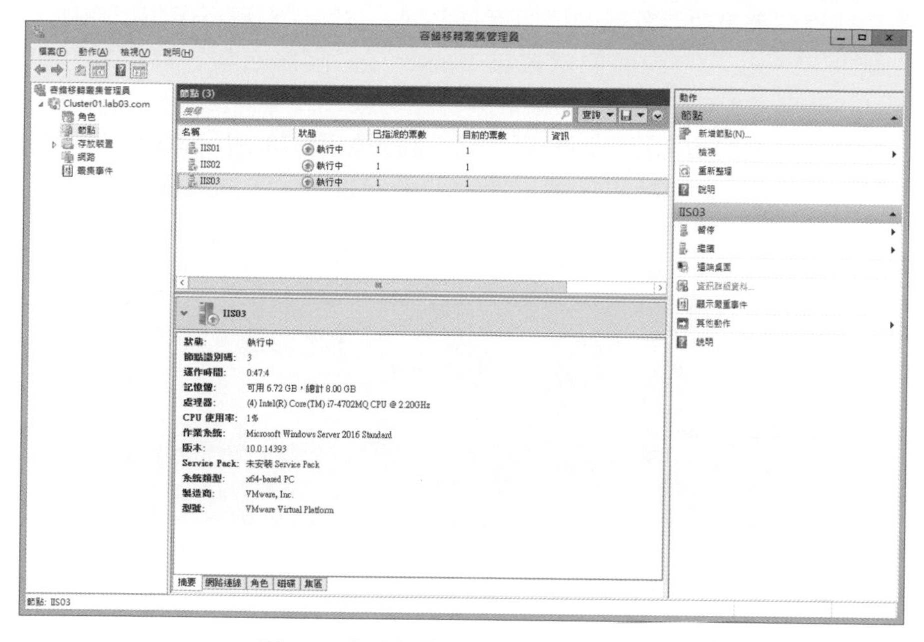

圖 36 完成新舊版叢集主機混合運行

還記得我們在舊版 Windows Server 2012 R2 的叢集架構中，將兩部叢集主機的 IIS 網站應用程式路徑指向了 X:\Web。如今新增了第三部的 Windows Server 2016 IIS 叢集主機，為了讓這個新主機也能夠容錯 IIS 網站的運行，因此除了需要安裝 IIS 伺服器角色之外，還得在叢集的資料磁碟管理中，設定好正確的磁碟代號。

如圖 37 所示點選位在[移動可用的存放裝置]選單中的[選取節點]，將它指定切換到這部新的 IIS 叢集主機。最後在同樣完成網站應用程式路徑的變更（X:\Web），並且在透過網頁瀏覽器測試後沒有問題即可。

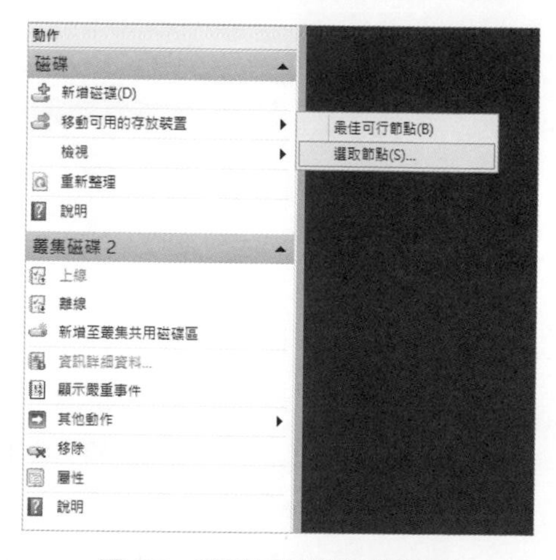

圖 37 移動可用的存放裝置

前面筆者有提到叢集功能等級的這個專有名詞，它關係到現行叢集運作所能夠發揮的功能程度，也就是說即便當叢集中的所有伺服器節點，都已經升級到了 Windows Server 2016，若沒有升級叢集功能等級，一樣無法順利執行這一些新功能。因此在我們開始進行全面升級之前，請先如圖 38 所示執行 Get-Cluster | Select ClusterFunctionalLevel 命令，來看看升級前的叢集功能等級為何。

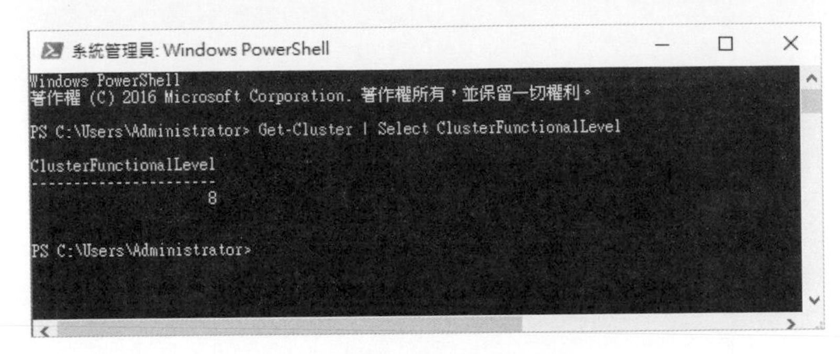

圖 38　現行叢集功能等級資訊

12.5　完成叢集升級作業

在確認新版的 Windows Server 2016 節點（IIS03）已經加入叢集之後，接下來我們就要陸續完成兩個舊版 Windows Server 2012 R2 節點（IIS01 與 IIS02）的升級，如圖 39 所示在此筆者先針對 IIS02 進行升級，請在選取之後按下滑鼠右鍵點選[暫停]\[清空角色]。執行後該節點將會進入[已暫停]狀態。

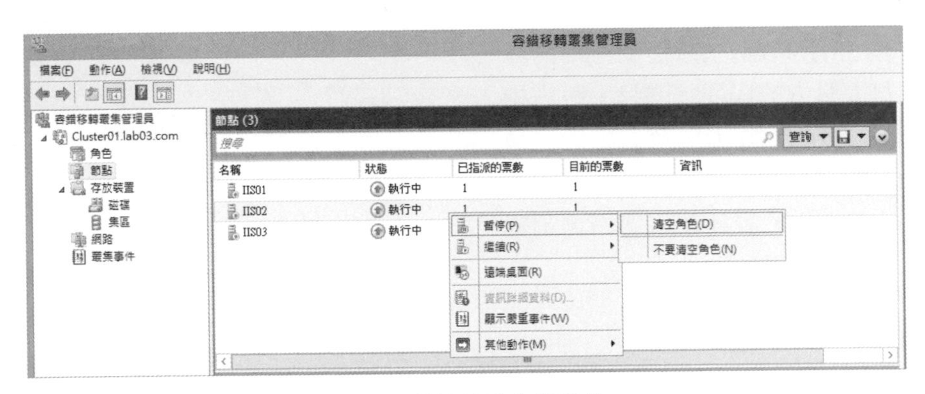

圖 39　叢集節點右鍵動作

緊接著請同樣針對此節點，如圖 40 所示按下滑鼠右鍵點選[其他動作]\[撤出]。在確認撤出之後，該節點（IIS02）便會消失在此節點頁面之中，我們必須等到將它的作業系統升級之後，再重新加入此叢集即可。

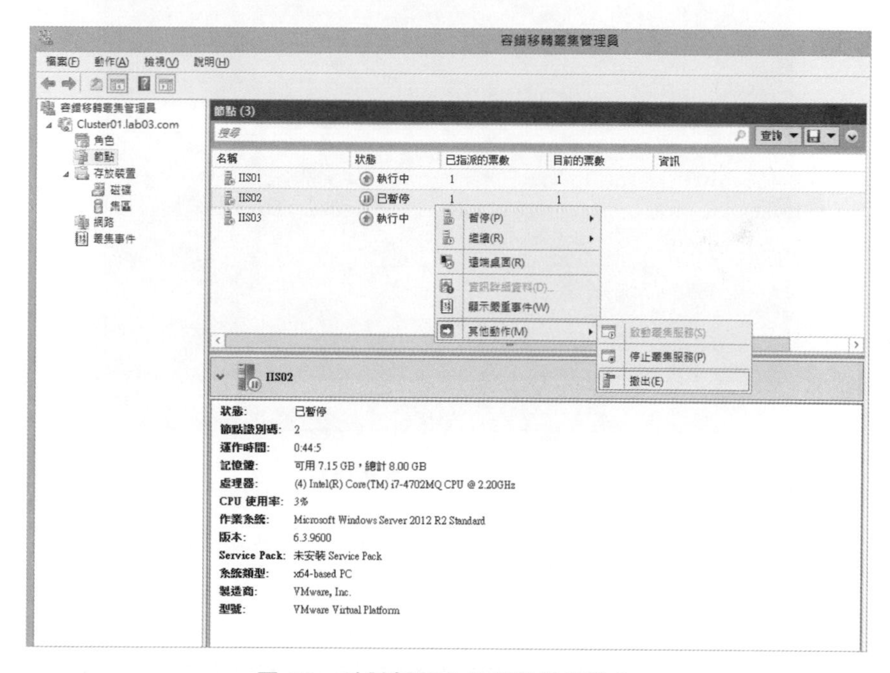

圖 40　針對暫停中的節點執行動作

接下來請將 Windows Server 2016 的安裝映像檔，完成在舊版節點的掛載並執行安裝程式。開啟後首先在[取得重要]更新的頁面中，最好能夠勾選[下載並安裝更新]，而在[選擇要保留的項目]頁面中，請選取[保留個人檔案與 App]，最後在點選[下一步]的過程中，可能會出現如圖 41 所示的提示訊息，請點選[確認]來開始完成就地升級作業。

請注意！Windows Server 2016 同樣有 Standard 與 Datacenter 版本之分，而叢集中的伺服器節點也必須採用相同的版本類型，如此才能共同運行所支援的功能。

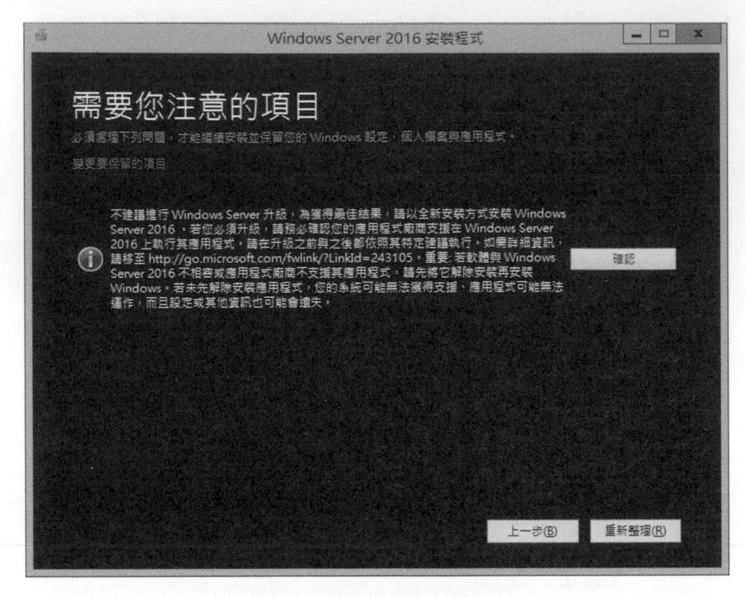

圖 41　執行就地升級作業

在完成舊版叢集節點作業系統的升級之後，就可以透過[新增節點]的方式來重新加入原有的叢集。一旦叢集中的所有節點都是 Windows Server 2016 之後，我們就可以像圖 42 所示，改用 Windows Server 2016 版本的[容錯移轉叢集管理員]介面，連線管理此叢集。請在按下滑鼠右鍵後點選[連線到叢集]繼續。

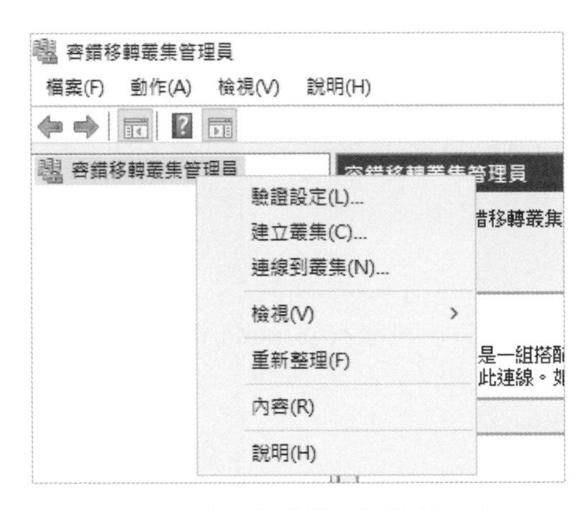

圖 42　新版容錯移轉叢集管理員

在如圖 43 所示的[選取叢集]頁面中，請輸入原有叢集的完整名稱並按下確定即可。

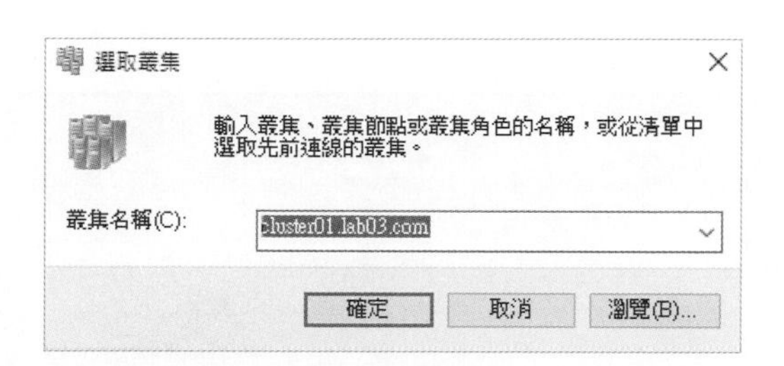

圖 43 連線到叢集

如圖 44 所示便是成功完成叢集中，所有節點升級的新版管理介面範例，乍看之下似乎和前一版的介面設計沒什麼兩樣，但其實這裡面有一些細微的功能操作與設計，是在新版架構中才會出現的。

圖 44 恢復完整叢集主機架構

為了讓所有升級上來的叢集都能夠使用新版叢集功能，最後就讓我們依圖 45 所示執行 Update-ClusterFunctionalLevel 命令，來完成叢集功能等級的升級。成功

升級後會發現當再次執行 Get-Cluster | Select ClusterFunctionalLevel 命令時，其功能等級已經由 8 更新為 9，這表示我們已經完成了此叢集的完整升級作業。

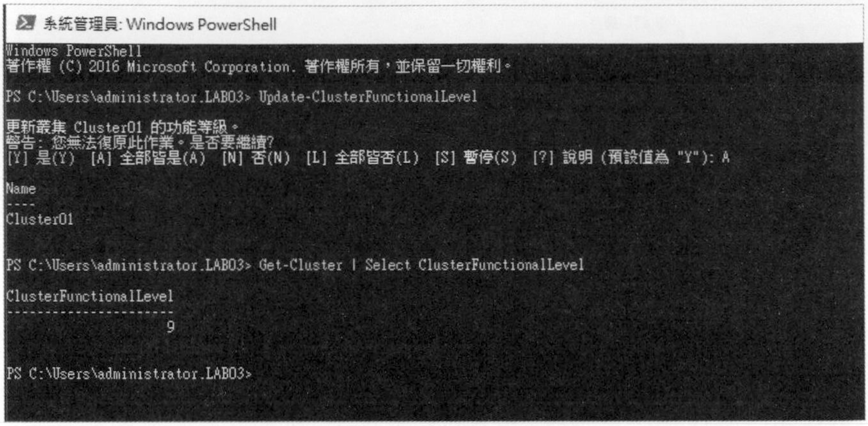

```
系統管理員: Windows PowerShell
Windows PowerShell
著作權 (C) 2016 Microsoft Corporation. 著作權所有，並保留一切權利。

PS C:\Users\administrator.LAB03> Update-ClusterFunctionalLevel

更新叢集 Cluster01 的功能等級。
警告: 您無法復原此作業。是否要繼續?
[Y] 是(Y)  [A] 全部皆是(A)  [N] 否(N)  [L] 全部皆否(L)  [S] 暫停(S)  [?] 說明 (預設值為 "Y"): A

Name
----
Cluster01

PS C:\Users\administrator.LAB03> Get-Cluster | Select ClusterFunctionalLevel

ClusterFunctionalLevel
----------------------
                     9

PS C:\Users\administrator.LAB03>
```

圖 45　完成叢集功能等級升級

12.6　叢集主機自動化更新管理

叢集的運行和一般 Windows Server 的主機一樣，也必須經常下載與安裝 Windows 更新，以確保系統本身的安全性以及現行功能的改善，只不過以往我們必須自行手動，將正在擁有者節點執行中的角色或虛擬機器，先遷移至其他可用節點，等到完成更新之後再進行交換。

然而當叢集伺服器的節點與角色相當多時，這項管理作業的做法就會變得非常沒有效率。為此從 Windows Server 2012 版本開始，便提供了一項名為 CAU（Cluster-Aware Updating）的新功能，也就是讓整個叢集的節點伺服器，透過預先設定好的排程等條件，全自動進行輪替的更新作業。

而此功能也在 Windows Server 2016 中完成了一些改良設計。你只要從[伺服器管理員]介面中，點選[感知叢集更新]即可。如圖 46 所示開啟後請輸入所要管理的容錯移轉叢集的完整名稱。成功連線之後點選[設定叢集自行更新選項]繼續。

圖 46　叢集感知更新

在如圖 47 所示的[指定自行更新排程]頁面中，便是可以自訂自行更新的頻率，以每月設定為例，你可以先設定正式啟動的日期，再選擇要在當日執行的時間，最後再決定當週的日次，以及當月日期的發生次數即可。點選[下一步]。

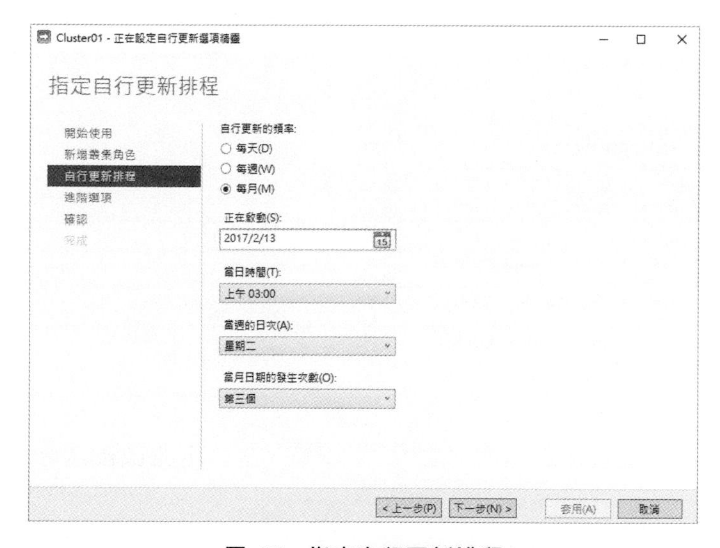

圖 47　指定自行更新排程

在[進階選項]的頁面中，原則上是不需要進行修改，除非你希望系統能夠在遭遇特殊狀況時進行特別的處理。舉例來說，如果你想要求所有伺服器節點，必須皆在線上狀態時，才可以進行 Windows Update 作業，此時你就必須勾選[RequireAllNodesOnline]選項。點選[下一步]。

在如圖 48 所示的[其他選項]頁面中，建議你勾選[依照接收重要更新的方式提供建議的更新]設定，以便獲得最完整的更新。點選[下一步]至[確認]的頁面中，點選[套用]完成設定。

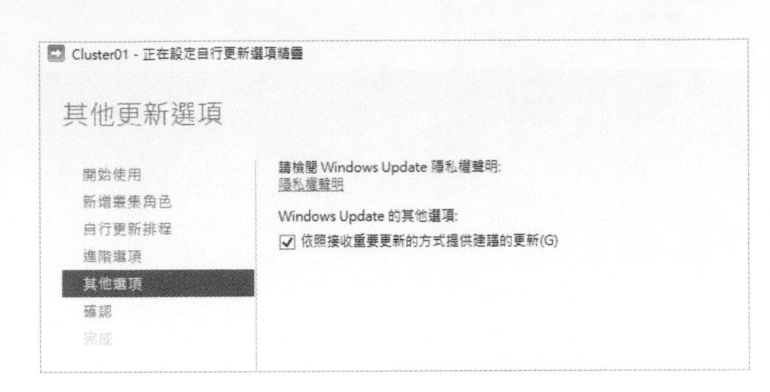

圖 48　其他選項設定

接下來我會建議你執行一下[分析叢集更新整備]，以便可以在如圖 49 所示的分析結果中，查看是否有無法正常運行叢集感知更新的伺服器節點。在此範例的分析結果中，有出現一個關於 Proxy 設定的警示訊息，其實這只有在網路內有強制要求使用 Proxy 連線時，才需要為每一個伺服器節點設定 Proxy 組態，而設定的方式必須透過 netsh winhttp set proxy 相關命令參數，在沒有 Proxy 連線要求的網路中，此警示是可以忽略掉的。

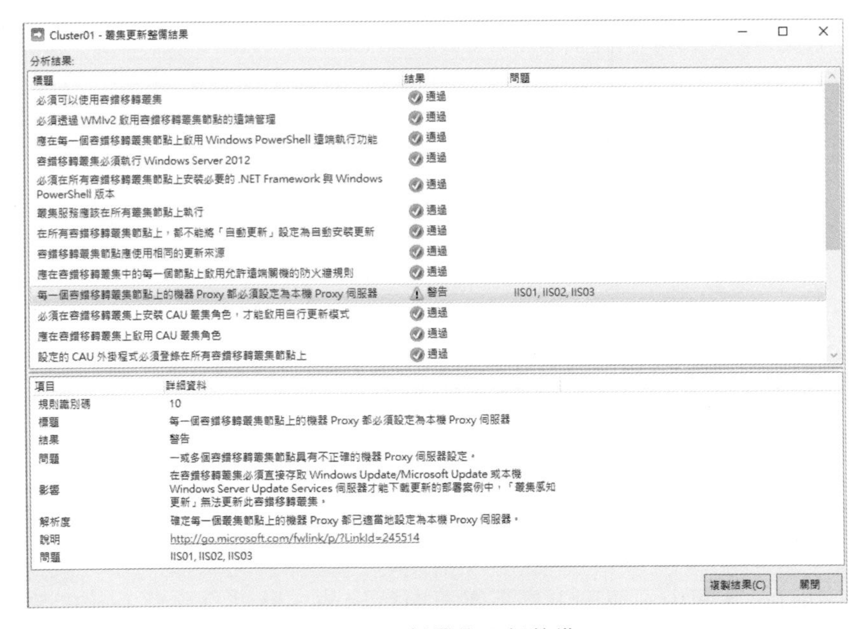

圖 49　分析叢集更新整備

在確認了叢集更新整備的分析結果無誤之後，就可以立即手動進行叢集感知更新測試。請先點選[預覽此叢集的更新]按鈕，如圖 50 所示來預覽準備需要進行的伺服器節點與更新項目清單。點選[產生更新預覽清單]繼續。

圖 50 預覽此叢集的更新

緊接著請點選[套用更新至此叢集]，來開啟如圖 51 所示的更新叢集確認頁面。點選[更新]。

圖 51 套用更新至此叢集

接下來我們將可以在主頁面中，如圖 52 所示看到每個叢集節點即時的更新狀態，此外還能夠進一步檢視到進行更新中的記錄檔，以及上次的叢集更新摘要之內容，若發生節點伺服器更新失敗，也能夠清楚查看到的失敗的原因與時間點。

圖 52　立即更新作業中

對於叢集各節點伺服器所完成的更新，你想要知道的可能不只是更新成功與否，而是想要更進一步知道所更新的項目，究竟為系統解決了哪一些 BUG 或是安全性方面的問題。為此你只要點選[產生過去更新執行的報告]，來開啟如圖 53 所示的設定頁面，就可以根據你選擇的日期與更新選項，來點選[產生報告]的按鈕並進行報告的匯出。

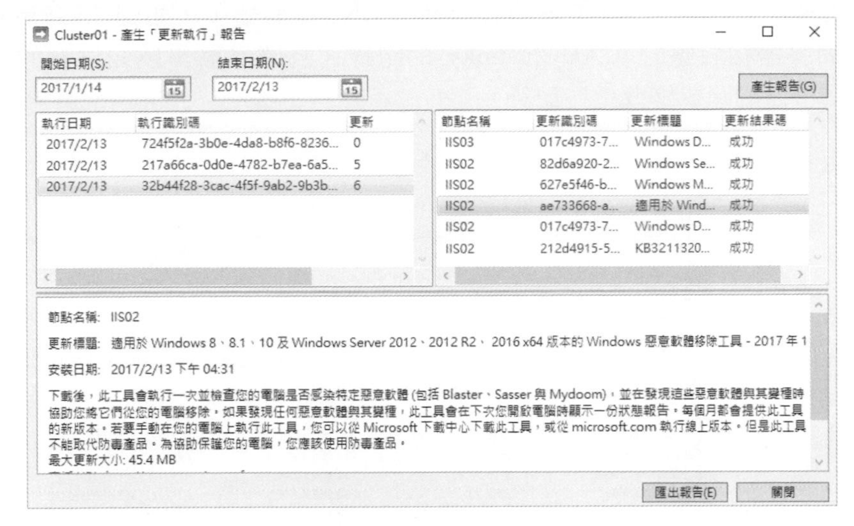

圖 53　產生更新執行報告

如圖 54 所示便是一個典型的更新執行報告範例，在此我們可以知道每一個節點所成功更新的項目標題，以及查看到完整的更新描述。

C:\Users\administrator.LAB03\Documents\UpdateReports.htm　叢集更新執行報告

節點名稱	結果	更新識別碼	更新標題	更新時間戳記	更新描述	錯誤碼
IIS01	已成功	82d6a920-2963-4e6b-822f-003dcfeb0257	Windows Server 2016 x64 系統的累積更新 (KB3213986)	2017/2/13 下午 02:58:26	現在已經證實 Microsoft 軟體產品中有一個安全性問題，可能會影響您的系統。您可以安裝此 Microsoft 更新來保護您的系統。如需此更新包含的完整問題清單，請參閱相關的 Microsoft 知識庫文章。安裝此更新後，您可能必須重新啟動系統。 最大更新大小: 949 MB 支援 URL: http://support.microsoft.com/kb/3213986 嚴重性: Moderate 需要重新啟動: 可能	0
IIS01	已成功	627e5f46-bbe2-49b2-8e29-8def7cef47f0	Windows Malicious Software Removal Tool for Windows Insider Preview and Server Technical Preview x64 - January 2017 (KB890830)	2017/2/13 下午 02:59:04	After the download, this tool runs one time to check your computer for infection by specific, prevalent malicious software (including Blaster, Sasser, and Mydoom) and helps remove any infection that is found. If an infection is found, the tool will display a status report the next time that you start your computer. A new version of the tool will be offered every month. If you want to manually run the tool on your computer, you can download a copy from the Microsoft Download Center, or you can run an online version from microsoft.com. This tool is not a replacement for an antivirus product. To help protect your computer, you should use an antivirus product. 最大更新大小: 45.4 MB 支援 URL: http://support.microsoft.com 嚴重性: 不適用 需要重新啟動: 可能	0
IIS01	已成功	ae733668-af62-4061-9e01-a68409c70a58	適用於 Windows 8、8.1、10 及 Windows Server 2012、2012 R2、2016 x64 版本的 Windows 惡意軟體移除工具 - 2017 年 1 月 (KB890830)	2017/2/13 下午 02:59:31	下載後，此工具會執行一次並檢查您的電腦是否感染特定惡意軟體 (包括 Blaster、Sasser 與 Mydoom)，並在發現這些惡意軟體與其變種時協助您將它們從您的電腦移除。如果發現任何惡意軟體與其變種，此工具會在下次您開啟電腦時顯示一份狀態報告。每個月都會提供此工具的新版本。若要手動在您的電腦上執行此工具，您可以從 Microsoft 下載中心下載此工具，或從 microsoft.com 執行線上版本。但是此工具不能取代防毒產品。為協助保護您的電腦，您應該使用防毒產品。 最大更新大小: 45.4 MB 支援 URL: http://support.microsoft.com 嚴重性: 不適用 需要重新啟動: 可能	0

圖 54　匯出報告範例

關於叢集感知更新的執行，系統將會自動在 DNS 伺服器中，如圖 55 所示建立每個節點伺服器相對應的 CAUClustmky 的記錄，為確保叢集感知更新的運行正常，請勿擅自刪除或修改這些記錄。

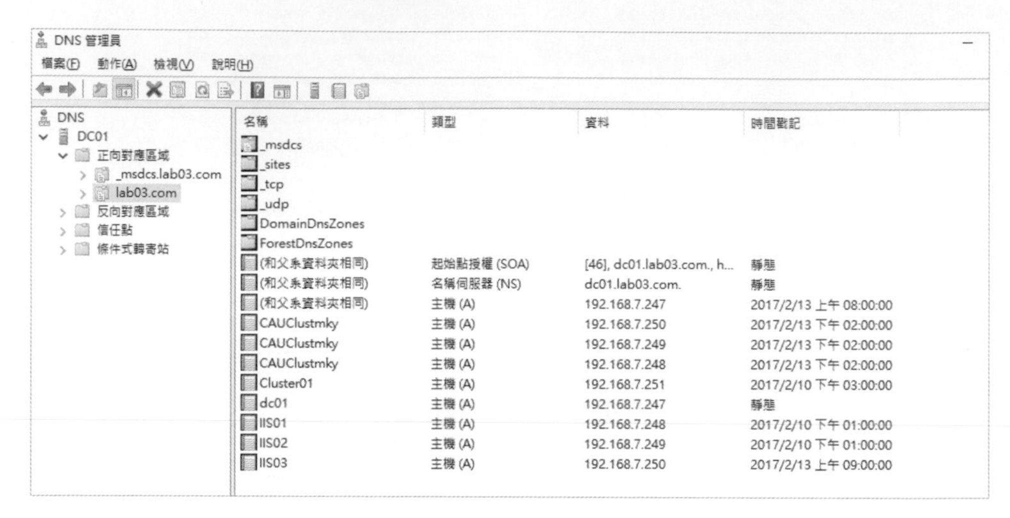

圖 55 DNS 記錄

記得早期版本的 Windows Server 叢集運作管理，對於負責維護的系統人員來說，就像是在維護一個不定時的炸彈一樣，感覺彷彿若不小心接觸到它就會讓它引爆，造成企業重要應用系統運行的停擺。還好這樣的恐慌，對於廣泛的 IT 人員來說，似乎打從 Windows Server 2008 R2 開始就已經緩和許多了。

想想看叢集的建置，不是應該解除 IT 單位的不安嗎？怎麼會反過來造成許多 IT 人員的陰影呢。我想主要就是因為早期的叢集的部署方式，遠比現在的叢集架構設計複雜許多，且底層的硬體設備之穩定性與效能表現更是一日千里。如今架構簡單了，硬體部分也強大許多，即便遭遇整個叢集損毀，在結合虛擬機器與備份的周全之下，IT 人員也能夠在極短的時間內讓它們恢復運作。

第 13 章
雙 Cluster 複寫備援實戰

Windows Server 容錯移轉叢集的運用，在許多高可用性（HA）的架構中是相當普遍的，常見的有檔案伺服器、Hyper-V、Exchange Server、SQL Server 等等。只是過去我們都將備援的焦點，放在前端的應用程式與服務，而忽略了用以存放資料的後端儲存設備。

不過這也是無可厚非，畢竟在當時儲存設備的備援機制，幾乎皆是交由設備本身的高階備援機制來完成。如今在 Windows Server 2016 中你有更聰明的解決方案，來直接完成跨異地的 Cluster to cluster Storage Replication 架構。

13.1 簡介

現今藉由複寫（Replication）技術，來實現檔案資料備援機制的解決方案還真不少，以 Microsoft 自家的方案來說，常見的就有 Exchange Server 的 DAG、SQL Server 的 Database Mirroring、Windows Server 的 DFS 以及 Hyper-V 的虛擬機器 Replica 等等。

至於在其他非 Microsoft 的解決方案部分，知名的也有 IBM 的 Domino/Notes 以及 VMware 的 VR（vSphere Replication）與 SRM（Site Recovery Manager），前者是針對資料庫，後者則是針對虛擬機器的複寫。雖然它們各自背後所採用的複寫運作原理不太一樣，但所要達到的需求卻是雷同，皆是希望能夠藉此縮短 RPO（Recovery Point Objective）與 RTO（Recovery Time Objective）。

上述的複寫技術所針對的皆是特定的檔案、資料以及虛擬機器來源，若是你打算針對整個磁碟做為複寫的對象，那麼新一代的儲存複寫（SR，Storage Replica）技術是你可以評估的架構設計，它是 Windows Server 2016 Datacenter 版本中，所新增的一項功能。

而它主要透過以區塊層級（Block Level）的複寫方式，來達到三種儲存區架構的備援需求，分別是延展式叢集（Stretch Cluster）、叢集對叢集（Cluster to Cluster）以及伺服器對伺服器（Server to Server），而且三者都可以讓系統管理者根據實際需求，選擇採用同步（Synchronously）或是非同步（Asynchronously）的複寫模式，並且進一步運用在檔案伺服器、Hyper-V、S2D（Storage Spaces Direct）等架構環境之中。

你也可以將儲存複寫功能設定在單一伺服器中，也就是進行磁碟對磁碟的複寫。不過像這樣的需求，似乎可以透過 RAID 1 或是 Storage Spaces 功能來解決即可。

接下來就讓我們實際來演練一下 Server to Server 以及 Cluster to Cluster 的 Storage Replication 部署。

13.2　伺服器的準備

當你準備部署 Windows Server 2016 的儲存複寫架構時，無論是來源還是目的地伺服器，皆有共同需要注意的事項，參考如下：

- 無論準備複寫的是一般網域伺服器或叢集節點伺服器，皆必須是 Windows Server 2016 Datacenter 版本。如果你目前使用的是 Standard 版本，可以在有合法授權金鑰的情況之下進行就地升級作業。
- 防火牆部分必須允許在所有準備複寫的伺服器或叢集節點之間，使用 ICMP 與 SMB 的連接埠（Port=445，若為 SMB Direct 請再加入 Port=5445）以及 WS-MAN （Port=5985）的連接埠。
- 每一部準備複寫的伺服器或叢集節點，皆必須預先連線好各自儲存區，而且至少要有兩個磁碟，一個用來做為資料磁碟，另一個則是用來作為存放複寫記錄檔的磁碟。兩個磁碟的初始化都必須選擇 GPT 而非 MBR。
- 準備用於複寫的儲存區，不可以位在 Windows 的系統磁碟之中。

想要針對現行的 Windows Server 2016 Standard 版本，就地升級至 Datacenter 版本，只要先開啟[設定]中的[更新與安全性]頁面，在[啟用]的設定中點選[變更產品金鑰]來輸入新金鑰，正確輸入後將會出現如圖 1 所示的提示頁面，點選[開始升級]即可。

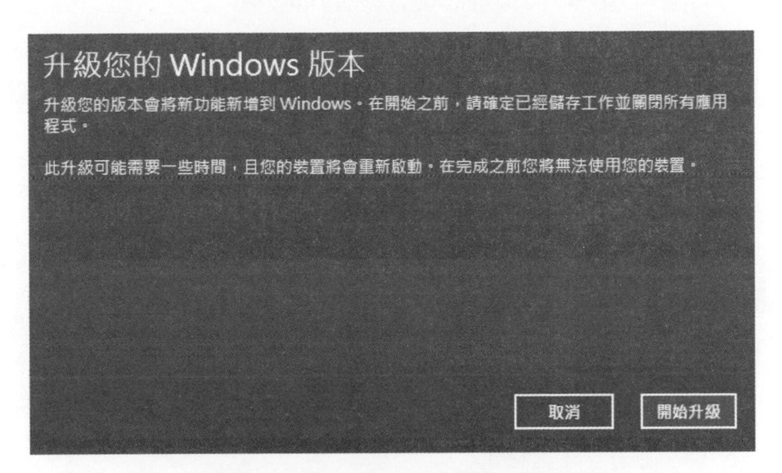

圖 1　升級 Windows Server 版本

整個升級的過程中系統將會暫時無法使用，並且會自動進行重新啟動作業。在成功完成升級後的首次登入，在桌面右下方將會出現如圖 2 所示的[版本升級完成]提示訊息。

圖 2　成功完成版本升級

一旦確認了所有準備進行複寫的伺服器，皆是 Windows Server 2016 Datacenter 版本之後，就可以透過[伺服器管理員]介面開啟[新增角色及功能]精靈，在如圖 3 所示的[功能]頁面中勾選[儲存體複本]，點選[下一步]完成安裝即可。

若是想要一次完成多部伺服器的功能安裝，則可以參考以下的 PowerShell 命令參數範例，此命令將會在完成指定的四部伺服器功能安裝之後，自動重新啟動作業系統，所安裝的功能包括了儲存體複本、容錯移轉叢集、檔案伺服器以及相關管理工具。

```
$Servers = 'SR-SRV01','SR-SRV02','SR-SRV03','SR-SRV04'
$Servers | ForEach { Install-WindowsFeature -ComputerName $_ -Name
Storage-Replica,Failover-Clustering,FS-FileServer -
IncludeManagementTools -restart }
```

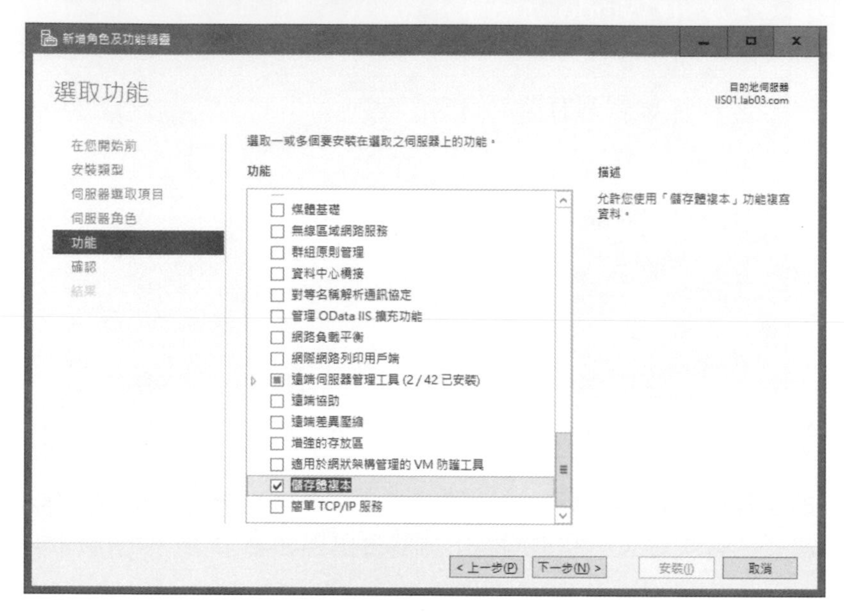

圖 3　功能安裝

13.3　實作伺服器儲存複寫

完成了複寫伺服器的基本準備工作之後，接下來就可以先來實作較簡易的 Server to Server 複寫功能。在建立儲存複寫之前，請先完成儲存複寫拓樸的測試。首先請執行 MD C:\Temp 命令建立一個暫存資料夾，以存放複寫測試的 HTML 報告，如圖 4 所示參考與執行以下命令參數範例。其中 WS04 為來源伺服器，WS05 則為目的地伺服器。複寫磁碟部分，X 為資料磁碟 Y 為記錄檔磁碟。

```
Test-SRTopology -SourceComputerName WS04 -SourceVolumeName X: -SourceLog
VolumeName Y: -DestinationComputerName WS05 -DestinationVolumeName X: -
DestinationLogVolumeName Y: -DurationInMinutes 5 -ResultPath C:\Temp
```

```
Administrator: Windows PowerShell
PS C:\Users\administrator.LAB03> Test-SRTopology -SourceComputerName WS04 -SourceVolumeName X: -SourceLogVolumeName Y: -DestinationComputer
Name WS05 -DestinationVolumeName X: -DestinationLogVolumeName Y: -DurationInMinutes 5 -ResultPath C:\Temp
Validating data and log volumes...
Measuring Storage Replica recovery and initial synchronization performance...
Measuring Storage Replica synchronous replication performance...
Test completed. Result at C:\Temp\TestSrTopologyReport-2016-06-24-16-17-03.html
PS C:\Users\administrator.LAB03>

Microsoft Bopomofo 半 :
```

圖 4　測試伺服器複寫拓樸

成功完成複寫拓樸測試之後，可以開啟所產生的 HTML 報告。如圖 5 所示在整個報告內容中，可以檢視到有關於雙方的資料磁碟區、記錄檔磁碟區、檔案系統、SMB 網路連線以及記憶體的測試等等。

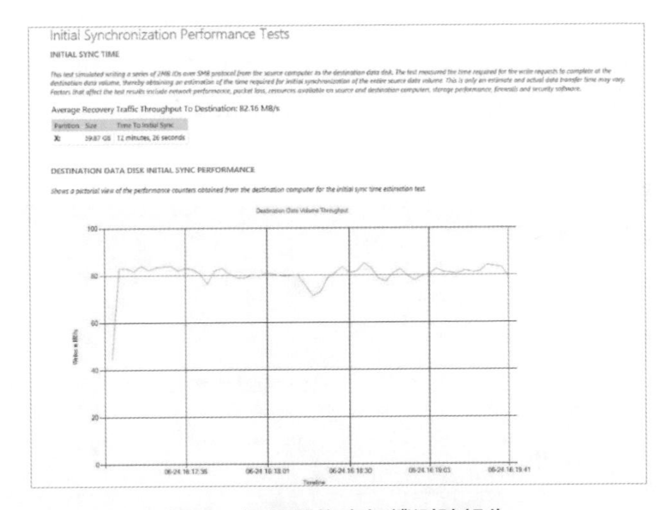

圖 5　伺服器複寫拓樸測試報告

確認通過複寫拓樸測試之後，就可以實際建立儲存複寫。請如圖 6 所示參考執行以下命令參數即可。其中 RG01 與 RG02 的參數值，則分別是來源與目的地複寫群組名稱設定。必須注意的是一旦成功建立伺服器儲存複寫關係之後，目標伺服器的資料複寫磁碟是無法存取的。

```
New-SRPartnership -SourceComputerName WS04 -SourceRGName RG01 -
SourceVolumeName X: -SourceLogVolumeName Y: -DestinationComputerName
WS05 -DestinationRGName RG02 -DestinationVolumeName X: -DestinationLog
VolumeName Y:
```

```
Administrator: Windows PowerShell
PS C:\Users\administrator.LAB03> New-SRPartnership -SourceComputerName WS04 -SourceRGName RG01 -SourceVolumeName X: -SourceLogVolumeName Y: -DestinationComputerName WS05 -DestinationRGName RG02 -DestinationVolumeName X: -DestinationLogVolumeName Y:

DestinationComputerName : WS05
DestinationRGName       : RG02
SourceComputerName      : WS04
SourceRGName            : RG01
PSComputerName          :

PS C:\Users\administrator.LAB03>

Microsoft Bopomofo 半 :
```

圖 6　新增伺服器儲存複寫

成功建立儲存複寫之後，若想要知道目前所在的複寫群組資訊及複寫狀態，可以如圖 7 所示執行 Get-SRGroup 命令，若是要查詢複寫成員之間的關係資訊，可以執行 Get-SRPartnership 命令。（Get-SRGroup）.replicas

```
Administrator: Windows PowerShell
PS C:\Users\administrator.LAB03> Get-SRGroup

AsyncRPO            :
ComputerName        : WS04
Description         :
Id                  : 8328a3e4-a457-40e9-98f4-fc94b16999bc
IsAutoFailover      :
IsCluster           : False
IsEncrypted         : False
IsInPartnership     : True
IsPrimary           : True
IsSuspended         : False
IsWriteConsistency  : False
LastInSyncTime      :
LogSizeInBytes      : 8589934592
LogVolume           : Y:\
Name                : RG01
NumOfReplicas       : 1
Partitions          : {48e2e27c-a622-4212-b553-1469d8e28f8e}
Replicas            : {MSFT_WvrReplica (PartitionId = "48e2e27c-a622-4212-b553-1469d8e28f8e")}
ReplicationMode     : Synchronous
ReplicationStatus   : ContinuouslyReplicating
PSComputerName      :

PS C:\Users\administrator.LAB03>
Microsoft Bopomofo 半 :
```

圖 7　檢視儲存複寫群組資訊

假設你想要查詢與目的地 WS05 主機的複寫狀態資訊，可以如圖 8 所示執行（Get-SRGroup -ComputerName WS05）.replicas 命令即可。若是想要查詢最新 20 筆有關於本機儲存複寫的事件資訊，可以執行 Get-WinEvent -ProviderName Microsoft-Windows-StorageReplica -Max 20 命令參數。當然！你也可以選擇透過圖形介面的事件檢視器，來查看更完整的事件內容。

```
Administrator: Windows PowerShell

PS C:\Users\administrator.LAB03> (Get-SRGroup -ComputerName WS05).replicas

CurrentLsn            : 0
DataVolume            : X:\
LastInSyncTime        :
LastKnownPrimaryLsn   : 1
LastOutOfSyncTime     :
NumOfBytesRecovered   : 8659140608
NumOfBytesRemaining   : 55629053952
PartitionId           : b5272580-cefc-48da-a7ed-bf9ba88d8259
PartitionSize         : 64288194560
ReplicationMode       : Synchronous
ReplicationStatus     : InitialBlockCopy
PSComputerName        :

PS C:\Users\administrator.LAB03>
Microsoft Bopomofo 半 :
```

圖 8　檢視儲存複寫目標狀態

13.4 叢集複寫網路與網域的準備

只要你有實際演練過架構較簡單的 Server to Server 儲存複寫功能，再來嘗試建立 Cluster to Cluster 的儲存複寫，便會覺得容易許多。在此你可以選擇在 Active Directory 中的同一個或不同的 Site 網路，來建立兩個獨立的容錯移轉叢集，再來完成儲存複寫關係的建立。

首先在每一部伺服器網路連線的部分，需要先像圖 9 所示一樣，得準備好兩張網路卡，其中一張網路卡僅作為叢集伺服器之間的通訊用途，另一張網路卡則是用於管理者與用戶端，以及儲存複寫用途的連線使用。

必須注意的是此叢集節點之間複寫的網路速度，至少得在 1GbE 以上，理想則是採用 RDMA 的連接方式。更進一步優化的作法，則是可以在後續儲存複寫建立成功之後，特別設定讓複寫的流量使用分開的叢集網路。

圖 9　網路連線的準備

在網域的準備部分，如果你想要在不同的站台來建立 Cluster to Cluster 的儲存複寫功能，則可以選擇在建立另一端的網域控制站時，就像如圖 10 所示一樣，直接選擇它所屬的站台，當然啦！這一些站台清單是必須預先建立好的。

所有叢集節點伺服器都必須在相同的 Active Directory 之中，不過網域控制站可以不需要是 Windows Server 2016 版本。

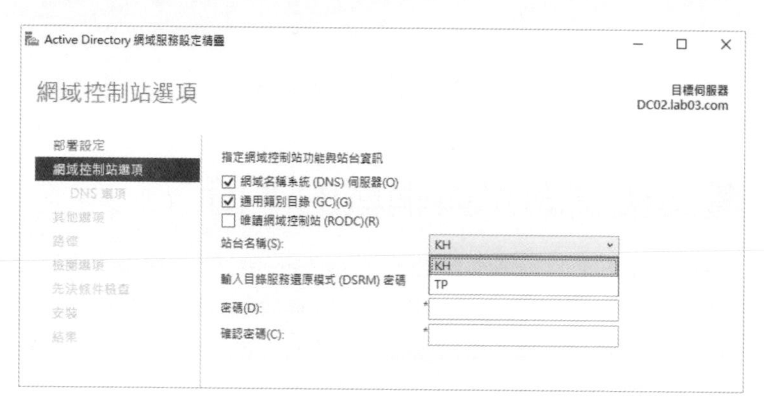

圖 10　新網域控制站選項設定

針對 Active Directory 站台的劃分方法，只要在如圖 11 所示的[Active Directory 站台及服務]的介面中，先完成各子網路（Subnet）的建立，分別開啟每一個子網路的[內容]頁面繼續。

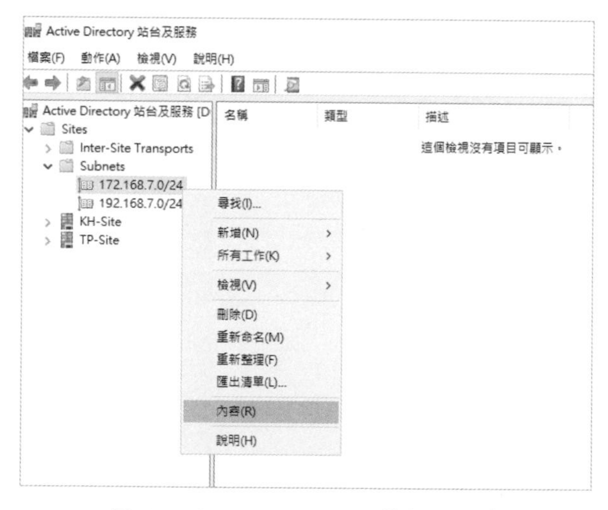

圖 11　Active Directory 站台及服務

緊接著便可以在如圖 12 所示的[一般]頁面中，選擇此網路相對應的站台名稱。

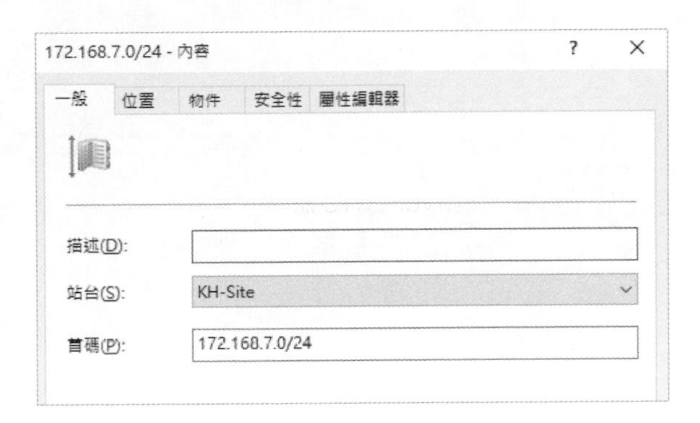

圖 12　修改子網路一般設定

只要我們將網域控制站所屬的站台分配好之後，後續若開啟[Active Directory 使用者和電腦]介面，就可以在如圖 13 所示的[Domain Controllers]節點頁面中，看到實際的分配結果。

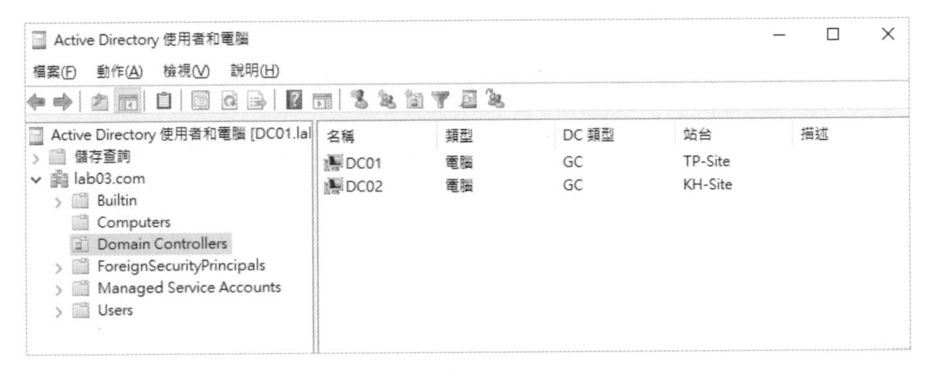

圖 13　檢視網域控制站清單

然而針對不同站台網路中的用戶端或伺服器，要如何確認它們目前所登入的是所在站台的網域控制站呢？很簡單！只要執行 Echo %LOGONSERVER%命令參數，即可像如圖 14 所示一樣，立即得知它所登入的網域控制站資訊。

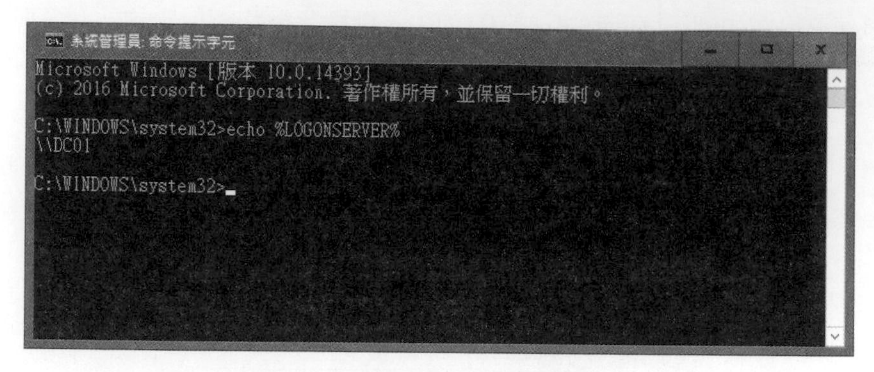

圖 14　檢視已登入的網域控制站

13.5　叢集架構的準備

前面我們曾提到有關儲存複寫的建立，無論是採用哪一種架構，其雙方的資料磁碟與記錄檔磁碟，都必須以 GPT 分割樣式來進行初始化。如圖 15 所示便是在[磁碟管理員]介面中，針對新的磁碟所開啟的[初始化磁碟]設定範例。

初始化磁碟

您必須在邏輯磁碟管理員能存取它之前初始一個磁碟。

選取磁碟(S):

☑ 磁碟 3

請使用下列磁碟分割樣式給已選取磁碟:

○ MBR (主開機記錄)(M)

◉ GPT (GUID 磁碟分割表格)(G)

注意: 所有舊版的 Windows 均無法辨識 GPT 磁碟分割樣式。

確定　取消

圖 15　初始化磁碟

完成了儲存複寫磁碟的準備之後，接下來就可以進行儲存複寫拓樸的測試了，請在完成暫存資料夾（C:\Temp）的建立之後，如圖 16 所示執行以下命令參數，其中 Z:為複寫資料磁碟，L:則是儲存複寫記錄檔的磁碟。值得注意的是其中來源與目的地伺服器名稱，也可以輸入完整的電腦名稱（FQDN）。

```
Test-SRTopology -SourceComputerName SR-SRV01.lab03.com -SourceVolumeName
Z: -SourceLogVolumeName L: -DestinationComputerName SR-SRV03.lab03.com -
DestinationVolumeName Z: -DestinationLogVolumeName L: -DurationInMinutes
10 -ResultPath C:\Temp
```

請注意！關於 Test-SRTopology 命令必須執行在來源主機之中，你無法在其他遠端主機來執行此命令，否則將會出現錯誤訊息。

圖 16　測試儲存複寫拓樸

完成測試之後便可以開啟如圖 17 所示的儲存複寫拓樸測試報告，若沒有重大的錯誤，便可以開始著手進行基礎叢集架構的建立。

圖 17　儲存複寫拓樸測試報告

在 Windows Server 2016 中建立與管理叢集的方法有兩種，分別是透過容錯移轉叢集管理員介面以及 PowerShell。前者的操作方式較簡單，後者則是可以為你節省掉不少使用滑鼠的時間。聰明的你也可以兩者混合使用，會更有效率。

首先筆者就先分別在兩個站台的伺服器上，如圖 18 所示分開執行以下兩道命令參數，也就是先進行各自叢集可行性的測試。

```
Test-Cluster SR-SRV01,SR-SRV02
Test-Cluster SR-SRV03,SR-SRV04
```

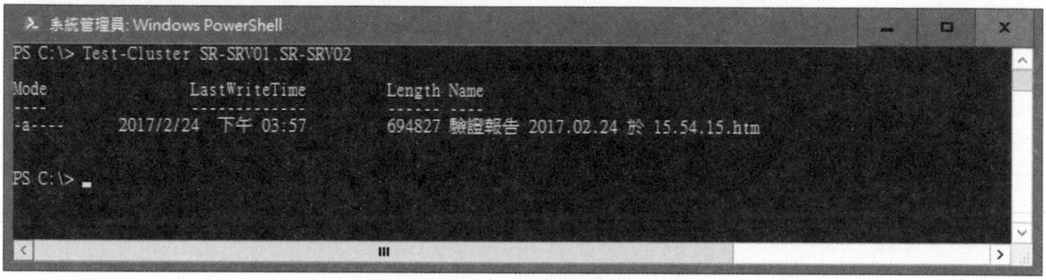

圖 18　叢集驗證

當兩個站台網路中的兩對伺服器皆通過叢集的驗證之後，就可以繼續建立各自的叢集。如圖 19 所示便是建立了一個名為 SR-SRVCLUSB 的叢集，而它對應的叢集 IP 位址則是 172.168.7.251。另一組叢集則是 SR-SRVCLUSA，它對應的叢集 IP 位址是 192.168.7.251。後續我們將在這兩個叢集連線的基礎上，建立叢集的複寫磁碟。

```
New-Cluster -Name SR-SRVCLUSA -Node SR-SRV01,SR-SRV02 -StaticAddress
192.168.7.251
New-Cluster -Name SR-SRVCLUSB -Node SR-SRV03,SR-SRV04 -StaticAddress
172.168.7.251
```

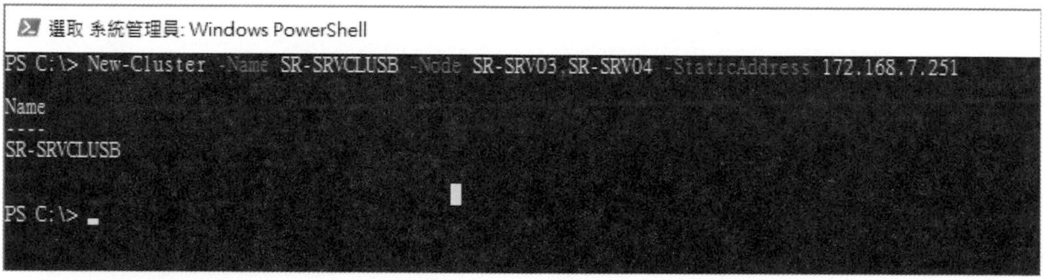

圖 19　建立新叢集

緊接著必須繼續為這兩個叢集建立它們各自的仲裁位置，不過在此不使用傳統的磁碟仲裁方式，而是改採用更簡易的檔案共用見證。請在各自站台的網路中，使用任一部 Windows Server（例如：網域控制站）建立一個共用資料夾，如圖 20 所示開啟權限編輯的頁面，將自己站台網路中的叢集名稱加入並賦予[完全控制]權限。

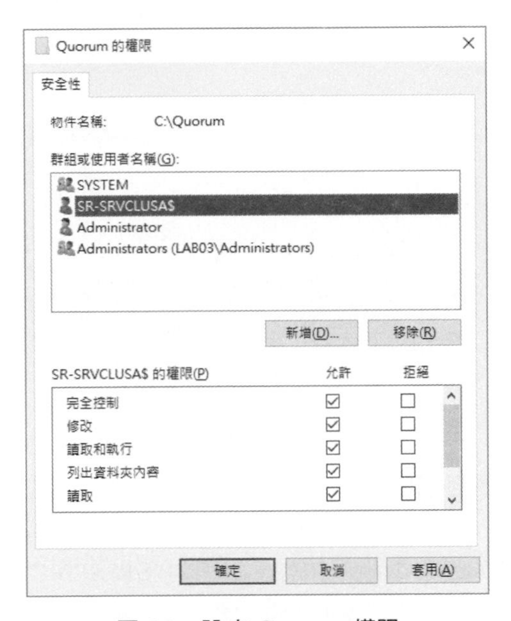

圖 20 設定 Quorum 權限

接下來便可以在各自站台叢集的任一成員伺服器中，如圖 21 所示分開執行以下命令參數，完成各自檔案共用見證的連線設定。

```
Set-ClusterQuorum -FileShareWitness \\DC01\Quorum
Set-ClusterQuorum -FileShareWitness \\DC02\Quorum
```

圖 21 設定檔案共用見證

凡是完成了叢集建置的成員伺服器，都可以在如圖 22 所示的[伺服器管理員]介面中，檢視位在[本機伺服器]頁面的叢集名稱以及叢集物件類型資訊。

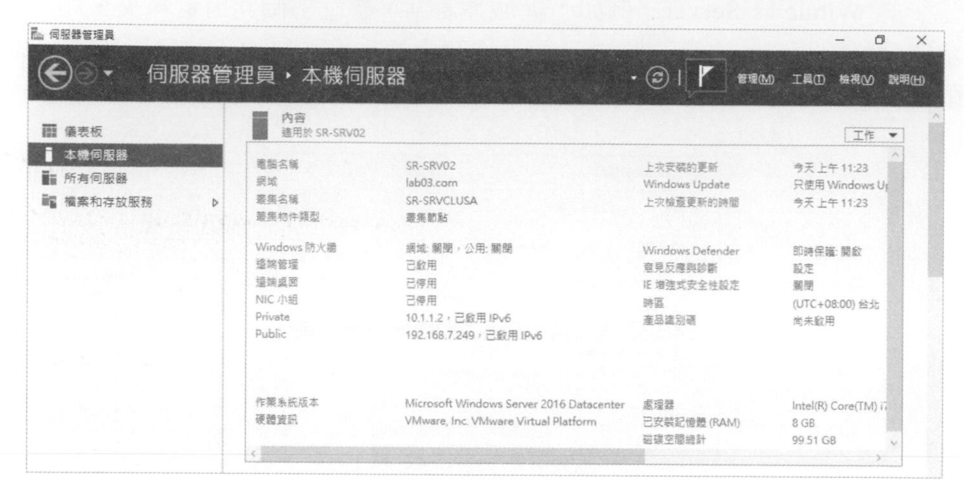

圖 22　本機伺服器資訊

13.6　設定叢集角色

前面有關於叢集的基礎建立，我們採用了 PowerShell 命令來完成。接下來筆者將示範如何在這個叢集基礎上，以[容錯移轉叢集管理員]的圖形介面來設定可用的資源，在此將以檔案伺服器角色為例。

首先請在[伺服器管理員]的[工具]選單中，點選開啟[容錯移轉叢集管理員]，在[存放裝置]的[磁碟]頁面中，針對準備用來做為儲存複寫的叢集磁碟，按下滑鼠右鍵並點選[新增至叢集共用磁碟區]。

你也可以透過 cluadmin.msc 命令的執行，來開啟[容錯移轉叢集管理員]介面。

完成叢集共用磁碟區的新增之後，請在如圖 23 所示的[角色]節點上，按下滑鼠右鍵點選[設定角色]。接著在[選取角色]的頁面中，請選取[檔案伺服器]並點選[下一步]。

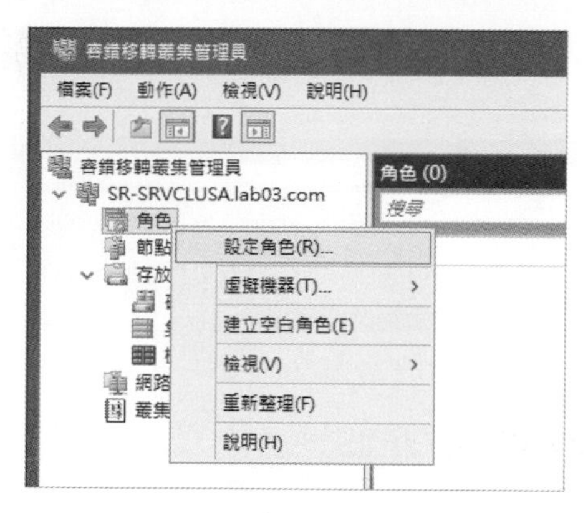

圖 23　角色右鍵選單

在如圖 24 所示的[檔案伺服器類型]頁面中，請選取[用於應用程式資料的向外延展檔案伺服器]。這類的叢集檔案伺服器，可以被運用在 Hyper-V 虛擬機器的 HA 架構之中，至於另一種一般用途的檔案伺服器，則可以在結合檔案伺服器資源管理員的使用下，建立進階的叢集檔案共用儲存區服務，這部分筆者將在延展式叢集複寫的章節之中再來詳解。點選[下一步]。

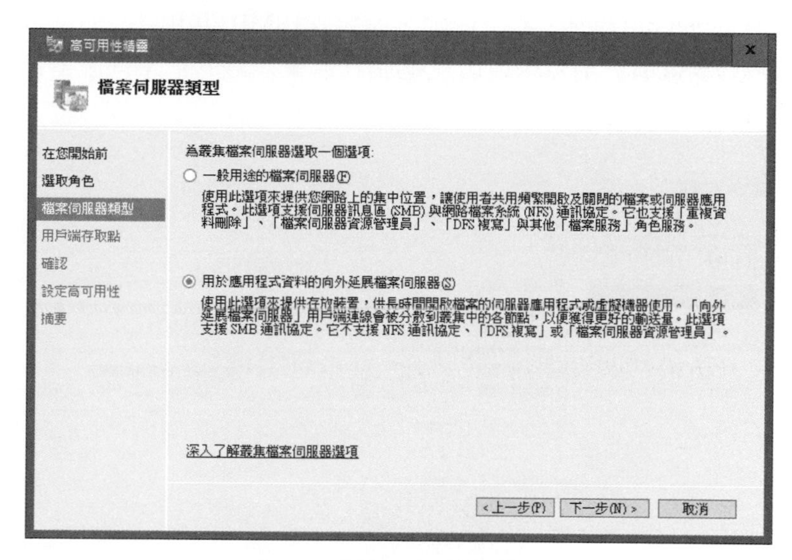

圖 24　選擇檔案伺服器類型

在[用戶端存取點]的頁面中，請輸入 15 個字元以內的 NetBIOS 名稱，系統將會在完成角色設定之後，自動建立各叢集節點伺服器的 DNS 名稱對應。點選[下一步]確認設定之後，便可以完成此角色的建立。緊接著必須如圖 25 所示，在所建立的檔案伺服器角色上，按下滑鼠右鍵點選[新增檔案共用]繼續。

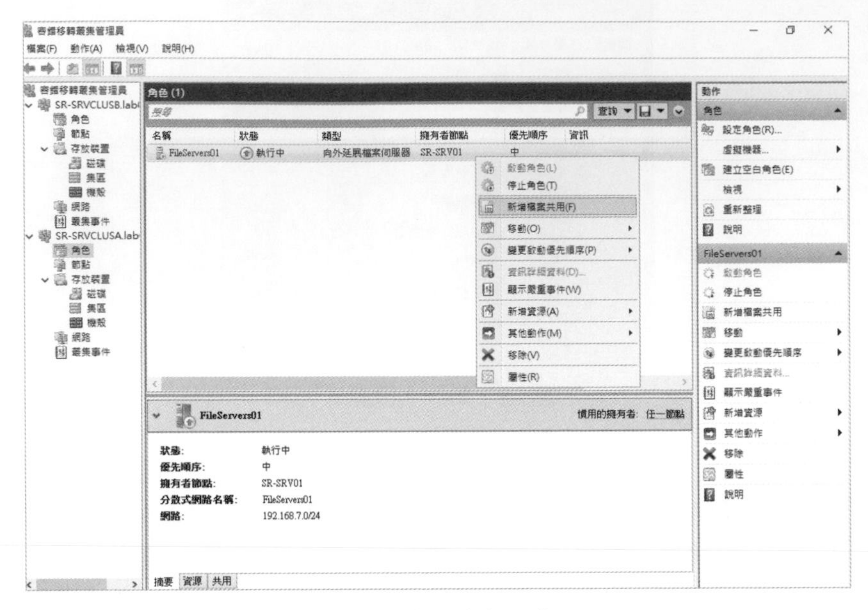

圖 25　完成角色設定

在如圖 26 所示的[選取設定檔]頁面中，請選擇[SMB 共用-快速]。至於另一個[SMB 共用-進階]選項，則可以運用在延展式叢集複寫的檔案伺服器架構之中。點選[下一步]。

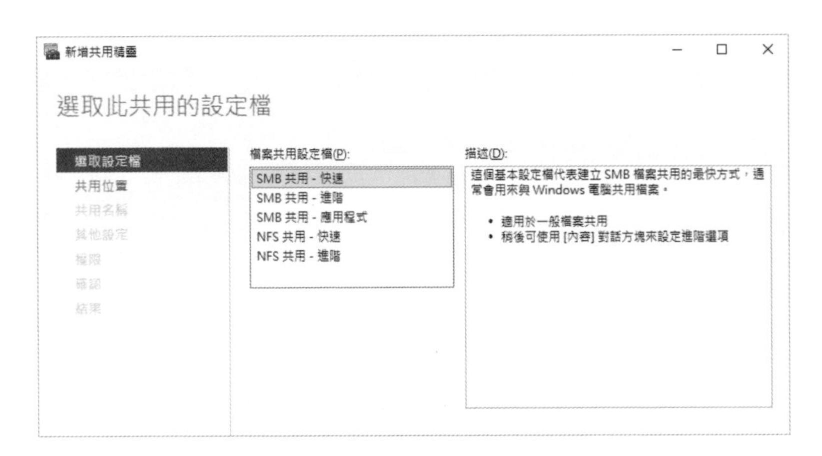

圖 26　選取設定檔

在如圖 27 所示的[共用位置]頁面中，請選取將用於存放複寫資料的叢集共用磁碟，不可選擇用於存放複寫記錄檔的叢集共用磁碟。點選[下一步]。

圖 27　共用位置設定

在如圖 28 所示的[共用名稱]頁面中，請輸入一個新的網路共用名稱，並且確認所產生的遠端共用路徑（UNC）符合我們需要的。點選[下一步]。

新增共用精靈

指定共用名稱

選取設定檔
共用位置
共用名稱
其他設定
權限
確認
結果

共用名稱(A): Public
共用描述(D):
要共用的本機路徑(L):
C:\ClusterStorage\Volume1\Shares\Public
如果資料夾不存在，即會建立資料夾。
要共用的遠端路徑(R):
\\FileServers01\Public

圖 28　共用名稱設定

在如圖 29 所示的[其他設定]頁面中，首先你可以決定是否要勾選[啟用存取型列舉]功能，也就是讓使用者對於沒有權限存取的資料夾，自動進行隱藏處理。

在[啟用持續可用性]的選項部分，筆者會建議你勾選它，以便在高可用性的共用檔案存取之中，能夠追蹤使用者的存取操作。至於是否要勾選[允許對共用進行快取]，取決於未來是否要啟用分支快取功能（BranchCache），以加速不同地理位置用戶端的存取速度。

最後在[加密資料存取]部分，其實指的就是 EFS 加密功能，不過在企業的 Active Directory 網域環境之中，最好能夠進一步結合 CA 的使用者數位憑證，來進行集中式的加密管理會比較理想。點選[下一步]。

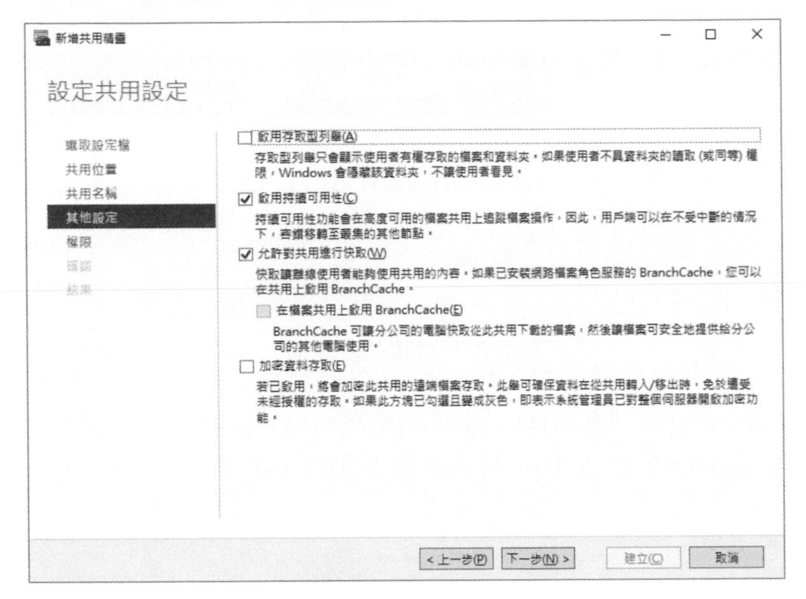

圖 29　其他設定

在如圖 30 所示的[權限]頁面中，可以看到現行共用資料夾的權限設定清單，你可以點選[自訂權限]，來開啟[進階安全性設定]進行修改，包括了新增、刪除以及修改現行網域使用者與群組的權限，決定該資料夾的擁有者，以及決定所設定的權限是否要套用至旗下所有的子目錄之中。點選[下一步]確認所有設定無誤之後，就可以點選[建立]完成設定。

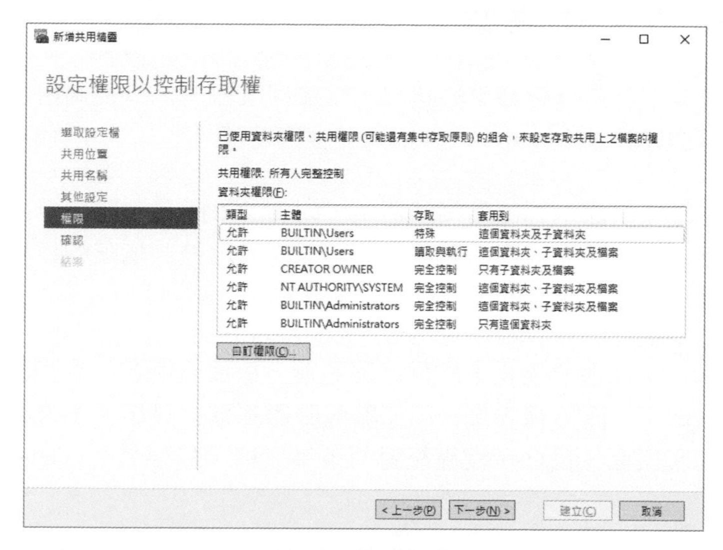

圖 30 權限設定

如圖 31 所示我們便可以在所選取的檔案伺服器上，看到每一個共用資料夾的名稱、相對的實際路徑、是否啟用連續可用性以及備註。未來如果需要變更檔案共用的權限或是其他進階屬性設定，只要針對該共用資料夾開啟[屬性]頁面，即可進行變更。

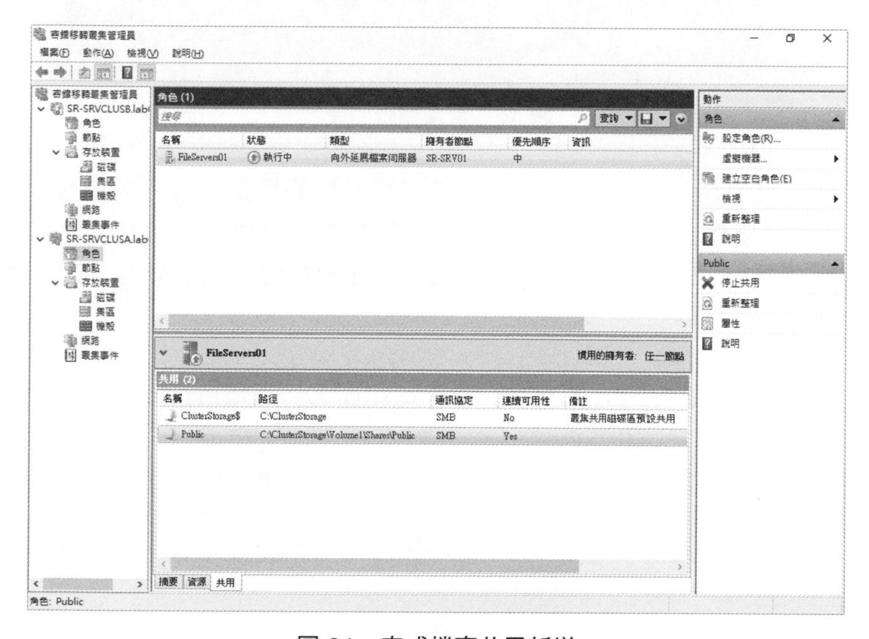

圖 31 完成檔案共用新增

13.7　建立叢集複寫

在接二連三完成了容錯移轉叢集的建立、檔案伺服器角色以及共用資料夾的設定之後，就可以準備設定 Cluster to Cluster 的複寫功能。

首先請在各自叢集的任一部節點伺服器中，如圖 32 所示分開執行以下兩道命令參數，它的用意就是要完成兩個叢集彼此之間的完全控制權限的授權，如此才能夠在後續進行叢集共用磁碟的正向以及反向複寫。

其中 ComputerName 參數所指定的伺服器名稱，只要是所在站台網路叢集中的任一節點伺服器即可，而不需要每一部節點伺服器都進行設定。未來若隨時想要查詢所在叢集伺服器上，目前所授權配對的叢集名稱，只要執行 Get-SRAccess 命令即可。

```
Grant-SRAccess -ComputerName SR-SRV01 -Cluster SR-SRVCLUSB
Grant-SRAccess -ComputerName SR-SRV03 -Cluster SR-SRVCLUSA
```

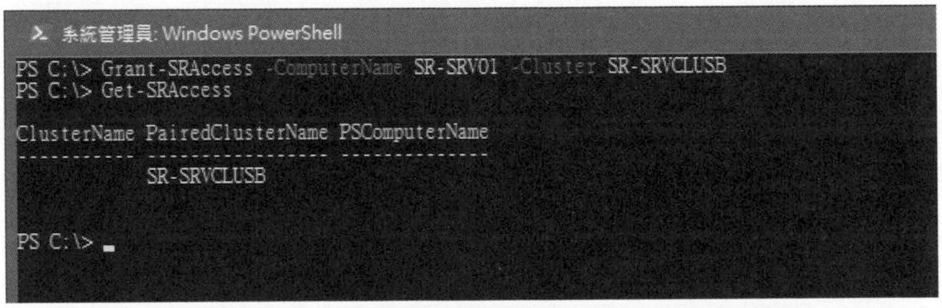

```
系統管理員: Windows PowerShell
PS C:\> Grant-SRAccess -ComputerName SR-SRV01 -Cluster SR-SRVCLUSB
PS C:\> Get-SRAccess

ClusterName PairedClusterName PSComputerName
----------- ----------------- --------------
            SR-SRVCLUSB


PS C:\>
```

圖 32　叢集授權設定

當我們完成透過 Grant-SRAccess 命令設定好叢集的權限之後，若是你進一步從[容錯移轉叢集管理員]介面，開啟叢集節點的內容，將會如圖 33 所示發現在[叢集權限]的頁面中，增加了一筆我們剛剛所授權的叢集主機設定項，而所授予的權限就是[完全控制]。

有趣的是如果我們不要透過 Grant-SRAccess 命令，而是自行手動在此新增權限設定，當經由 Get-SRAccess 命令來檢視設定結果時，是無法看到 PairedClusterName 的設定值，這表示這種設定方式並不會成功，因為它少了對於叢集配對的處理。

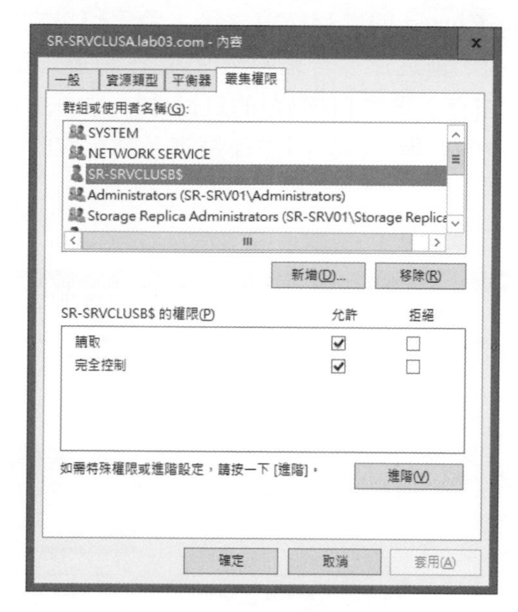

圖 33　檢視叢集權限設定

一般來說只要成功完成了 Grant-SRAccess 命令的叢集配對設定，接下來的叢集儲存複寫之建立就會順利達成。如圖 34 所示請參考以下命令參數，指定來源與目的地叢集的名稱、叢集資料共用磁碟、複寫記錄檔磁碟以及雙方的複寫群組名稱。

```
New-SRPartnership -SourceComputerName SR-SRVCLUSA -SourceRGName rg01 -
SourceVolumeName C:\ClusterStorage\Volume1 -SourceLogVolumeName L: -
DestinationComputerName SR-SRVCLUSB -DestinationRGName rg02 -Destination
VolumeName C:\ClusterStorage\Volume1 -DestinationLogVolumeName L:
```

請注意！你無法使用叢集共用磁碟區來做為記錄檔裝置，否則將會出現錯誤訊息而導致失敗。

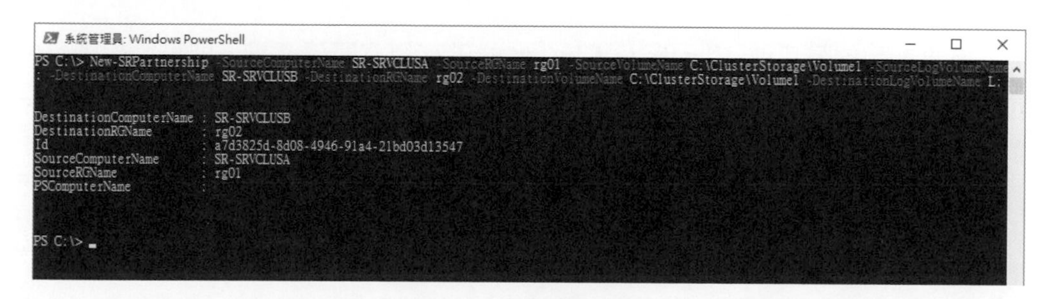

圖 34　新增叢集複寫

在成功建立 Cluster to Cluster 的儲存複寫之後，除了可以立即檢視來源與目的地的叢集，以及複寫群組名稱之外，若是回到[容錯移轉叢集管理員]介面，可以像如圖 35 所示一樣，在[存放裝置]\[磁碟]的頁面中，進一步看到複寫模式、複寫狀態，以及呈現目的地的叢集資料共用磁碟是不允許存取的。

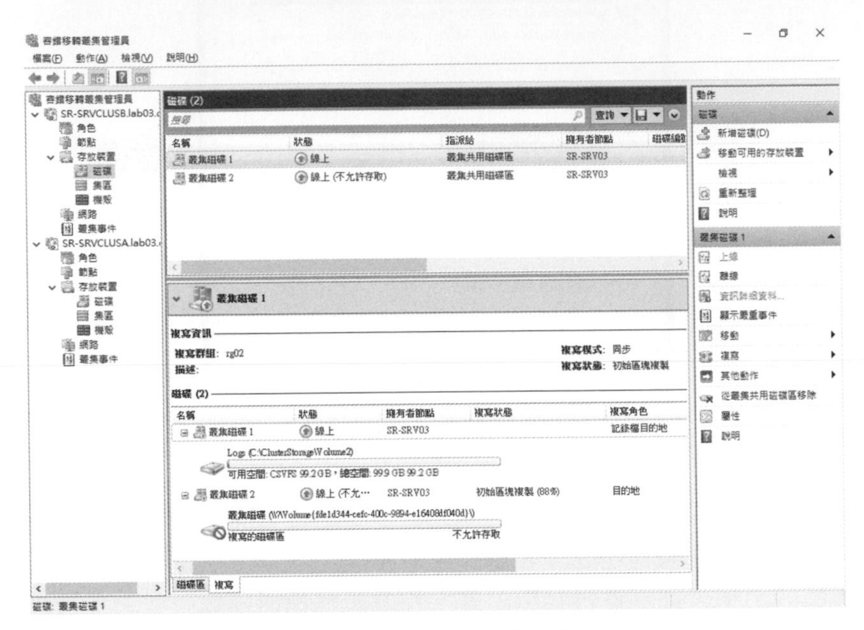

圖 35　檢視叢集複寫狀態資訊

13.8　監視叢集複寫運作

完成了 Cluster to Cluster 的儲存複寫建置之後，往後要如何來監視與管理它的運行呢？很簡單！絕大部分只需要透過 PowerShell 命令就可以完成。首先針對現行複寫群組的基本設定資訊，可以透過執行 Get-SRGroup 命令來查詢。

如果想要查詢的是目前 Cluster to Cluster 的儲存複寫關係資訊，則可以如圖 36 所示執行 Get-SRPartnership 命令即可，而針對目前所在複寫伺服器上的複寫狀態，則可以透過執行（Get-SRGroup）.replicas 命令來查詢。

```
系統管理員: Windows PowerShell

PS C:\> Get-SRPartnership


DestinationComputerName : SR-SRVCLUSB
DestinationRGName       : rg02
Id                      : a7d3825d-8d08-4946-91a4-21bd03d13547
SourceComputerName      : SR-SRVCLUSA
SourceRGName            : rg01
PSComputerName          :



PS C:\> (Get-SRGroup).replicas


CurrentLsn            : 1
DataVolume            : C:\CLUSTERSTORAGE\VOLUME1
LastInSyncTime        :
LastKnownPrimaryLsn   : 1
LastOutOfSyncTime     :
NumOfBytesRecovered   : 0
NumOfBytesRemaining   : 0
PartitionId           : e8b7b9d2-8e5f-4981-be6a-f063523046e5
PartitionSize         : 107237867520
ReplicationMode       : Synchronous
ReplicationStatus     : InitialBlockCopy
PSComputerName        :
```

圖 36　檢視複寫來源與目的地資訊

針對 Cluster to Cluster 的儲存複寫，若想要查詢最新二十筆的歷程事件，可以如圖 37 所示執行 Get-WinEvent -ProviderName Microsoft-Windows-StorageReplica -max 20 命令。

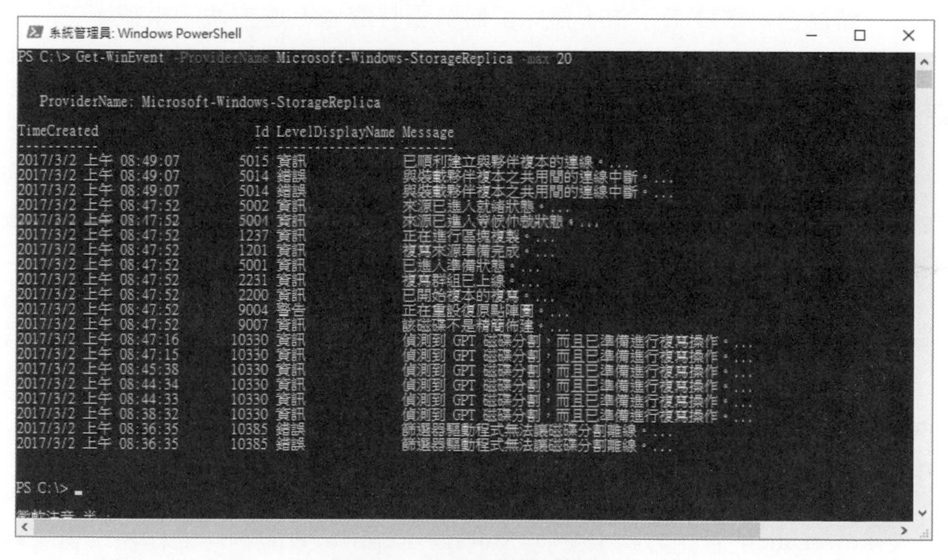

圖 37　叢集複寫進度查詢

進一步可以到儲存複寫的目的地伺服器中，執行 Get-WinEvent -ProviderName Microsoft-Windows-StorageReplica | Where-Object {$_.ID -eq "1215"} | FL 命令，查詢已經複製的資料量與所花費的時間資訊。上述的查詢方式，一樣可以透過事件檢視器介面來完成。

如果想知道還剩下多少尚未複寫的位元組資料，可以在目的地的複寫目的地伺服器中執行（Get-SRGroup）.Replicas | Select-Object numofbytesremaining 命令參數即可。

如果想每隔五秒鐘，查詢指定複寫群組的複寫進度，則可以執行以下命令參數，此命令參數由於是透過一個無窮迴圈來執行，因此直到你按下 Ctrl+C 組合鍵時才會終止。

```
while($true) {
  $v = (Get-SRGroup -Name "Replication 2").replicas | Select-Object
numofbytesremaining
  [System.Console]::Write("Number of bytes remaining: {0}`r",
$v.numofbytesremaining)
  Start-Sleep -s 5
 }
```

在平日的儲存複寫維護工作中，你除了需要隨時透過上述方法，來監視它的運行之外，最好也能夠隨時查看它的效能表現，以便能夠在某個資源效能遭受運作瓶頸時，即時做出相關資源的升級或調整。

關於 Storage Replica 效能物件的監視方式，若想要同樣以 PowerShell 命令來進行查詢，只要執行 Get-Counter 命令搭配計數器物件的名稱，以及加入像是取樣的頻率與最大次數設定即可。

舉例來說，如果你想要知道目前在所在目的地伺服器中，已經接收到的總資料量大小，並且設定每間隔兩秒鐘取樣一次，且共取三次的結果值，則可以執行 Get-Counter -Counter "\Storage Replica Statistics（*）\Total Bytes Received" -SampleInterval 2 -MaxSamples 3 命令即可。

上述以 PowerShell 命令方式來查詢 Storage Replica 效能物件的作法，似乎有點複雜與不便。接下來你不妨試試最簡單的做法，那就是透過如圖 38 所示的[效能監視器]。

此監視工具你可以從[伺服器管理員]介面中的[工具]選單來開啟它，點選新增圖示，來加入所有欲監視的儲存複寫物件，它的分類分別有 Storage Replica Partition I/O Statistics 以及 Storage Replica Statistics，也就是針對複寫資料在磁碟讀寫時的效能統計，以及在複寫階段時的傳遞與接收的各項數據統計。

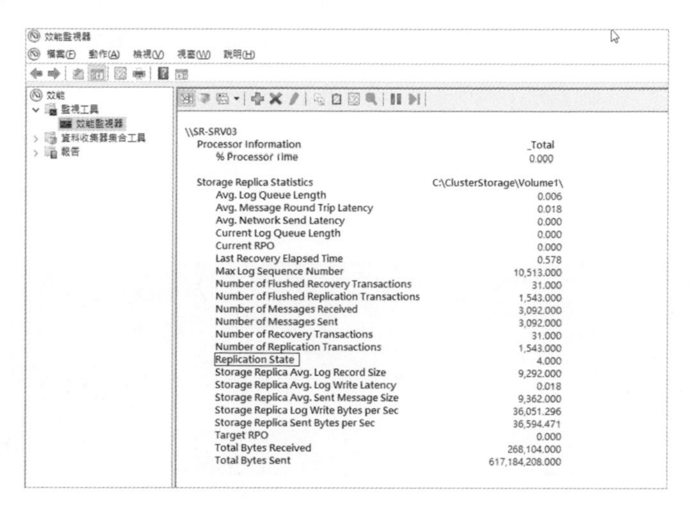

圖 38　效能監視器

如圖 39 所示便是[新增計數器]的設定頁面，在此你可以先選擇所要監視的遠端電腦，再挑選所要監視的 Storage Replica 物件與例項，若想要知道所選取物件的用途，可以預先將左下方的[顯示描述]勾選。點選[新增]後再點選[確定]即可。

圖 39　新增計數器

當所建立的儲存複寫架構與現行其他應用程式服務，位在相同的網路時，若擔心同步複寫的流量會影響到其他系統的運行，可以考慮透過限制複寫流量的方式，來解決網路運行效能的表現問題。

如圖 40 所示，筆者便是透過以下第一道命令參數，限制了複寫流量僅能夠維持在 10MB 以內。未來若想要隨時查詢目前複寫流量的大小限制，執行第二道命令參數即可得知。

```
Set-SmbBandwidthLimit -Category StorageReplication -BytesPerSecond 10000000
Get-SmbBandwidthLimit -Category StorageReplication
```

```
系統管理員: Windows PowerShell
PS C:\> Set-SmbBandwidthLimit -Category StorageReplication -BytesPerSecond 10000000
PS C:\> Get-SmbBandwidthLimit -Category StorageReplication

Category           Bytes Per Second
--------           ----------------
StorageReplication 10000000

PS C:\>
```

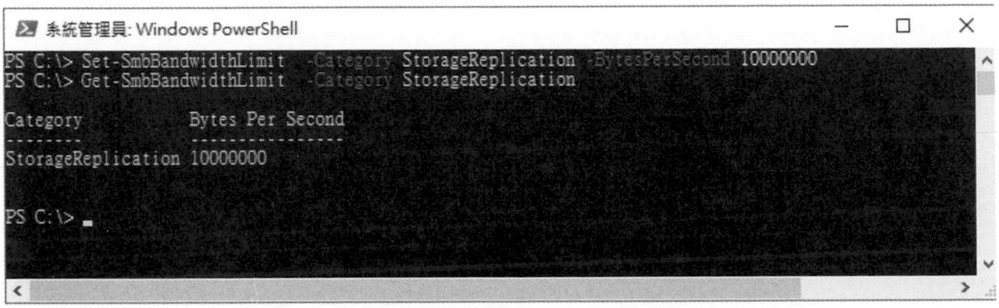

圖 40　設定與檢視儲存複寫頻寬限制

13.9　其他異動設定

完成了 Cluster to Cluster 的儲存複寫部署之後，原則上只要在平日對於它的運行，做好監視的工作即可。不過，有些時候可能會面臨伺服器硬體設備的異動，或是某個站台網路的叢集主機需要全部停機維護等等，這時候你可能就需要修改現行的儲存複寫設定，以因應伺服器硬體或網路架構上的變更。

首先讓我們先來看看，當你需要變更現行儲存複寫記錄檔的大小限制時，要如何進行變更呢？在此筆者提供兩種做法。如圖 41 所示的第一種做法，便是透過[容錯移轉叢集管理員]介面，在找到記錄檔來源的叢集磁碟時，請在選取後按下滑鼠右鍵並點選[屬性]繼續。

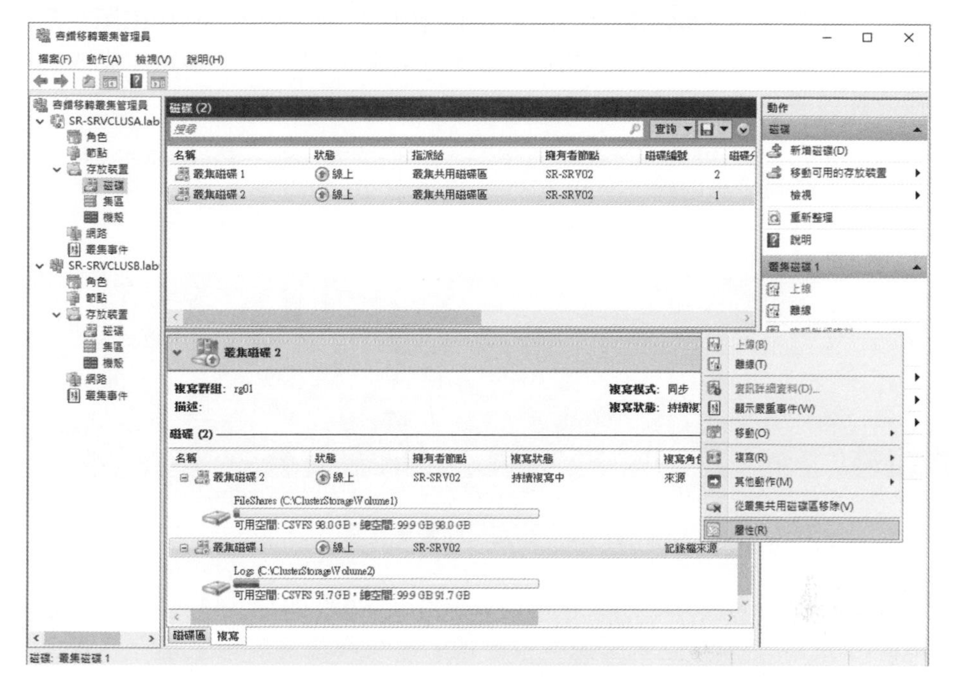

圖 41　記錄檔裝置右鍵選單

在如圖 42 所示的[複寫記錄檔]頁面中，可以看到目前預設的大小限制為 8GB，你只要在修改後點選[確定]即可。另一種做法則是使用 Set-SRGroup 命令，搭配-LogSizeInBytes 參數來完成設定。

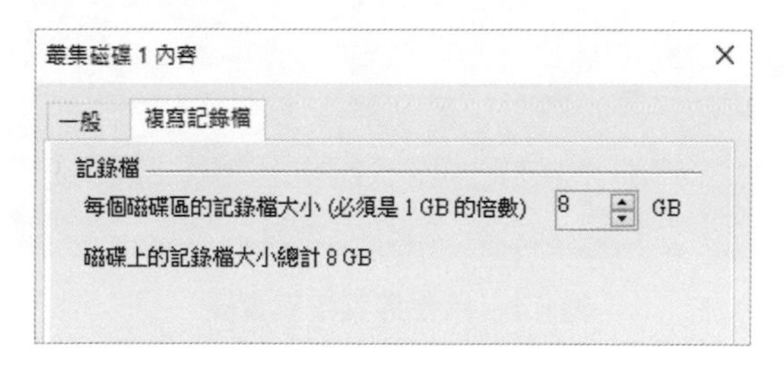

圖 42　複寫記錄檔設定

接著是有關於複寫方向的修改。根據本文所實作的範例情境，我們是設定將 SR-SRVCLUSA 叢集的資料磁碟，單向複寫至 SR-SRVCLUSB 叢集的相對磁碟。一旦面臨因網路架構或用戶端存取方式的異動，而需要將複寫方向改為 SR-SRVCLUSB to SRVCLUSA 叢集時，且現行的最新檔案資料必須完全保留時，該怎麼做呢？

很簡單！首先請執行 Sync-SRGroup -Name rg01 -Force 命令，確保來源複寫群組已經強制同步最新的異動之後，再如圖 43 所示執行以下命令參數，完成反向的儲存複寫關係設定即可解決。

```
Set-SRPartnership -NewSourceComputerName SR-SRVCLUSB -SourceRGName rg02
-DestinationComputerName SR-SRVCLUSA -DestinationRGName rg01
```

```
系統管理員: Windows PowerShell
PS C:\> Sync-SRGroup -Name rg01 -Force
PS C:\> Set-SRPartnership -NewSourceComputerName SR-SRVCLUSB -SourceRGName rg02 -DestinationComputerName SR-SRVCLUSA -De
stinationRGName rg01

確認
確定要執行此動作?
正在對複寫群組 rg02 執行操作「設定來源複寫群組」。這可能會導致資料遺失。確定要繼續?
[Y] 是(Y)  [A] 全部皆是(A)  [N] 否(N)  [L] 全部皆否(L)  [S] 暫停(S)  [?] 說明 (預設值為 "Y"):
PS C:\>
```

圖 43　設定反向叢集複寫

想要確認是否已經完成了反向複寫設定，只要如圖 44 所示執行 Get-SRPartnership 命令，再查看來源與目的地的叢集與複寫群組名稱，是否已經完成交換即可。進一步開啟原本作為來源的叢集資料複寫磁碟，查看是否是最新一次的更新資料。

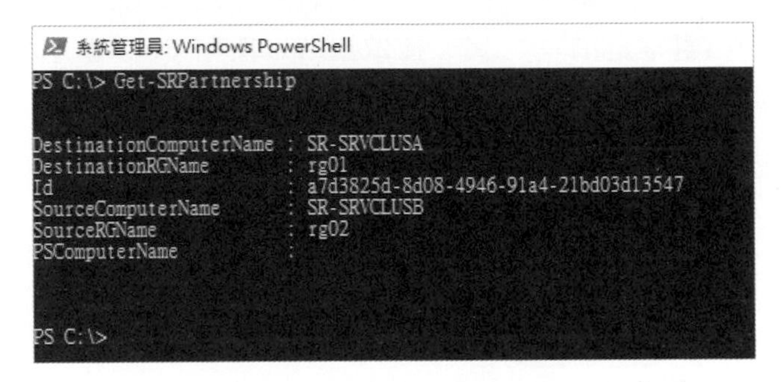

圖 44　檢視叢集複寫資訊

當你想要解除兩叢集之間的儲存複寫時，只要如圖 45 所示執行以下命令參數，即可依序先移除複寫成員關係的設定，再完成複寫群組的設定。

```
Get-SRPartnership | Remove-SRPartnership
Get-SRGroup | Remove-SRGroup
```

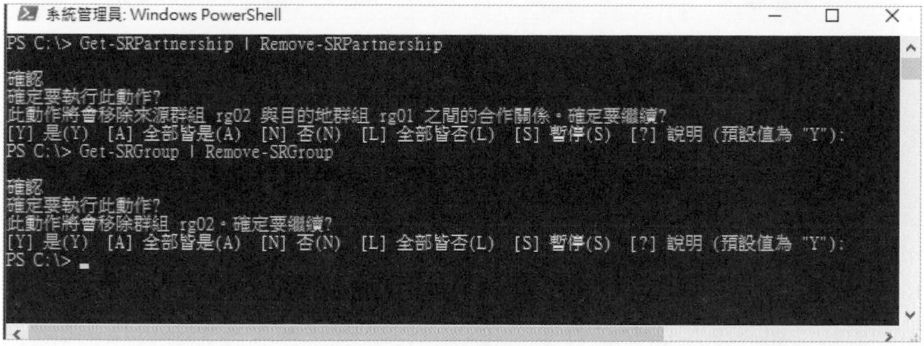

```
系統管理員: Windows PowerShell
PS C:\> Get-SRPartnership | Remove-SRPartnership

確認
確定要執行此動作?
此動作將會移除來源群組 rg02 與目的地群組 rg01 之間的合作關係。確定要繼續?
[Y] 是(Y)  [A] 全部皆是(A)  [N] 否(N)  [L] 全部皆否(L)  [S] 暫停(S)  [?] 說明 (預設值為 "Y"):
PS C:\> Get-SRGroup | Remove-SRGroup

確認
確定要執行此動作?
此動作將會移除群組 rg02。確定要繼續?
[Y] 是(Y)  [A] 全部皆是(A)  [N] 否(N)  [L] 全部皆否(L)  [S] 暫停(S)  [?] 說明 (預設值為 "Y"):
PS C:\> _
```

圖 45　移除叢集複寫

本章最後建議你對於往後有關於儲存複寫的維護與管理，無論所採用的架構為何，皆可以參考表 1 的說明，再針對想要執行的命令，透過 Get-Help 命令搭配-Example 與-Detailed 參數，來查詢用法說明。

表 1　StorageReplica 命令用途一覽

命令	用途
Clear-SRMetadata	刪除未參照的儲存複寫資料
Export-SRConfiguration	匯出複寫組態設定至一個 PowerShell Script
Get-SRAccess	檢視 Cluster 之間的安全存取設定
Get-SRDelegation	檢視在儲存複寫伺服器上的權限委派設定
Get-SRGroup	檢視複寫群組資訊
Get-SRNetworkConstraint	檢視儲存複寫伺服器成員間的網路限制設定
Get-SRPartnership	檢視儲存複寫伺服器成員間的關係
Grant-SRAccess	授予已啟用儲存複寫的 Cluster 配對存取權限
Grant-SRDelegation	在指定的儲存複寫伺服器上委派權限
New-SRGroup	建立一個新的複寫群組
New-SRPartnership	建立一個擁有兩個複寫群組的複寫成員設定
Remove-SRGroup	移除一個複寫群組
Remove-SRNetworkConstraint	移除所有現行的複寫網路限制設定
Remove-SRPartnership	移除一個複寫成員關係設定
Revoke-SRAccess	撤銷容錯移轉叢集間已允許的複寫安全設定
Revoke-SRDelegation	撤銷指定儲存複寫伺服器的委派設定
Set-SRGroup	修改複寫群組設定
Set-SRNetworkConstraint	修改複寫網路限制設定

命令	用途
Set-SRPartnership	修改複寫成員關係設定
Suspend-SRGroup	暫停一個指定的複寫群組運作
Sync-SRGroup	開始或繼續同步指定的複寫群組
Test-SRTopology	測試儲存複寫拓樸

Windows Server 2016 截至目前為止，無論是哪一種 Storage Replication 架構，就筆者的觀點看來，仍有許多待改善以及增強的功能需求。首當其衝就是擁有一個專屬的圖形管理介面，而且最好是一個以 Web 為基礎的版本設計，而非透過傳統 MMC 或伺服器管理員介面，以便 IT 人員可以隨時經由任何行動裝置，來即時監視複寫的健康狀態、複寫流量、同步進度、資源負載情形，以及可隨時異動複寫的方向設定等等。

由官方所公佈的一項可能的新功能，就是延伸式的複寫支援，簡單來說就是在既有的 Server to Server 或 Cluster to Cluster 複寫架構中，可以增加一個複寫至另一部 Server 或 Cluster，以提升在大型組織中，對於重要 IT 應用程式與服務的資料可用性。

第 14 章 延展式叢集複寫備援實戰

你是否評估過在企業 IT 環境之中，針對關鍵系統的叢集架構，所能夠達到的即刻備援程度。想想看若現行的架構設計，僅能夠達到單一營運處內的伺服器備援機制，是否足以因應未來各種人為與天災的破壞，所造成的巨額商業損失。

本章將指引讀者藉由 Windows Server 2016，部署橫跨異地的延展式叢集複寫（Stretch Cluster Replication）架構，讓你的組織即便在面臨重大災禍的突襲下，仍可以繼續維持關鍵 IT 應用服務的正常運作。

14.1 簡介

重大天災、人禍、疾病是這幾年在全球各地不斷發生的事件，其中又以突如其來的天災更是難以防範，這包括了像是大地震、大洪水、暴風雪、龍捲風、火災等等，而且隨著溫室效應與氣候變遷的因素之下，這些災害所造成的破壞更是日趨嚴重。想想看，上述任一事件只要發生在企業營運處的所在位置，輕者會造成硬體設施的毀損，重者可能讓整個 IT 運作停擺、數位資產遺失。

俗話說預防勝於治療，企業 IT 若想要有效因應突如其來的災害，異地備份與異地備援的預防措施，肯定不可少。只是從架構技術的觀點上，要做到異地備份的作業並不難，只要異地之間的網路頻寬與連線沒有問題，再搭配 Windows Server 內建的備份工具，或是第三方的備份軟體即可解決。

可是如果想要做到即時的異地備援機制，以便在災害發生時，讓各種來源的用戶端連線，可以自動被導向至正常運行中的伺服器，最好的建構方式，就是先部署以叢集（Cluster）為基礎的高可用性（HA）架構，如此一來就可以讓絕大多數的伺服端應用系統，包括了檔案伺服器以及 Hyper-V 在內的 IT 服務，直接提供廣泛用戶端不間斷的永續服務。

值得注意的是在 Windows Server 2003 版本時期的 Cluster 技術，還尚未支援跨子網路（站台）的部署，而是從 Windows Server 2008 版本開始才正式支援，也唯有如此，才能夠在本地端的叢集節點運作全部因故停擺時，自動切換至異地的叢集節點來繼續提供服務。

為了達成這項任務，接下來就要學習以 Windows Server 2016 為基礎的容錯移轉叢集（Failover Cluster），來完成跨異地的叢集節點部署，並且進一步完成後端儲存區的異地同步複寫，也就是目前唯一在 Windows Server 2016 Datacenter 版本中，才有提供的延展式叢集複寫（Stretch Cluster Replication）架構技術。

14.2 前置準備作業

為了讓後續有關跨異地的叢集節點部署，以及結合延展式儲存複寫的功能能夠順利完成，以下的前置準備工作與注意事項是必要的。

- 所有叢集節點伺服器都必須在相同的 Active Directory 之中，不過網域控制站可以不需要是 Windows Server 2016 版本。
- 所有叢集節點的伺服器，必須是 Windows Server 2016 Datacenter 版本。如果你目前使用的是 Standard 版本，可以在有合法授權金鑰的情況之下進行就地升級作業。它目前支援的叢集節點數量高達 64 個。
- 針對橫跨不同 Active Directory 站台的叢集節點，需要有各自連接的共用儲存區，例如採用 SAS 共用儲存設備、光纖通道 SAN 或是 iSCSI Target 等等。在此筆者準備了 SR-SRV01、SR-SRV02 兩部伺服器於 TP 站台網路之中，以及 SR-SRV03、SR-SRV04 兩部伺服器於 KH 站台網路之中。如圖 1 所示，筆者先準備好了兩個站台網路與各自的網域控制站。
- 每一部叢集節點伺服器，皆必須預先連線好各自站台中所準備的儲存區，而且至少要有兩個磁碟，一個用來做為叢集資料磁碟，另一個則是用來作為存放複寫記錄檔的磁碟。兩個磁碟的初始化都必須選擇 GPT 而非 MBR。
- 每一部叢集節點伺服器，請預先完成[檔案伺服器]角色與[檔案伺服器資源管理員]功能的安裝。

- 每個叢集節點伺服器必須至少有 2GB 的 RAM 以及雙核心的 CPU。
- 叢集節點之間複寫的網路速度，至少得在 1GbE 以上，理想則是採用 RDMA 的連接方式。
- 防火牆部分必須允許在所有叢集節點之間，使用 ICMP 與 SMB 的連接埠（Port=445，若為 SMB Direct 請再加入 Port=5445）以及 WS-MAN（Port=5985）的連接埠。
- 準備用於複寫的儲存區，不可以是位在 Windows 的系統磁碟之中。

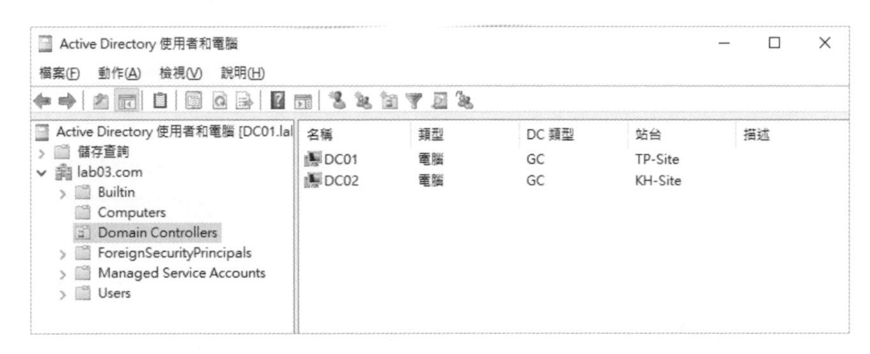

圖 1　DC 與 Site 關係

14.3 容錯移轉叢集的建立

首先必須先將橫跨兩個 Active Directory 站台的 Windows Server 2016 Datacenter 主機，建立成一個擁有四部節點的容錯移轉叢集（Failover Clustering）。

在建立之前，最好像如圖 2 所示一樣，先透過以下的 Test-Cluster 命令，來測試一下這四個節點的 Windows Server 是否有相容性的問題。若執行後沒有出現錯誤或警示訊息，表示這四部 Windows Server 2016 主機，皆已經符合建立一個叢集的基本要件。

```
Test-Cluster SR-SRV01, SR-SRV02, SR-SRV03, SR-SRV04
```

```
系統管理員: Windows PowerShell
PS C:\> Test-Cluster SR-SRV01, SR-SRV02, SR-SRV03, SR-SRV04

Mode                LastWriteTime         Length Name
----                -------------         ------ ----
-a----        2017/3/8  上午 09:26        1368741 驗證報告 2017.03.08 於 09.17.58.htm


PS C:\>
```

圖 2　測試叢集的建立

完成叢集建立的測試之後，其 HTML 的報告將會產生在目前登入使用者自家的目錄之中，例如筆者使用的是 LAB03 這個網域的 Administrator 帳戶，則它存放的預設路徑就是 C:\Users\Administrator.LAB03\AppData\Local\Temp，其中 AppData 這個資料夾是隱藏的，你必須透過檔案管理員介面的[選項]設定，讓它顯示隱藏的資料夾與檔案。

如圖 3 所示便是叢集測試報告範例，報告中只要沒有錯誤便可以開始建立叢集，若是有警告訊息，最好可以查看一下是否會影響後續叢集的運作。

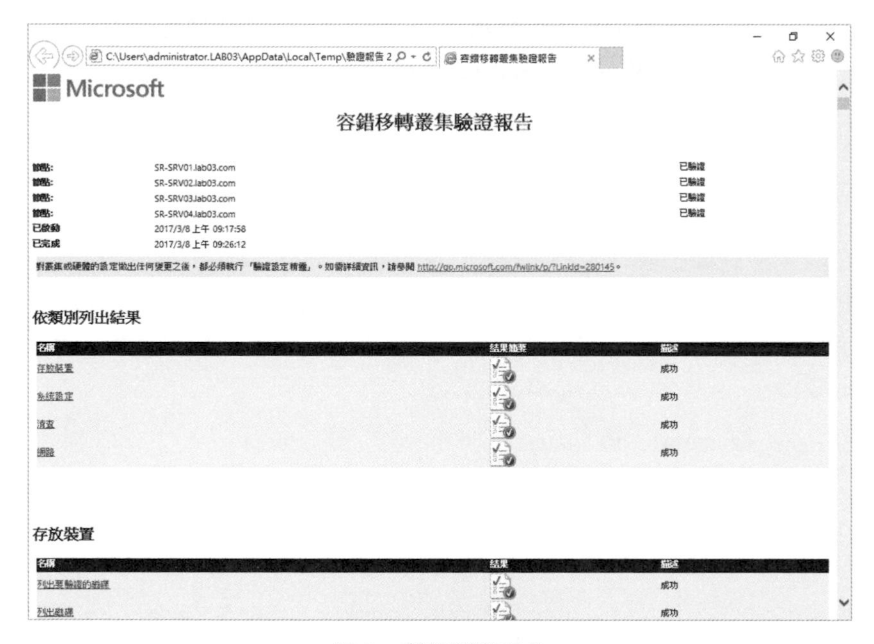

圖 3　叢集測試報告

接下來你可以如圖 4 所示嘗試使用以下命令，來建立一個新的容錯移轉叢集，其中 192.168.7.251 是筆者所指定的叢集 IP 位址，可是執行後卻出現了錯誤訊息。

其實這是因為在我們所準備的叢集節點主機之中，SR-SRV01 與 SR-SRV02 是屬於 192.168.7.0/24 的網段，而 SR-SRV03 與 SR-SRV04 則是屬於 172.168.7.0/24 的網段，因此需要指派兩個叢集 IP 位址才可以，也就是在-StaticAddress 參數部分，必須改設定成-StaticAddress 192.168.7.251,172.168.7.251。

```
New-Cluster -Name SR-SRVCLUS -Node SR-SRV01, SR-SRV02, SR-SRV03, SR-SRV04 -StaticAddress 192.168.7.251
```

圖 4　建立跨站台的叢集錯誤

前面是透過 New-Cluster 的命令參數來建立叢集。如圖 5 所示則是透過[容錯移轉叢集管理員]介面，來開啟建立新叢集的設定範例。在此只要透過點選[瀏覽]按鈕，來加入四個節點的 Windows Server 2016 Datacenter 主機即可。點選[下一步]繼續。

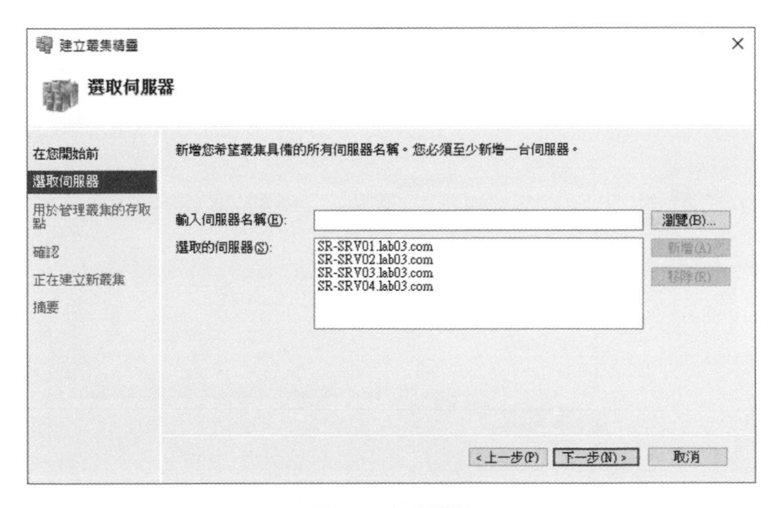

圖 5　建立叢集

在如圖 6 所示的[用於管理叢集的存取點]頁面中，我們一樣輸入了 SR-SRVCLUS 來做為新叢集名稱，必須注意此名稱不能超過 15 個字元，再分別輸入兩個網段各自的叢集 IP 位址。點選[下一步]。

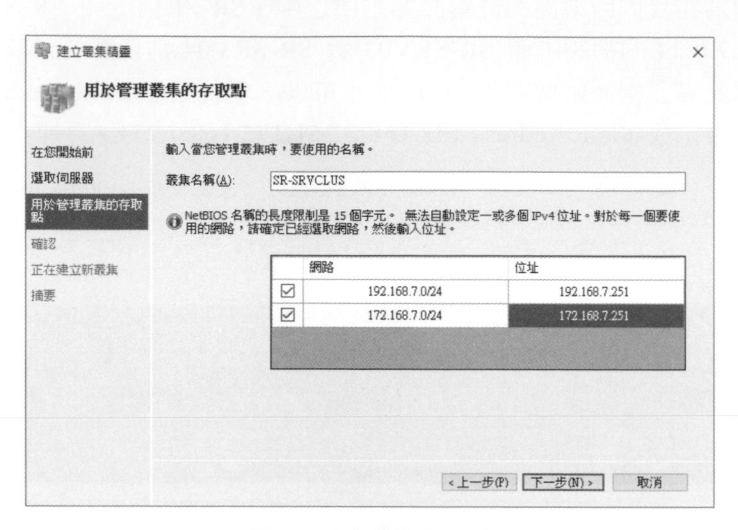

圖 6　設定叢集存取點

在如圖 7 所示的[確認]頁面中，可以看到即將建立的叢集名稱與四個節點伺服器資訊。請將預設勾選的[新增適合的儲存裝置到叢集]選項取消，這是因為筆者並不打算使用叢集共用磁碟做為見證（仲裁）磁碟，而是有更好的選擇，那就是採用檔案共用見證或是 Azure 雲端見證。點選[下一步]完成新叢集的建立。

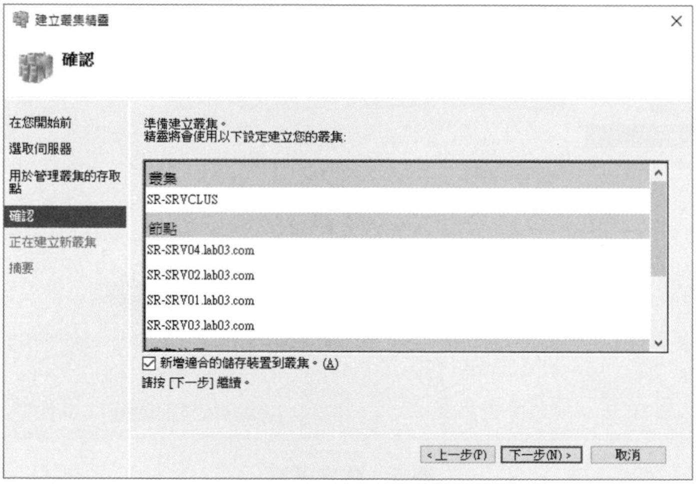

建立叢集精靈
確認
在您開始前
選取伺服器
用於管理叢集的存取點
確認
正在建立新叢集
摘要
準備建立叢集。
精靈將會使用以下設定建立您的叢集:
叢集
SR-SRVCLUS
節點
SR-SRV04.lab03.com
SR-SRV02.lab03.com
SR-SRV01.lab03.com
SR-SRV03.lab03.com
新增適合的儲存裝置到叢集。(A)
請按 [下一步] 繼續。
< 上一步(P)
下一步(N) >
取消

圖 7　確認新叢集設定

接下來請準備檔案共用見證資料夾，以取代上一步驟中所提到的叢集仲裁磁碟。如圖 8 所示這是我們在網域控制站主機中，所建立的一個名為 Quorum 的共用資料夾，並且記得務必賦予前面所建立的 SR-SRVCLUS 叢集，擁有[完全控制]的權限。

圖 8　準備檔案共用見證資料夾

準備好了檔案共用見證資料夾之後，就可以在 PowerShell 介面中，如圖 9 所示執行 Set-ClusterQuorum -FileShareWitness \\DC01\Quorum 命令參數，來完成叢集見證的設定。然而除了可以透過命令參數來建立見證設定之外，你也可以經由[容錯移轉叢集管理員]的圖形介面，來開啟見證設定精靈。

後續在開啟[容錯移轉叢集管理員]介面之後，便可以在叢集節點的頁面中，發現檔案共用見證的連線設定，出現在[叢集核心資源]的區域中。

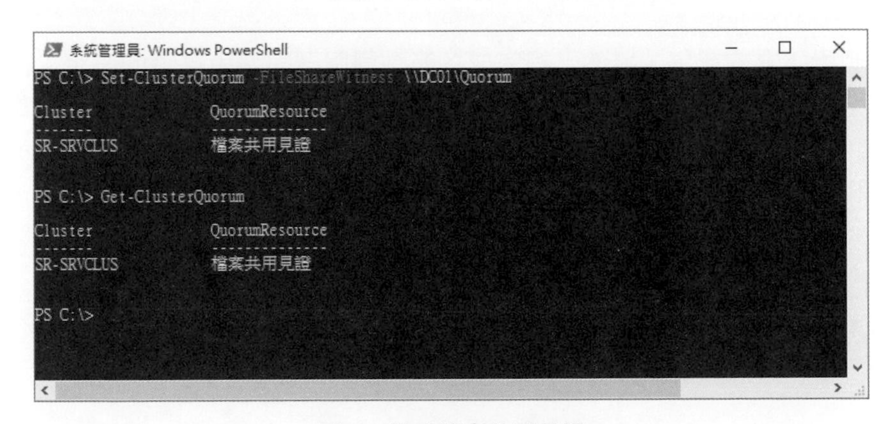

圖 9　設定檔案共用見證

在一切就緒之後，讓我們回到如圖 10 所示的[容錯移轉叢集管理員]介面。在此可以清楚看到在[節點]的頁面中，已經有四部叢集的節點伺服器，正於線上運作之中，並且可以查看每一個節點伺服器的摘要、網路連線、角色、磁碟、集區以及實體磁碟的資訊。

此外，你也可以隨時以遠端桌面的連線方式，直接連入該伺服器桌面之中進行操作。未來如果有新的叢集節點要加入，只要點選位在[動作]窗格之中的[新增節點]即可。

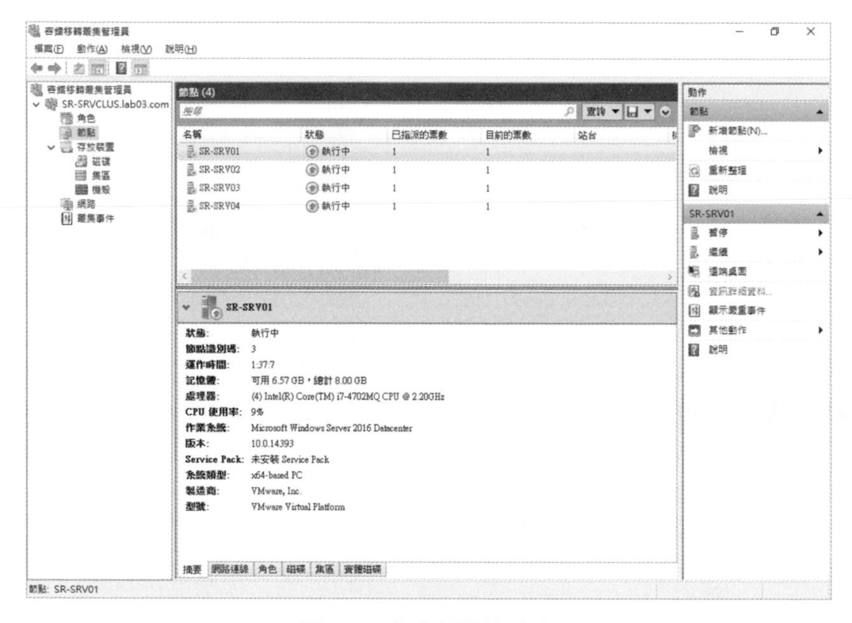

圖 10 完成新叢集建立

前面我們所建立的叢集，雖然已經完成各節點伺服器與共用見證的設定了，然而萬事俱全只欠東風，也就是尚未加入所要使用的叢集磁碟。請在[存放裝置]\[磁碟]頁面中，點選位在[動作]窗格之中的[新增磁碟]，來開啟如圖 11 所示的頁面，並將所有要加入的磁碟勾選之後點選[確定]即可。

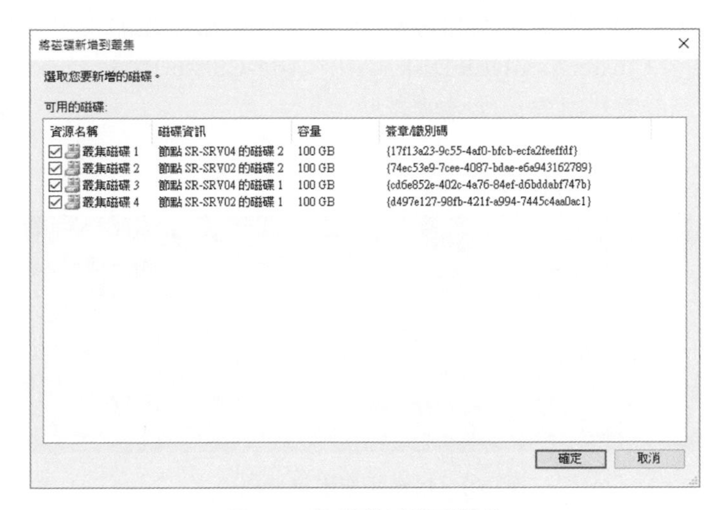

圖 11　將磁碟新增到叢集

回到如圖 12 所示的[磁碟]頁面中，仔細一看會發現目前筆者的叢集擁有者節點是 SR-SRV04，而它目前所連接的叢集磁碟，卻只有其中兩個是處於線上，這是怎麼一回事呢？很簡單！因為其中兩個磁碟的共用儲存區，是位在另一個 Active Directory 站台的網路中，當然無法連線，不過只要完成延展式叢集的複寫設定後，其結果將會不同。

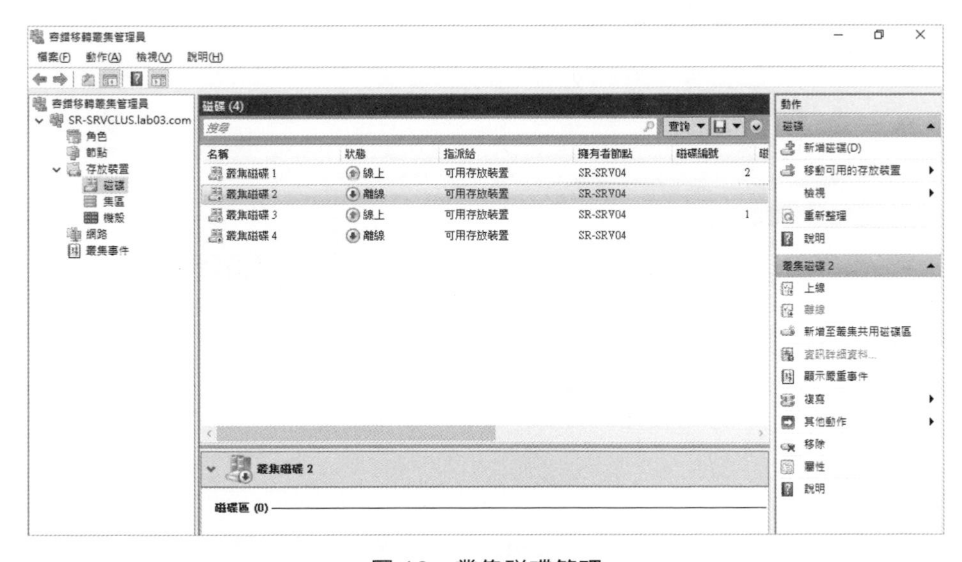

圖 12　叢集磁碟管理

有關於叢集磁碟的加入，如果你想透過 PowerShell 命令來加入，只要像如圖 13 所示一樣，執行 ClusterAvailableDisk -All | Add-ClusterDisk 命令參數，就可以把現行所有可用的叢集磁碟一次完成新增。

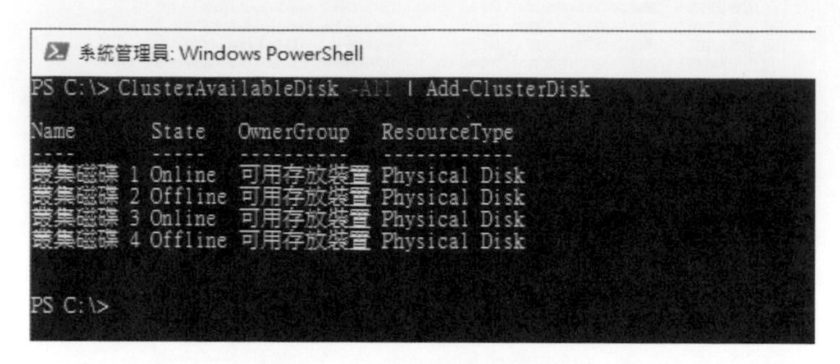

圖 13　以命令新增叢集磁碟

14.4　檔案伺服器角色的建立

接下來必須在這個叢集中來建立檔案伺服器角色，以便讓用戶端或是其他應用程式伺服器，可以連接存取這個叢集架構下的共用儲存區。請在[角色]頁面的[動作]窗格之中點選[設定角色]。在如圖 14 所示的[選取角色]頁面，請選取[檔案伺服器]並點選[下一步]繼續。

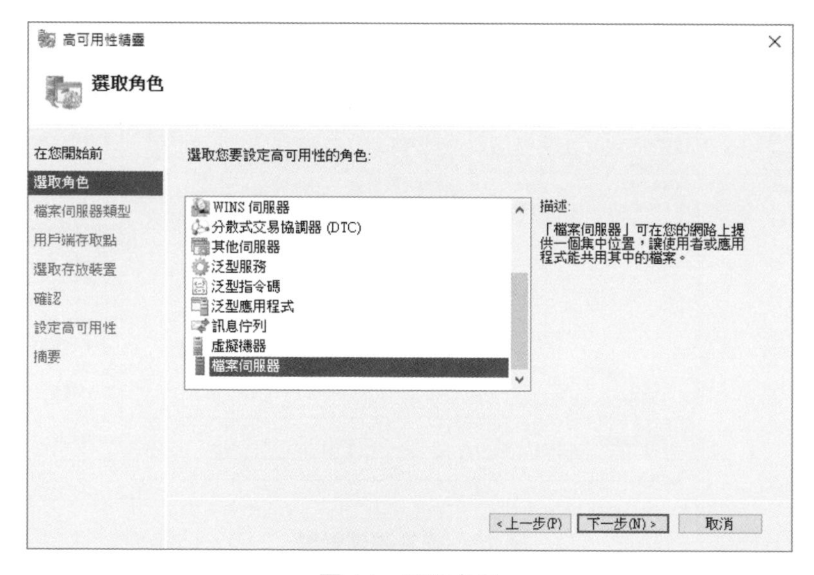

圖 14　選取角色

在如圖 15 所示的[檔案伺服器類型]頁面中，分別有[一般用途的檔案伺服器]以及[用於應用程式資料的向外延展檔案伺服器]。對於純粹的檔案伺服器功能之使用，前者會是最佳的選擇，因為它支援了重複資料刪除技術、檔案伺服器資源管理員、NFS 通訊協定、DFS 複寫等等。

而在叢集與延展式複寫功能的加持下，更是徹底實踐了本地端與異地端的熱備援機制，至於後者則適用於像是前端 Hyper-V 或 SQL Server 等等支援它的平台。點選[下一步]。

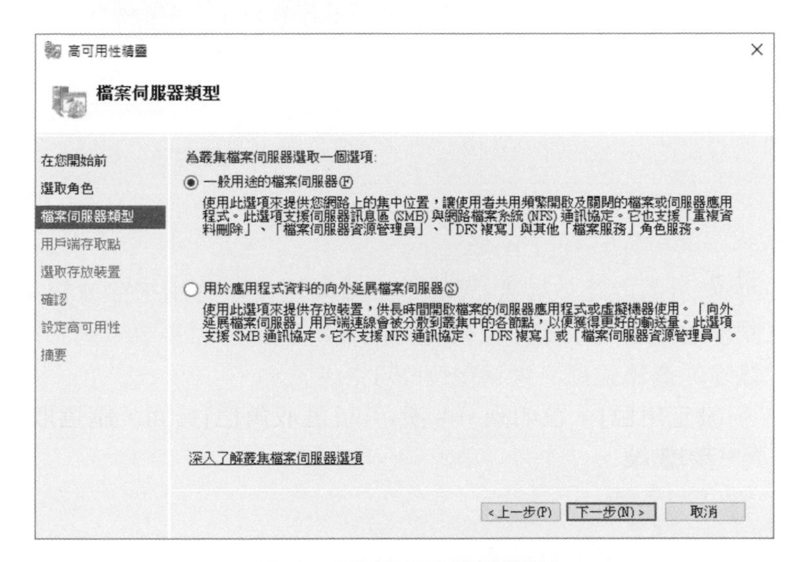

圖 15　選擇檔案伺服器類型

在如圖 16 所示的[用戶端存取點]頁面中，請為這個叢集的檔案伺服器，設定一個存取點名稱以及兩個 IP 位址，其中存取點名稱筆者將它設定為 SR-CLU-FS，如此便可以讓位在兩個不同站台網路中的用戶端與伺服器，連線存取到這個叢集的檔案共用資源。點選[下一步]。

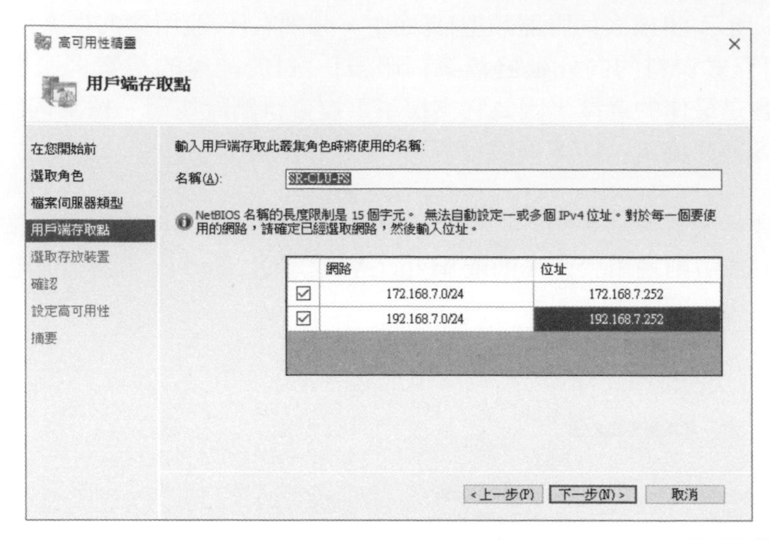

圖 16　設定用戶端存取點

在如圖 17 所示的[選取存放裝置]頁面中，請勾選後續將用來存放檔案資料的叢集磁碟，它同樣也將會是後續建立複寫時的資料磁碟，而不要勾選到後續將用來存放複寫記錄檔的叢集磁碟。點選[下一步]完成設定。

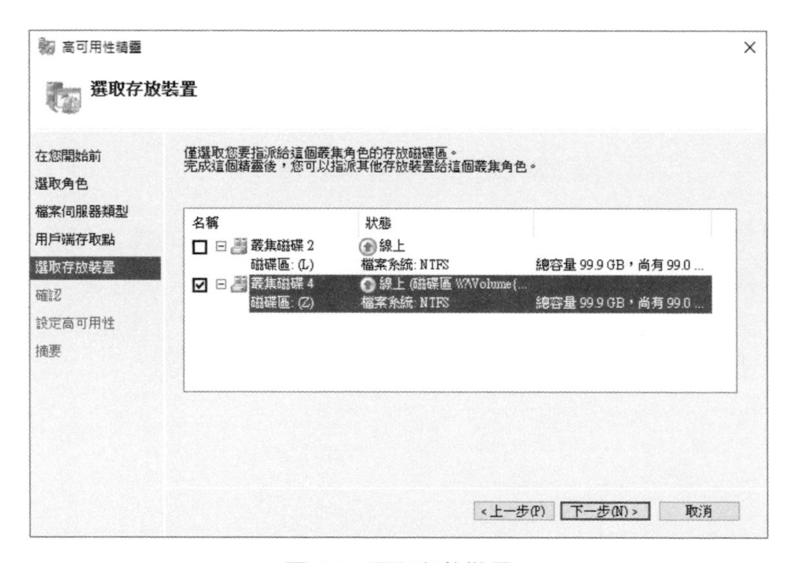

圖 17　選取存放裝置

在如圖 18 所示的[摘要]頁面中，可以檢視前面步驟中所完成的各項設定值，若想要查看更完整的報告，可以進一步點選[檢視報告]按鈕。點選[完成]。

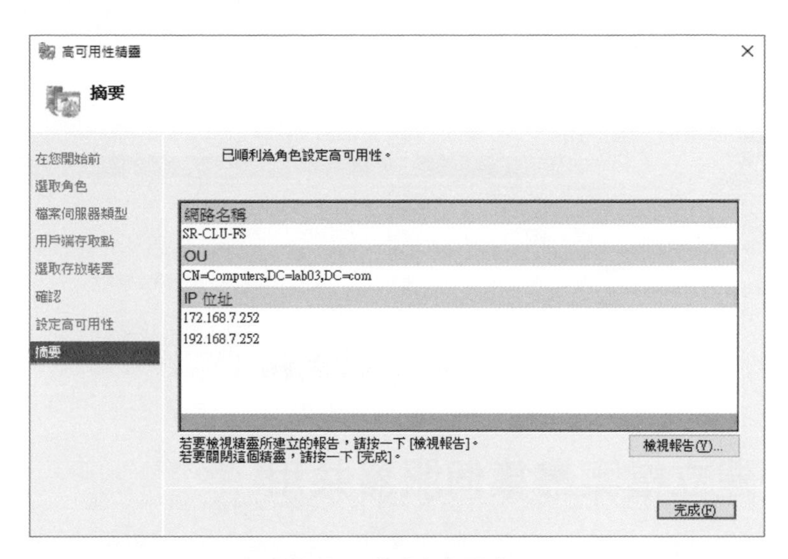

圖 18　完成角色設定

完成了容錯移轉叢集中的檔案伺服器角色設定之後，網域內的 DNS 服務將會像如圖 19 所示一樣，自動新增一筆相對的 A 記錄（SR-CLU-FS）設定，以便讓用戶端與其他伺服器可以解析到此主機名稱。

DNS 管理員
檔案(F)　動作(A)　檢視(V)　說明(H)

DNS
DC01
正向對應區域
_msdcs.lab03.com
lab03.com
反向對應區域
信任點
條件式轉寄站

名稱	類型	資料	時間戳記
_msdcs			
_sites			
_tcp			
_udp			
DomainDnsZones			
ForestDnsZones			
(和父系資料夾相同)	起始點授權 (SOA)	[90], dc01.lab03.com., h	靜態
(和父系資料夾相同)	名稱伺服器 (NS)	dc02.lab03.com.	靜態
(和父系資料夾相同)	名稱伺服器 (NS)	dc01.lab03.com.	靜態
(和父系資料夾相同)	主機 (A)	192.168.7.247	2017/3/8 下午 04:00:00
(和父系資料夾相同)	主機 (A)	172.168.7.247	2017/3/1 下午 01:00:00
dc01	主機 (A)	192.168.7.247	靜態
DC02	主機 (A)	172.168.7.247	靜態
SR-CLU-FS	主機 (A)	192.168.7.252	2017/3/9 下午 01:00:00
SR-SRV01	主機 (A)	192.168.7.248	2017/3/9 上午 09:00:00
SR-SRV02	主機 (A)	192.168.7.249	2017/3/9 上午 08:00:00
SR-SRV03	主機 (A)	172.168.7.248	2017/3/1 下午 02:00:00
SR-SRV04	主機 (A)	172.168.7.249	2017/3/1 下午 03:00:00
SR-SRVCLUS	主機 (A)	192.168.7.251	2017/3/9 上午 08:00:00

圖 19　查看 DNS 記錄

緊接著你可以開啟[Active Directory 使用和電腦]介面，切換至如圖 20 所示[Computers]的容器頁面中，也將可以看到系統所自動建立一個電腦物件（SR-CLU-FS），而且在描述之中，也有特別說明是容錯移轉叢集虛擬網路名稱的帳戶。

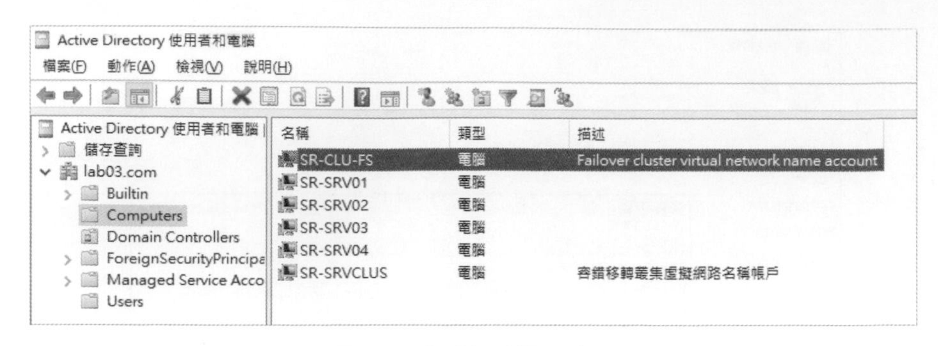

圖 20 查看網域電腦清單

14.5 建立檔案叢集伺服器共用

在完成了容錯移轉叢集下的檔案伺服器角色設定之後，接下來就可以開始建立給不同單位使用者，以及將提供給特定伺服器應用程式連線存取的共用資料夾，並且配置好各自所需要的存取權限。請如圖 21 所示在[角色]的頁面中，選取剛剛設定好的檔案伺服器角色，按下滑鼠右鍵點選[新增檔案共用]繼續。

圖 21 檔案伺服器角色右鍵選單

接下來將會開啟[新增共用精靈]設定介面。首先在如圖 22 所示的[選取設定檔]頁面中，對於一部企業級的檔案伺服器而言，我會建議你直接選擇[SMB 共用-進階]，主要原因就是因為它可以搭配檔案伺服器資源管理員工具，來管理人員群組存取的配額，並且可以設定進階的存取原則。點選[下一步]。

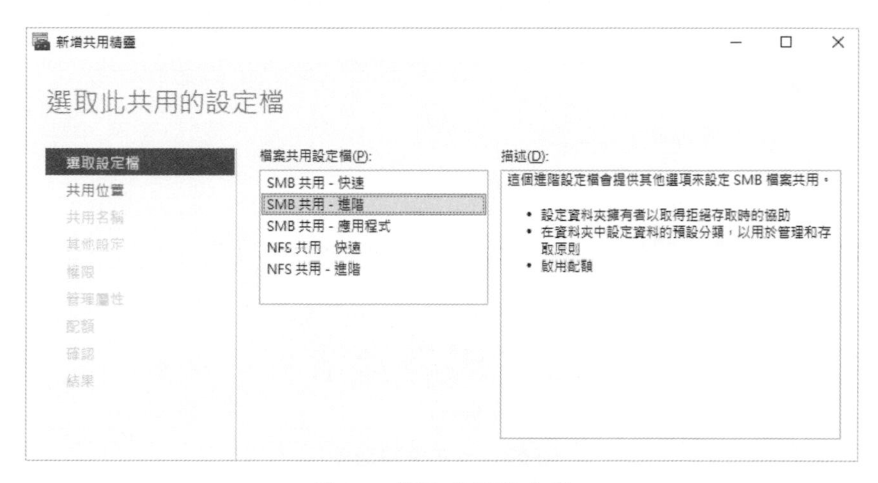

圖 22　選取共用設定檔

在如圖 23 所示的[共用位置]頁面中，請先選取準備用來做為共用位置的磁碟，而系統將會自動在該磁碟的根路徑下，建立一個名為 Shares 的資料夾。必須注意的是在此僅會列出已經安裝[檔案伺服器資源管理員]功能的伺服器，也就是說如果你沒有看到所建立的檔案伺服器角色顯示於此，即表示你尚未在它旗下的每一部節點伺服器中完成此功能安裝。點選[下一步]。

圖 23　共用位置設定

在如圖 24 所示的[共用名稱]頁面中，就可以輸入第一個所要建立的共用名稱，而此名稱也將會自動成為 Shares 資料夾下的一個子資料夾，並且自動產生一個共用的 UNC 遠端存取路徑（\\SR-CLUS-FS\Share01）。點選[下一步]。

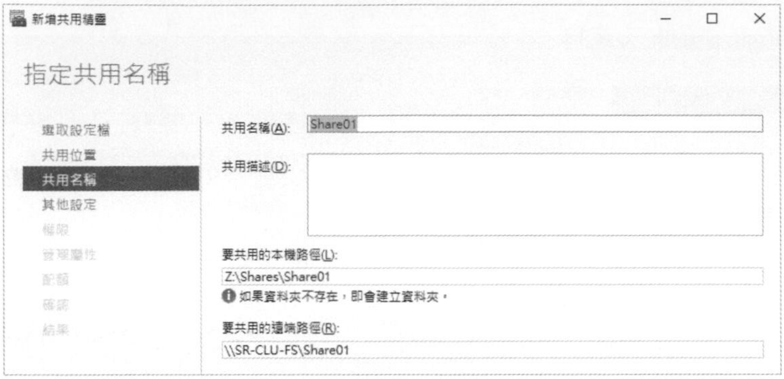

圖 24　共用名稱設定

在如圖 25 所示的[其他設定]頁面中，請將[啟用持續可用性]設定取消勾選，因為這項功能主要是應用在向外延展的檔案伺服器類型，而非一般用途的檔案伺服器類型。至於如果想要讓用戶端的使用者，能夠在離線的狀態下，也能夠存取到最新一次存取的檔案清單，請務必將[允許對共用進行快取]的設定勾選。點選[下一步]。

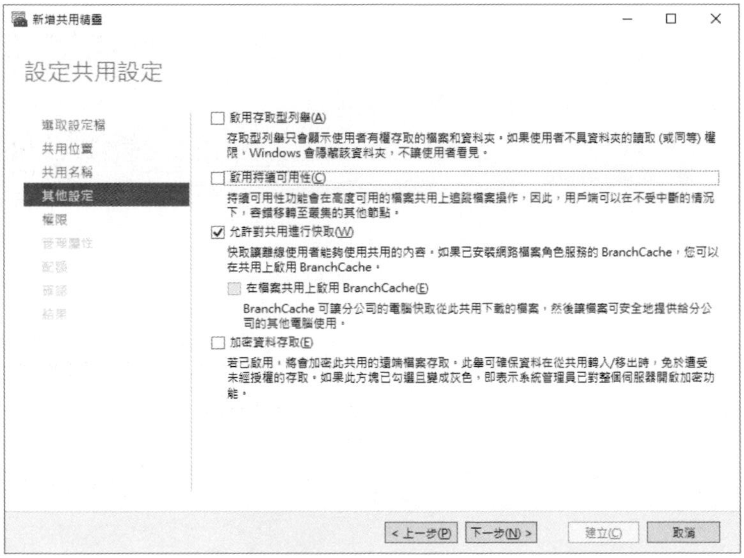

圖 25　其他設定

在如圖 26 所示的[權限]頁面中，可以看見目前此共用資料夾的預設權限清單，不過我們通常只需要開放給特定的使用或群組擁有權限即可，而且針對不同的對象還得配置不同的權限大小，因此你必須點選[自訂權限]按鈕，來完成權限的新增、刪除或是修改。

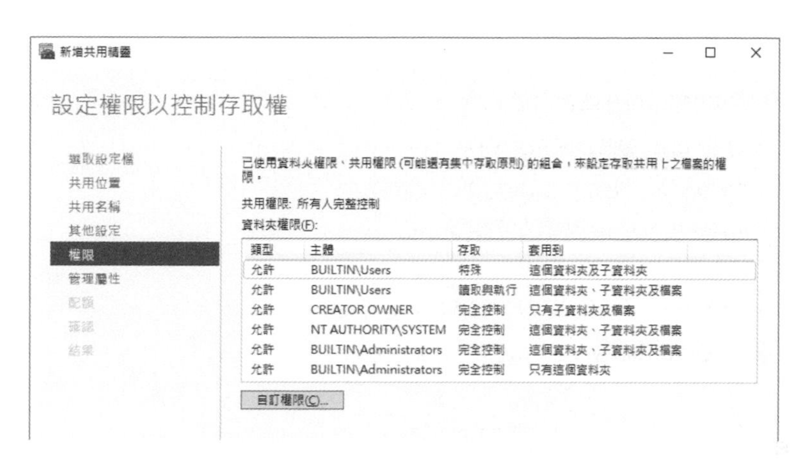

圖 26 存取權限設定

在如圖 27 所示的[管理屬性]頁面中，可以根據所選取的屬性，來決定後續存放於此資料中的檔案類型，並且可以設定資料夾擁有者的 Email 地址，以便在使用者被發生拒絕存取時，能夠透過此 Email 地址來聯繫擁有者。無論如何這一些設定，往後都可以透過[檔案伺服器資源管理員]介面來進行修改。點選[下一步]。

圖 27 管理屬性設定

在如圖 28 所示的[配額]頁面中，你可以根據現有的配額範本，來選擇一個適用的配額設定，而每一個配額範本也皆有臨界值的通知設定。當然你也可以選擇[不要套用配額]，等到後續再透過[檔案伺服器資源管理員]介面，來建立自己設定的配額範本，再完成套用也是可以的。點選[下一步]。在[確認]的頁面中如果確定上述各個步驟的設定無誤，請點選[建立]。

圖 28　用戶配額空間設定

回到如圖 29 所示的[角色]頁面中，就可以在選取所建立的檔案伺服器角色之後，從下方窗格的[共用]頁面之中，查看剛剛所建立的共用資料夾。至於其中的磁碟隱藏共用（Z$），則是叢集預設會自動建立共用。未來管理者仍可以隨時透過[動作]窗格，來停止所選取的共用資料夾或是修改其屬性。

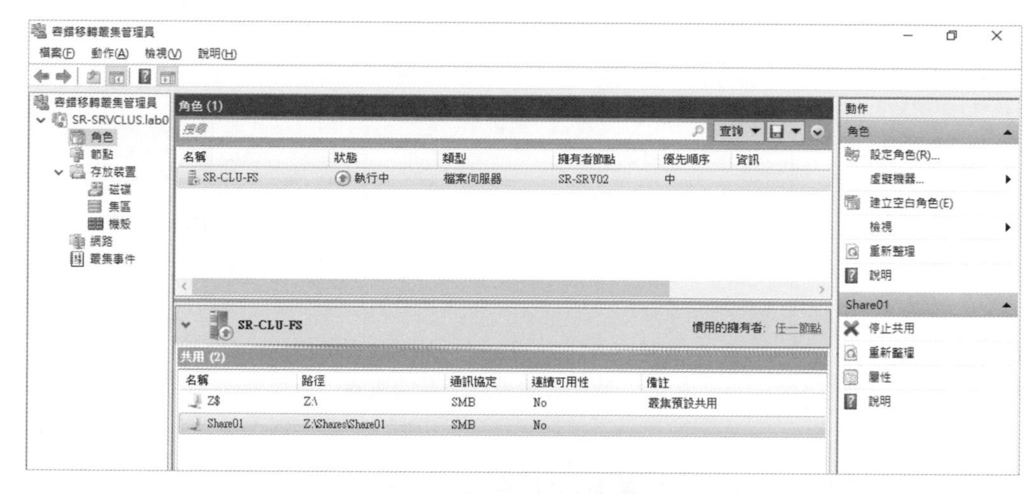

圖 29　共用設定管理

接下來你可以嘗試在目前檔案伺服器的擁有者節點桌面中，開啟[檔案伺服器資源管理員]，在如圖 30 所示的最上層節點上，按下滑鼠右鍵點選[連線到另一台電腦]，挑選我們所建立的叢集檔案伺服器來進行連線。

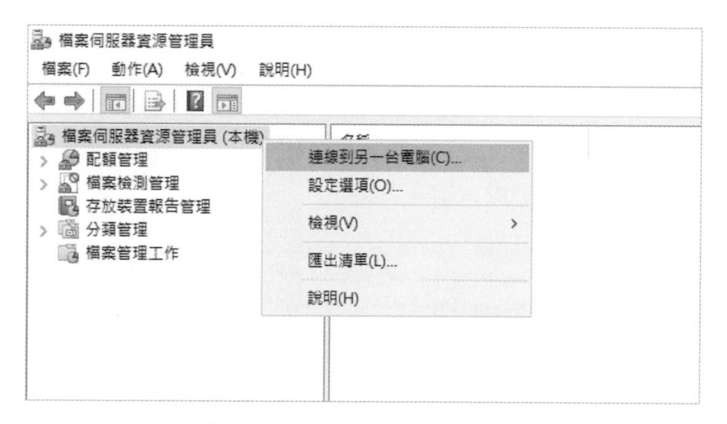

圖 30　檔案伺服器資源管理員

如圖 31 所示便是成功連線叢集檔案伺服器的範例，透過這個[檔案伺服器資源管理員]介面，除了可以自建配額範本套用在叢集的共用資料夾之外，也可以為每一個資料夾選擇分類規則以及檔案檢測，讓檔案的管理更井然有序。

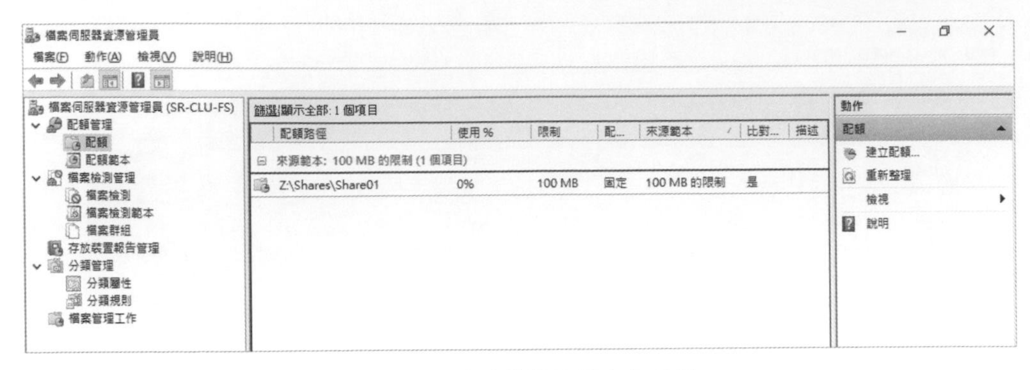

圖 31　成功連線叢集檔案伺服器

14.6 設定延展式叢集站台感知

在本章節的 Active Directory 與叢集各節點伺服器，雖然在實體的網路規劃上，已經將它們分佈在各自所屬的站台（Site）之中，但容錯移轉叢集的管理程式並不知道，這樣的結果將可能導致後續的延展式複寫功能之啟用發生問題。為此我們必須先明確設定好，每一部叢集節點伺服器，它們各自所屬的叢集容錯網域之站台。

首先必須像如圖 32 所示一樣，執行以下命令參數來建立叢集容錯網域，而這裡所輸入的名稱，請與 Active Directory 的站台名稱一致，至於描述（Description）與位置（Location）設定則是可以自訂。

```
New-ClusterFaultDomain -Name TP -Type Site -Description "Primary" -
Location "TP Datacenter"
New-ClusterFaultDomain -Name KH -Type Site -Description "Secondary" -
Location "KH Datacenter"
```

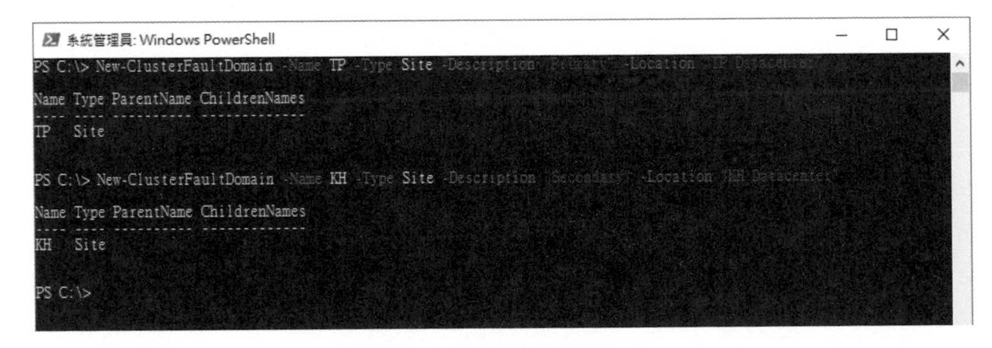

圖 32　新增叢集容錯網域

緊接著就可以指定每一部叢集節點主機，各自所屬的站台名稱了。請如圖 33 所示執行以下命令，來完成四部叢集節點主機的站台設定，並且設定預設喜好的站台名稱，在此筆者以 TP 站台的叢集節點運作為主。

```
Set-ClusterFaultDomain -Name sr-srv01 -Parent TP
Set-ClusterFaultDomain -Name sr-srv02 -Parent TP
Set-ClusterFaultDomain -Name sr-srv03 -Parent KH
Set-ClusterFaultDomain -Name sr-srv04 -Parent KH
(Get-Cluster).PreferredSite="TP"
```

```
系統管理員: Windows PowerShell
PS C:\> Set-ClusterFaultDomain -Name sr-srv01 -Parent TP
PS C:\> Set-ClusterFaultDomain -Name sr-srv02 -Parent TP
PS C:\> Set-ClusterFaultDomain -Name sr-srv03 -Parent KH
PS C:\> Set-ClusterFaultDomain -Name sr-srv04 -Parent KH
PS C:\> (Get-Cluster).PreferredSite="TP"
PS C:\>
```

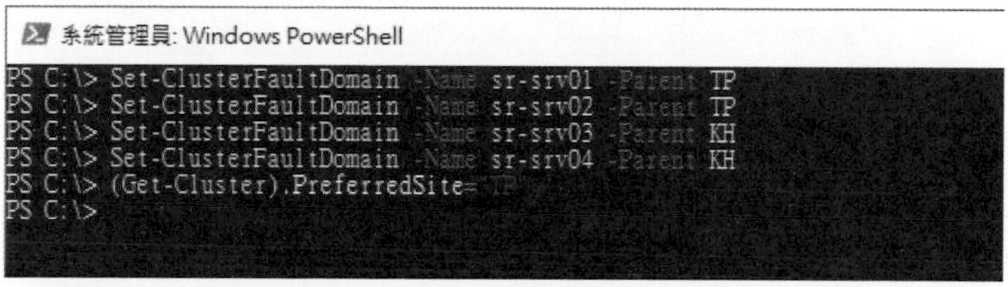

圖 33 設定叢集容錯網域成員

後續如果想要知道目前叢集中，各節點主機的分佈情形，只要如圖 34 所示隨時輸入 Get-ClusterFaultDomain 命令即可。

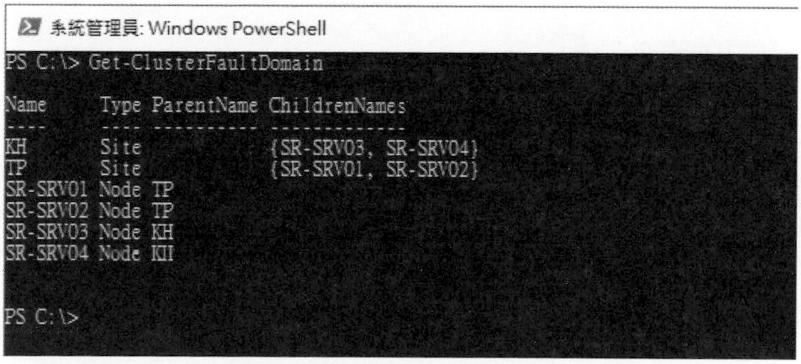

```
系統管理員: Windows PowerShell
PS C:\> Get-ClusterFaultDomain

Name      Type ParentName ChildrenNames
----      ---- ---------- -------------
KH        Site            {SR-SRV03, SR-SRV04}
TP        Site            {SR-SRV01, SR-SRV02}
SR-SRV01 Node TP
SR-SRV02 Node TP
SR-SRV03 Node KH
SR-SRV04 Node KH


PS C:\>
```

圖 34 查詢叢集容錯網域設定

然而在圖形介面的[容錯移轉叢集管理員]中，是否也能夠查看到各節點伺服器的站台分佈呢？答案是可以的，只要像如圖 35 所示點選至[節點]的頁面中，便會發現在[站台]的欄位之中，早已標示好各伺服器節點所屬的站台了。不過目前你可是無法直接透過此介面來修改此設定。

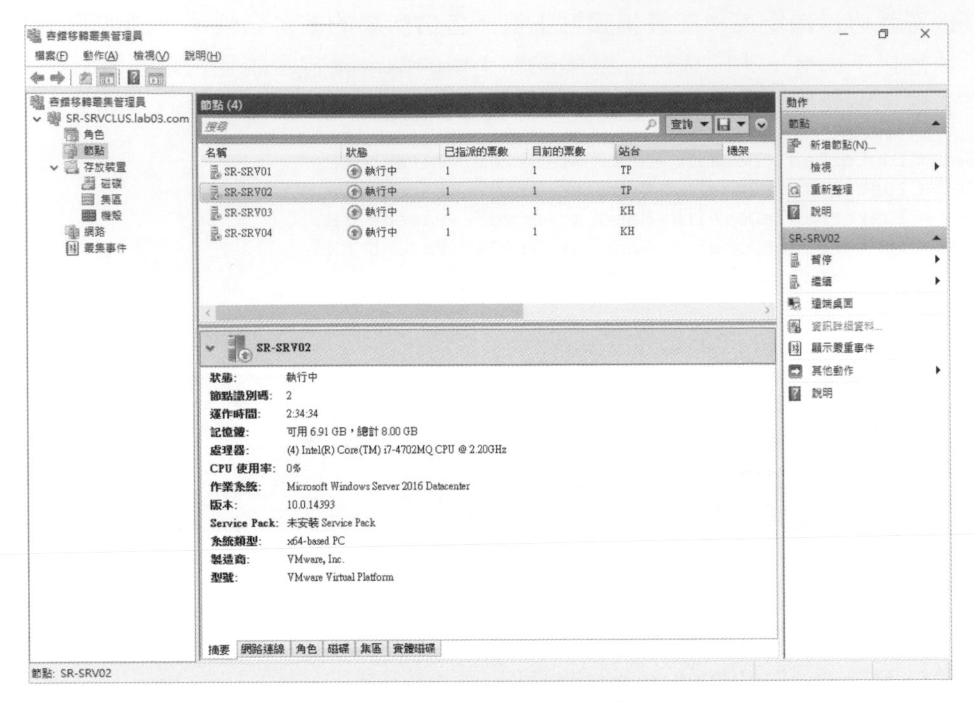

圖 35　檢視叢集節點資訊

14.7　建立延展式叢集複寫

在完成了一連串有關於跨站台的容錯移轉叢集基礎建置、叢集角色設定以及叢集站台感知設定之後，終於可以建立延展式叢集複寫的設定了。值得慶幸的是此類型的複寫設定，和其他類型的儲存複寫設定方式有著很大的不同，因為它目前已提供了圖形設定精靈，讓管理者可以輕鬆完成這看似複雜的設定。

首先請如圖 36 所示，在[存放裝置]\[磁碟]的節點頁面中，選取已經做為檔案伺服器角色使用的叢集磁碟，按下滑鼠右鍵點選[複寫]\[啟用]繼續。

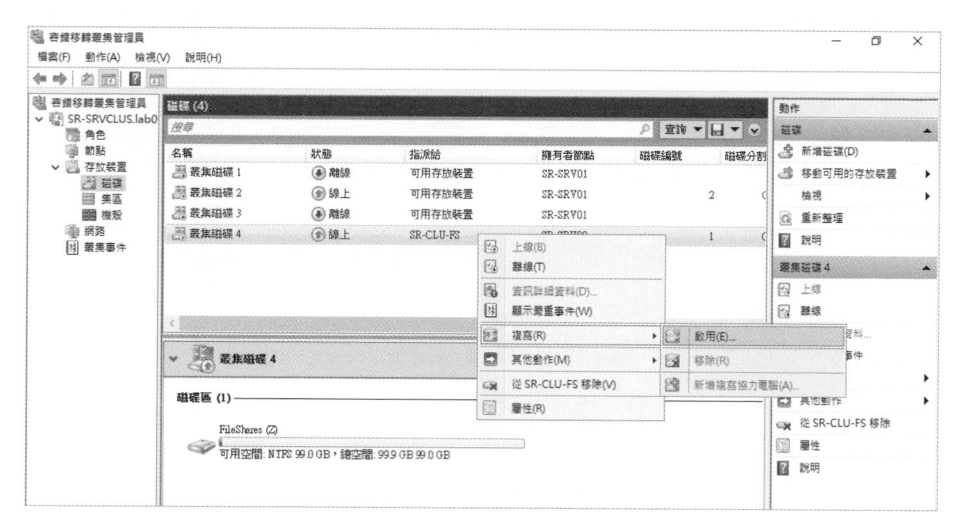

圖 36　複寫右鍵選單

在如圖 37 所示的[選取目的地資料磁碟]頁面中，請確認已勾選了同樣擔任檔案伺服器角色中的目的地叢集資料磁碟，而不是另一個準備用來做為存放複寫記錄檔的叢集磁碟。點選[下一步]。

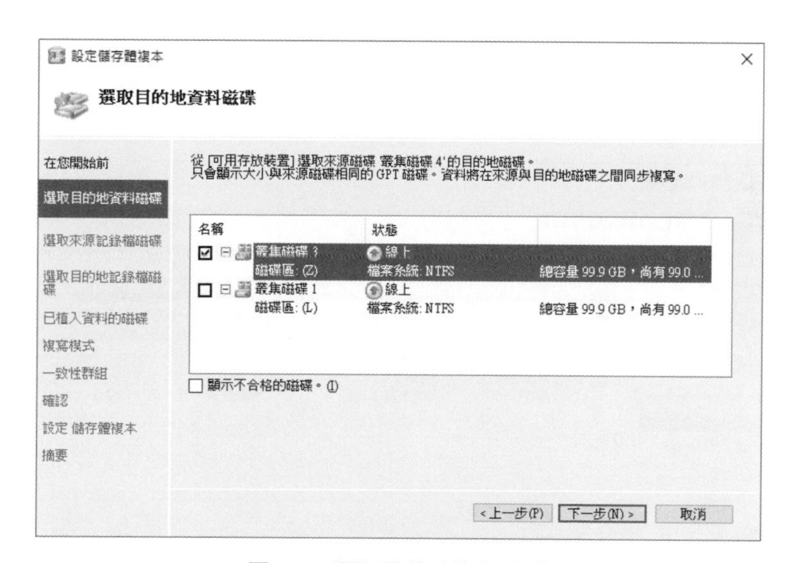

圖 37　選取目的地資料磁碟

在如圖 38 所示的[選取來源記錄檔磁碟]頁面中，請選取已預先準備好用來做為複寫記錄檔的來源叢集磁碟。必須注意的是此叢集磁碟至少得有 8GB 以上的空間，而且最好是使用高速的 SSD 儲存區，以獲得絕佳的 I/O 讀寫效能。

如果想要使用更多空間的記錄檔叢集磁碟，後續仍可以進行修改的。點選[下一步]。

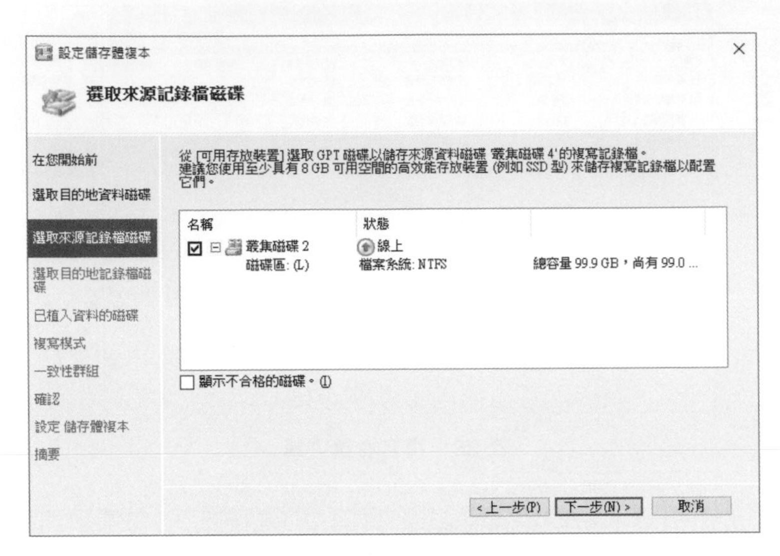

圖 38　選取來源記錄檔磁碟

緊接著在如圖 39 所示的[選取目的地記錄檔磁碟]頁面中，當然得同樣勾選目的地的記錄檔叢集磁碟，而且磁碟容量的大小最好能夠與來源磁碟一致，或是使用更大容量的磁碟。點選[下一步]。

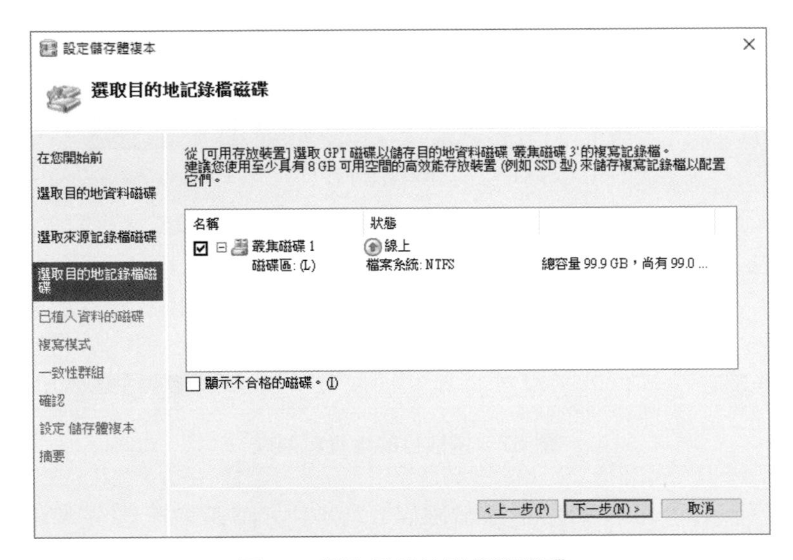

圖 39　選取目的地記錄檔磁碟

在如圖 40 所示的[已植入資料的磁碟]頁面中，可以選擇初始化時的資料植入方式。在此假設目前雙方的叢集磁碟都已經有資料，就可以選取[已植入資料的目的地磁碟]，如此將可以縮短初次複寫同步的時間，這是因為它將會對於不同的檔案資料進行合併，已經存在的相同檔案資料則不會進行複寫。

相反的，如果你想要完全以來源叢集磁碟的資料為主，則可以選擇[覆寫目的地磁碟區]，如此一來目的地叢集磁碟的檔案資料，將完全被來源叢集磁碟中的檔案資料完全取代，因此必須慎選。點選[下一步]。

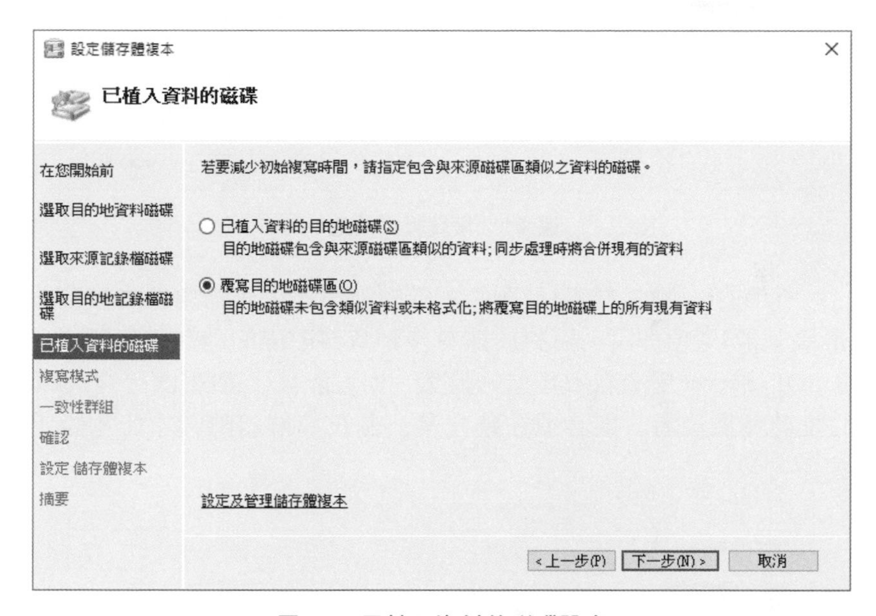

圖 40　已植入資料的磁碟設定

在如圖 41 所示的[複寫模式]頁面中，分別有[同步複寫]以及[非同步複寫]兩種選擇。前者可以幫助你達成零資料遺失、零復原點目標，不過缺點就是得耗用較多的系統資源與網路頻寬。

相對的如果你所部署的複寫目標，是位在較遠距離以及較低頻寬的網路，可以考慮改用後者選項，而它的缺點就是無法保證達成零資料遺失的目標。點選[下一步]。

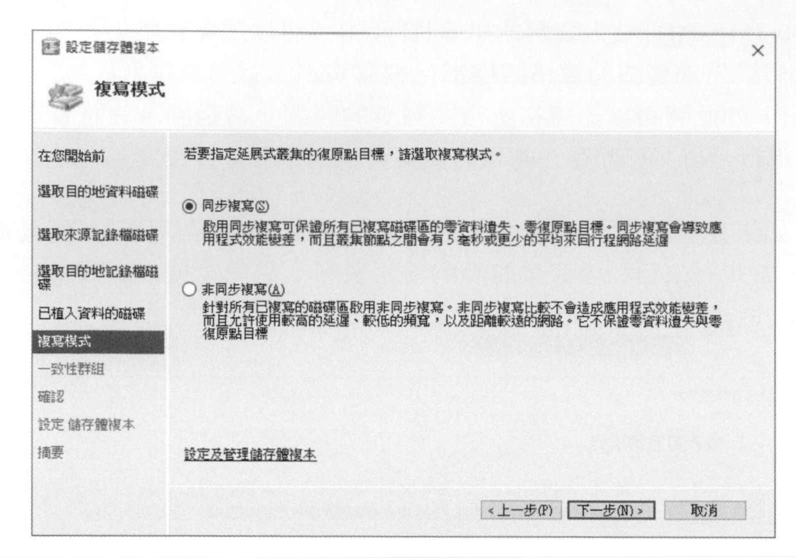

圖 41　複寫模式設定

在如圖 42 所示的[一致性群組]頁面中，針對純檔案伺服器角色的複寫設定，只要選擇[最高效能]選項即可。而對於擁有多顆資料磁碟的儲存複寫關係，並且有存放像是 SQL Server 等資料庫類型的檔案，則可能需要選擇[啟用寫入順序]。必須注意的是若選擇後者，則必須在建立第一個複寫群組時，才能夠設定寫入順序。點選[下一步]。

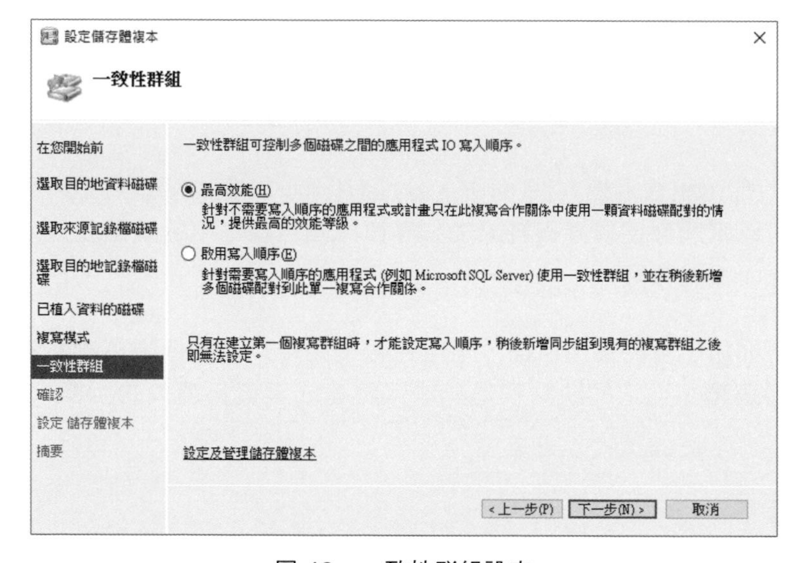

圖 42　一致性群組設定

最後在[確認]的頁面中，請務必再次確認複寫來源與複寫目的地的叢集磁碟，以及植入磁碟的方式設定沒有問題，再點選[下一步]完成儲存複寫設定。如圖 43 所示再次回到[存放裝置]\[磁碟]頁面中，便可以在選取複寫的叢集磁碟之後，從下方窗格的[複寫]頁面中，分別查看到複寫群組名稱、複寫同步方式、複寫狀態以及各叢集磁碟所擔任的複寫角色。

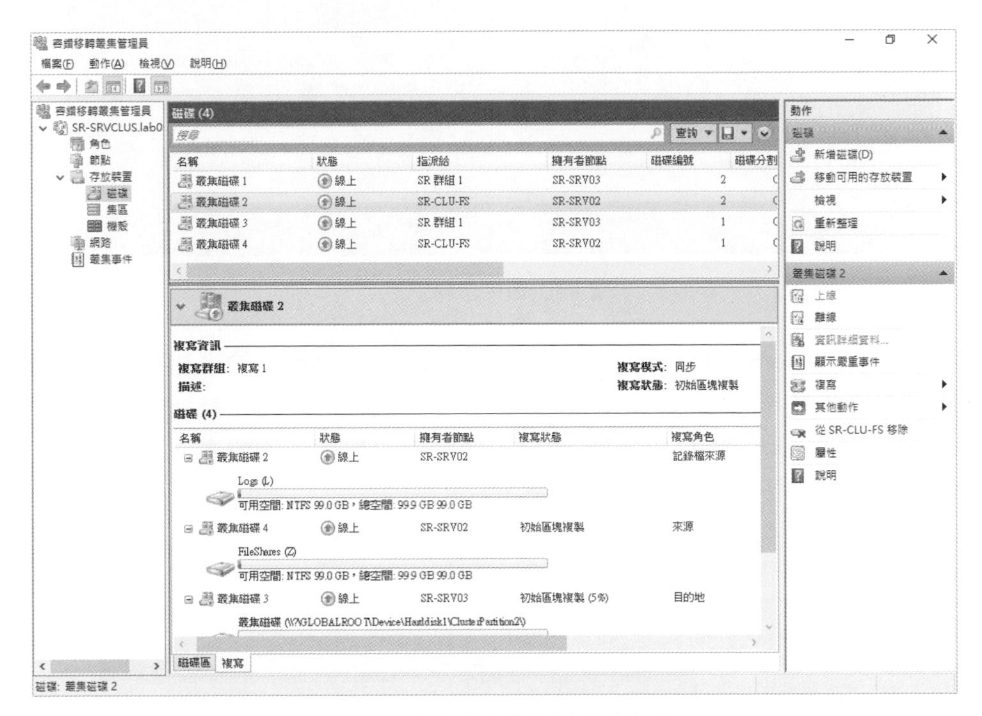

圖 43　成功啟用叢集延展式複寫

14.8　管理延展式叢集複寫

成功啟用叢集延展式複寫之後，若在[容錯移轉叢集管理員]介面中，確認目前的儲存複寫狀態正常運行，就可以進一步進行容錯移轉的測試，以確保未來真的發生任一節點主機故障時，能夠自動完成容錯移轉的任務，讓所有連接存取中的用戶端與伺服器應用程式，持續維持在正常的運作之中。首先就先來學習一下，如何透過 PowerShell 命令，來進行儲存複寫的容錯移轉。

如圖 44 所示，請先執行 Get-ClusterGroup 命令來取得現行的叢集群組清單，以此範例來說，就是用以做為檔案伺服器角色的 SR-CLUS-FS 叢集群組，而它目前的擁有者節點就是位在 TP 站台的 SR-SRV01。

這時候我們就可以嘗試執行 Move-ClusterGroup -Name "SR-CLUS-FS" -Node SR-SRV03 命令，將它移轉至 KH 站台中的 SR-SRV03 節點，當然若輸入 SR-SRV04 的節點也是可以的，因為它們是位在相同的站台叢集網路中。

圖 44　命令移轉測試

上述是透過 PowerShell 命令的方式，來執行儲存複寫叢集的容錯移轉，若是你想經由[容錯移轉叢集管理員]的圖形介面來完成同樣的任務，該怎麼做呢？很簡單！如圖 45 所示只要在[角色]頁面中，針對儲存複寫中的檔案伺服器角色，按下滑鼠右鍵點選[移動]\[選取節點]繼續。

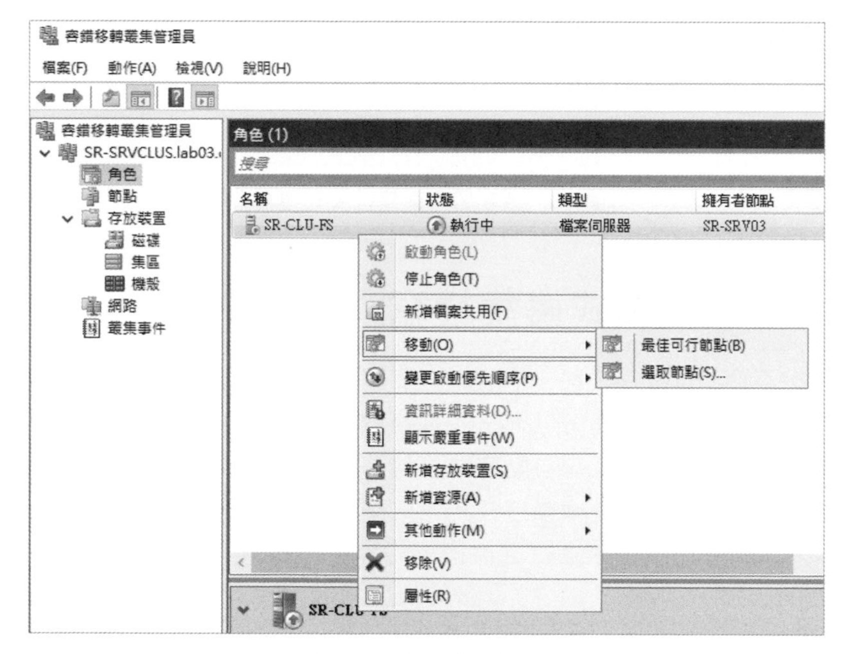

圖 45　圖形移轉操作

緊接著將會開啟如圖 46 所示的[移動叢集角色]頁面，讓管理人員自行挑選所要移轉的目的地節點伺服器，點選[確定]。若是你在上一步驟中點選[最佳可行節點]，則是由系統自動判斷當前最理想的節點伺服器。

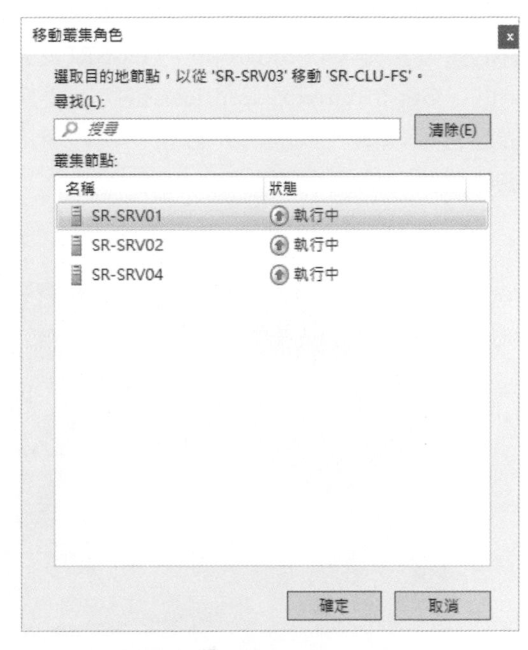

圖 46 選取目的地節點

在上述的範例中，筆者是針對當前的 SR-SRV03 擁有者節點，以手動方式挑選了 SR-SRV01 伺服器節點。如圖 47 所示在成功移轉之後，便可以發現目前 SR-CLUS-FS 伺服器角色所關聯的兩個叢集磁碟，其擁有者已經變成了 SR-SRV01，而且是處於正常的線上狀態。

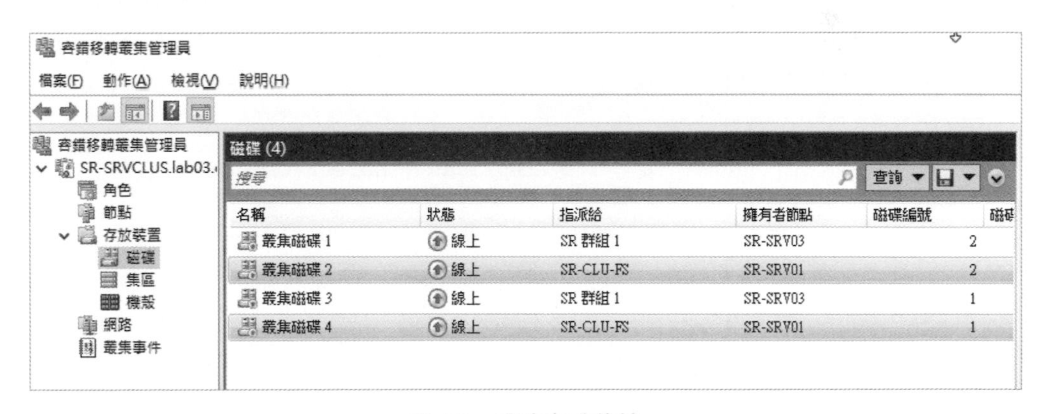

圖 47 成功完成移轉

接下來有三個針對儲存複寫運作狀態查詢的 PowerShell 命令，是管理者必須學習的，分別是 Get-SRGroup、Get-SRPartnership 以及（Get-SRGroup）.replicas。其中的（Get-SRGroup）.replicas 是用以觀察複寫群組狀態的重要命令，如圖 48 所示透過它可以讓我們檢視到最新一次複寫的時間、採用的複寫模式、複寫狀態以及磁碟分割區的大小等資訊。

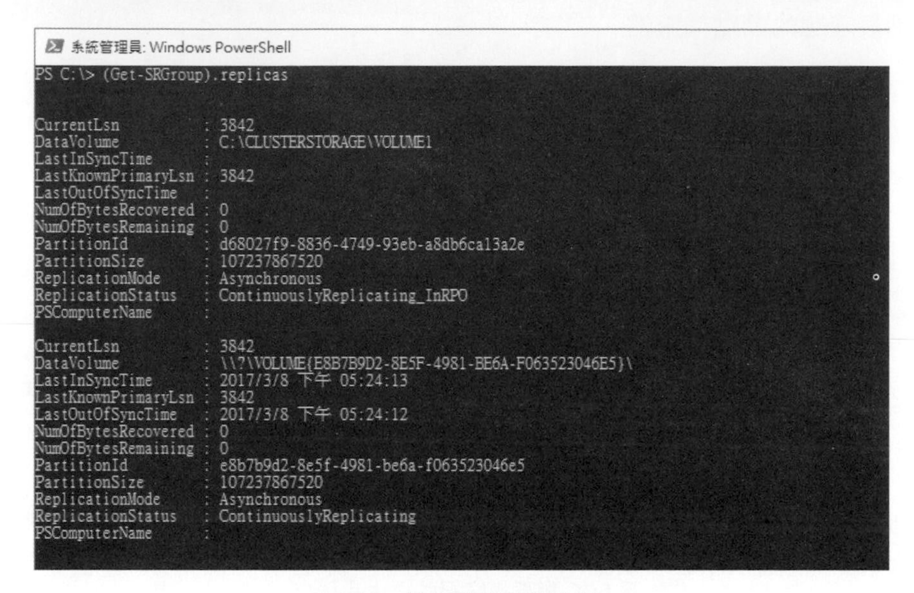

圖 48　檢視複寫群組狀態

對於一次性大量檔案資料的複寫過程，如果想要透過命令模式來查詢剩餘複寫資料量，如圖 49 所示可以參考執行以下命令範例。其中複寫群組的名稱，必須修改成你實際使用的複寫群組名稱。

```
while ($true) {
 $v = (Get-SRGroup -Name "複寫 2").replicas | Select-Object
numofbytesremaining
 [System.Console]::Write("Number of bytes remaining: {0}`r",
$v.numofbytesremaining)
 Start-Sleep -s 5
}
```

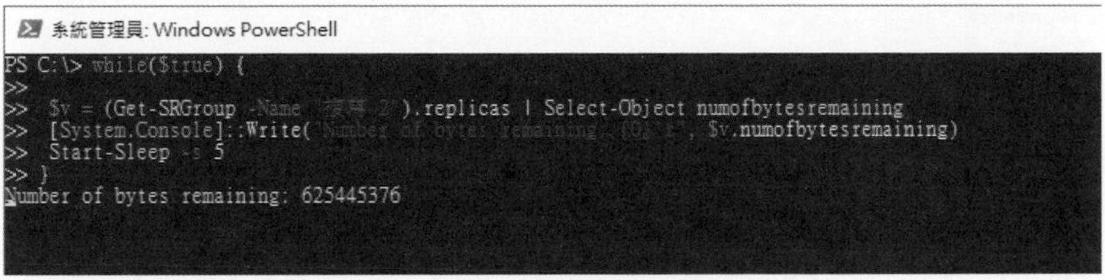

系統管理員: Windows PowerShell

```
PS C:\> while($true) {
>>
>>  $v = (Get-SRGroup -Name "複寫 2").replicas | Select-Object numofbytesremaining
>>  [System.Console]::Write("Number of bytes remaining: {0}`r", $v.numofbytesremaining)
>>  Start-Sleep -s 5
>> }
Number of bytes remaining: 625445376
```

圖 49　查詢剩餘複寫資料量

此外如果你想要修改叢集架構中，儲存複寫的記錄檔大小限制，以提升它的運作效能，除了可以透過 Get-SRGroup | Set-SRGroup -LogSizeInBytes 2GB 命令範例來修改之外，也可以在[容錯移轉叢集管理員]介面中，開啟如圖 50 所示的記錄檔叢集磁碟[內容]\[複寫記錄檔]頁面，來完成修改也是可以的。

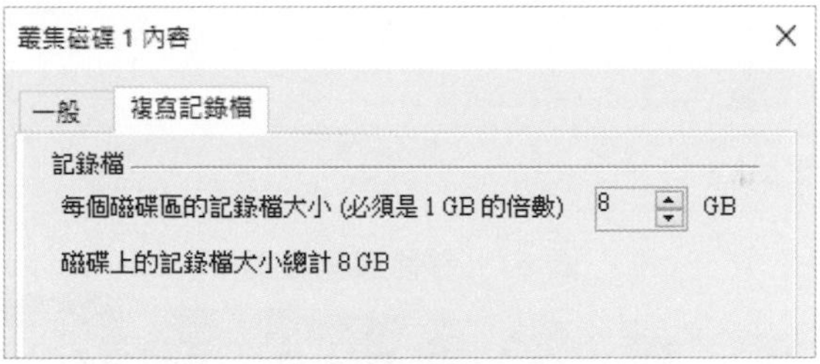

叢集磁碟 1 內容

一般　複寫記錄檔

記錄檔

每個磁碟區的記錄檔大小 (必須是 1 GB 的倍數)　8　GB

磁碟上的記錄檔大小總計 8 GB

圖 50　變更複寫記錄檔大小限制

本章節最後讓我們來學習一下，如何將已建立好的延展式叢集複寫設定進行移除。首先來看看在[容錯移轉叢集管理員]介面中的移除方法。如圖 51 所示你只要在[存放裝置]\[磁碟]頁面中，選取現行已啟用儲存複寫的叢集磁碟，按下滑鼠右鍵點選[複寫]\[移除]即可。

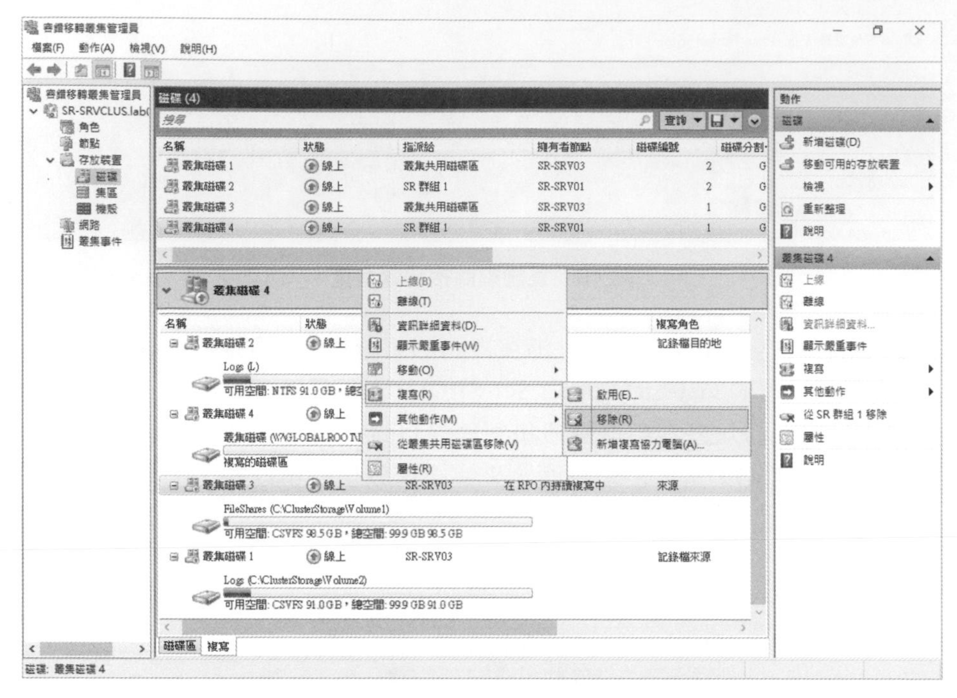

圖 51　移除叢集複寫

至於如果想要透過 PowerShell 命令，來移除叢集下的儲存複寫設定，也只要先執行 Get-SRPartnership | Remove-SRPartnership 命令來移除複寫群組關係，再執行 Get-SRGroup | Remove-SRGroup 命令來完成複寫群組的移除即可。

儘管有別於 Cluster to Cluster Storage Replication 架構的管理，Stretch Cluster Replication 提供了更為完善的圖形介面管理功能，但筆者仍認為針對 Storage Replication 這一項新功能，應該要有一個專屬的 Web 管理介面。

此外最好也能夠提供各類行動裝置的 App，來讓每一天辛苦維運的 IT 人員，能夠以更簡單、更輕鬆的方式，來隨時監控儲存複寫的整體運作狀態，並且在必要時還可以執行所需要的管理動作，以解除當前所發生的問題。

最後，在此建議準備要部署 Windows Server 2016 容錯移轉叢集架構的 IT 先進們，務必謹慎確認實際的備援方案需求，再來決定所要採用的叢集儲存複寫架構。

第 15 章
IIS 網站運行的監視與調校

有時我們會在一些 IT 的社群中，看到或聽到許多人在討論架設企業網站時的平台選擇，其中對於喜好以開放原始碼為基礎的 IT 人員來說，通常會比較偏向選擇 Linux 下的網站平台，主要的原因之一便是認為 Windows 的 IIS 網站平台效能較差。

然而真是如此嗎？其實這可真是一件天大的誤會啊！套一句《葉問》電影中的名言：「這不是南北拳的問題，而是你的問題」。今天就讓我們一同透過本章的閱讀，學會 IIS 網站的優化技巧，讓這項長久以來的迷失就此終結。

15.1　簡介

當你的企業打算建立一個網站應用程式時，無論基礎架構為何，以及是否選擇部署在實體伺服器，還是虛擬化作業環境之中，基本上你會選擇的兩種平台類型，分別是 Microsoft Windows 的 IIS（Internet Information Services）或是 Linux 的 Apache、NGINX 以及 LiteSpeed。當然有些 IT 人也可能會選擇將 Apache 應用程式，直接安裝在 Windows 的作業系統之中來使用，但像這樣的情境實務上並不多見。

然而網站應用系統的效能表現，是否與所選擇的平台類型有絕對關係，一直以來都是兩派人馬針鋒相對的火熱議題之一，其實客觀來說甚至於與所使用的程式語言都沒有絕對關係，也就是說一切事在人為。

但如果就整體性而言，包括了效能、安全、易於部署管理三個面向來說，選擇 Windows Server 2008 版本以後的 IIS 網站平台是較為理想的，因為開發人可以藉由被譽為全球最強的 Visual Studio 開發工具，快速發展企業應用程式。進一步還可以結合雲端的 Visual Studio Team Services，來完成共用程式碼管理、工作追蹤以及軟體的發行等協同開發作業。

整體而言，一個網站效能的表現如何，絕非是一個網站平台類型就能決定，它牽連的層面相當多，至少包括了以下幾個重點。

- **伺服器硬體的選擇**：首當其衝就是 CPU 的選擇，因為慢速的處理速度與核心數較少的規格，都會大幅降低密集工作階段處理時的效率，而較小的 L2/L3 快取也會影響處理的效能。其他像是實體記憶體的大小、網路的頻寬、儲存磁碟的讀寫速度、儲存介面卡的規格等等，也都是影響網站效能表現的最根本因素。其中記憶體的多寡，更是直接影響到平台上網站的數量、應用程式集區的數量、工作處理程序的數量、動態網頁內容的儲存效率等等。
- **應用程式的撰寫方式**：當硬體各主要資源的使用率偏低，但網站的效能卻表現不佳時，就必須探究應用程式本身程式碼的設計問題。但如果是硬體資源在少量的使用者連線存取時就會往上飆升，便極有可能是前端應用程式對於後端資料庫，在執行查詢、新增、刪除以及更新資料的方式出了問題。以 SQL Server 來說一般來說就是沒有善用預存程序（Stored Procedure），以至於造成前端網站的運算資源耗盡。
- **資料庫系統的效能**：基本上我們都會將資料庫系統與網站應用程式，分開在不同的實體主機或虛擬機器來運行，這是因為可以讓各類資源的使用完全獨立開來，不會發生像是在連線流量的高峰期間，互搶 CPU、磁碟以及網路 I/O 資源的情況。另一方面也有助於未來拓樸架構的擴展更加容易。除此之外資料庫本身的結構設計也是極為重要的一個環節。
- **檔案系統的配置**：將不同應用需要或是不同重要層級的資料，分散存放在不同效能的儲存裝置之中，是非常重要的基礎規劃，尤其是對於支援多資料庫分散儲存的應用系統，像是 Microsoft 的 Exchange Server 以及 IBM 的 Domino Server，你必須將一些關鍵的人員信箱以及應用程式資料庫，存放在像是 RAID 0+1 的 HDD 磁碟陣列，或是 SSD 的磁碟集區（Disk Pool）之中。
- **網路的架構設計**：一般我們對於網站應用系統的拓墣架構設計，就是採前後端各一部主機的方式來完成，但在面對於大流量的使用環境來說，你可能得要進一步將它拓展成前後端皆有負載平衡的多主機分散架構，或是將佔用較多運算資源的伺服器角色獨立出來，常見的便是擔任索引編目以及搜尋的應用服務。

接下來就讓我們一同來學習如何在 Windows Server 2012 R2 的 IIS 網站應用程式平台上，透過內建的監視工具以及服務本身的功能，為你企業的網站應用程式運行效能打好基礎。

15.2 IIS 伺服器角色的安裝

在 Windows Server 2016 中所使用的 IIS 伺服器角色為 10.0 的版本，你可以選擇經由圖形化的[伺服器管理員]介面來安裝，也可以採用以下兩者之一的命令工具來安裝，分別是 DISM（Deployment Image Servicing and Management）與 PowerShell，其中 DISM 便是用來取代原有的 Package Manager （Pkgmgr.exe）工具，適用於 Windows 7、Windows Server 2008 R2 以及 Windows Server 2012/R2 以後的作業環境之中。

無論如何這兩種命令工具皆有專屬的名稱空間（namespaces）與相對應的可用參數。例如你可以下達 DISM.EXE /enable-feature /online /featureName:IIS-WebServerRole /featureName:IIS-WebServer 來安裝 IIS 伺服器角色，或是改在 PowerShell 中執行 import-module servermanager 與 add-windowsfeature web-server –includeallsubfeature 命令，來安裝 IIS 伺服器角色與指定的服務功能。

若是只想要安裝相關的特定模組，例如網站靜態內容模組，則兩種命令工具所使用的參數也是不同的，前者是搭配/fcaturcName: IIS-StaticContent 參數而後者則是執行 add-windowsfeature Web-Static-Content。

此外值得注意的是，如果你打算透過[伺服器管理員]介面來安裝 IIS 伺服器角色，除了可以選擇將它安裝在本機之外，還可以將它安裝在受管理的其他 Windows Server 2016 伺服器之中，或是你所選取的離線虛擬機器之虛擬硬碟之中。

如果你目前登入的身份並非系統管理員帳戶，此時你可以執行類似 runas /user:administrator cmd.exe（或 PowerShell.exe）的命令，來選擇以內建或指定的系統管理員帳戶，來開啟所要執行的命令主控台，以避免遭遇到存取被拒的訊息。至於如果想要知道目前是以甚麼帳戶來開啟命令介面，則可以下達 whoami 即可。

15.3　以效能監視器找出效能瓶頸

無論是哪個版本的 Windows Server，內建的[效能監視器]始終是系統管理人員，進行效能校調時的必備工具。透過它不僅可以找出作業系統本身的運作問題，對於許多安裝在此系統上的 Microsoft 應用服務，像是大家所熟知的 Exchange Server、SQL Server、SharePoint 以及 Skype for Business 等解決方案的效能癥結，也都可以透過它來輔助你發現背後真正的問題所在。既然如此那麼藉由它來找出 IIS 網站應用程式的效能不佳問題，那就更是不費吹灰之力了。

請從[伺服器管理]介面中的[工具]選單，點選開啟[效能監視器]。在系統預設的狀態下，效能監視器只有加入[Processor Time]計數器，而且是對於所有 CPU 的核心進行監視。此計數器幾乎是對於任何應用系統效能問題，進行持續監視時的必要選項，因為它可以做為其他計數器狀態的相對參考指標。

在如圖 1 所示這個範例中，筆者特別額外加入了 ASP .NET Application 的相關計數器，以及 PhysicalDisk 的[Current Disk Queue Length]計數器，其目的在觀察現行 IIS 網站應用程式，在面對不同連線流量衝擊時，所相對呈現的 CPU 負載與實體磁碟佇列長度的狀態變化。

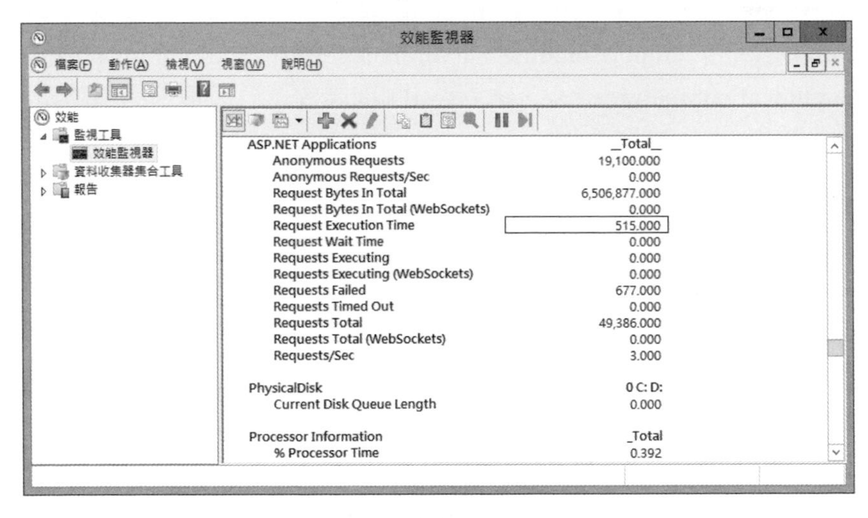

圖 1　效能監視器

當然你可以加入更多不同的計數器，來動態觀察它們之間的相互關係。例如你可以比對目前網站連線要求數量（Request Current），以及它對於每一個連線要求的執行時間（Request Execution Time），如果經常性保持回應的時間過長，這時候就可以觀察[Processor Time]計數器，或是 Memory 的[Available MBytes]計數器，或是 PhysicalDisk 的[Disk Time]]計數器變化。

如果這三者之一的計數器呈現持續維持在高點，這便表示相對的硬體資源效能不足，有替換或升級的必要性。但如果這些硬體資源並沒有相對呈現高點，則可能的問題通常會是應用程式本身或後端資料庫結構的設計有關。

如圖 2 所示便是新增計數器的設定範例，一般來說對於 IIS 網站應用程式效能表現的監視，除了會加入各硬體資源的計數器之外，也會加入前面所介紹過的 ASP .NET Application 相關計數器。

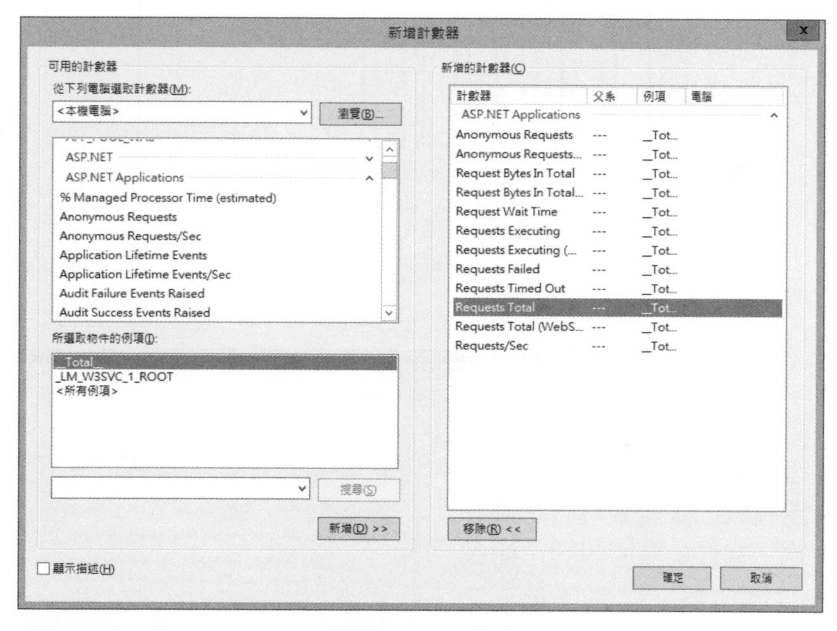

圖 2　新增計數器

另 Web Service 的相關計數器也是重要的參考指標，因為它可以讓你知道在這當下，目前匿名與非匿名的連線數量、每秒嘗試連線的數量、每秒傳遞與接收的速度、Post 以及 Get 或 CGI 每秒的連線要求數量、總接收與傳遞的檔案數量、非同步 I/O 頻寬的使用率、每秒嘗試登入的連線數量等等，這一些都是值得用來診斷網路效能，以及網站是否遭受攻擊的重要依據。

如圖 3 所示，有些時候我們對於各計數器的狀態值比較，會選擇採用長條圖方式來呈現，原因是你可以更快看出它們之間的相對關係，不過這種檢視方式通常使用在較少數量的計數器觀察，例如你只要觀察 Request Execution Time 與 Processor Time、Disk Time 三者計數器的比較。

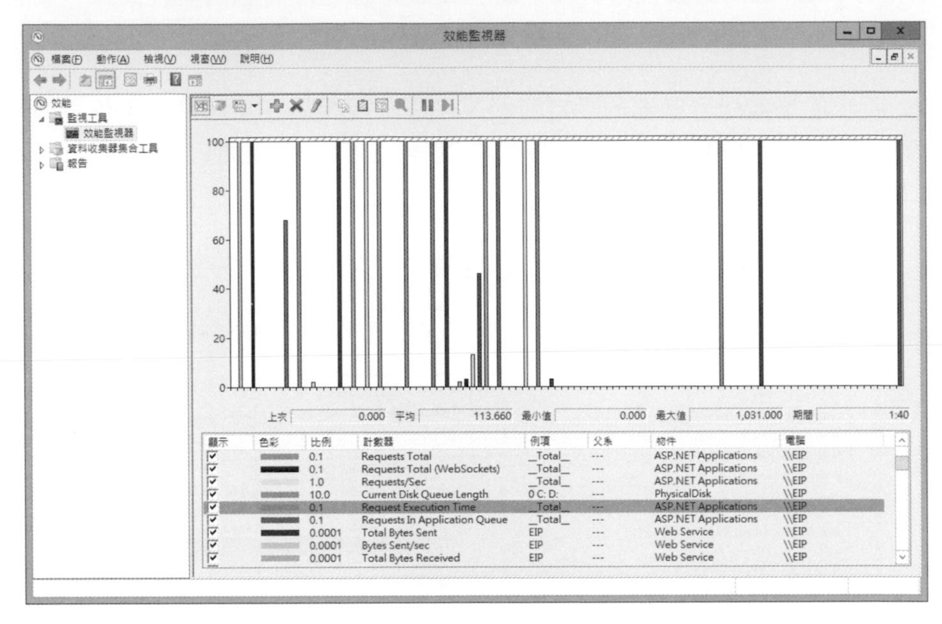

圖 3　長條圖顯示

當你打算以長條圖呈現方式，持續觀察網站應用程式的效能表現時，最好能夠開啟每一個計數器的內容，如圖 4 所示來修改所要呈現的色彩、寬度、刻度以及樣式，藉此能夠讓你更視覺化地觀察它們各自的變化。

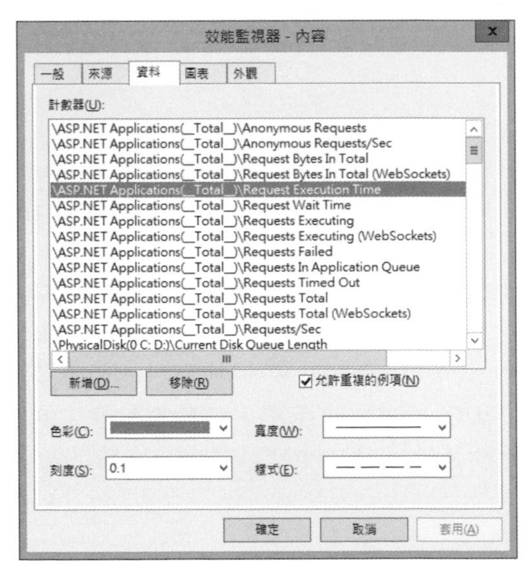

圖 4　計數器資料設定

15.4 從 IIS 站台運行記錄發現可疑行為

針對 IIS 網站效能不佳的問題，有些時候可能不是因為系統配置或開發設計方面的原因所致，而是網站本身遭受了惡意的大流量攻擊，像許多年以前發生過大規模的 CodeRed、納坦蠕蟲病毒就癱瘓了不少企業網站。

值得一提的是如果你有啟用 SMTP 服務功能，但卻沒有妥善配置安全性設定，也有可能遭受到非法的 Email 轉寄，而成為名符其實的黑客跳板（Relay host），不僅會使得發信服務癱瘓，更會因成為網際網路的黑名單，而得花上許多時間來進行解除。

其實無論是哪一種類型的網路服務遭到癱瘓，其根本原因都是因為系統安全配置不當，或系統設計本身出現了明顯的漏洞，而這一類的攻擊手法全部都是有跡可循的，且全都可以從服務本身的記錄檔找到完整內容。

以 IIS 網站服務來說，你只要在 IIS 管理員介面的伺服器節點中，就可以找到並開啟如圖 5 所示的[記錄]頁面。在此你可以決定要以[伺服器]還是[站台]為單位來建立記錄檔，設定記錄檔的儲存路徑以及排程即可。

圖 5 IIS 記錄設定

若你希望在記錄檔中只要顯示特定的某些欄位值，請點選[選取欄位]按鈕來開啟如圖 6 所示的[W3C 記錄欄位]頁面。此範例為預設記錄欄位，為了讓其記錄的內容更加簡潔，可以考慮只勾選較具參考意義的欄位，這包括了日期、時間、用戶端 IP 位址、使用者名稱、伺服器連接埠以及 URI 查詢。

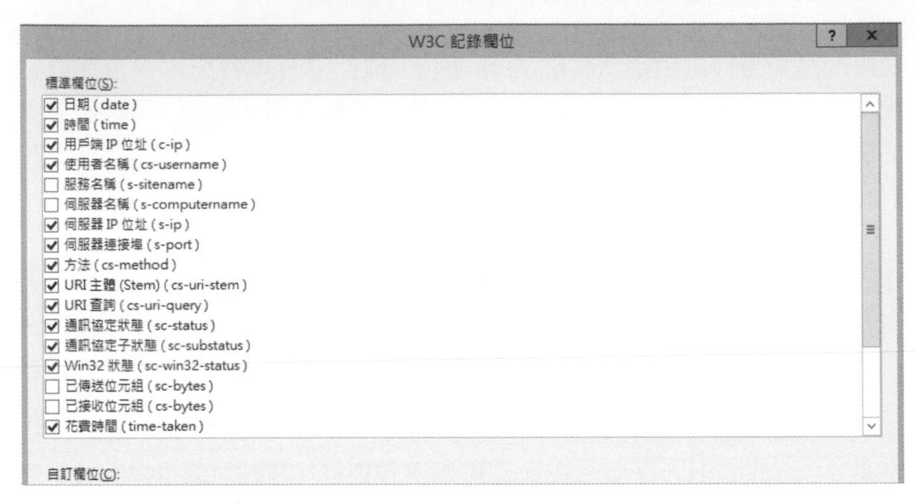

圖 6　W3C 記錄欄位

一般來說如果是遭受攻擊的網站記錄檔內容，就會有一大串嘗試執行某些特定指令檔的敘述，過去最典型的就是使用 cmd /c 命令參數，來藉由網站服務的安全漏洞取得管理人員的權限，不過這種做法在如今的 Windows 作業系統已經起不了作用了，尤其是在 Windows Server 2008 以後的版本。

至於另一種常見的分散式阻斷式攻擊（DDoS），也是黑客們常用來癱瘓網站服務的方式，在 IIS 中只要安裝與啟用[Dynamic IP Restrictions]此功能即可解決，它不僅能夠幫你自動封鎖攻擊者的來源 IP 位址，還會把被封鎖的 IP 位址記錄在 W3C 的記錄檔之中。

對於 IIS 網站記錄檔的管理，除了可以設定產生的排程以及單檔的大小限制之外，實務上你可能會希望可以自動刪除一些較舊的記錄檔，以避免有限的硬碟空間被塞爆了。

怎麼做呢？很簡單！只要使用 Windows Server 2016 內建在[系統管理工具]中的[工作排程器]，加入一個排程工作，並在每一天半夜去執行以下命令參數即可。此範例中的 Forfiles 命令是系統所內建，其中的/p 參數表示指定路徑，/s 參數表示包含了旗下所有的子目錄，/d 參數表示多久之前的檔案，/m 參數表示檔案類型，/c 參數表示相對所要執行的命令提示列與刪除指令。

```
Forfiles /p C:\inetpub\logs\LogFiles /s /d -14 /m *.log /c "cmd /c del
@path"
```

15.5 提升 IIS 網站應用程式運行效能

企業選擇將網站架設在 Windows Server 2016 的 IIS 管理平台上，肯定是一個明智的抉擇，因為它不僅讓系統人員管理起來輕鬆簡單，更重要的是還可以透過前面所介紹過的幾種調校方法，來提升系統的運行效能，進一步還可以深入到 IIS 的運作核心，來調整更多的細節參數，讓大流量的網站回應速度更快更順暢。

在 IIS 管理主控台中的每一個站台，都可以設定一個專屬或共用的應用程式集區，而所謂的應用程式集區主要便是用來配置網站的資源使用，你可以從應用程式集區的節點頁面，開啟任一個應用程式集區的[進階設定]頁面。

如圖 7 所示在此你可以限制該集區所能夠使用的 CPU 資源百分比，以及設定當超過指定配額時的處理動作，例如你可以選擇刪除相對執行中的 w3wp 執行程序。在記憶體控管部分，則同樣可以設定專用記憶體以及虛擬記憶體的大小限制。

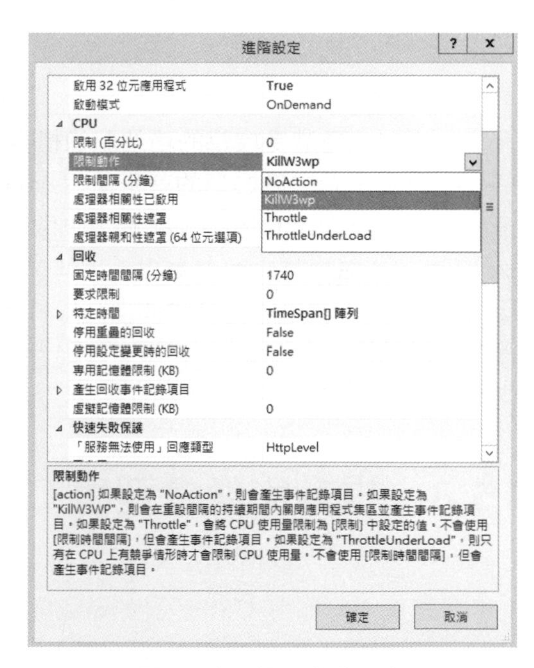

圖 7 應用集區進階設定

在[處理序模型]的區域中，如圖 8 所示可以自定要求服務所允許的最大工作者處裡序數，一般來說會建議你將此設定值，配置成與伺服器實體的 CPU 核心數一樣，如此將有助於多核心同時處理大量工作階段的效率。但必須注意的是如果你的網站工作階段（Session）之儲存，不是儲存在伺服器或資料庫之中，將會導致不同工作階段彼此間的通訊問題。

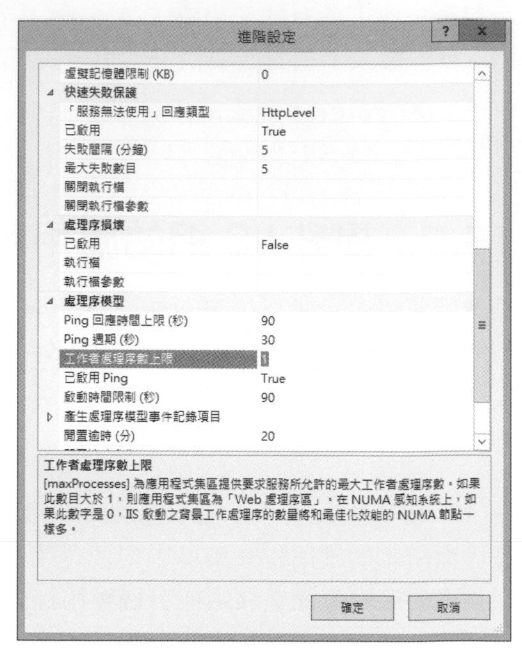

圖 8　調整處理序模型

應用程式集區的使用原則

由於應用程式集區關係著網站應用程式，對於整個系統存取的處理機制，因此在規劃上除了盡可能讓同類型的網站，使用相同的集區設定之外（例如：靜態網頁的網站、不同流量狀態的網站），不要讓每一個網站都配置單獨的應用程式集區設定，除非系統資源夠大否則在效能運作上可能會有反效果。

15.6　提升影像處理與 CSS 設計效能

我們可以透過以下幾項 IIS 內建功能的調整，來加速用戶端載入網頁的速度，以及提升網頁中影像與 CSS 設計的載入效能。建議你在擁有四核心以上的 CPU 主機上，加裝如圖 9 所示的網頁伺服器（IIS）兩大效能功能元件，那就是[靜態內容壓縮]與[動態內容壓縮]。

前者主要可以讓 IIS 網站更有效處理靜態網頁內容的回應速度，且不會造成 CPU 資源效能變差。後者則相對適用在對於動態網頁內容的壓縮處理，當現行的 CPU 資源平均負載並不高時，可以善用此功能讓 IIS 網站的運行效能更佳。

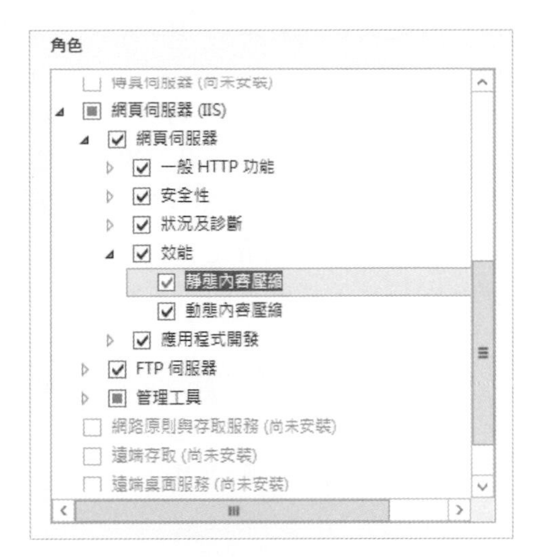

圖 9　IIS 伺服器角色安裝

一旦安裝了兩大網頁內容的壓縮功能之後，就可以在 IIS 管理主控台之中，開啟位在伺服器節點頁面的[壓縮]設定頁面。在此請務必確認已勾選靜態與動態的內容壓縮功能，建議你將位在[靜態壓縮]的快取目錄，修改至較快的硬碟儲存區之中（例如：企業級 SSD 的 RAID 0+1 陣列儲存架構）。完成修改後請點選位在[動作]窗格中的[套用]。

接著你可以開啟如圖 10 所示的[編輯輸出快取設定]頁面。當我們啟用了 IIS 輸出快取功能時，網站將會對於所有已被要求回應的網頁保留一份副本，當後續有更多的其他使用者需要載入相同的網頁內容時，IIS 便會直接以保存在輸出快取中的副本網頁內容來進行回應，這將對於動態內容的網頁回應可大幅改善其效率。

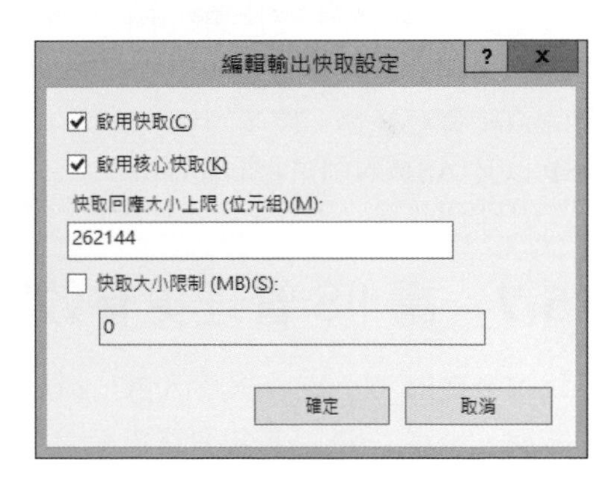

圖 10　啟用輸出快取設定

最後你可以開啟如圖 11 所示的[一般 HTTP 回應標頭]設定頁面，你可以選擇[啟用 HTTP Keep-Alive]設定並將[網頁內容到期]勾選，設定網頁內容於指定的時間過期，而此設定值將會決定網頁內容快取，在用戶端瀏覽器的總時間。

適當的設定此值將有助於 IIS 網站效能的提升。另外值得注意的是 HTTP Keep-Alive 功能的啟用，也有助於提升在 SSL（Secure Sockets Layer）安全傳輸機制下的網站效能，這時因為 SSL 對於每個工作階段的建立，從連線、加密到解密的處理，都需要耗費掉一些 CPU 的運算資源，因此在這種情況下若有網站不啟用 Keep-Alive 功能，那麼在網站的設計上，就必須特別注意 Session 重複載入的問題，否則傳輸效能肯定多少會受到影響。更進一步的調校設計，則是僅針對加密網站中特定的敏感頁面而非整個網站。

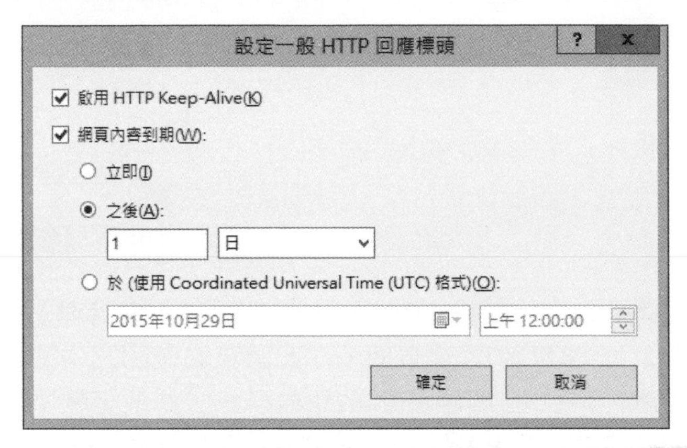

圖 11　設定一般 HTTP 回應標頭

最後建議你盡可能不要在網站中使用 CGI（Common Gateway Interface）程式，來處理各類的服務要求，因為若頻繁的建立與刪除 CGI 處理程序，將會造成大量的系統資源耗損。最佳的替代方案，便是改採用 ISAPI 應用程式的 Script 或是 ASP 以及 ASP .NET 的 Script。

15.7　讓 IIS 管理更有效率的命令工具

雖說大多數的 Windows 網管人員，都是經由 IIS 所提供的網際網路資訊服務介面來管理，不過，IIS 其實也有提供命令工具，那就是打從 IIS 6.0 版本就已經提供的 IISReset 命令工具，它提供了以下參數的使用方法：

- /RESTART：在不添加任何參數的狀態下此為參數為執行的預設值，它將會讓所有目前在 IIS 管理介面中的網站服務重新啟動。
- /START：執行目前停用中的所有網際網路服務。
- /STOP：停止目前執行中的所有網際網路服務。

- /REBOOT：直接讓整部電腦重新開機。
- /REBOOTONERROR：設定如果當執行停止、重新啟動或是啟動 IIS 服務發生錯誤時自動重新啟動電腦。
- /NOFORCE：設定如果停止 IIS 服務發生錯誤時，不要強制中斷網際網路服務。
- /TIMEOUT：val：以秒數為單位設定一個逾期時間，此設定可以搭配像是 REBOOTONERROR 的參數來使用，預設值是 20 秒時重新啟動服務、60 秒中斷服務以及 0 秒重新開機。
- /STATUS：顯示所有目前網際網路服務的執行狀態。
- /Enable：啟用本機系統重新啟動網際網路服務。
- /Disable：關閉本機系統重新啟動網際網路服務。

如圖 12 所示便是透過 IISReset /status 命令參數，來查詢目前 IIS 網站相關服務的運行狀態。相較於使用圖形介面的[服務管理員]，更能夠一目了然。

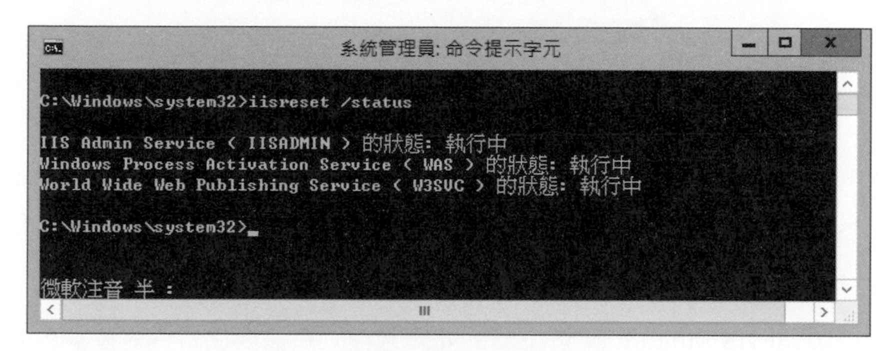

圖 12　檢查 IIS 網站相關服務狀態

15.8 善用第三方免費監測工具

Windows Server 2016 主機的 IIS 整體效能問題，除了可以透過內建的效能監視器來持續監測之外，還可以進一步結合一些免費的第三工具，讓運行效能的監測更加全面性。

在此筆者推薦一款名為[WhatsUp IIS Monitor]的免費工具，透過它直覺且簡易的操作介面，不僅能協助你監視效能，更能夠發現造成效能不佳的癥結所在。你可以到以下官方網址進行註冊並下載。在成功註冊之後，將會收到一封如圖 13 所示的 Email 通知，請點選[here]超連結即可開始下載。

免費 WhatsUp IIS Monitor Free Tool 官方下載網址：
http://info.whatsupgold.com/FT-IIS-Monitor.html?details=website+inbound

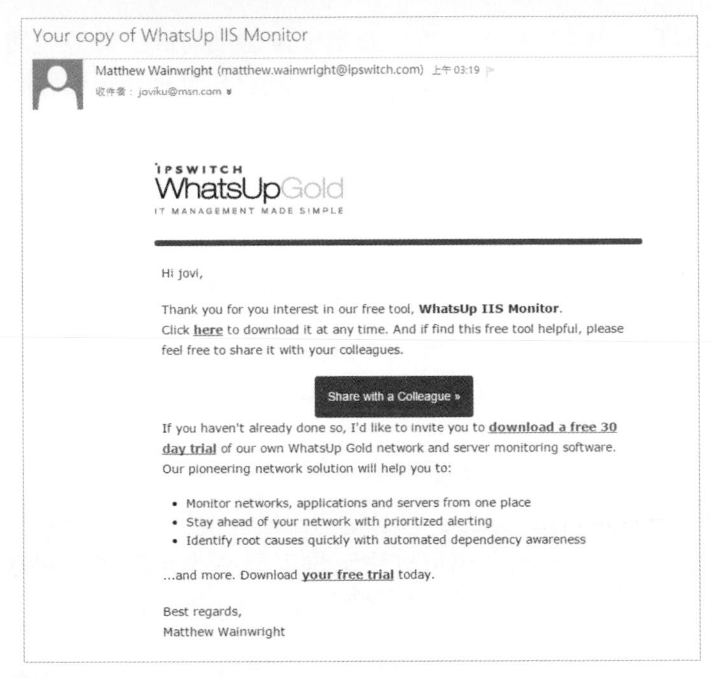

圖 13　WhatUp 下載通知

關於 WhatsUp IIS Monitor 免費工具的安裝過程，只需要決定程式安裝的路徑即可。完成安裝並開啟之後，就可以點選[Add Server]來陸續加入所有想要監控的 IIS 伺服器。完成連線設定之後，後續就可以從如圖 14 所示的管理介面中，透過下拉選單的點選，來切換所要監視的 IIS 伺服器。

首先在[Summary]頁面中，可以即時檢視到此伺服器中的四大資源效能狀態，包括了 CPU 負載、記憶體負載、磁碟 I/O 數據以及網路流量。進一步則可以知道目前所有網站元件的運作，是否有亮起紅燈或黃燈，其中紅燈表示已經有相關的元件運行已經停擺，至於黃燈則表示有相關的警示訊息，需要你去察看與解決。

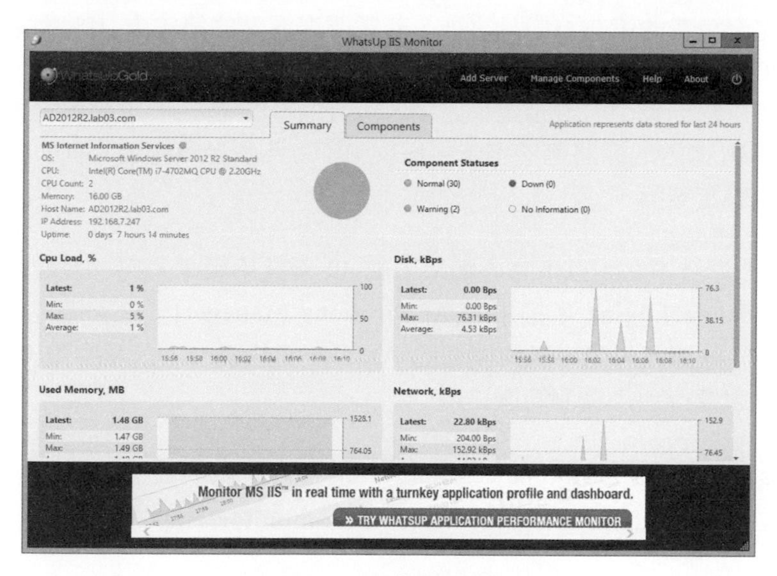

圖 14　效能摘要資訊

在如圖 15 所示的[Component]頁面中，則可以看到所有受到監測的網站相關元件，在此你除了可以檢視每一個元件的用途簡介之外，還可以點選[Manage Components]來設定是否啟用監測，再來設定每一個元件的監測臨界值，包括了警告與嚴重的臨界值。當然你也可以決定是否要將此元件加入關鍵的監測目標（Critical），以及設定持續監測的間隔時間（Polling Interval）。

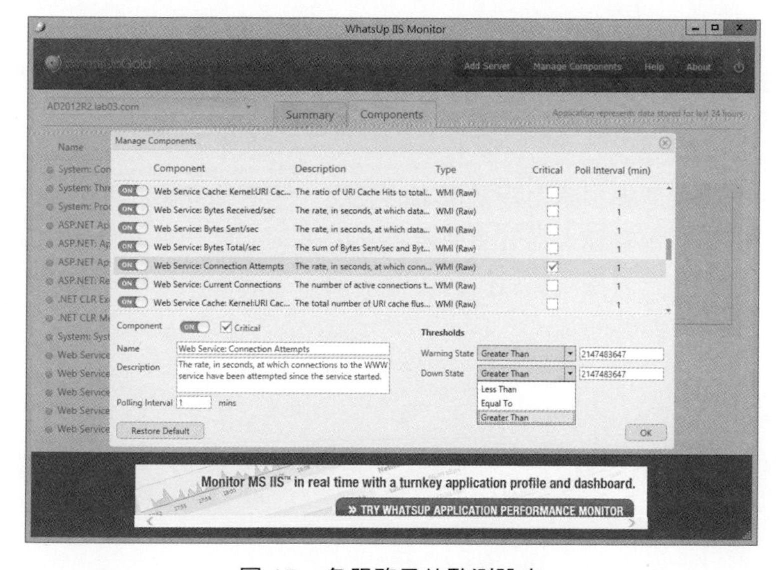

圖 15　各服務元件監測設定

除了一些完全免費的第三方工具之外，若需要更進階的第三方 IIS 網站效能監視工具，則可以參考像是 Solarwinds 所推出的[IIS Server Performance Monitoring]工具，它可以幫你集中監測企業網路中，所有的 IIS 網站與應用程式集區的可用性、預報 SSL 憑證的即將過期警示、提供 IIS 的負載過量警示、伺服器回應時間的臨界警示設定等等。

有興趣的 IT 先進不妨到以下官方網站下載 30 天試用版本。另一套類似的解決方案則是由 ManageEngine 所推出的[Applications Manager]，它不僅可以幫你全面監視 IIS 網站的運行，還可以將開源的 Apache 網站平台，以及由 PHP 所開發的網站應用程式運行加入監測範圍之內

Solarwinds IIS Server Performance Monitoring 官方下載網址：

http://www.solarwinds.com/topics/microsoft-iis-monitor.aspx

ManageEngine Applications Manager 官方下載網址：

http://www.manageengine.tw/Manageengine/products/applications_manager/download-info.html

藉由本章節的學習可以得知網站運行的效能表現，並非完全取決於硬體資源本身，或是透過網站服務參數設定的修改就能夠解決，因為這一些都只能夠保證它的運行基礎沒有問題，而無法決定真正上線後的整體效能表現。

根據筆者的經驗，最難解的效能問題是程式碼設計以及資料庫設計的問題，因為錯誤往往在細微之處，一般經驗不足的研發人員並不易察覺有異，更別談去深入了解作業系統、網站平台的的調校技巧了。

因此，針對一個大型網站應用程式專案的發展，筆者的建議是將應用程式設計、資料庫維護以及系統管理人員三者完全獨立出來，如此一來即便發生了效能不彰的問題，也能夠在三方協同測試的分工作業上，迅速找出問題的癥結所在，甚至於解決其他安全方面的問題。

第 16 章
電腦教室部署管理

如今許多中大型以上的企業，除了一般開會用的會議室之外，通常也都會有供人員教育訓練使用的電腦教室。然而對於教室中電腦的部署與管理，目前你有更低成本以及更易於管理的解決方案可以選擇，那就是直接建置 Windows Server 2016 MultiPoint Services，讓講師可以輕易的監看學員的操作情形，並且隨時廣播任一 Windows 的桌面到所有學員的監視器之中。

16.1 簡介

相信許多 IT 朋友都和筆者有相同的經驗，在使用或維護校園的電腦教室時，令人印象深刻的是在電腦教室當中，除了每個座位都有一部電腦、滑鼠、鍵盤以及網路線的連接之外，還會有一個連接老師座位的教學廣播器，讓老師們在上課時，可以隨時切換自己操作的顯示畫面給所有的學生看到，或是切換某一個學生的畫面，讓其他學生可以在自己的座位上看到。

結合教學廣播器的硬體設備雖然方便，但卻也衍生了以下幾個問題：

- 由於每一個座位都要安裝一部實體電腦，因此除了會有高昂的硬體建置成本之外，還會有往後 IT 單位人力支援的維護成本。
- 採用實體電腦會有許多系統與軟體方面的故障問題，像是常見的作業系統無法啟動、電腦中毒以及各種人為所造成的軟體錯誤問題。因此通常會需要在每一部電腦上，加裝一個硬碟還原卡，以便可以從這個還原卡的韌體設定中，配置自動回復的機制。
- 即便有加裝硬碟還原卡，來防止系統與軟體層面的異動問題，但面對系統或相關教學用的軟體需要更新時，仍必須到每一部電腦進行安裝程式的下載、執行、設定等操作。或許你會選擇採用硬碟複製工具，但這對於減輕 IT 人員的負擔並沒有太大的幫助。

上述的情境同樣也會發生在現行的許多企業 IT 環境之中，只不過影響的範圍會縮小許多，畢竟企業沒有像校園有這麼多的電腦教室，但卻也會成為 IT 部門的維護負擔。如何化繁為簡的解決此管理問題呢？

我想應該已經有 IT 朋友想到使用遠端桌面服務（RDS，Remote Desktop Services）搭配 Thin Client 的使用，這是一個相當棒的好主意！但它只解決了硬體建置、維護成本以及系統與軟體集中安裝與控管的問題，但無法提供教學廣播的功能，若想要提供此功能是否需要再購買第三方的軟體呢？

答案是不需要的，只要在 Windows Server 2016 中讓內建的 RDS，結合同樣內建的 MultiPoint Services 即可解決這項需求。

16.2 什麼是 MultiPoint Services？

關於 MultiPoint Services 的應用，最早的版本是 Windows MultiPoint Server 2011，後來又持續發行了 Windows MultiPoint Server 2012，一直到目前最新內建於 Windows Server 2016 中的 MultiPoint Services 伺服器角色（簡稱：WMS），在這個最新版本之前，購買的方式可以選擇和 OEM 廠商合作的硬體設備，也就是你不需要自己安裝此作業系統，只要直接學習使用即可。

另一種方式當然就是自己先準備好相容的主機與周邊設備，再到大量授權的網站去下載映像檔來進行安裝。前者適合在沒有專業 IT 人員的環境下來直接使用，後者則適合有專業 IT 人員的資訊環境。

由於在最新的 Windows Server 2016 中，已經內建了 MultiPoint Services 伺服器角色，因此企業 IT 可以隨時安裝此角色功能，來搭配各個廠牌的 Thin Client 設備來使用，輕鬆建立一個易於管理的電腦網路教室。

此外值得注意的是它除了支援常見的 RDP-over-LAN 連線方式之外，對於小班的教學環境（例如：3 至 5 人），可以改採更節省硬體建置成本的直接視訊連線或是 USB 極簡型用戶端連線，也就是所謂零用戶電腦的部署方式（zero clients），學員們只要準備好各自的螢幕、鍵盤以及滑鼠即可。

採用 zero clients 的部署方式，還可以啟用分割畫面的功能，讓兩位學生共用一個螢幕的分割畫面，來減少實體螢幕的安裝數量，或是讓每一位學生皆使用一組分割畫面，以及所連接的兩組滑鼠與鍵盤，如此一來既能夠看到老師的課程廣播畫面，又可以在另一個分割畫面來跟著老師的操作學習。

在你準備動手安裝 MultiPoint Services 之前，必須先確認你所要採用的連線方式，因為如果是採區域網路（LAN）的連線方式，則無論是將它安裝在實體主機還是虛擬機器之中都是可以的。至於如果是打算採用直接視訊連線，或 USB 極簡型用戶端連線方式，則必須將它安裝在實體的主機之上。

請注意！無論是採用直接視訊連線，還是 USB 極簡型用戶端連線，其中實體纜線的長度限制建議值為 15 公尺。

16.3 安裝 MultiPoint Services

新版的 MultiPoint 伺服器安裝方式，並非是像前一版 Windows MultiPoint Server 2012 或更早之前的版本一樣，是透過一個獨立的安裝映像檔來完成，而是啟用內建於 Windows Server 2016 中的[MultiPoint 服務]伺服器角色即可。如圖 1 所示請在[伺服器管理員]介面中，點選位在[管理]下拉選單中的[新增角色及功能]繼續。

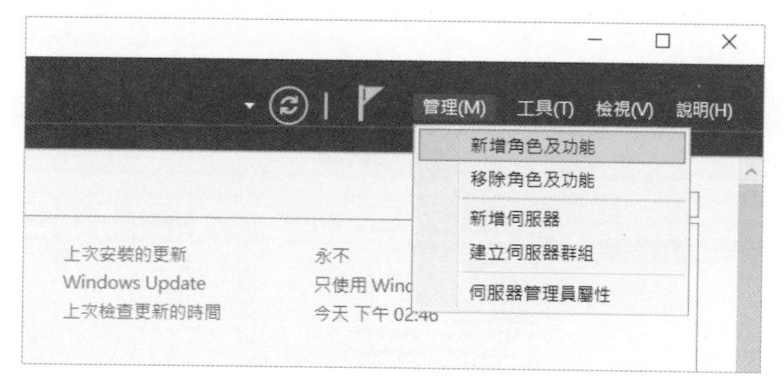

圖 1　伺服器管理員介面

在如圖 2 所示的[安裝類型]頁面中，請選擇[角色型或功能型安裝]。至於進階的整合運用，則會使用到虛擬桌面基礎結構（VDI）中的選用服務，針對這部分我們留待後續再來講解。點選[下一步]。

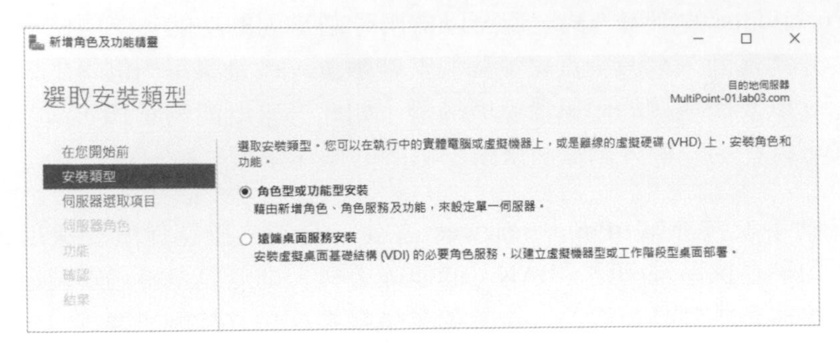

圖 2　選取安裝類型

在[伺服器選取項目]的頁面中，請從伺服器集區中選取準備要安裝的 Windows Server 2016 主機，也就是說針對你準備要安裝 MultiPoint 服務的主機，不一定得非本機伺服器不可，只要你在執行此安裝精靈之前，有預先將網路中的其他 Windows Server 2016 主機加入伺服器集區之中，便可以在此檢視並進行遠端安裝，否則將永遠只能夠檢視到本機伺服器選項。

你還可以針對離線中的 Windows Server 2016 虛擬硬碟，直接進行離線的伺服器角色或功能安裝。點選[下一步]。在如圖 3 所示的[伺服器角色]頁面中，請勾選[MultiPoint 服務]選項，緊接著會出現[新增 MultiPoint 服務所需要的功能]視窗，主要就是包括了遠端桌面服務與工具的相關元件，因為 MultiPoint 服務運行的基礎即是 RDS。點選[下一步]。

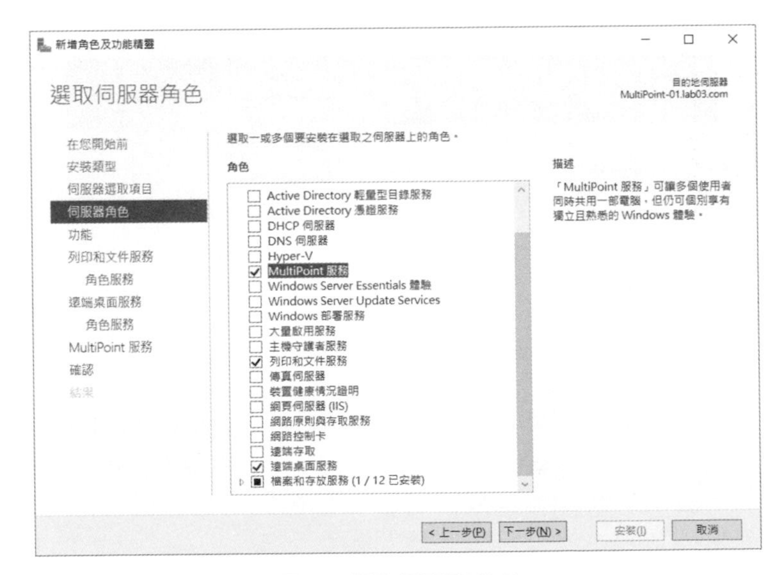

圖 3　選取伺服器角色

在[功能]的頁面中可以完整看到 Windows Server 2016 內建提供的所有功能清單，你可以根據實際的其他管理需求，來添加其他的功能，但請勿取消已自動選取的功能。點選[下一步]。

在[列印和文件服務]的[角色服務]頁面中，預設會勾選[列印伺服器]，主要是方便學生們可以直接透過 MultiPoint 服務主機所連接的印表機，列印所需要的資料或作業等等。如果是部署在網域的環境之中，管理人員可以透過[列印管理]介面，集中管理網域中所有的列印伺服器以及印表機。點選[下一步]。

在如圖 4 所示[遠端桌面服務]下的[角色服務]頁面中，預設僅會勾選[遠端桌面工作階段主機]與[遠端桌面授權]兩項服務。未來如果打算結合 Hyper-V 的虛擬主機桌面一起使用，可以加入[遠端桌面虛擬主機]的安裝。

如果想要讓使用者也能夠經由網頁瀏覽器的連線方式，來存取遠端桌面上的應用程式，則可以將[遠端桌面 Web 存取]勾選。至於[遠端桌面連線代理人]則是適用於擁有網路負載平衡的 RDS 架構之中，而[遠端桌面閘道]則是適用於當使用者需要於外部網路中，來連線存取內部 RDS 資源的情境。點選[下一步]。

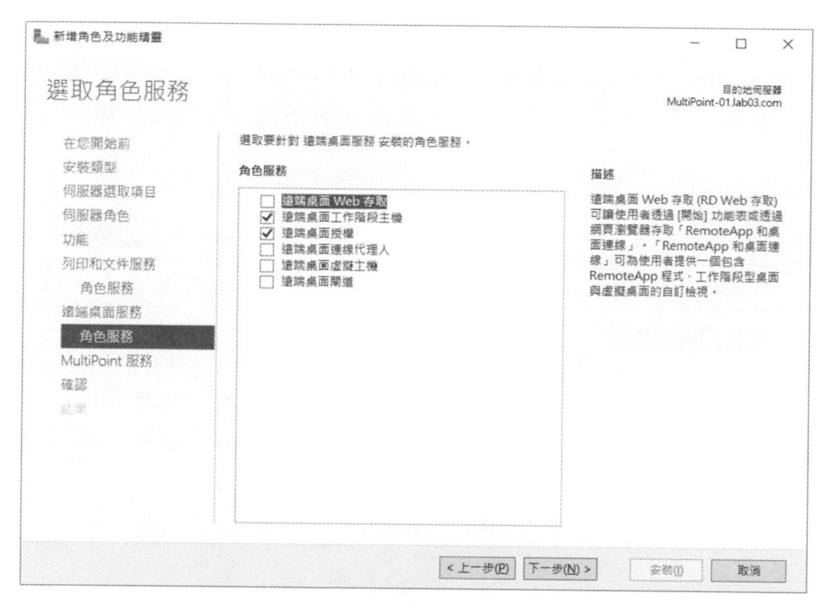

圖 4　選取角色服務

完成[MultiPoint 服務]的相關安裝之後，將需要重新啟動主機。如圖 5 所示便是它完成啟動後的顯示頁面，按下 B 鍵便可以進行登入。

圖 5　MultiPoint 開機頁面

關於 MultiPoint 服務的安裝方式，除了可以從[伺服器角色]頁面中勾選之外，也可以像如圖 6 所示一樣，選擇進入到[遠端桌面服務安裝]頁面之後，再來選取[MultiPoint 服務]，最後再同樣從伺服器集區之中，挑選要安裝的伺服器。

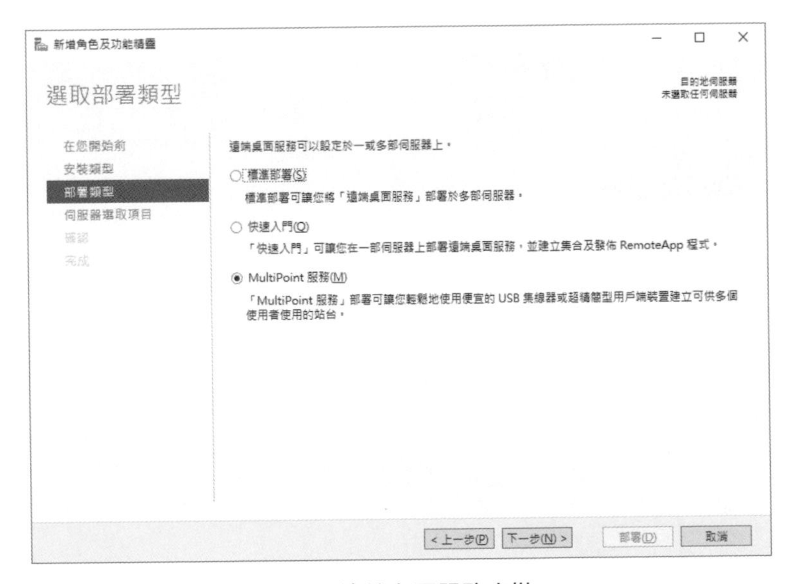

圖 6　遠端桌面服務安裝

MultiPoint Services 需要 Active Directory 嗎？

MultiPoint Services 的主機是不需要加入 AD 網域的，但是在企業的 IT 環境之中，如果想要此主機的用戶透過 AD 帳戶來進行登入與存取，則一樣可以讓它預先加入 AD 網域。不過必須注意的是在舊版的 MultiPoint Server 中，必須是 Premium 版本才支援加入網域功能。

在登入 MultiPoint 服務主機之後，首先可以在如圖 7 所示的[伺服器管理員]介面中，看見多出了幾個新的功能節點頁面，分別是 MultiPoint 服務、列印服務、遠端桌面服務，與這一些服務有關的事件訊息，也可以在此頁面中迅速找到。

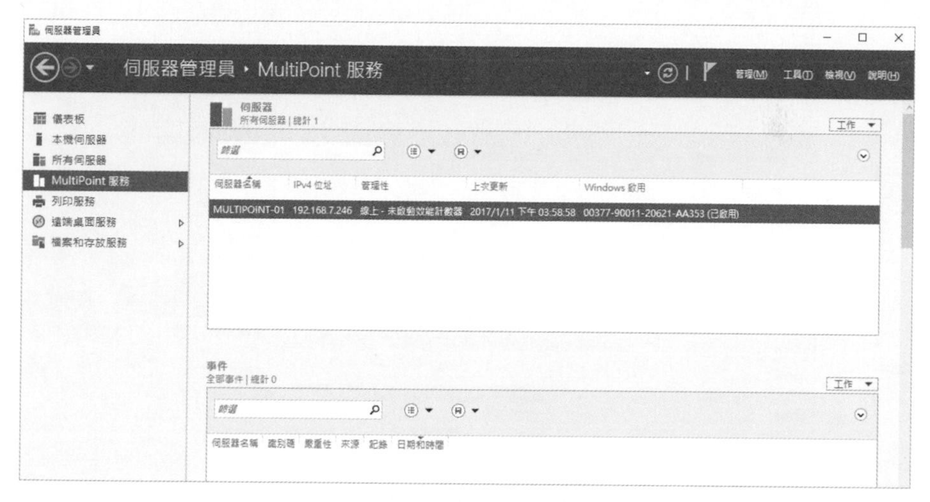

圖 7 伺服器管理員介面

在用戶端連線的管理部分，MultiPoint 服務提供了兩個相當簡易使用的工具，即便不是專業的 IT 人士，也能夠輕鬆上手使用，分別是 MultiPoint 儀表板以及 MultiPoint 管理員，你可以直接從開始選單中找到它們。

如圖 8 所示便是[MultiPoint 儀表板]介面，當有被授予權限的用戶端連線登入之後，無論它們各自是採用哪一種連線方式，管理人員都可以在此檢視到每個用戶工作階段的預覽圖示，可以針對任一連線的用戶，透過上方工具列的點選，來執行像是操作監視、限制 USB 裝置的連線、網站的連線、投影、啟動特定的應用程式、傳送文字訊息（IM）、遠端控制以及進行排序或分組等操作。

圖 8　MultiPoint 儀表板

至於如圖 9 所示的[MultiPoint 管理員]介面，首先可以讓管理人員進行所有 MultiPoint 主機的基本控管，像是編輯電腦設定、重新啟動電腦、關閉電腦、主控台模式切換、啟用磁碟保護、新增或移除 MultiPoint 伺服器等等。其中啟用磁碟保護的功能，則可以用以保護所有學員檔案資料的存放安全，預設此功能是沒有啟用的。

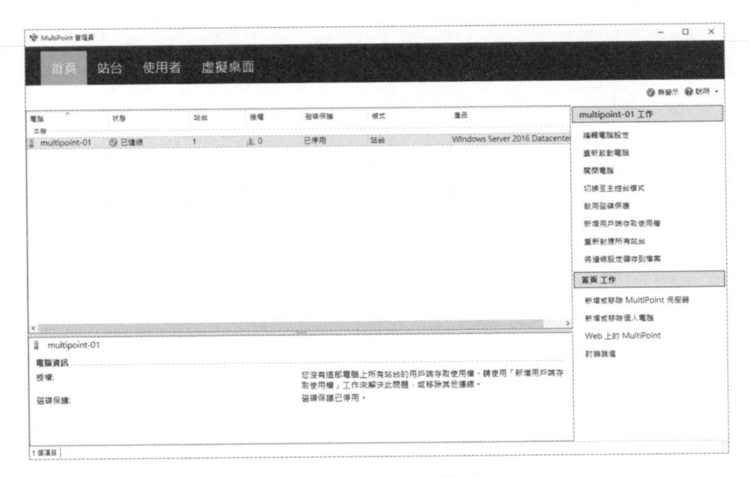

圖 9　MultiPoint 管理員

接著在站台的管理部分，包括 MultiPoint 伺服器本身以及所有連入的用戶端裝置，在此都是稱之為[站台]。管理人員可以隨時對於任一站台的連線，進行暫停或是登出。

例如在課程中場休息時間，學生們的報告還沒整理完成，但是卻需要去用餐或上洗手間時，這時候學生們可以自行選擇[中斷連線]而不是[登出]，等到休息時間結束並且再次回到座位時，可以繼續剛剛未完成的作業。可是如果老師發現有學生尚未中斷連線就離開了座位，為了避免目前進行中的操作被其他學生異動到，可以主動幫它們執行暫停。

在[使用者]的部分則可以進行學生帳戶的管理，包括了新增、變更以及刪除，當然這並不包含網域人員帳號的管理，而是僅限於本機帳戶。最後在虛擬桌面的部分，則是可以進一步結合遠端桌面虛擬主機的使用。

當你建置了多部的 MultiPoint 服務主機時，可以針對不同用途的主機設定不同的屬性。你只要在[首頁]中點選位在右邊窗格之中的[編輯電腦設定]，在如圖 10 所示的頁面中，決定所要啟用或關閉的功能。

例如常見的有[允許單一帳號擁有多個工作階段]，這是因為你可能會希望某一些小組的成員，只需要共用一個帳號來登入即可，以利於專案工作資料的共用與彙整。此外若此電腦中有一些較敏感的資料，可以考慮分別將[允許從遠端管理此電腦]以及[允許監控此電腦的桌面]取消勾選。

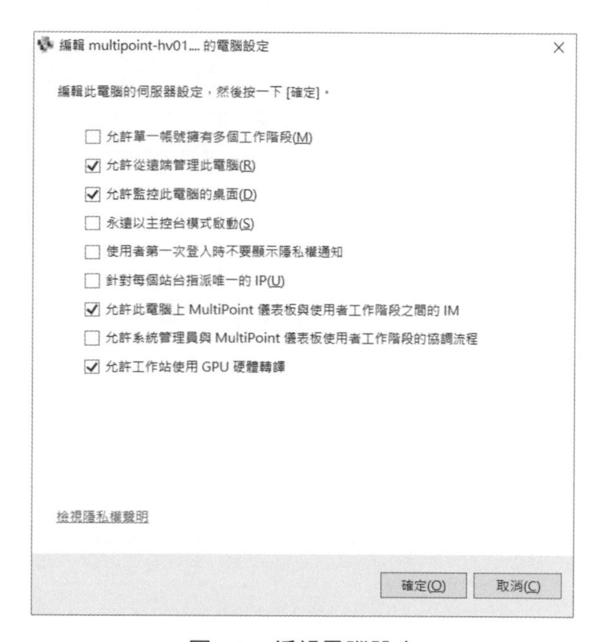

圖 10　編輯電腦設定

如何讓 MultiPoint 服務主機開機自動登入？

你只要在[MultiPoint 管理員]的[站台]頁面中，先選取 MultiPoint 本機，再點選位在[工作]窗格中的[設定站台]連結。最後在[設定站台]頁面中勾選[使用下列資訊自動登入]，並且完成登入帳戶與密碼的輸入即可。

16.4　安裝 RDS 授權

當我們首次在 MultiPoint 伺服端登入之後，會在桌面右下方出現「未設定遠端桌面授權模式」，以及在[MultiPoint 管理員]介面的[首頁]中，看到目前的授權數量為 0，這表示在 120 天之內你仍然可以讓多位的使用者，同時連線使用 MultiPoint 服務。

如果想要永久使用則除了必須啟用授權伺服器之外，還必須安裝合法的 RDS 使用者連線授權金鑰，至於究竟能夠提供多少位用戶的同時連線，得按照實際購買的授權數量。

在[RD 授權管理員]介面中，只要在選取 MultiPoint 主機節點後，按下滑鼠右鍵點選[啟用伺服器]即可。整個啟用的過程中，只要此主機能夠連線 Internet，便可以在完成組織的相關資料輸入之後完成啟用。

一旦啟用成功便可以隨之立即啟動授權安裝精靈。來到[授權方案]的選項頁面中，如果不是選取相關的大量授權方案，一般都是選擇[授權套件（零售購買）]即可。

點選[下一步]會開啟如圖 11 所示的[授權碼]頁面，請輸入以用戶人數計算的授權金鑰並點選新增，未來如果使用人數繼續增加，仍可以隨時回到此介面中來加入新的授權碼。

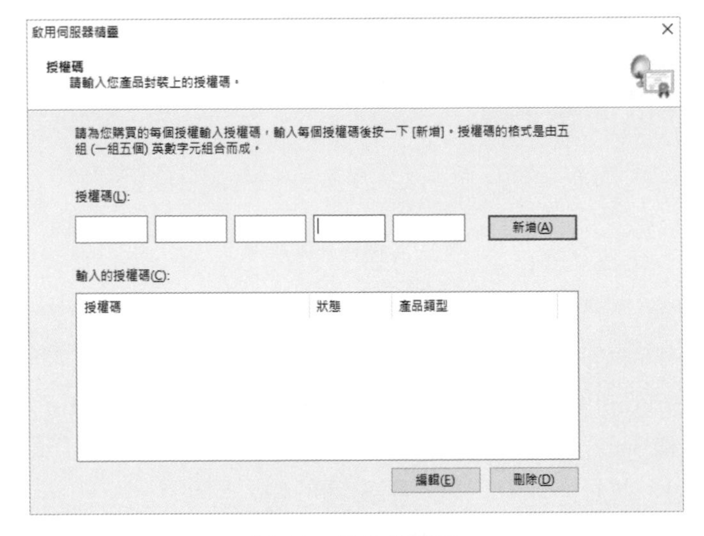

圖 11　輸入授權碼

點選[下一步]便可以知道是否啟用授權成功，如果系統發現此金鑰曾經被啟用過，也會看到相關的提示訊息，在這種情況下你就必須繼續新增其他尚未使用過的金鑰。

一旦完成 RDS 用戶授權金鑰的啟用之後，當我們再次開啟如圖 12 所示的[MultiPoint 管理員]介面時，便可以在[首頁]的頁面中，檢視到[授權]的欄位出現了已啟用的授權數量，而不是出現驚嘆號的訊息。

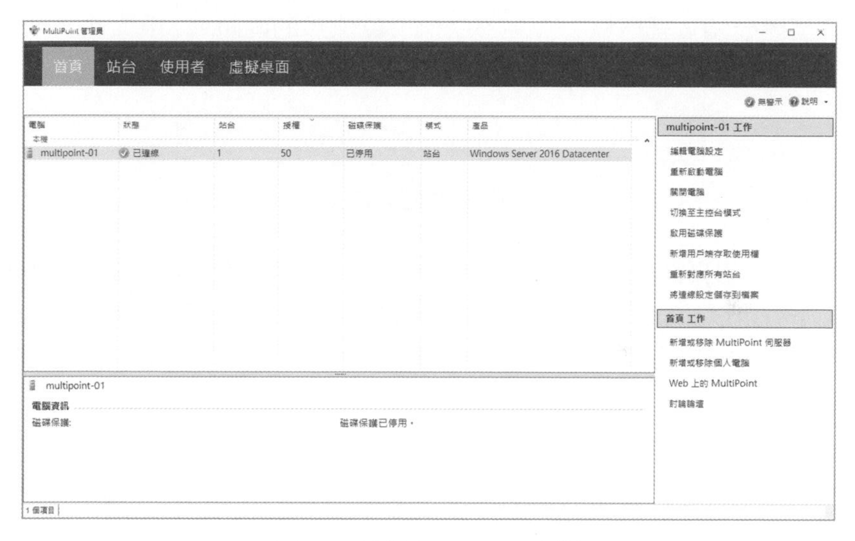

圖 12　檢視 MultiPoint 主機

16.5　新增 MultiPoint 服務使用者

不管你在電腦教室，部署了多少台以 Windows Server 2016 為基礎的 MultiPoint 服務主機，都只需要透過一個[MultiPoint 管理員]介面，就可以進行集中式的管理。作法很簡單！只要在[首頁]的頁面中，點選位在[首頁工作]窗格之中的[新增或移除 MultiPoint 伺服器]，將所探索到的伺服器加入至受管理的區域之中即可。

接下來我們可以在[使用者]的頁面中，點選位在[使用者工作]窗格中的[新增使用者帳戶]，來開啟如圖 13 所示的設定頁面。在此你可以先挑選 MultiPoint 伺服器（如果有多部的話），再輸入所要新增的使用者帳戶、全名以及密碼，其中[全名]部分可以輸入中文以方便識別。此外在擁有多部 MultiPoint 伺服器的架構中，相同的帳戶設定可以建立在不同的伺服器之中。點選[下一步]。

圖 13　新增使用者帳戶

在如圖 14 所示的頁面中可以指派此新帳戶是屬於[標準使用者]，還是[MultiPoint 儀表板使用者]或是[系統管理使用者]，一般學員只要賦予標準使用者權限即可，後兩者則可以視實際管理需求，賦予給老師、助教以及 IT 人員。點選[下一步]完成新增。

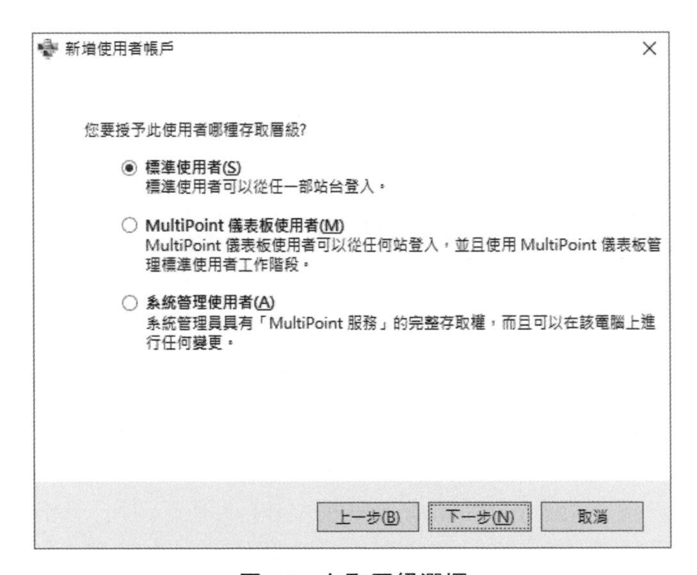

圖 14　存取層級選擇

在如圖 15 所示的[使用者]頁面中，可以看見筆者所新增的一個標準使用者帳戶，未來仍可以隨時變更全名、變更密碼、刪除或是變更存取層級。如果使用者在使用過程中，想要變更自己的登入密碼，只要按下[Ctrl]+[Alt]+[Del]組合鍵，再點選[變更密碼]即可。

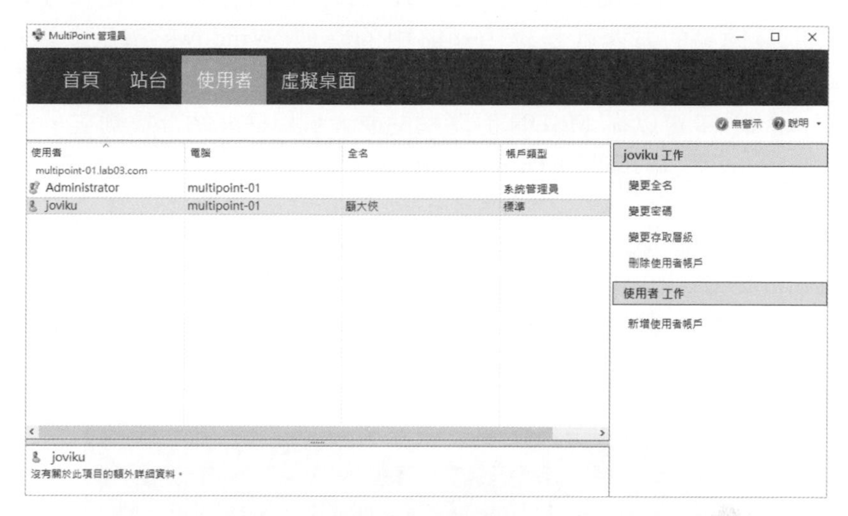

圖 15　使用者管理

針對 MultiPoint 儀表板使用者的權限指派，除了可以經由上述的[變更存取層級]來完成之外，也可以從[電腦管理]介面的[本機使用者和群組]節點中，開啟如圖 16 所示的 WmsOperators 群組內容頁面，點選[新增]按鈕來加入所要賦予權限的使用者帳戶，在預設的狀態下只會有 Administrator 一位成員。至於如果是想要指派為[系統管理使用者]，則必須加入 Administrators 群組。

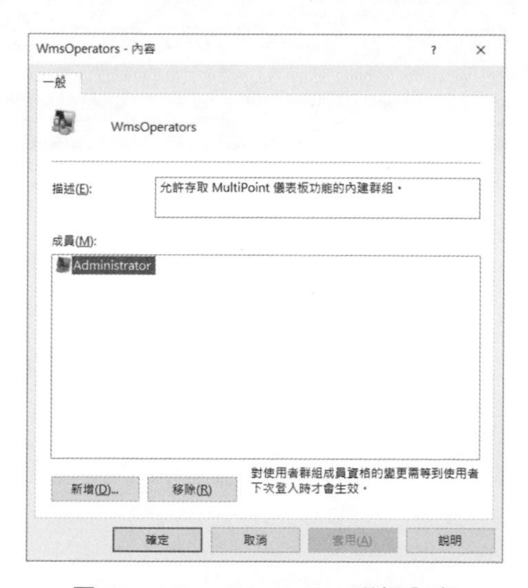

圖 16　WmsOperators 群組內容

16.6 Windows Thin Client 安裝與連線

完成 MultiPoint 伺服器的建置之後，用戶端可以透過各種支援的連線方式來進行存取，其中最簡易的方式就是經由網路中的其他 Windows 電腦，或是 Thin Client 進行登入測試。在此筆者會建議你，不妨以 Windows Thin Client 進行連線存取測試，企業 IT 可以從 MSDN 訂閱網站或大量授權網站上找到它，它其實就是一個以 Windows 7 為基礎的 Thin Client。

至於如果你有一些以 Linux 核心為基礎的 Thin Client，同樣也能夠用來連線存取 MultiPoint 服務。如圖 17 所示便是第一次登入時會顯示的隱私權通知訊息，事實上這個訊息在前面的講解中已經有提及過，它可以透過[編輯電腦設定]取消顯示。

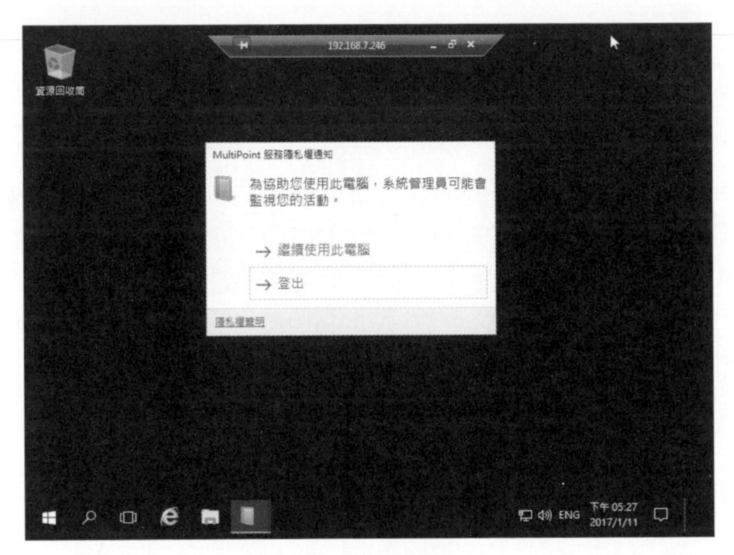

圖 17　遠端桌面連線 MultiPoint 主機

當用戶端成功連線登入之後，無論是使用 MultiPoint 本機帳戶還是網域帳戶，如圖 18 所示皆會顯示在[MultiPoint 管理員]介面的[站台]頁面之中。上課的老師可以在課程進行之中，隨時對於特定的學生或所有學生，強制執行暫停或登出動作。

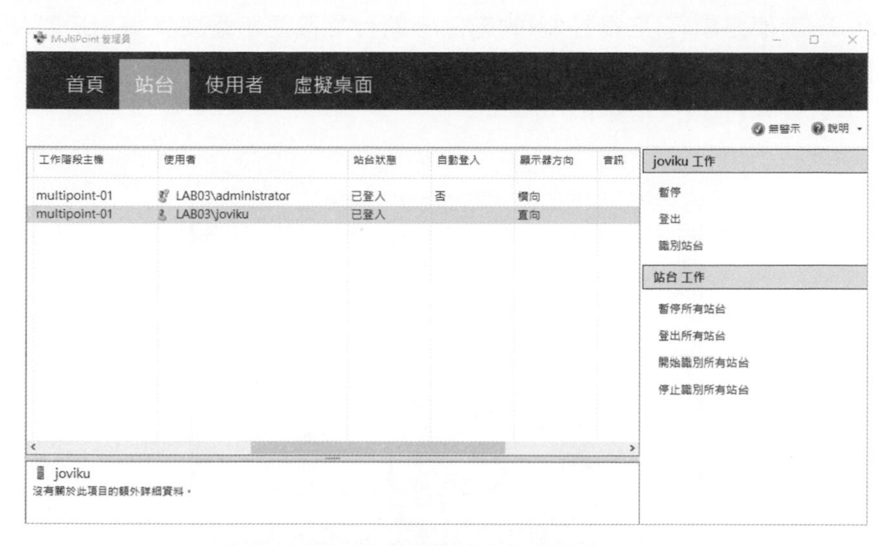

圖 18　管理已登入用戶端

接下來你可以開啟[MultiPoint 儀表板]介面。如圖 19 所示你會發現所有連線登入的用戶端工作階段之預覽圖示，都會出現在[首頁]之中，而上方的功能列就是老師能對個別用戶端或全部用戶端執行的動作。若是想針對單一用戶端執行某項管理功能，筆者建議你可以在選取該用戶端之後，按下滑鼠右鍵點選所要執行的功能。

圖 19　監控學員電腦

如圖 20 所示便是執行[取得控制]的範例。執行之後並不需要獲得用戶端使用者的同意，就可以直接控制現行的工作階段。如果老師只是要觀察該名學生的操作情形，則只要執行[放大所選]即可。

圖 20　遠端控制進行中

如果老師打算將自己或某位學生的操作畫面，讓其他學生都可以立即看到，只要執行[將選取的桌面投影到所有桌面]即可。執行後無論這一些學員目前正在執行什樣的操作，皆會立即顯示為所投影的桌面影像，直到老師在[MultiPoint 儀表板]的[首頁]中，如圖 21 所示點選[停止]投影的按鈕為止。

圖 21　桌面投影中

在課程進行的過程之中，老師肯定不希望學生們執行和課程無關的相關資源，而這一些資源除了來自 MultiPoint 已安裝的應用程式之外，它可能是來自於學生們自行攜到的 USB 隨身碟以及 Internet 的網站。為此老師除了可以自行管理所安裝的應用程式之外，也可在[MultiPoint 儀表板]的[首頁]之中，隨時開放與封鎖

USB 隨身碟的使用。至於 Internet 網站呢？老師可自訂所謂的黑白名單。如圖 22 所示你可以針對所選取的桌面或是所有桌面來執行限制。

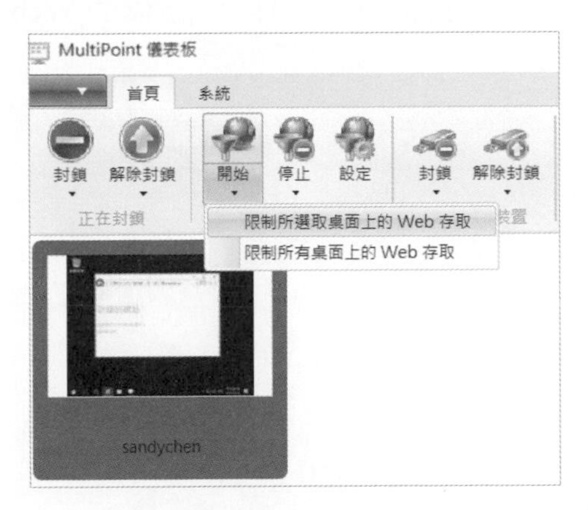

圖 22　限制 Web 存取

執行後將會開啟如圖 23 所示的[設定 Web 限制]頁面。在此你便可以自行選擇要針對[只允許這些網站]還是[只禁止這些網站]，來決定網站的清單。值得注意的是它可以接受部分 URL 的輸入方式，而不一定要輸入完整的網址，例如完整的網址如果是 www.microsoft.com，你只需要輸入 microsoft 便可以成功識別。

圖 23　設定允許或拒絕清單

對於非允許或禁止的網站，當有用戶端的使用者嘗試進行該網站的連線時，無論他使用何種網頁瀏覽器，皆會出現如圖 24 所示的[封鎖的網站]訊息，直到老師在[MultiPoint 儀表板]的[首頁]之中，執行[停止]限制的 Web 存取為止。

圖 24　用戶端連線網站

針對所有學生桌面工作階段的管理，老師除了可以進行遠端控制之外，也可以在沒有執行[取得控制]的情況下，對於所選取的用戶端（站台），點選執行位在功能列[應用程式]區域中的[啟動]或[關閉]，讓特定的應用程式立即在該用戶端桌面中被開啟，或是像如圖 25 所示一樣選擇執行中欲關閉的應用程式。

圖 25　關閉選取桌面上的應用程式

16.7 整合遠端桌面虛擬主機的使用

當我們的 MultiPoint 服務與 Hyper-V 伺服器安裝在同一台主機時，除了可以使用教學廣播與 RDS 的相關功能之外，還可以管理[虛擬桌面]，也就是在 Hype-v 中所有運行 Windows 的虛擬機器，藉由建立虛擬機器範本，來進行虛擬桌面站台的快速部署，讓不同需求單位或角色的用戶端，可以透過內部或 Internet 網路的連線方式，來存取各自需要的虛擬桌面。

實作步驟首先請在[MultiPoint 管理員]的[虛擬桌面]頁面中，點選[建立虛擬桌面範本]來開啟如圖 26 所示的設定頁面，在此請先在[檔案名稱]的欄位中，點選[瀏覽]按鈕來載入 Windows 的安裝映像檔，再依序完成虛擬硬碟檔案位置、範本前置詞、網域以及新本機管理員帳戶的名稱與密碼，此名稱不可以是輸入與內建的 Administrator 相同。

圖 26 建立虛擬桌面範本

若想要對於現行的虛擬機器範本自訂其內容，包括了像是安裝 Windows 更新、安裝各種需要使用的應用程式（例如：MS Office）、修改 Windows 系統設定等等。只要在選取範本之後點選[自訂虛擬桌面範本]，系統將會自動以內建的 Administrator 帳戶完成登入。

登入後你便可以開始完成所有想要的自訂動作。確認完成所有自訂動作之後，就可以連續點選桌面上的[CompleteCustomization]小圖示，執行後將會開啟如圖 27 所示的 Sysprep 作業訊息。完成系統重置作業之後將會自動關閉虛擬機器。

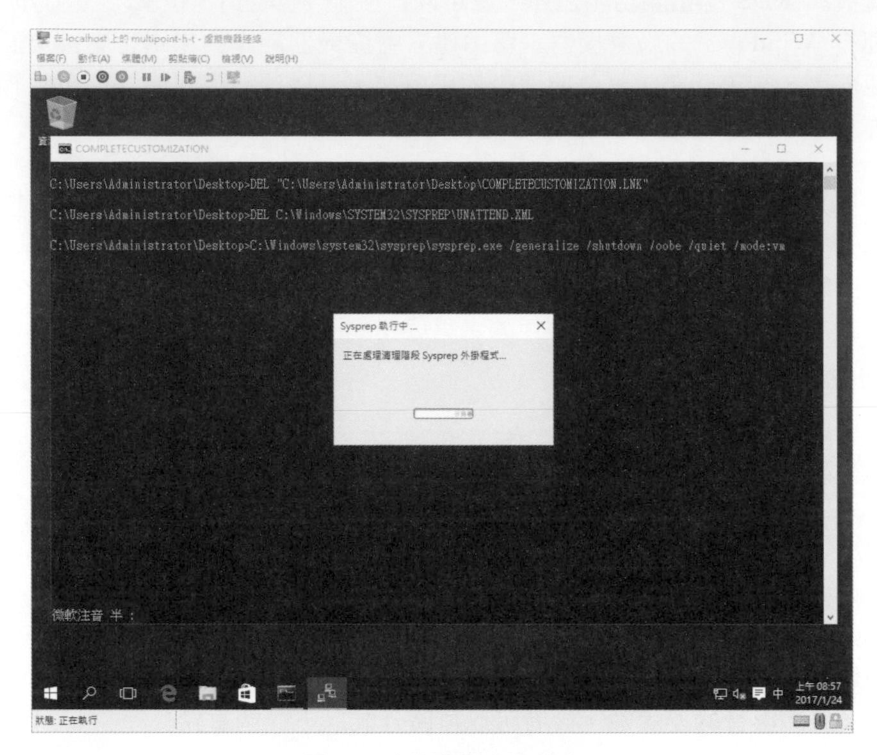

圖 27　自訂虛擬桌面範本

完成了虛擬機器範本的建立之後，往後就能夠以這個範本為基礎，點選[建立虛擬桌面站台]來產生數個虛擬機器，讓不同的用戶端可以進行遠端存取，過程中僅需要如圖 28 所示，設定新虛擬硬碟檔案的儲存路徑。首次的啟動時間會較久一些，這是因為它將執行系統以及桌面的初始化配置。

請注意！無論是要自訂虛擬桌面範本還是建立虛擬桌面站台，其範本的來源必須是從 MultiPoint 管理員介面中，所建立或匯入的虛擬機器範本，而不是使用現行的虛擬機器，否則將會出現不可預期的錯誤。

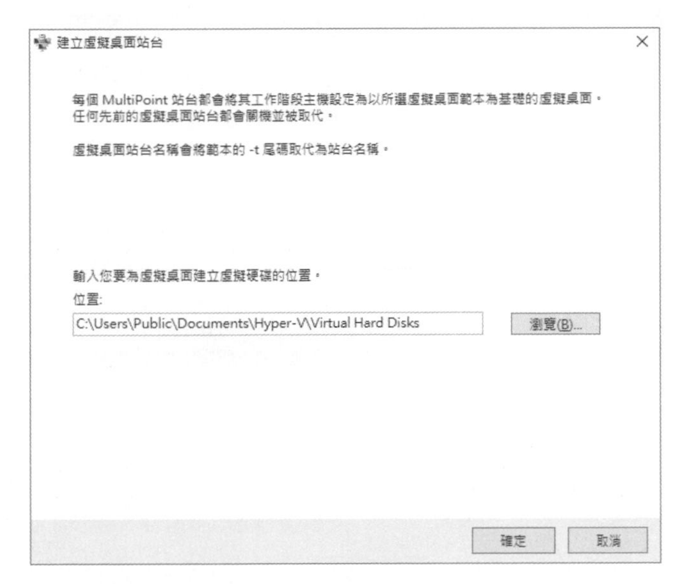

圖 28　建立虛擬桌面站台

16.8　影響 MultiPoint 服務運作效能的因素

使用率與系統配置是主要影響 MultiPoint 服務效能的兩項重點。前者包括了應用程式的類型與執行數量、同時透過 Internet 瀏覽多媒體網站的連線數、同時開啟伺服端多媒體影音的連線數。後者可以再區分成以下幾個重點來說明：

- **CPU、GPU、RAM 以及硬碟**：關於這四項關鍵可用資源，必須根據實際執行的應用程式類型，來斟酌所要使用的配備等級與容量。舉例來說，如果打算執行 3D 繪圖軟體，例如：Photoshop、AutoCAD、Solidworks 等等，則顯示卡肯定得使用繪圖專用的等級。
- **網路頻寬**：這包括了採用 RDP-over-LAN 與 USB-over-Ethernet。其中以 RDP-over-LAN 連線方式的站台，可以使用內建的 RemoteFX 來改善高畫質多媒體內容的傳輸，而當 RDS 的服務是運行在 Hyper-V 虛擬機器時，則可以像如圖 29 所示一樣，試試新增[RemoteFX 3D 視訊卡]裝置，完成最大監視器數量、最大解析度以及專屬視訊記憶體大小的設定即可。

  若是採用單一集線器的 USB 極簡型用戶端，則總數量的多寡將會直接影響視訊效能的表現。另外使用 USB 3.0 連接埠口，也會遠比使用 USB 2.0 的傳輸速度快。

- **螢幕解析度**：適度降低遠端桌面的解析度，可以改善視訊傳輸的品質。
- **站台的數量**：這裡所指的站台就是用戶端的連線數量，在執行大量的圖形或視訊的教學環境之中，最好能夠進行總量的管制。

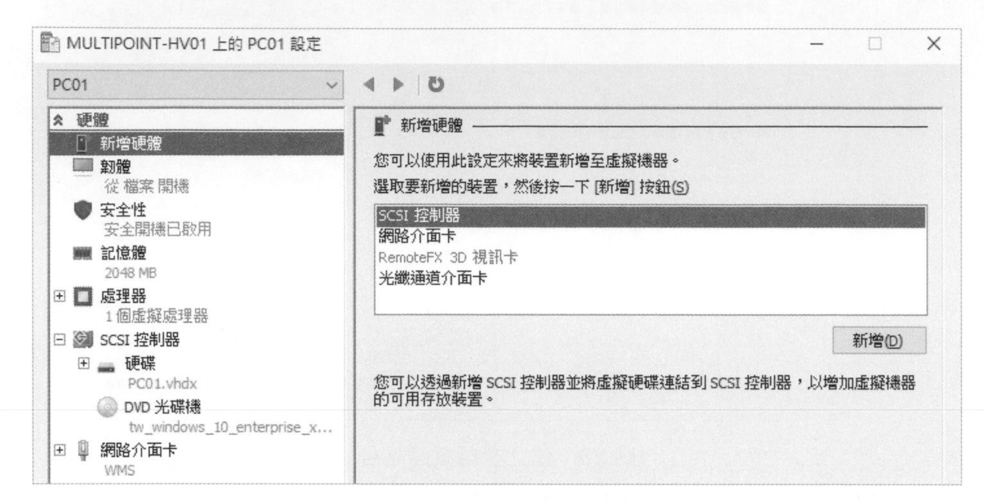

圖 29　新增虛擬機器硬體

請注意！新增 RemoteFX 3D 視訊卡的裝置功能，並不適用在巢狀的 Hyper-V 虛擬機器架構之中。

MultiPoint Services 不僅可以運用在企業或校園的電腦教室之中，針對現今許多小班教學的補習班環境也是相當適合的，因為我們有提到它甚至於可以連 Thin Client 都不需要，只要相容的 USB 集線器或多埠口的顯示卡，即可讓多組的電腦螢幕、鍵盤以及滑鼠共用一部 Windows Server 2016，並且讓學員們皆有各自的桌面環境，建立與儲存他們自己所需要繳交的作品或報告。

至於老師呢？由於他是系統管理員的角色，因此可以存取到所有學員的個人資料夾，來進行作業的批改與回存。由此可見只要有一部安裝好 MultiPoint Services 的主機，即便不是專業的 IT 工程師，也能夠輕鬆搞定小型的廣播教學環境。

第 17 章

實戰 Linux 整合 Active Directory

記得 Microsoft 新掌門人 Satya Nadella 曾說道：「Linux 愛 Microsoft」。這句話聽起來不僅有一些肉麻，且對於 Linux 的支持者而言似乎來得有點晚，因為早在十幾年以前，Linux 就已經深深愛上了 Microsoft，尤其是在企業商務應用的領域之中，而且已到此情不渝無怨無悔的地步。

透過本章的閱讀，讓我們一同來探討究竟 Windows 與 Linux 誰比較愛誰，以及學習如何讓目前最受企業 IT 青睞的幾款 Linux 系統，輕鬆整合現行的 Active Directory 網路。

17.1 前言

打從 MS DOS 時代的結束，進入到 Windows 世代的開始，Windows 和 Linux 兩種截然不同的核心設計與作業環境早已是水火不容，前者著重在完善的使用者經驗，後者則是強調開源與自由軟體的發展。

鼎盛時期的 Windows，全球市場佔有率至少超過 90%以上，而 Linux 系列的作業系統僅有極少數的進階玩家在使用，畢竟人們喜愛的是友善的操作介面，而非背後高深的技術。

然而萬萬沒想到就在二十多年以後，一個以 Linux 核心為基礎的 Android 系統，卻霸佔了全球超過七成以上的行動裝置市場，讓 Microsoft 在雲端的世界裡聞風喪膽。

無論如何，在企業 IT 的世界裡，Windows 霸主的地位仍是屹立不搖的，即便從過去到現在都有許多 Microsoft 的競爭對手，不斷以安全面與效能面來抨擊 Microsoft 的系統與軟體是個大怪物，但此負面影響的程度仍是很有限，因為對於 Microsoft 軟體的企業愛用者來說，Linux 似乎只是一盤散沙（或稱烏合之眾），難敵 Microsoft 這隻攻防兼具的大怪物。

儘管 Linux 與 Microsoft 從過去到現在都是一直處在明爭暗鬥，但由於雙方皆各有自己的 IT 市場，因此在許多的 IT 技術層面上，彼此之間都得適時的去迎合對方的整合需要，來做一些技術上的改變，嘴巴還得說上幾句甜言蜜語，讓雙方的使用族群以為他們始終深愛著對方。

想要讓對手的族群深信這份愛意，就必須有具體的作為才行。首先是 Microsoft 早在十多年以前就推出了一套名為 Windows Services for UNIX（簡稱 SFU），至今仍可以免費下載。

此軟體主要藉由 NIS（Network Information Service）服務機制，完成 Active Directory 與 Unix 單一使用者資料庫的驗證需求，再透過 Client for NFS、Server for NFS 以及 Gateway for NFS 三大元件，完成與 Linux 系統的雙向 NFS 共用連接，以及完成單一存取點的共用連接。

如圖 1 所示，一直到目前最新的 Windows Server 2016 都仍提供一項名為 Server for NFS 的功能，讓 Linux 與 Windows 網路之間的檔案共用無縫隙。

Windows Services for UNIX Version 3.5 官方下載網址：
http://www.microsoft.com/en-us/download/details.aspx?id=274

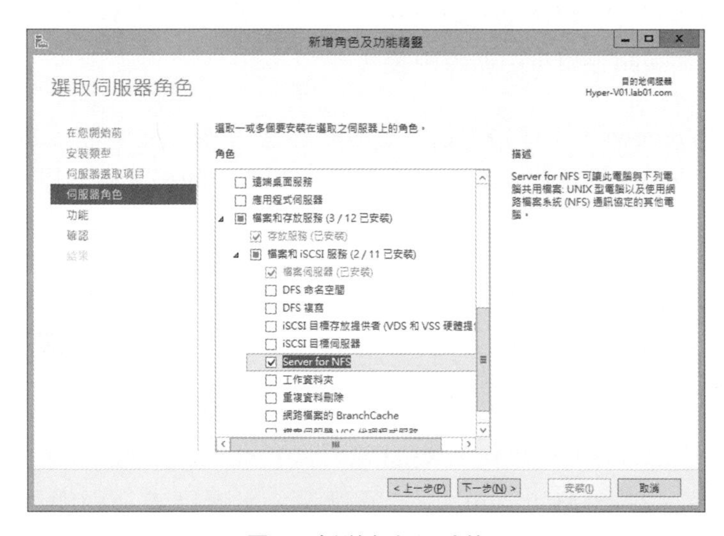

圖 1　新增角色及功能

在 Linux 部分為了讓更多設計精美的開源軟體被更多企業 IT 所使用，有兩項重要的整合工作是一定要做的。第一就是讓作業系統與各類應用系統，設法整合早已被廣泛使用的 Active Directory 目錄服務。

因為這對於許多企業 Windows 族群的使用者來說，已成為企業 IT 環境必備的基礎建設。第二就是必須要能夠結合 Microsoft Office 文書軟體的使用，尤其是在一些與企業資訊口（EIP）或知識管理系統（KMS）的開源應用上更是重要。

以 Linux 開源應用系統整合 Active Directory 目錄服務的案例來說，過去筆者個人實際使用過的就有 WordPress、ownCloud、Moodle、Zimbra、Citadel Groupware Server 等等。

這一些應用涵蓋了企業 Blog、私有雲端儲存空間、線上學習系統（E-learning）、訊息協同作業平台。在成功整合 Active Directory 之後，IT 管理人員無須維護第二種以上的帳戶資料庫，而一般使用者則可以直接以現行網域帳戶，來存取這些應用服務，形成企業贏、IT 贏以及使用者贏的三贏局面。

只是讓企業開源應用系統整合 Active Directory 驗證仍是不足的，原因是對於某一些關聯到文件管理的應用系統來說，還必須進一步結合 Microsoft Office 的使用，此系統才能夠獲得廣泛使用者的青睞。

在此推薦兩款如今已經獲得許多企業 IT，所愛用的開源知識管理系統以及資訊入口網站，分別是 OpenKM 與 Alfresco。如圖 2 所示便是 OpenKM 在知識文件管理，對於 Office 2007 以上版本文件的內容預覽範例。至於圖 3 的範例則是 Alfresco 資訊入口網站的文件管理功能中，對於 Word 文件版本控管功能的應用範例。

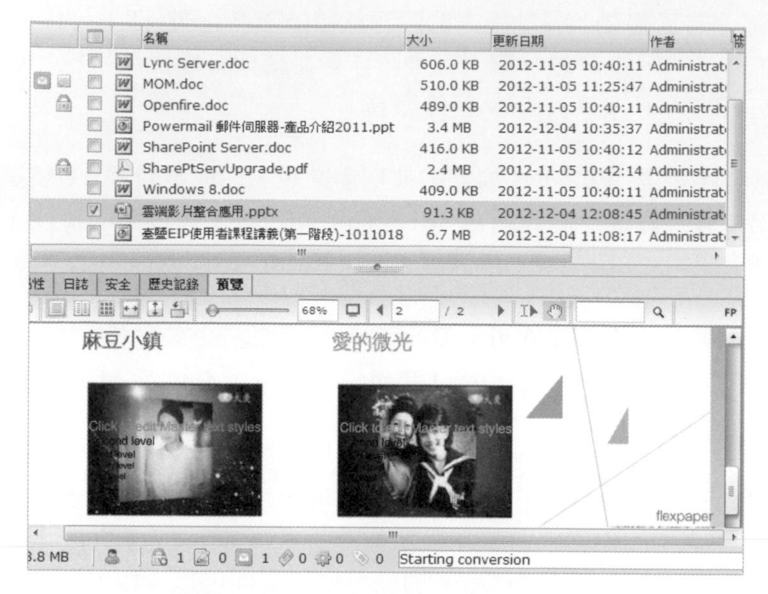

圖 2　OpenKM 結合 MS Office 的使用

圖 3　Alfresco 結合 MS Office 的使用

上面所介紹的都是筆者曾經實際運行過的整合應用，其重點大都鎖定在開源應用系統與 Microsoft Active Directory 以及 Office 軟體的結合使用。在接下來的實戰分享之中，筆者將回歸到 Linux 作業系統與 Active Directory 的整合使用，也就是把所謂的 Linux 三強，當作企業 Windows Client 來使用。就竟是哪三強呢？答案是 CentOS、OpenSUSE、Ubuntu。

17.2 CentOS 整合 Active Directory

CentOS 號稱萬年不掛，常用來建置的伺服器服務有 Web Server、FTP Server 以及 Mail Server，其次則是 DNS Server、DHCP Server 以及 MySQL Server。如今不僅是校園廣泛使用它，企業 IT 為了節省建置成本，也開始將 CentOS 建置在企業一級戰區內的 IT 服務之中。既然 CentOS 系統的使用如此廣泛，整合現行 Active Directory 目錄服務來降低 IT 管理成本，肯定勢在必行。

請在登入 CentOS 系統之後開啟命令提示字元介面，下達以下命令參數來完成相關所需套件的安裝。

```
sudo yum -y install realmd sssd oddjob oddjob-mkhomedir adcli samba-
common
```

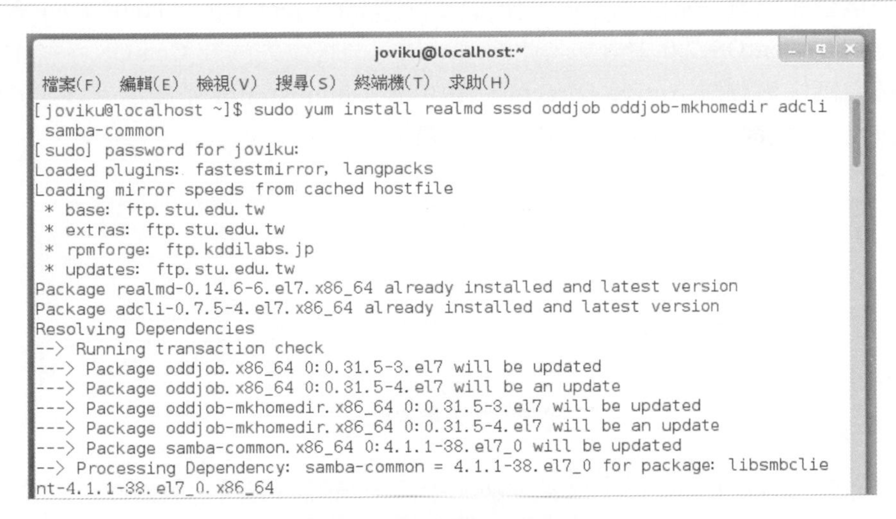

圖 4　安裝相關所需套件

完成所有與整合 Active Directory 有關套件的安裝之後，可以嘗試下達 sudo realm discover dc01.lab01.com 命令，其中 dc01.lab01.com 是筆者 Windows Server 2016 網域控制站（DC）的 FQDN 位址，你必須修改成你實際使用的連線位址。執行後將可以像如圖 5 所示一樣，探索到該網域的相關資訊。

```
joviku@localhost:~
檔案(F) 編輯(E) 檢視(V) 搜尋(S) 終端機(T) 求助(H)
[joviku@localhost ~]$ sudo realm discover dc01.lab01.com
lab01.com
  type: kerberos
  realm-name: LAB01.COM
  domain-name: lab01.com
  configured: no
  server-software: active-directory
  client-software: sssd
  required-package: oddjob
  required-package: oddjob-mkhomedir
  required-package: sssd
  required-package: adcli
  required-package: samba-common
[joviku@localhost ~]$
```

圖 5　探索網域資訊

確認網域資訊能夠正常回應之後，便可以下達 sudo realm join lab01.com 命令，來嘗試將此 CentOS 7.0 主機加入此網域。執行後將會先詢問 CentOS 系統本機的管理員密碼，再詢問 Active Directory 預設的 Administrator 密碼。一旦通過驗證便可以成功加入此網域中成為一部電腦成員。

圖 6　加入指定網域

接下來你就可以使用 id 命令來查詢網域中任一帳號的資訊，例如你可以輸入 Id lab01\administrator 命令，得知管理員帳戶的 ID 編碼、所屬的群組清單以及各群組的 ID 編碼。

圖 7　查詢網域使用者資訊

後續你將可以在不登出現行的 CentOS 視窗桌面之下，開啟命令提示字元視窗，如圖 8 所示一樣下達 su – lab01\\administrator，切換到指定的網域帳戶進行檔案系統的存取，初次的執行系統將會自動建立相關的家目錄。

而我們必須要做的事，就是事先完成相關網域使用者於 CentOS 的群組設定，如此一來才能有擁有相對應的必要存取權限。例如你可能就需要賦予網域 Administrator 隸屬於 wheel 群組成員。

圖 8　切換網域使用者

如果你希望往後對於網域使用者的管理以及登入操作，不需要再輸入網域名稱的話，則可以下達 sudo vi /etc/sssd/sssd.conf 命令來修改此網域連線設定檔。如圖 9 所示只要找到為在第 16 列的 use_fully_qualified_names 敘述，將其值修改成 False 即可。儲存並離開。

```
joviku@localhost:~
檔案(F) 編輯(E) 檢視(V) 搜尋(S) 終端機(T) 求助(H)

[sssd]
domains = lab01.com
config_file_version = 2
services = nss, pam

[domain/lab01.com]
ad_domain = lab01.com
krb5_realm = LAB01.COM
realmd_tags = manages-system joined-with-samba
cache_credentials = True
id_provider = ad
krb5_store_password_if_offline = True
default_shell = /bin/bash
ldap_id_mapping = True
use_fully_qualified_names = False
fallback_homedir = /home/%d/%u
access_provider = ad
~
~
~
~
~
-- INSERT --
```

圖 9　修改網域連接設定檔

完成網域連線設定檔的修改之後，請如圖 10 所示下達 systemctl restart sssd 命令以便讓其設定生效。接著你就可以嘗試下達 id 命令，查詢任一位網域使用者的帳戶資訊，並且省略掉網域名稱的輸入。例如下達 id administrator 命令。

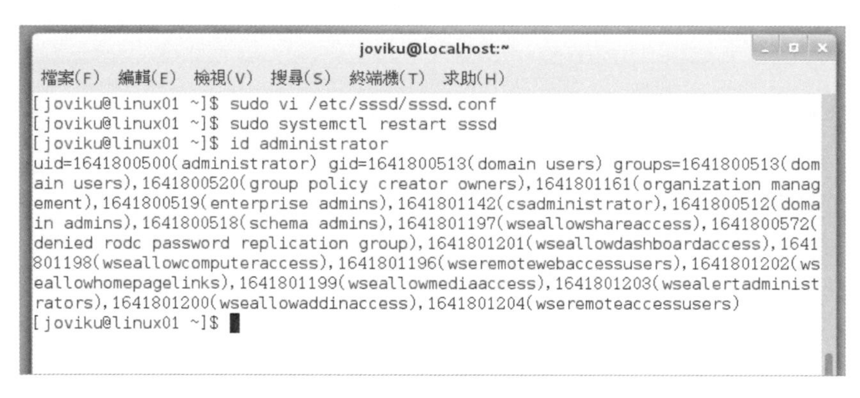

圖 10　測試使用者資訊查詢

接下來讓我們重新啟動或登出現有的 CentOS 7.0 系統，在如圖 11 所示的登入頁面之中，改輸入 Active Directory 網域使用者的名稱，輸入的格式可以省略或帶網域名稱都是可以的。點選[下一個]。

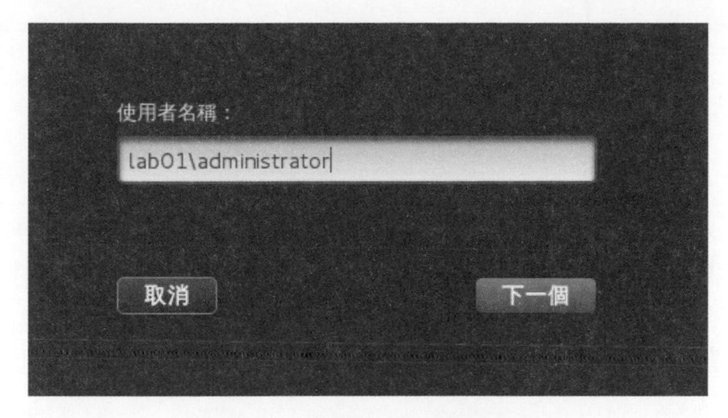

圖 11　CentOS 7.0 開機登入

第一次登入成功時可能會出現如圖 12 所示的[線上帳號]管理頁面，這是 CentOS 7 預設特有的帳戶管理功能之一，會顯示目前所使用的帳戶登入類型為[Enterprise Login（Kerberos）]，以及目前所登入的網域名稱。如果你還要建立 Facebook 或 Google 等帳戶，可以點選[加入帳戶]來設定新連線即可。

線上帳號
與您雲端的既有資料連接
加入帳號可讓您透明的連接到您的線上相片、聯絡人、郵件...等等。
Enterprise Login (Kerberos)
LAB01.COM
加入帳號(A)
上一步(P)　下一步(N)

圖 12　線上帳號管理

接著你可以開啟 Home 資料夾，便會發現裏頭已經自動產生一個網域資料夾，並且會像如圖 13 所示一樣，自動產生每一位登入此 CentOS 主機的網域使用者資料夾，用以作為他們各自的家目錄。

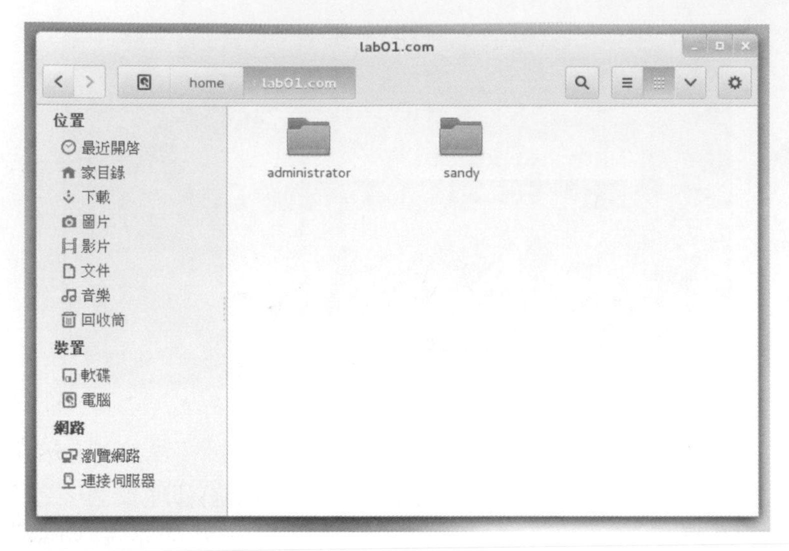

圖 13　使用者資料夾

在前面示範將 CentOS 7 主機加入 Active Directory 的過程之中，你可能不會像筆者那樣順利，那是因為如果你目前的 CentOS 7 的主機名稱，是採用系統預設的 localhost，或是主機名稱與現行網域中的其他主機名稱衝突時，皆會出現如圖 14 所示的錯誤訊息而導致失敗。

圖 14　加入網域失敗

解決的方法就是趕緊修改 CentOS 的主機名稱，在此推薦你使用一套相當好用的工具，名為 nmtui（NetworkManager）的文字視窗工具。透過它不僅可以快速修改主機名稱，必要時連同網路連線設定都可以一併修改。

預設此工具並沒有安裝在 CentOS 7.0 的系統之中，請下達 sudo yum install NetworkManager-tui 命令完成下載與安裝即可。完成安裝後請執行 sudo nmtui 命令來開啟如圖 15 所示的文字介面，並在選取[Set system hostname]之後點選[OK]繼續。

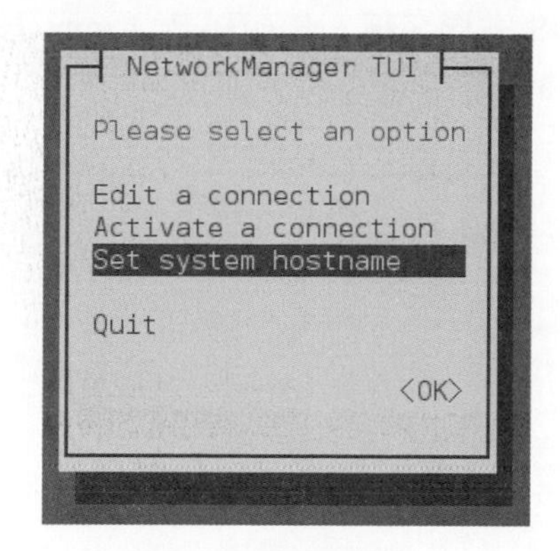

圖 15 網路管理工具

在如圖 16 所示的[Set Hostname]頁面中，可以修改目前的主機名稱。在此建議你先在 DNS Server 的記錄中添加一筆此名稱記錄，再輸入完整的網域名稱於此欄位之中，例如：linux01.lab01.com。點選[OK]完成設定。

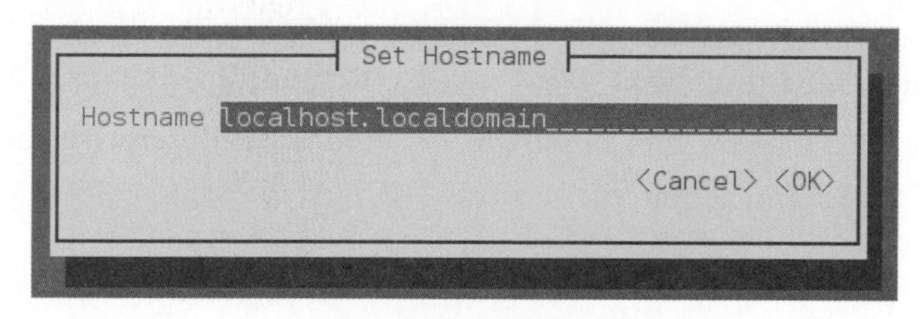

圖 16 修改主機名稱

完成主機名稱並回到命令提示字元後，請如圖 17 所示下達 sudo systemctl restart systemd-hostnamed 命令，以便讓主機的更名作業生效。接著你便可以下達 cat /etc/hostname，來查看新主機名稱是否已經生效了。

```
joviku@localhost:~
檔案(F) 編輯(E) 檢視(V) 搜尋(S) 終端機(T) 求助(H)
[joviku@localhost ~]$ sudo systemctl restart systemd-hostnamed
[joviku@localhost ~]$ hostname
linux01.lab01.com
[joviku@localhost ~]$ cat /etc/hostname
linux01.lab01.com
[joviku@localhost ~]$ cat /etc/sysconfig/network
# Created by anaconda
[joviku@localhost ~]$
```

圖 17 重新啟動主機名稱服務

進一步若想要知道 CentOS 主機名稱、架構以及 Linux 核心版本的完整資訊，只要依圖 18 所示下達 hostnamectl status 命令即可。

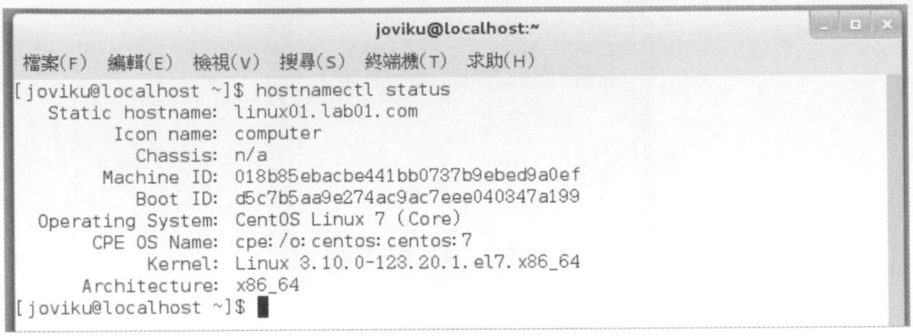

```
joviku@localhost:~
檔案(F)  編輯(E)  檢視(V)  搜尋(S)  終端機(T)  求助(H)
[joviku@localhost ~]$ hostnamectl status
   Static hostname: linux01.lab01.com
         Icon name: computer
           Chassis: n/a
        Machine ID: 018b85ebacbe441bb0737b9ebed9a0ef
           Boot ID: d5c7b5aa9e274ac9ac7eee040347a199
  Operating System: CentOS Linux 7 (Core)
       CPE OS Name: cpe:/o:centos:centos:7
            Kernel: Linux 3.10.0-123.20.1.el7.x86_64
      Architecture: x86_64
[joviku@localhost ~]$ 
```

圖 18　檢視主機狀態資訊

17.3 OpenSUSE 整合 Active Directory

如果要說哪個 Linux 的發行版本是兼具效能、友善介面設計以及商務伺服器的最佳選擇，OpenSUSE Linux 肯定是當仁不讓。根據了解，目前許多商用的 Linux 應用系統，除了會標榜支援 CentOS 與 Red Hat Enterprise Linux 之外，OpenSUSE 與 SUSE Linux Enterprise 也是許多商用系統開發商的最愛。

尤其是在伺服器的應用系統部分。其中 IBM 的 Domino/Notes 系統便是最典型的例子，儘管官方僅標榜支援 Red Hat Enterprise Linux 與 SUSE Linux Enterprise，但相信許多 IT 先進都知道 CentOS 與 OpenSUSE 和這兩款商用 Linux 之間密不可分的關係。

關於 OpenSUSE 整合 Active Directory 身分驗證的方法，可遠比 CentOS 要來得簡單許多，因為它已內建此圖形介面設定功能。首先你必須從 YAST 控制中心介面中的[保全性與使用者管理]節點頁面，點選開啟如圖 19 所示的[AppArmor Configuration]功能。

圖 19　保全性與使用者管理

在如圖 20 所示的[AppArmor 組態]頁面中，請在選取[設定]項之後點選[啟動]繼續。

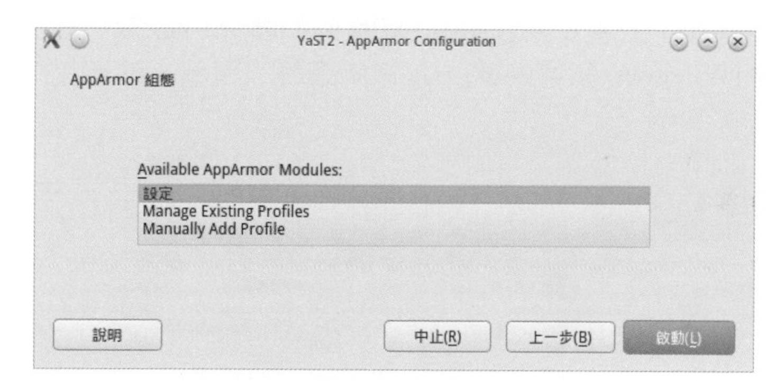

圖 20　AppArmor 組態

接著在如圖 21 所示的頁面中，請將[啟用 AppArmor]的設定項取消。點選[完成]。

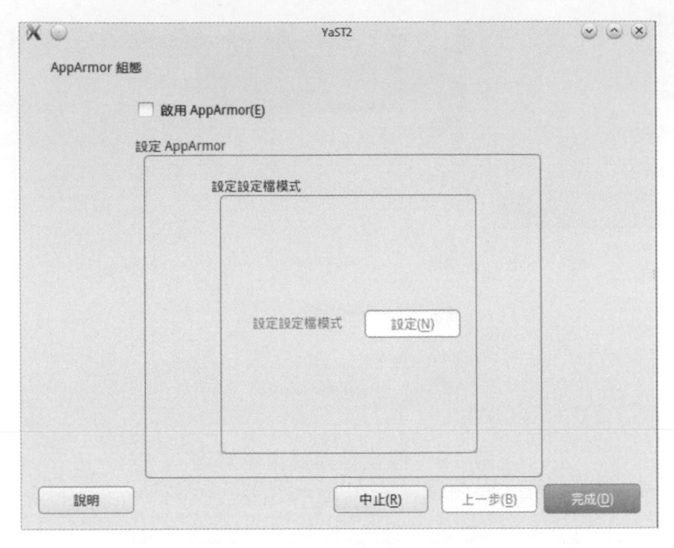

圖 21　修改 AppArmor 組態

接著請同樣在 YAST 控制中心介面中，切換到如圖 22 所示的[網路服務]節點頁面，點選開啟[Windows 領域成員]。這裡所謂的「領域」就是我們所說的網域（Domain）。

圖 22　網路服務管理

在如圖 23 所示的[Windows 領域成員]頁面中，你只要在[領域或工作群組名稱]欄位之中，輸入所要加入的 Active Directory 網域名稱即可（例如：lab01.com），至於其他設定則保留預設值即可。點選[確定]按鈕之後，可能會陸續出現要求你安裝 samba-winbind、krb5-client 等套件的提示訊息，只要在提示視窗中點選[確定]即可。

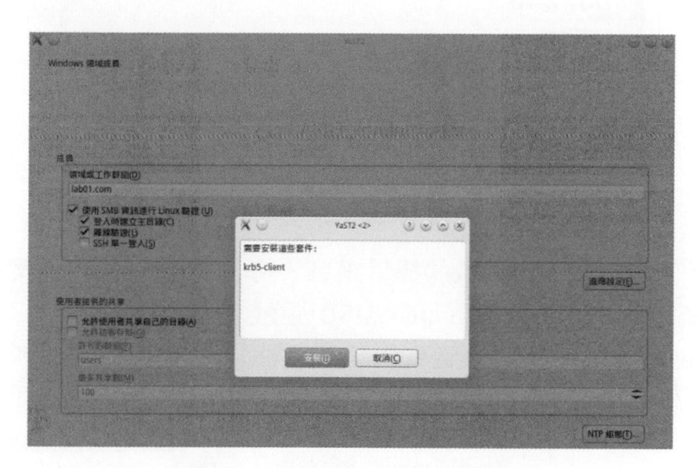

圖 23　Windows 領域成員設定

另外必須特別注意的是網域名稱的輸入，不可以只輸入 NetBIOS 格式的名稱（lab01），因為這種輸入方式僅可在 Windows 的作業系統中識別，在 Linux 的世界中，必須輸入標準 DNS 的名稱（例如：lab01.com），否則將會出現如圖 24 所示的錯誤訊息。

圖 24　可能犯的錯誤

若是目前的 OpenSUSE 系統與指定的網域聯繫正常，將會立即出現如圖 25 所示的提示視窗。請輸入具有網域管理員群組（Domain Admins）權限的帳號以及密碼，點選[確定]即可。

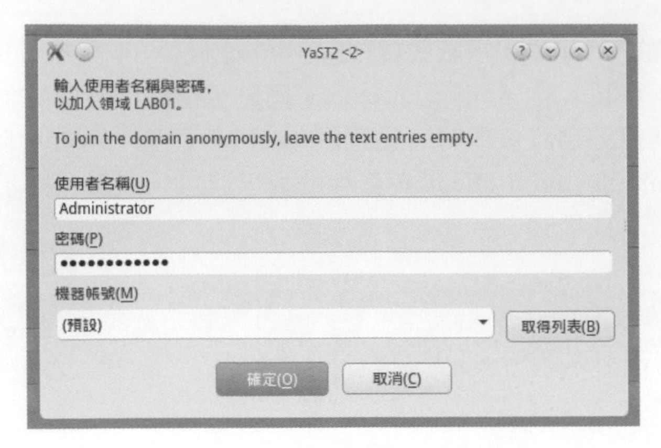

圖 25　輸入網域管理員帳號密碼

如圖 26 所示便是成功加入網域的提示訊息，請重新啟動系統。請注意！若是 OpenSUSE 主機名稱與現行的網域電腦衝突時將會出現錯誤訊息。

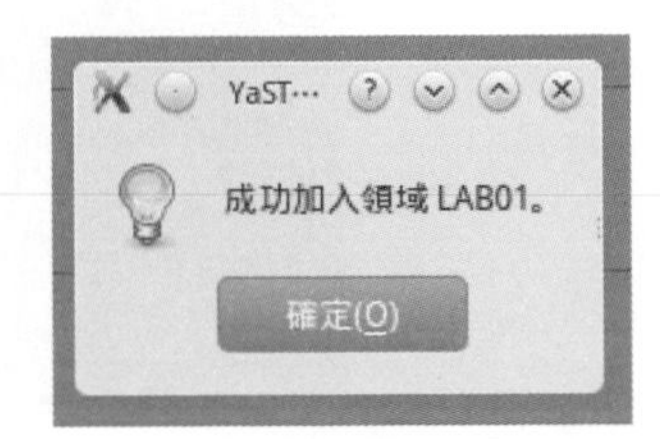

圖 26　主機成功加入網域

成功把 OpenSUSE 主機加入網域之後，你便可以到 Windows Server 2016 的網域控制站主機，來開啟如圖 27 所示的[Active Directory 使用者和電腦]介面，便可以從[Computers]容器中看到此 OpenSUSE 主機。

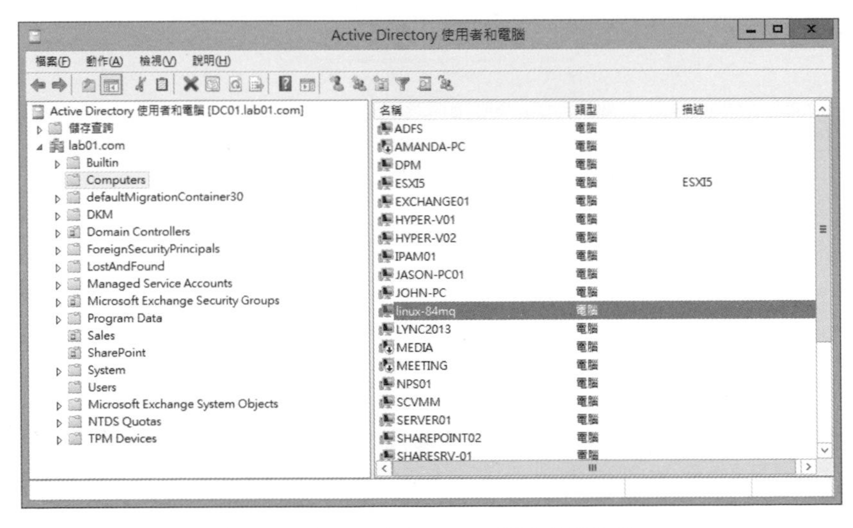

圖 27　Active Directory 使用者和電腦

重新啟動 OpenSUSE 主機之後，如圖 28 所示便可以從主機的選單之中，挑選目前已加入的網域名稱，再輸入要登入的網域使用者名稱與密碼。

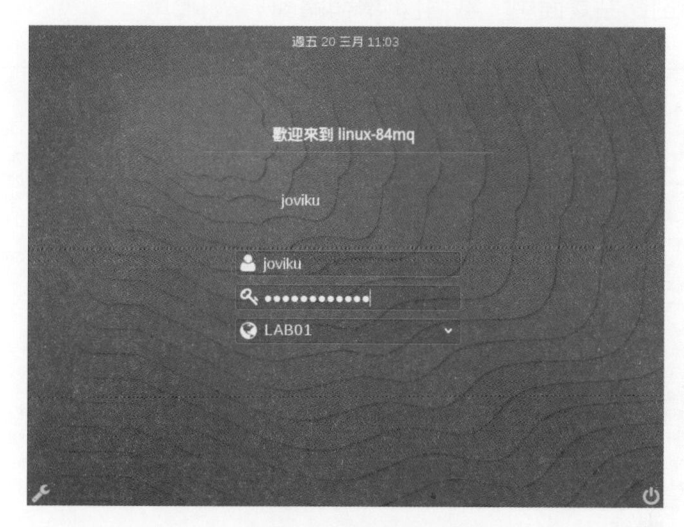

圖 28　OpenSUSE 13.2 開機登入

成功以網域使用者登入之後，系統將會自動為此使用者建立好根目錄（Home）。如圖 29 所示每一位網域使用者登入後的根目錄，都會集中建立在網域名稱的資料夾之中。

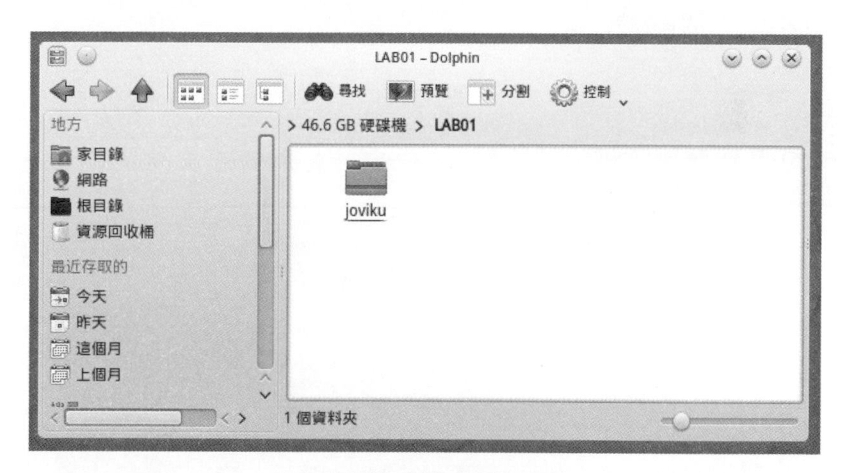

圖 29　網域使用者資料夾

只要成功在 OpenSUSE 主機上以網域使用者登入 Active Directory，在存取網域內檔案伺服器資源就會相當方便，因為不再需要重複輸入身分驗證。請在如圖 30 所示的[網路]節點頁面中，點選[新增網路資料夾]繼續。

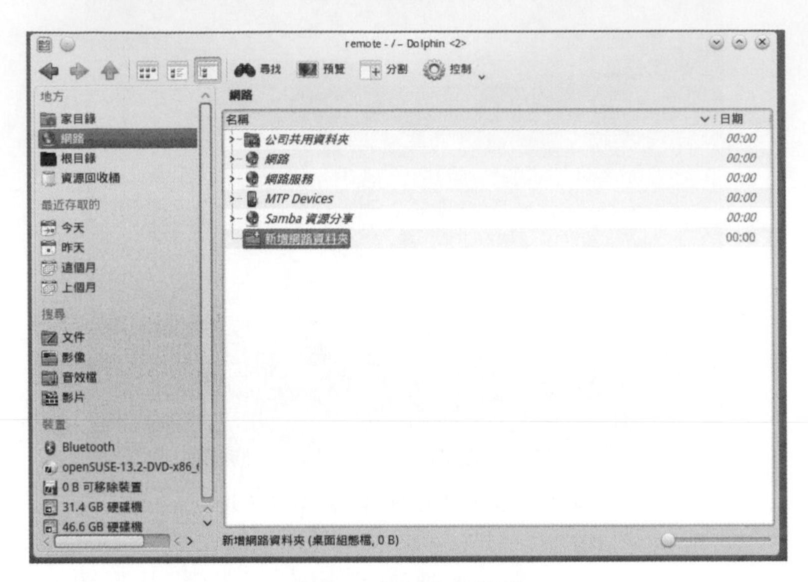

圖 30　網路資源導覽

在如圖 31 所示的[[新增網路資料夾]]頁面中，請選取[Microsoft Windows 網路磁碟機]並點選[下一個]繼續。

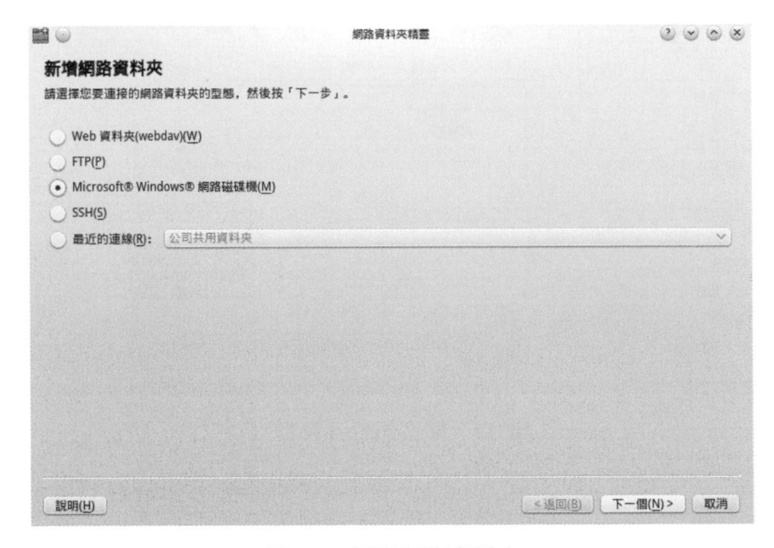

圖 31　新增網路資料夾

在如圖 32 所示的[網路資料夾資訊]頁面中，在[名稱]的欄位中可以輸入中文作為識別使用，再輸入伺服器位址以及共用的資料夾名稱。請勾選[為遠端資料夾產生圖示]。點選[儲存並連線]。

網路資料夾精靈

網路資料夾資訊

輸入這個Microsoft Windows 網路磁碟機的名稱及伺服器位址、埠號與資料夾路徑，然後按下「**儲存並連線**」。

名稱(N): 業務部門

伺服器(R): workfolder.lab01.com

資料夾(F): sales

為遠端資料夾產生圖示(E)

說明(H) < 返回(B) 儲存並連線(O) 取消

圖 32　網路資料夾資訊

如圖 33 所示便是連線存取網域檔案伺服器的範例，你可以繼續建立多個檔案伺服器位址的連線，只要是網域內的伺服器資源，便不需要設定身分驗證資訊。

圖 33　存取網域檔案伺服器

必須注意的是許多無法連線的問題，通常都與雙方的防火牆設定有關，因此當 OpenSUSE 主機成為網域成員之後，若是想要成為一部檔案伺服器與網域內的所有電腦進行共用存取，務必要注意 YAST 控制中心介面中的[防火牆]設定，如圖 34 所示包括了 Samba 伺服端與 Samba 客戶端服務連線的開放。

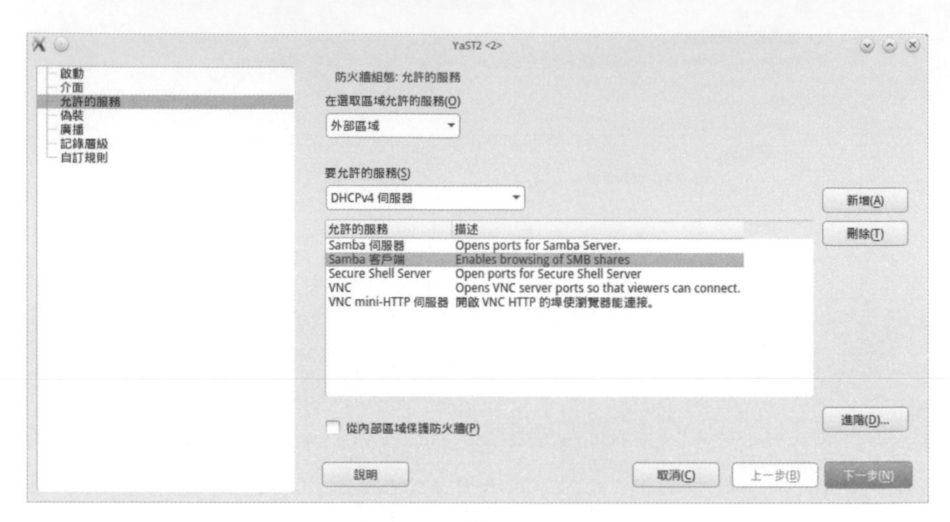

圖 34　本機防火牆管理

17.4　Ubuntu 整合 Active Directory

Ubuntu 是目前全世界最多玩家使用的 Linux 發行版本，也就是說除了 Windows 與 Mac OS X 之外，最適合用來作為企業用戶端的作業系統，因為它除了獨有的 Unity 友善介面設計之外，內建[軟體中心]的管理功能，更是大幅簡化了 Linux 一直以來最惱人的軟體安裝管理問題。

因此企業若想要讓 Ubuntu 使用者，更易於存取公司內的 Windows 網路資源，解決之道便是讓所有 Ubuntu 與 Windows 的用戶端以及伺服器系統，通通加入至相同的 Active Directory，以解決人員權限集中管理的問題。

想要讓 Ubuntu 系統能夠整合現行 Active Directory 登入驗證機制，首先必須在命令提示字元中，使用 wget 命令到以下三個網址去下載三個必要的套件，再依圖 35 所示一樣使用 sudo dpkg –i 命令參數陸續完成安裝即可。

```
wget http://de.archive.ubuntu.com/ubuntu/pool/main/l/likewise-
open/likewise-open_6.1.0.406-0ubuntu10_amd64.deb
wget http://de.archive.ubuntu.com/ubuntu/pool/main/libg/libglade2/libgla
de2-0_2.6.4-1ubuntu3_amd64.deb
wget http://de.archive.ubuntu.com/ubuntu/pool/universe/l/likewise-open/
likewise-open-gui_6.1.0.406-0ubuntu10_amd64.deb
sudo dpkg -i likewise-open_6.1.0.406-0ubuntu10_amd64.deb
sudo dpkg -i libglade2-0_2.6.4-1ubuntu3_amd64.deb
sudo dpkg -i likewise-open-gui_6.1.0.406-0ubuntu10_amd64.deb
```

```
joviku@joviku-virtual-machine: ~
joviku@joviku-virtual-machine:~$ sudo dpkg -i likewise-open_6.1.0.406-0ubuntu10_
amd64.deb
[sudo] password for joviku:
選取了原先未選的套件 likewise-open。
(讀取資料庫 ... 目前共安裝了 166566 個檔案和目錄。)
準備解開 likewise-open_6.1.0.406-0ubuntu10_amd64.deb ...
解開 likewise-open (6.1.0.406-0ubuntu10) 中...
設定 likewise-open (6.1.0.406-0ubuntu10) ...
Importing registry...

Processing triggers for man-db (2.6.7.1-1) ...
Processing triggers for ureadahead (0.100.0-16) ...
ureadahead will be reprofiled on next reboot
joviku@joviku-virtual-machine:~$
```

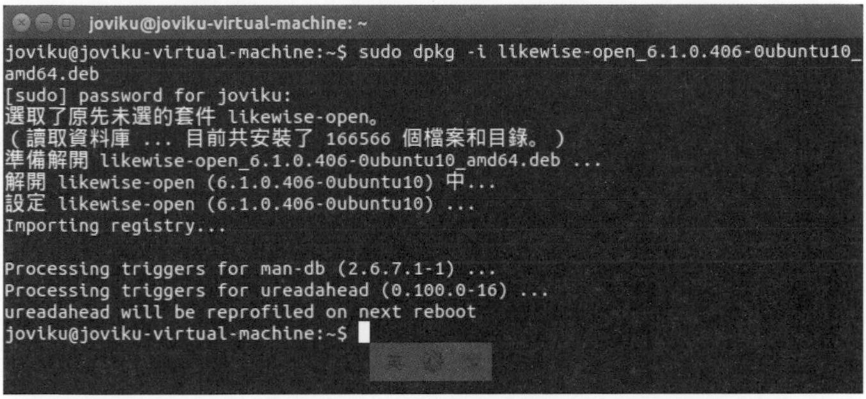

圖 35　安裝相關整合套件

緊接著就可以執行 sudo domainjoin-gui 命令，來開啟如圖 36 所示的[Active Directory Membership]視窗。在此原則上只要輸入網域名稱（Domain）並點選[Join Domain]按鈕即可。如果你希望這部 Ubuntu 電腦加入網域後的存放容器，不要存放在預設的[Computers]容器之中，則可以額外指定一個現行的組織容器名稱（OU），請輸入在[Specific OU Path]欄位中。

Likewise AD Settings
Active Directory Membership
Name and Domain
Computer name: joviku-virtual-machine
Domain:
User names are usually prefixed with the name of the domain. You can allow bare user names by specifying a default prefix.
Enable default user name prefix:
Organizational Unit
Please select the OU to which this computer should be joined. Nested OUs should be separated by a forward-slash.
Default (Computers or previously-joined OU)
Specific OU path:
Advanced
Likewise　關閉(C)　Join Domain

圖 36　Active Directory 主機成員登入設定

另外必須要注意的是網域名稱的輸入，必須輸入 DNS 的命名格式（例如：lab01.com）而非 NetBIOS 格式，否則將會出現如圖 37 所示的錯誤訊息。

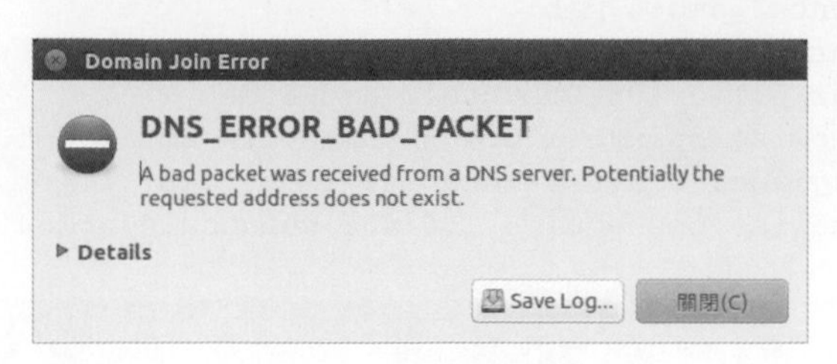

圖 37　可能的錯誤

一旦確認此 Ubuntu 系統可以連接指定的網域之後，將會立即出現如圖 38 所示的驗證要求視窗，請輸入一組擁有網域管理員權限的帳號與密碼，並點選[確定]即可。

圖 38　網域系統管理員驗證

如圖 39 所示便是成功加入網域時的訊息提示。點選[關閉]。

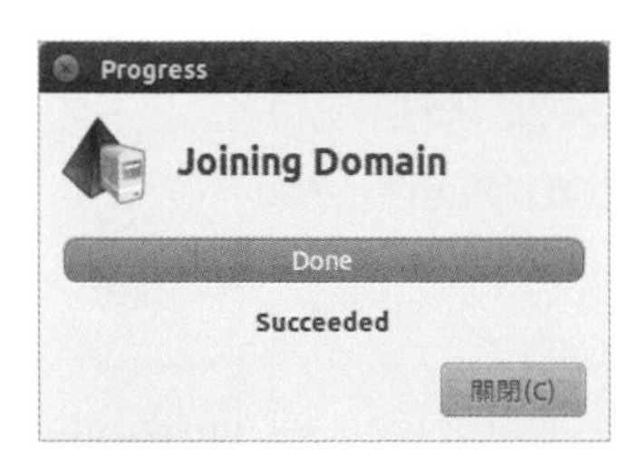

圖 39　成功加入網域

未來如果想要讓此 Ubuntu 系統撤出網域，只要再執行一次 sudo domainjoin-gui 命令，便會開啟如圖 40 所示的頁面，這時只要點選[Leave Domain]按鈕即可。

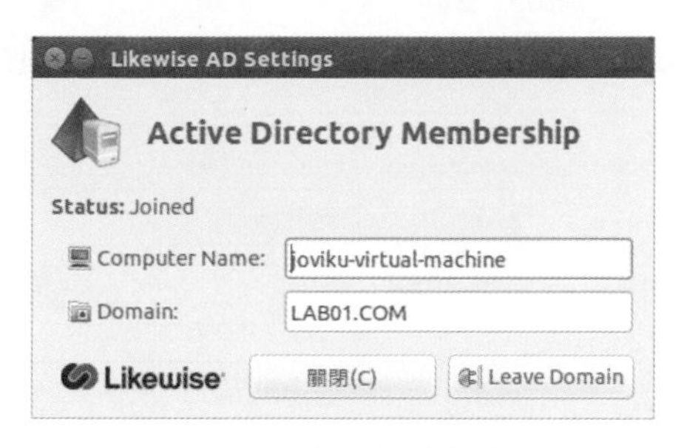

圖 40　檢視網域狀態

當 Ubuntu 系統成功加入 Active Directory 之後，你可以從網域控制站的[Active Directory 使用者和電腦]介面中，如圖 41 所示找到位在[Computers]容器中的 Ubuntu 主機名稱。請在選取它之後按下滑鼠右鍵點選[內容]繼續。

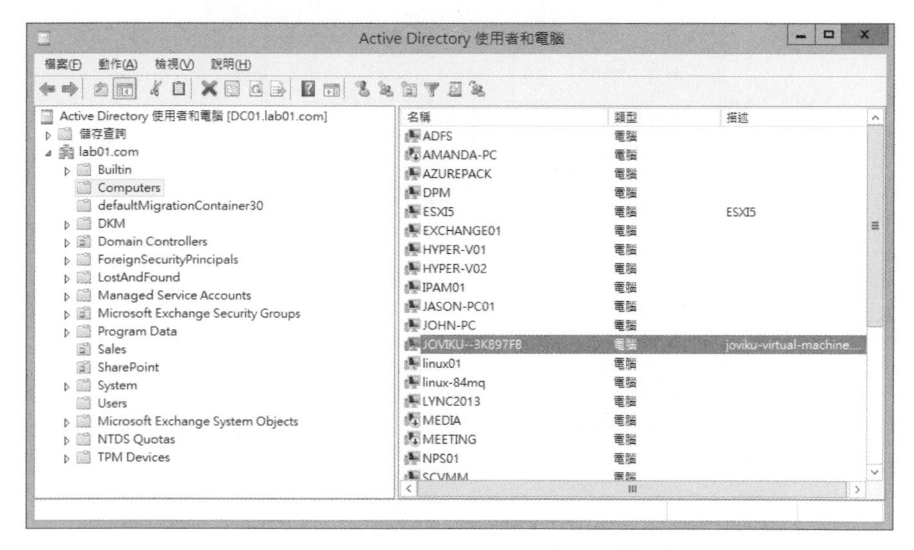

圖 41　Active Directory 使用者和電腦

如圖 42 所示在 Ubuntu 主機內容的[一般]頁面之中，可以檢視電腦名稱、DNS 名稱以及描述。建議你可以自行修改描述訊息，使用中文描述的方式輸入，可有助於未來大量 Ubuntu，或其他 Linux 系統在 Active Directory 中的管理。

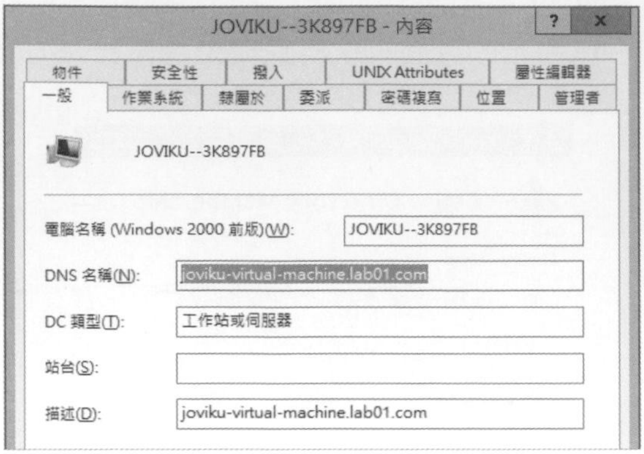

圖 42　電腦一般資訊

在如圖 43 所示的[作業系統]頁面中，可以看到此 Ubuntu 系統的版本資訊，這些資訊都是網域系統自動填入的，但我們仍然可以進行修改。

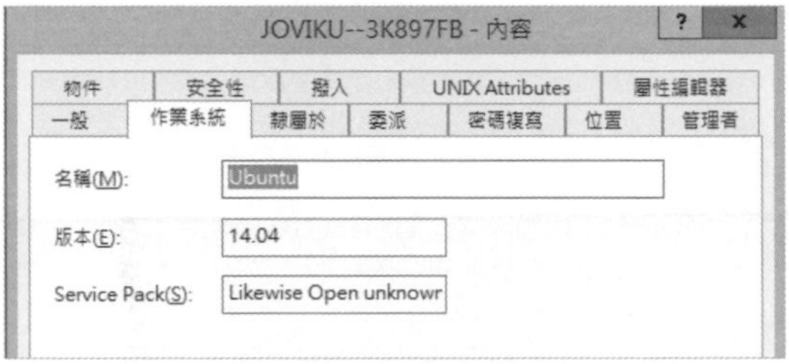

圖 43　作業系統資訊

在前面的操作步驟中雖然已成功將 Ubuntu 主機加入了 Active Directory，但仍無法讓 Ubuntu 系統開機時，以手動輸入方式指定登入網域，為此必須進一步下達 sudo vi /usr/share/lightdm/lightdm.conf.d 命令，修改與開機登入有關的設定檔。如圖 44 所示請加入以下兩行敘述即可。儲存並離開。

```
allow-guest=false
greeter-show-manual-login=true
```

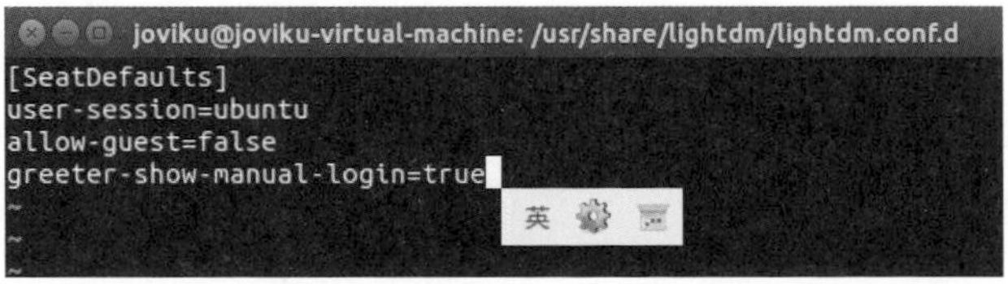

圖 44　設定允許以手動方式登入

另一個問題是即便我們以網域管理員的身分登入到 Ubuntu 系統之中，仍是屬於 Ubuntu 系統的一般使用者而非管理者，因此無法執行僅有管理者才能夠執行的操作。為了解決這個問題，你可以下達如圖 45 所示的 sudo usermod –a –G sudo administrator 命令，讓網域預設的 administrator 帳戶加入至 Ubuntu 內建的 sudo 群組之中，如此一來網域 administrator 帳戶便可以擁有 root 相等的存取權限了。

圖 45　將網域管理員加入 sudo 群組

值得一提的是為何 Ubuntu 的 sudo 群組成員，可以擁有與 root 相同的存取權限呢？想要知道答案只要下達 sudo visudo，即可開啟如圖 46 所示的設定內容。在此你可以看到這行%sudo ALL=（ALL=ALL） ALL 的敘述，這表示凡是屬於這個群組成員的帳戶，皆可以在這個系統中執行任何命令。

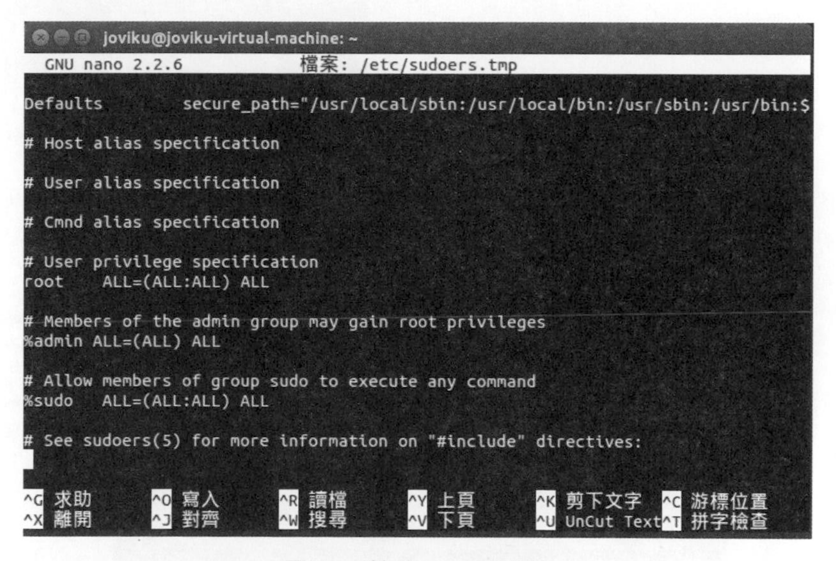

圖 46　檢視 visudo 內容

接下來就讓我們立即將此 Ubuntu 主機重新開機試試。請如圖 47 所示在桌面右上方的設定下拉選單之中，點選[關機]繼續。

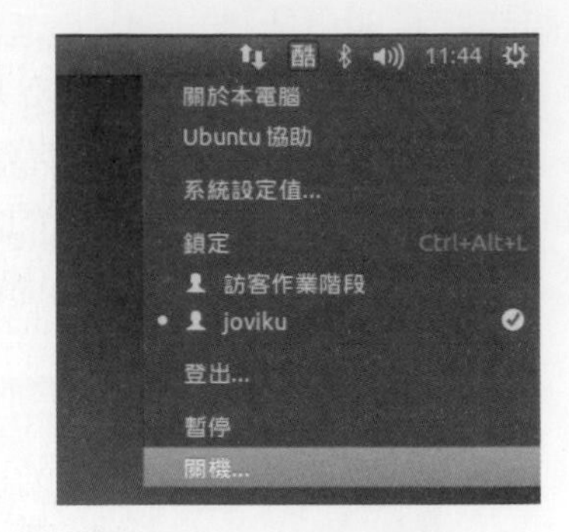

圖 47　功能選單

緊接著會開啟如圖 48 所示的[關機]頁面，在此你可以點選關機或是重新開機按鈕。

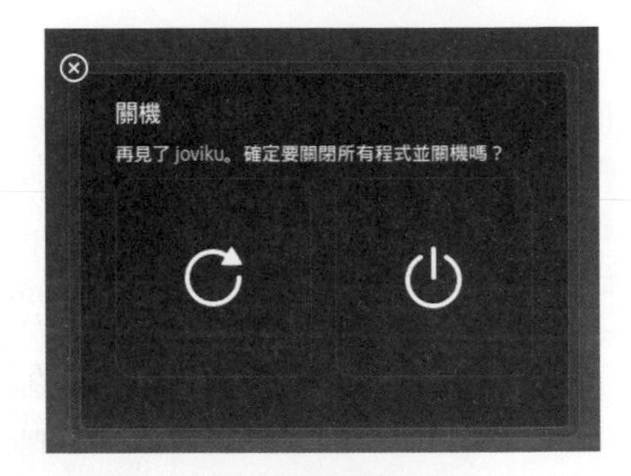

圖 48　關機設定

重新開機之後便可以像如圖 49 所示一樣，手動輸入欲登入的網域帳戶以及密碼即可。

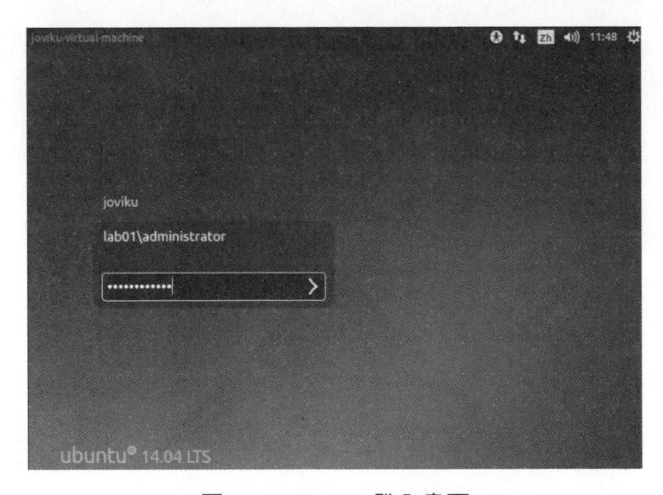

圖 49　Ubuntu 登入畫面

成功以網域帳戶登入 Ubuntu 主機系統之後，便可以在 home 的資料夾中看到以網域名稱命名的資料夾，再進一步開啟之後則可以看到每一位曾經登入過此主機的[家目錄]，開啟後將會像如圖 50 所示一樣看到所有預設提供的資料夾。

圖 50　家目錄

除了以上述的做法有效解決 Ubuntu 整合 Active Directory 身分驗證管理的問題之外，另一個值得參考的 Ubuntu 開源套件 Sadms，也有類似的圖形介面整合設定功能，並且可以進一步在介面中配置有關 Samba 的共用權限設定。

你可以像如圖 51 所示一樣，在[Ubuntu 軟體中心]介面中找到並安裝它，並且可以決定是否要加裝其他相關的附加元件，包括了在 Windows 網路當中最常使用的 WebDAV 掛載功能套件。

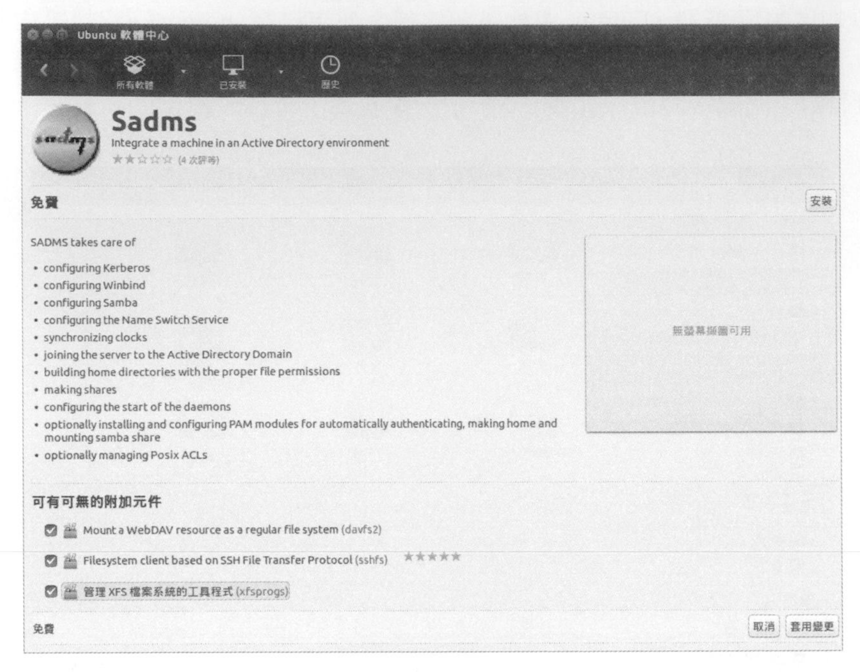

圖 51　Sadms 套件

如圖 52 所示便是 Sadms 的管理介面，你可以在[Data]的頁面中，設定好 Active Directory 網域控制站的連線資訊，點選[Validate]即可立即驗證設定資訊是否正確。

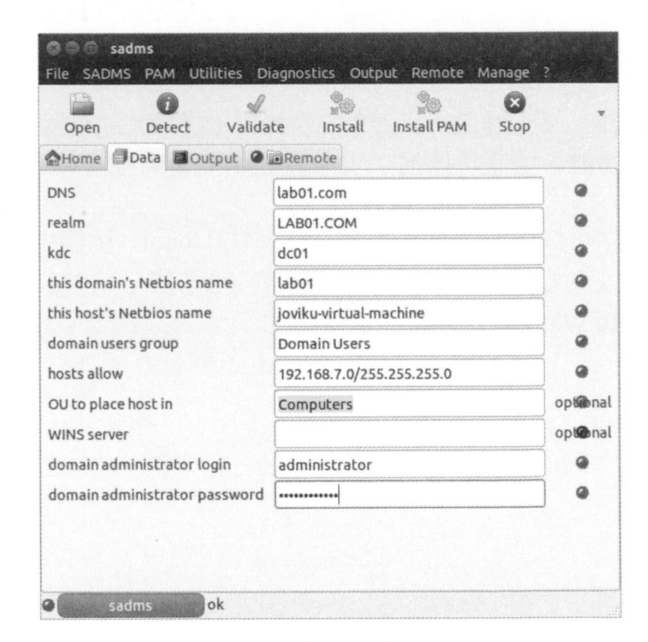

圖 52　網域連線設定

只要與網域的連線登入成功，便可以像如圖 53 所示一樣，開啟 Samba 共用的管理介面，來配置所要共用至網域中的本機資料夾路徑。在[Access]頁面中可以設定是否僅允許讓特定的人員帳戶可以存取此共用位置，並且配置擁有者（owner）、群組（group）以及其他使用者（other）的相對權限設定。

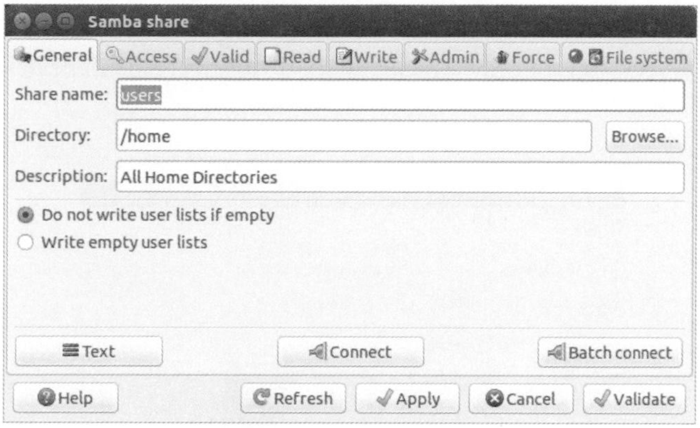

圖 53　Samba 共用設定

如圖 54 所示，分別在 Read、Write 以及 Admin 頁面中，則可以分別設定擁有讀取、寫入以及管理員權限的使用者清單，你可以從中瀏覽到整個網域使用者與群組的清單，並根據實際權限需求將它們一一加入。

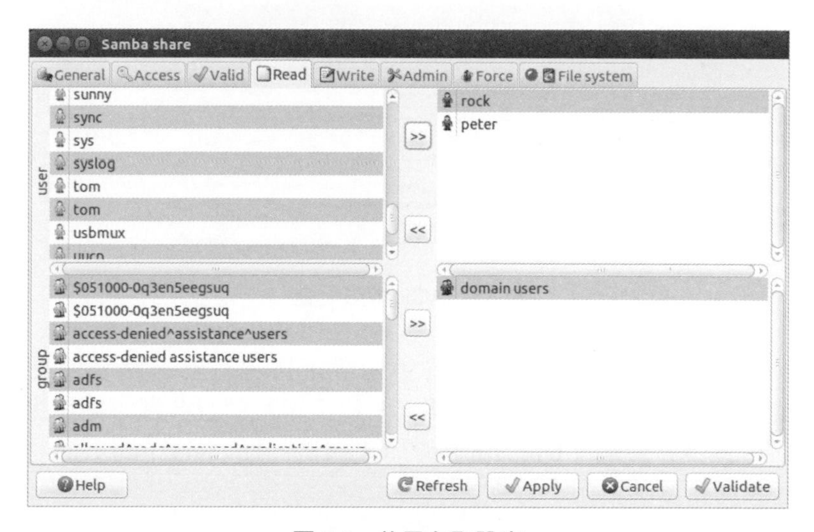

圖 54　共用存取設定

除了共用權限的配置之外，系統中資料夾本身的存取控制清單（ACL），也可以在 Sadms 介面中進行設定。

如圖 55 所示，你可以透過[Browse file]或[Browse directory]的點選，先挑選準備要進行 ACL 權限配置的目標檔案或資料夾，便可以完成一般 Linux 標準的三階權限配置，以及加入指定的使用者與群組的權限指派。在這個範例中，筆者特別將 Active Directory 中的[Enterprise Admins]的群組加入此 ACL 權限設定中。

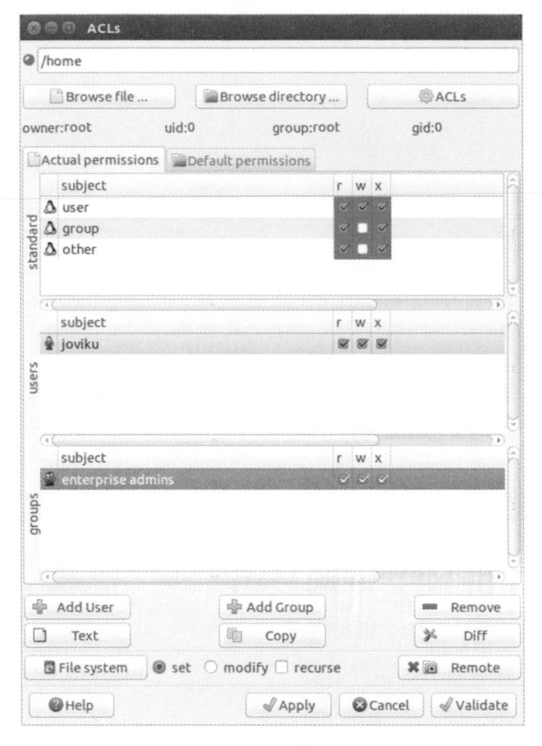

圖 55　ACL 權限配置

在 Sadms 管理介面之中，你所完成的各項設定與現行的網路環境是否能夠匹配，可以透過如圖 56 所示的[Diagnostics]下拉選單，執行各種不同用途的診斷測試，例如你可以進行網域（Domain）與加入網域（Domain join）的測試，便可以得知整體的設定是否正確。

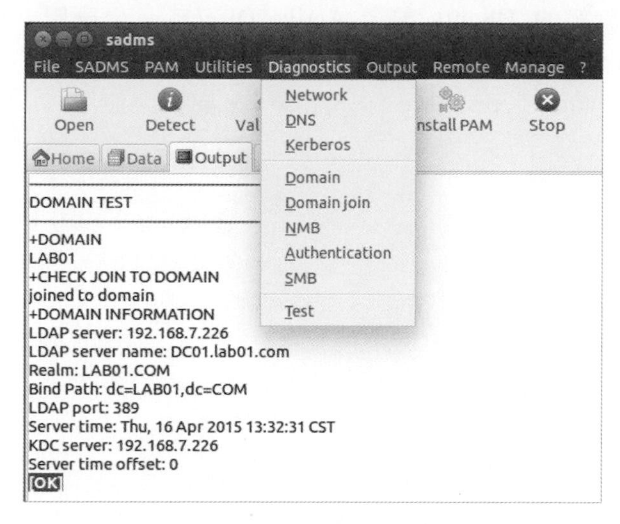

圖 56　診斷測試

當我們透過 Sadms 管理介面完成了 Samba 與 Active Directory 共用設定之後，這一些被賦予存取權限的網域使用者以及群組，便可以從 Windows 的網路介面中，像如圖 57 所示一樣進行 Ubuntu 共用資源的存取，而且不需要再一次輸入網域帳號以及密碼，因為你的 Windows 在開機啟動時早已經輸入過了。

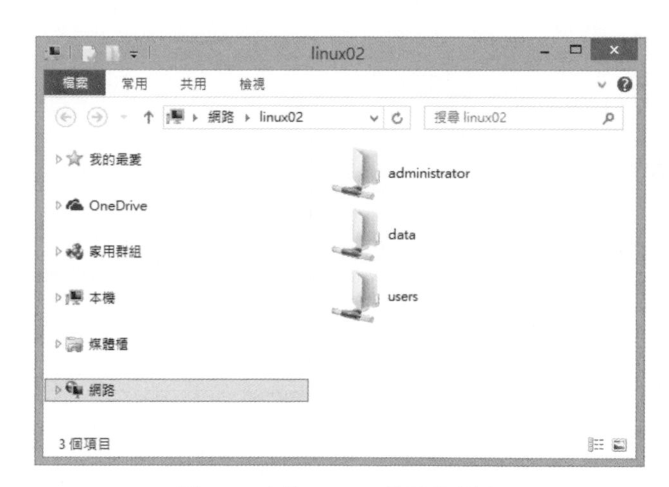

圖 57　存取 Linux 共用資料夾

請注意！本文所介紹的 Ubuntu 整合 Active Directory 之應用，也適用在所有以 Ubuntu 為基礎的其他 Linux 系統，像是 Linux Mint。不過筆者講解的兩種做法，在同一部 Ubuntu 系統之中，你只能擇一來安裝與使用，以避免發生功能使用上的衝突。

第 18 章 Windows 10 的大量部署

在過去由於 Windows 8 的整體設計評價普遍不好，因此很少聽到有 IT 人詢問關於它大量部署的作法。如今最新 Windows 10 已上市好一段時間，從市場占有率到各使用族群的評價都獲得了正面的肯定，在企業網路的實務應用中，更讓許多觀望與評估中的資訊工作者，看到它所帶來的革新與改變。

而這一切一切的努力，都只是為了讓雲端下的所有協同作業流程更快、更穩、更有效率。既然 Windows 10 這麼好用，許多 IT 工作者就會產生一個共同的疑問，那就是如何讓它的大量部署作業變得更簡單，想知道解決方案嗎？且看本章為你完整講解的企業現場實戰內容。

18.1 簡介

根據市場調查，Microsoft 所推出的 Windows 10 作業系統，在上市第三天就已經成為全球第五大的作業系統，這可比當年的 Windows 8 上市一整年的成績還要亮眼。想想看究竟是什麼因素造成的呢？

其實很簡單，因為 Microsoft 又開始傾聽廣泛用戶們的聲音了，而不再只是按照自家的想法設計作業系統。俗話說有好的產品即便不須做任何行銷，只將它們囤積在倉庫之中，消費者也會徹夜排隊搶著來購買。

記得 Windows 10 還在 Preview 版本的階段時，網際網路上就已經充斥著各種討論的訊息、實測報告、教學文件、媒體報導等等，甚至於就連偽造的 Windows 10 安裝程式病毒都已經紛紛出爐，真正引發了未上市先轟動的驚人結果，由此可見 Windows 10 的魅力，完全不亞於 iPhone 新機的發表。

筆者曾經做過一項簡單的測試，那就是在 Windows 10 剛上市不久並完成升級之後，陸續找了兩位使用 Windows 7 與 Windows 8.1 的同仁，以短短五分鐘的時間，實際操作了幾項最基本的介面設計，結果這兩位同仁完全被 Windows 10 吸引住，二話不說立刻就放下手邊的工作，先動手完成 Windows 10 的升級作業。

是筆者太懂得如何銷售 Windows 10 了嗎？當然不是，而是它的主體設計會讓許多資訊工作者，直接感受到「沒錯！它就是我要的」。想想看究竟是什麼因素，讓這款新版的 Windows 作業系統重新獲得廣泛用戶的青睞？

答案其實很簡單，相信許多人都和筆者都有類似的感受，那就是前一版的 Windows 8/8.1 似乎只專注在行動裝置介面的設計，而忘了現行筆電與桌機的用戶才是最大宗，因此從它上市到 Windows 10 發行的前一天，全球銷售成績可說是慘不忍睹。

至於 Windows 10 不僅是兩者介面的設計兼顧，還增強了多工用戶的使用需求，加入了非常棒的虛擬桌面功能，而且在運行的速度與安全性的表現上更是前所未有。

當 Windows 10 的新機安裝與舊機升級熱潮興起後，IT 部門肯定需要有一套有效率的大量部署攻略，否則可能會因此而忙到人仰馬翻。筆者的建議是將各部門依照預定排程順序，逐一完成 Windows 10 的局部安裝。但這樣的升級策略，你還缺少一個能夠更有效率地協助你完成批次安裝作業的工具。

許多人可能會聯想到 System Center Configuration Manager，答案當然不是！因為開車就能夠順利到達的，何須花錢去買一隻直升機呢？接下來就讓我們一起捲起袖子，來實際動手學習如何透過 Windows Server 2016 內建的伺服器角色，輕鬆簡單完成 Windows 10 企業版授權的大量部署吧。

18.2　安裝與設定 Windows 部署服務

藉由 Windows Server 2016 內建的 Windows 部署服務角色，不僅可以透過遠端 PXE 網路連線的方式，大量部署 Windows 10 作業系統，就連舊版的 Windows 7、Windows 8/8.1 也都可以比照類似的作法來進行部署。

此功能可讓 IT 人員，不再需要帶著安裝光碟或 USB 隨身碟，到每一個單位幫用戶端電腦安裝作業系統，甚至於連現場都可以不用去，直接讓部署下去的 Windows 10，全自動完成安裝與各項初始組態配置。

此外新版的 Windows 部署服務，相較於 Windows Server 2008/R2 版本，已不再侷限於非得加入 Active Directory 的網域中，也能夠運行在獨立的伺服器，不過無論如何網路中都必須要有 DNS 與 DHCP 伺服器，才能夠讓 PXE 的用戶端電腦，可以正常取得動態 IP 位址以及對於伺服器的正確解析。

有關於 Windows 部署服務角色的安裝方法，請在系統管理工具中開啟[伺服器管理員]介面，在此介面中點選[新增角色及功能]連結，如圖 1 所示在新增角色精靈的[伺服器角色]頁面中，請勾選[Windows 部署服務]項目，點選[下一步]。

請注意！Windows 部署服務並不支援整合容錯移轉叢集（Cluster）的高可用性架構，也無法在 Server Core 作業模式下運行。

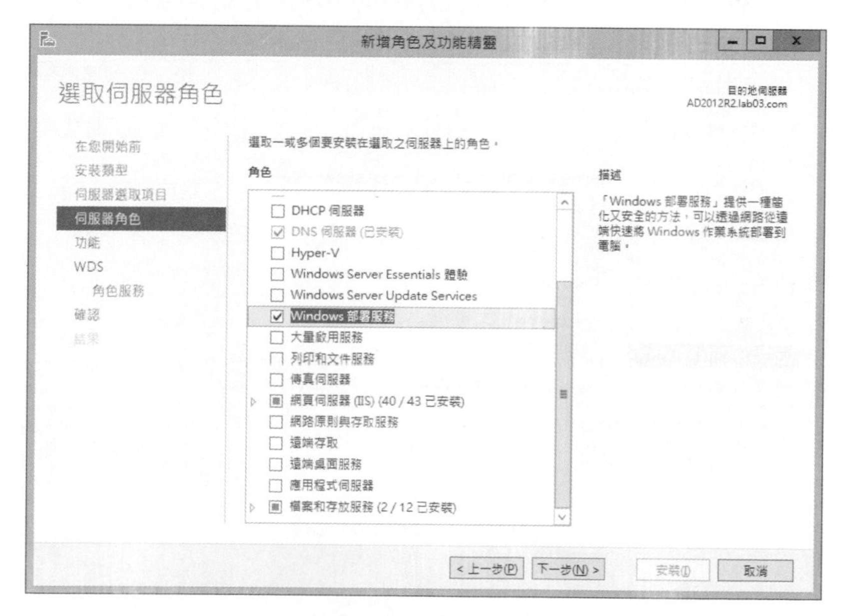

圖 1　新增角色及功能

在[Windows 部署服務概觀]頁面中，可以看到 Windows 部署服務的各項關鍵特色的介紹，點選[下一步]後請在[選取角色服務]頁面中，如圖 2 所示請將[部署伺服器]與[傳輸伺服器]都勾選，其中傳輸伺服器是在部署服務運作中，擔任負責核心網路功能元件，也就是用處理相關映像檔資料的傳輸。點選[下一步]完成安裝即可。

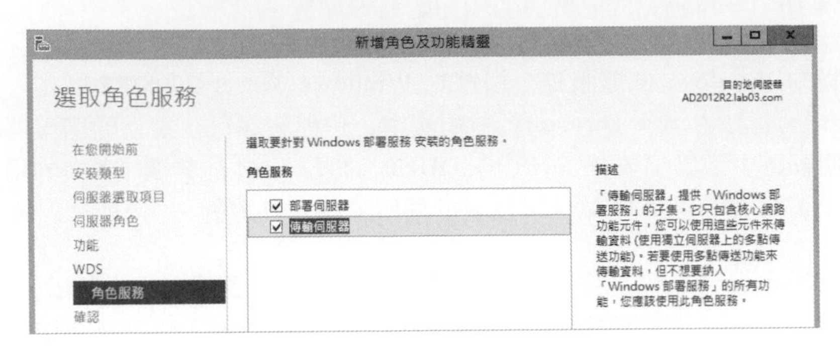

圖 2　選取角色服務

如圖 3 所示在[確認安裝選項]頁面中，可以讓我們再次確認之前所勾選安裝的角色服務，點選[安裝]開始進行安裝。當我們完成了 Windows 部署服務角色的安裝之後，便可以在[工具]下拉選單中，開啟[Windows 部署服務角色]管理介面。

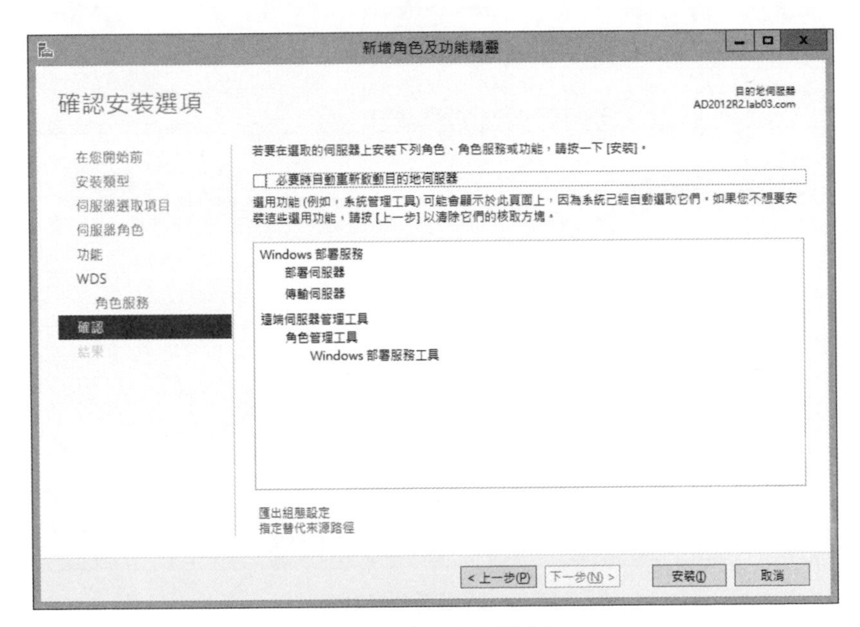

圖 3　確認安裝選項

當然你也可以在 WDS 節點的頁面中對於 WDS 伺服器，按下滑鼠右鍵並點選[Windows 部署服務管理主控台]來開啟。這種操作方式較為先進，因為不同的伺服器角色僅會顯示相對應的管理工具選項。

第一次開啟[Windows 部署服務]管理介面，請在該伺服器節點上按下滑鼠右鍵，或是點選位在[動作]窗格中的[設定伺服器]選項。在如圖 4 所示的[安裝選項]頁面，便是在 Windows Server 2012 以後版本才有的選項設定，你可以選擇[與 Active Directory 整合]或是[獨立伺服器]。點選[下一步]。

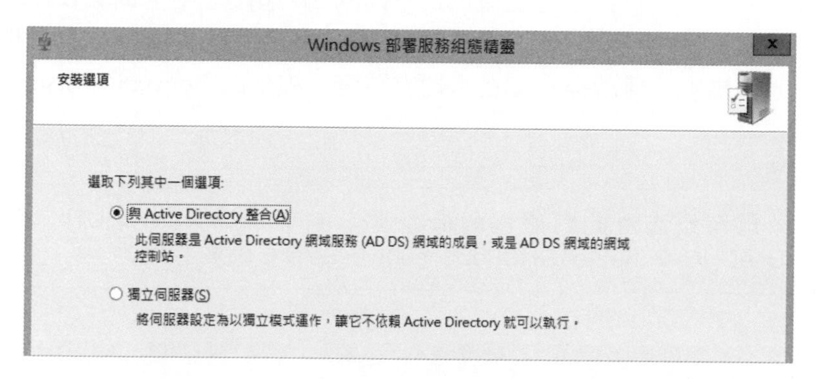

圖 4　安裝選項

如圖 5 所示必須設定後續要用來存放各類開機與作業系統映像檔的位置，因此除了必須是 NTFS 的檔案磁區，還得確認這個路徑的磁碟有足夠的空間，並且請不要設定在系統開機磁碟。如果你將遠端安裝資料夾設定在 Windows 系統磁碟區，將會出現可能影響效能與可靠性的警告訊息。點選[下一步]。

你也可以經由此伺服器的命令提示列下，輸入 WDSUTIL /Initialize-Server /RemInst:C:\RemoteInstall 命令參數來完成設定。

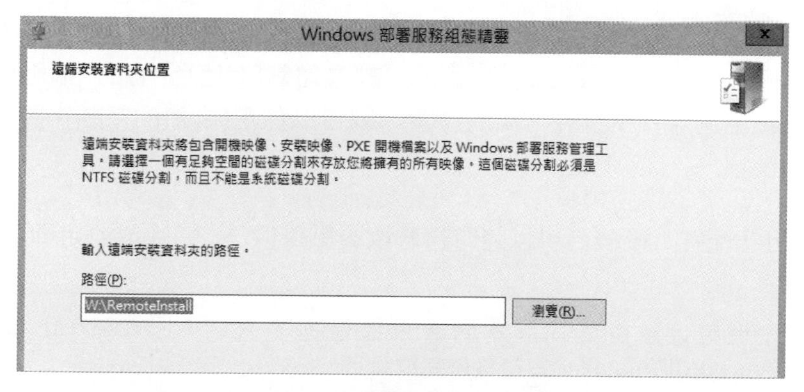

圖 5　遠端安裝資料夾位置

在如圖 6 所示的[Proxy DHCP 伺服器]頁面中，如果你將 DHCP 伺服器與 Windows 部署服務角色安裝在同一部主機上，請記得勾選[不要接聽 DHCP 與 DHCP 連接埠]以及[為 Proxy DHCP 設定 DHCP 選項]兩個選項。

如果 DHCP 服務是運行在不同主機以及不同的 IP 網段之中，則必須在該 DHCP 服務的[領域選項]頁面中，分別加入[66 開機伺服器主機名稱]與[67 開機檔案名稱]，其中開機檔案名稱請指向位在遠端安裝資料夾下的 boot\x86\wdsnbp.com 檔案即可。

你也可以經由此伺服器的命令提示列下，輸入 WDSUTIL /Set-Server /UseDHCPPorts:no /DHCPoption60:yes 命令參數來完成設定。

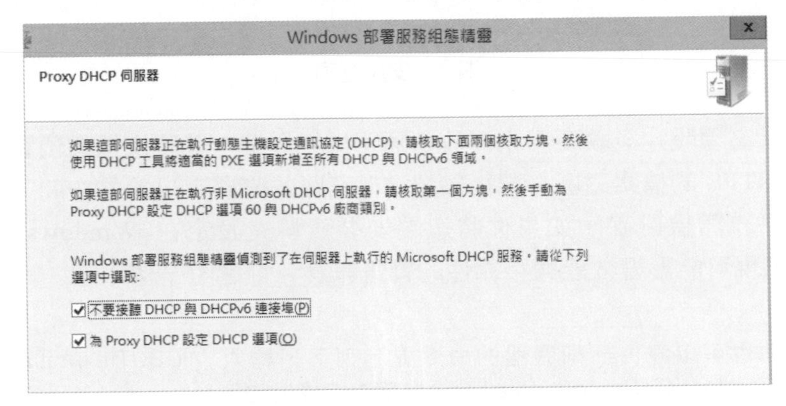

圖 6　Proxy DHCP 伺服器設定

在[PXE 伺服器初始設定值]頁面中，如圖 7 所示此頁面可以用來設定 PXE 伺服器對於不同用戶端類型連線的回應方式，一般會勾選[回應所有用戶端電腦（已知及未知）]，不過若有安全性方面的考量，則可以勾選[未知的電腦需要系統管理員核准 ...]選項。

上述這些組態配置，後續仍可以隨時再修改。點選[下一步]完成設定即可。

你也可以經由此伺服器的命令提示列下，輸入 WDSUTIL /Set-Server /AnswerClients:all 命令參數來完成設定。

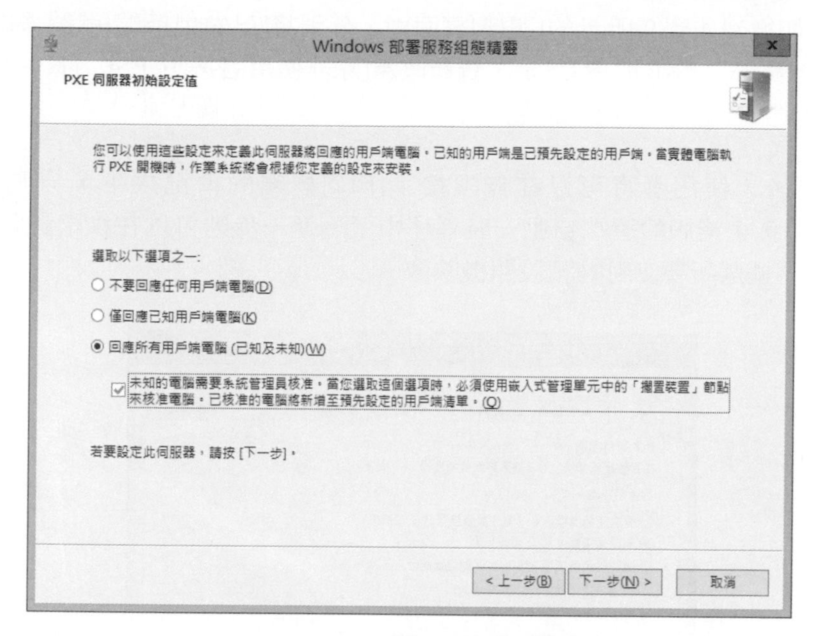

圖 7　PXE 伺服器初始設定值

若想要修改 WDS 伺服器的設定，可以隨時在伺服器節點上按下滑鼠右鍵並點選[內容]，便會開啟如圖 8 所示的頁面。例如你可以調整 PXE 的回應方式與延遲的秒數。

AD2012R2 - 內容

進階 | 網路 | TFTP
一般 | PXE 回應 | AD DS | 開機 | 用戶端 | DHCP | 多點傳送

PXE 回應原則

定義此伺服器要回應的用戶端電腦。已知的用戶端是出現在預先設定的裝置清單中的用戶端。

不要回應任何用戶端電腦(D)

僅回應已知用戶端電腦(K)

回應所有用戶端電腦 (已知及未知)(W)

未知的電腦需要系統管理員核准。當您選取這個選項時，必須使用嵌入式管理單元中的「擱置裝置」節點來核准電腦。已核准的電腦將新增至預先設定的用戶端清單。(N)

PXE 回應延遲

調整此伺服器回應用戶端的速度。

延遲秒數(L): 0

圖 8　修改 WDS 伺服器內容

或是可以切換到如圖 9 所示的[開機]頁面中，分別將[已知用戶端]與[未知用戶端]的[永遠繼續進行 PXE 開機]設定，皆修改為[除非使用者按下 ESC 鍵，否則繼續進行 PXE 開機]選項，點選[確定]。

完成設定後，使用者將可以在無須按下[F12]按鍵的情況之下，自動進入到 Windows 10 企業版的遠端自動安裝程序中了。進一步則可以在後續針對不同的硬體架構，挑選所要使用的預設開機映像。

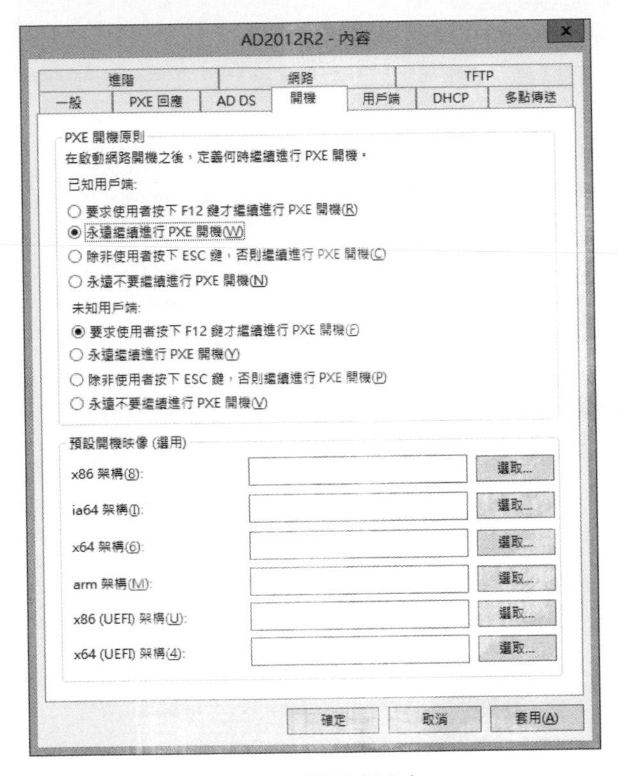

圖 9　開機回應設定

18.3　加入 Windows 10 映像檔

想要讓遠端的 PXE 用戶端電腦，可以在成功連線 Windows 部署服務之後，開始進行指定 Windows 作業系統的安裝，你必須預先新增好[開機映像檔]與[安裝映像檔]。首先請在[Windows 部署服務]介面中，選取[開機映像]節點項目之後按下滑鼠右鍵點選[新增開機映像]繼續。

在如圖 10 所示的[映像檔]頁面中點選[瀏覽]按鈕，來將我們所要部署的 Windows 10 開機映像載入，此 boot.wim 檔案的路徑預設會位在 Windows 10 的 ISO 映像檔根路徑下的 Source 資料夾中，點選[下一步]。在[映像中繼資料]頁面中，你可以自訂部署時的映像名稱與描述。

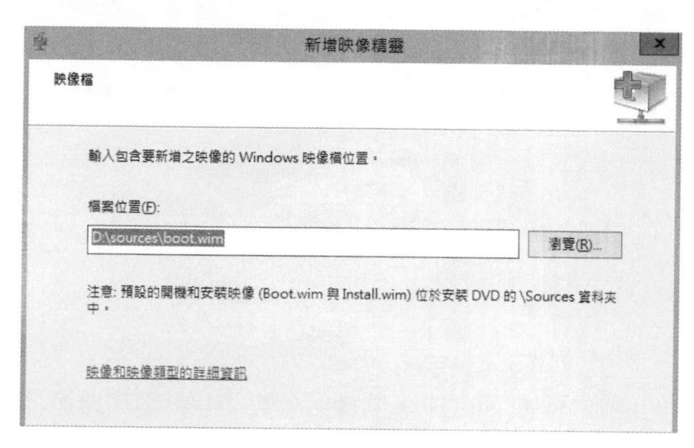

圖 10　新增開機映像

再一次回到[開機映像]節點頁面之後，你將可以看到所有已匯入過的開機映像檔清單，在此頁面中除了可以隨時對於開機映像檔進行新增刪除之外，也可以針對現有的開機映像檔項目設定為線上或離線，以便讓不同部署需求的用戶端，可以採用不同的開機映像檔連線開機。

緊接著請在[安裝映像檔]的節點上，按下滑鼠右鍵點選[新增安裝映像檔]。在如圖 11 所示的[映像群組]頁面中，由於是第一次新增安裝映像檔，因此僅能夠建立新的映像群組。

所謂[映像群組]就是用來分類映像檔的集合名稱，未來當你需要加入更多不同版本的 Windows 作業系統映像檔時，就可以選擇加入現有的映像群組或是建立新的名稱。點選下一步。

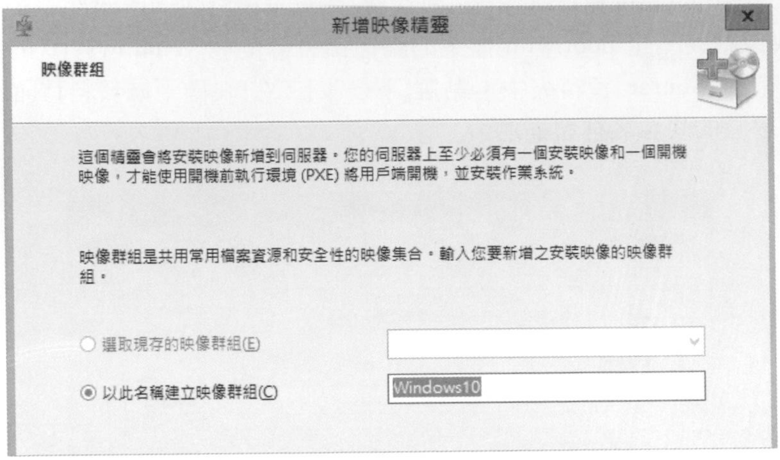

圖 11　新增安裝映像

在如圖 12 所示的[映像檔]頁面之中，同樣必須點選[瀏覽]按鈕載入位在 Windows 10 映像檔（ISO）Source 路徑下的 install.wim。如此一來有了開機的 boot.wim 與安裝使用的 install.wim，後續的遠端裸機電腦便可以順利進行連線安裝。

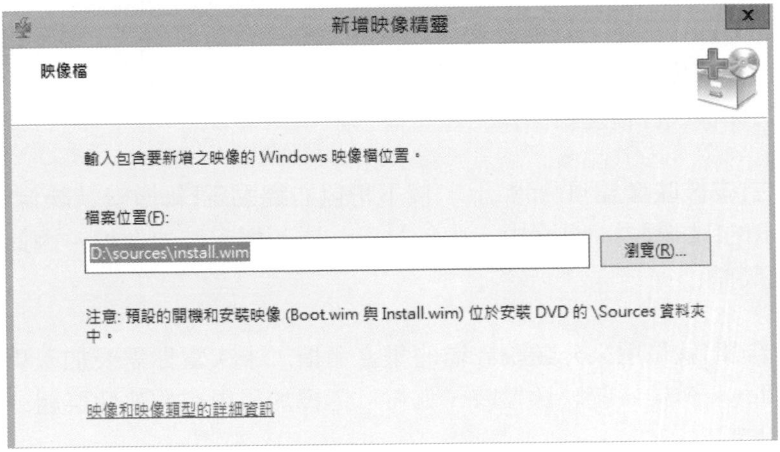

圖 12　指定映像檔

來到如圖 13 所示的[可用的映像]頁面中，就可以看到在目前此映像檔之中，所有可以使用的 Windows 10 作業系統版本，也就是說如果你載入的 install.wim，已經包含多種不同版本的 Windows 10（包括了 x86 與 x64），在此就可以自由選擇了。點選[下一步]完成新增作業。

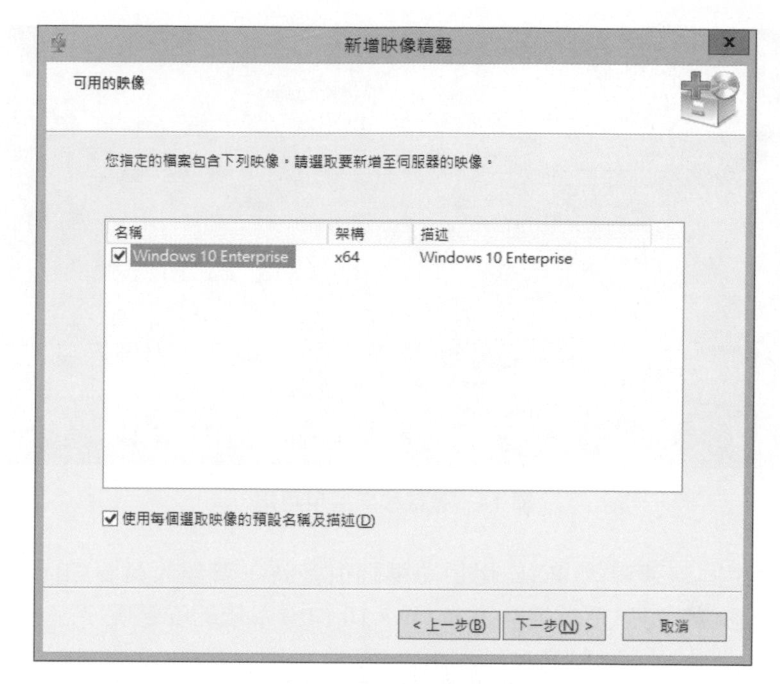

圖 13　可用的映像清單

18.4　裸機遠端安裝測試

當你在 Windows 部署服務中，已經完成了開機映像與安裝映像的準備之後，就可以嘗試找一台裸機的電腦來進行遠端連線的安裝。如圖 14 所示便是一個以 PXE 方式進行開機的啟動範例。

從這個啟動畫面中，可以知道此電腦目前所取得的 TCP/IP 網路組態，以及負責分配給網路 IP 位址設定的 DHCP 伺服器資訊。也可以知道所連線的 Windows 部署服務之 IP 位址。

當你看到以上訊息時若沒有按下[F12]鍵，在預設的狀態下將會錯過使用 PXE 連線安裝的機會，當然啦！這項啟動設定可以修改成自動連線，請參考前面的操作說明。

緊接著如果在前面的伺服器設定之中，有特別勾選[未知的電腦需要系統管理員核准....]選項，則該用戶端電腦的畫面，將會停留在等待 Administrator 核准的訊息。

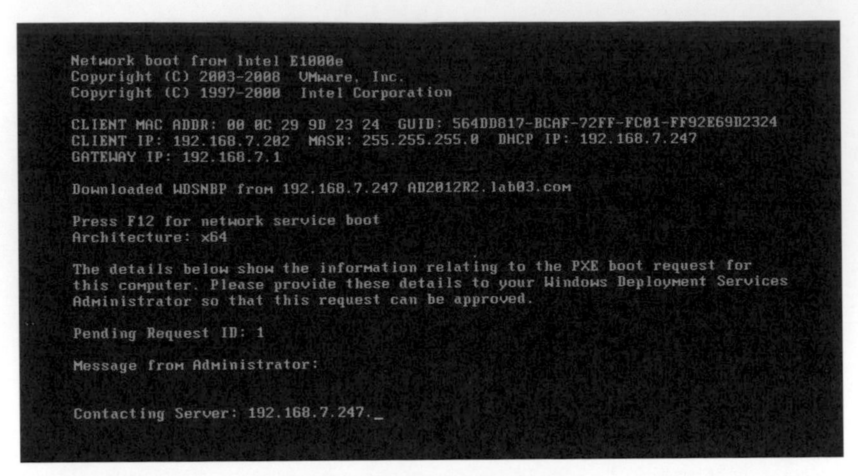

Network boot from Intel E1000e
Copyright (C) 2003-2008 VMware, Inc.
Copyright (C) 1997-2008 Intel Corporation
CLIENT MAC ADDR: 00 0C 29 9D 23 24 GUID: 564DD817-BCAF-72FF-FC01-FF92E69D2324
CLIENT IP: 192.168.7.202 MASK: 255.255.255.0 DHCP IP: 192.168.7.247
GATEWAY IP: 192.168.7.1
Downloaded WDSNBP from 192.168.7.247 AD2012R2.lab03.com
Press F12 for network service boot
Architecture: x64
The details below show the information relating to the PXE boot request for
this computer. Please provide these details to your Windows Deployment Services
Administrator so that this request can be approved.
Pending Request ID: 1
Message from Administrator:
Contacting Server: 192.168.7.247._

圖 14 等待核准的用戶端

想想看當發生同時連線的 PXE 用戶端電腦很多時，管理人員要如何決定讓哪一些用戶端的電腦，可以進行遠端 Windows 10 作業系統的安裝呢？

很簡單！只要在 [Windows 部署服務]中，就可以在[擱置的裝置]頁面中，看到目前所有等待審核的遠端電腦，你可以選擇核准、名稱與核准、拒絕。其中[名稱與核准]的功能為何呢？讓我們實際來點選試試吧！

首先它讓你可以在如圖 15 所示的[身分識別]頁面中，自訂該裝置（電腦）的名稱以及決定成功安裝後，所要加入的 Active Directory 組織單位（OU）。點選[下一步]後接著在[開機]頁面中，則可以自由選擇現行可用的 Windows 部署服務主機（轉介伺服器）、開機程式以及開機映像。

核准擱置中裝置精靈

身分識別

指定裝置名稱與要在其中建立裝置的組織單位 (OU)。

裝置名稱(N): Dev01

○ 在預設 OU 中建立裝置(D)

◉ 在下面指定的 OU 中建立裝置(S):

OU(O): 研發部

圖 15 名稱與核准設定

上述這種做法相當適用在擁有多點營業處，以及已經分散部署多部 Windows 服務主機的架構環境。

在[用戶端自動安裝]的頁面中，可以選擇性載入預先準備好的自動安裝檔（.xml），不過此時此刻你肯定沒有這個檔案，沒關係，只要點選[建立新物件]即可開啟如圖 16 所示的[自動安裝檔]設定頁面，根據你的設定產生一個 XML 描述檔案。

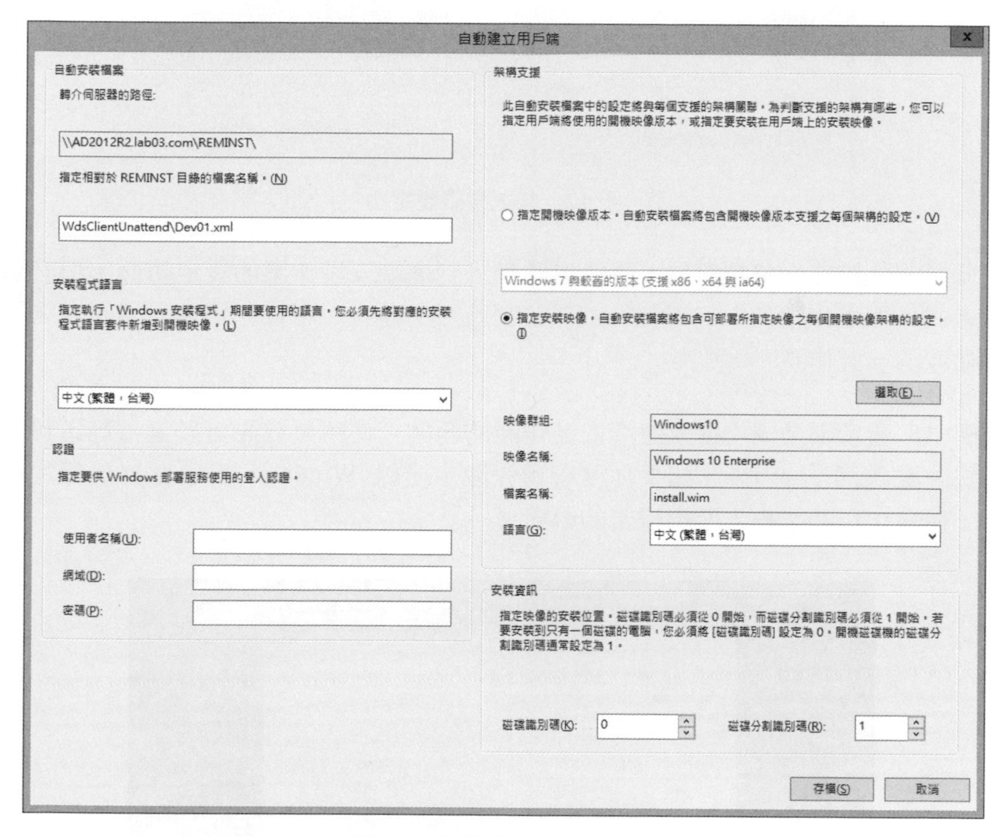

圖 16　自動建立用戶端設定

在此你可以預先分別指定安裝程式的介面語言、連線 Windows 部署服務的帳戶與密碼、指定開機映像檔以及設定磁碟安裝資訊。點選[存檔]繼續。

最後來到如圖 17 所示的[加入權限]頁面中，請點選[設定使用者]指定要使用哪一個網域帳戶，讓新安裝的 Windows 10 電腦，可以加入 Active Directory 之中，如此一來前面步驟中所設定的組織（OU）才能成功。請一併將[部署時利用此裝置加入網域]的選項打勾。

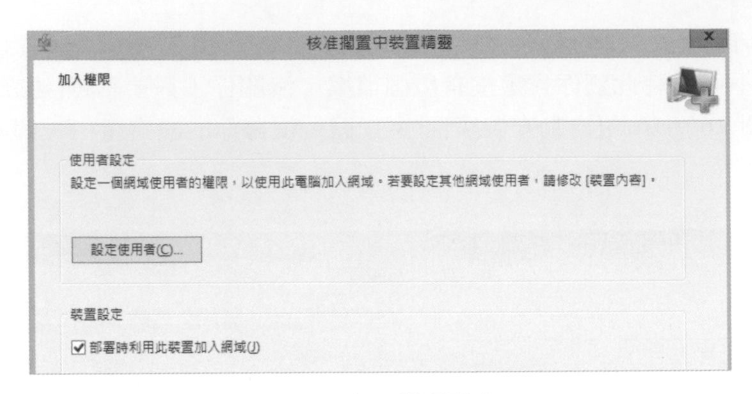

圖 17　加入權限設定

一旦被成功核准的遠端電腦，將會自動進入到遠端安裝作業的設定畫面。但必須注意的是如果你預先指定安裝的磁碟分割區並不存在，將會在出現錯誤訊息之後自動取消安裝作業。

如圖 18 所示則是成功進入遠端安裝作業的範例，使用者首先可以選擇地區與輸入法。點選[下一步]後，如果你沒有預先設定連線 Windows 部署服務的帳戶密碼，便會出現要求輸入連線帳密的視窗。

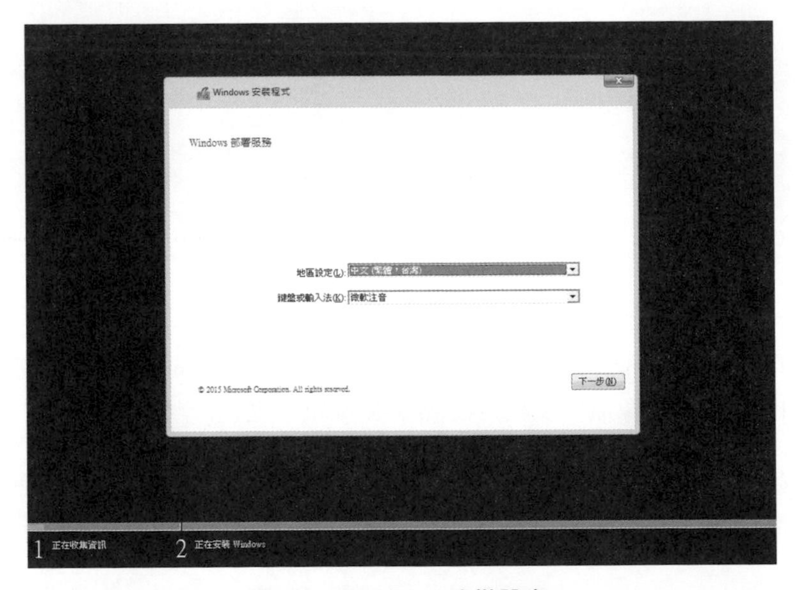

圖 18　Windows 安裝設定

接著會出現要使用者選擇作業系統版本的清單頁面。關於是否要出現此頁面，以及是否要顯示所有的作業系統選項，皆是和前面的部署工作設定有關。

在[下一步]的磁碟機選擇頁面中也同樣是如此，可以由管理人員預先設定而無需使用自行選擇。在完成作業系統檔案的複製與重新啟動之後，便會來到如圖 19 所示的 Windows 10 初始設定頁面，這一些針對 Windows 10 才有的設定頁面，一樣可以透過事先的配置，讓它完全自動化選擇。

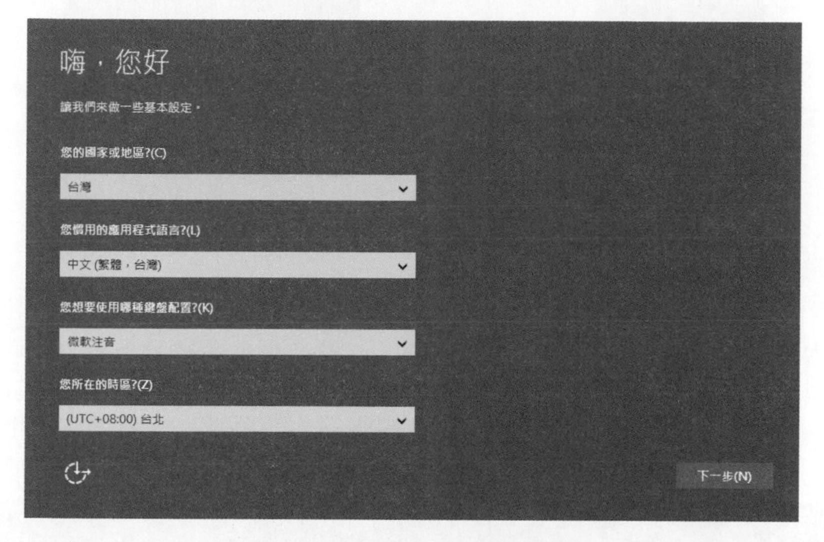

圖 19　Windows 10 基本設定

如圖 20 所示便是在經由 Windows 部署服務遠端安裝模式，在完成 Windows 10 作業系統安裝後所顯示的登入頁面，其中網域的加入早已經在遠端安裝的過程之中自動完成設定了。

圖 20　Windows 10 登入

前面的實作範例是在核准遠端 PXE 電腦，來進行作業系統的連線安裝，如果是遭到拒絕的遠端電腦，則會出現如圖 21 所示的回應訊息，而在 Windows 部署服務的主控台中，則會出現成功拒絕擱置裝置的訊息。

```
Network boot from Intel E1000e
Copyright (C) 2003-2008  VMware, Inc.
Copyright (C) 1997-2000  Intel Corporation

CLIENT MAC ADDR: 00 0C 29 83 DB 4A  GUID: 564D541A-4E34-5279-E0E0-C9F44E83DB4A
CLIENT IP: 192.168.7.203  MASK: 255.255.255.0  DHCP IP: 192.168.7.247
PXE-E55: ProxyDHCP service did not reply to request on port 4011.

PXE-M0F: Exiting Intel PXE ROM.
_
```

圖 21　遭拒絕的 PXE 用戶端

18.5　結合 MDT 與 ADK 工具的使用

前面的介紹是僅透過 Windows Server 2016 內建的 Windows 部署服務角色，來完成最簡易的 Windows 10 大量部署作業，這種部署方式可以適用在絕大多數的中小企業網路環境之中，但對於想要全面自動化部署的 IT 人員來說，這種做法就難以滿足其需求。

IT 部門若想要讓 Windows 的大量部署，無論是 Windows 7、Windows 8/8.1 還是 Windows 10，達到所謂的「精簡部署（Lite Touch Installation，LTI）」目的，就必須額外結合兩個工具（Windows Kits）的使用，分別是 MDT（Microsoft Deployment Toolkit）以及 Windows ADK（Windows Assessment and Deployment Kit）。

進一步甚至於可以做到「零接觸部署（Zero-Touch Installation，ZTI）」的目標，也就是在完全不需要人工介入的情況下，全自動完成所有預先配置好的設定值。目前 MDT 的最新版本為 2013 Update，而 Windows ADK for Windows 10 的版本也已經釋出，你可以在以下網址下載。

Microsoft Deployment Toolkit（MDT）2013 Update 1 下載網址：
https://www.microsoft.com/en-us/download/details.aspx?id=48595

Windows ADK for Windows 10 下載網址：
http://go.microsoft.com/fwlink/p/?LinkId=526740

如圖 22 所示便是 MDT 2013 Update 1 自訂安裝的頁面，請注意！你並不需要先下載安裝 MDT 2013 後再安裝 Update 1 版本。在預設的狀態下將會自動安裝所有參考文件、工具以及部署範本。

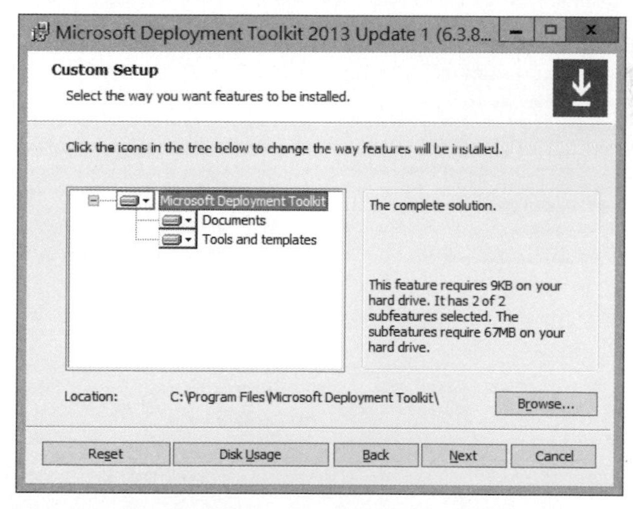

圖 22　MDT 2013 Update 1 安裝

完成安裝之後就可以在 Windows Server 2016 的[開始]頁面中，如圖 23 所示看到 Microsoft Deployment Toolkit 的工具清單，其中[Deployment Workbench]就是我們後續會使用到的管理工具。

圖 23　MDT 工具清單

完成 MDT 2013 Update 1 的安裝之後，緊接著可以執行 Windows ADK for Windows 10 的安裝。執行後首先在[指定位置]頁面中，可以決定是否要立即在這台伺服器上安裝此套件，還是僅要下載套件再自行拿到其他伺服器上進行安裝。

若是選擇前者可以自訂安裝路徑。如圖 24 所示在下一步的[選取要安裝的功能]頁面中，可以讓我們自訂所要安裝的功能，在此由於我們的目的只是要用它來解決自動化大量部署的需求，因此僅需要分別勾選部署工具、Windows 預先安裝環境、映像處理與設定設計工具、使用者狀態遷移工具即可。點選[安裝]。

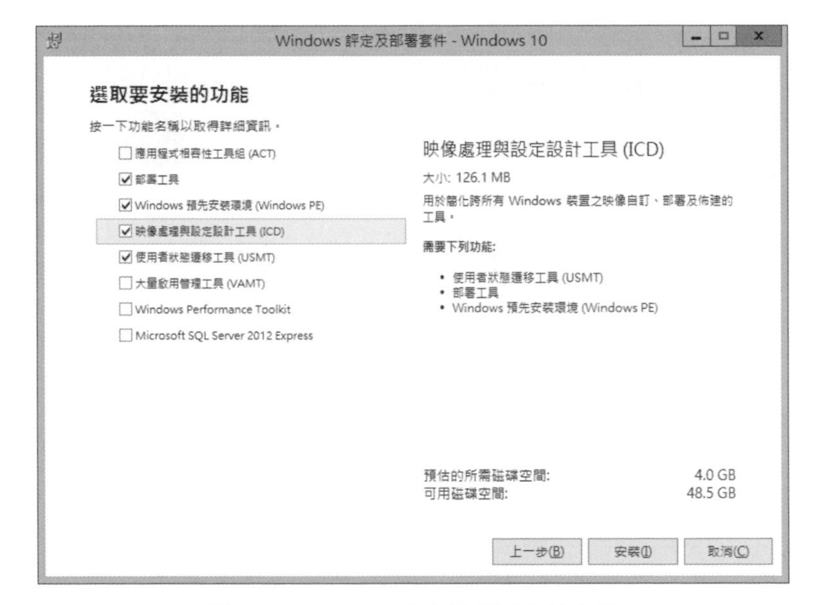

圖 24　Windows 評定及部署套件安裝

請注意！在執行 Windows ADK for Windows 10 套件功能的安裝過程之中，必須確定目前該主機連線網際網路的能力是沒有問題的，否則過程之中可能會出現如圖 25 所示的錯誤訊息，因為你所勾選的功能套件，皆是臨時到官方網站上下載的。

圖 25　可能的安裝錯誤

18.6 部署共用發佈點設定

在開啟[Deployment Workbench]後，請如圖 26 所示至[Deployment Shares]節點上，按下滑鼠右鍵點選[New Deployment Share]繼續，我們將準備建立一個供大量部署共用的存取點。在[Path]的頁面中請點選[Browse]按鈕，指定準備作為部署共用存取點的本機資料夾路徑，點選[Next]繼續。

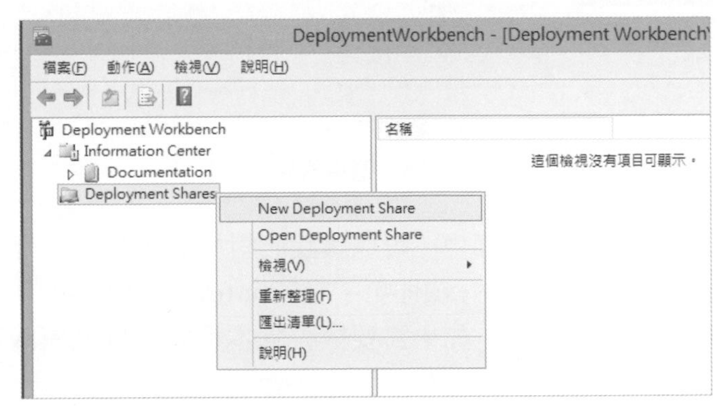

圖 26　Deployment Workbench 管理介面

如圖 27 所示在[Share]頁面中，必須針對前面步驟所設定的部署共用點設定共用名稱，在此建議你採用預設的 DeploymentShare$即可，也由於在共用名稱中附上了$字號，因此在網路芳鄰中無法被直接瀏覽到。

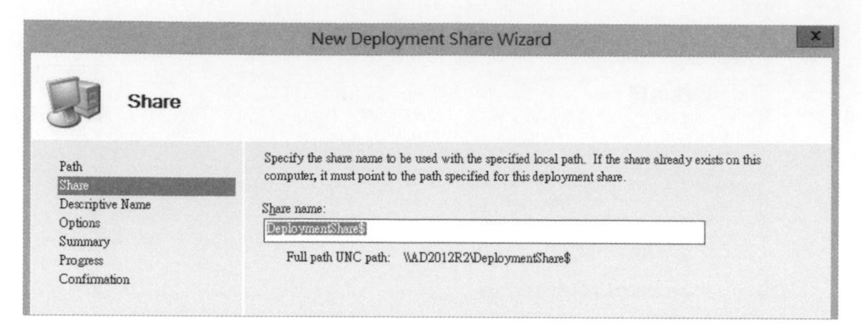

圖 27　網路共用名稱設定

在[Descriptive Name]頁面中，必須設定部署共用描述。例如你可以輸入此共用路徑供大量部署 Windows 10 所使用。在如圖 28 所示的[Option]頁面中，主要是決定當成功進入遠端安裝作業時，是否要詢問使用者相關的選項設定，這包括了備份、產品金鑰、本機管理原帳戶密碼、Windows 映像檔擷取以及啟用 BitLocker 功能。

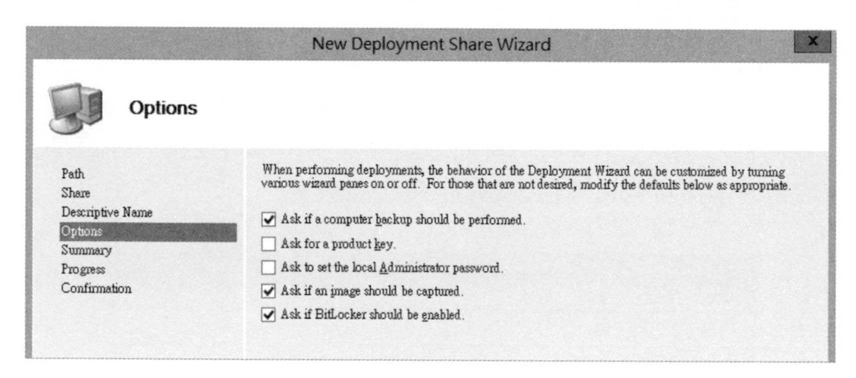

圖 28　選用設定

在如圖 29 所示的[Summary]頁面中，可以讓我們對於前面的所有設定值進行最後的確認，一旦確認無誤請點選[Next]即可。在[Confirmation]頁面中，便可以看到完成部署共用設定的成功訊息，如果需要檢視腳本程式可以點選[View Script]。請點選[Finish]即可。

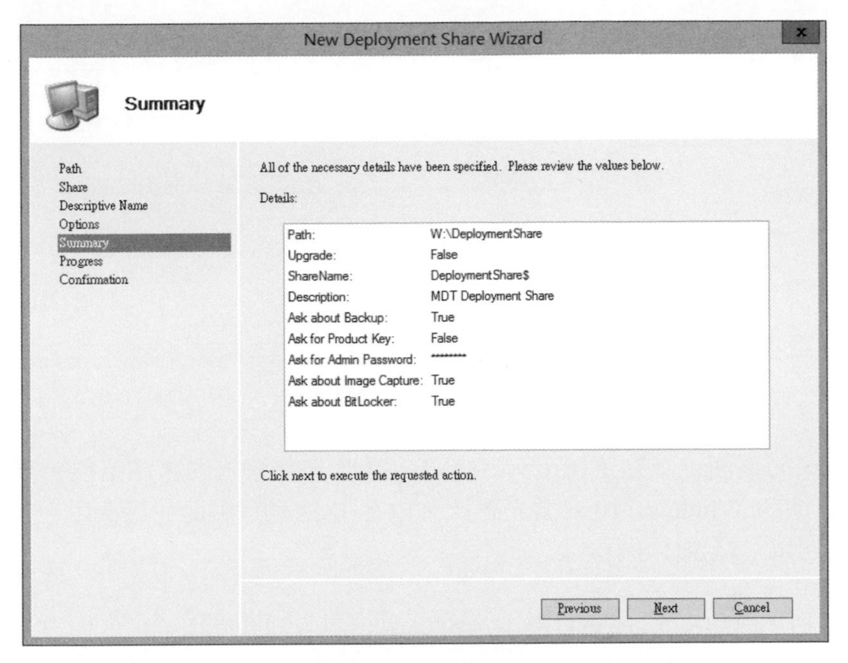

圖 29　設定摘要

緊接著請如圖 30 所示，在 MDT 2013 Update 介面中的[Operating System]節點上，按下滑鼠右鍵點選[Import Operating System]。

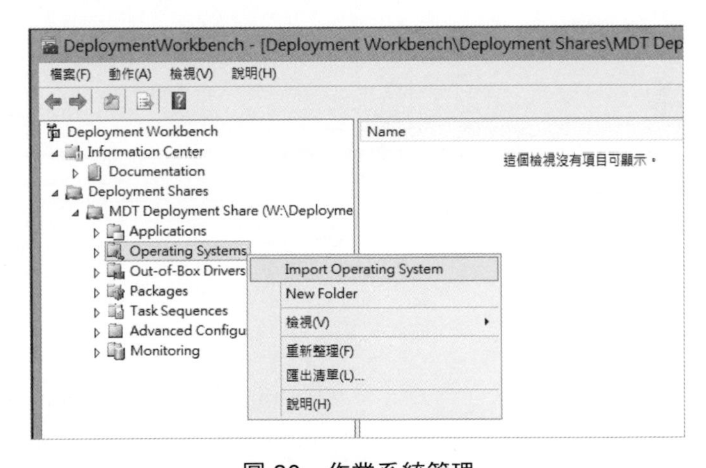

圖 30　作業系統管理

如圖 31 所示在[OS Type]頁面中可以根據需要，選擇設定完整安裝程式來源、設定現有可用的映像檔、或是從指定的 WDS 主機上來增加現有的映像檔。在此我們選取[Full set of source files]，點選[Next]。

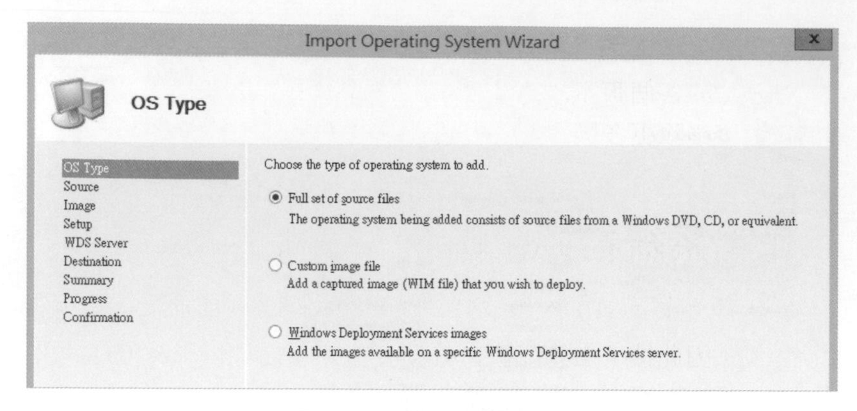

圖 31　作業系統類型選擇

在[Source]的頁面中請點選[Browse]按鈕，選擇安裝程式的來源路徑，舉例來說如果你目前的 Windows 10 安裝光碟片，放在 D 磁碟代號的光碟機中，那麼只要輸入 D:\即可。點選[Next]。

在如圖 32 所示的[Summary]頁面中，可以讓我們看到前面所完成的設定清單，確認無誤之後請點選[Next]開始匯入作業。在[Confirmation]的頁面中，便是已經成功匯入的作業系統清單。點選[Finish]即可。

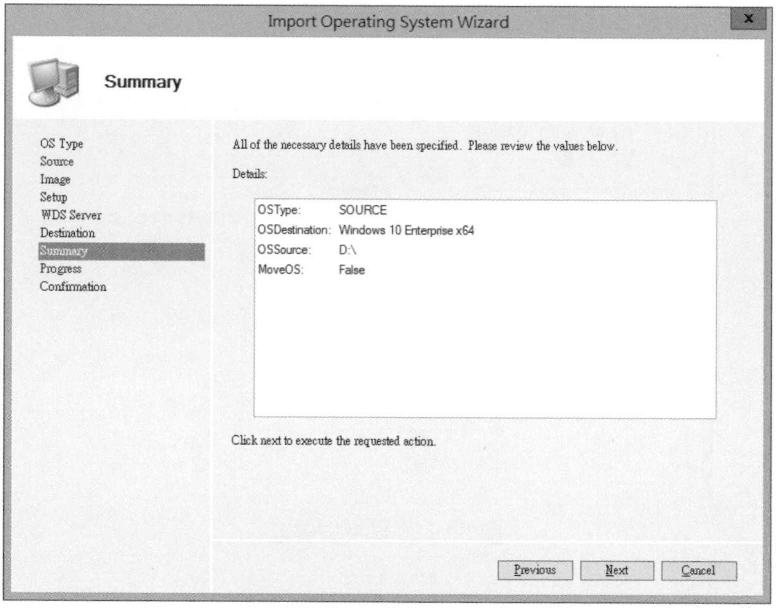

圖 32　摘要檢視

完成作業系統的匯入作業之後，將可以在[Operating System]節點頁面中，看到目前所有已經準備好的各個版本的 Windows 10 映像檔，我們可以隨時在這個管理頁面中，來新增或移除更多版本的 Windows 映像檔。

18.7 作業系統初始化設定

準備好要安裝的 Windows 10 作業系統之後，還必須進一步定義好所要自動完成安裝設定的選項，因此接下來請如圖 33 所示在[Task Sequences]節點上，按下滑鼠右鍵點選[New Task Sequences]，來新增作業系統安裝過程中的各項任務序列設定。

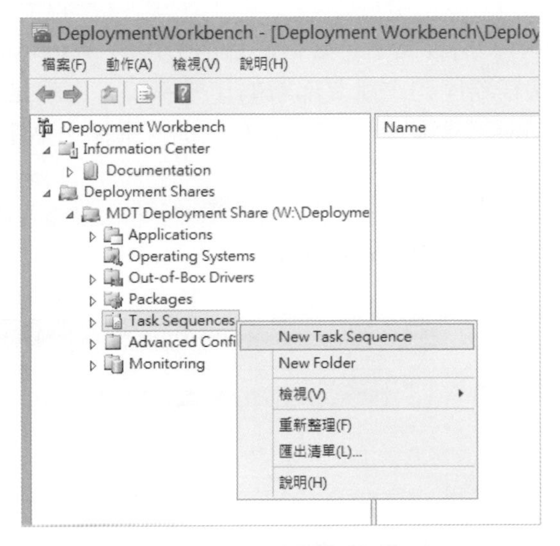

圖 33 作業程序管理

在[General Settings]頁面中，請必須自訂一個唯一的任務序列名稱以及相關描述。點選[Next]繼續。在[Select Template]頁面中，如圖 34 所示請從下拉選單中選取[Standard Client Task Sequences]即可。點選[Next]繼續。

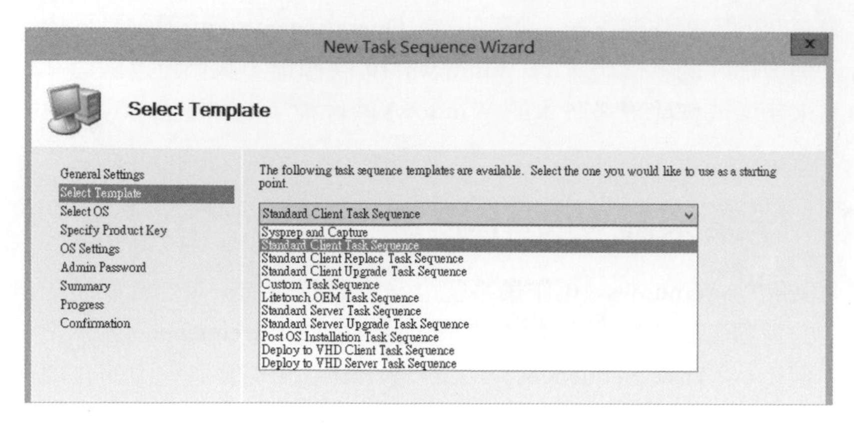

圖 34　範本選擇

如圖 35 所示在[Select OS]頁面中，必須從目前可用的 Windows 作業系統映像檔清單中，選取在這個任務序列中所要部署的作業系統，也就是說如果你有事先匯入多個版本的 Windows 作業系統，都可以在此進行選擇。點選[Next]。

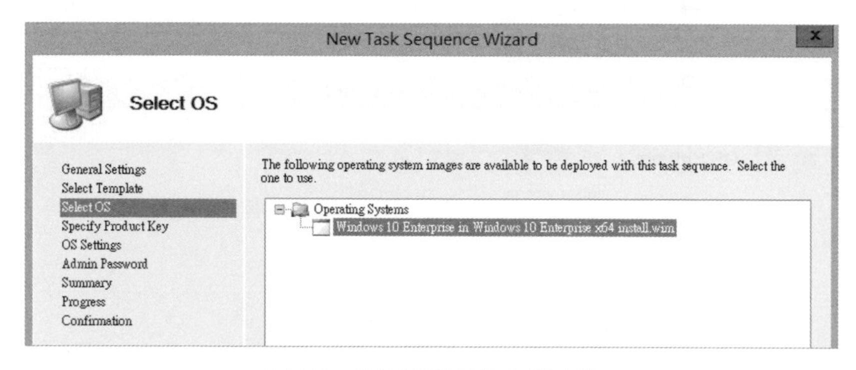

圖 35　選擇要部署的作業系統

在如圖 36 所示的[Specify Product Key]頁面中，你可以將大量授權的產品金鑰設定進去，或是輸入零售的 Windows 10 產品金鑰，不過零售的產品金鑰通常只能在單一部電腦上啟用，因此肯定不適用在大量部署的情境。

當然啦！你也可以選擇不要在這個時間點來設定產品金鑰，而是留在後續的自動回應檔編輯中再來設定。點選[Next]。

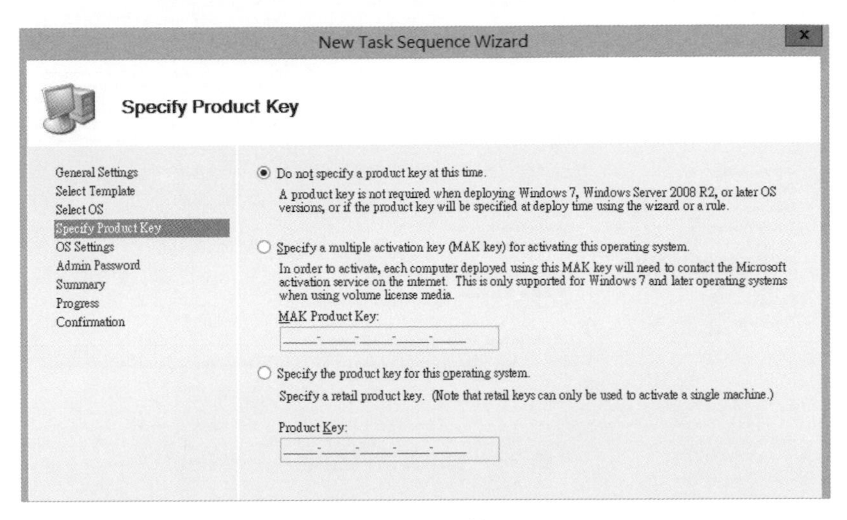

圖 36　產品金鑰設定

在如圖 37 所示的[OS Settings]頁面中，請設定你的購買者與組織資訊以及 IE 瀏覽器預設所要連線的首頁。點選[Next]繼續。

New Task Sequence Wizard
OS Settings
General Settings
Select Template
Select OS
Specify Product Key
OS Settings
Admin Password
Summary
Progress
Confirmation
Specify settings about this task sequence. These settings will be used for all deployments of this task sequence, unless overridden during the deployment process using the wizard or a rule.
Full Name:
Windows 使用者
Organization:
Internet Explorer Home Page:
about:blank

圖 37　作業系統設定

在[Admin Password]頁面中，則可以如圖 38 所示來設定在大量部署中每一部 Windows 10 作業系統本機的系統管理員密碼，在此強烈建議你將它預先設定好，且不要讓一般使用者知道此密碼。點選[Next]。

在[Summary]頁面中如圖所示，可以看到前面所完成的每一項設定值，確認無誤之後請點選[Next]完成設定即可。如果你想要知道以手稿檔建立任務序列的方法，可以點選[View Script]按鈕查看。

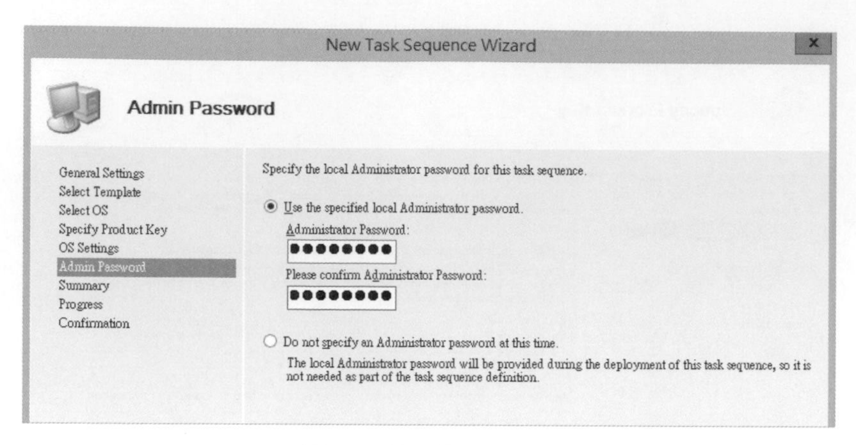

圖 38　管理員密碼設定

完成任務序列的配置之後，你可以在[MDT Deployment Share]的節點上，按下滑鼠右鍵點選[內容]完成更多細部的部署設定。如圖 39 所示首先在[General]頁面中，可以隨時修改此部署共用節點的 UNC 與本機路徑，並且可以設定所要支援的作業平台類型（x86 或 x64）。

MDT Deployment Share (W:\DeploymentShare) - 內容
General　Rules　Windows PE　Monitoring
Description: MDT Deployment Share
Comments:
Network (UNC) path: \\AD2012R2\DeploymentShare$
Local path: W:\DeploymentShare
Platforms Supported
x86
x64
Enable multicast for this deployment share (requires Windows Server 2008 R2 Windows Deployment Services)
確定　取消　套用(A)　說明

圖 39　修改部署共用屬性

另外值得注意的是針對 Windows Server 2008 R2 以上的 Windows 部署服務，還可以選擇是否要啟用多點廣播（Multicast）的功能，來進行部署共用的資料傳遞。

接著如圖 40 所示請切換到[Rule]頁面中，在此所看到的內容事實上是一個自訂規則檔的設定，這個 CustomSettings.ini 檔案位在指定磁碟的\DeploymentShare\Control\路徑之下。

至於以下範例中的設定項目相當多，其實都是筆者所自行添加進去的，目的就是要讓許多在安裝過程中，略過系統所要求的操作頁面，像是如果想要直接略過啟動後的歡迎頁面，就只要加入 SkipBDDWelcome=YES 這列設定即可，或是你想要指定使用某個任務序列來進行遠端安裝，則可以使用 TaskSequenceID 這列設定。

其他完整的範例內容如下：（請注意！你必須將所有頓號換成空行並且根據實際需求來設定諸如介面語系、時區、對應的任務序列名稱、加入的網域名稱、網域管理員帳戶與密碼等等）。

完成這一些設定之後，請點選右下方的[Edit Bootstrap.ini]按鈕繼續。

```
[Settings]
Priority=Default
Properties=MyCustomProperty
[Default]
OSInstall=YES、SkipAdminPassword=YES、SkipApplications=YES、
SkipAppsOnUpgrade=YES、SkipBDDWelcome=YES、
SkipBitLocker=YES、SkipCapture=YES、
SkipComputerName=YES、SkipComputerBackup=YES、
SkipDeploymentType=YES、DeploymentType=NEWCOMPUTER、SkipDomainMembership
=YES、JoinDomain= LAB03、DomainAdmin=Administrator
DomainAdminDomain=LAB03、DomainAdminPassword=Pass@w0rd、SkipFinalSummary
=YES、SkipLocaleSelection=YES、KeyboardLocale=en-US
UserLocale=en-US、UILanguage=en-US、SkipPackageDisplay=YES、
SkipProductKey=YES、SkipSummary=YES、SkipTaskSequence=YES、TaskSequenceID
=Task_001、SkipTimeZone=YES、TimeZoneName=Taipei Time、SkipUserData=Yes
```

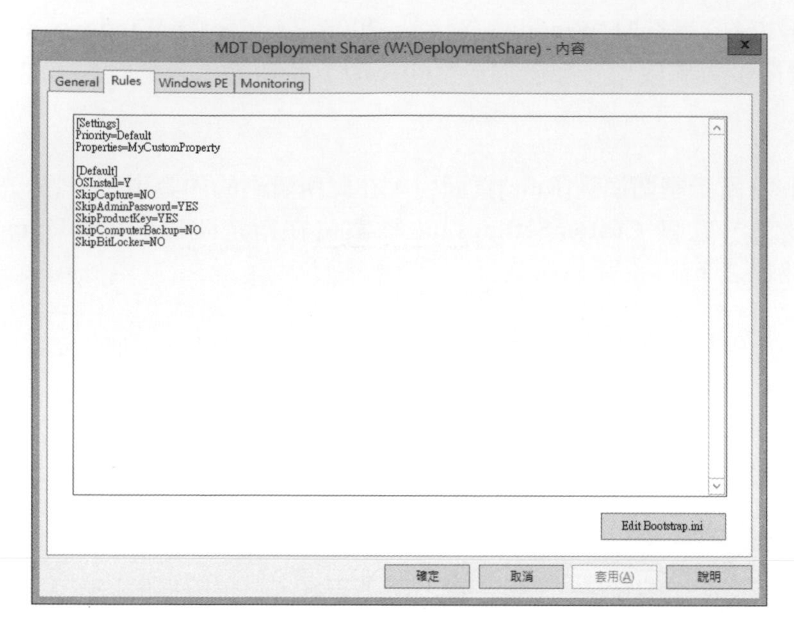

圖 40　部署規則設定

在點選[Edit Bootstrap.ini]按鈕之後將會開啟文字編輯頁面，在此除了預設的設定內容需要保留之外，還必須加入以下幾行的設定資訊，其中連線使用者的名稱、網域以及密碼必須修改成正確的，完成修改之後請記得存檔。如果連線的使用者名稱或密碼輸入錯誤，將會導致開機後自動連線至部署共用節點的動作失敗而被迫中斷。

```
UserID=Administrator
UserDomain=lab03
UserPassword=Pa@ssw0rd
KeyboardLocale=en-US
SkipBDDWelcome=Yes
```

關於更多與部署規則以及開機設定有關的詳細介紹，你可以在如圖 41 所示的[Information Center]\[Documentation]頁面中，找到許多官方的線上參考資源，其中在[Deployment Process]旗下的各項連結都是值得你參考。

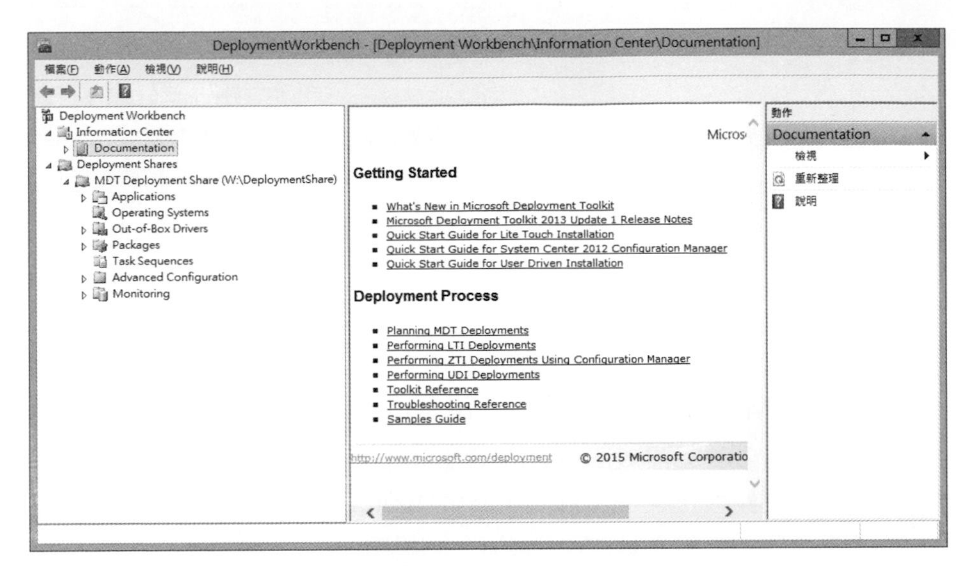

圖 41 官方文件連結清單

完成上述設定之後，接下來必須如圖 42 所示在部署共用的節點上按下滑鼠右鍵點選[Update Deployment Share]，來更新前面所完成的各項異動設定。

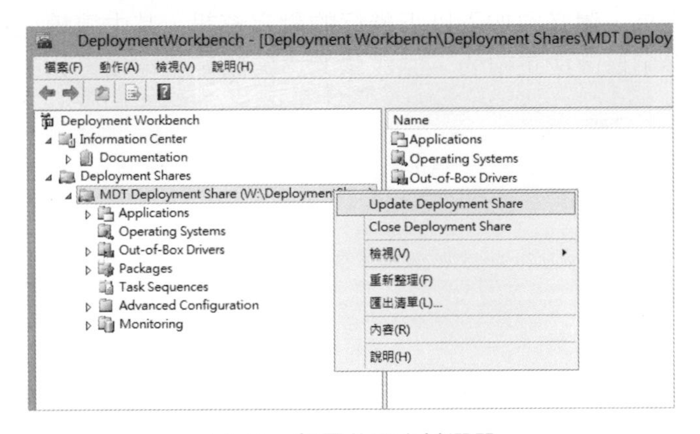

圖 42 部署共用右鍵選單

在如圖 43 所示的[Options]頁面中，可以選擇最佳化開機映像檔更新的方式（Optimize the boot images updating process），或是進行完整的開機映像檔的產生作業（Complete regenerate the boot images），在此選擇預設的項目即可。

一旦上述的作業完成之後，你將可以在目前部署共用路徑下的[Boot]資料夾中，看到幾個 x86 與 x64 的 ISO 開機映像檔了。

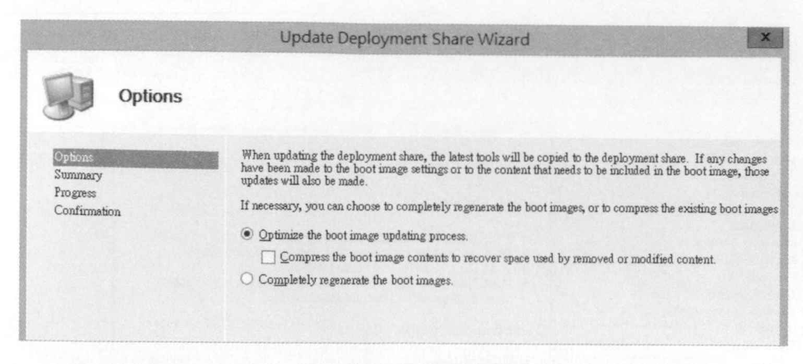

圖 43　更新選項

只要完成了在 MDT 2013 Update 1 工具中，Windows 10 開機映像檔的產生之後，我們便可以將它匯入到 Windows 部署服務中，來提供後續大量以 PXE 開機的用戶端進行遠端開機作業了。首先請開啟[Windows 部署服務]介面，在[開機映像]節點上按下滑鼠右鍵點選[新增開機映像]繼續。

在如圖 44 所示的[映像檔]頁面中點選[瀏覽]按鈕，載入所要部署的 Windows 10 開機映像，依照本文範例我們輸入了 W:\DeploymentShare\Boot\LiteTouchPE_x86.wim，點選[下一步]。在[映像中繼資料]頁面中，你可以自訂部署時的映像名稱與描述。

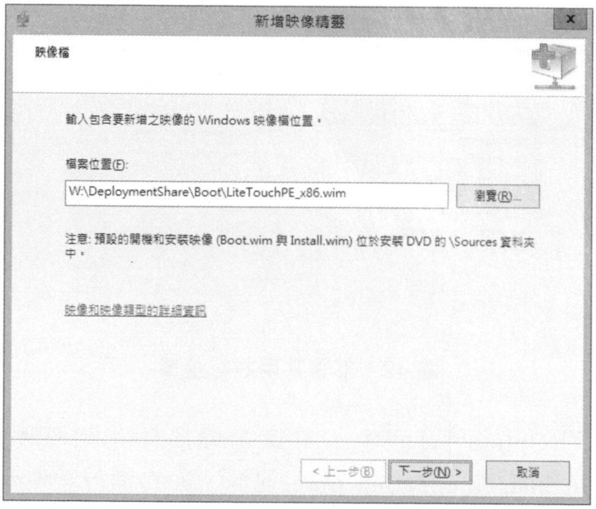

圖 44　新增映像

再一次回到[開機映像]的節點頁面之後，你將可以看到所有已匯入過的開機映像檔清單，在此頁面中除了可以隨時新增或刪除開機映像檔之外，也可以針對現有的開機映像檔項目設定為[線上]或[離線]，以便於讓不同部署需求的用戶端，可以採用不同的開機映像檔，進行遠端連線的開機安裝作業。

當遠端以 PXE 開機的電腦連線，偵測到在 Windows 部署服務中有一個以上的開機像映時，便會出現類似如圖 45 所示的選擇頁面，在此我們選擇剛剛經由 MDT 與 ADK 所特別建立的[Lite Touch Windows PE（x86）]選項來開機。

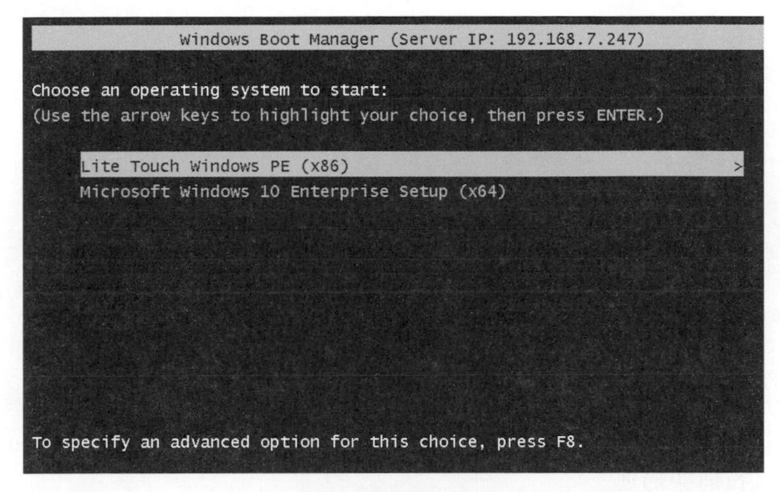

圖 45　開機映像選擇

完成開機映像檔的載入之後，將會來到如圖 46 所示的圖形化安裝設定介面。首先在這個視窗中除了可以直接點選進入到部署精靈介面中之外，也可以選擇進入命令提示列中，以及設定鍵盤輸入的語系與靜態 IP 位址組態。另外值得注意的是在舊版的 Windows 部署中，則是可以選擇開啟 Windows 復原精靈介面中。

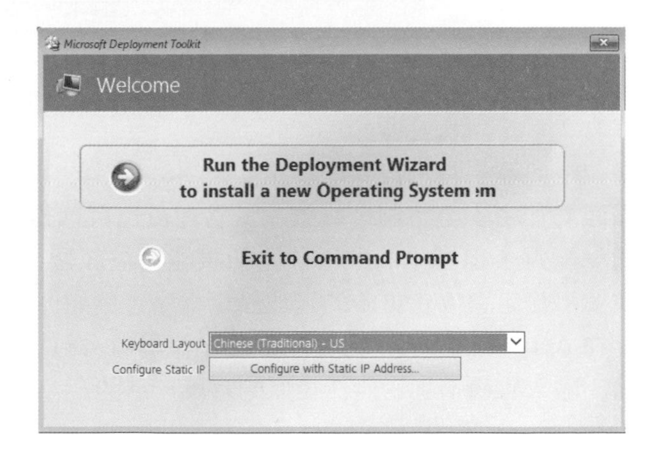

圖 46　部署精靈歡迎頁面

在[Task Sequence]頁面中可以選擇預先建立好的任務序列，以便決定接下來所要完成或略過的設定動作。在如圖 47 所示的[Computer Details]頁面中，必須設定一個唯一的電腦名稱，在預設的狀態下這個名稱會由系統隨機產生，使用者可以修改成自訂的名稱。關於後面的一連串需要使用者（或 IT 人員）介入設定的部份，則包括了網域設定、時區設定、使用者設定檔還原設定等等。

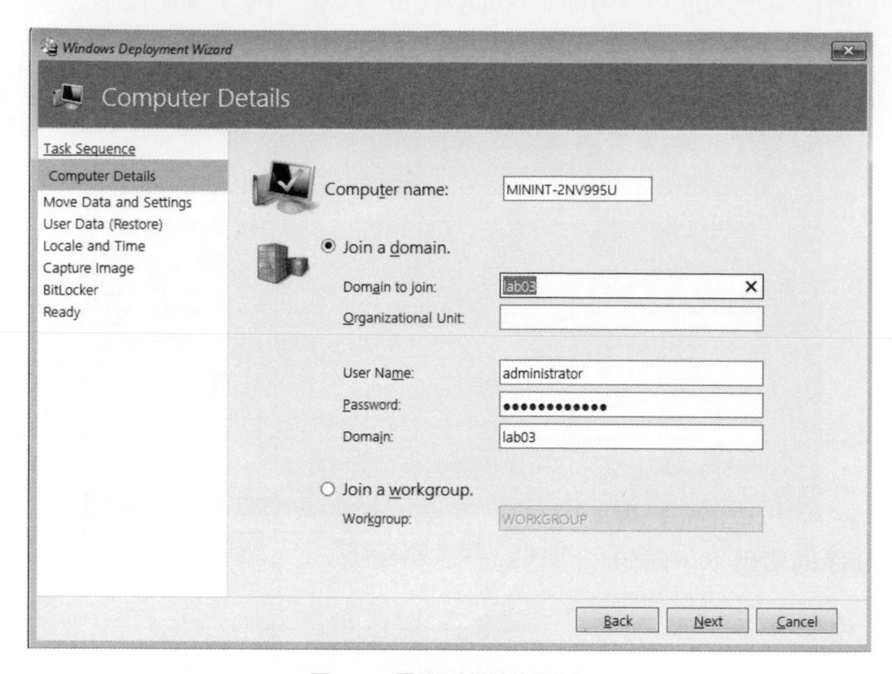

圖 47　電腦詳細資料設定

最後在此需要特別提到的就是如圖 48 所示的[BitLocker]設定，儘管這一些對於磁碟的加密安全機制，後續網域管理員也可以經由群組原則（Group Policy）來統一配置，但基本的啟用設定如果能夠在部署 Windows 10 的過程之中同時完成，那肯定會簡化更多的管理設定程序，例如你可以直接指定將復原金鑰統一儲存在 Active Directory 之中，以避免使用者自己忘了 BitLocker 中最重要的復原金鑰，陷入磁碟遭加密無法復原的窘境。

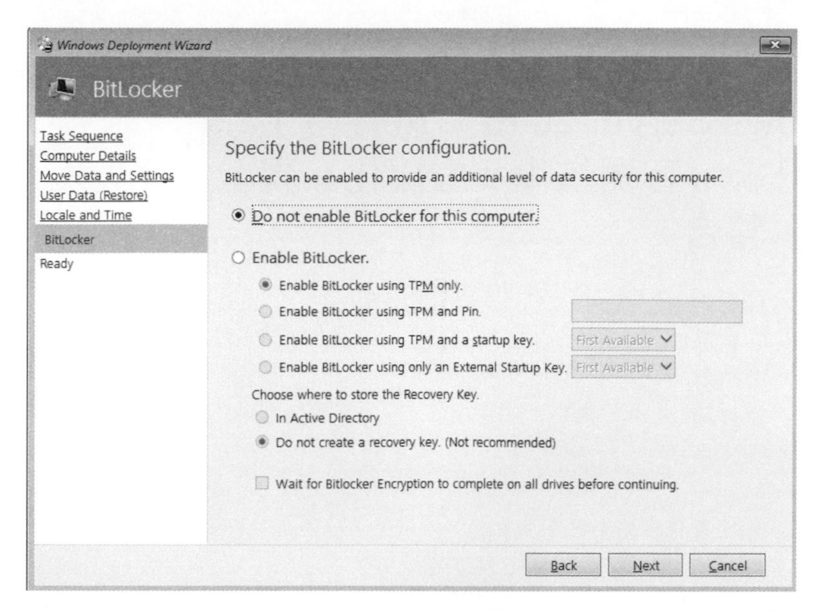

圖 48　BitLocker 設定

如圖 49 所示便是 Windows 部署服務在結合 MDT 與 ADK 套件的使用下，開始進行 Windows 10 大量部署過程中的範例頁面。別再猶豫了，快點自己動手試試從 Windows 7、Windows 8/8.1 到 Windows 10 的大量部署作業吧！

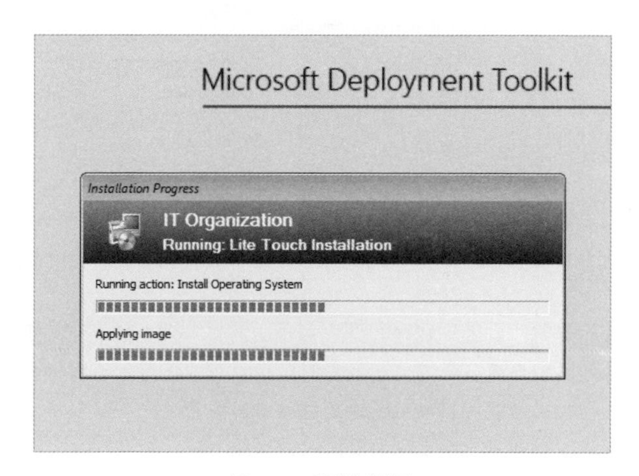

圖 49　開始部署

企業 IT 大量部署需求不僅只是在 Windows 作業系統，還有各種常見的辦公軟體，像是 Microsoft Office、IBM Notes、Adobe Acrobat 以及各種 ERP 與 EIP 用戶端視窗程式等等，這一些軟體在完成大量安裝之後，並不表示 IT 的任務已經完成，因為有許多軟體的啟動還必須幫用戶端使用者，配置好登入帳密、連線組態以及各類針對不同單位的特殊屬性設定等等。例如，你可能得幫一些主管的 Outlook 信箱連線，額外設定好所要開啟的 Exchange 部門信箱、共用行事曆以及建立好本機的封存信箱等等。

Windows Server 2016 實戰寶典｜系統升級 x 容器技術 x 虛擬化 x 異質平台整合

作　　者：顧武雄
企劃編輯：莊吳行世
文字編輯：詹祐甯
設計裝幀：張寶莉
發 行 人：廖文良

發 行 所：碁峰資訊股份有限公司
地　　址：台北市南港區三重路 66 號 7 樓之 6
電　　話：(02)2788-2408
傳　　真：(02)8192-4433
網　　站：www.gotop.com.tw
書　　號：ACA024100
版　　次：2017 年 07 月初版
建議售價：NT$500

國家圖書館出版品預行編目資料

Windows Server 2016 實戰寶典：系統升級 x 容器技術 x 虛擬化 x 異質平台整合 / 顧武雄著. -- 初版. -- 臺北市：碁峰資訊, 2017.07
面；　公分
ISBN 978-986-476-461-7(平裝)
1.網際網路
312.1653　　106010075

讀者服務

- 感謝您購買碁峰圖書，如果您對本書的內容或表達上有不清楚的地方或其他建議，請至碁峰網站：「聯絡我們」\「圖書問題」留下您所購買之書籍及問題。(請註明購買書籍之書號及書名，以及問題頁數，以便能儘快為您處理）
http://www.gotop.com.tw
- 售後服務僅限書籍本身內容，若是軟、硬體問題，請您直接與軟體廠商聯絡。
- 若於購買書籍後發現有破損、缺頁、裝訂錯誤之問題，請直接將書寄回更換，並註明您的姓名、連絡電話及地址，將有專人與您連絡補寄商品。
- 歡迎至碁峰購物網
http://shopping.gotop.com.tw
選購所需產品。